多工位级进模实例精选

第2版

金龙建　编著

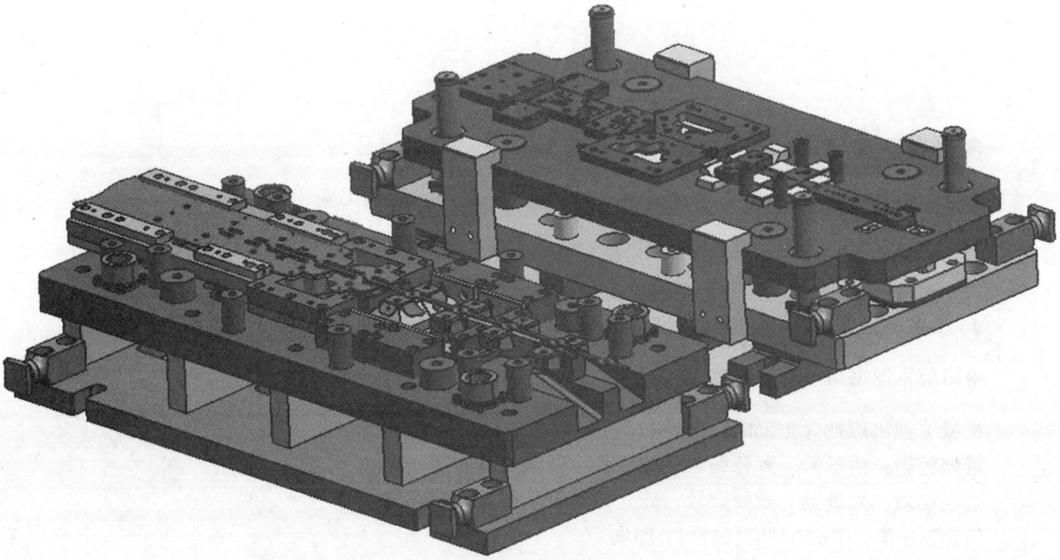

机 械 工 业 出 版 社

本书结合现代模具企业对模具设计师的工作要求，以先进、实用、通用为目的。全书分为2篇，每篇各有4章。第1篇主要介绍制件的工艺分析，排样设计及模具结构设计；第2篇为典型多工位级进模的全套详细图例，按照制件的工艺分析，排样设计，模具总装图、模座、模板、模具零部件设计等的顺序排列，使读者可直观地了解到每个模具零件的形状尺寸、几何公差、表面结构等要素，以及有关技术要求等，对读者能起到快速、易读、易懂的效果。所介绍的实例，各有特点，具有较好的借鉴和参考价值。

本书可供从事冲压模具设计及制造的工程技术人员使用，也可供大中专院校相关专业的师生学习参考。

图书在版编目（CIP）数据

多工位级进模实例精选/金龙建编著. —2版. —北京：机械工业出版社，2016.9

ISBN 978-7-111-54785-3

Ⅰ.①多… Ⅱ.①金… Ⅲ.①连续模-设计 Ⅳ.①TG76

中国版本图书馆CIP数据核字（2016）第214743号

机械工业出版社（北京市百万庄大街22号 邮政编码100037）
策划编辑：曲彩云 责任编辑：曲彩云 版式设计：霍永明
责任校对：樊钟英 封面设计：陈 沛 责任印制：常天培
河北新华第一印刷有限责任公司 印刷
2016年10月第2版第1次印刷
184mm×260mm·20.75印张·518千字
0001—3000 册
标准书号：ISBN 978-7-111-54785-3
定价：59.00元

前　言

冲压是一种先进的少、无切屑加工方法，具有生产率高、加工成本低、材料利用率高、制件尺寸精度稳定，易于达到产品结构轻量化、操作简单、容易实现机械化与自动化等一系列优点。冲压技术在汽车、航空航天、仪器仪表、家电、电子、通信、军工、玩具、日用品等产品的生产中，得到了广泛的应用。因此，模具在制造业中的地位越来越重要。

多工位级进模是冲压模具中一种先进、高效的冲压模具。它是在单工序冲压模具基础上发展起来的多工序集成模具。对某些形状较为复杂的，具有冲裁、弯曲、成形、拉深等多工序的冲压零件，可在一副多工位级进模上冲制完成。多工位级进模是实现自动化、半自动化的生产装备，是确保冲压加工质量稳定的一种先进模具结构形式。合理的模具结构既要保证生产产品的各项技术指标要求，又要缩短模具制造周期，降低模具制造成本，以满足现代化工业生产对模具高质、高效、低成本的要求。

本书是在作者长期从事冲压工艺及多工位级进模设计、制作、生产的基础上，不断总结实践经验编写而成。全书共2篇：第1篇多工位级进模的结构精解（4章）；第2篇多工位级进模设计图解（4章）。第1篇主要介绍制件的工艺分析，排样设计及模具结构设计；第2篇为典型多工位级进模的全套详细图例，介绍了制件的工艺分析，排样设计，模具总装图设计及冲压动作原理，还附有全套详细的模具零件图。着重与生产实践相结合，并对每一副模具作了详细的解说，使读者可直观地、具体地了解到每个模具零件的形状尺寸、几何公差、表面结构等要素，以及有关技术要求等。无论对初学模具设计与制造者，还是有一定基础的从事模具技术人员来说，都能起到快速、易读、易懂的效果。

本书在第2篇的各图例中未表示清楚的作如下解释：

1. 图例中非圆形尺寸采用标注在中心线上，其中心线的中心为穿线孔；有部分的中心线及尺寸也省略了，型孔的配合间隙直接放在加工图上，全部采用CAD的数据来加工，这对制造影响不大。在现代化模具制造中，有很多企业逐步把尺寸标注也作了简化。例如：原先采用手工在模板上划线；再用冲头冲上一个小圆点；接着在小圆点上钻孔加工。在现代化科技不断的发展下，大部分企业为减少人工的劳动强度及劳动力，采用CAD数据传输到CNC或数控铣床上，直接编制程序点孔或加工型面（尺寸在零件图上不标注也可加工），其精度及公差主要是靠机床来保证的；当加工完毕时，再用受控的图样进行一一的核对数量是否遗漏。对于线切割（快走丝、中走丝及慢走丝）加工的CAD数据传输方式也如此。

2. 图例中卸料板垫板及凹模垫板设计。一般对于批量小的制件，卸料板垫板及凹模垫板可以省略不用。本书各章中，在卸料板上及凹模板下都设置有卸料板垫板和凹模垫板。其作用如下：

1）对于年产量较大，而精度要求较高的制件，设计时在卸料板及凹模板上设置了镶件镶拼结构。这样卸料板垫板及凹模垫板承受各镶件的冲击载荷作用，一般的材料选用 Cr12，并热处理加工，使镶件在垫板上不会压出塌陷的现象。

2）对于年产量较大，而精度要求一般的制件，模具开始设计及制造时，卸料板及凹模板是没有设置镶件的。本书的图例中也设置了卸料板垫板及凹模垫板，是为了冲压到一定的批量后，卸料板的型孔及凹模刃口逐渐磨损，间隙变大，此时卸料板及凹模板以定位销孔为基准再切割镶件镶入。这时卸料板垫板及凹模垫板直接与镶入的镶件接触，不断受到冲击载荷作用。用此方法可以节省模具的成本，并且可以提高模具的使用寿命；但对于高精密的模具不太适合，因为二次加工的精度有一定的误差。

3. 本书技术要求中的主要型孔是指定位销孔、导柱孔、导套孔、凸模固定孔、凸模过孔、与凸模配合孔、各镶件配合固定孔、刃口及冲切废料孔等。例如第 5 章中的 5.5.2 凸模固定板里的技术要求中的第 4 条：主要型孔采用慢走丝加工，垂直度 0.002mm。其主要型孔是指定位销孔、导柱孔及凸模固定孔。

4. 图例中的零件加工方法有多种，在技术要求里说明了其中常用的一种，其余的在此不作详细的解说。

本书可供从事冲压模具设计及制造的工程技术人员使用，也可供大中专院校相关专业的师生学习参考。

在本书编写过程中，陈杰红、金龙周、金欢欢、杨金权、聂兰启等工程师参加了书稿的整理工作；得到了陈炎嗣高级工程师、上海交通大学塑性成形技术与装备研究院洪慎章教授、《模具制造》杂志社的杜贵军主编及张灿红工程师的热情帮助和指导；书中部分的实例由临海市欧中汽车模具有限公司担任制作，在制作和调试过程中提供了宝贵的技术意见。在此我表示衷心的感谢！

由于作者水平有限，书中不妥之处在所难免，敬请广大专家和读者批评指正。

金龙建

目　录

第 1 篇　多工位级进模的结构精解

第 1 章　冲裁多工位级进模

1.1　铁链垫片冲孔落料一出二级进模

1. 工艺分析

图 1-1 所示的铁链垫片，材料为 08F 钢，板厚为 0.6mm，年产量为 500 多万件。该制件形状简单，尺寸要求并不高，但对制件的毛刺有一定的要求（毛刺高度控制在 0.03mm 以内）。制件最大外形长为 56.1mm，宽为 9.3mm；内形由两个长为 9.95mm，宽为 4.2mm 的长圆孔组成。

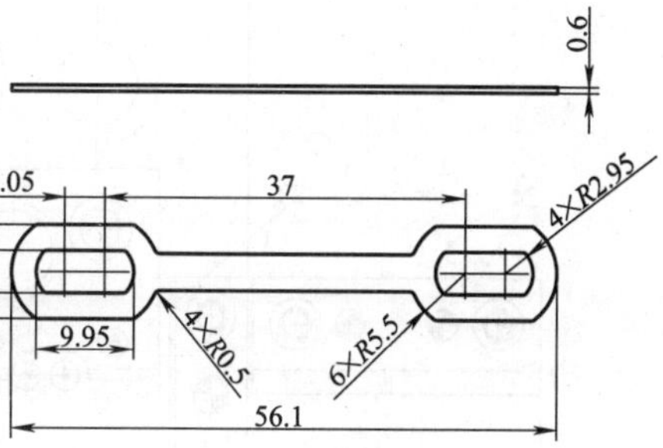

图 1-1　铁链垫片

2. 排样设计

从图 1-1 可以看出，制件形状简单。因制件外形不得有接刀凹痕，因此排样时不能采用分段冲切外形废料的方式，而要用一次性落料的方式来冲压。其冲压工艺由冲孔和落料组成。由于制件年产量大，因此采用单排一出二的排列方式较为合理。为了保证制件内、外形的尺寸，该模具首先冲出导正销孔，并用导正销孔精确定位；然后逐步冲切长圆孔及制件的整体外形等。经计算，该制件选用宽为 60.5mm 的卷料，步距为 11mm，共分为 8 个工位冲裁（见图 1-2）。具体工位如下：

工位①：冲 4 个 ϕ2mm 的导正销孔。

工位②：冲切侧刃。

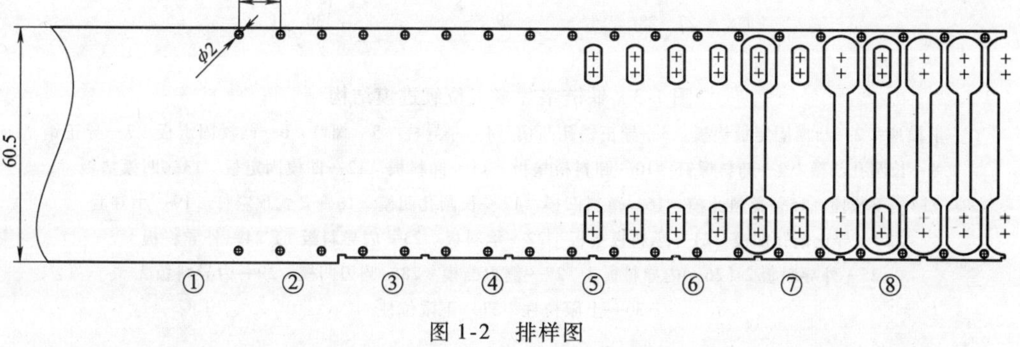

图 1-2　排样图

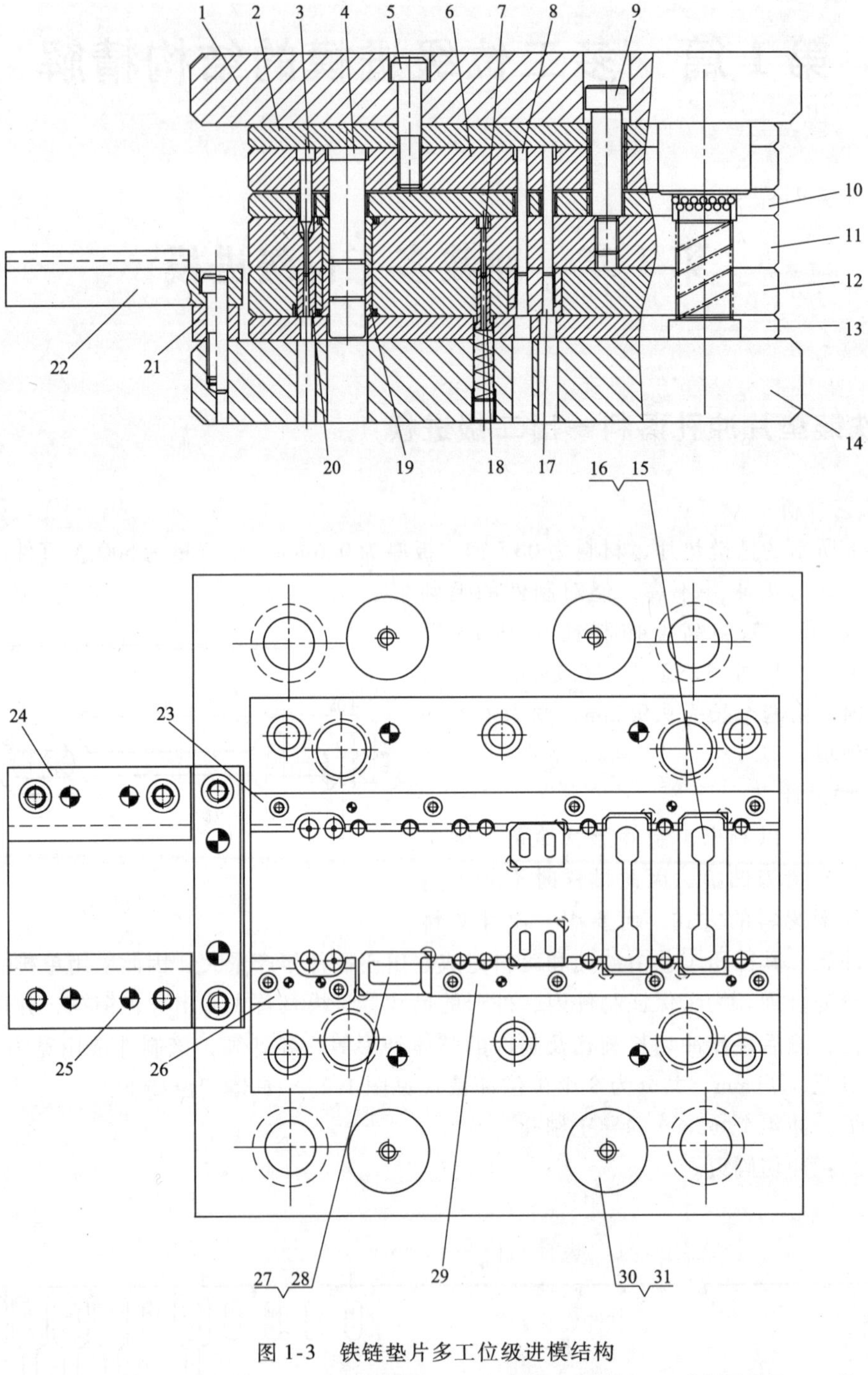

图 1-3　铁链垫片多工位级进模结构

1—上模座　2—凸模固定板垫板　3—导正销孔凸模　4—小导柱　5—螺钉　6—凸模固定板　7—导正销　8—长圆孔凸模　9—卸料螺钉　10—卸料板垫板　11—卸料板　12—凹模固定板　13—凹模垫板　14—下模座　15—落料凸模　16—落料凹模　17—长圆孔凹模　18—套式顶料杆　19—小导套　20—导正销孔凹模　21—承料板垫板　22—承料板　23—内导料板 1　24—外导料板 1　25—外导料板 2　26—内导料板 3　27—侧刃凸模　28—侧刃凹模　29—内导料板 2　30—上限位柱　31—下限位柱

工位③、④：空工位。

工位⑤：冲切4个长为9.95mm，宽为4.2mm的长圆孔。

工位⑥：空工位。

工位⑦：制件落料。

工位⑧：另一个制件落料。

3. 模具结构设计

图1-3所示为铁链垫片多工位级进模结构。该模具结构简单，外形长为345mm，宽为270mm，闭合高度为156mm。其模具特点如下：

1）采用滚动式自动送料机构，传送各工位之间的冲孔和落料等工作。

2）模座结构设计。该制件年产量较大，为了确保制件的精度，此模具采用4套外径ϕ22mm精密滚珠钢球导柱、导套进行导向。上、下模座材料均采用45钢，以增强刚性和冲压的稳定性。

3）导向机构设计。为了更好地保证冲裁精度，除了模座的导柱导向以外，同时还在模具内部设置有4套外径ϕ16mm的小导柱、小导套进行辅助导向。其配合间隙为0.005～0.01mm，并且也能更好地对卸料板起到导向作用，有效地保证了各凸模、凹模的间隙，从而对凸模起到了一定的保护作用。

4）卸料板设计。卸料板不仅起卸料作用，而且起凸模导向，导正销的固定作用。卸料板的材料选用日本冷作模具钢SKD11，其热处理硬度为58～60HRC。此材料属于高耐磨性冷作工具钢，这种钢具有很高的硬度、耐磨性和抗压强度。其渗透性也很高，热处理变形小，可达微变形程度。

5）凹模设计。为了提高模具的使用寿命，该模具的凹模全部采用镶拼式结构（把凹模镶件固定在凹模固定板上，具体从图1-3可以看出），便于维修和刃磨。材料也是选用日本冷作模具钢SKD11，其热处理硬度为60～62 HRC。

6）该模具采用高速J21G-25（250kN）压力机冲压，冲裁速度可达到300次/min以上。

4. 冲压动作原理

将原材料宽60.5mm、料厚0.6mm的卷料吊装在料架上，通过整平机将送进的带料整平后，再进入滚动式自动送料机构内（在此之前将滚动式自动送料机构的步距调至11.05mm）；开始用手工将带料送至模具的导料板，直到带料的头部覆盖4个ϕ2.0mm的导正销孔凹模刃口，这时进行第一次冲4个ϕ2.0mm的导正销孔；依次进入，第二次将带料的头部顶到内部的内导料板2（件号：29）带挡料装置的侧面处，这时进行侧刃冲切，以后各次手工送进的步距以侧刃挡料为准；第三、四次为空工位；进入第五次为冲切4个长为9.95mm、宽为4.2mm的长圆孔；第六次为空工位；进入第七次为第一个制件落料；最后（第八次）为另一个制件落料。此时将自动送料器调至自动的状况可进入连续冲压。

1.2　垫圈多工位级进模

1. 工艺分析

图1-4所示的垫圈。材料为Q235碳素结构钢，料厚为4.0mm。制件形状简单，由内孔ϕ50mm和外圆ϕ62mm组成，要求内、外圆要同心。因该制件生产批量大，为了提高材料利用率，排样需考虑节省材料。

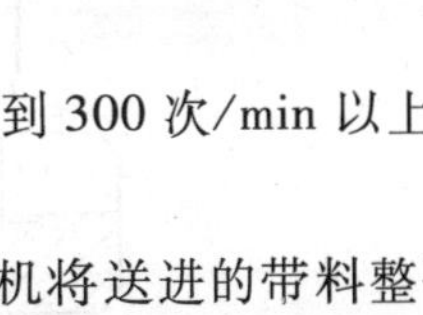

图1-4　垫圈

2. 排样设计

结合工厂实际生产条件，该制件采用单排排列。经计算，该制件选用料宽为67mm的卷料，步距为64.5mm，共分为两个工序冲压，排样如图1-5所示。具体工位如下：

工位①：冲孔。

工位②：落料。

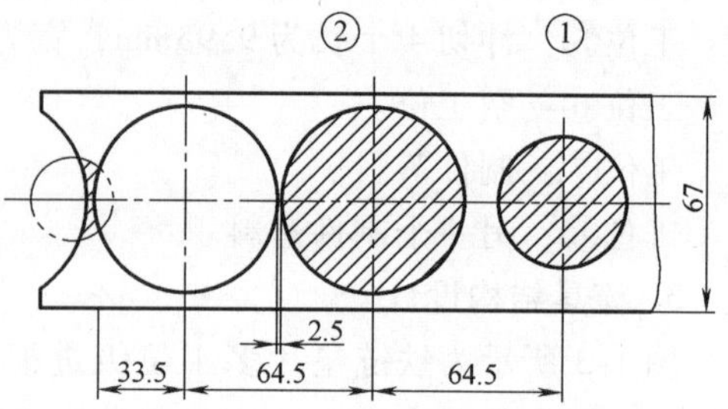

图1-5　排样图

3. 模具结构设计

垫圈多工位级进模结构如图1-6所示。其结构特点如下：

1）为了保证上、下模的对准精度，该模具采用滑动导柱、导套的标准模架。

2）两侧压块12在弹簧片11作用下，把条料压向一边，由于挡料杆1挡料，使送料更为准确。

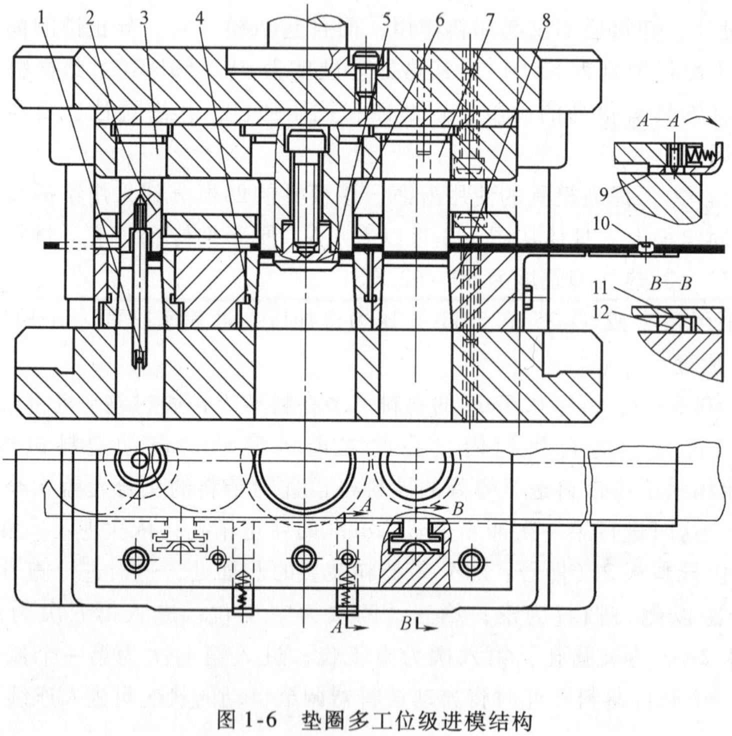

图1-6　垫圈多工位级进模结构

1—挡料杆　2、4、8—凹模　3、6、7—凸模　5—导正销
9—始用挡料销　10—螺钉　11—弹簧片　12—侧压块

3）模具工作时，条料送进，开始用始用挡料销9挡料，以后即由挡料杆1挡料。挡料杆1装在冲搭边的凸模3下面且较长。当上模在上止点时，挡料杆1仍不离开凹模刃口，故条料往左送进即被挡料杆1挡住。在冲裁的同时，凸模3将搭边冲开一个缺口，条料可顺利地（不用抬料）继续向左送料，实现连续冲裁。在第二工位落料时，由导正销5精确定位，这样可保证垫圈孔与外圆同心。此结构适用于行程不大的压力机上。

1.3　连接板多工位级进模

1. 工艺分析

图 1-7 所示的连接板。材料为 Q235，料厚为 1.2mm，最大外形尺寸为 119mm×32mm，头部由 4 个 ϕ5mm 和一个 ϕ8mm 的圆孔组成，尾部由一个 ϕ5mm 的圆孔组成。因该制件年产量大，经分析采用多工位级进模冲压较为合理。

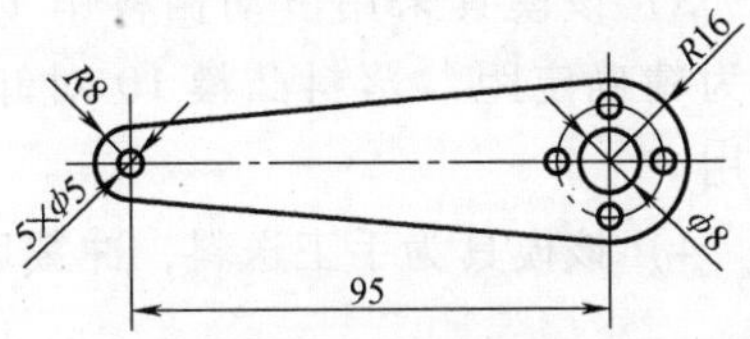

图 1-7　连接板

2. 排样设计

从图 1-7 中分析，该制件需经过落料和冲孔两个工序冲压，排样如图 1-8 所示。具体工位如下：

工位①：冲孔。

工位②：落料。

3. 模具结构设计

连接板多工位级进模结构如图 1-9 所示。其结构特点如下：

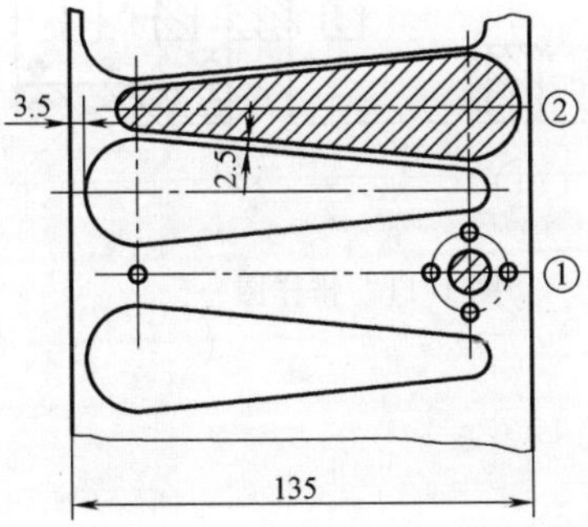

图 1-8　排样图

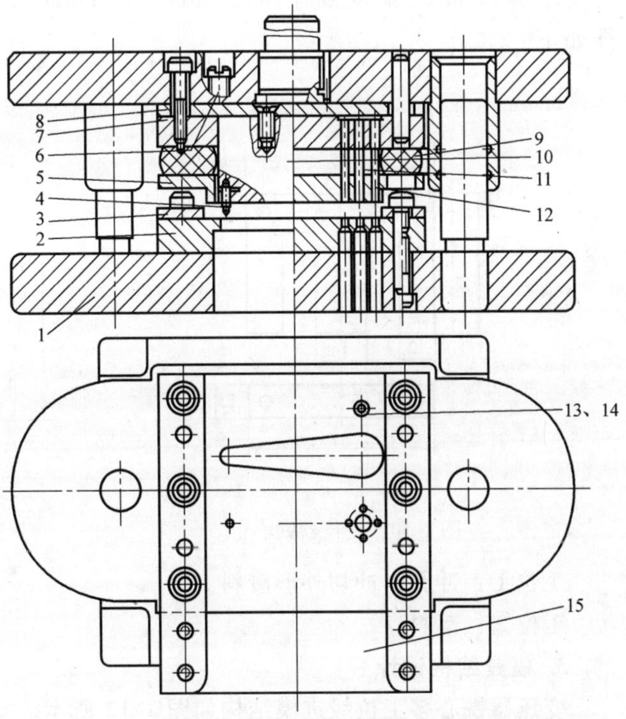

图 1-9　连接板多工位级进模结构

1—下模座　2—凹模　3—导料板　4—定位销　5—卸料板　6—卸料螺钉　7—凸模固定板　8—垫板　9—橡胶垫　10—落料凸模　11—大孔圆凸模　12—小孔圆凸模　13—活动挡料销　14—弹簧　15—承料板

1）该模具采用中间滑动导柱模架结构。

2）为了提高材料利用率，该制件采用对叉排列，但模具采用单排一出一的结构。冲压时首先冲第一遍；待第一遍冲压结束后，将条料旋转180°再继续冲第二遍。

3）该模具采用滑动挡料销13作粗定距，用安装在大孔圆凸模11底面的定位销4作为精确定距。落料凸模10对卸料板5起导向作用，卸料板5对小孔圆凸模12起保护作用。

4）该模具为手工送料，冲裁后的制件和废料均由模具的底孔漏出。

1.4 变压器铁心多工位级进模

1. 工艺分析

图1-10所示为变压器铁心。该制件是由“山”字形和“一”字形两件组成，材料为硅钢片。一字形的长度等于山字形的长度。经分析，采用无废料冲裁，可在一次压力机行程下冲切一字形和山字形两件。

2. 排样设计

由于年生产批量大，在排样设计时要重点考虑节省材料、提高材料利用率。经分析，“一”字形制件是由双侧刃搭边冲切获得，“山”字形由对叉排列。对带料的宽度要求高（带料宽度要求81.5mm±0.1mm），排样如图1-11所示。具体工位安排如下：

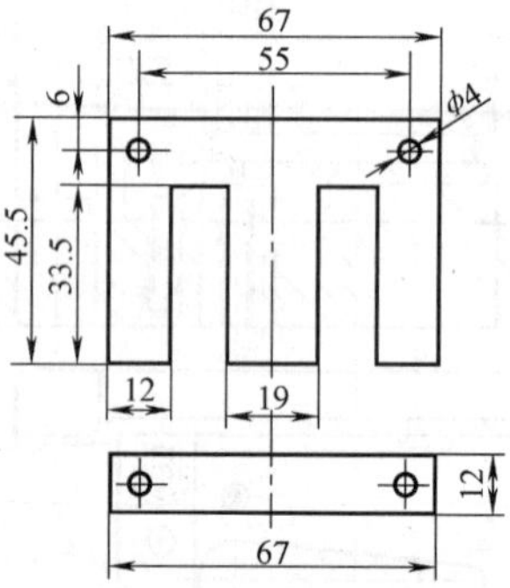

图1-10　变压器铁心

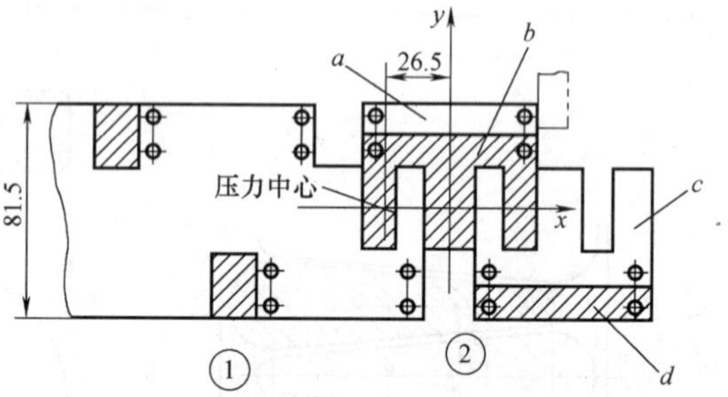

图1-11　排样图

工位①：冲孔、冲切外形废料。

工位②：落料。

3. 模具结构设计

变压器铁心多工位级进模结构如图1-12所示。该模具采用标准后侧滑动导柱模架，采用侧刃定距。其侧刃部位是“一”字形的本身。

模具冲压时，上模下行，带料（条料）在第一工位送进时，必须用始用挡料销16挡料，再冲切相关孔位及局部的外形废料；当带料（条料）进入第二工位时，利用“山”字凸模12及“一”字凸模11，分别冲切排样图上的b部和d部，而a部和c部从凹模板的不同斜面上滑出。

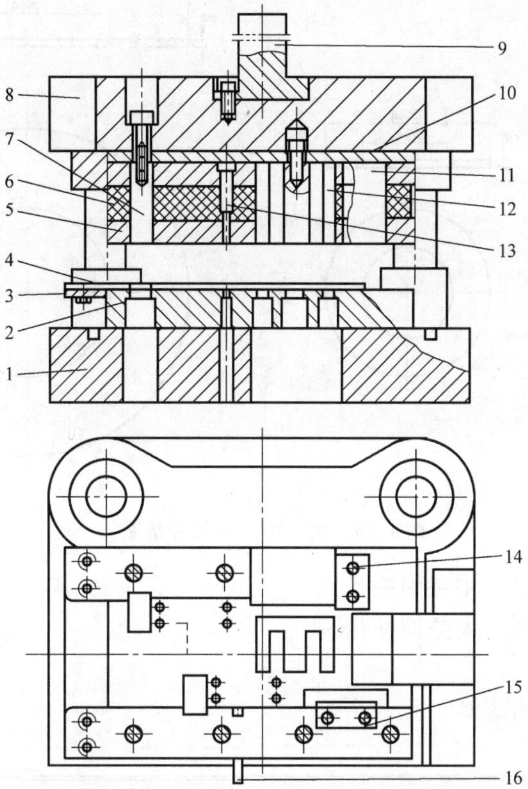

图 1-12　变压器铁心多工位级进模结构

1—下模座　2—凹模板　3—承料板　4—导料板　5—卸料板　6—橡胶垫　7—侧刃凸模
8—上模座　9—模柄　10—固定板垫板　11—“一”字凸模　12—“山”字凸模
13—冲孔凸模　14—挡块　15—防侧向挡块　16—始用挡料销

1.5　多种垫圈套料多工位级进模

1. 工艺分析

图 1-13 所示为大、中、小三种垫圈。材料为 Q195 碳素结构钢，板料厚度为 2mm。为了节省材料及提高生产率，从图中可以看出，这三种垫片可以采用套料方法设计一副三种垫圈同时冲孔、落料的级进模。在选用套料的方式来设计时，首先对各种规格垫圈的内径及外径要合理进行选择，即小垫圈的外径必须正好是中垫圈的内径，中垫圈的外径也必须正好是大垫圈的内径。只有具备这样的尺寸条件，才能充分发挥材料利用率。

2. 排样设计

为了提高材料利用率，该制件在充分分析三种垫圈冲裁特点的基础上，考虑送料、定位、模具结构及制造成本等要素，决定采用一出三套料排列较为合理，排样如图 1-14 所示。具体工位如下：

工位①：冲工艺孔、小垫圈冲孔。

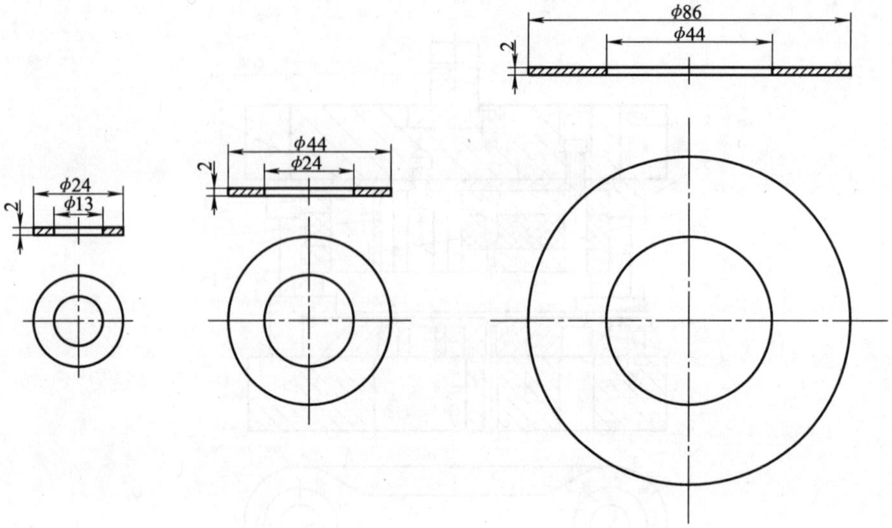

图 1-13　大、中、小三种垫圈

工位②：小垫圈落料（中垫圈冲孔）。

工位③：中垫圈落料（大垫圈冲孔）。

工位④：空工位。

工位⑤～⑦：大垫圈落料。

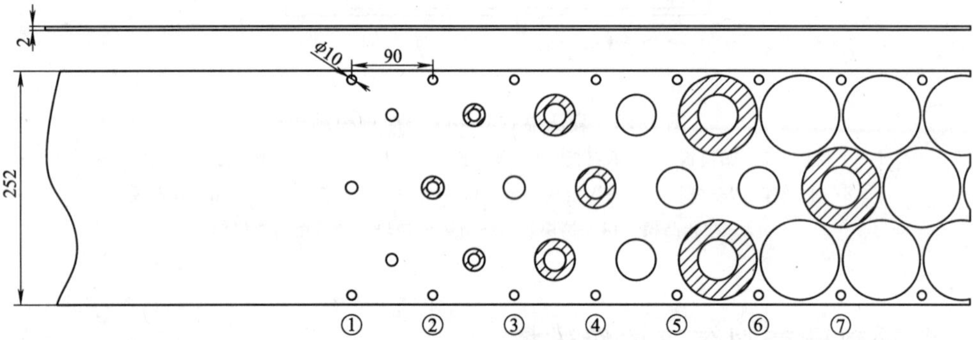

图 1-14　排样图

3. 模具结构设计

图 1-15 所示为多种垫圈套料多工位级进模结构。采用大、中、小三种垫圈同时冲孔、落料工艺，生产出制件的好坏与其模具的设计质量密切相关。合理的模具结构是加工合格制件的关键，因此根据具体的零件形状、尺寸及材料，必须要正确、合理设计三种垫圈同时冲孔、落料的级进模结构。

从图 1-15 可以看出，该模具结构由上、下模两部分组成。上模部分主要由上模座 1，上垫板 5、25，固定板 7、26，卸料板垫板 2、20，卸料板 11、17，小垫圈凸模 6，中垫圈凸模 12，大垫圈凸模 21 等组成。下模部分主要由下模座 27，下垫板 28、41 及凹模板 37、42 等组成。

1）凸、凹模间隙值的确定。根据生产经验可知，凸、凹模间隙对制件质量、冲裁压力及模具寿命都有很大的影响。因此设计模具时，一定要选择一个合理的间隙，使制件的质量

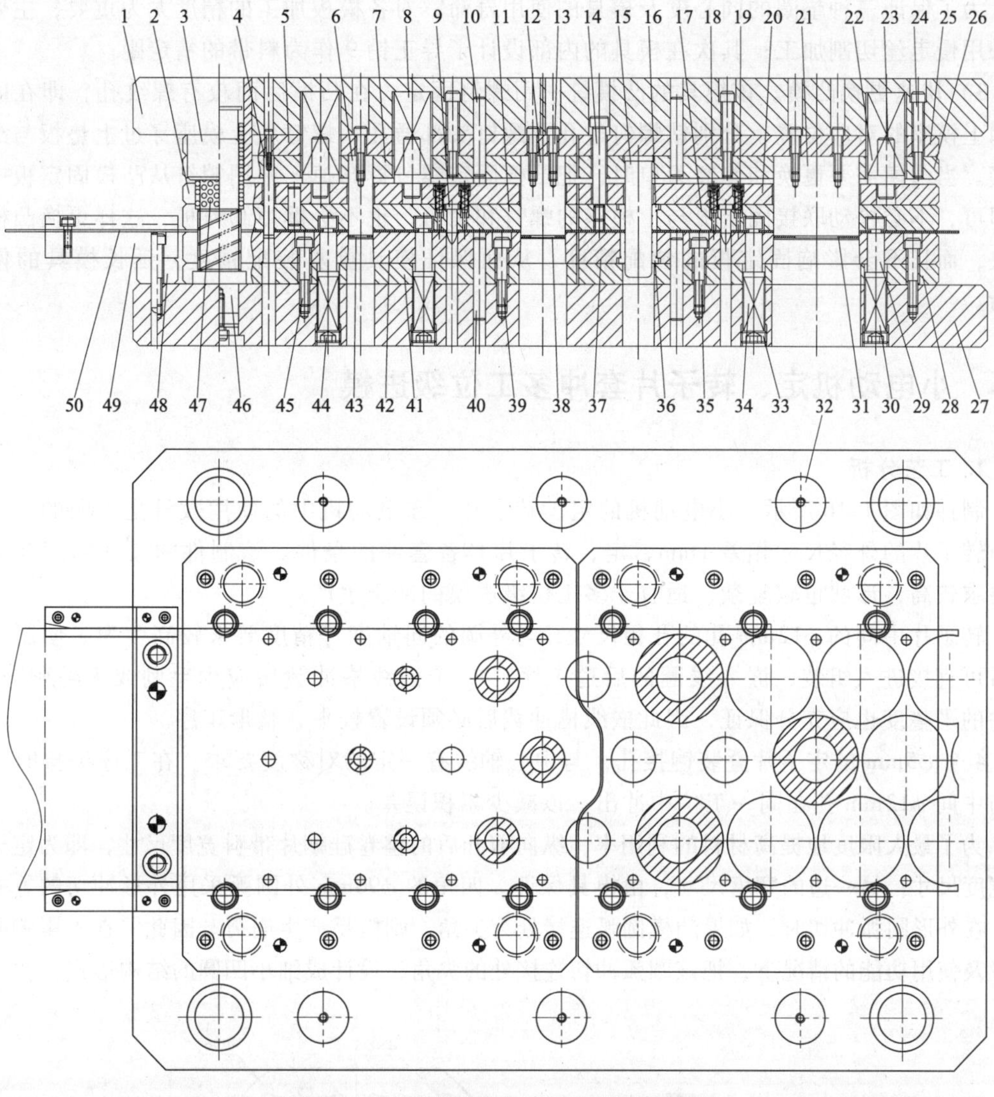

图 1-15　多种垫圈套料多工位级进模结构

1—上模座　2、20—卸料垫板　3—导套　4—工艺孔凸模　5、25—上垫板　6—小垫圈凸模　7、26—固定板　8、18、22、30、34—弹簧　9—导正销　10、40—圆柱销　11、17—卸料板　12—中垫圈凸模　13、24、35、39、45—螺钉　14—卸料螺钉　15—小导柱　16、36—小导套　19—弹顶　21—大垫圈凸模　23—弹簧垫圈　27—下模座　28、41—下垫板　29—浮动导料销　31—大垫圈　32—限位柱　33、44—螺塞　37、42—凹模板　38—中垫圈　43—小垫圈　46—导柱　47—保持圈　48—承料板垫块　49—承料板　50—料带

较好，所需冲裁压力较小、模具寿命较高。按材料性能及板料厚度决定，其凸模与凹模的间隙均取 0.24mm。

2）模具零件的制造。该模具结构中的上垫板、卸料板垫板及下模垫板选用 Cr12，热处理硬度为 54～56HRC；固定板选用 45 钢，调质处理硬度为 320～360HBW；卸料板及下模板选用高铬合金钢 Cr12MoV，热处理硬度分别为 54～56HRC、60～62HRC；凸模选用 SKDII，热处理硬度为 62～64HRC。

为了保证三种垫圈的同心度及模具的使用寿命，对各模板加工的精度尤为重要，主要模板采用慢走丝切割加工；其次在模具的内部设计了导正销 9 作为料带的精定距。

3）快速更换凸模。该模具的凸模统一用螺钉固定。在凸模后面攻有螺纹孔，即在固定板和上模座的对应位置，分别钻螺钉过孔及螺钉头部通孔，螺钉从上模座穿过上垫板与凸模连接。当凸模需要更换和修磨刃口时，把凸模固定螺钉拆卸掉，并用销钉从凸模固定板中顶出即可，不必松动联接固定板与上模座的螺钉和销钉，也不必拆掉卸料板，这样更换凸模速度快，而且不会影响固定板的装配精度，从而保证模具重复装配精度，延长模具的使用寿命。

1.6　小电动机定、转子片套冲多工位级进模

1. 工艺分析

制件如图 1-16 所示，小电动机的定、转子片，在电动机中的使用数量是等同的，定子片与转子片的外径尺寸相差 1mm，定、转子片具备套冲的条件。该制件的尺寸精度及对称度要求较高，形状也较复杂，适宜于多工位级进模的冲压生产。

转子片中间的 ϕ12mm 孔的孔径尺寸，与外圆的同轴度等精度要求较高。为了使制件加工后可直接进入组装、嵌入线圈的后道工序，12 个嵌线槽冲裁后应少毛刺或无毛刺产生，制件的平整度也应充分保证，因此嵌线槽冲裁后必须设置校平、整形工序。

4 个 ϕ5mm 的定子片叠装铆接孔，与中心轴线有一定的对称度要求。在工序编排时应考虑与中间 ϕ12mm 孔在同一工位中冲出，以减少累积误差。

为了最大限度地提高材料的利用率，纵向剪开后的整卷硅钢片带料宽度尺寸，即为定子片的宽度尺寸；另一边的宽度尺寸，由模具保证。四角的 ϕ96mm 外圆弧采用外形冲切的方式获取。在外形圆弧冲切时，如果凸模圆弧连接处为尖角，则极易产生崩刃。因此，在不影响外形质量及使用功能的情况下，把该圆弧冲切连接处的尖角，设计成细小凹圆的结构形式。

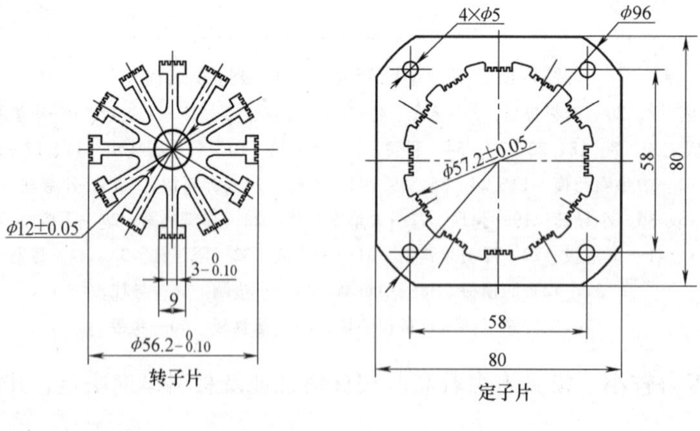

图 1-16　小电动机定、转子片

2. 排样设计

定、转子片为大批量生产，选用整卷硅钢片带料，采用冲压设备附设的自动送料装置送料，其送料精度可达 ±0. 05mm。因此冲压加工中，以送料装置为粗定距，以模具内设置的

导正销为精定距。

综合以上工艺分析，整带料即为该制件本体的载体形式。为了保证制件的关键尺寸及相对位置精度，在冲制导正销孔的同时，应考虑把转子片的中间 ϕ12mm 孔、12 个嵌线槽型孔，以及 4 个 ϕ5mm 的定子片叠装铆接孔一起冲出。在同一个工位上进行多工序组合冲裁，很可能影响制件的平整度，因此在转子片的外形冲切落料前，必须安排校平工序。转子片的外形落料后，即可在其后的工位上进行定子片的内形异形槽孔冲裁。

为了使材料充分得到利用，在冲切外形圆弧的材料部分设置导正销孔的孔位，考虑到模具的工作强度，必须设置空工位。

最后工位制件从带料上切断分离出来有两种方式：一种为中间切去一窄条的有废料切断方式，它可保证冲切后的两边毛刺方向相同，但降低了材料利用率；另一种为单面切断，冲切后的两边断面毛刺方向是不一样的。考虑到切断面为定子片外侧的非工作部位，不影响其使用，所以采用了单面切断的方式，排样如图 1-17 所示。具体工位如下：

工位①：冲导正销孔、定子片 4 个安装孔、转子片各槽孔及中间孔。

工位②：校平工位。

工位③：转子片外形落料。

工位④：冲定子片内形槽孔。

工位⑤：空工位。

工位⑥：定子片两端外形圆弧冲切。

工位⑦：定子片与本体冲切分离。

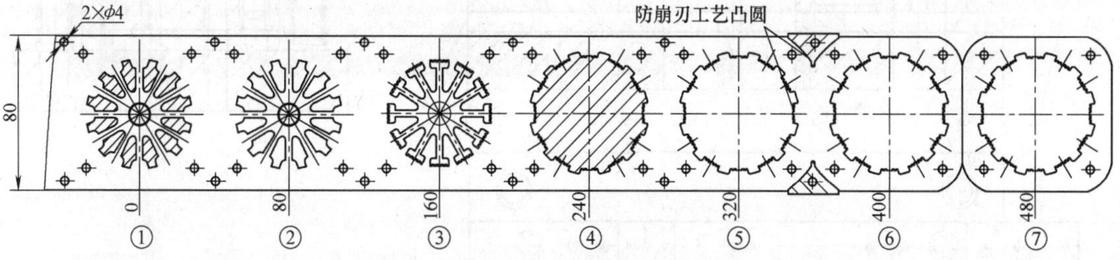

图 1-17　排样图

3. 模具结构设计

根据冲压工序分析的相关工艺进行下列参数的计算：

总冲压力（6 个有效工位）$F_{总}$ = 213243N　　　　卸料力 $F_{卸}$ = 7519N

以排样的尺寸坐标基准原点为计算压力中心的坐标，因制件为完全对称型，Y 方向压力中心坐标与排样基准线重合，即 $Y=0$，只需计算 X 方向压力中心即可。

压力中心　　　$X_0 = 193.7\text{mm}$　　　$Y_0 = 0\text{mm}$

制件材料为电工用硅钢片，料厚为 0.35mm，冲裁间隙查表：$Z_{max} = 0.06\text{mm}$；$Z_{min} = 0.04\text{mm}$，最后确定采用 $Z = 0.05\text{mm}$。

小电动机定、转子片套冲多工位级进模结构如图 1-18 所示。

模具导料系统采用分段双侧面导料板结构形式，即外导料板 2 和内导料板 7。为了使带料在高速、连续的送进中保持顺畅，在凹模靠近侧导料板的两侧设置了两排钢珠弹顶 13，材料浮离凹模平面 0.5～1.0mm，与钢珠成点接触，使带料在高速、连续的送进冲压中实现材料的平滑移动。因冲压中弹压卸料板的工作行程不大，精定距的导正销固定在凸模固定板上最佳。

制件的冲裁间隙较小，精度又较高，为了适应高速冲压，选用滚动导向四导柱钢结构模架。

级进模各凸模的导向精度、导向保护是由卸料板精度来保证的。卸料板必须有足够的运动精度，因此在卸料板与凸模固定板之间设置了对称均布的4个辅助小导套15、16，卸料板与上模部分采用8件等长卸料螺钉19联接。一般情况下，卸料板的选材应与凹模材料一致，其热处理硬度应略低于凹模的热处理硬度。

弹压卸料板所用的弹性元件为矩形弹簧。因模具的工作面积较大，初选12件轻载荷，外径为ϕ20mm，长度为60mm的矩形弹簧，由前面计算卸料力$F_{卸}$为7519N。

1）根据模具工作面积、安装位置和空间结构，拟选矩形弹簧个数$n=12$。

2）计算每个弹簧的预压力：$F_{预}=F_{卸}/n=7519\text{N}/12=627\text{N}$。

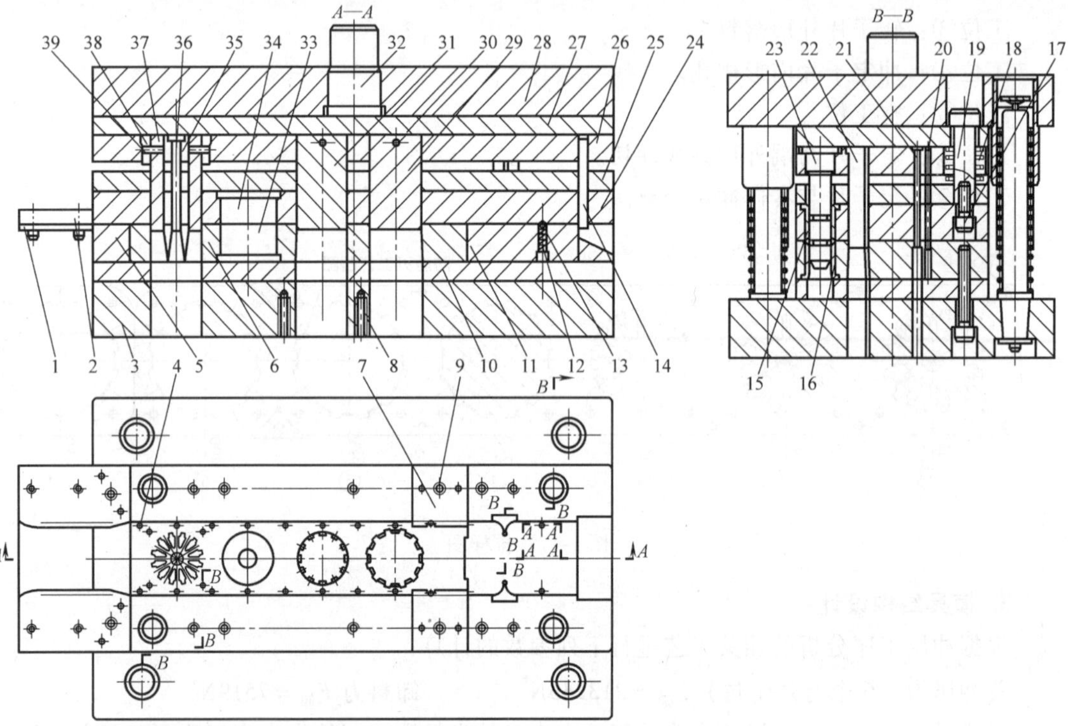

图1-18　小电动机定、转子片套冲多工位级进模结构

1—承料板　2—外导料板　3—下模座　4—冲导正销孔凸模　5—凹模框　6—凹模-1　7—内导料板　8—固定收集筒用螺孔　9、17—螺钉　10—凹模垫板　11—凹模-2　12—圆形弹簧　13—钢珠弹顶　14—切断凸模　15、16—小导套　18—矩形弹簧　19—卸料螺钉　20—导正销　21—冲圆孔凸模　22—冲切圆弧凸模　23—小导柱　24—卸料板　25—卸料板垫板　26—凸模固定板　27—凸模固定板垫板　28—上模座　29—定子片冲圆弧凸模　30、39—固定凸模用圆销　31—转子片外形冲切凸模　32—模柄　33—校平用下模　34—校平用上模　35、38—凸模固定夹套　36—冲中心轴孔凸模　37—冲绕线槽凸模

3）由 $2F_{预}$ 估算弹簧的极限工作负荷：$F_{极}=2F_{预}=2\times627\text{N}=1254\text{N}$。

查有关矩形弹簧规格，初选弹簧的规格：轻载荷，$D=20\text{mm}$，$d=10\text{mm}$、$h_0=60\text{mm}$、$F_{极}=529.6\text{N}$、$h_{极}=60\times0.52\times0.8\text{mm}=24.96\text{mm}$。

4）计算弹簧预压缩量：

$h_{预}=F_{预}h_{极}/F_{极}=627\text{N}\times24.96\text{mm}/1254\text{N}=12.48\text{mm}$

5）校核：

$$h=h_{预}+h_x+h_m=12.48\text{mm}+6\text{mm}+5\text{mm}=23.48\text{mm}<24.96\text{mm}$$

由以上计算可知，所选弹簧合适。

模具工作零件部分，凹模按工序内容要求分段为两个部分，精加工后组合在凹模框内，整形校平用的上、下凸模分别设置在卸料板及凹模内。

因冲切型孔的槽形凸模细小、精度高，故分别用里、外两套凸模固定夹套加横销夹紧固定，冲切圆弧凸模22与最后的切断凸模14与固定板台肩固定。因两凸模均为单面冲裁，为了避免侧向力影响，其长度尺寸略短于其他凸模尺寸，在靠近凹模切断型孔末端，加工30°斜滑面，制件最后切断分离后，从该斜面处滑出模具。

在模座底面转子片冲切落料型孔的部位，加工了4个固定收集筒用螺孔8，用以固定收集落料后的转子片装置，以避免与其他冲裁废料混合而增加分选工序。

1.7　微电动机转子片与定子片多工位级进模

1. 工艺分析

图1-19所示的微电动机的定子片和转子片，材料为硅钢片，料厚为0.35mm。定子片和转子片在使用中所需数量相等，转子片的外径比定子片的内径小1mm，因此定子片和转子片具备套冲条件。从图1-19可以看出，定子片中的异形孔比较复杂，孔中有四个较狭窄的突出部分。若不将内型孔分解冲切，则整体凹模中4个突出部分容易损坏，为此把内型孔分为两个工位冲出。考虑到 $\phi48^{+0.05}_{0}$ mm 孔精度较高，应先冲两头长形孔，后冲中孔，同时将3个孔打通，完成内孔冲裁。若先冲中孔，后冲长形孔，可能引起中孔的变形。

图1-19　微电动机的定子片和转子片

2. 排样设计

由于微电动机的定子片和转子片年产量大，故适宜采用多工位级进模冲压，该制件的冲压工序均为冲孔和落料。制件的异形孔较多，在级进模的结构设计和加工制造上都有一定的难度，因此要精心设计，各种问题都要考虑周全。

制件的排样如图1-20所示。该排样共分8个工位，各工位的工序如下：

工位①：冲导正销孔，冲转子槽孔和中心轴孔，冲定子片两端4个小孔等。

工位②：冲定子片右侧2孔，冲工艺孔及转子片槽。

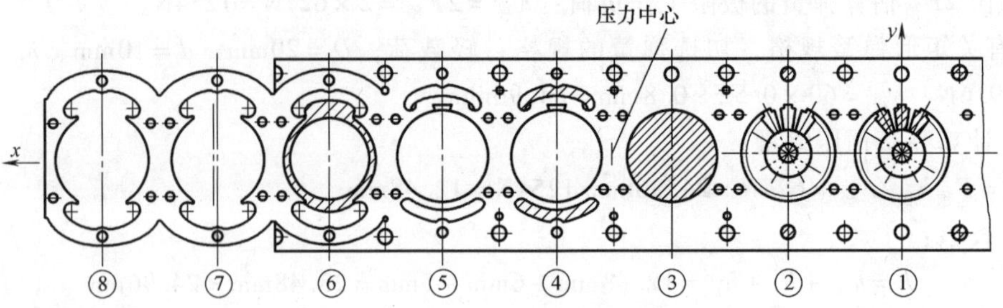

图 1-20　排样图

工位③：转子片落料。

工位④：冲定子片两端异形槽孔。

工位⑤：空工位。

工位⑥：冲定子片 $\phi48^{+0.05}_{0}$mm 内孔，切除定子片两端圆弧废料。

工位⑦：空工位。

工位⑧：定子片切断。

转子片中间 ϕ10mm 的孔有较高的精度要求，12 个线槽孔要直接缠绕径细、绝缘层薄的漆包线，不允许有明显的毛刺。为此，在工位②设置对 ϕ10mm 孔和 12 个线槽孔的校平工序。工位③完成转子片的落料。

定子片中的异形孔比较复杂，孔中有四个较狭窄的突出部分，为此把内型孔分为两个工位冲出。考虑到 $\phi48^{+0.05}_{0}$mm 孔精度较高，应先冲两头长形孔，后冲中孔，同时将三个孔打通，完成内孔冲裁。

工位⑧采取单边切断的方法，尽管切断处相邻两片毛刺方向不同，但不影响使用。

3. 模具结构设计

根据排样图，该模具为 8 个工位的多工位级进模，步距为 60mm。多工位级进模结构如图 1-21 所示。该模具由上、下两部分组成，为了保证制件的精度，采用四导柱滚珠导向钢板模架。

（1）上模部分

1）凸模。

高度应符合工艺要求。工位③ϕ47mm 的落料凸模 19 和工位⑥的三个凸模较大，应先进入冲裁工作状态；其余凸模均比其短 0.5mm，当大凸模完成冲裁后，再使小凸模进行冲裁，这样可防止小凸模折断。

模具中冲槽凸模 17，切废料凸模 6、7，冲异形孔凸模 20 都为异形凸模，无台阶。大一些的凸模采用螺钉紧固，冲异形孔凸模 20 呈薄片状孔，故采用销钉 14 吊装于固定板 11 上。环形分布的 12 个冲槽凸模 17，是镶在带台阶的凸模座 16 上相应的 12 个孔内，并采用卡圈 15 固定，如图 1-22 所示。卡圈切割成两半，用卡圈卡住凸模上部磨出的凹槽，可防止凸模卸料时被拔出。

2）弹性卸料装置。由于模具中有细小凸模，为了防止细小凸模折断，需采用带辅助导向机构（即小导柱和小导套）的弹性卸料装置，使卸料板对小凸模进行导向保护。小导柱、小导套的配合间隙，一般为凸模与卸料板之间配合间隙的 1/2。该模具由于间隙值都很小，因此模具中的辅助导向机构是共用的模架滚珠导向机构。

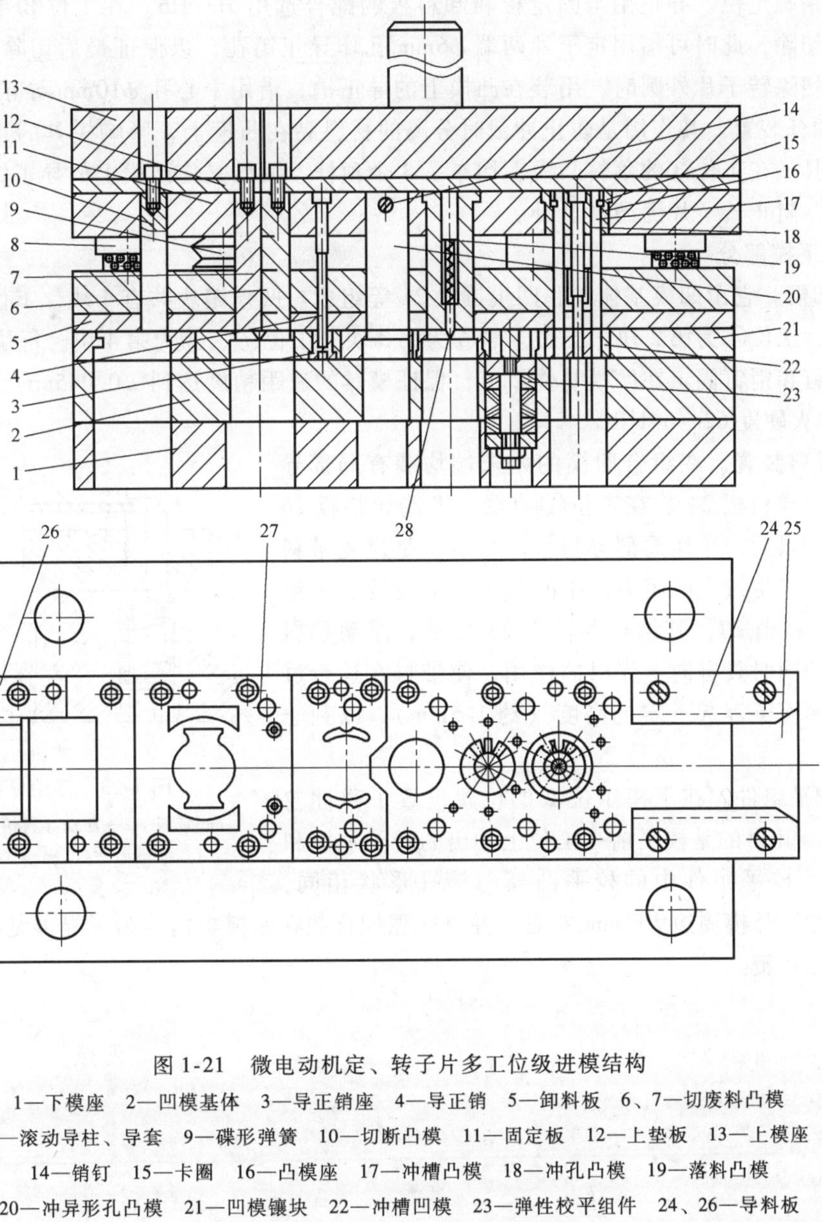

图 1-21　微电动机定、转子片多工位级进模结构

1—下模座　2—凹模基体　3—导正销座　4—导正销　5—卸料板　6、7—切废料凸模　8—滚动导柱、导套　9—碟形弹簧　10—切断凸模　11—固定板　12—上垫板　13—上模座　14—销钉　15—卡圈　16—凸模座　17—冲槽凸模　18—冲孔凸模　19—落料凸模　20—冲异形孔凸模　21—凹模镶块　22—冲槽凹模　23—弹性校平组件　24、26—导料板　25—承料板　27—浮动导料销　28—顶杆

为了保证卸料板具有良好的刚性和耐磨性，并便于加工，卸料板分为 4 块，每块板厚为 12mm，材料为 Cr12MoV，热处理硬度为 55 ~ 58HRC。各块卸料板均装在卸料板基体上，卸料板基体用 45 钢制作，板厚为 20mm。因该模具所有的工序都是冲裁，卸料板的工作行程小，为了保证足够的卸料力，采用了 6 组相同的碟形弹簧作弹性元件。

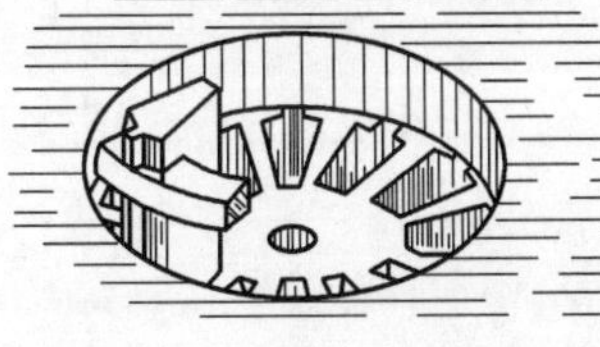

图 1-22　冲槽凸模固定示意图

3）定位装置。模具的进距精度为 ± 0. 05mm，采用的自动送料装置精度为 ± 0. 005mm，为此，分别在模具的工位①、③、④、⑧上设置了 4 组共 8 个呈对称布置的导正销，以实现

对带料的精确定位。导正销与固定板和卸料板的配合选用 H7/H6。在工位⑧带料上的导正销孔已被切除，此时可借用定子片两端 ϕ6mm 孔作导正销孔，以保证最后切除时定位精度。在工位③切除转子片外圆时，用装在凸模上的导正销，借用中心孔 ϕ10mm 导正。

4）顶杆装置。其作用是防止冲裁时分离的材料黏在凸模上，影响模具的正常工作，甚至损坏模具。在工位③的落料凸模上均布了 3 个顶杆，目的是使凸模上的导正销与落料的转子片分离，阻止转子片随凸模上升。

（2）下模部分

1）凹模。它由凹模基体 2 和凹模镶块 21 等组成。凹模镶块共有 4 块，工位①、②、③为第 1 块，工位④为第 2 块，工位⑤、⑥为第 3 块，工位⑦、⑧为第 4 块。每块凹模镶块 21 分别用螺钉和销钉固定在凹模基体 2 上，保证模具的进距精度达到 ±0.005mm。凹模材料为 SKDII，淬火硬度 62～64HRC。

2）导料装置。在组合凹模的始末端均装有局部导料板。始端导料板 24 装在工位①前端，末端导料板 26 设在工位⑦以后。采用局部导料板的目的，是避免带料送进过程中产生过大的阻力。中间各工位上设置了 4 组 8 个浮动导料销 27，其结构如图 1-23 所示。浮动导料销在导向的同时具有向上浮料的作用，使带料在运行过程中从凹模面上浮起一定的高度（约 1.5mm），以利于带料运行。

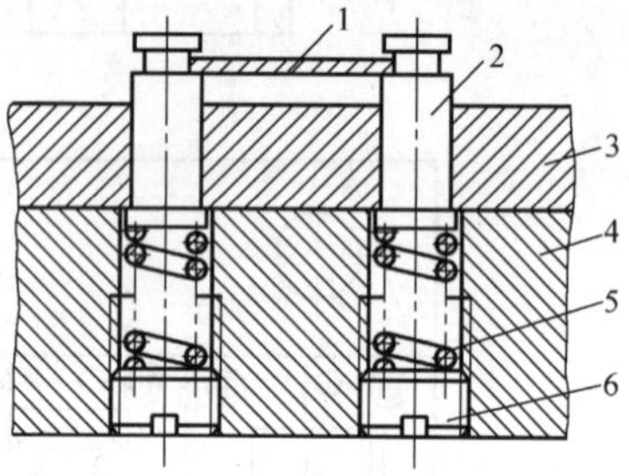

图 1-23　浮动导料销

1—带料　2—浮动导料销　3—凹模　4—下模座　5—弹簧　6—螺塞

3）校平组件。在下模工位②的位置设置了弹性校平组件 23。其目的是校平前一工位上冲出的转子片槽和 ϕ10mm 孔。校平组件中的校平凸模与槽孔形状相同，其尺寸比冲槽凸模周边大 1mm 左右，并以间隙配合装在凹模板内。为了提供足够的校平力，采用了碟形弹簧。

第2章　冲裁、弯曲多工位级进模

2.1　端罩多工位级进模

1. 工艺分析

图2-1所示为某一仪器中的端罩，材料为10钢，厚度为3.0mm，该制件生产批量大。从图2-1可以看出，尺寸要求不高，为对称弯曲件，因此成形工艺较好。经分析，采用多工位级进模进行冲压较为合理，以中间的椭圆孔为冲压时的精定距。

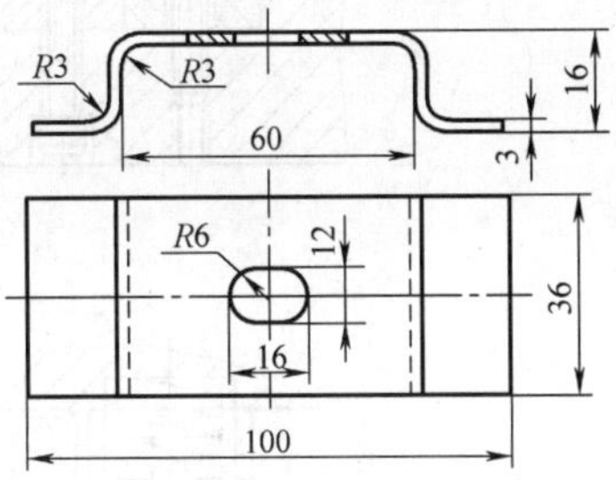

图2-1　端罩

2. 排样设计

该制件尺寸要求并不高，因此把制件图上36mm的尺寸作为带料的宽度，可以设计一副采用无废料排样的冲孔、切断、弯曲的多工位级进模来冲压。排样图见图2-2。具体工位如下：

工位①：冲椭圆孔（后续也作导正销孔定位）。

工位②：切断、弯曲复合工艺。

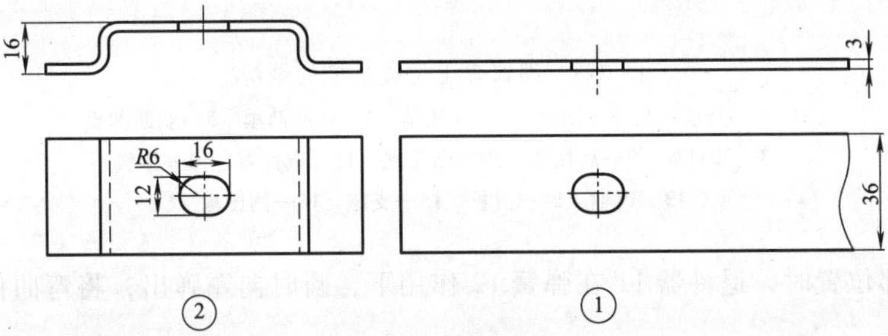

图2-2　排样图

3. 模具结构设计

图2-3所示为端罩多工位级进模的结构。该模具挡料采用侧压板16，将带料压靠到后托架9上进行冲压。第二工位先用导正销3进行导正定位，当上模继续下行，再进行切断，最后进行弯曲工艺。

该模具自动退料装置的结构与动作如下：

1）上模装有一凸轮轴10，插在下模支座15内。支座内有一退件器11，其上有一圆孔，套在凸轮轴10上。孔缘做成斜面。退件器11上装有弹簧12，且以销轴铰接滑板14。滑板的作用是与凸轮轴配合，以控制退件器弹簧动作。

2）冲压时，凸轮轴10下行，其下端推下滑板14必沿销轴13转动一个小的角度。凸轮轴10中部的凸轮槽使退件器11右移，此时滑板14在弹簧12作用下马上复位。冲压完毕，凸轮轴10随上模上行，当凸轮轴的凸轮槽行至退件器11的位置，而且滑板14也到了凸轮

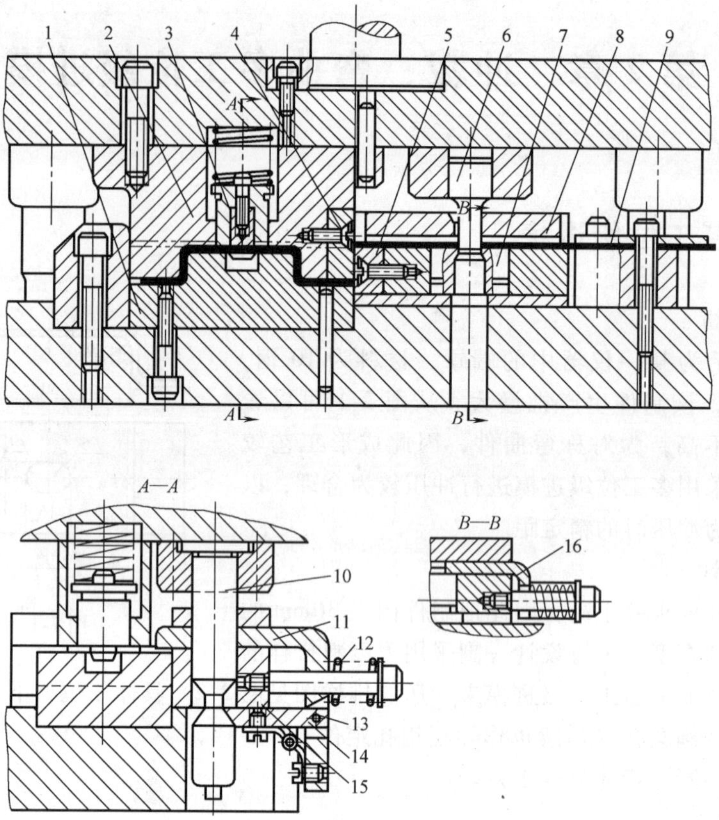

图 2-3　端罩多工位级进模的结构

1、6—凸模　2、7—凹模　3—导正销　4—切断凸模　5—切断凹模
8—卸料板　9—后托架　10—凸轮轴　11—退件器　12—弹簧
13—销轴　14—滑板　15—支座　16—侧压板

轴 10 下端端部位置时，退件器 11 在弹簧 12 作用下，瞬时向左弹出，将弯曲件排出。

2.2　U 形支架多工位级进模

1. 工艺分析

图 2-4 所示为 U 形支架弯曲件，材料为 10F 钢，料厚 3.0mm，生产批量为 50 多万件/年。原冲压工艺采用 3 副单工序模，具体冲压工序如下：工序 1 为冲圆孔及冲切 *R*12.5mm 缺口等；工序 2 为 45°弯曲；工序 3 为 90°弯曲。采用单工序模生产所需模具较多，设备利用率低，且手工放置半成品有误差，导致 *R*12.5mm 缺口处的弯曲不稳定，达不到 90°而影响制件质量。经分析，决定采用一副多工位级进模冲压。

由图 2-4 可见，制件需向下弯曲成形。制件展开图见图 2-5，其展开长度为 300mm，宽为 89mm。为了提高材料利用率，板料规格选用卷料。该制件成形难点为料较厚，弯曲 90° ±0.5°要求较高；*R*12.5mm 缺口容易受后序弯曲成形的影响而产生变形。因此制定如下解决方案：

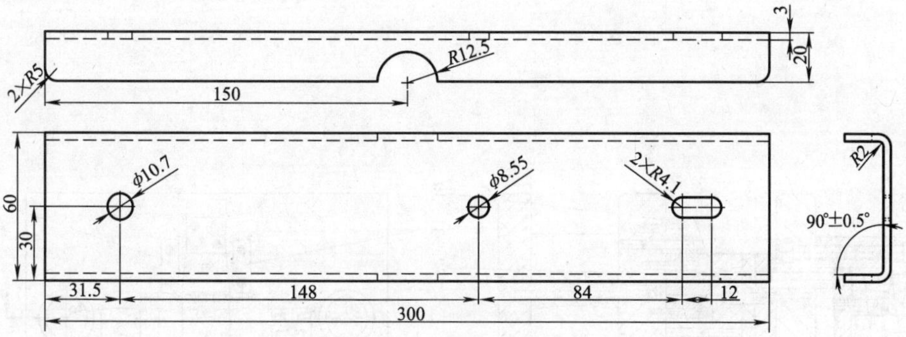

图 2-4　U 形支架弯曲件

1）按常规设计，U 形件的 90°弯曲可一次性完成。由于该制件板料较厚，首先进行 45°预弯，再进行 90°弯曲，弯曲工序图见图 2-6。

2）制件 R12.5mm 缺口的圆弧顶点离弯曲线较近（该处按合理工艺，缺口离边距应 ≥1.5t + R），因此在 45°预弯曲之前，设置一道压筋工序，使制件弯曲成形时，弯曲线刚好在压筋位置，并使其顺利完成制件弯曲，从而避免了 R12.5mm 缺口的变形。

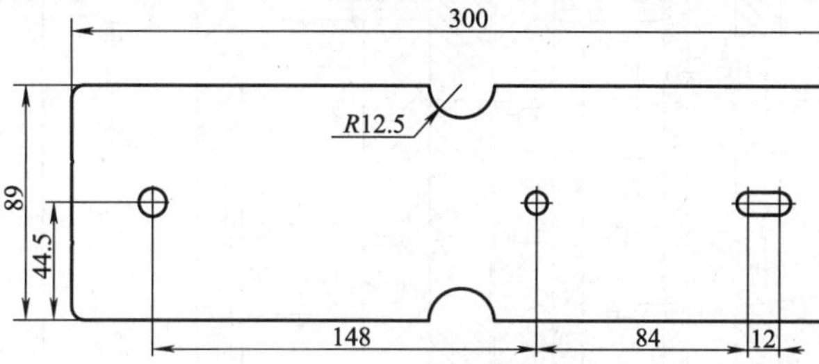

图 2-5　制件展开图

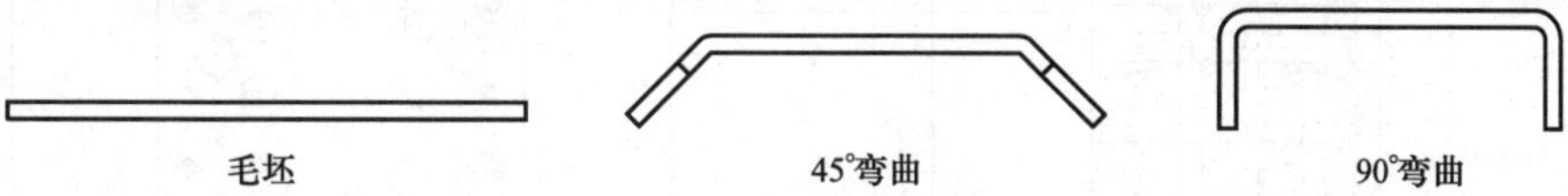

图 2-6　弯曲工序图

2. 排样设计

该制件对边缘的高度要求不高。为了提高材料利用率，在排样设计时，不考虑冲切边缘的废料，这样该排样可以采用中间载体连接各工位的冲裁、弯曲及切断等工序。制件排样图见图 2-7，具体工位安排如下：

工位①：压筋。

工位②：冲圆孔及冲切 R12.5mm 缺口等。

工位③：45°弯曲。

工位④：90°弯曲。

工位⑤：切断（制件与载体分离）。

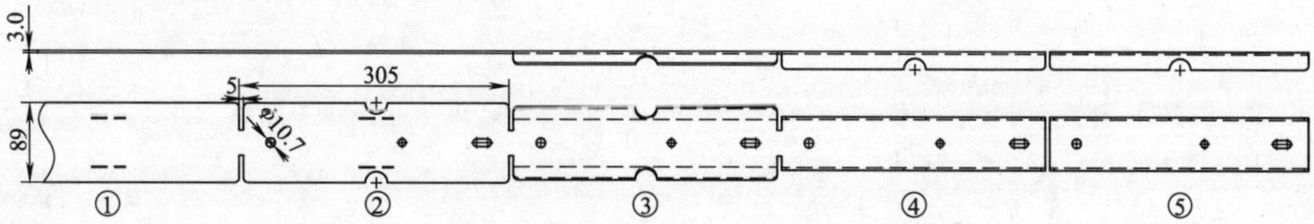

图 2-7　排样图

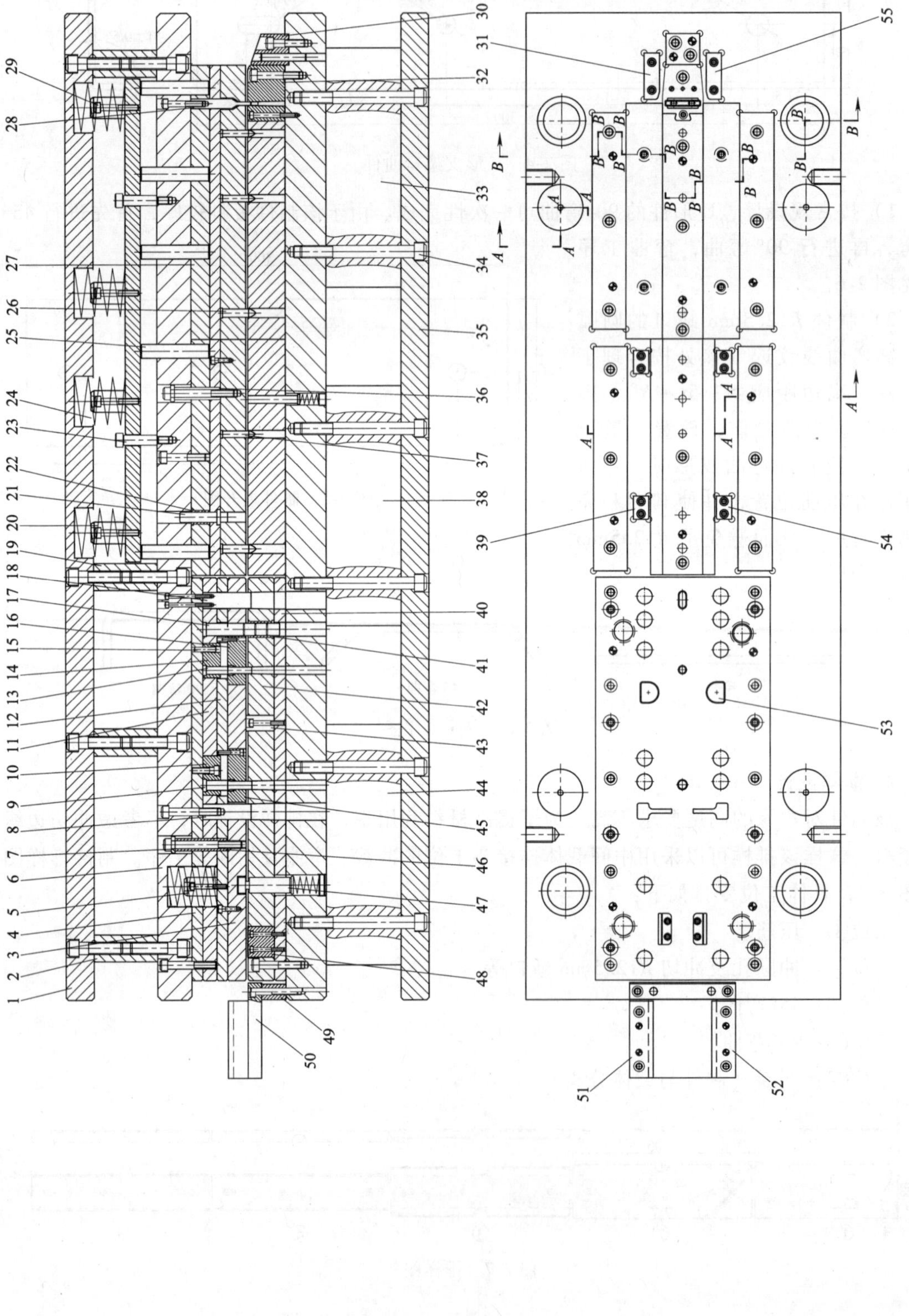

图 2-8　U形支架级进模结构

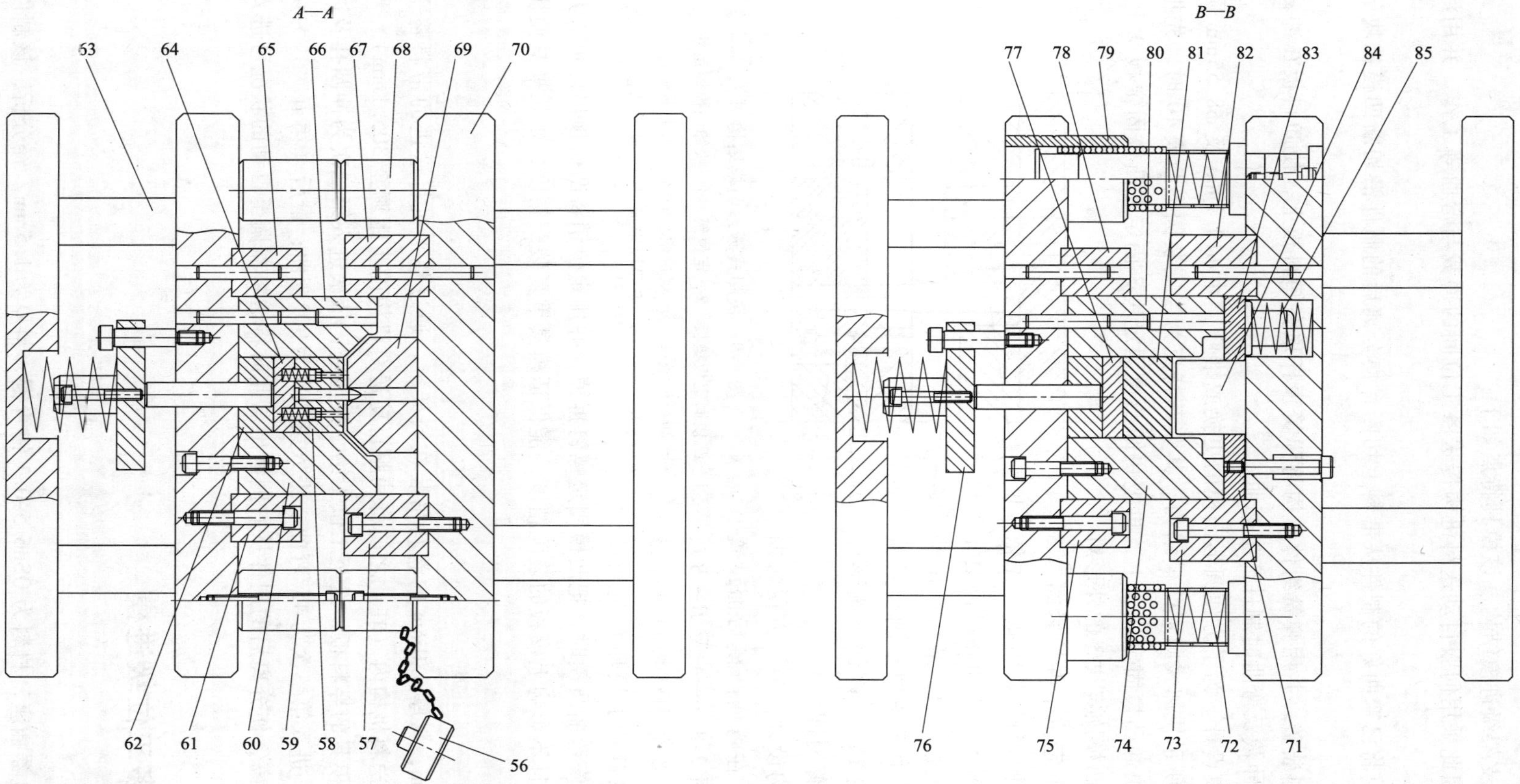

图 2-8　U 形支架级进模结构（续）

1—上托板　2—上垫脚 1　3—卸料板 1　4—凸模固定板垫板　5—弹簧柱销 1　6—上模座　7—垫圈　8—异形凸模　9—圆形凸模 1　10—凸模固定块 1　11—凸模固定板 1　12—卸料板垫板 1　13—圆形凸模 2　14—凸模固定块 2　15—定位销　16—卸料板镶件 2　17—小导柱　18—长圆形凸模　19—上垫脚 2　20—弹簧柱销 2　21—十字导柱　22—小导套 1　23—卸料螺钉　24—弹簧　25—弹簧顶杆　26—导正销 1　27—凸模固定板 3　28—切断凸模　29—螺钉 1　30—切断凹模挡块　31—内导料板 3　32—切断凹模　33—下垫脚 3　34—螺钉 2　35—下托板　36—等高套筒 1　37—导正销 2　38—下垫脚 2　39—内导料板 1　40—凹模垫板　41—小导套 2　42—凹模板　43—内限位柱　44—下垫脚 1　45—卸料板镶件 1　46—等高套筒 2　47—导向顶杆　48—压筋凹模　49—承料板垫板　50—承料板　51—外导料板 1　52—外导料板 2　53—R12.5 弧形凸模　54—内导料板 2　55—内导料板 4　56—模具存放保护块　57—下模挡块 1　58—卸料板 2　59—上限位柱　60—45°弯曲凸模 1　61—上模挡块 1　62—凸模固定板 2　63—上垫脚 3　64—卸料板垫板 2　65—上模挡块 2　66—45°弯曲凸模 2　67—下模挡块 2　68—下限位柱　69—45°弯曲凹模　70—下模座　71—制件顶板 1　72—导柱　73—下模挡块 3　74—90°弯曲凸模 1　75—上模挡块 3　76—弹簧顶板　77—卸料板垫板 3　78—上模挡块 4　79—导套　80—90°弯曲凸模 2　81—卸料板 3　82—下模挡块 4　83—制件顶板 2　84—90°弯曲凹模　85—弹簧垫圈

3. 模具结构设计

图 2-8 示出 U 形支架级进模结构。该模具特点如下：

1）步距较大，因此采用伺服自动送料机构传送各工位间的冲裁与弯曲等工作，并用浮动导料销导料。

2）采用切断凸模将已弯曲好的制件从带料上切断，使分离后的制件沿切断凹模挡块的斜坡滑出。

3）采用弹压卸料装置，并用弹簧组件结构将弹簧顶杆顶在卸料板上，使卸料板在冲裁前将带料压平，防止冲裁及弯曲时制件产生翘曲。

4）快卸圆形凸模设计。为了方便圆形凸模的更换或维修，冲 ϕ10.7mm 及 ϕ8.55mm 圆孔时，采用如图 2-9 所示快卸式圆形凸模结构。其装卸特点为当安装圆形凸模 10 时，先把圆形凸模 10 固定在快卸凸模固定块 3 上，再把快卸凸模固定块 3 固定在凸模固定板 9 上，并用定位销 2 及快卸凸模固定块 3 的外形对圆形凸模 10 进行双重定位，再拧紧螺钉 8 即可；当更换或修模圆形凸模 10 时，先依次卸下螺钉 7、定位销 5 及快卸卸料板镶件 6，再卸下螺钉 8 及定位销 2，最后取出凸模组件即可。在生产中无需把整副模具从压力机上卸下，可在 15min 内卸下圆形凸模，可大大缩短其维修时间。

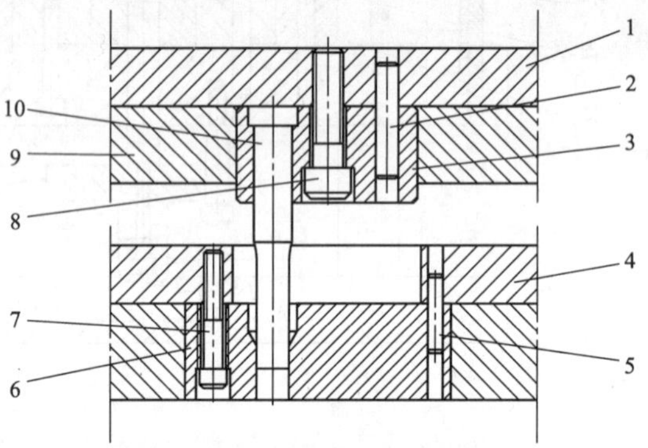

图 2-9　快卸式圆形凸模结构

1—凸模固定板垫板　2—定位销　3—快卸凸模固定块
4—卸料板垫板　5—定位销　6—快卸卸料板镶件
7、8—螺钉　9—凸模固定板　10—圆形凸模

5）弯曲凸模结构设计。为了方便弯曲凸模的更换或维修，在弯曲凸模后面设置螺钉固定结构（见图 2-8 *A—A* 及 *B—B*），即在上模座的对应位置分别钻螺钉过孔及螺钉头部沉头孔，螺钉从上模座穿过与凸模连接。当更换或维修弯曲凸模时，把凸模固定螺钉拆掉，并用定位销将凸模顶出即可。其更换或维修速度快，且不影响上模板的装配精度，能保证模具重复装配精度，延长模具使用寿命。

4. 冲压动作原理

将原材料宽 89mm，料厚 3.0mm 的卷料吊装在料架上，通过整平机将送进的带料整平后，再进入伺服自动送料机构内（在此之前将伺服自动送料机构的步距调至 305.1mm）。开始用手工将带料穿过模具的导料板，送至工位①第一次压筋；依次进入第二次为冲圆孔及冲切 *R*12.5mm 缺口等；进入第三次为 45°弯曲；进入第四次为 90°弯曲；最后（第五次）为切断，将制件与载体分离，使分离后的制件从右侧滑出。此时将送料器调至自动的状况可进入连续冲压。

2.3　电器插座多工位级进模

1. 工艺分析

图 2-10 所示的电器插座，材料为 QSn6.5-0.1 锡青铜，料厚为 1.5mm。经分析，该制件冲压工艺有冲孔、落料和弯曲工序。制件上的三个弯曲可以一次弯曲成形，但存在两个问

题：一是制件为单侧弯曲，模具受侧向力较大，会降低定位精度、影响制件质量；二是制件用材料锡青铜弯曲回弹量较大。

2. 排样设计

综合以上分析，制件排样图见图 2-11。该制件在排样上采取双排横排对称排列的方法，克服单侧弯曲的不足；在弯曲凸模上留有负回弹角，降低凸模圆角半径来抵消弯曲后的回弹。导正销布置在带料不参与变形的中间连接桥部位。具体工位如下：

工位①：冲孔（导正销孔），冲切周边废料。

工位②：冲切废料。

工位③：冲孔。

工位④、⑤：弯曲。

工位⑥：切断。

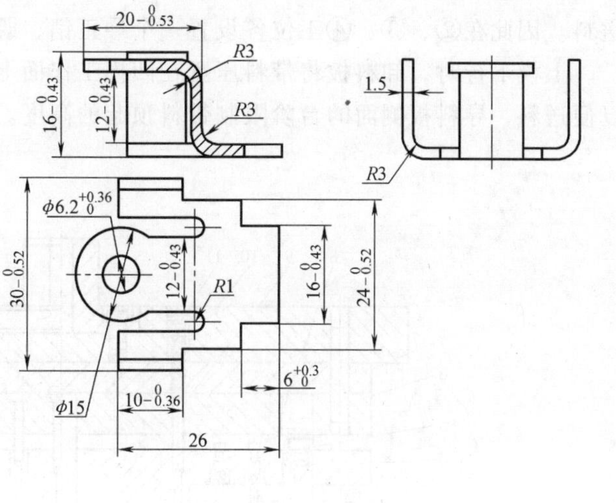

图 2-10　电器插座

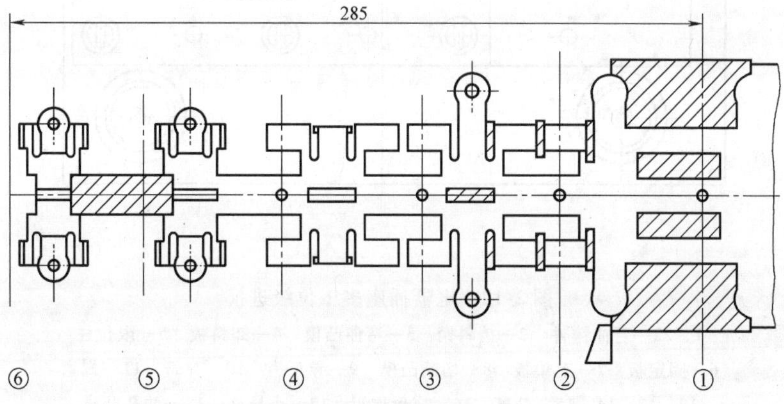

图 2-11　排样图

3. 模具结构设计

图 2-12 所示为电器插座多工位级进模结构。该模具结构特点如下：

1）此模具卸料板 4 设计成整体台阶形式，有小导柱导向，可保护细小的凸模。凸模与卸料板孔配合间隙单边为 0.01 ~ 0.02mm。将向上弯曲的弯曲凸模 3 固定在卸料板 4 上，以便维修。

2）在第②、③、④工位上，各设置有导正销，以确保带料定位的准确性，不致产生左、右偏摆。

3）模具工作过程。首次带料送进粗定位是依靠自动送料机构，上模下行冲切制件周边废料和导正销孔。以后各次送进，自动送料机构为粗定位，导正销为精定位。

在第①工位冲切制件周边废料后，带料宽度方向不再受到约束，只能在送进方向上控制送料。因此在②、③、④工位各设置一个导正销，既作带料的精定位，又可防止带料偏摆。

上模下行时，卸料板将带料压紧在凹模工作面上。当上模回程时，顶杆 21 将带料顶起，以便送料，导料板侧面的台阶限制带料顶起的高度。

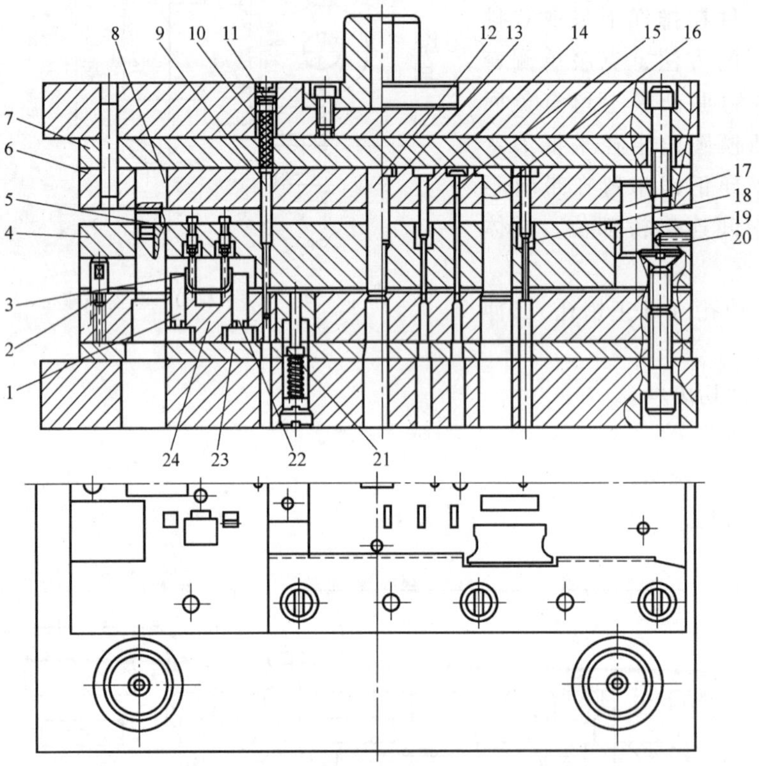

图 2-12　电器插座多工位级进模

1、22—弯曲镶件　2—挡料销　3—弯曲凸模　4—卸料板　5—限位柱　6—固定板　7—上垫板　8—切断凸模　9—导正销　10—弹簧　11—螺塞　12、13、14、15—凸模　16—成形侧刃　17—小导柱　18—冲孔凸模　19—小导套　20—螺钉　21—顶杆　23—下模垫板　24—下模板

2.4　机心自停连杆多工位级进模

1. 工艺分析

图 2-13 示出录音机机芯自停连杆，材料为 SPCD 钢，料厚为 0.8mm，属于大批量生产。该制件形状较复杂，要求精度较高，有 *a*、*b*、*c* 三处弯曲，还有 4 个小凸包。主要冲压工序有冲孔、冲外形、弯曲、压包等，适宜采用多工位级进模进行冲压加工。

2. 排样设计

冲压材料采用料厚为 0.8mm 钢带卷料。因该制件较为复杂，排样时先冲压出要弯曲成形的部分，再进行弯曲，最后制件与载体分离。排样图见图 2-14。该排样图分为 6 个工位，具体工位如下：

工位①：冲导正销孔，冲 *K* 部长方孔及冲 *T* 部异形孔。

工位②、③：冲切外形废料。

工位④：弯曲 *a* 部，冲 4 个小凸包。

工位⑤：弯曲 *b* 部。

工位⑥：弯曲 *c* 部，冲切载体。

从排样图中可以看出，该制件的外形需分 5 次冲裁完成的。若把制件分为头部、尾部和中部，尾部的冲裁是分左、右两次进行的。如果一次冲出尾部外形，则凹模中间部位将处于悬臂状态，容易损坏。制件头部的冲裁也是分两次完成；第一次是冲头部的 *T* 形槽；第二次是 *E* 区的连体冲裁，采用交接的方式以消除交接处的缺陷。如果两次冲裁合并，则凹模的强度不够。制件中部的冲裁兼有零件切断分离的作用。

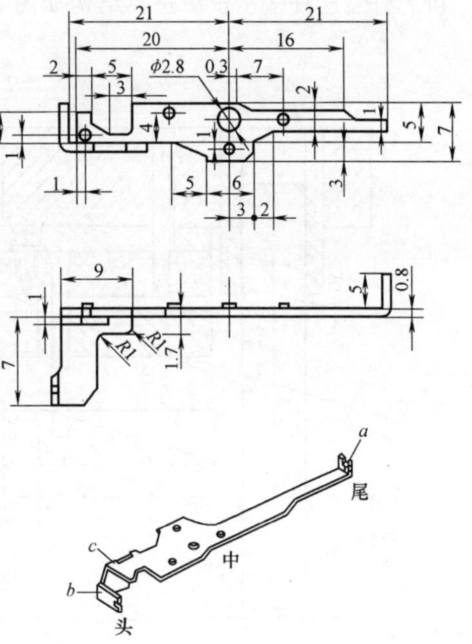

图 2-13　机芯自停连杆

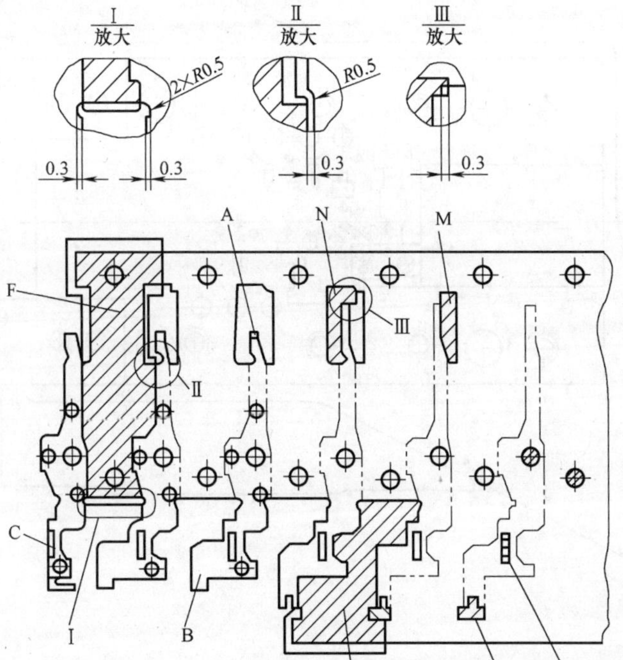

图 2-14　排样图

3. 模具结构设计

机芯自停连杆多工位级进模结构如图 2-15 所示。带料采用自动送料装置送进，用导正

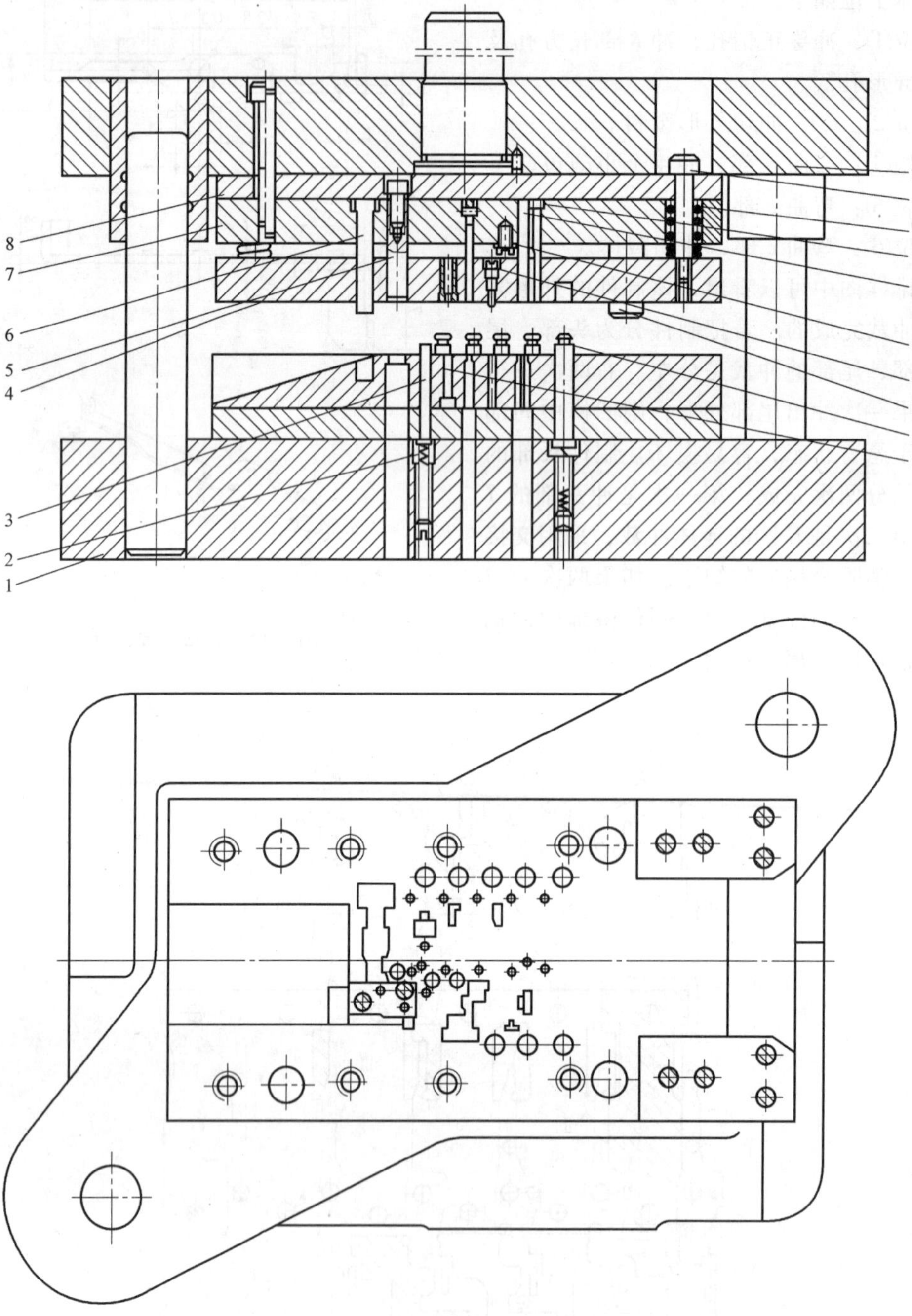

图 2-15 机芯自停连杆多工位级进模结构

1—下模座 2、11—弹簧 3—顶杆 4—卸料板 5—*F* 区冲裁凸模 6—弯曲凸模 7—凸模固定板 8—上垫板 9—上模座 10—卸料螺钉 12—冲孔凸模 13—*T* 区冲裁凸模 14—固定凸模用压板 15—导正销 16—小导柱 17—浮动导料销 18—压凸包凸模

销进行精确定位。在工位①冲出导正销孔后，工位②和工位⑤上均设置导正销导正，从而保证制件冲压加工的精度。

模具的上模部分由卸料板、凸模固定板、上垫板和各个凸模组成。下模部分由凹模、垫板、导料板和弹顶器等组成。模具采用滑动对角导柱模架。

1）导向装置。带料依靠模具两端设置的导料板导向，中间部位采用浮动导料销 17 导向。由于制件有弯曲工序，每次冲压后需将带料顶起，以便带料能顺利地送往下一工序。浮动导料销 17 具有导向和顶料的双重作用。从图 2-15 俯视图可以看出，在送料方向右侧装有 5 个浮动导料销，因在工位③左侧 *E* 区材料已被切除，边缘无材料，因此在送料方向左侧只能装 3 个浮动导料销。在工位④、⑤的左侧，是具有弯曲工序的部位，为了使带料在冲压过程中能可靠地顶起，在图示部位设置了弹性顶杆 3。为了防止顶料销钩住已冲出的缺口，造成送料不畅，靠内侧带料仍保持连续的部分下方，设置了 3 个弹性顶杆。这样，就由 8 个浮动导料销和 3 个弹性杆协调工作顶起带料，顶料的弹力大小由装在下模座内的螺塞调节。

带料共有 3 个部位的弯曲：a 部位的弯曲是向上的弯曲，弯曲后并不影响带料在凹模上的运动，但是弯曲的凹模镶块却高出凹模板，如果带料不处于顶起状态，将影响送料；b 部位的向下弯曲高度为 4.8mm，弯曲后凹模上开有的槽可作为它的送进通道，对带料顶起没有要求；c 部位弯曲后已脱离载体。考虑以上各因素后，只有 a 部位的弯曲凹模影响带料的送进，因而将带料顶起高度，设定比 a 部位弯曲凹模高度略高 2～3mm。

2）凸模。除圆形凸模外，各异形凸模均设计成直通形式，以便采用线切割机床加工。由于部分凸模强度和刚度比较差，为了保护细小凸模，在凸模固定板上装有 4 个 ϕ16mm 的小导柱，使之与卸料板和凹模形成间隙配合，其双面配合间隙不大于 0.015mm。这样可以提高模具的精度和凸模刚度。

3）凹模。冲裁凹模为整体式结构，所有冲裁凹模型孔均采用线切割机床在凹模板上切割出。压凸包凸模 18 作为镶件固定在凹模板上，其工作高度在试模时还可调整，在卸料板上装有凹模镶块。制件 a 部位的向上弯曲属于单边弯曲，为了克服回弹的影响，采用校正弯曲。弯曲凹模采用 T 形槽，镶在凹模板上，顶件块与它相邻，由弹簧将它向上顶起。冲压时，顶件块与凸模形成夹持力，随凸模下行，完成弯曲，顶件块具有向上顶料的作用。因此顶件块兼起校正镶块的作用，应有足够的强度。制件 b、c 部位的向下弯曲在工位⑤、⑥进行。由于相距较近，采用同一凹模镶块，用螺钉、销钉固定在凹模板上。b 部位向下弯曲的高度为 4.8mm，顶料销只能将带料托起 3.5mm，所以在凹模板上，沿其送料方向还需加工出宽约 2mm、深约 3mm 的槽，供其送进时通过。

制件在最后一个工位从载体上分离后，处于自由状态，容易黏在凸模或凹模上，故在凸模和凹模镶块上各装一个弹性防黏推杆。凹模板侧面加工出斜面，使制件从侧面滑出。也可以在合适部位安装气管喷嘴，利用压缩空气将制件吹离凹模面。

2.5　侧弯支座多工位级进模

1. 工艺分析

图 2-16 所示的侧弯支座，材料为 2A12 铝合金，料厚为 1.0mm。该制件外形虽简单，但成形工艺复杂，包括冲裁和多次弯曲。如果采用单工序冲压，至少需要 4 副模具，不仅使冲压生产率低，而且由于多次定位的累积误差，难以保证产品质量。为了适应大批量生产的

要求，拟选用多工位级进模冲裁、弯曲的方式。

2. 排样设计

该制件采用单排直排方式，排样图见图 2-17。其原因如下：

1）制件展开毛坯最大尺寸 <60mm，属中尺寸冲裁零件，基本形状为矩形，多工位冲压时，采用单排方式可大大降低模具的制造成本。

2）制件在两个垂直方向都有弯曲线，而铝合金材料的性能方向性不明显，采用直排方式不会影响两个不同方向的弯曲质量，还可降低模具加工难度。

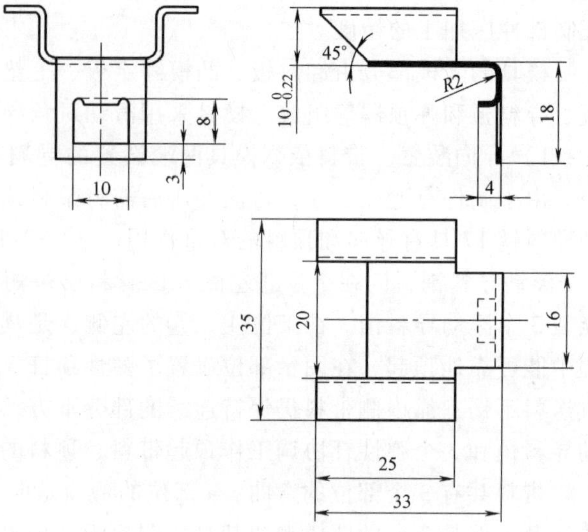

图 2-16　侧弯支座

制件在三个方向均有弯曲变形。为了增强载体的刚性和强度，采用单桥、单侧载体的排样方案，将制件无弯曲变形的一侧与载体相连，待弯曲成形完成后切断。

该制件冲压成形有冲裁、弯曲、切口等工序。送料定距采用侧刃和导正销定位方式。具体工位如下：

工位①：冲侧刃，冲导正销孔。

工位②、③：冲切废料。

工位④：切舌。

工位⑤、⑥：弯曲。

工位⑦：侧向弯曲。

工位⑧：切断。

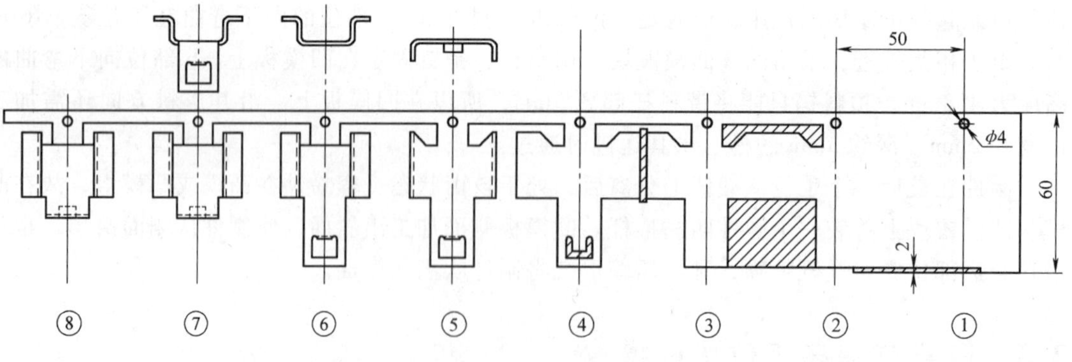

图 2-17　排样图

3. 模具结构设计

图 2-18 所示为侧弯支座多工位级进模结构。

（1）结构特点

1）模具采用双重导向结构。除上、下模间用四个导柱滑动导向外，上固定板 5 和卸料板 9 之间用四个小导柱 21 导向，保证上模中凸模和凹模镶块的工作稳定性。

2）安装在上固定板中的凸模和凹模镶块用轴销固定。凸模与上固定板孔配合为双面过盈 0.02 ~ 0.04mm，凸模与卸料板孔双面间隙为 0.01 ~ 0.02mm。圆凸模为快换结构，与固定板配合$\frac{H7}{h6}$，见图 2-18 的 *A—A* 剖面。

3）凹模采用镶块结构。镶块与凹模孔采用配合形式为$\frac{H7}{n6}$。

4）在第②、③、⑤、⑦工位，各设置一个导正销。导正销与固定板、卸料板孔采用$\frac{H7}{h6}$配合。

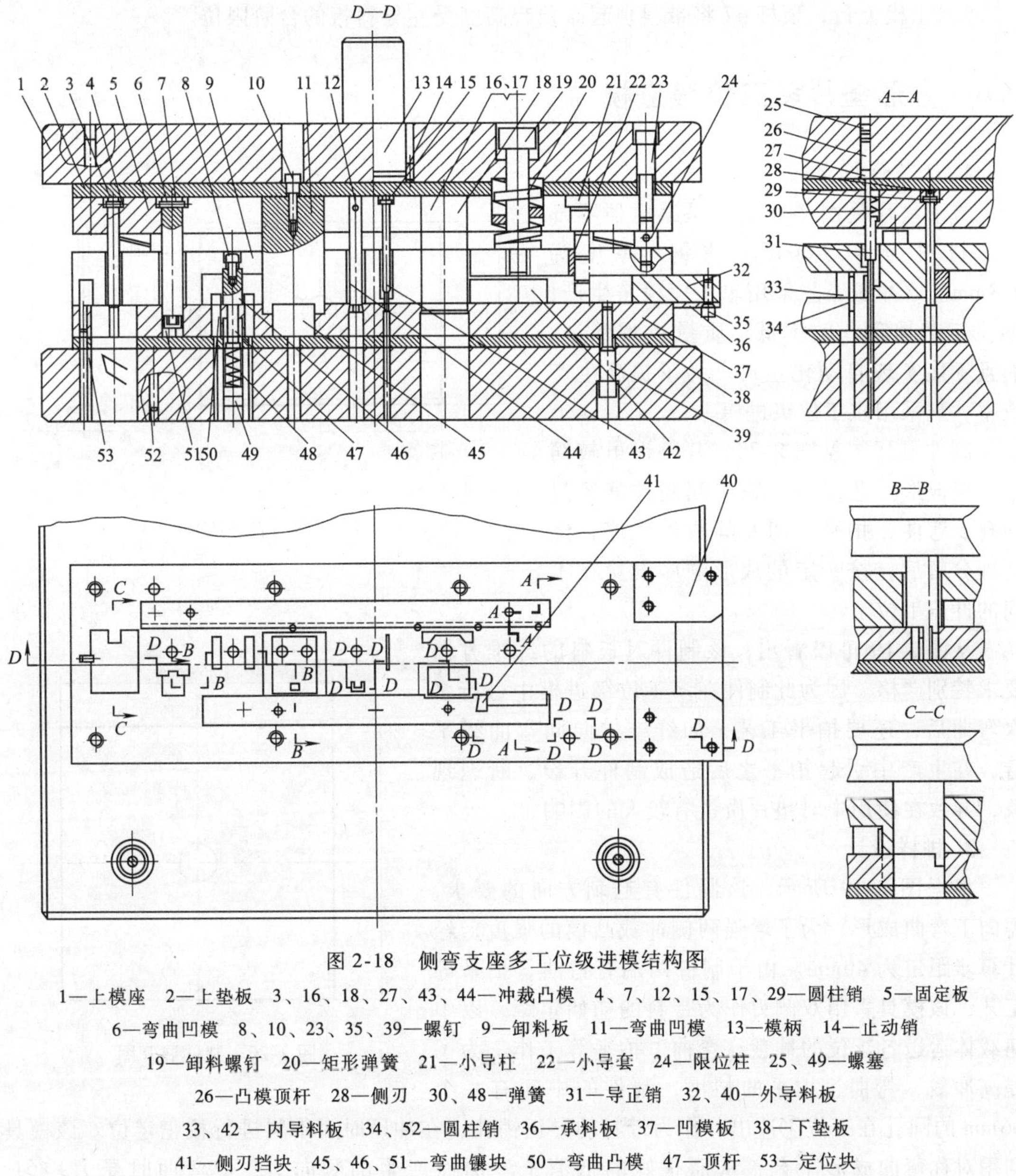

图 2-18 侧弯支座多工位级进模结构图

1—上模座 2—上垫板 3、16、18、27、43、44—冲裁凸模 4、7、12、15、17、29—圆柱销 5—固定板 6—弯曲凹模 8、10、23、35、39—螺钉 9—卸料板 11—弯曲凹模 13—模柄 14—止动销 19—卸料螺钉 20—矩形弹簧 21—小导柱 22—小导套 24—限位柱 25、49—螺塞 26—凸模顶杆 28—侧刃 30、48—弹簧 31—导正销 32、40—外导料板 33、42—内导料板 34、52—圆柱销 36—承料板 37—凹模板 38—下垫板 41—侧刃挡块 45、46、51—弯曲镶块 50—弯曲凸模 47—顶杆 53—定位块

5）卸料板 9 采用强力弹簧，保证有足够的压料力和卸料力。卸料板依靠小导柱 21 精确导向，可保护小凸模的工作稳定性。

6）制件在第⑤工位向下弯曲，第⑥工位向上弯曲，第⑦工位侧向弯曲，采用顶杆 47 将冲压后的带料顶起。使送料方便。为了使顶杆工作可靠，应设置在送进方向无阻碍的位置，本例中设置在第⑥工位。

（2）模具工作过程

1）带料首次送进时，在左、右导料板 32 和 40 之间向前至侧刃挡块 41 处定位。上模下行时，冲切侧刃搭边和导正销孔。

2）第二次及以后送进时，侧刃挡块 41 作粗定位，导正销 31 作精定位。导正销导正条料后，卸料板压紧条料，进行各工位的冲压。

3）上模上行，顶杆 47 将带料顶起。顶起高度受左导料板的台阶限位。

2.6 方形垫片多工位级进模

1. 工艺分析

方形垫片见图 2-19。它是某电器零部件，材料为 SUS-304 不锈钢，厚度为 0.8mm。原冲压工艺采用单工序模来生产，不仅工艺繁琐、效率低，质量也难保证，而且不能实现自动化生产。为了提高生产效率，现采用多工位级进模。

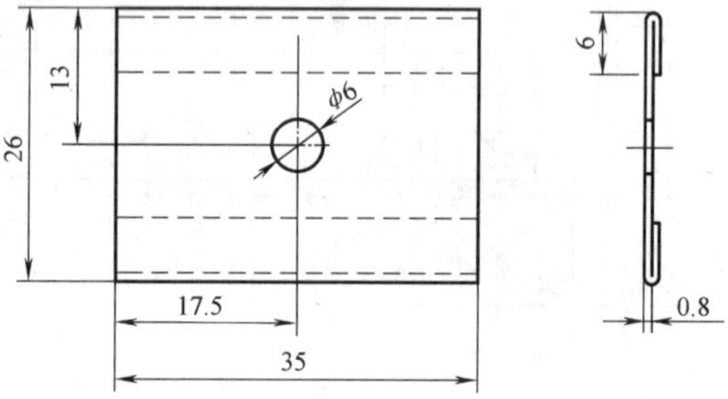

图 2-19　方形垫片

制件展开图见图 2-20。其外形虽较简单，但成形工艺复杂，完成此制件需经过冲孔、弯曲、拍平、切断等成形工序，经合理分解后，按一定的成形顺序设置在不同的冲压工位上。

从图 2-19 可以看出，该制件对板料的纤维方向要求特别严格。因为此制件在多工位级进模中进行多次弯曲后，还要拍平工艺，如纤维方向同弯曲线平行，在生产中引起拍平之后造成制件开裂、断裂现象，导致在使用中对垫片质量有较大的影响。

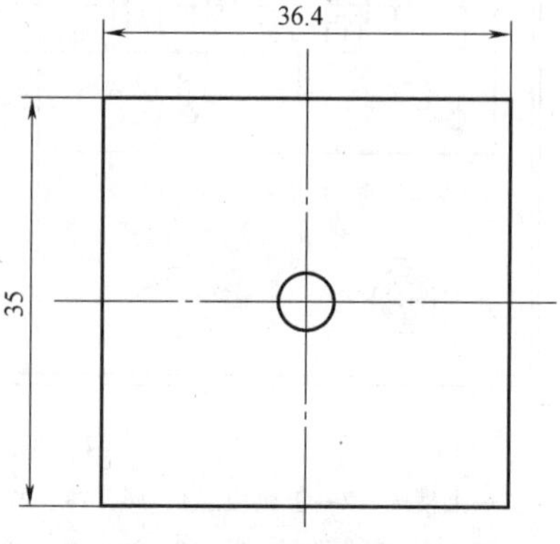

图 2-20　制件展开图

2. 排样设计

根据图 2-19 所示，该制件有毛刺方向的要求，需向下弯曲成形。为了增强两侧冲裁凸模的强度，经计算步距定为 40mm。由于制件两端有弯曲、拍平等工艺，该模具采用双侧刃作为带料的初始定距，以中间载体运送各工位的冲裁、弯曲、拍平等工作。为了提高冲裁、弯曲、拍平的精度，制件的中间有一个 ϕ6mm 的圆孔在工位①冲出，作为带料的导正销孔，在冲压时对带料进行校正定位。该模具利用对称弯曲成形工艺，从而很好的抵消了弯曲而产生的侧向力，使弯曲时受力均匀、合理。

为了弯曲不发生干涉及简化模具的结构，该模具共分为 8 个工位冲压，排样图见图 2-21。具体工位如下：

工位①：冲切侧刃，冲导正销孔。

工位②：空工位。

工位③：弯曲 90°。

工位④：空工位。

工位⑤：弯曲 45°。

工位⑥：空工位。

工位⑦：拍平。

工位⑧：切断。

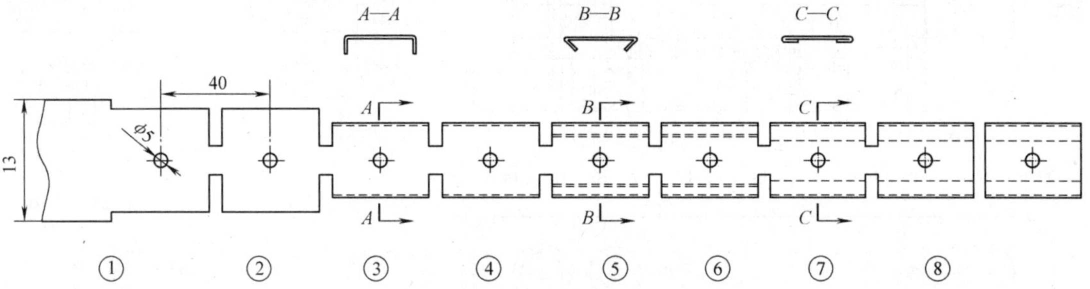

图 2-21　排样图

3. 模具结构设计

图 2-22 所示为方形垫片多工位级进模结构。该模具是由 8 块模板组成的标准模具结构：上模座 1（材料为 45 钢；料厚为 35mm）；固定板垫板 5（材料为 Cr12；热处理为 52 ~ 55HRC；料厚为 15mm）；固定板 6（材料为 Cr12Mov；热处理为 52 ~ 55HRC；料厚为 20mm）；卸料板垫板 7（材料为 Cr12；热处理为 52 ~ 55HRC；料厚为 15mm）；卸料板 10（材料为 SKDII；热处理为 55 ~ 58HRC；料厚为 22mm）；凹模固定板 18（材料为 SKDII；热处理为 58 ~ 60HRC；料厚为 25mm）；凹模固定板垫板 21（材料为 Cr12；热处理为 52 ~ 55HRC；料厚为 15mm）；下模座 22（材料为 45#；料厚为 40mm）。

（1）模具结构特点

为了确保上、下模对准精度，该模座采用 4 个精密滚珠钢球外导柱；为了保证卸料板上弯曲上模的位置精度，同时保证卸料板与各凸模之间的间隙，在卸料板及凹模固定板上设计了小导套，以增加模具的使用寿命。该模具结构特点如下：

1）采用滚动式自动送料机构，传送各工位之间的冲裁及成形工作；用导料板导料、顶杆抬料；利用工位⑧将已成形好的制件从载体上切断，使分离后的制件从右侧尾部沿着下模板的斜坡滑出。

2）卸料板采用弹压卸料装置，可在冲裁前将板料压平，防止冲裁件翘曲。

3）空工位设计。考虑到模板强度及凸模的布置，该结构在冲孔和弯曲等工位之间设置了空工位结构。

（2）模具工作过程

带料由自动送料机构送入工位①，冲切出工位①的侧刃及导正销孔后，带料再送入工位②；工位②为带料导正，继续送入工位③进行弯曲 90°；完成 90°弯曲后，由顶料杆 25 将弯曲件托起，带料继续送入工位④；工位④为带料导正，继续送入工位⑤弯曲 45°；完成此工位后再送入工位⑥导正，继续送入工位⑦拍平；完成拍平工序后，带料继续送入工位⑧进行制件切断工作，将已切断的制件从模具右边的凹模板斜面滑下，依次进入成品框内。这时可以进入自动送料冲压。

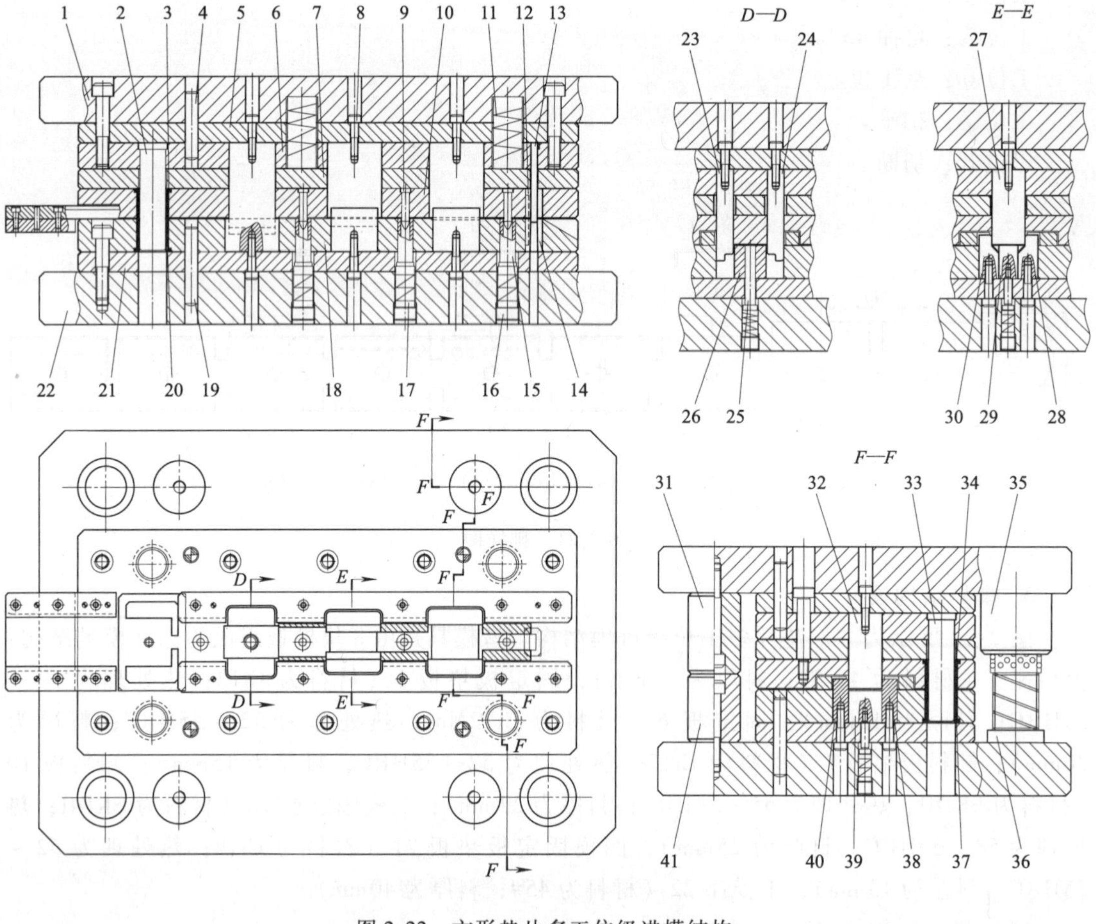

图 2-22　方形垫片多工位级进模结构

1—上模座　2、33—小导柱　3、20、34、37—小导套　4、19—圆柱销　5—固定板垫板　6—固定板　7—卸料板垫板　8—螺钉　9—导正销　10—卸料板　11—弹簧　12—卸料板镶件　13—切断凸模　14—切断凹模　15—套式顶料杆　16—螺塞　17—弹簧　18—凹模固定板　21—凹模固定板垫板　22—下模座　23、24—弯曲凸模　25—顶料杆　26—弯曲凹模　27—45°弯曲凸模　28、30—45°弯曲凹模　29、39—顶块　31—上限位柱　32—拍平凸模　35—导套　36—导柱　38、40—拍平凹模　41—下限位块

（3）主要零部件设计

1）侧刃及导正销设计。侧刃在带料上冲出缺口，使被冲的带料能向前送进而不被阻挡，而未被冲出的部分则被侧刃挡块挡住，从而达到级进送料的作用。在模具中，综合考虑制件的轮廓尺寸及搭边宽度，送料步距定为 40mm，而侧刃长度定为 40.08mm。这样导正销就能准确伸入导正孔，调整在送料过程中产生的误差，起到精确定位的作用。导正销和导正孔的单边间隙为 0.02mm。

该模具共设置了 4 个导正销定位。特别注意的是在弯曲、切断工位附近要设导正销，以保证弯曲及切断位置准确。为了保证导正销精确定位的效果，必须在凸模冲裁及弯曲之前，就将带料先准确定位。导正销的有效工作部分应高出卸料板平面 0.5 ~2 倍料厚。

2）90°弯曲设计。工位③为 90°弯曲。为了保证 90°弯曲的角度，其弯曲凸模的头部设计为导向装置（见图 2-22 的 *D—D* 视图）。工作过程：当上模下行时，弯曲凸模 23、24 的导向部份先进入弯曲凹模 26，上模继续下行时，再进行 90°弯曲工作；模具回程时，利用顶料杆 25 将带料托起，送入下一工位成形。

3）45°弯曲设计。工位⑤为 45°弯曲。凸模为方形，结构简单，加工方便；弯曲凹模头部为直线，作弯曲时导向用，导向部分下面斜度为 45°弯曲的工作部分（见图 2-22 的 *E—E* 视图）。工作过程：当上模下行时，45°弯曲凸模 27 将前工序 90°弯曲的制件压到顶块 29，使 45°弯曲凸模 27 同带料及顶块 29 压紧时，上模继续下行；随着顶块下降再进入 45°弯曲凹模 28、30，进行制件的 45°弯曲工作；模具回程时，利用顶块 29，将已成形完毕带料托起，送入下一工位成形。

2.7　小连接板连续弯曲多工位级进模

1. 工艺分析

图 2-23 所示的小连接板，用料厚 1.0mm 的 H62 黄铜制成，生产批量大。制件形状相对复杂，包括落料、冲孔、压凸和弯曲成形等工序。如果采用单工序冲压，所需模具多、生产效率低、工人劳动强度大，不适应大批量生产的要求。根据生产需求和实际生产条件，采用在高速压力机上的连续冲压方式，凸、凹模选用硬质合金制造的多工位级进模。

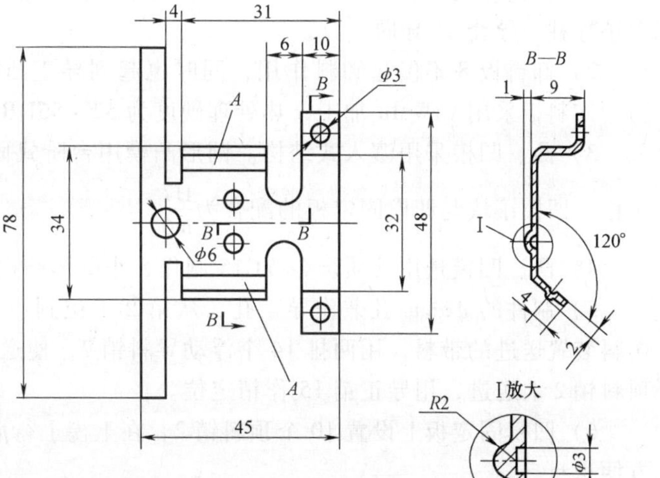

图 2-23　小连接板

2. 排样设计

由于该模具使用硬质合金作凸、凹模，排样时应尽量使零件轮廓简单化。在切废料时，将复杂轮廓外形分解为几个简单的图形，并留有足够的接刀余量。这样不仅使硬质合金零件便于加工，也使其在冲压时受力状态得到改善，延长其使用寿命。因此该排样图分为 9 个工位，见图 2-24 所示。具体工位如下：

工位①：冲孔（包括冲工艺孔）。

工位②：冲两个小凸台。

工位③：冲切中间部分外形。

工位④：压两个半圆槽，见图 2-23 的 *A*。

工位⑤：冲左、右两边部分外形。

工位⑥：“U” 形弯曲。

工位⑦：弯曲。

工位⑧：中间 120°弯曲。

工位⑨：冲切载体。

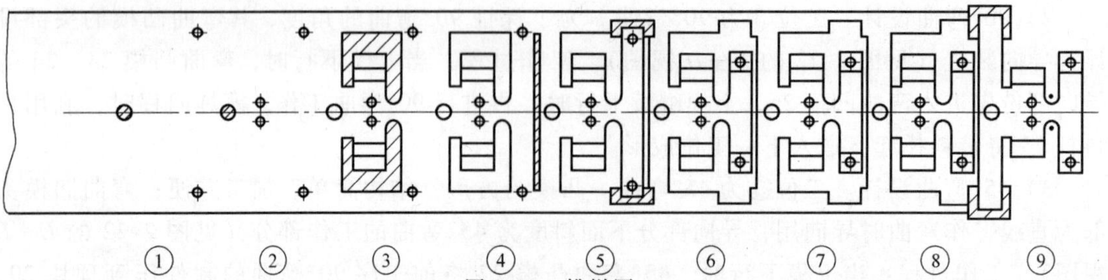

图 2-24　排样图

3. 模具结构设计

图 2-25 所示为小连接板多工位级进模结构。在高速压力机上使用硬质合金的多工位级进模，与自动送料机构配套连用。送料精度的控制方式是：自动送料机构作粗定位，导正销作精定位。

（1）结构特点

1）模具导向。上、下模采用 4 个滚珠导柱、导套 30 导向；凹模与卸料板、固定板用 6 个小导柱、导套 31 导向。

2）卸料板 8 不仅起卸料作用，同时也起到导正凸模、压平带料、固定导正销 15 的作用。卸料板采用 CrWMn 加工，热处理硬度为 52～56HRC。

3）凸、凹模采用镶入式结构。圆形凸模用台阶式固定，非圆形凸模采用定位键、凸台定位。凹模镶块与凹模固定板的配合为$\frac{H7}{m6}$。

4）凸、凹模选用硬质合金 YG15 制作，小圆形凸模选用 W18Cr4V 制作。

5）制件的 $\phi6$mm 孔兼作导正孔，从第②工位到第⑧工位都设导正销 15 导正。从自动送料装置送进的带料，用两排 14 个浮动导料销 7，使送料顺利自如。送料时，带料在 10 个顶料销 2 上送进，用导正销 15 作精定位。

6）凹模固定板上设置 10 个顶料销 2。在上模上行后，顶料销将冲压后的带料抬起，以方便送料。

7）为了保证模具的稳定性及闭合高度，上、下模板间设置限位柱 29。

8）为了适应高速冲压，固定板 9 和下模板 5 选用 Cr12 制作，热处理硬度 50～53HRC。上、下模座用 45 钢制作，经调质、时效处理后加工。

9）卸料板 8 用弹簧 25 提供卸料力，保证压料平稳，卸料可靠。

10）异形凸模、凹模镶块和下模板、卸料板、固定板，均采用慢走丝线切割加工。

（2）模具工作过程

带料用自动送料机构送料。进入凹模工作区域后，在顶料销 2 抬起的前提下，并在两排浮动导料销 7 之间送进。

首次送料后模具下行，卸料板 8 将带料压至凹模工作面上，完成第一工位冲压。上模上行后，顶料销 2 将带料抬起。

第二次及以后送进，上模下行，导正销 15 将带料导正，卸料板 8 将带料压至凹模工作面上后，按顺序完成各冲压工序。上模上行，顶料销 2 及浮动导料销 7 将带料顶起。

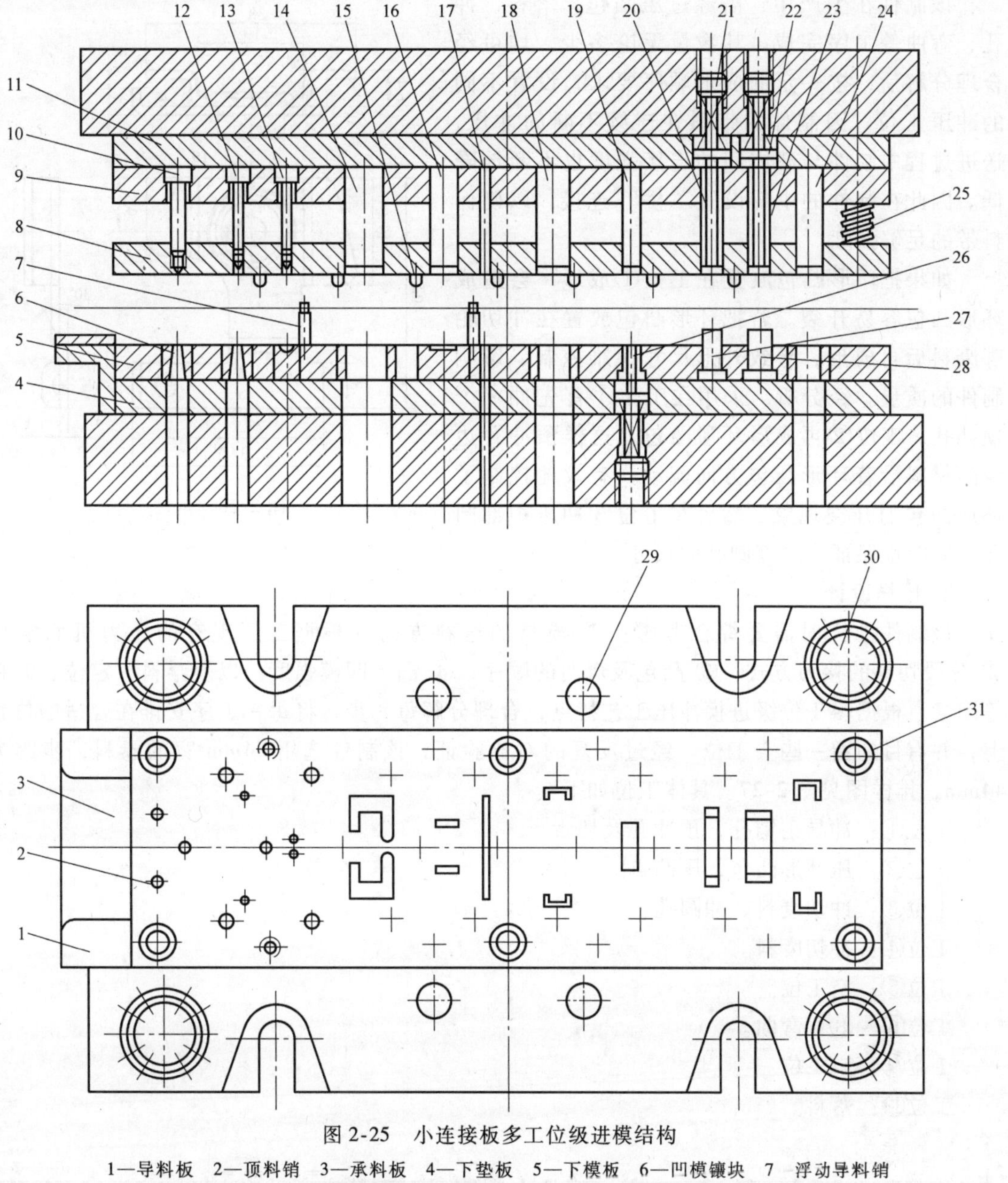

图 2-25　小连接板多工位级进模结构

1—导料板　2—顶料销　3—承料板　4—下垫板　5—下模板　6—凹模镶块　7　浮动导料销　8—卸料板　9—固定板　10、12—冲孔凸模　11—固定板垫板　13—冲凸台凸模　14、17、18—冲外形凸模　15—导正销　16—冲半圆凸模　19、27、28—弯曲凹模　20、23、26—弯曲凸模　21—螺塞　22—顶料板　24—切断凸模　25—弹簧　29—限位柱　30—滚珠导柱、导套　31—小导柱、导套

2.8　爪件多工位级进模

1. 工艺分析

图 2-26 所示的爪件，材料为 SPCC，板料厚度为 1.5mm，年需求量约 100 多万件。技术要求：① 表面无划伤压痕；② 毛刺小于 0.05mm；③ 表面无油污。

该制件在生产中，需经过压凸包、落料、冲孔、弯曲等工序完成。其数量无论多少，均可经合理分解后，按一定的成形顺序要求，设置不同的冲压工位。因制件的带料在连续不断的冲压，送进过程中制件与载体间的连接强度也不断地降低。因此在制件的中部设置“桥”连接，以确保料带的足够强度。

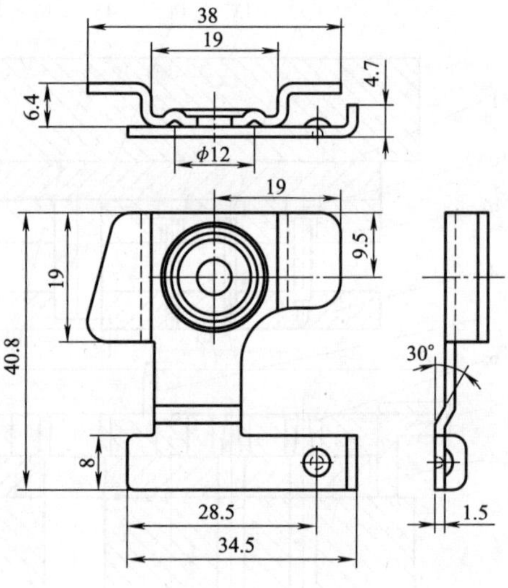

图 2-26　爪件

如果把环形凸包放置在工位①成形，会造成环形凸包容易开裂。若把环形凸包放置在冲切轮廓废料后再成形，导致外形尺寸很难控制，影响制件的质量。经分析，采用在工位①首先冲一个预冲孔，工位②再成形环形凸包。这样预冲孔边缘的材料沿着环形凸包方向流动，有效地控制了环形凸包的开裂现象。然后在工位③冲压中部圆孔，同时也保证了中部圆孔的尺寸。

2. 排样设计

该制件排样时需要综合考虑：① 模具的送料方向（根据工厂现有的压力机而定）；② 分段切料的接刀方式；③ 凸包及弯曲的顺序；④ 凸、凹模强度，以及浮料、定位、卸料等因素。根据多工位级进模冲压工艺特点，合理分解每一步，将每一工序安排在合适的位置上，并有目的留一些空工位。经过反复的对比验证，该制件选用 54mm 宽的卷料，步距为 44mm，排样图见图 2-27。具体工位如下：

工位①：冲导正销孔，预冲孔及切舌。

工位②：压环形凸包，压凸点。

工位③：冲切废料，冲圆孔。

工位④：冲切废料。

工位⑤：空工位。

工位⑥~⑧：弯曲。

工位⑨：空工位。

工位⑩：落料。

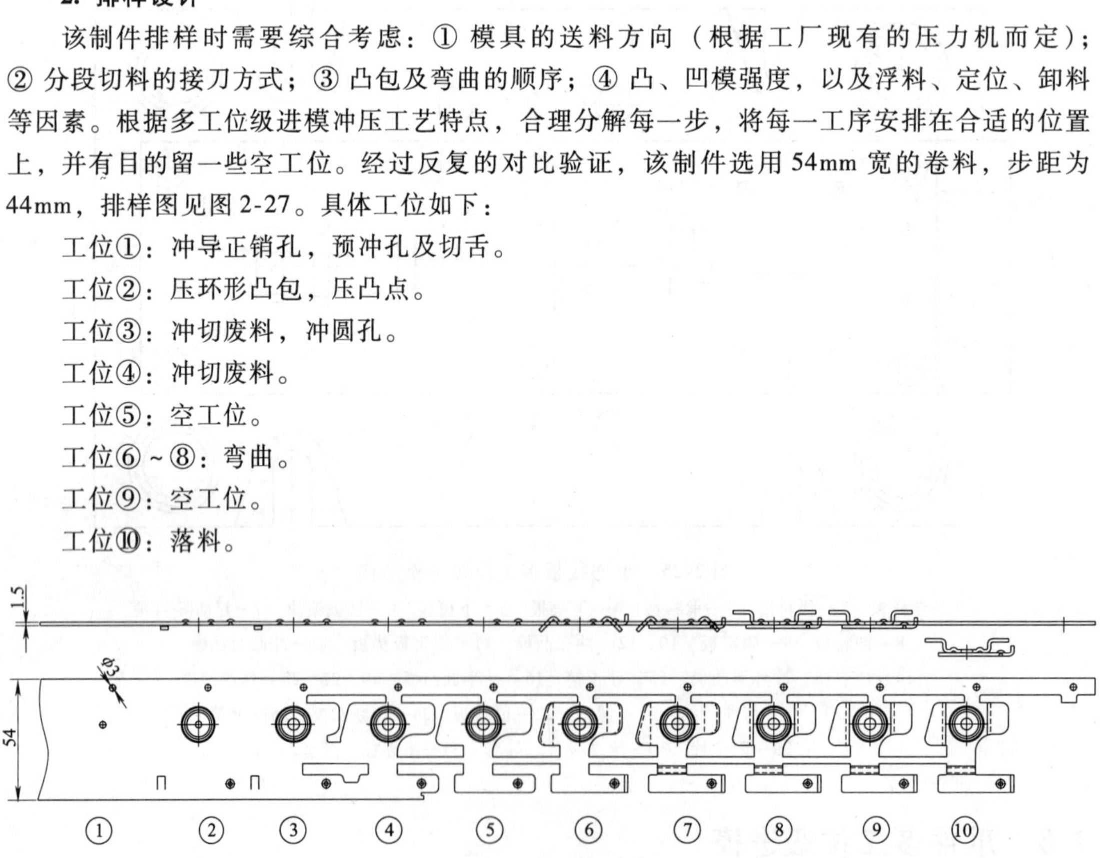

图 2-27　排样图

3. 模具结构设计

图 2-28 所示为爪件多工位级进模结构。该结构的主要特点如下：

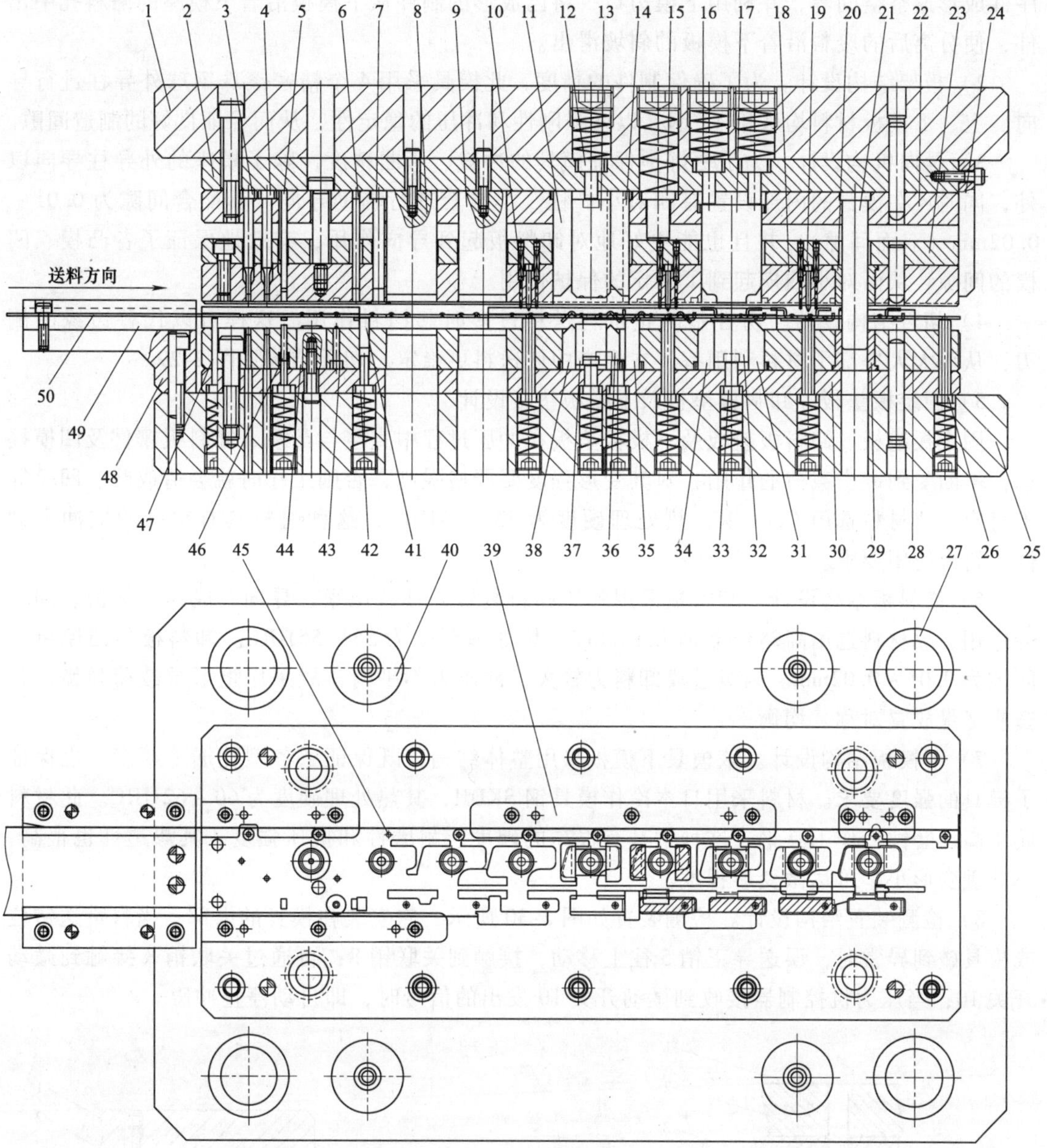

图 2-28　爪件多工位级进模结构

1—上模座　2—固定板垫板　3、4、7—冲孔凸模　5—切舌凸模　6—切舌压平凸模　8、9—冲切废料凸模　10—顶料销　11、13、14、17—成形凸模　12、15、16—上模弹簧顶杆　18—卸料板　19—导正销　20、29—小导套　21—小导柱　22—固定板　23—卸料板垫板　24—废料切刀　25—下模座　26—套式顶料杆　27—导柱　28—下模板　30—下模板垫板　31、34、35、36、38—下模成形零件　32、37—浮料块　33、42—下模弹簧顶杆　39—内导料板　40—限位柱　41—带料挡料块　43—凸点凸模　44—环形凸包凸模　45—检测装置　46—顶料块　47—浮料销　48—承料板　49—外导料板　50—带料

1）采用滚动式自动送料机构传送各工位之间的冲裁及成形等工作。根据排样图 2-27 所示，细化模具工作零件和成形工位，设置模具紧固件、导向装置、浮料装置、卸料装置及工

序件成形避空空间等，并利用下模刃口，将已成形的制件从下模板沿着下模座的漏料孔中出件，使分离后的废料沿着下模板的斜坡滑出。

2）模架结构设计。为了确保制件的精度，此模具采用4个精密滚珠钢球外导柱进行导向。上、下模板材料均采用45钢，以增强刚性和冲压的稳定性，从而保证良好的制造间隙。

3）导向机构设计。为了更好地保证模具的冲裁、弯曲精度，除了模座的外导柱导向以外，同时还在模具的内部设置有四对小导柱、小导套进行辅助导向。其配合间隙为0.01～0.02mm（双面间隙），并且也能更好地对卸料板起到导向作用，有效地保证了各凸模、凹模的间隙，从而对小凸模起到了一定的保护作用。

4）切舌结构设计。切舌是防止带料送料过多时起挡料作用。这样可以代替边缘的侧刃，从而大大提高了材料利用率，在生产中使送料更稳定。切舌结构见图2-29。

5）固定板垫板、卸料板垫板及下模板垫板设计

固定板垫板、卸料板垫板及下模板垫板在冲压过程中直接与凸模、卸料板镶件及凹模接触，不断受到冲击载荷的作用，对其变形程度要严格限制，否则工作时就会造成凸、凹模等不稳定。故材料选用Cr12钢，热处理硬度为53～55HRC，这种材料具有很高的抗冲击韧性，符合使用要求。

6）卸料板结构设计。卸料板采用弹压卸料装置，具有压紧、导向、成形、保护、卸料的作用。故材料选用高铬合金钢Cr12MoV，热处理硬度为55～56HRC。卸料板与凸模单边间隙为0.01～0.02mm。因级进模卸料力较大，冲压力不平衡，故采用矩形重载荷弹簧。弹簧应尽量放置对称、均衡。

7）下模板结构设计。该模具下模板采用整体结构，既保证了各型孔加工精度，也保证了模具的强度要求。材料采用日本冷作模具钢SKDII，其热处理硬度为60～62HRC。此材料属于高耐磨性冷作工具钢，这种钢具有很高的硬度、耐磨性和抗压强度，其渗透性也很高，热处理变形小，可达微变形程度。

8）检测装置结构设计。检测装置如图2-30所示。它安装在模具的内部。当料带送错位或模具碰到异常时，误送导正销5往上移动，接触到关联销8；再通过关联销8接触到微动开关10；当压力机控制器接收到微动开关10发出的信号时，即自动停止冲压。

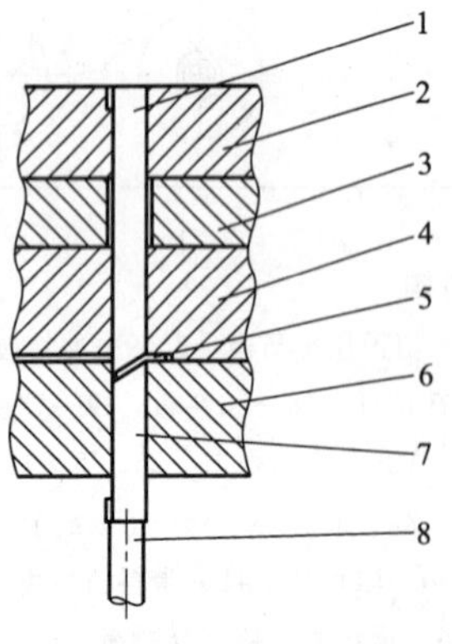

图2-29　切舌结构

1—切舌凸模　2—固定板　3—卸料板垫板　4—卸料板　5—带料　6—下模板　7—顶料块　8—弹簧顶杆

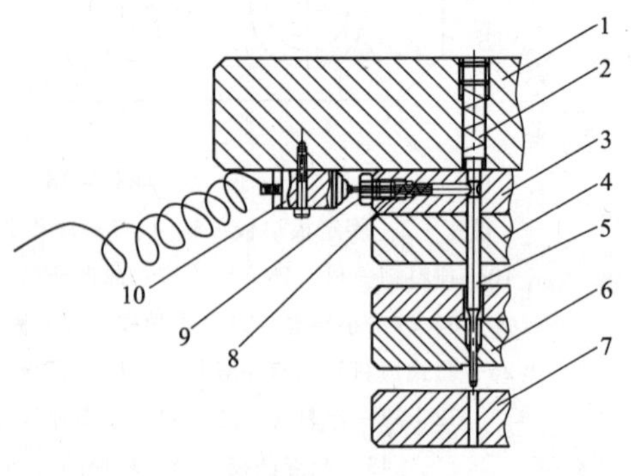

图2-30　检测装置（模具开启状态）

1—上模座　2—弹簧　3—固定板垫板　4—固定板　5—误送导正销　6—卸料板　7—下模板　8—关联销　9—关联销螺塞　10—微动开关

2.9　65Mn 钢窗帘支架弹片多工位级进模

1. 工艺分析

弹片是窗帘支架的主要零件之一。图 2-31 所示为窗帘支架弹片。其制件中 6.88mm × 2mm 的方孔，与 *R*14mm 的边缘最近距离为 2.5mm，符合冲裁要求；制件中有三处圆角半径分别为 *R*1.5mm、*R*1.8mm 和 *R*2.3mm，均大于弯曲件的最小弯曲半径；弯曲部分的边长度均符合要求。此材料回弹较大，角度回弹经验值为 2° ~ 3°。

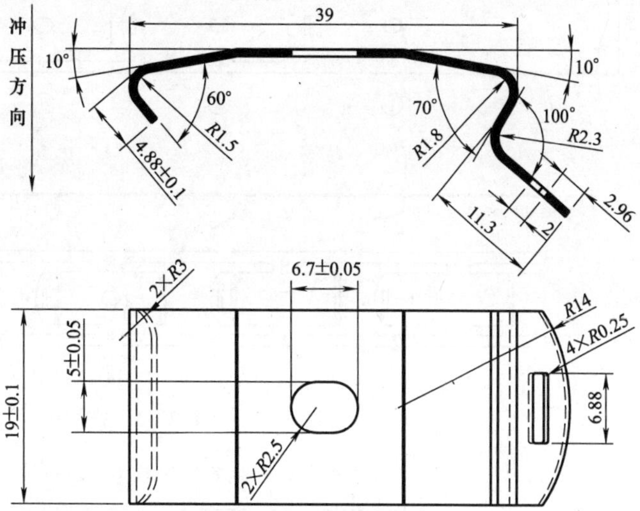

图 2-31　窗帘支架弹片

此制件对带料的纤维方向要求特别严格。因为此制件在冲压加工完毕之后，再进行热处理，如果纤维方向同弯曲线平行，在生产中引起弯曲之后制件开裂、断裂现象，导致在使用中对弹片的弹性质量有较大的影响。完成此制件需要经过冲孔、落料、弯曲等工序，若采用单工序模，生产效率低，制件精度无法保证，满足不了生产的需求。故选用级进模生产，这样可以降低加工成本，提高生产效率，使制件质量更稳定。

2. 排样设计

根据图 2-31 所示，该制件有毛刺方向的要求，需向下弯曲成形。计算出毛坯总长度 *L* = 60mm（见图 2-32）。为了提高材料利用率，板料规格选用卷料来冲压。裁料方式为直裁，这样使得弯曲线与板材纤维方向垂直，能很好地发挥弹片的弹性作用。排样图见图 2-33，该排样在工位①设置有切舌结构。它是在带料送料过多时起挡料作用，这样可以代替边缘的侧刃，从而提高了材料利用率，在生产中使送料如同有侧刃一样稳定。具体工位如下：

工位①：冲导正销孔，冲长圆孔及切舌（工艺上考虑而设）。

工位②：冲孔，冲切废料。

工位③：冲切废料。

工位④：弯曲（100°弯曲）。

工位⑤：空工位。

工位⑥：“U” 形弯曲。

工位⑦：负角度弯曲。

工位⑧：空工位。

工位⑨：弯曲。

工位⑩：冲切载体与制件的连接废料（制件与载体分离）。

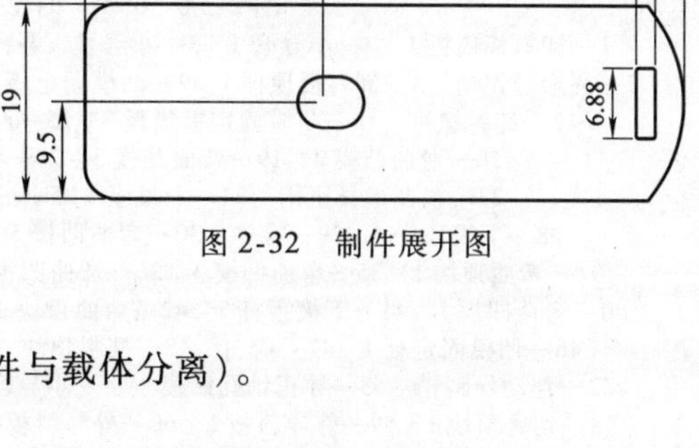

图 2-32　制件展开图

3. 模具结构设计

图 2-34 所示为 65Mn 钢窗帘支架弹片多工位级进模结构。该模具结构特点如下：

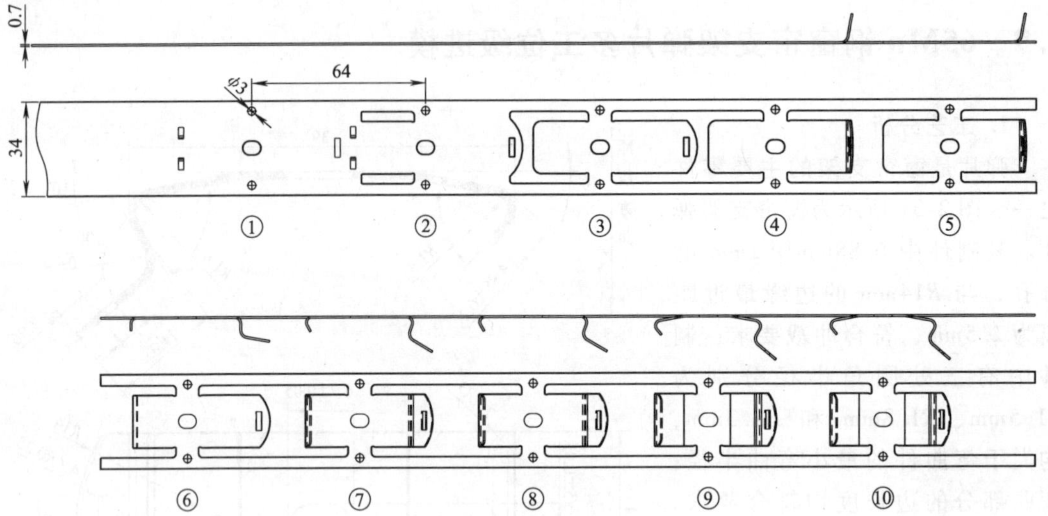

图 2-33　排样图

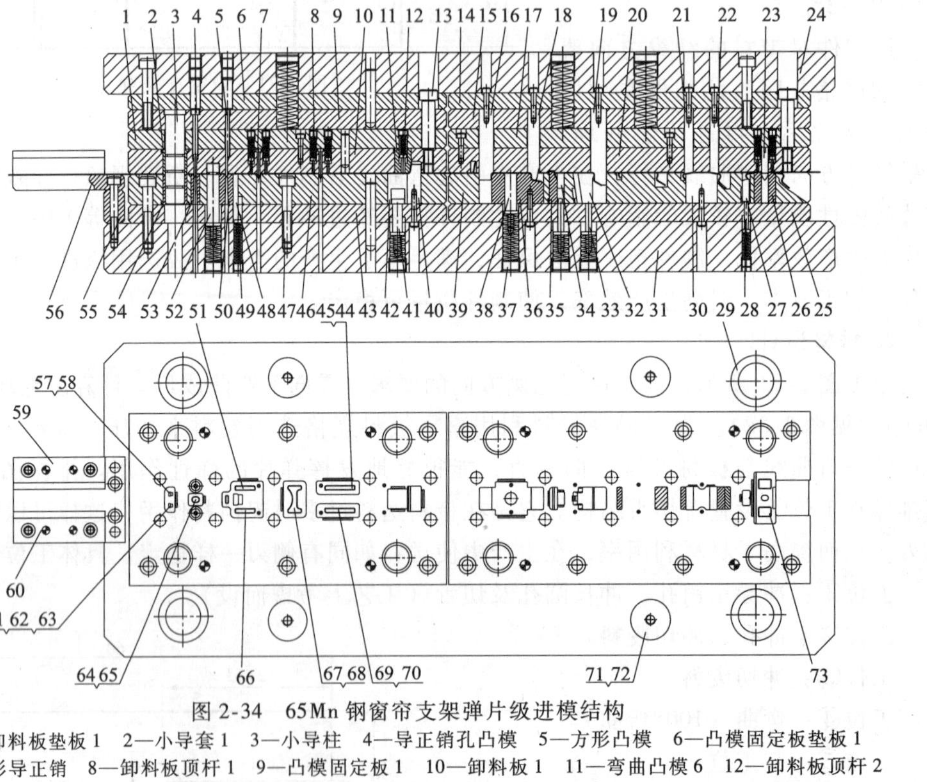

图 2-34　65Mn 钢窗帘支架弹片级进模结构

1—卸料板垫板 1　2—小导套 1　3—小导柱　4—导正销孔凸模　5—方形凸模　6—凸模固定板垫板 1
7—圆形导正销　8—卸料板顶杆 1　9—凸模固定板 1　10—卸料板 1　11—弯曲凸模 6　12—卸料板顶杆 2
13—卸料螺钉　14—凸模固定板垫板 2　15—凸模固定板 2　16—弯曲凸模 1　17—卸料板垫板 2
18—弯曲凸模 2　19—弯曲凸模 3　20—卸料板 2　21—弯曲凸模 4　22—弯曲凸模 5
23—长圆形导正销　24—上模座　25—凹模垫板 2　26—切断凹模　27—制件顶出器
28—下模顶杆 4　29—导柱　30—弯曲凹模 5　31—下模座　32—弯曲凹模 4　33—下模顶杆 1
34—弯曲顶块 1　35—弯曲凹模 3　36—弯曲凹模 2　37—螺塞　38—下模顶杆 3　39—凹模固定板 2
40—弯曲凹模 1　41—下模顶杆 2　42—弯曲顶块 2　43—凹模垫板 1　44—异形凸模 4　45—异形凹模 3
46—凹模固定板 1　47—螺钉　48—挡料顶块　49—弹簧垫圈　50—异形凹模 2　51—异形凸模 2
52—浮动导料销　53—导正销孔凹模　54—小导套 2　55—承料板垫板　56—承料板　57—切舌凸模 1
58—切舌顶块 1　59—外导料板 1　60—外导料板 2　61—切舌凸模 2　62—切舌顶块 2　63—切舌凹模
64—椭圆形凸模　65—椭圆形凹模　66—异形凸模 1　67—异形凸模 3　68—异形凹模 1
69—异形凸模 5　70—异形凹模 4　71—上限位柱　72—下限位柱　73—切断凸模

1）采用内、外双重导向。外导向采用四套精密滚珠钢球导柱、导套，保证上，下模座导向精度；内导向采用八套固定在凸模固定板上的滑动小导柱，以及分别固定在卸料板及凹模固定板上的小导套导向。

2）采用滚动式自动送料机构，传送各工位之间的冲裁及成形工作。用工艺切舌及导正销作为带料的精定位，可保证较高的送料精度。用浮动导料销导料、顶杆抬料，利用切断凹模将已成形的制件从带料上切断，使分离后的制件左侧尾部下装有轻微的制件顶出器 27 向上顶，使制件沿着凹模固定板 2（件号 39）的斜坡滑出。

3）模具零部件的材料选用。凸模、凹模等各零件采用 SKD11（其热处理硬度为 60 ~ 62HRC）；凸模固定板、卸料板、凹模固定板采用 Cr12MoV（其热处理硬度为 55 ~ 58HRC）；凸模固定板垫板、卸料板垫板及凹模垫板采用 Cr12（其热处理硬度为 53 ~ 55HRC）。凸模与凸模固定板的配合间隙单面为 0.01mm；凸模与卸料板之间的配合间隙单面为 0.01mm；导正销与卸料板的配合间隙单面为 0.005mm；凹模镶件与凹模固定板为零对零配合；浮动导料销与凹模固定板之间的配合间隙单面为 0.015mm。

4）卸料板采用弹压卸料装置，可在冲裁前将带料压平，防止冲裁后的带料翘曲。

5）关键零部件设计

① 凸模设计。阶梯式凸模结构如图 2-35 所示。设计成阶梯式结构可以改善凸模强度，且经过校核，该凸模在冲裁力作用下不会发生抗压失稳。

② 快速更换凸模设计。该模具个别凸模较单薄，可从上模座直接卸下螺塞取出凸模（详见图 2-35 所示）。其余统一用螺钉固定（详见图 2-36 所示），在凸模后面攻有螺纹孔，即在凸模固定板垫板 2 和上模座 1 的对应位置，分别钻螺钉 7 过孔及螺钉头部通孔，螺钉 7 从上模座 1 穿过凸模固定板垫板 2 与凸模 4 连接。当凸模 4 需要更换和修磨时，把凸模固定螺钉 7 拆掉，并用顶杆从凸模固定板 3 中顶出即可，不必松动联接凸模固定板 3 与上模座 1 连接的螺钉和定位销，也不必拆掉卸料板 6。这样更换凸模速度快，而且不会影响凸模固定板的装配精度。

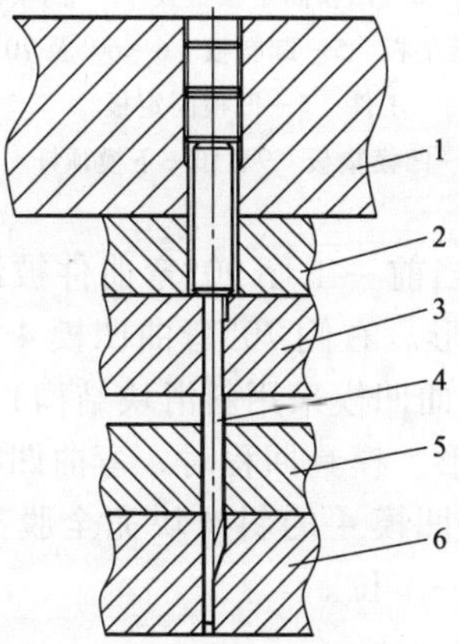

图 2-35　阶梯式凸模结构

1—上模座　2—凸模固定板垫板　3—凸模固定板　4—凸模　5—卸料板垫板　6—卸料板

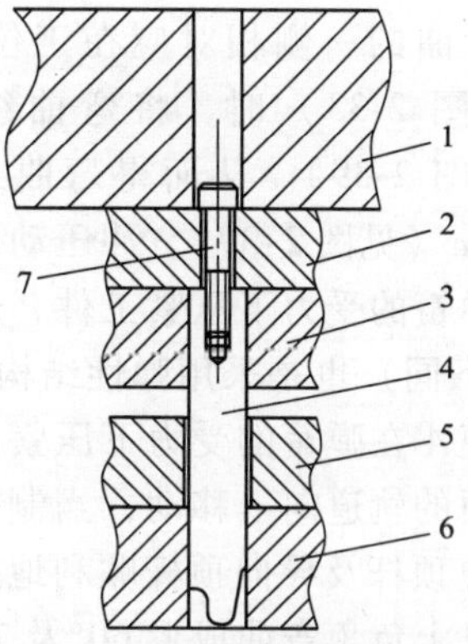

图 2-36　快速更换凸模结构

1—上模座　2—凸模固定板垫板　3—凸模固定板　4—凸模　5—卸料板垫板　6—卸料板　7—螺钉

6）制件负角度成形设计。此制件的左右各有一个 60°及 70°弯曲成形（见图 2-31）。常规的设计是用斜楔配合侧滑块的结构成形。一般是先成形“U”形弯曲（90°弯曲），再成形 60°及 70°弯曲。其冲压动作是：先在前一工序成形“U”形弯曲（见图 2-37a）；再用斜楔插入侧滑块，成形 60°及 70°弯曲（见图 2-37b）。前一工序“U”形弯曲外形的长度为 39.98mm；经过斜楔配合侧滑块结构成形 60°及 70°弯曲后，弯曲外形的长度仍为 39.98mm。从图 2-37a 与图 2-37b 的弯曲外形尺寸比较，这两者外形的尺寸长度没有发生变化，但此结构较为复杂，在该模具上制造困难。

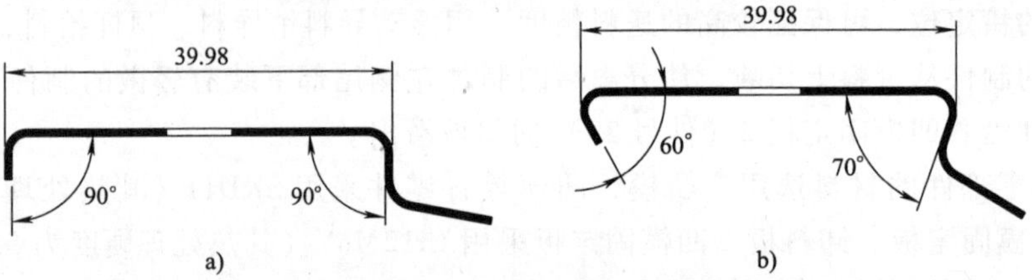

图 2-37　负角度弯曲成形用斜楔配合滑块工序示意图

a）前一工序“U”形弯曲工件　b）后一工序 60°及 70°弯曲工件

为了使模具制造简单化，该工序左侧 60°弯曲采用悬空压弯成形结构，弯曲顶块采用弹性结构，此顶块既可作弯曲成形后顶出作用，又可作工序件在弯曲成形过程中限位作用（见图 2-38 a）。冲压动作：上模下行，当前一工序的 90°弯曲头部接触到顶块的左侧时，受到顶块侧面的限制，弯曲件的头部不能往下进行走动，使弯曲后的尺寸稳定性好。70°弯曲采用弯曲凹模 4（图 2-34 的件号 32）的斜滑块助卸料结构。利用此成形方式，使前一工序的弯曲外形的尺寸线，与后一工序的弯曲外形的尺寸线发生了改变。根据经验值所得：60°弯曲的一侧相对应在工位⑥90°弯曲成形（见图 2-33）时，将弯曲线向外移 1.0mm（见图 2-39）；70°弯曲的一侧相对应在工位⑥90°弯曲成形（见图 2-33）时，将弯曲线向外移 0.75mm（见图 2-39）。从而得弯曲外形的长度为 41.73mm（见图 2-39）。冲压动作如下：上模下行，当前一工序 90°弯曲件被卸料板与弯曲顶块在弹簧的受力下压紧工件，进入弯曲凹模压弯成形。右侧 70°弯曲凹模 4（图 2-34 的件号 32，下同）也是采用弹性结构（为负角卸料，该弯曲凹模采用斜滑块结构）。当卸料板与弯曲凹模 4 在弹簧的受力下压紧，凸模再往下弯曲成形。模具回程时，弯曲凹模 4 的斜滑块随着斜面的轨道向上移动，当制件的负角位置同弯曲凹模 4 的斜滑块完全脱离（见图 2-38b），下模顶杆及导向顶杆顺利地把料带抬起，送往下一工位。

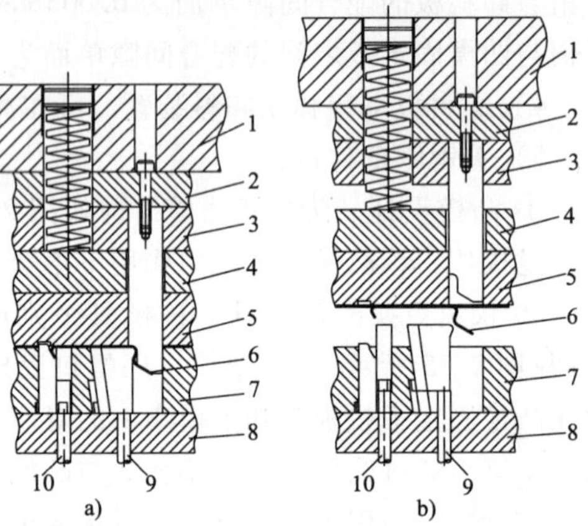

图 2-38　简单化式负角度弯曲成形结构

a）模具闭合状态　b）模具开启状态

1—上模座　2—凸模固定板垫板　3—凸模固定板　4—卸料板垫板　5—卸料板　6—60°及 70°弯曲工件　7—凹模固定板　8—凹模垫板　9、10—下模顶杆

注意：以上负角弯曲成形 60°及 70°是同时进行的。

4. 冲压动作原理

将原材料宽 34mm、料厚 0.7mm 的卷料吊装在料架上，通过整平机将送进的带料整平，然后进入滚动式自动送料机构内（在此之前将滚动式自动送料机构的步距调至 64.05mm）。开始用手工将带料送至模具的导料板，直到带料的头部覆盖导正销孔凹模。这时进行第一次冲导正销孔，冲椭圆孔及切舌；然后进行第二次为冲孔，冲切废料；第三次为冲切废料；第四次为弯曲（100°弯曲）；第五次为空工位；第六次为“U”形弯曲；第七次为负角度弯曲；

第八次为空工位；第九次为弯曲；最后（第十次）为冲切载体与制件的连接废料（制件与载体分离），使分离后的制件被左侧尾部下安装的制件顶出器（图 2-34 的件号 27）向上顶，使制件沿着凹模固定板 2（图 2-34 的件号 39）的斜坡滑出。这时将自动送料器调至自动的状况，可进入连续冲压。

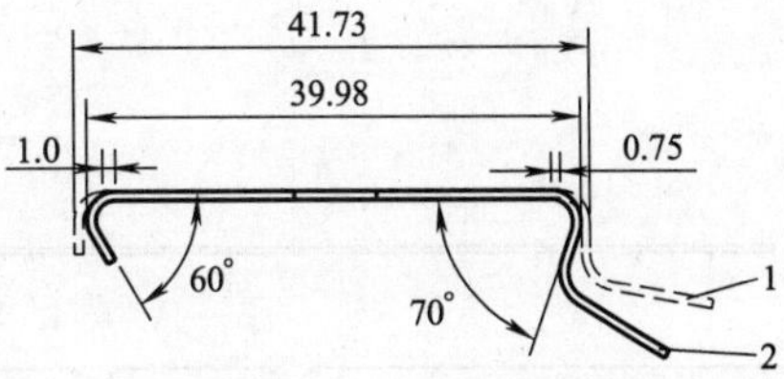

图 2-39　负角度弯曲成形前后工序件比较
1—前一工序 "U" 形弯曲工序件
2—后一工序 60°及 70°弯曲工序件

2.10　铰链多工位级进模

1. 工艺分析

图 2-40 所示的铰链卷圆件，材料为 SUS-430 不锈钢，板料厚为 1.2mm。由于需求量庞大，年产量为 230 多万件，故采用多工位级进模来冲压。该制件有毛刺方向的要求，须向上卷圆成形。计算出毛坯总长度 $L=40.63\text{mm}$。制件展开图见图 2-41。

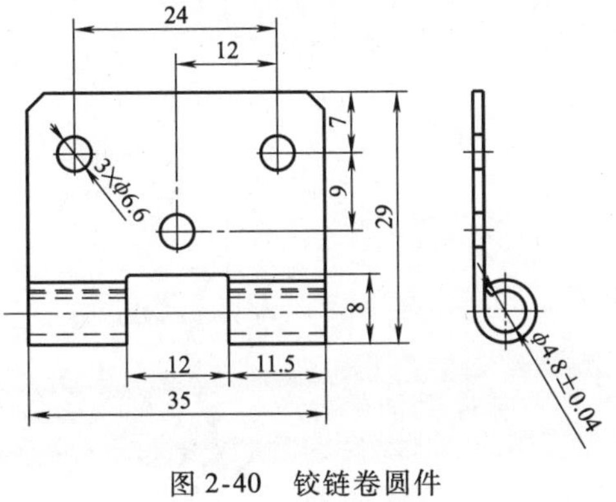

图 2-40　铰链卷圆件

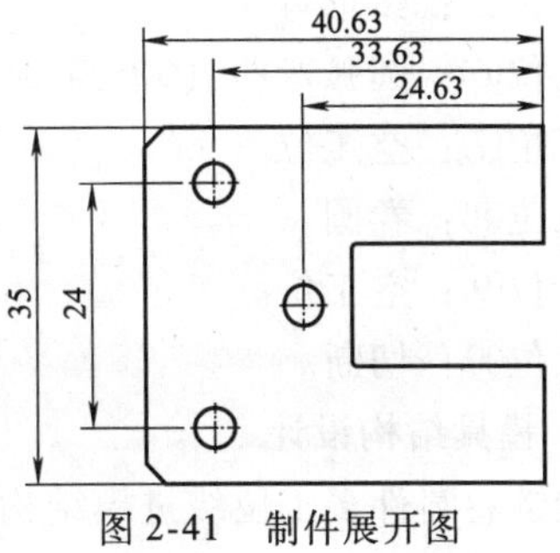

图 2-41　制件展开图

从图 2-40 可以看出，制件内孔精度要求较高（内孔为 $\phi4.8\pm0.04\text{mm}$）。为此，在多工位级进模设计时，要重点考虑卷圆弯曲成形问题。经分析，材料在垂直于纤维方向和平行于纤维方向，均满足卷圆件的要求。该制件卷圆成形要经过头部弧形弯曲、90°弧形弯曲及卷圆弯曲来完成。

2. 载体设计

载体设计必须有足够的强度和刚性，不变形，能够运载带料上冲出的制件，并且使送进平稳。一般有三种形式：双侧载体、单侧载体和中间载体。单侧载体、中间载体省料，但稳定性不好；双侧载体送料稳定性可靠，是使用最广泛的形式，但材料利用率低。本模具由于材料厚度为 1.2mm，因此采用了单侧载体结构。

3. 排样设计

为了简化级进模结构，降低制造成本，保证带料送进刚性和稳定性，在对该制件排样时，主要考虑以下因素：① 生产能力与生产批量；② 送料方式；③ 冲压力的平衡（压力中心）；④ 材料利用率；⑤ 正确安排导正销孔；⑥ 凹模要有足够的强度；⑦ 载体形式；⑧ 空工位的确定；⑨ 制件从载体上切下的方式等。在充分分析图 2-40 铰链卷圆特点的基础上，决定采用单排排列较为合理。排样图见图 2-42。

为了弯曲、卷圆等成形不发生干涉，以及简化模具的结构，该模具共分为 10 个工位来冲压成形。具体工位如下：

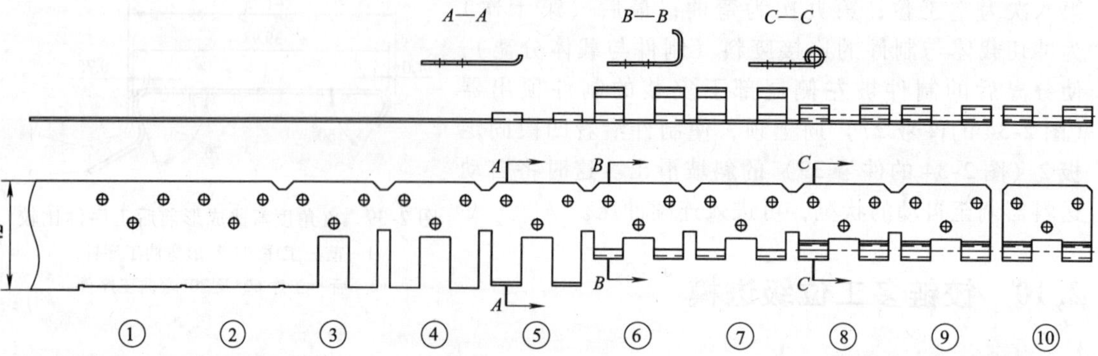

图 2-42　排样图

工位①：冲侧刃，冲孔。

工位②：冲切外形废料。

工位③：冲切长方槽。

工位④：空工位。

工位⑤：弧形弯曲。

工位⑥：圆弧弯曲（90°圆弧弯曲）。

工位⑦：空工位。

工位⑧：卷圆。

工位⑨：空工位。

工位⑩：切断。

4. 模具结构设计

铰链卷圆件多工位级进模结构如图 2-43 所示。

（1）模具结构

该模具结构紧凑，设计巧妙。为了保证模具的冲压精度，采用四导柱滚珠导向通用模架。除采用侧刃定距外，在每隔 2 ~ 3 个工位还设置导正销定位。这样可以保证带料上的工件，在经过多个工位冲压及弯曲后，仍有很高的成形精度。在模具内部设置有 3 个空工位，以确保各模板的强度。

由于该模具存在弯曲及卷圆等工序，当弯曲结束后，弯曲部分留在模腔内将阻止带料的送进。需采用浮料装置，在冲压回程时，将带料从弯曲凹模内顶出，使送料能够顺利地进行。

（2）设计要点

1）凸模设计。由于板料厚度为 1.2mm，冲孔凸模结构设计成台阶式，可以改善凸模强度，且经过校核，该凸模在冲裁力作用下不会发生抗压失稳；冲切废料凸模、弯曲及卷圆凸模等，均采用直通式，并用螺钉固定在上模，方便制造和快速更换。

2）凹模设计。为了方便维修，冲切、弯曲及卷圆等，凹模全部采用镶拼式结构，并用螺钉固定在凹模板垫板上，方便拆装。对于形状比较规则的镶件（如方形镶件），需要采用一些防错措施，防止镶件装错方向而造成模具损坏。例如，将方形镶件的其中一个角，设计成过渡圆角或 C 角等。

3）卸料方式。卸料板采用弹压卸料装置，可在冲裁前将板料压平，防止冲裁件翘曲，可保证较高的送料精度。

4）为了很好地克服铰链卷圆件的头部回弹问题，在工位⑤设计了头部圆弧预弯工序，

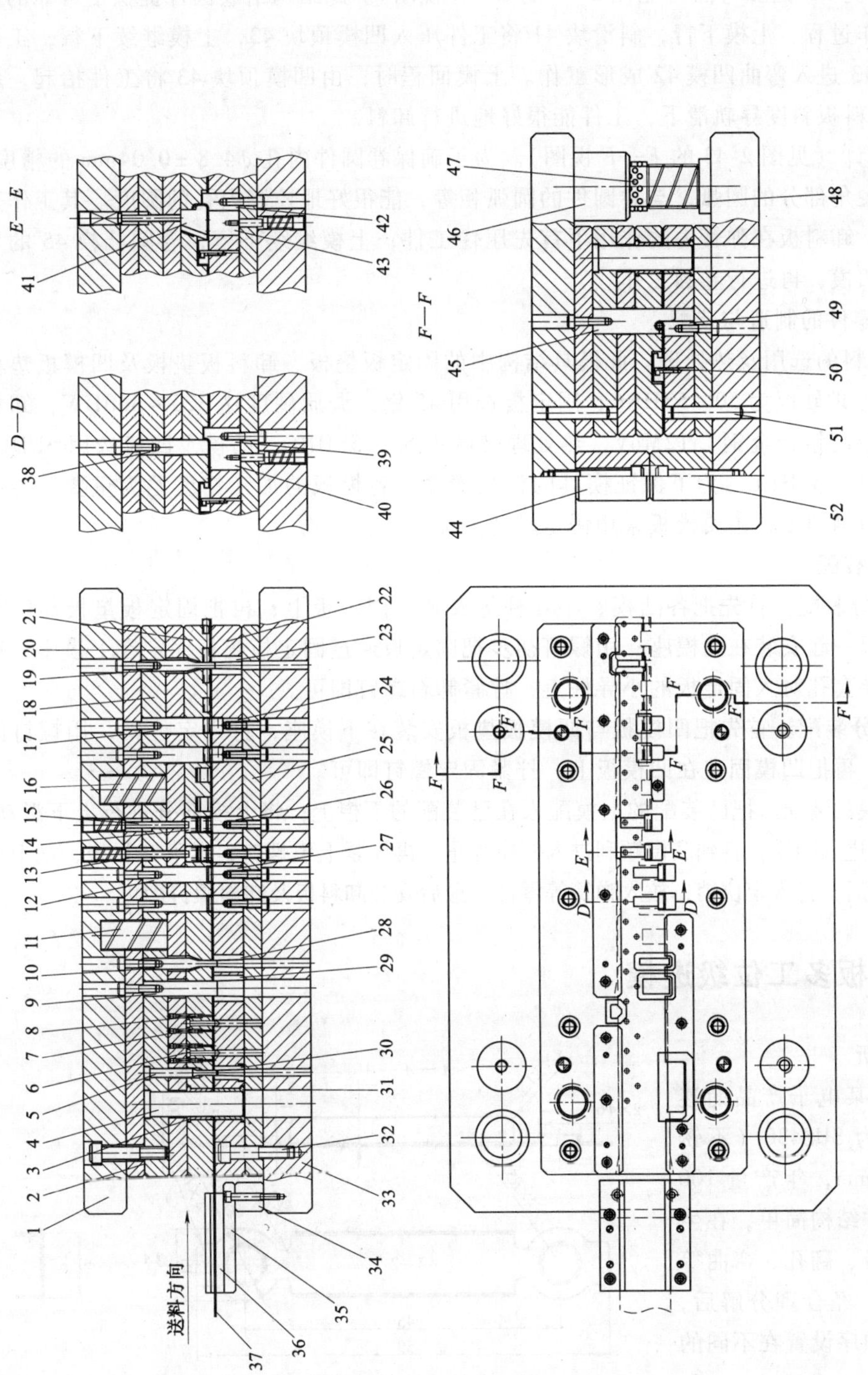

图2-43 铰链多工位级进模结构

1—上模座 2—固定板垫板 3、31—小导套 4—小导柱 5—冲孔凸模 6—导正销 7、11、16—弹簧 8—弹顶器 9、10—异形凸模 12、38—成弧形凸模 13、15—斜滑块顶杆 14、41—斜滑块 17、45—卷圆凸模 18—固定板 19—切断凸模 20—卸料板垫板 21—卸料板 22—凹模板 23—切断凹模 24—卷圆凹模 25—凹模板垫板 26、42—90°圆弧弯曲凹模 27、39—成弧形凹模 28、29—异形凹模 30—冲孔凹模 32—螺钉 33—下模座 34—垫块 35—承料板 36—外导料板 37—带料 40、43—凹模顶块 44—上限位柱 46—导套 47—保持圈 48—导柱 49—卷圆凹模 50、51—圆柱销 52—下限位柱其结构较为简单（见图 2-43 的 *D—D* 视图）。

5）工位⑥为90°圆弧弯曲（见图 2-43 的 *E—E* 视图）。此结构给卷圆件提供了可靠的卷圆基础。其工作过程：上模下行，斜滑块 41 将工件压入凹模顶块 43，上模继续下行，工件随着凹模顶块 43 进入弯曲凹模 42 成形工作。上模回程时，由凹模顶块 43 将工件抬起，斜滑块 41 随着卸料板斜度导轨滑下，工件能很好地进行卸料。

6）卷圆设计（见图 2-43 的 *F—F* 视图）。为了确保卷圆件内孔 $\phi4.8\pm0.04$mm 的精度，其凹模工作区尖角部分的圆弧，与卷圆件的圆弧相等，能很好地控制内孔的圆度。其工作过程：上模下行，卸料板在弹簧力的作用下首先压住工件；上模继续下行，卷圆凸模 45 的导向部分先进入凹模，再进行卷圆工作。

（3）模具零件的制造与装配

1）模板材料的选用及热处理。此模具结构中的固定板垫板、卸料板垫板及凹模板垫板选用 Cr12，热处理硬度为 50～53HRC；固定板选用 45 钢，调质硬度达 320～360HW；卸料板及凹模板选用高铬合金钢 Cr12MoV，热处理硬度为 55～58HRC；凸模及凹模选用 SKDII，热处理硬度为 60～62HRC。为了保证模具的使用寿命，各模板的加工精度尤为重要。各垫板采用快走丝切割加工，主要模板采用慢走丝切割加工。

2）模具的装配

① 上模部分装配。首先把各凸模、小导柱等安装在固定板上；再把固定板垫板与已装有凸模的固定板一起安装在上模座；用螺钉初步把固定板通过固定板垫板固定在上模座；再把卸料板的小导套孔对入固定板的小导柱上，拧紧卸料螺钉即可。

② 下模部分装配。首先把凹模板与凹模板垫板安装在下模座，打入定位销，用螺钉固定在下模座上；再把凹模固定在凹模板上，拧紧固定螺钉即可。

③ 上、下模的装配。把已装配的上模配入在已装配的下模上；将上模部分进行上下滑动，并带动凸模反复进入凹模，直到凸模顺利进入凹模为止；再拧紧上模螺钉，拆下卸料板，把上模部分的销钉配绞后，打入定位销，放入弹簧等零件；最后安装卸料板及卸料螺钉即可。

2.11　连接板多工位级进模

1. 工艺分析

图 2-44 为某电子产品的连接板。其材料为 SUS430（不锈钢），料厚 0.4mm，年产量 100 多万件。该制件结构简单，在生产中需经过冲裁、翻孔、弯曲等工序组合而成。经合理分解后，按一定的成形顺序设置在不同的冲压工位上。

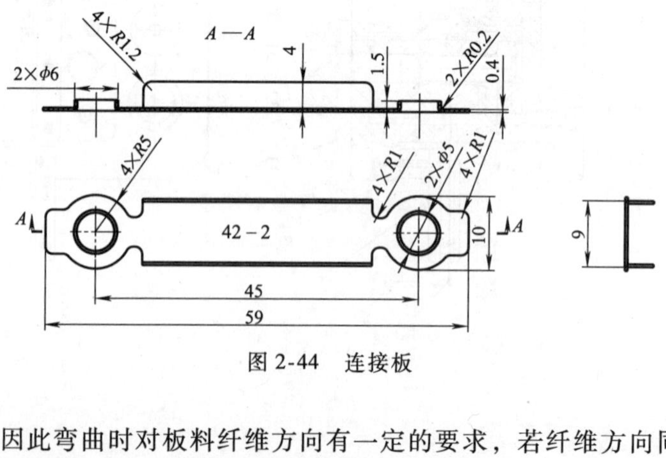

图 2-44　连接板

从图 2-44 中可以看出，制件的弯曲内 R 较小（接近为零），因此弯曲时对板料纤维方向有一定的要求，若纤维方向同弯曲线平行，制件在弯曲之后会出现开裂、断裂现象，影响使用质量。若采用单工序模，生产效率低，制件精度无法保证，不能满足生产需求，故选用多工位级进模生产。

2. 排样设计

制件展开图见图 2-45。该制件有毛刺方向的要求，需向下弯曲成形才能达成。计算出弯曲展开长度为 59mm，宽度为 15.8mm。

该制件裁料方式为直裁，使弯曲线与板材纤维方向垂直，这样能很好控制弯曲件的开裂、断裂问题。为了提高材料利用率，各工位间排列紧凑，步距为 17mm，采用单排排列、双侧载体的排样方式。

带料以两侧直边为导向送料，设置冲切侧刃为粗定距，两侧的 ϕ3mm 导正销孔为精定距。制件排样图见图 2-46。具体工位安排如下：

工位①：冲导正销孔及冲切侧刃。

工位②：压字印。

工位③：预冲孔。

工位④：翻孔。

工位⑤：冲切废料。

工位⑥：空工位。

工位⑦：冲切中部废料。

工位⑧：空工位。

工位⑨："U" 形弯曲。

工位⑩：空工位。

工位⑪：切断（制件与载体分离）。

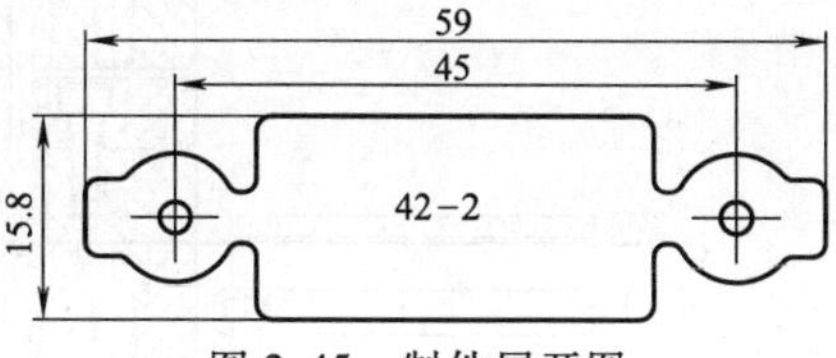

图 2-45　制件展开图

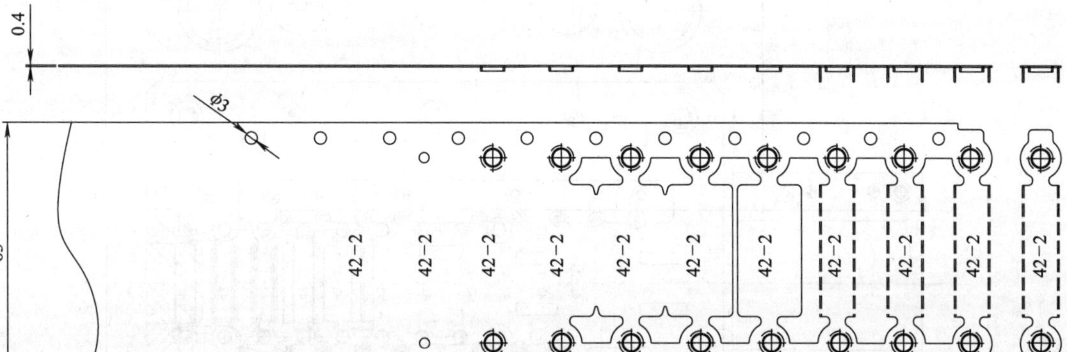

图 2-46　排样图

3. 模具结构设计

连接板多工位级进模结构如图 2-47 所示。该模具设计要点如下：

（1）模具结构

1）该模具采用滚动式自动送料机构，传送各工位之间的冲裁及弯曲成形等工作；用内、外导料板导料、套式顶料杆及顶块抬料；利用切断凹模将已成形好的制件从带料上切断，使分离后的制件左侧尾部下装有轻微的浮料块向上顶，使制件沿着下模板的斜坡滑下。

2）凸模、凹模等各零件采用 SKDII，热处理硬度为 60～62HRC；固定板、卸料板、下模板采用 Cr12MoV，热处理硬度为 55～58HRC；固定垫板、卸料板垫板及下模垫板采用 Cr12 钢，热处理硬度为 53～55HRC。凸模与固定板的配合间隙单面为 0.005mm；凸模与卸料板之间的配合间隙单面为 0.0075mm；导正销与卸料板的配合间隙单面为 0.005mm；凹模镶件与凹模板为零对零配合；顶杆、套式顶料杆与凹模板之间的配合间隙单面为 0.01mm。

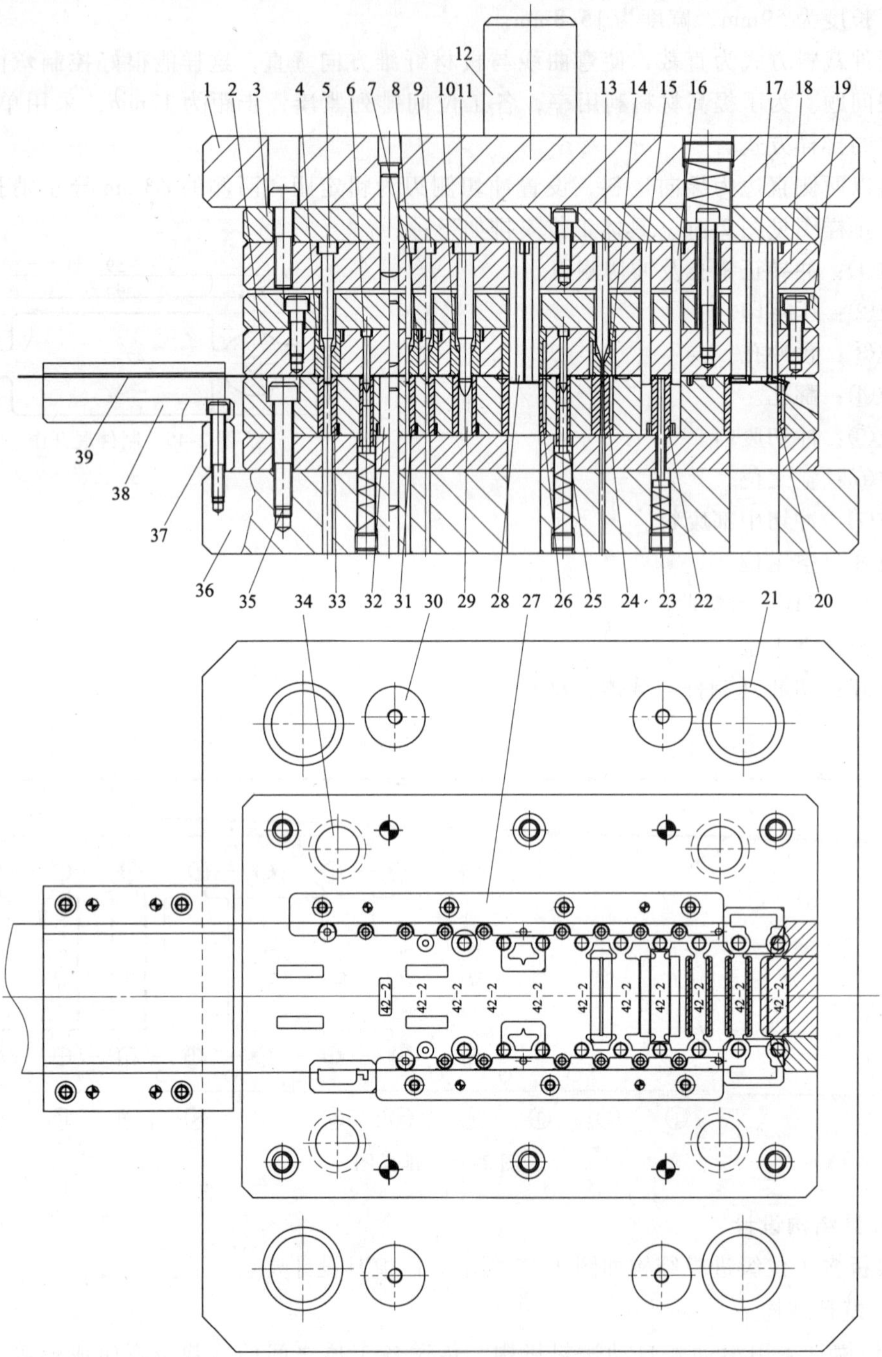

图 2-47　连接板多工位级进模结构

1—上模座　2—卸料板　3—固定板垫板　4、8、10、14—卸料板镶件　5、7—冲孔凸模　6—导正销　9—预冲孔凸模　11—翻孔凸模　12—模柄　13、17、28—切废料凸模　15、16—弯曲凸模　18—固定板　19—卸料板垫板　20、24、26、31、33—下模板镶件　21—导柱　22—下模弯曲镶件　23—顶杆　25—套式顶料杆　27—内导料板　29—翻孔凹模　30—限位柱　32—字印　34—小导柱　35—螺钉　36—下模座　37—垫块　38—承料板　39—外导料板

3）卸料板采用弹压卸料装置，可在冲裁前将板料压平，防止零件翘曲。

（2）关键零部件设计

1）翻孔凸模及凹模设计要点

翻孔凸模 11 及翻孔凹模 29 是工位④翻孔中的关键部件。其设计的好坏直接影响翻孔的质量，现举例说明如下（图 2-48）：

① 平顶凸模（图 2-48a）。它常用于大口径且对翻孔质量要求不高的制件。用平顶凸模翻孔时，材料不能平滑变形，因此翻孔系数 m 应取大些。

② 抛物线形凸模（图 2-48b）。其工作端有光滑圆弧过渡，翻孔时可将预冲孔逐渐地胀开，减轻开裂，比平底凸模效果好。

③ 无预冲孔的穿刺翻孔凸模（图 2-48c）。其端部呈锥形，a 取 60°。凹模孔带台肩，以控制凸缘高度，同时避免直孔引起的边缘不齐。

④ 有导正段的凸模（图 2-48d）。此凸模前端有导向段，工作时导向段先进入预冲孔内，先导正工序件的位置再翻孔。其优点是：工作平稳、翻孔四周边缘均匀对称，翻孔的位置精度较高。

⑤ 带有整形台肩的翻孔凸模（图 2-48e）。此凸模后端设计成台肩。其工作过程是：压力机行程降到下止点时，凸模台肩对制件圆角处进行校正，以此来克服回弹，起到了整形作用。

⑥ 凹模入口圆角（图 2-48f）。入口圆角对翻孔质量的控制至关重要。入口圆角 r 主要与材料厚度有关：

$t \leqslant 2$ 时　　　　$r=(2\sim4)t$

$t>2$ 时　　　　$r=(1\sim2)t$

当制件凸模圆角小于以上值时，应加整形工序。

通过对以上举例介绍及结合制件的要求，该模具翻孔凸模头部设计成图 2-48b 所示的抛物线凸模。

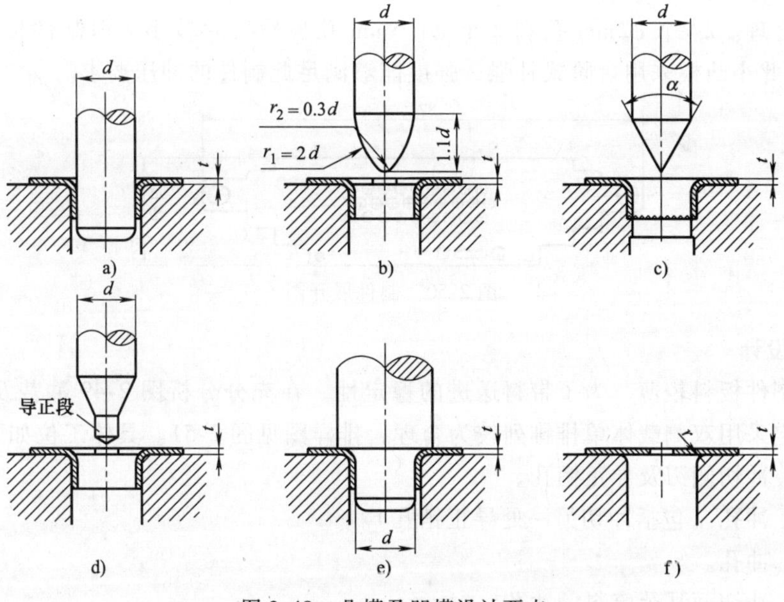

图 2-48　凸模及凹模设计要点

a）平面凸模　b）抛物线凸模　c）无预冲孔的穿刺翻孔凸模

d）有导正段的凸模　e）带有整形台肩的翻孔凸模　f）凹模入口圆角

2.12　安装板多工位级进模

1. 工艺分析

图 2-49 所示的某游戏机安装板，材料为 SPCC，板料厚为 0.4mm。制件技术要求如下：截边不得有毛刺，表面不得有划痕。因此要求冲裁间隙合理，工作面表面粗糙度值要小。

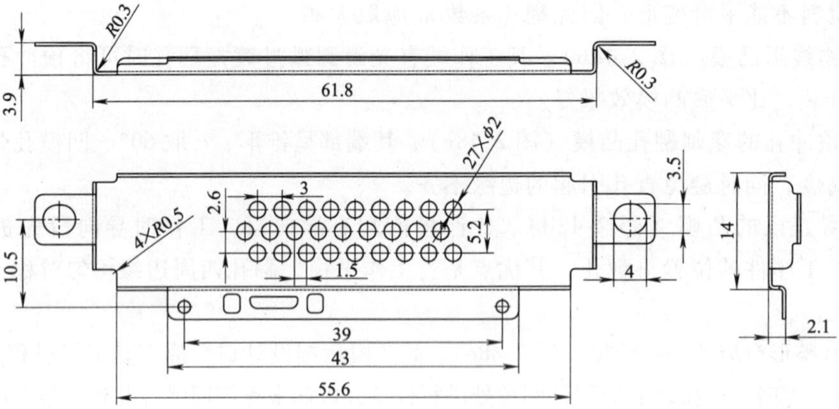

图 2-49　安装板

制件展开外形虽较简单（见图 2-50 展开图），但成形工艺复杂。该制件有 3 处 Z 形弯曲，1 处 90°弯曲，29 个圆孔，2 个椭圆孔。3 个方孔，以及由直线、圆弧组成的轮廓外形，因而包含了冲孔、弯曲等工序。从图 2-49 中分析，四周弯曲件可以一次冲压成形，可能会造成 Z 形弯曲边缘拉长及弯曲件回弹现象。故在 Z 形弯曲的展开长度计算时，要适当作调整（经验值：针对此制件按通常计算展开，再单边减 0.2mm 即可），并且在弯曲的后一步，设计有整形工序来校正弯曲件的回弹。制件两耳上的椭圆孔为安装孔，需待弯曲成形结束后再冲压较为合理。27 个 ϕ2mm 孔和 2 个 ϕ1.5mm 孔虽然尺寸较小，但制件板料较薄（$t=0.4$mm），因此小凸模采用台阶式补强，强度能够满足此制件的冲压要求。

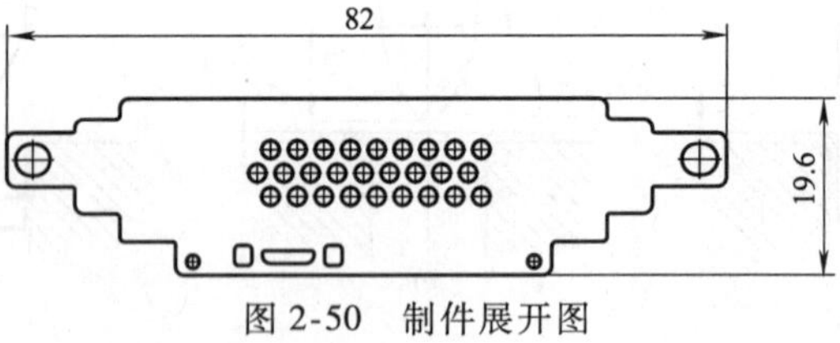

图 2-50　制件展开图

2. 排样设计

由于该制件板料较薄，为了带料送进的稳定性，在充分分析图 2-49 冲裁及弯曲特点的基础上，决定采用双侧载体单排排列较为合理，排样图见图 2-51。具体工位如下：

工位①：冲切侧刃及导正销孔。

工位②：冲孔（包括冲切另一处导正销孔）。

工位③：冲孔。

工位④：冲切两耳朵废料，冲孔。

工位⑤：冲孔。

工位⑥：冲切两边废料。

工位⑦：空工位。

工位⑧：冲切中部废料。

工位⑨：弯曲。

工位⑩：整形。

工位⑪：冲切长圆孔。

工位⑫：空工位。

工位⑬：落料（制件与载体分离）。

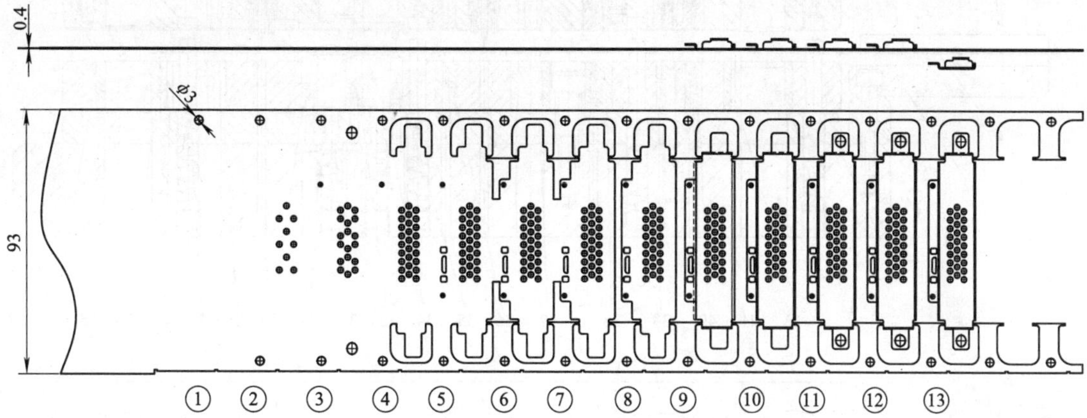

图 2-51　排样图

3. 模具结构设计

安装板多工位级进模结构如图 2-52 所示。该结构主要特点如下：

（1）设计要点

1）凸、凹模设计。由于冲孔尺寸 ϕ2mm 和 ϕ1.5mm 较小，冲孔凸模易折断，因此凸模结构设计成台阶式，可以改善凸模强度，且经过校核，该凸模在冲裁力作用下不会发生抗压失稳。落料及切废料凸模有局部小凸起和尖角，冲裁时刃口易崩落，因此各下模镶件及卸料板镶件采用镶套式。落料及冲切废料凸模采用直通式，并用螺钉固定于上模，方便制造和快速更换。

2）卸料方式。卸料板采用弹压卸料装置，可在冲裁前将料带压平，防止冲裁件翘曲。可保证较高的送料精度。

3）空工位设计。考虑到下模强度及凸模的布置，在冲孔和落料等工位之间，设置了空工位结构。

（2）模具加工

为了保证模具加工精度及质量、提高模具使用寿命、缩短模具加工周期，设计冲裁、弯曲、落料等凸模，均采用冲压模具标准零件，直接从专业模具标准件厂家选购。因制件料带较薄而需求量较大，凸模固定板采用整体式结构，卸料板与下模板采用镶套式结构。固定板垫板、卸料板垫板及下模板垫板选用 Cr12，热处理硬度为 50～53HRC；固定板选用 45 钢，调质硬度为 320～360HBW；卸料板及下模板选用高铬合金钢 Cr12MoV，热处理硬度为 58～60HRC；凸模、卸料板镶件、下模板镶件选用 SKDII，热处理硬度为 62～64HRC。各垫板型腔采用快走丝加工；固定板、卸料板、下模板、卸料板镶件及下模板镶件采用慢走丝（割一修三）加工。

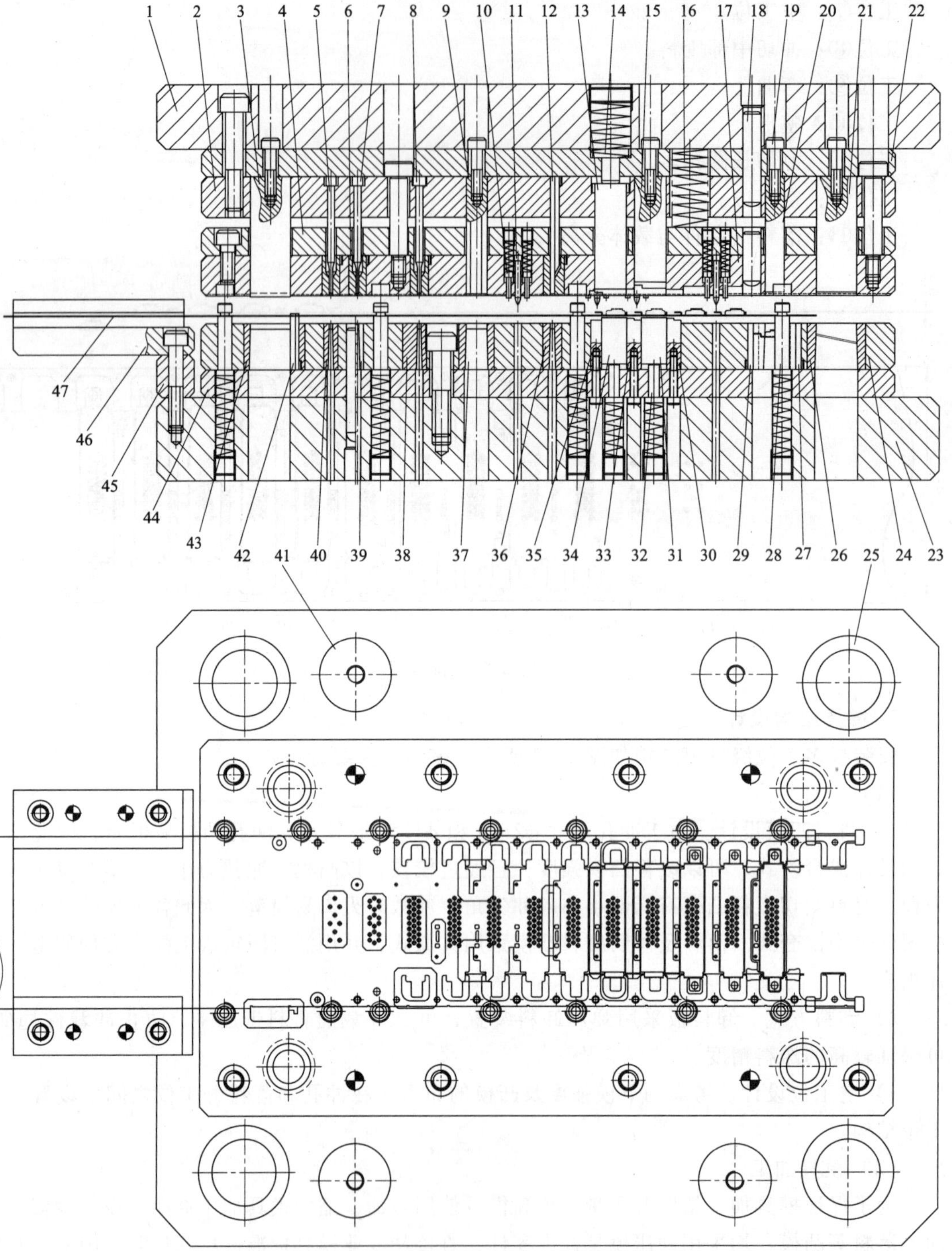

图 2-52　安装板多工位级进模结构

1—上模座　2—凸模固定板　3—切侧刃凸模　4—卸料板垫板　5、7、8—冲圆孔凸模　6—卸料板镶件　9、12—切废料凸模　10—顶杆　11—导正销　13、15—成形凸模　14、32—顶杆　16—弹簧　17—卸料板　18—圆柱销　19—螺钉　20—落料凸模　21—冲切载体凸模　22—固定板垫板　23—下模座　24—下模板　25—导柱　26、27、29、36～40、43—下模镶件　28—浮动导料销　30、33、35—下模成形块　31、34—浮料块　41—限位柱　42—侧刃挡料销　44—下模板垫板　45—承料板垫块　46—承料板　47—带料

2.13　键盘接插件外壳多工位级进模

1. 工艺分析

图 2-53 所示为键盘与电脑主机连接的键盘接插件外壳，材料为 SPCC，板料厚度为 0.3mm。该制件在冲压中，需经过多工序的弯曲成形，其数量无论多少，均可经合理分解后，按一定的成形顺序要求设置在不同的冲压工位上。因制件材料较薄，而且带料在连续不断地冲压，送进过程中冲件与载体间的连接强度也不断地降低。因此带料的导料方式和每步工序定距形式是否合理采用，对制件在生产中的稳定性十分重要，在排样设计时应充分考虑这一点。

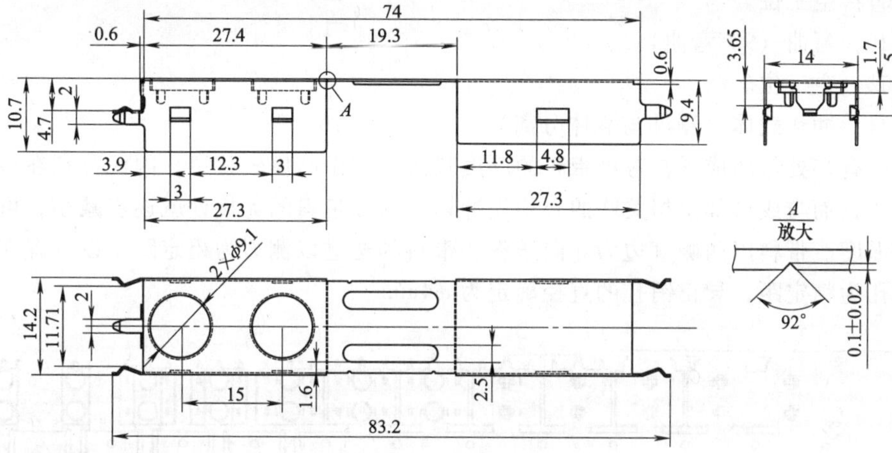

图 2-53　键盘接插件外壳

该制件的安装过程如下（图 2-54）：首先把 *A*、*B* 处的卡口同时按入塑料件中相对应的卡口中扣紧；用手工将 *C* 处弯曲成 90°；然后将 *D* 处也用同样的方法弯曲成 90°；把 *E* 处的卡口也按入塑胶件中即可。考虑 *C* 处同 *D* 处的 90°弯曲是用手工操作，经分析在其制件弯曲线相应处，设计工艺压线结构见图 2-53 的 A 放大图。

2. 排样设计

该制件有毛刺方向的要求，须向下弯曲成形才能达到。计算出毛坯总长度为 88.3mm，制件展开图见图 2-55。为了提高材料利用率，各工位间排列紧凑，其间距为 2mm。进行了

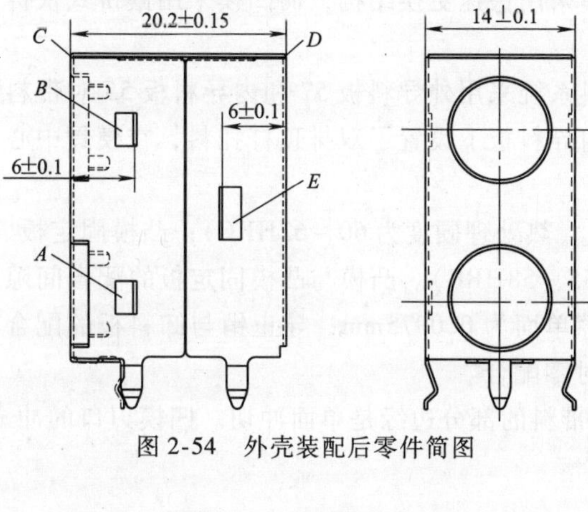

图 2-54　外壳装配后零件简图

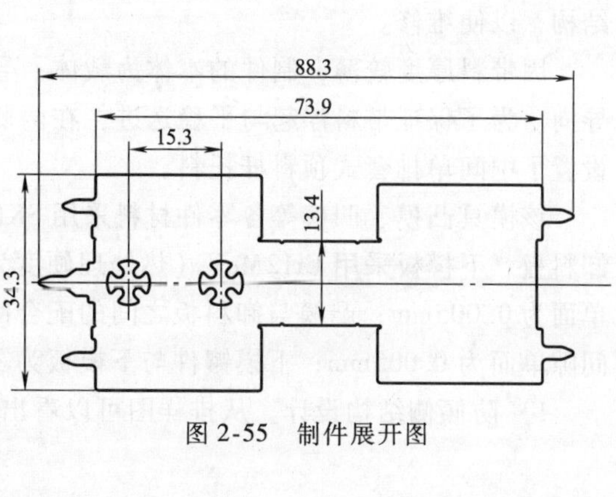

图 2-55　制件展开图

多种排列形式的比较，因制件两端有五处爪形弯曲，只能采用一出一排列，以带料本体为中间载体的排样方式较合理，排样图见图 2-56。具体工位如下：

工位①：冲导正销孔，冲切侧刃。

工位②、③：冲切废料。

工位④：冲切两边废料。

工位⑤：压线。

工位⑥：翻孔，切舌。

工位⑦：弯曲，压线。

工位⑧：打凸包。

工位⑨：弯曲（135°弯曲）。

工位⑩：空工位。

工位⑪：弯曲（90°弯曲）。

工位⑫：空工位。

工位⑬：冲切载体（制件与载体分离）。

该制件有多处弯曲成形，考虑带料的厚度较薄及部份凸模较狭窄，因此分别在多个工位上进行冲切，而与成形部位相关联的必须先冲切，这样带料的连接处就逐步减小，可能影响其送料的强度。带料以两侧直边为导向送料，带料的送进以侧刃为粗定距，以设置在中间单排导正销孔为精定距，导正销孔的直径确定为 ϕ4mm。

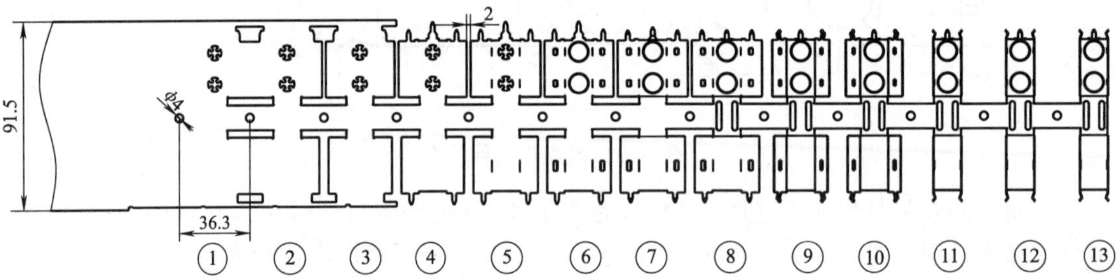

图 2-56　排样图

3. 模具结构设计

图 2-57 所示为键盘接插件外壳多工位级进模结构。该模具结构紧凑，为了确保制件的精度，模架采用 4 个精密的滚珠钢球导柱、导套导向，而模板内各设计了 8 套精密的小导柱、小导套导向。该制件的年产量较大，其凸模采用快速更换结构，而凹模采用镶拼式快拆结构，以便维修。

因带料厚度较薄，制件的本体为载体，导料系统采用外导料板 57 和内导料板 55 对带料导向。为了保证带料浮起与平稳送进，在两侧内导料板下设置了双排顶杆托料，在模具中心设置了中间单排套式顶料杆托料。

该模具凸模、凹模等各零件材料采用 SKDII（热处理硬度为 60 ~ 62HRC）；凸模固定板、卸料板、下模板采用 Cr12MoV（热处理硬度为 55 ~ 58HRC）。凸模与凸模固定板的配合间隙单面为 0.005mm；凸模与卸料板之间的配合间隙单面为 0.0075mm；导正销与卸料板的配合间隙单面为 0.005mm；下模镶件与下模板为零对零配合。

1）防倾侧结构设计。从排样图可以看出，带料的部分边缘是单面冲切。凹模刃口的冲

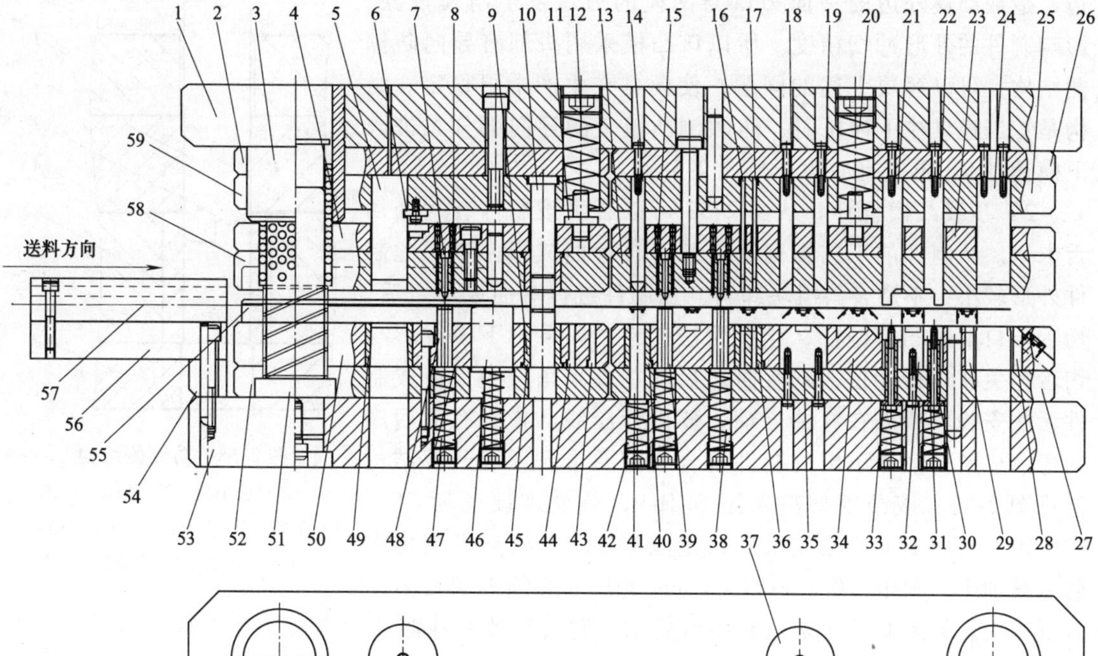

图 2-57　键盘接插件外壳多工位级进模结构图

1—上模座　2、26—固定板垫板　3—导套　4、23—卸料板垫板　5、16、17、18、19、21、22、24—凸模　6—压板　7—导正销　8、41—顶杆　9、45—小导套　10—小导柱　11—弹簧垫圈　12、15、20、38、47—弹簧　13、58—卸料板　14—翻孔凸模　25、59—凸模固定板　27、52—下模板垫板　28、29、32、35、36、40、43、44、49—下模镶件　30—等高套筒　31、46—下浮块　33—等高套筒垫圈　34、50—下模板　37—限位柱　39、48—套式顶料杆　42—螺塞　51—导柱　53—下模座　54—承料板垫块　55—内导料板　56—承料板　57—外导料板

裁间隙是放冲裁这一面，而另外一面间隙是零配零的，当凸模进入凹模冲裁时，造成单边受力，力的方向全部集中在外侧的一面，而凸模在卸料板的间隙下冲压，会倾斜在外侧的一

边，造成凸模外边的一面刃口与凹模的刃口发生啃模现象，影响制件的外形冲切精度。所以该凸模采用头部有导向防倾侧结构，可以解决上述的问题，使模具在生产中更稳定。结构是：当模具往下冲压时，防倾侧凸模2的导向部分先进入下模镶件5，再进行冲切（见图2-58）。

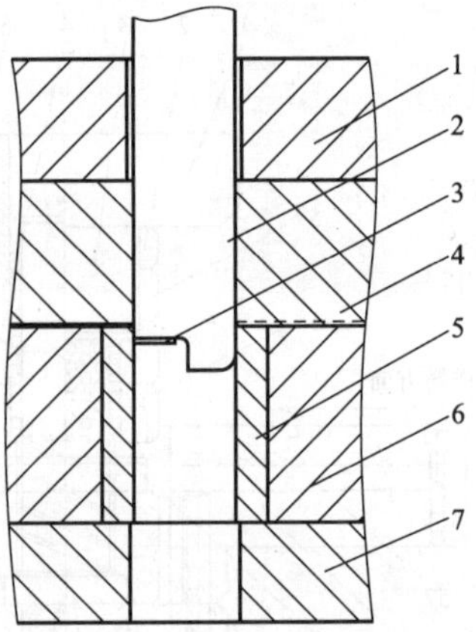

图 2-58　防倾侧结构
1—卸料板垫板　2—防倾侧凸模　3—废料　4—卸料板　5—下模镶件　6—下模板　7—下模垫板

2）压线凸模设计。从图2-53可以看出该制件有六处切舌卡口。从制件的工艺排列是先切舌再弯曲成形。考虑此制件外形较小，不适合斜滑块卸料。当制件进行弯曲成形之后，切舌卡口卡住凹模镶件，导致无法卸料。如果把下模成形与切舌相关联进行让位，则弯曲之后的制件塌角较大，造成制件无法安装。所以在弯曲之前，要设计压线凸模，有助后序的弯曲成形，使冲压出的制件符合装配要求。压成凸模结构详见图2-59。该凸模材料采用SKH-9，热处理硬度为61～63HRC。其加工工艺是先采用快走丝粗加工，然后再用精密磨床精加工。图中（0.1±0.01）mm的尺寸必须控制在公差范围以内。如果此尺寸未达到图纸要求，则会导致制件弯曲塌角大，反之影响制件的强度（图2-53的A放大视图的压线工艺结构同上）。

3）快速更换下模镶件。此制件年需求量庞大，冲压速度较快（200次/min），其下模镶件（冲裁刃口）容易损坏，需经常更换。下模镶件的结构如图2-60所示。

该下模镶块外形既不带台阶又无需用螺钉固定。在更换或修模时，用一个销钉或顶杆从下模垫板的漏料孔将下模镶块从下模板内顶出。不必拆卸联接下模板的螺钉及销钉，有时还无需将模具从冲床上卸下。因此更换凹模速度快，而且可保证模具的重复装配精度，提高模具的使用寿命。因该冲压制件的板料较薄，卸料板为弹性压料，所以在生产过程中不带台阶的下模镶块，不会从下模板中跳出。

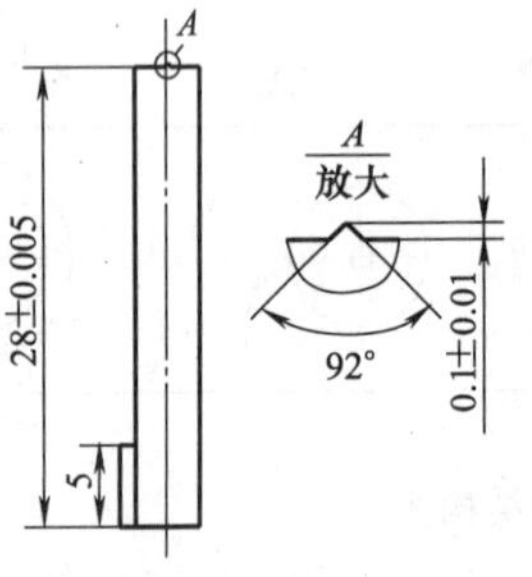

图 2-59　压线凸模

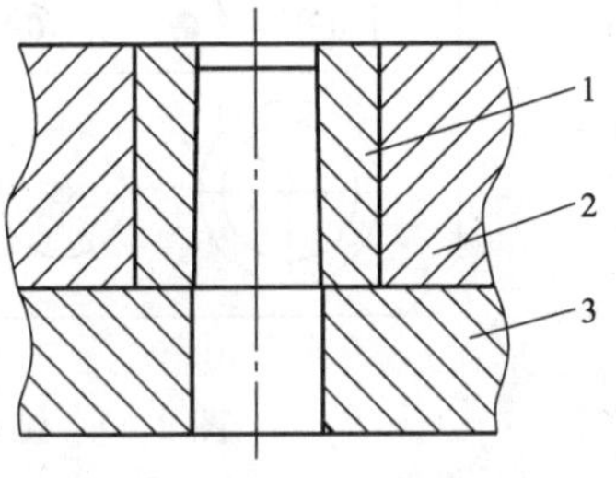

图 2-60　下模镶件结构
1—下模镶件　2—下模板　3—下模板垫板

2.14　扣件多工位级进模

1. 工艺分析

图2-61所示为窗帘支架扣件。该制件有毛刺方向的要求，须向下弯曲成形才能达成。计算出毛坯总长度 $L=61.36\text{mm}$。制件拉伸后的展开图见图2-62。为了提高材料利用率，板

料规格选用卷料来生产。初步分析把压包放置在中部切除废料后成形较为合理。但会导致外形尺寸难以控制，影响弯边高度及边缘的平整度，造成制件质量不稳定。经仔细分析，此压包的高度较低，可以放置在工位①先成形（即压包工艺），再切除中部废料，同时也很好地控制了弯边高度及平整度。

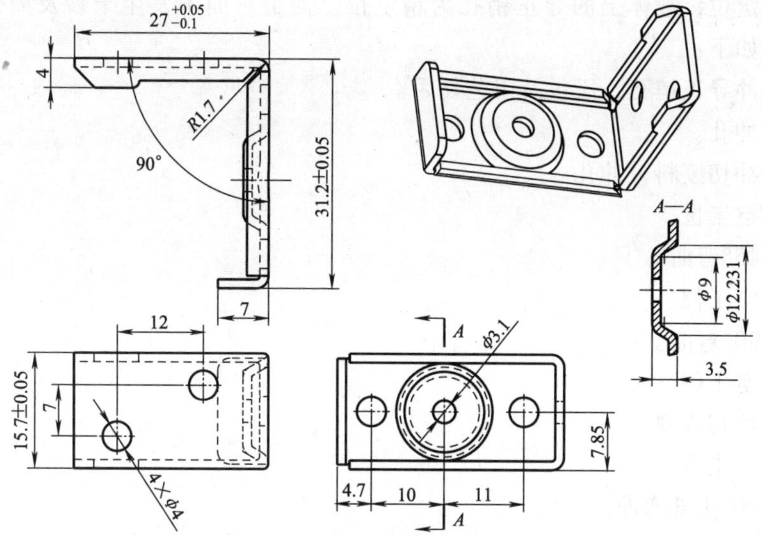

图 2-61　窗帘支架扣件

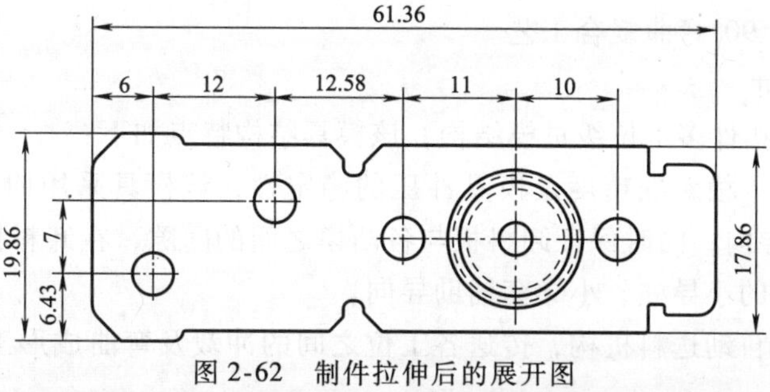

图 2-62　制件拉伸后的展开图

该制件采用级进模设计时，关键的弯曲部位是最后一工位 90°弯曲。通常级进模设计是先弯曲成形再进行切断，分两个工位进行。但此制件最终弯曲成形时，前端已完成的弯边随着压力机下行进入弯曲凹模内，当模具回程带料开始送料时，引起制件卡在凹模内无法卸料。如果弯曲采用浮动机构，也就是成形镶件与制件一起上升，因为制件前端弯边已成形，制件无法顶出，导致送料失败。经分析，该制件把弯曲成形与切断两个工位合为一个工位，也就是说在同一工位上，制件先弯曲成形后，接着继续进行切断，然后通过进入气孔的压缩空气，将制件从下模让位腔吹出，这样就能很好地避免弯曲成形使制件上升过程中，无法卸料导致送料失败的难题。

2. 排样设计

为了降低制造成本，采用单排排列。该排列方式有两种方案：

方案 1：采用纵排。这种排列减小了带料宽度，增大了步距，但降低了带料的刚性和稳定性，使模具外形加长，模具造价高。

方案 2：采用横排。这种排列模具长度比方案 1 短，弯曲成形工位方便布置，送料稳定性好。

对以上的两个方案分析，选用方案2较为合理。对于此制件的载体连接形式，因有横向弯曲限制，以及考虑增强载体的刚性和稳定性，带料的前面部分采用了双侧载体排样，后面部分采用单侧载体排样方案，排样图见图2-63。这样当后面部分进行成形时，已把干涉的废料先冲切。

成形该制件包括工艺切舌、压包、冲裁、弯曲等工序。为了使带料很好的定位，安排了工艺切舌为粗定位，载体上的导正销孔为精定位。为了弯曲不发生干涉及简化了模具的结构，具体工位如下：

工位①：冲导正销孔，压包及工艺切舌。

工位②：冲孔。

工位③：冲切废料，冲孔。

工位④：空工位。

工位⑤：45°弯曲。

工位⑥：空工位。

工位⑦：90°弯曲。

工位⑧：空工位。

工位⑨：冲切废料。

工位⑩：空工位。

工位⑪：90°头部弯曲。

工位⑫：45°中部弯曲。

工位⑬：空工位。

工位⑭：切断，90°弯曲复合工艺。

3. 模具结构设计

图2-64所示为扣件多工位级进模结构，该模具结构特点如下：

1）以确保上、下模对准精度及模具冲压的稳定性，该模具采用四套ϕ32mm的精密滚珠钢球导柱、导套导向；同时保证卸料板与各凸模之间的间隙，在卸料板及凹模固定板上各设计了四套ϕ20mm的小导柱、小导套辅助导向。

2）采用滚动式自动送料机构，传送各工位之间的冲裁及弯曲成形工作，并用浮动导料销导料、顶杆抬料。

3）为了使制件毛刺方向符合图2-61的要求，最后工位利用先弯曲再冲切载体废料同时进行的结构，能很好地避免弯曲成形后，制件上升过程中无法卸料而导致送料失败的问题。

其结构是：当上模下行时，首先90°弯曲凸模4（图2-64的件号54）先进行弯曲，当弯曲快结束时，冲切载体凸模（件号53）再进行切断，模具回程时，使分离后的制件通过90°弯曲凹模3（件号55）内的吹气孔，利用压缩空气将制件从90°弯曲凹模3的让位腔吹出。

4）凸、凹模镶件等各零件材料采用SKD11（其热处理硬度为60～62HRC）；凸模固定板、卸料板、凹模固定板采用Cr12MoV（其热处理硬度为55～58HRC）；凸模固定板垫板、卸料板垫板及凹模垫板采用Cr12（其热处理硬度为53～55HRC）。凸模与凸模固定板的配合间隙单面为0.015mm；凸模与卸料板之间的配合间隙单面为0.01mm；导正销与卸料板的配合间隙单面为0.005mm；凹模镶件与凹模固定板的配合间隙单面为0.005mm；浮动导料销与凹模板之间的配合间隙单面为0.015mm。

5）卸料板采用弹压卸料装置。它具有压紧、导向、保护凸模、卸料的作用，还可在冲裁前将带料压平，防止冲裁件翘曲。

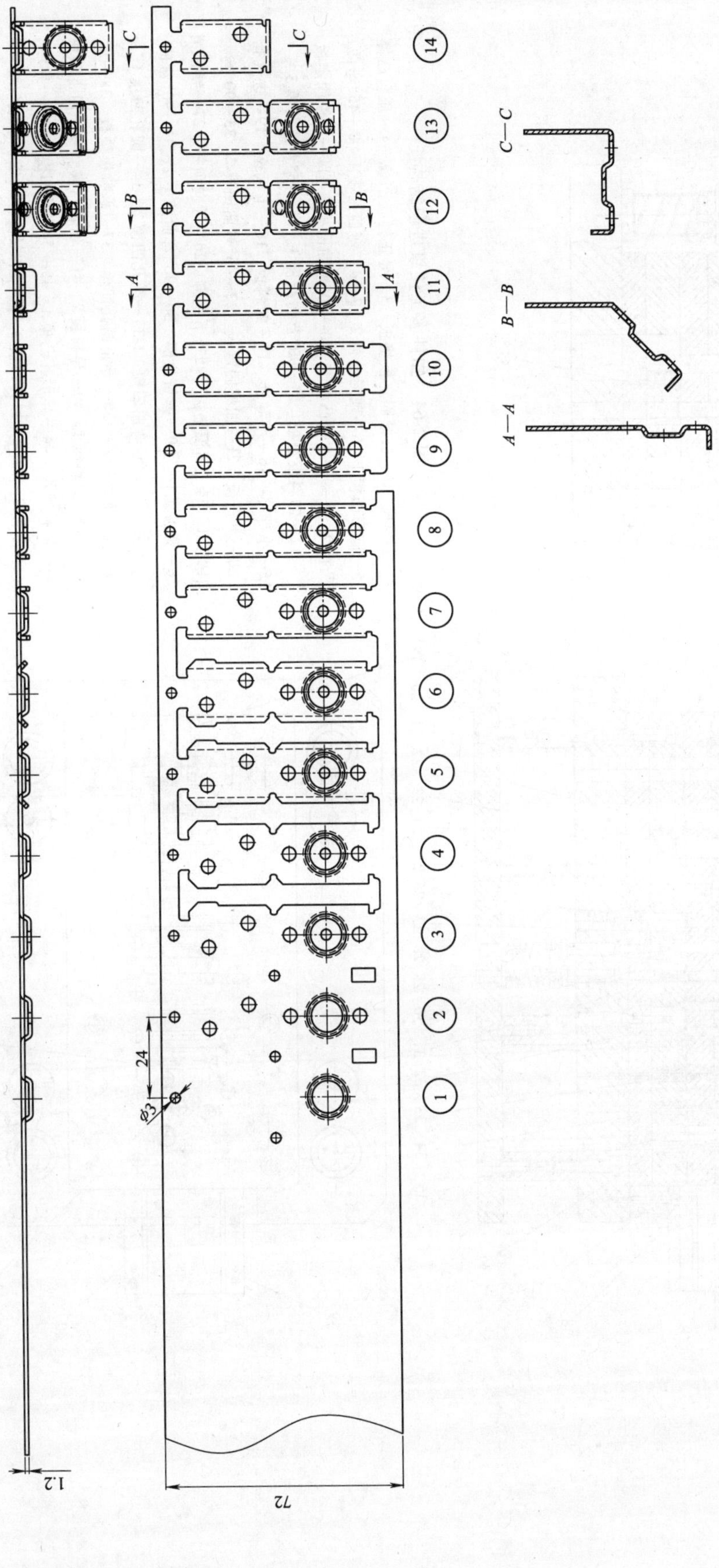

图 2-63 排样图

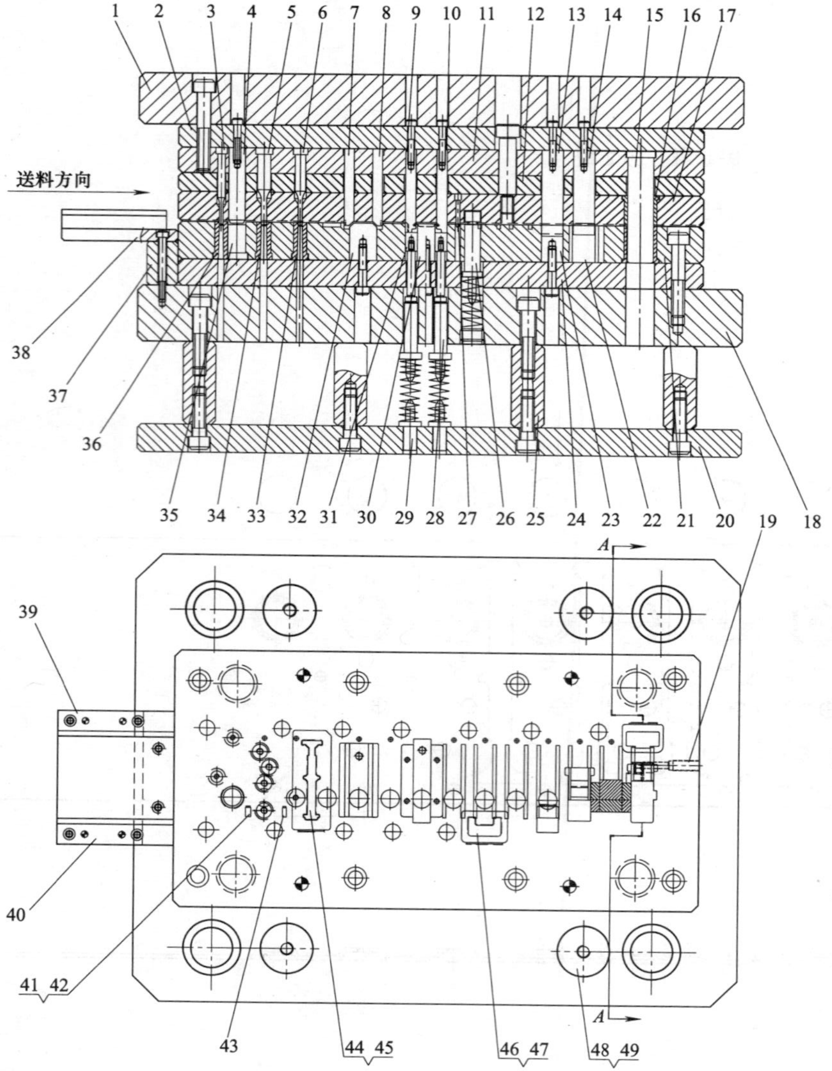

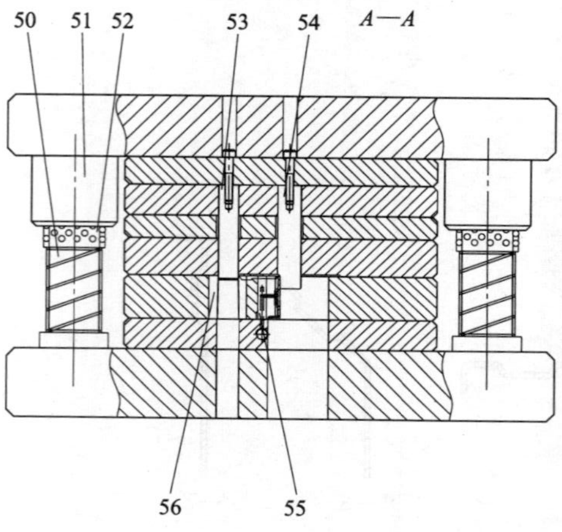

图 2-64　扣件多工位级进模结构

1—上模座　2—凸模固定板垫板　3—导正销孔凸模　4—压包凸模　5—圆形凸模 1　6—圆形凸模 2　7—45°弯曲凸模 1　8—45°弯曲凸模 2　9—90°弯曲凸模 1　10—90°弯曲凸模 2　11—凸模固定板　12—卸料板垫板　13—90°弯曲凸模 3　14—45°弯曲凸模 3　15—小导柱　16—小导套　17—卸料板　18—下模座　19—进气孔　20—下托板　21—凹模固定板　22—45°弯曲凹模 2　23—90°弯曲凹模 1　24—凹模垫板　25—下垫脚　26—导向顶杆　27—导正销　28—弹簧顶杆　29—弹簧垫圈　30—90°弯曲凹模 2　31—90°弯曲顶块　32—45°弯曲凹模 1　33—圆孔凹模 2　34—圆孔凹模 1　35—压包底面镶件　36—导正销孔凹模　37—承料板垫板　38—承料板　39—导料板 1　40—导料板 2　41—切舌凸模　42—切舌顶块　43—带料挡块　44—异形孔凸模 1　45—异形孔凹模 1　46—异形孔凸模 2　47—异形孔凹模 2　48—上限位柱　49—下限位柱　50—导柱　51—导套　52—保持圈　53—冲切载体凸模　54—90°弯曲凸模 4　55—90°弯曲凹模 3　56—冲切载体凹模

4. 冲压动作原理

将原材料宽 72mm、料厚 1.2mm 的卷料吊装在料架上，通过整平机将送进的带料整平后，再进入滚动式自动送料机构内（在此之前将滚动式自动送料机构的步距调至 24.05mm）。开始用手工将带料送至模具的导料板，直到带料的头部覆盖切舌凹模，这时进行第一次冲导正销孔，局部压包成形及工艺切舌；然后进入第二次冲孔（在第二次冲孔之前，将第一次切舌的右侧面挡住带料挡块（图 2-64 的件号 43））；进入第三次为冲切废料，冲孔；第四次为空工位；进入第五次为 45°弯曲；第六次为空工位；进入第七次为 90°弯曲；第八次为空工位；进入第九次为冲切废料；第十次为空工位；进入第十一次为头部 90°弯曲；进入第十二次为中部 45°弯曲；第十三次为空工位；最后（第十四次）为切断，90°弯曲复合工艺。此时将自动送料器调至自动的状况，可进入连续冲压。

2.15　管子卡箍多工位级进模

1. 工艺分析

图 2-65 所示为国外某汽车管子卡箍，材料为 ST14 钢，板厚为 1.2mm，年产量为 50 多

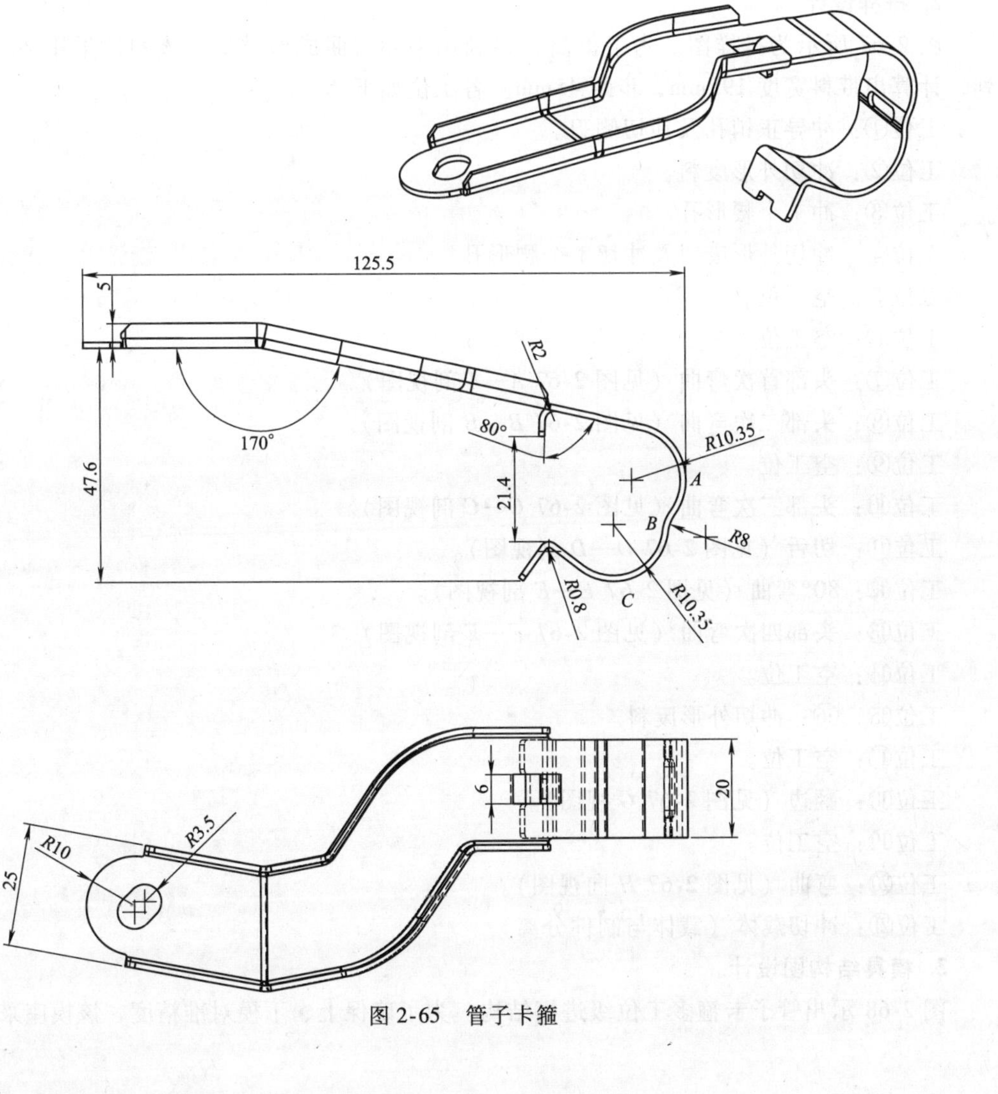

图 2-65　管子卡箍

万件。该制件旧工艺采用单工序模来生产，后改为多工位级进模生产。该制件形状复杂，尺寸精度要求高，在生产中需经过冲裁、切舌、多次弯曲及翻边等多道工序完成。计算出弯曲展开长为183.6mm，宽为58.9mm。该制件头部弯曲工艺比较复杂。头部弯曲部分有2个*R*10.35mm、1个*R*8mm和1个*R*0.8mm等组合而成。从制件的结构分析，该制件的关键部位为头部2个*R*10.35mm和1个*R*8mm组合尺寸回弹较大，导致制件的质量不稳定。为了克服此回弹，经分析，该制件头部需经过4次弯曲成形，具体详见图2-67排样图中*A—A*、*B—B*、*C—C*、*F—F*剖视图所示，具体形状如图2-66所示。从图2-65可以看出其弯曲数量无论多少，均可经合理分解后，按一定的成形顺序要求设置在不同的冲压工位上。

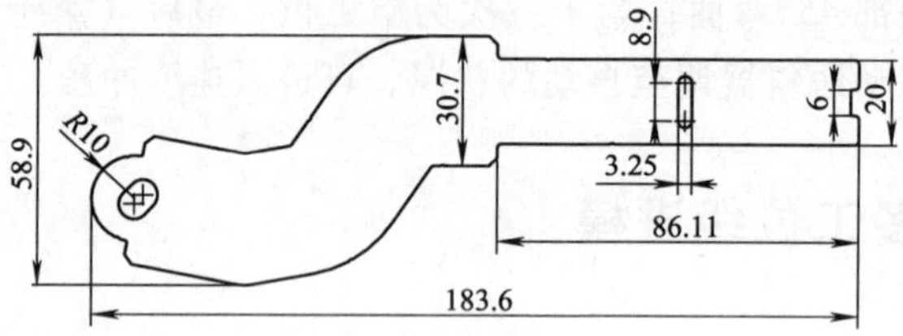

图2-66　制件展开图

2. 排样设计

图2-67所示为排样图。为了提高材料利用率和弯曲成形质量，该制件采用20°斜排排列，计算出带料宽度195mm，步距45mm。各工位如下：

工位①：冲导正销孔及冲切侧刃。

工位②：冲切外形废料。

工位③：冲1个腰形孔。

工位④：冲切外形废料及冲切1个腰形孔。

工位⑤：空工位。

工位⑥：空工位。

工位⑦：头部首次弯曲（见图2-67 *A—A*剖视图）。

工位⑧：头部二次弯曲（见图2-67 *B—B*剖视图）。

工位⑨：空工位。

工位⑩：头部三次弯曲（见图2-67 *C—C*剖视图）。

工位⑪：切舌（见图2-67 *D—D*剖视图）。

工位⑫：80°弯曲（见图2-67 *E—E*剖视图）。

工位⑬：头部四次弯曲（见图2-67 *F—F*剖视图）。

工位⑭：空工位。

工位⑮、⑯：冲切外形废料。

工位⑰：空工位。

工位⑱：翻边（见图2-67 *G*视图）。

工位⑲：空工位。

工位⑳：弯曲（见图2-67 *H*向视图）。

工位㉑：冲切载体（载体与制件分离）。

3. 模具结构图设计

图2-68示出管子卡箍多工位级进模结构。为了确保上、下模对准精度，该模座采用4

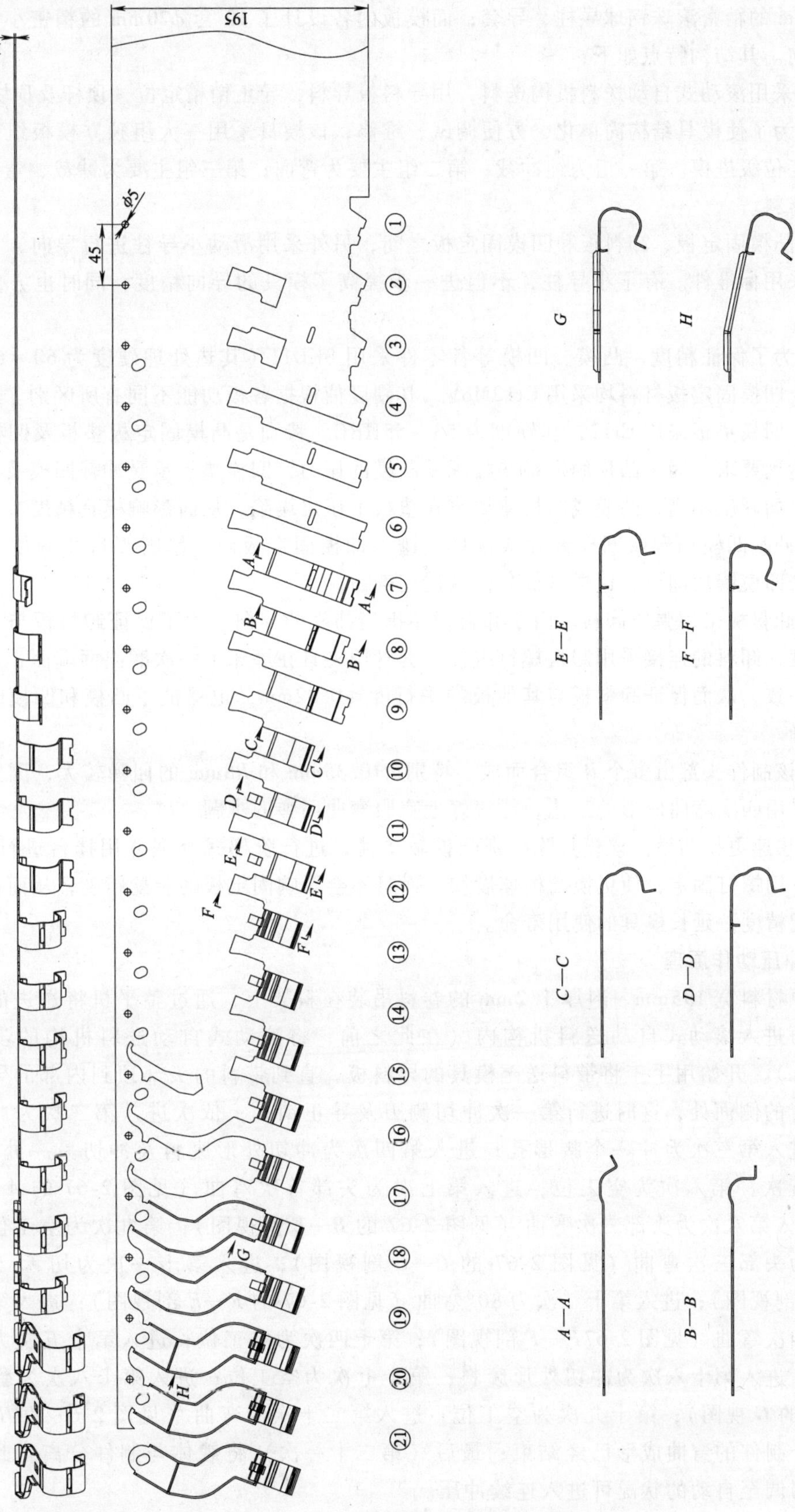

图 2-67　排样图

套 ϕ38mm 的精密滚珠钢球导柱、导套；而模板内各设计了 12 套 ϕ20mm 的精密小导柱、小导套导向。其结构特点如下：

1）采用滚动式自动送料机构送料，用导料板导料，导正销精定位，顶杆及顶块抬料。

2）为了使模具结构简单化，方便调试、维修，该模具采用三大组独立模板组合而成的一副多工位级进模。第一组为纯冲裁；第二组主要为弯曲；第三组主要为冲裁、弯曲及翻边成形和落料。

3）凸模固定板、卸料板和凹模固定板之间，另外采用滑动小导柱进行导向，小导柱和小导套采用标准件。有了小导柱，不但进一步提高了模具的导向精度，同时也方便模具的装配。

4）为了保证精度，凸模、凹模等各零件采用 SKD11（其热处理硬度为 60～62HRC）；卸料板及凹模固定板材料均采用 Cr12MoV，其硬度值根据各板功能不同有所区别。凸模固定板垫板、凹模垫板采用 Cr12，其硬度为 53～55HRC。特别是凸模固定板垫板及凹模垫板硬度必须达到要求，因为凸模固定板垫板承受凸模的压力，凹模垫板承受冲裁凹模及弯曲凹模的压力，如硬度不高，凸模或凹模镶块将在垫板上压出塌陷，从而影响模具精度。

5）冲裁凹模和弯曲凹模设计成镶块，镶入凹模固定板内。修磨刃口及调整弯曲回弹时，只修凹模镶块即可，这样可提高模具使用寿命。

6）卸料板采用弹压卸料。由于卸料板还担当凸模的导向，为了保证卸料板与其他模板的平行度，卸料的连接采用卸料螺钉组件，套管用夹具在磨床上一次磨出两端面，所有的套管高度一致，从而保证卸料板与其他板的平行度≤0.02mm，也保证了凸模和凹模间的相对位置准确。

7）该制件头部由多个 *R* 组合而成。特别 *R*10.35mm 和 *R*8mm 的回弹较大，因此该制件的头部采用四次弯曲成形的工艺，能很好地克服弯曲回弹的难题。

8）快速更换凸模。该模具除个别凸模较单薄，进行阶梯式补强并用挂台进行固定外，其余统一用螺钉固定，使更换凸模速度快，而且不会影响固定板的装配精度，从而保证模具重复装配精度，延长模具的使用寿命。

4. 冲压动作原理

将原材料宽 195mm、料厚 1.2mm 的卷料吊装在料架上，通过整平机将送进的带料整平后，再进入滚动式自动送料机构内（在此之前，将滚动式自动送料机构的步距调至 45.05mm）。开始用手工将带料送至模具的导料板，直到带料的头部顶到内部的导料板带档料装置的侧面处，这时进行第一次冲切侧刃及导正销孔；依次进入第二次为冲切外形废料；进入第三次为冲一个腰形孔；进入第四次为冲切外形废料及冲切另一处腰形孔；进入第五次、第六次为空工位；进入第七次为头部首次弯曲（见图 2-67 的 *A—A* 剖视图）；进入第八次为头部二次弯曲（见图 2-67 的 *B—B* 剖视图）；第九次为空工位；进入第十次为头部三次弯曲（见图 2-67 的 *C—C* 剖视图）；进入第十一次为切舌（见图 2-67*D—D* 剖视图）；进入第十二次为 80°弯曲（见图 2-67 的 *E—E* 剖视图）；进入第十三次为头部四次弯曲（见图 2-67*F—F* 剖视图）；第十四次为空工位；进入第十五次为冲切外形废料；进入第十六次为冲切外形废料；第十七次为空工位；进入第十八次为翻边（见图 2-67 的 *G* 视图）；第十九次为空工位；进入第二十次为弯曲（见图 2-67 的 *H* 视图），这时整个制件的弯曲成形已经结束；最后（第二十一次）将载体与制件分离。此时将自动送料器调至自动的状况可进入连续冲压。

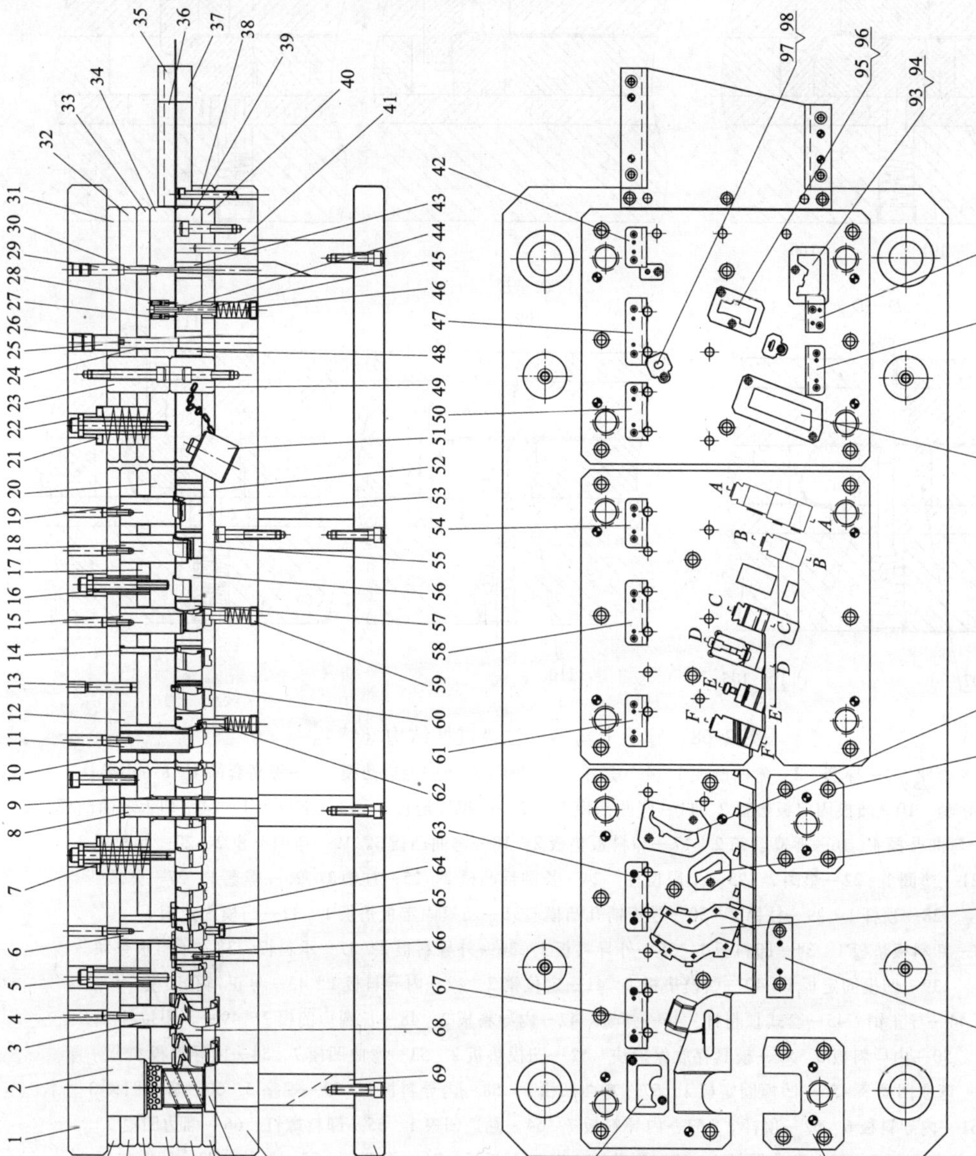

图 2-68　管子卡箍多工位级进模结构

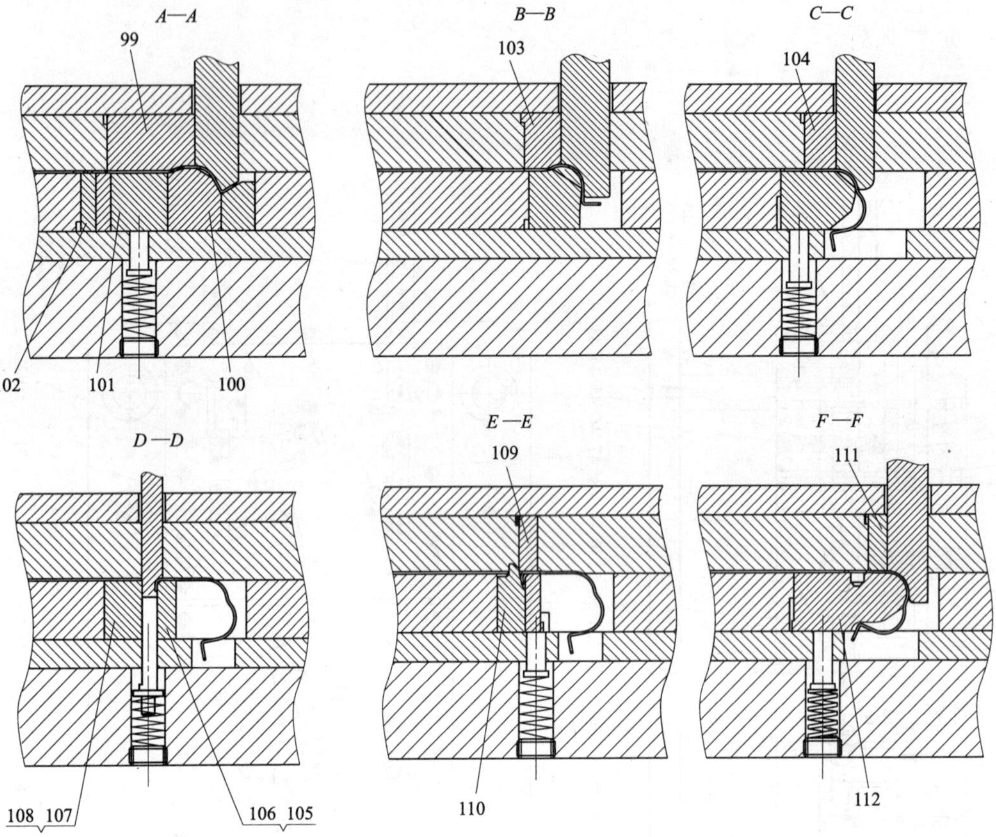

图 2-68 管子卡箍多工位级进模结构（续）

1—上模座 2—导套 3—弯曲凸模 1 4—螺钉 5—垫圈 3 6—翻边凸模 7—等高套筒 1 8—小导柱 9—小导套 10—凸模固定板垫板 2 11—弯曲凸模 5 12—凸模固定板 2 13—定位销 1 14—切舌弯曲凸模 15—弯曲凸模 4 16—等高套筒 2 17—卸料板垫板 2 18—弯曲凸模 3 19—弯曲凸模 2 20—卸料板 2 21—垫圈 1 22—垫圈 2 23—上限位柱 24—长圆形凸模 2 25—柱销 1 26—螺塞 1 27—弹簧 28—顶杆 1 29—柱销 2 30—导正销孔凸模 31—凸模固定板垫板 1 32—凸模固定板 1 33—卸料板垫板 1 34—卸料板 1 35—外导料板 1 36—外导料板 2 37—承料板 38—承料板垫块 39—凹模固定板 1 40—凹模垫板 1 41—定位销 2 42—内导料板 1 43—导正销孔凹模 44—导正销 45—套式顶料杆 46—弹簧 47—内导料板 2 48—长圆形凹模 2 49—下限位柱 50—内导料板 3 51—模具存放保护块 52—凹模垫板 2 53—弯曲凹模 7 54—内导料板 4 55—弯曲凹模 8 56—凹模固定板 2 57—弯曲凹模 9 58—内导料板 5 59—螺塞 2 60—弯曲凹模 3 61—内导料板 6 62—顶杆 2 63—内导料板 7 64—翻边凹模 1 65—卸料螺钉 66—翻边凹模 2 67—内导料板 8 68—弯曲凹模 1 69—下垫脚 70—下托板 71—下模座 72—导柱 73—凹模垫板 3 74—凹模固定板 3 75—卸料板 3 76—卸料板垫板 3 77—凸模固定板 3 78—凸模固定板垫板 3 79—异形凸模 1 80—异形凹模 1 81—凹模辅助板 1 82—凹模辅助板 2 83—下模浮料块 84—异形凸模 2 85—异形凹模 2 86—凹模辅助板 3 87—异形凸模 6 88—异形凹模 3 89—异形凸模 3 90—异形凹模 4 91—内导料板 9 92—内导料板 10 93—异形凸模 5 94—异形凹模 5 95—异形凸模 4 96—异形凹模 6 97—长圆形凸模 1 98—长圆形凹模 1 99—卸料板镶件 5 100—弯曲凹模 6 101—弯曲凹模 5 102—弯曲凹模 4 103—卸料板镶件 4 104—卸料板镶件 3 105—弯曲凹模 13 106—弯曲凹模 12 107—弯曲凹模 10 108—弯曲凹模 11 109—卸料板镶件 2 110—弯曲凹模 2 111—卸料板镶件 1 112—弯曲凹模 14

2.16 不锈钢铁链U形钩多工位级进模

1. 工艺分析

图2-69所示为日光灯上的挂件铁链U形钩。其材料为SUS301不锈钢，板厚为0.8mm，年产量为4000多万件。制件外形简单，形状对称、规则，尺寸要求不高，但毛刺应向内。制件的U形弯曲半径处（$R=2.6$mm）在弯曲成形后回弹较大，但对使用性能无影响。制件中有2个梯形孔，其作用是将另一个制件的头部穿过梯形孔，把U形弯曲的圆弧形吊装在梯形孔上，依次一个制件接另一个制件穿过，这样就形成了一个完整的链条。

该制件原工艺采用2副单工序模生产：第1工序为复合落料；第2工序为U形弯曲，所需模具多。该工艺主要问题在于制件外形尺寸小，U形弯曲工序手工放置制件，导致冲压速度慢、废品率高、生产安全系数低，远不能满足大批量生产的需求。因此设计了一副多工位级进模进行冲压生产，取得了良好的经济效益。

2. 排样设计

该制件的排样设计主要考虑如下：

1）将复杂的型孔分解成若干个简单的孔形，并分成几个工位进行冲裁，使模具制造简单化。

2）在排样设计时，尽可能考虑材料的利用率，尽量按少、无废料的排样，以便降低生产成本，提高经济效益。

3）为了保证带料送进步距的精度，在排样设计时应设置侧刃及导正销孔。导正销孔尽可能设置在废料上。

4）制件与载体的连接应有足够的强度和刚度，以保证带料在冲压过程中连续送进的稳定性。

综合以上分析及结合制件的展开尺寸（见图2-70），制件排样采用单排排列方式。前部分采用双侧载体连接方式，待制件外形大部分冲裁之后，再逐步利用中间载体的连接方式，使带料送进更稳定。

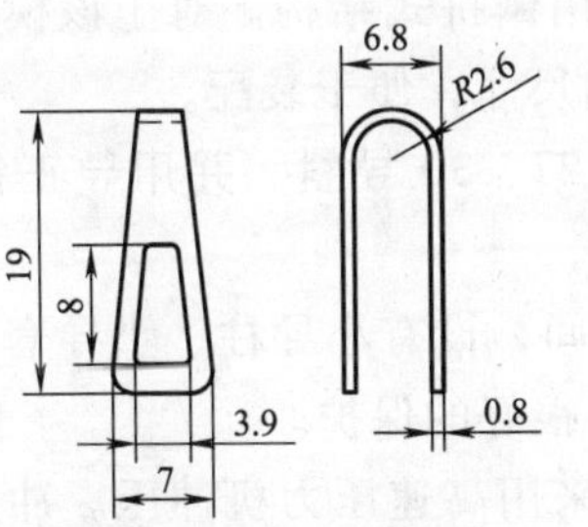

图2-69 U形钩

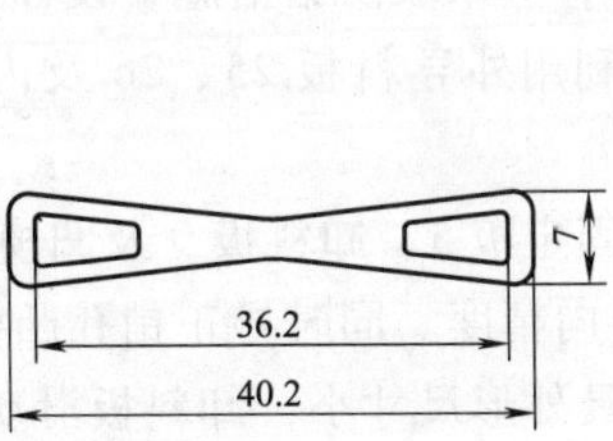

图2-70 制件展开图

制件排样图见图2-71。主要冲压工位为：冲导正销孔→冲切侧刃→冲切梯形废料→冲切外形废料→弯曲→冲切中间载体。制件共由22个工位组成，具体工位如下：

工位①：冲3个$\phi1.8$mm的导正销孔。

工位②：导正（空工位）。

工位③：空工位。

工位④：冲切侧刃。

工位⑤：空工位。

工位⑥：冲切2个梯形废料。

工位⑦~⑨：空工位。

工位⑩：冲切外形废料。

工位⑪：空工位。

工位⑫：冲切另一端外形废料。

工位⑬：冲切头部废料。

工位⑭：空工位。

工位⑮：冲切另一端头部废料。

工位⑯~⑱：空工位。

工位⑲：U形弯曲。

工位⑳、㉑：空工位。

工位㉒：冲切中部载体（制件与载体分离）。

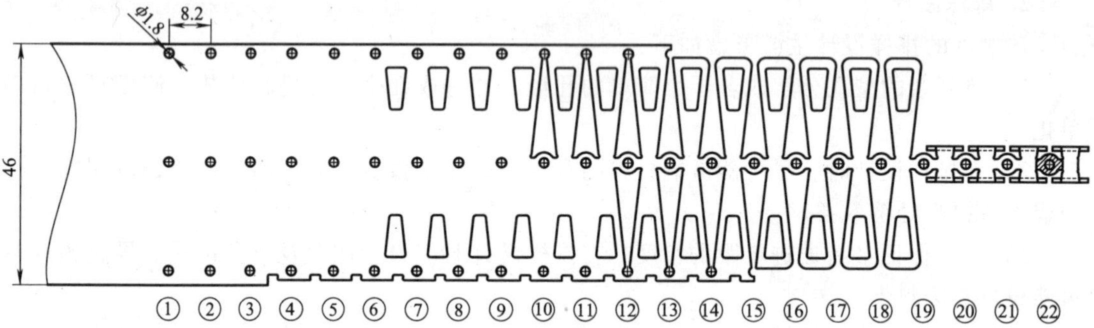

图2-71　排样图

3. 模具结构设计

图2-72所示为不锈钢铁链U形钩多工位级进模结构。该模具特点如下：

1）模具是由钢板模座组成镶拼结构的冲载、弯曲多工位级进模。

2）U形钩生产批量大，冲裁及弯曲凹模全部采用镶拼式结构。对于该模具中相类似形状的凹模外形，应采取防错措施，设计成大小不一的尺寸，便于装配。

3）带料利用外导料板25、26及内导料板22、27、30导料，并用导正销3对带料精定位。

4）凸模固定板5、卸料板9及凹模固定板10之间，设有小导柱、小导套辅助导向，提高了模具的导向精度。同时导正销孔凸模2也得到了很好的保护。

5）该模具外形尺寸小，卸料板滑动行程低，可采用高速压力机冲压。冲压速度可达到200~300次/min。

4. 冲压动作原理

将原材料宽46mm、料厚0.8mm的卷料吊装在料架上，通过整平机将送进的带料整平后，再进入滚动式自动送料机构内（在此之前，将滚动式自动送料机构的步距调至8.25mm）。开始用手工将带料送至模具的导料板，直到带料的头部覆盖三个$\phi1.8$mm的导正销孔凹模刃口，这时进行第一次冲三个$\phi1.8$mm的导正销孔；然后进入第二次，将带料进入导正（空工位）；第三次为空工位；进入第四次为冲切侧刃，接着利用内导料板30的侧面

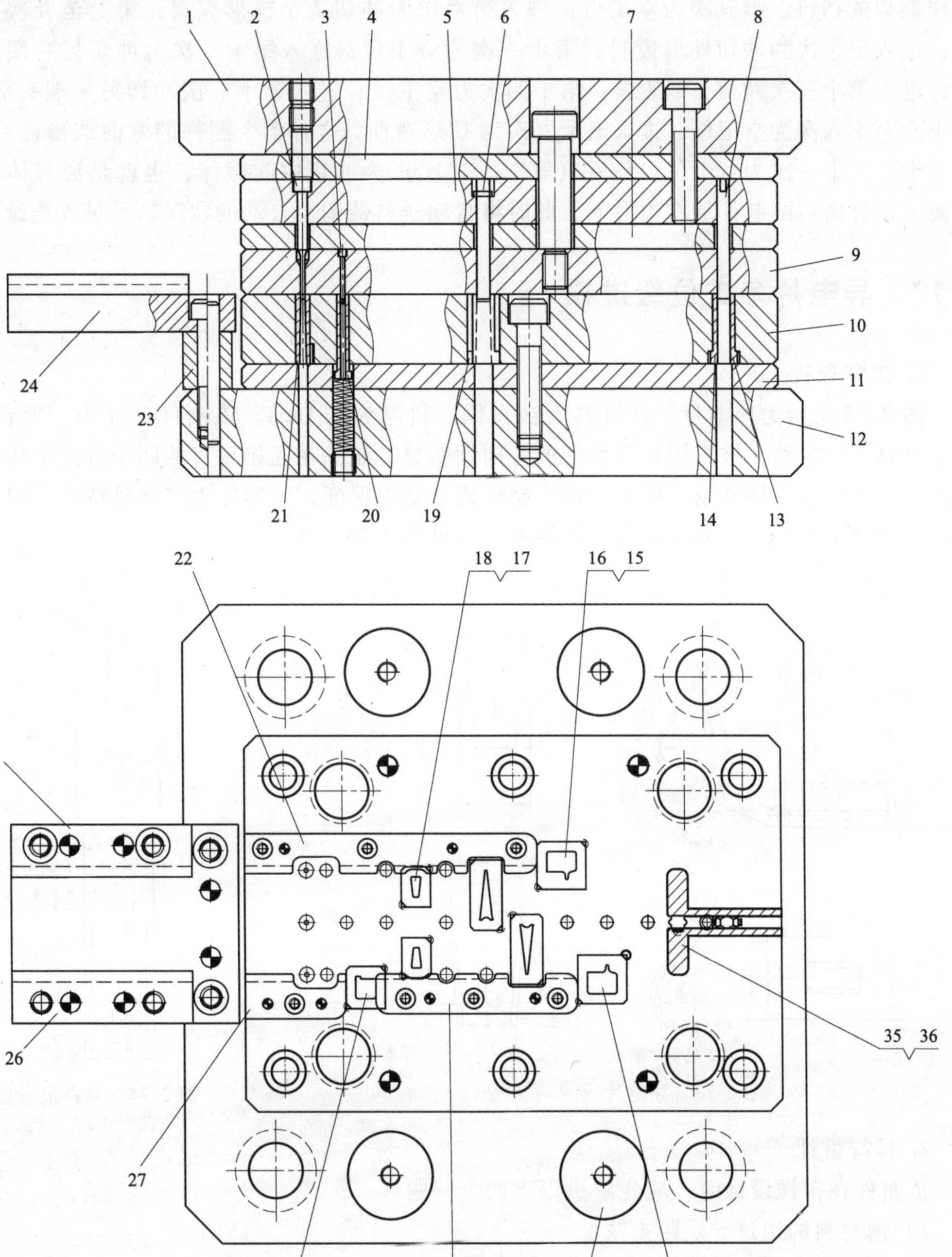

图 2-72　不锈钢铁链 U 形钩多工位级进模结构

1—上模座　2—导正销孔凸模　3—导正销　4—凸模固定板垫板　5—凸模固定板　6—三角形凸模　7—卸料板垫板　8—切断凸模　9—卸料板　10—凹模固定板　11—凹模垫板　12—下模座　13—落料凹模 2　14—落料凹模 1　15—异形凸模 1　16—落料凹模 1　17—梯形凸模　18—梯形凹模　19—三角形凹模　20—套式顶料杆　21—导正销孔凹模　22—内导料板 1　23—承料板垫板　24—承料板　25—外导料板 1　26—外导料板 2　27—内导料板 2　28—侧刃凸模　29—侧刃凹模　30—内导料板 3　31—上限位柱　32—下限位柱　33—异形凸模 2　34—异形凹模 2　35—弯曲凸模　36—弯曲凹模

处作侧刃的挡料；第五次为空工位；进入第六次为冲切 2 个梯形废料；第七至九次为空工位；进入第十次为冲切外形废料；第十一次为空工位；进入第十二次为冲切另一端外形废料；进入第十三次冲切头部废料：第十四次为空工位；进入第十五次冲切另一端头部废料；第十六至十八次为空工位；进入第十九次为 U 形弯曲，这时整个制件的弯曲成形已经结束；第二十、二十一次为空工位；最后（第二十二次）为冲切中间载体，也就是说载体与制件分离，使分离后的制件从右边滑下。此时将自动送料器调至自动的状况，可进入连续冲压。

2.17　导电片多工位级进模

1. 工艺分析

图 2-73 所示为导电片。其材料为铍青铜，料厚为 0.1mm。该制件尺寸小、形状复杂，使用材料不仅较薄，铍青铜材料性能的方向性明显，制件在互相垂直的两个方向上均有弯曲变形，如采用单工序冲压，操作困难，制件质量难以保证。该制件生产批量特大，拟采用连续弯曲的多工位级进模冲压方式。制件展开图见图 2-74。

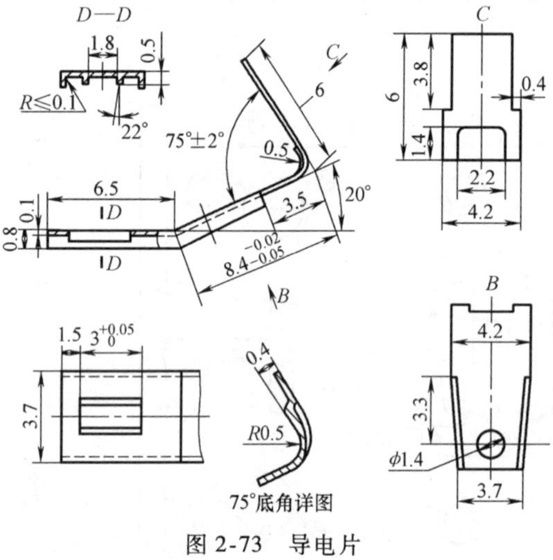

图 2-73　导电片

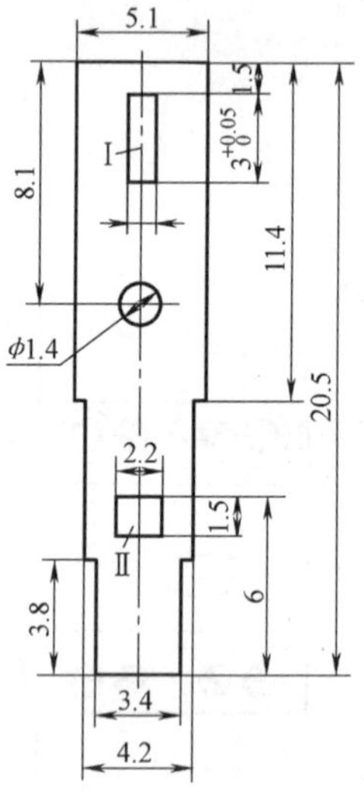

图 2-74　制件展开图

2. 排样设计

该制件在排样设计时，应先解决以下两个问题：

1）薄材料的送进、定距方法。

2）材料性能方向性和成形质量的矛盾。

排样方式采用如图 2-75 所示的单排斜排，倾斜角度 30°。送料定距采用侧刃粗定距，导正销精定距。该排样图共分为 25 个工位，具体工位如下：

工位①：冲切侧刃搭边。

工位②、③：空工位。

工位④：冲两个导正销孔。两个导正销孔在两侧载体上。

工位⑤：冲 ϕ1.4mm 小孔。

工位⑥：冲长方孔 3mm × 1mm 和压凸台 1.5mm × 2.2mm × 0.3mm，压凸台即 75°角部的预成形。

工位⑦：空工位。

工位⑧：冲切外形废料。

工位⑨、⑩：空工位。

工位⑪：在第⑥工位冲的长方孔 3mm × 1mm 处，将 *D—D* 剖面切口弯曲 1.8mm × 0.5mm。

工位⑫：空工位。

工位⑬：弯成两侧 0.8mm 高的 U 形。

工位⑭：空工位。

工位⑮：单面切断。

工位⑯、⑰：空工位。

工位⑱：6mm 长一端预弯成 90°。

工位⑲：空工位。

工位⑳：8.4mm 段与 6.5mm 段间弯成 20°。

工位㉑：空工位。

工位㉒：整形 20°和 75°角成形（由 90°成形为 75°）。

工位㉓、㉔：空工位。

工位㉕：切断，完成制件成形。

为了保证模板的强度及成形有足够的空间，其中，在工位②、③、⑦、⑨、⑩、⑫、⑭、⑯、⑰、⑲、㉑、㉓、㉔留有空工位。

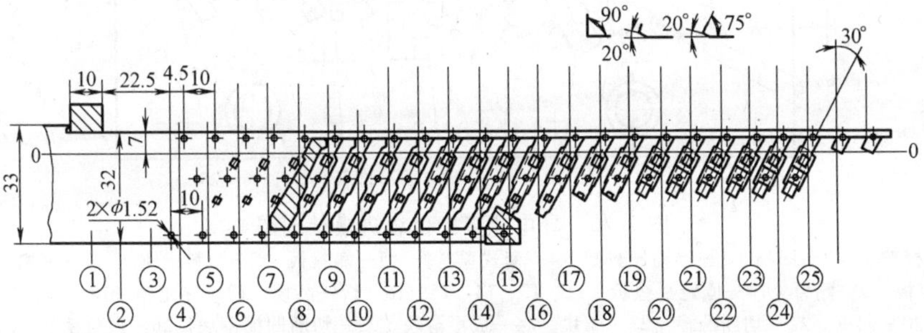

图 2-75 排样图

3. 模具结构设计

图 2-76 所示为导电片多工位级进模结构。

（1）结构特点

1）模具采用双重导向，上、下模采用四套导柱滚动导向精密模架，凸模固定板、卸料板和凹模之间设置四套滑动小导柱导向。

2）凹模采用拼镶结构。凹模板和镶块均选用 Cr12MoV 制作。镶块和凹模板孔间配合为$\frac{H7}{n6}$。

3）凸模固定板采用 CrWMn 制成。凸模与凸模固定板孔采用间隙配合。凸模与凹模的相对位置靠卸料板保证，凸模与卸料板孔的双面间隙小于 0.015mm。

4）为了保证带料载体连同成形部分正常送进，每次冲压后，用套式顶料杆 4 将带料顶起，浮离凹模表面。浮动导料销 3 随带料顶起，带料在两侧浮动导料销间送进。两侧分别设置 11 个和 6 个浮动导料销。

5）从第⑤工位起，设置导正销定位。一侧的第⑤、⑥、⑪、⑭、⑯、⑱、㉕工位设

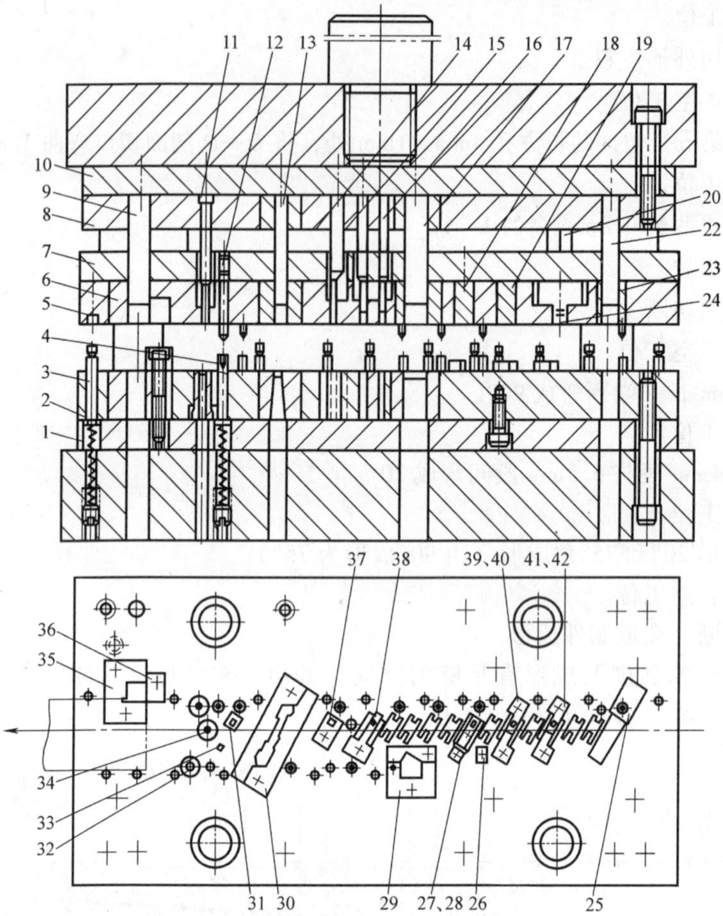

图 2-76　导电片多工位级进模结构图

1—凹模垫板　2—凹模　3—浮动导料销　4—套式顶料杆　5—卸料板　6—卸料板镶块　7—卸料板垫板　8—固定板　9—侧刃　10—固定板垫板　11、13、14、15、16、17—凸模　12—导正销　18、19、21—弯曲凸模　20—斜楔　22—切断凸模　23—镶块　24—成形滑块　25—切断凹模镶块　26—限位镶块　27、28、40、41、42—弯曲凹模镶块　29、30、31、32、33、34、35、37、38、39—冲裁凹模镶块　36—侧刃挡块

置，另一侧的⑨、⑫、⑭工位设置，保证带料送进后能得到正确的定位。

6）弯曲凸模 18 和 19 安装在卸料板上，便于维修。

7）弯曲成形由上模的斜楔 20、成形滑块 24、弯曲凸模 21 和下模的弯曲凹模镶块 41、42 完成。

8）凸模、镶块和凹模、卸料板、固定板上的孔，采用精密数控线切割加工。加工表面粗糙度 Ra 为 0.4μm。

（2）模具工作过程

模具与气动送料机构连用。首次送料时，用侧刃挡块初定位，冲切去侧刃搭边，连续送料到第④工位；冲出两个导正销孔后，送料到第⑤工位时，用导正销精定位，依次完成各工位的冲压工序。

上模上行，套式顶料杆 4 和浮动导料销 3 将带料顶起，带料在两侧浮动导料销 3 的槽中夹持着，保证带料送进的稳定。上模下行时，卸料板 5 将带料连同浮动导料销 3、套式顶料杆 4 压紧凹模工作面，进行下一次冲压。

第3章　冲裁、拉深多工位级进模

3.1　压扣多工位级进模

1. 工艺分析

图3-1所示为压扣，材料为08F钢，料厚为0.5mm。该制件的技术要求：卷边外圆断面要平齐光滑，毛刺不得大于0.1mm；卷边顶部与底面平行度误差小于0.5mm；制件尺寸精度为7±0.2mm和（ϕ19.8±0.1）mm。

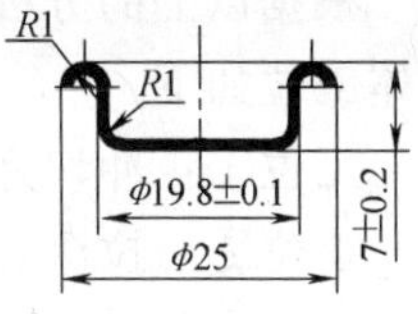

图3-1　压扣

经计算，拉深展开毛坯直径为ϕ35mm，总拉深系数$m_{总}$为

$$m_{总}=\frac{d}{D}=\frac{19.3}{35}=0.55<[m_{总}]$$

连续拉深的许用总拉深系数［$m_{总}$］见表3-1。

表3-1　连续拉深的许用总拉深系数［$m_{总}$］

材料	强度极限 σ_b/MPa	伸长率 δ(%)	极限总拉深系数[$m_{总}$]			
			模具不带推件装置		模具带推件装置	
			$t\leqslant1$mm	$t=1\sim2$mm	$t\leqslant1$mm	$t=1\sim2$mm
08F、10	300～400	28～40	0.40	0.32	0.2	0.16
纯铜、H62、H68	300～400	28～40	0.35	0.28	0.26～0.24	0.2～0.22
软铝	80～110	22～25	0.38	0.30	0.28～0.26	0.18～0.22
不锈钢、镍带	400～550	22～40	0.40	0.34	0.32	0.26～0.30
精密合金	500～600	—	0.42	0.36	0.34	0.28～0.32

因此，可以采用不经中间退火的连续拉深。

$$\frac{t}{D}\times100=\frac{0.5}{35}\times100=1.43>1$$

$$\frac{d_{凸}}{d}=\frac{27.1}{19.3}=1.4$$

$$\frac{h}{d}=\frac{7}{19.3}=0.36$$

从表3-2查得，该制件可以采用带料连续拉深工艺。

表3-2　带料连续拉深的应用范围

分类	无工艺切口	有工艺切口
应用范围	$\frac{t}{D}\times100>1$ $\frac{d_{凸}}{d}=1.1\sim1.5$ $\frac{h}{d}\leqslant1$	$\frac{t}{D}\times100<1$ $\frac{d_{凸}}{d}=1.3\sim1.8$ $\frac{h}{d}>1$
特点	1)拉深时，相邻两工位间互相影响，在送料方向材料流动困难，主要依靠材料伸长变形 2)拉深系数比单工序大，需增加工位 3)节省材料	1)有工艺切口，与有凸缘件拉深相似，但比单个有凸缘件拉深困难 2)材料消耗大

注：t—材料厚度；d—拉深件直径；h—拉深件高度；$d_{凸}$—凸缘直径；D—包括修边余量的毛坯直径。

无工艺切口的整带料连续拉深时，相邻两工位间互相牵制，送料方向材料流动困难，主要依靠材料的伸长变形，使沿制件周边的应力应变状态不同，造成变形不均匀，会使制件尺寸精度降低。图 3-1 所示制件的尺寸和形状位置精度有一定要求，如采用整带料拉深，难以保证制件技术要求，应改用有工艺切口的带料连续拉深。

2. 排样设计

根据以上分析，选用有工艺切口的连续拉深，并采用月牙形切口。

从相关资料查得，$\frac{t}{D}\times 100>1\sim1.5$、$\frac{d_{凸}}{d}>1.3\sim1.5$ 时，$m_1=0.53$、$\frac{h_1}{d_1}=0.5$。

由于制件的 $m=0.55>0.53$，$\frac{h}{d}=0.36<0.50$，所以可以一次拉深成形。

根据以上的分析，设计连续拉深排样图见图 3-2。

具体工位如下：

工位①：冲切月牙形切口和双侧刃搭边；

工位②：拉深 $\phi18.8$mm。

工位③：卷边 $R1$mm。

工位④：冲切卷边。

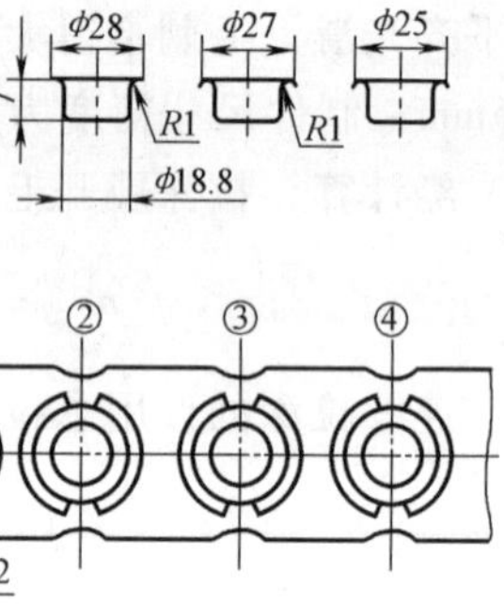

图 3-2　排样图

3. 模具结构设计

图 3-3 所示为压扣多工位级进模结构。该模具结构特点如下：

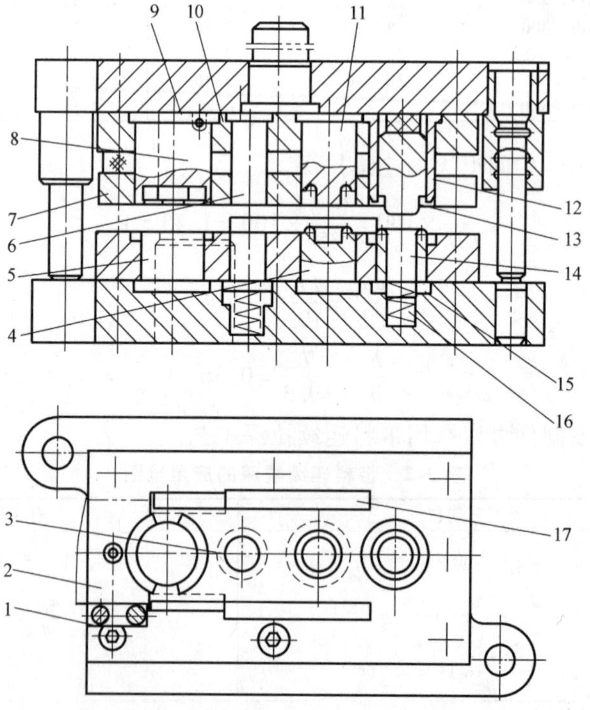

图 3-3　压扣多工位级进模结构

1—定位块　2—凹模板　3、14—顶杆　4—卷边凸模　5—切缝凸模　6—拉深凸模　7—卸料板　8—双侧刃　9—切缝凹模　10—固定板　11—卷边凹模　12—切边凹模　13—导正销　15—切边凸模　16—弹簧　17—导料板

1）带料送进采用双侧刃 8 控制送料进距；第④工位冲切卷边时，用安装在切边凹模 12 中的导正销 13，作为带料精定位；开始送进时，用定位块 1 作带料送进时一侧基准面。

2）切缝凸模 5、卷边凸模 4 及切边凸模 15，镶在凹模板 2 中。拉深、切边后，制件随带料被顶杆 3、14 顶出。

3）切缝时，冲切两个月牙形切缝，凸模和凹模为倒装结构。

3.2　小凸缘无底筒形件多工位级进模

1. 工艺分析

图 3-4 所示的小凸缘无底筒形件，材料为 H62 黄铜，料厚为 0.5mm。该制件外形尺寸不大，生产批量大。经工艺计算，需经过两次拉深、冲底孔、翻孔等工序获得。因此，采用带料搭边的多工位连续拉深模冲压成形较合理，并在首次拉深前冲切出工艺切口，避免了拉深时相邻工序件之间因材料相互牵连导致料带变形。

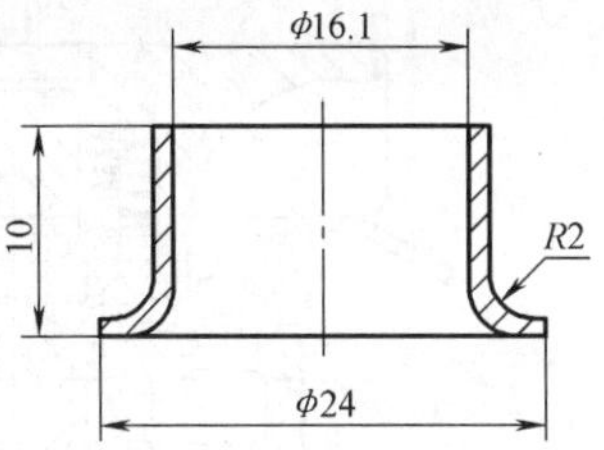

图 3-4　小凸缘无底筒形件

2. 排样设计

该制件采用 0.5mm 的卷料来冲压。经计算，排样共分为 6 个工位。排样图见图 3-5。具体工位如下：

工位①：冲工艺切口。

工位②：首次拉深。

工位③：二次拉深。

工位④：冲 ϕ12.4mm 底孔。

工位⑤：翻底孔。

工位⑥：落料。

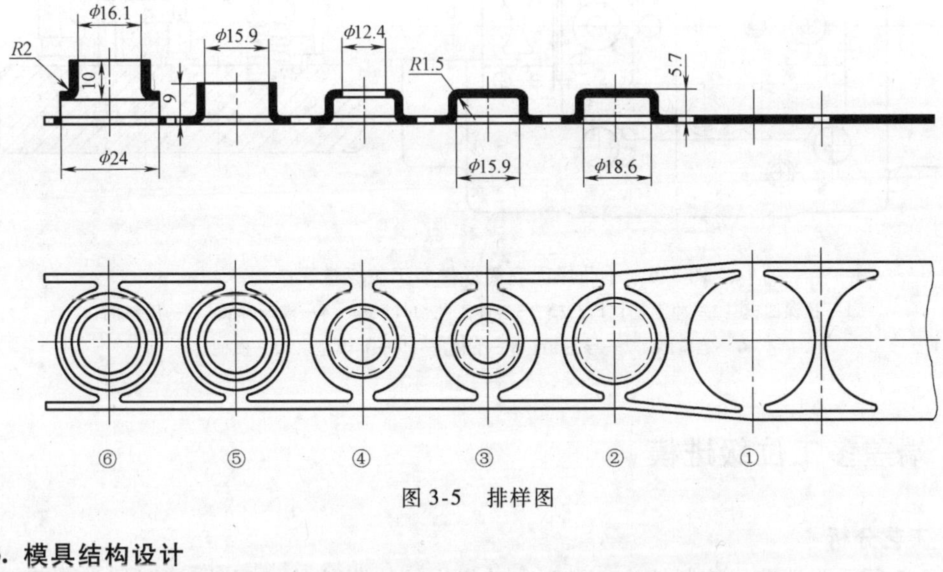

图 3-5　排样图

3. 模具结构设计

图 3-6 所示为小凸缘无底筒形件多工位级进模结构。该模具结构特点如下：

1）工艺切口在首次拉深前冲出，避免了拉深时，相邻工序件之间因材料相互牵连的影响。

2）带料由自动送料装置送进，分别在工位⑤（翻底孔）和工位⑥（落料）的凸模上，设置导正销进行精确定位，以保证制件精度和定距精度。

3）首次拉深时压料力较大，故采用蝶形弹簧4压料，以防起皱。卸料采用装在下模的弹压卸料装置（其中冲切口的卸料在上模单独设置）。卸料板除了卸料外，还能顶起带料，以便于带料送进。为了避免带料上的工序件卡在凹模内，除冲孔和落料外，上模的凹模内均设置了弹性推件装置。

4）导正销7除了在底孔翻孔工位上导正定位以外，同时还能防止推件板的压料作用而妨碍翻孔变形。

5）该模具的冲孔废料和落料下来的制件，均经过上模内的孔道逐个地顶出。

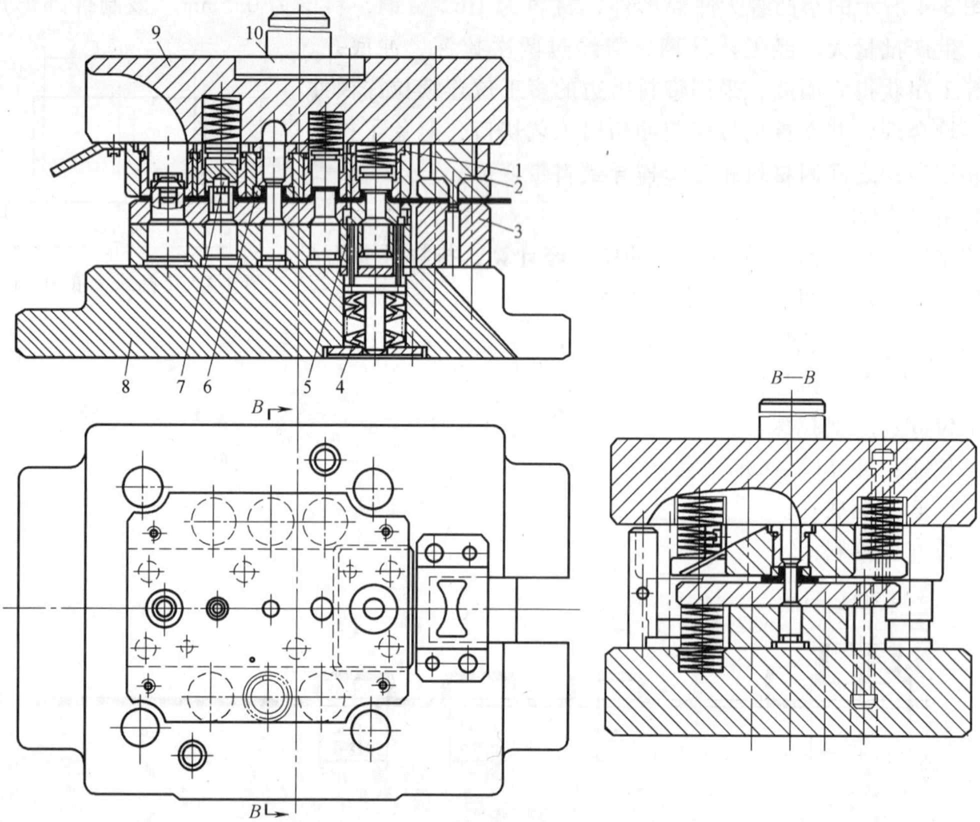

图3-6　小凸缘无底筒形件多工位级进模结构

1—拉深凹模　2—冲工艺切口凸模　3—冲工艺切口凹模　4—蝶形弹簧　5—压料圈　6—定位圈　7—导正销　8—下模座　9—上模座　10—模柄

3.3　端盖多工位级进模

1. 工艺分析

图3-7所示为端盖。该制件为一微型电动机中结构附件的拉深件，其材料为SECC-SV，塑性稍差于08F钢材，但与10钢板基本类同。其塑性条件完全适合于在不采用中间退火等处理工序时，实现连续拉深的冲压生产。

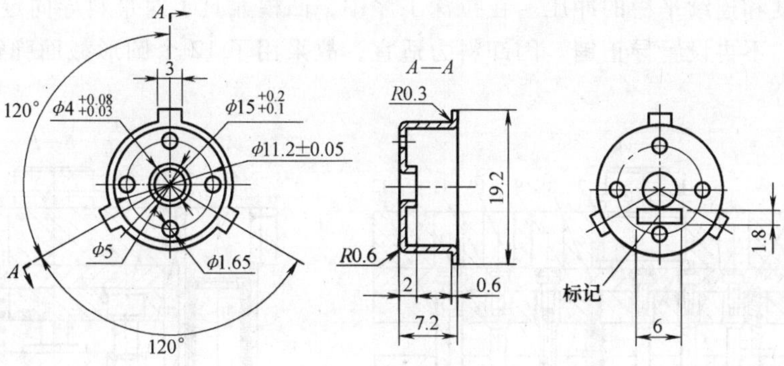

图 3-7　端盖

2. 排样设计

排样图见图 3-8。排样采用以自动送料机构送进为粗定位，以拉深凸模为各拉深工序间的定距尺寸。该制件采用有切口的带料连续拉深工艺。在工艺切口冲切工位后，即安排了拉深工序。经一次拉深后，在其后的工位上设置了第二次拉深及整形工序，对直壁及凸缘与底部连接的过渡 R 逐步整修到位。在整形后，再分别用三个工位进行底部冲孔、翻孔、标记压印，最后为外形的整体落料工序。排样图中共 8 个工位，具体工位安排如下：

工位①：冲工艺切口。

工位②：首次拉深。

工位③：二次拉深。

工位④；整形。

工位⑤：冲 4 个小孔及冲翻孔预冲孔。

工位⑥：翻孔。

工位⑦：标记压印。

工位⑧：制件外形落料。

带料宽度与各工位间的间距尺寸，是依据拉深件坯料展开计算法和工艺切口形式，以及考虑了带料连续拉深材料的变形特点后所推荐的搭边值。

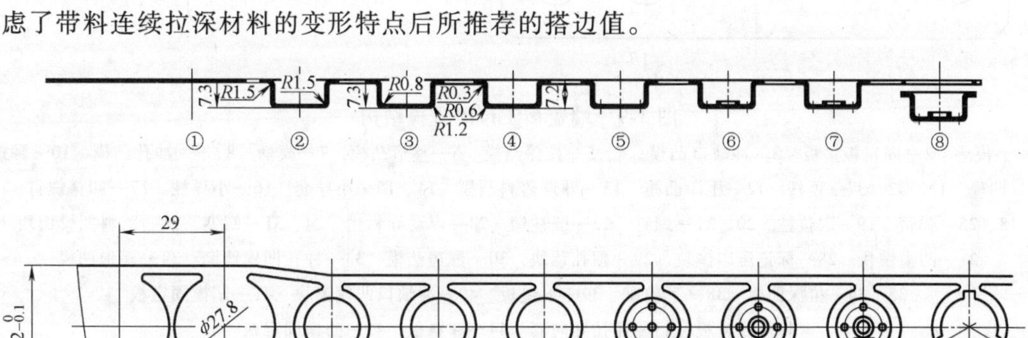

图 3-8　排样图

3. 模具结构设计

图 3-9 所示为端盖多工位级进模结构。该模具的主要冲压工艺由冲裁与拉深两部分组成，该结构的凸模导向精度，是由卸料板的导向精度来保证的，除模架导柱外，卸料板与凸模固定板之间还必须设置辅助小导柱 16，并分别在卸料板与凹模内都设置了小导套 14、15，

以保证导向精度和连续平稳的冲压。在拉深工序中，凸模兼具了对带料导向定位的作用，因而一般情况下，不再设置导正销。因卸料力适宜，故采用了 12 个圆形截面弹簧 18，对称地设置在上模部分。

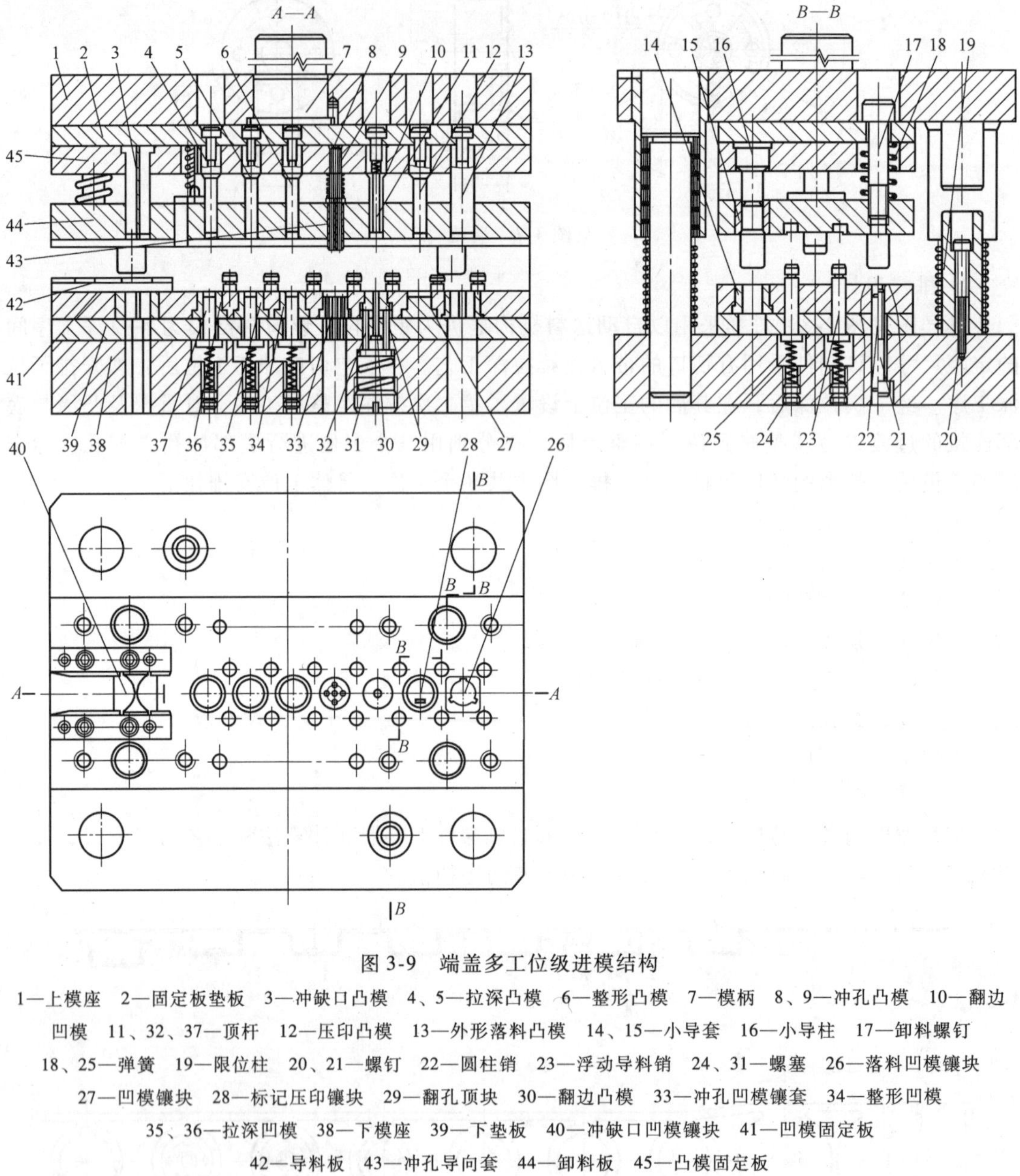

图 3-9　端盖多工位级进模结构

1—上模座　2—固定板垫板　3—冲缺口凸模　4、5—拉深凸模　6—整形凸模　7—模柄　8、9—冲孔凸模　10—翻边凹模　11、32、37—顶杆　12—压印凸模　13—外形落料凸模　14、15—小导套　16—小导柱　17—卸料螺钉　18、25—弹簧　19—限位柱　20、21—螺钉　22—圆柱销　23—浮动导料销　24、31—螺塞　26—落料凹模镶块　27—凹模镶块　28—标记压印镶块　29—翻孔顶块　30—翻边凸模　33—冲孔凹模镶套　34—整形凹模　35、36—拉深凹模　38—下模座　39—下垫板　40—冲缺口凹模镶块　41—凹模固定板　42—导料板　43—冲孔导向套　44—卸料板　45—凸模固定板

因端盖制件为浅拉深件，卸料板 44 采用了整体的结构形式。冲孔工位单独采用了兼具保护凸模作用的冲孔导向套 43。在上模的翻孔凹模 10 内，设置了卸料顶杆 11，以防止翻孔后黏附在翻孔凹模内。

各冲裁、冲孔、翻孔、拉深等工序的小凹模，均以独立凹模的形式镶入凹模固定板 41 内。

设计导料装置时，先在模具前端的初始工位段两侧，对称地设置了一小段侧面导料板，以保证材料的初始导向；在其后的拉深、整形及其他冲压区中，带料两侧各设置了一排浮动导料销 23，带料由浮动导料销导向送进。在上、下模座的对应位置，安装了限位柱 19，保证了模具的闭合高度及制件的质量。

为了保证模具在高速、连续冲压下的导向精度，该模具模架采用了滚动导向结构的滚珠四导柱钢结构模架。

3.4　电位器外壳多工位级进模

1. 工艺分析

图 3-10 所示的电位器外壳，材料为冷轧钢板，料厚 0.5mm。该制件外形比较特殊，在内径 $\phi 15.3^{+0.1}_{0}$mm 圆筒的端面上，中心角 100°范围内有高 2.3mm 的缺口；中心角 23°对称位置有 4 个 $2^{0}_{-0.1}$mm × 4mm（B 向）凸耳；外壳底面有 2mm × 1.2mm 的长方形孔；角部有高 3mm、宽 $2^{+0.05}_{-0.10}$mm 的止挡台。该制件有如下特点：

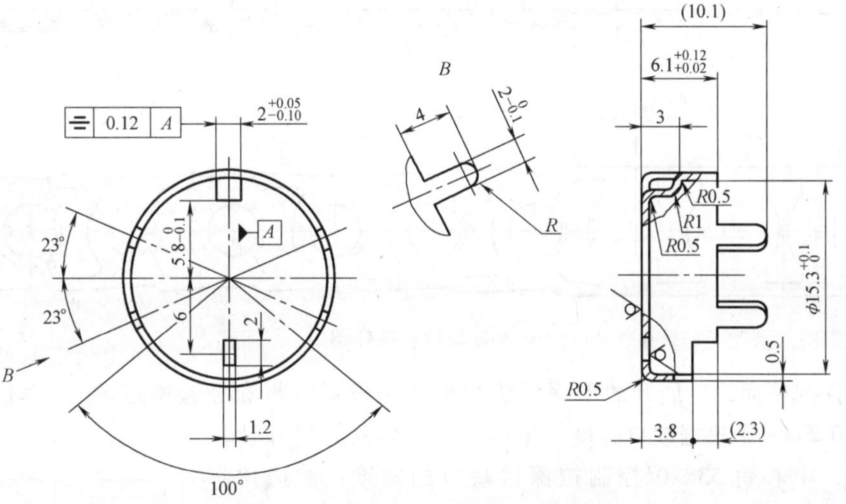

图 3-10　电位器外壳

1）圆柱面缺口的形成。要考虑在中心角 100°范围内、高 2.3mm 这个缺口形状采用什么方式加工而成。如果缺口在拉深成形后切出，必须采用横向冲切结构，使模具结构变得较为复杂，排除切下来的废料也有困难；如果采用平面冲裁后再拉深成缺口；这要经过一定的分析和试验以后，才能得到满意的形状和尺寸。

2）底部小长方形孔和止挡台的冲压成形。能否在一次冲压工位中完成，如何保证止挡台对轴线的对称度，以及小凸模易折断的控制和保护。

3）4 个凸耳的成形。既要保证 4 个凸耳拉直、又要保证制件切开后不能离开带料，这样的拉直工序才能进行。

4）首次拉深、二次拉深高度为 5.3mm，整形工位达到高度 5.6mm，这个高度到切开工位保持不变。制件的最终高度是在落料时通过翻边来达到的。

2. 排样设计

根据制件特点并经分析后确定，圆柱面缺口采用在平面上冲出，然后拉深成形，使得模具结构简单化。由于圆筒的精度要求较高，筒底圆角半径较小，因而采用了包括冲止挡台和整形在内的 4 个工位完成圆筒拉深成形；接着冲小长方形孔和切开外形，但坯件不能离开带料；最后靠翻边拉直小凸耳并落下制件的方法，完成制件的全部冲压加工。

排样图见图 3-11。料宽 31.5mm，步距 28mm，共设 9 个工位。各工位如下：

工位①：冲工艺槽。

工位②：冲缺口，为拉深成形圆柱面缺口作准备。

工位③：首次拉深，内径基本达到制件要求，但圆角 R 还比较大。

工位④：二次拉深，减小圆角半径。

工位⑤：冲止挡台，并进一步通过整形减小圆角半径。

工位⑥：整形。

工位⑦：冲方孔。

工位⑧：切开外形并复位。

工位⑨：翻边拉直小凸耳并落料。

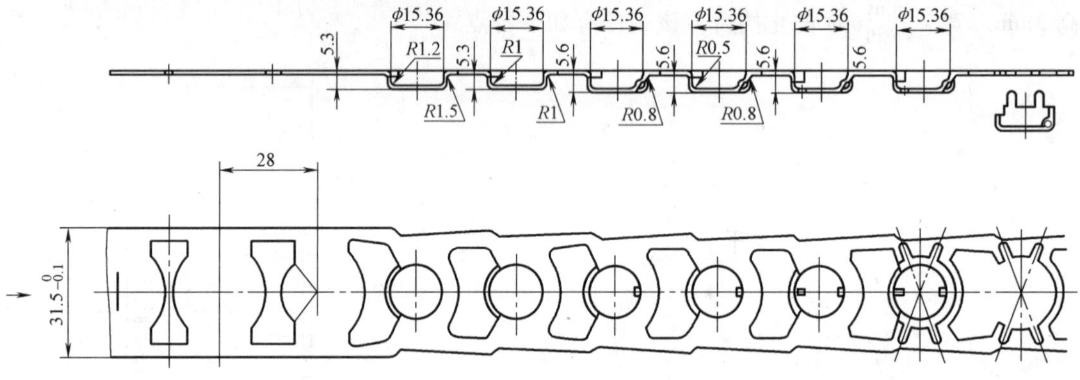

图 3-11 排样图

该制件圆柱面缺口展开的平面形状与尺寸是根据分析和经验确定的，如图 3-12 所示。其中，$R10.6$mm 是根据缺口高度，按筒形件毛坯展开尺寸计算得到的，中心角 53°40′控制拉深后缺口的宽度；侧边角 51°20′控制缺口两直边对筒形件轴线的平行度。这两个角度直接影响到成形后缺口的形位公差和尺寸大小，所以非常关键，但大小又不是太好确定。图 3-13 示出毛坯形状对制件缺口的影响。在拉深过程中，由于应力应变的复杂变化，切向压应力的作用，必须使毛坯中心角 $\alpha' > \alpha$（制件中心角），才能保证拉深后缺口中心角符合要求。实践表明，α' 与 α 大小的差异，与制件缺口相对高度 h/D 有关，h/D 越大，则 α' 与 α 的差异越大。

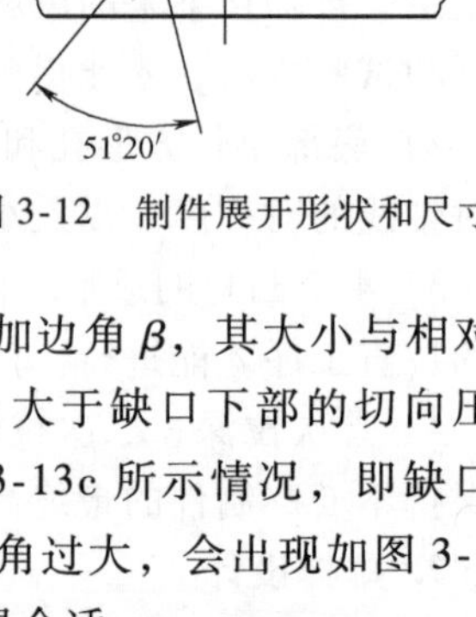

图 3-12 制件展开形状和尺寸

为了保证缺口两直边 A 对筒形轴线的平行，在毛坯的两侧增加边角 β，其大小与相对高度有关。由于 $H/D > h/D$，筒形件缺口上部受到的切向压应力，大于缺口下部的切向压应力。若毛坯图中仅有 α' 角，或 β 角太小，则拉深后必然出现图 3-13c 所示情况，即缺口上小、下大的倾斜形状。为了克服这个缺陷，必须增加 β 角。但 β 角过大，会出现如图 3-13d 所示情况，即缺口上大、下小的倾斜形状。因此，α'、β 都要取得合适。

设计临时凸缘作为冲切外形尺寸的依据。这是为了使落料时筒形件外形不被擦伤、切开后的制件又不能离开带料而采取的一项措施。具体方法是在该排样的切开工位（实为落料，但要求尚未全部成形为最后形状和尺寸的坯件不能离开载体）落料时，增加一凸缘。凸缘尺寸为 ϕ18mm（见图 3-14）。这样在切开落料时便不会擦伤筒壁。顶件器设计成一内孔为 ϕ16.36mm、深度大于 5.6mm、外径为 ϕ18mm 的圆筒，四个凸耳与其相连为一整体。当冲压后，在顶出制件时，四小凸耳和凸缘同时受力被顶，制件压回载体（带料）时就不会变形了。

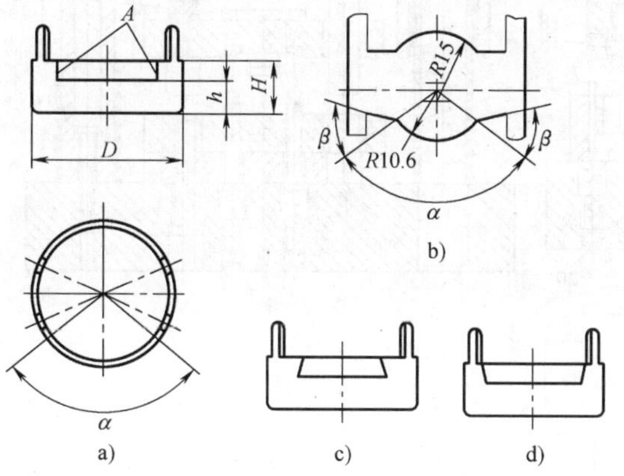

图 3-13　毛坯形状对制件缺口的影响
a）毛坯尺寸　b）成形后的理想外形　c）缺口上小、下大的倾斜　d）缺口上大、下小的倾斜

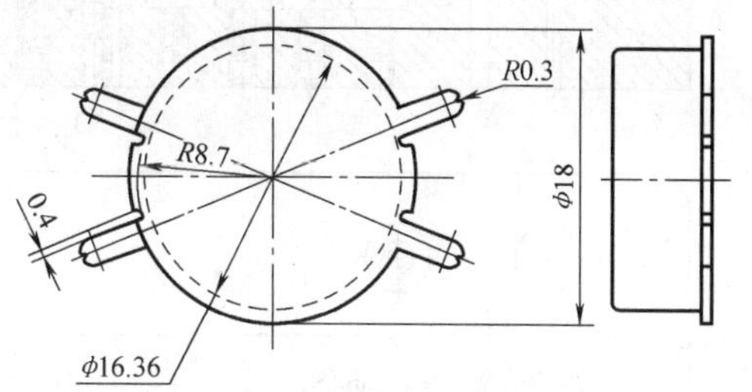

图 3-14　落料时外形相关尺寸

冲压的最后一个工位是凸缘翻边、拉直四小凸耳和落料。凸缘翻边后变为制件筒壁的一部分，因此制件的最后尺寸是在该工位得到。凸缘翻边时产生的切向挤压应力，容易将四小凸耳挤歪变形，为此在凸缘与凸耳的交接处设计有 0.4mm × 0.3mm 工艺缺口让位。

为了保证切开后的制件可靠地连在带料上，除靠顶件器将坯件压回带料外，凸耳的头部留一小点与带料相连不切断。具体方法是在切开凸模四凸耳头部开有 R0.3mm 凹弧，而凹模上没有相应凸台，利用凸模与凹模在此处有 0.3mm 的间隙，此处材料切不断，即能保证切开后的制件仍可靠地留在带料上。

3. 模具结构设计

图 3-15 所示为电位器外壳多工位级进模结构。该模具在 150 ~ 400 次/min 冲压条件下工作。该模具的特点如下：

1）为了保证卸料板 8 运动平稳、不倾斜，以及和凹模相对位置的一致性，卸料板采用整体式结构，并在模具内设有 4 个 ϕ18mm 的小导柱。小导柱装在固定板上，与卸料板、凹模通过小导套成 H7/h6 配合。模架采用四导柱滚动导向钢模架结构。

2）送料靠压力机上的自动送料装置精确定位，利用冲孔工位的卸料导向套 13、翻边拉直工位的翻边拉直凸模 15 兼作导正销，件 13、15 与制件内孔成配合状态，且加长，使带料在被压紧之前，已对带料各工位进行精确定位。卸料导向套 13 同时还对冲小方孔凸模 12 起保护和卸料作用。卸料导向套与卸料板成 H7/h6 配合，靠两个弹簧和压板进行弹压卸料，其侧向简图见图 3-16。

3）带料在模具中的导向与抬料。模具的入口处有侧面导板，大部分主要靠分布在带料送料方向两侧的 7 对浮动导料销 1 导向。随着各拉深工序变形程度的增大，带料在各工位宽度也随着变化。前 5 对浮动导料销的导向宽度，随着各工位带料宽度的变化而逐渐减小，后

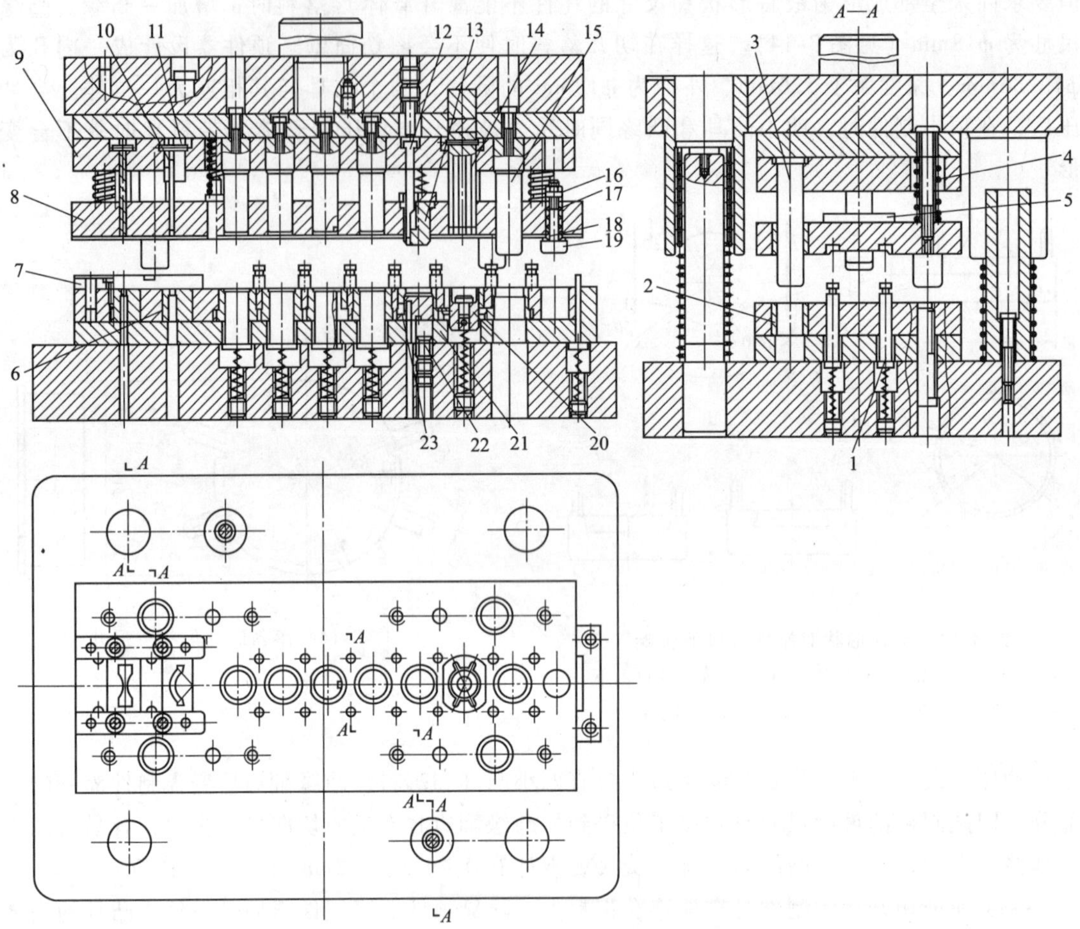

图 3-15　电位器外壳多工位级进模结构

1—浮动导料销　2—小导套　3—小导柱　4—弹簧　5—压板　6—冲缺口凹模镶件　7—导料板　8—卸料板　9—固定板　10—冲缺口凸模　11—固定块　12—冲小方孔凸模　13—卸料导向套　14—切开凸模　15—翻边拉直凸模　16—导线　17—绝缘衬套　18—绝缘垫圈　19—安全导正销　20—顶件器　21—冲孔凹模　22—顶柱　23—定位圈

两对导向宽度因为后面工位带料宽度基本稳定而不变，从而保证了对各工位宽度不等的带料进行导向。

利用浮动导料销，冲压结束，上模回升，带料在浮动导料销导向槽台阶的作用下将料抬起，离开凹模平面继续进行送料。在冲小方孔工位⑦时，这些浮动导料销又起到从卸料导向套 13 上卸下带料的作用。

4）考虑到冲缺口工位的形状与尺寸的不确定性，也为了便于试模修正，将冲缺口凸模 10 先固定到固定块 11 内，再固定到固定板 9 上，凹模 6 也采用镶拼件结构。

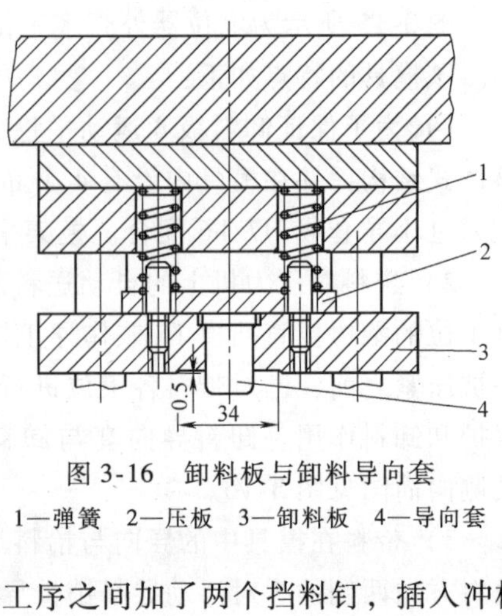

图 3-16　卸料板与卸料导向套

1—弹簧　2—压板　3—卸料板　4—导向套

5）为控制带料拉深后的宽度收缩，保证带料导向的可靠和落料时制件的完整，在首次拉深和前面冲槽工序之间加了两个挡料钉，插入冲槽的槽中，如图 3-17 所示。图中双点画线为挡料钉插入位置，利用挡料钉上的台阶阻止材料的过度流动，不致使首次拉深后带料变得太窄，把材料宽度控制在要求范围内。

6）卸料板下面开一深 0.5mm、宽 34mm 的凹槽（图 3-16），使带料置于槽中，保证拉深过程中材料顺利流动，不使制件随拉深深度的逐渐加大、压边力也逐渐增大时，带料被越压越紧。

7）所有拉深凸模采用螺钉并通过垫板拉紧固定。当冲裁凸模刃磨时，为了保持成形凸模的工作端与其他凸模长短差不变，比较方便地拆下拉深成形凸模，对其固定端端面修磨。

8）工位⑤为冲止挡台，位置刚好处在拉深件变薄最严重的凸模圆角处，此处极易冲裂。为此，在工位的③、④拉深凸模冲止挡台的相应位置圆角处，开出宽 3mm、成 45°的斜槽（见图 3-18），使其在此处的拉深变薄程度减小，局部提高了制件圆角部分强度。拉深凸模的固定处要考虑设计防转功能元件。

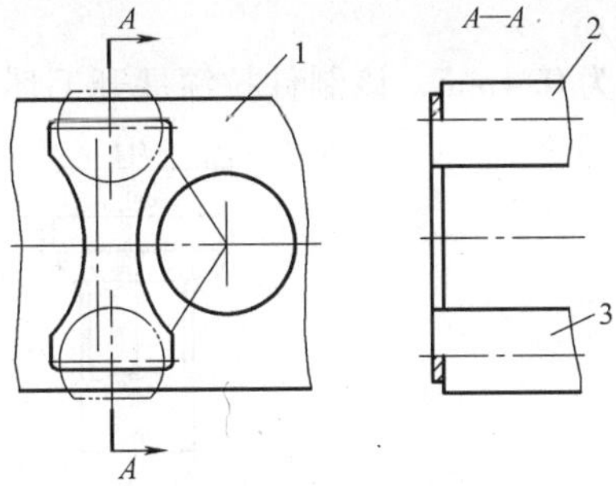

图 3-17　挡料钉位置

1—带料　2、3—挡料钉

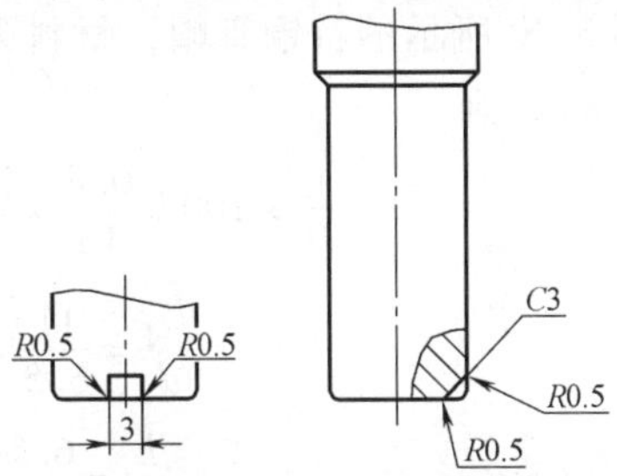

图 3-18　开有斜槽拉深凸模圆角部分示意图

9）为了保证冲小方孔凸模 12（见图 3-15，下同）损坏后能快速更换，凸模采用在上模座中用螺塞加垫柱顶住的办法固定，使其能直接从上模座的螺孔内装上和取出。凸模 12 与固定板 9 成 H7/h6 配合，且在上、下方向有一定的调整量，在刀口刃磨后，可通过调节螺塞来控制其相对长度。

10）冲孔凹模 21（见图 3-15，下同）与定位圈 23 的相对高度，应根据制件高度通过螺塞来调整。冲孔凹模上设计成两个 2mm × 1.2mm 的方孔，当一个孔的刃口磨损后，转过 180°用另一个孔，延长了凹模使用寿命。

11）切开凸模 14（见图 3-15，下同）的高度采用微调机构调整。由于制件被切开后不能脱离带料，做到既要切开，又不能切得太深，必须准确地控制切开凸模的冲压深度，要保证与翻边拉直凸模 15 的冲压深度互不干涉。切开凸模高度微调机构，如图 3-19 所示。调整螺钉 2 推动斜面滑块 3，改变切开凸模 4 的升出高度。切开凸模 4 与凸模固定板 5 成 H7/h6 滑动配合，用圆柱销 8 将凸模 4 挂在固定板 5 上。

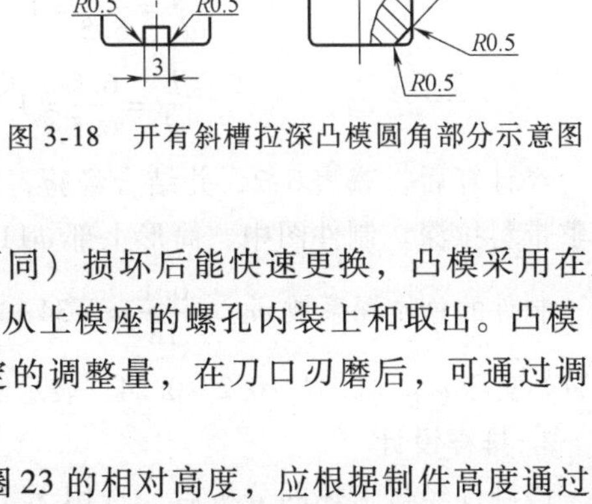

图 3-19　切开凸模高度微调机构

1—斜垫板　2—调整螺钉　3—滑块　4—切开凸模　5—固定板　6—卸料板　7—小导柱　8—圆柱销

12）该制件的拉深直径在各次拉深中基本不变，但各次的拉深间隙不同。首次拉深单面间隙取 1.1t（t 为料厚）；第二次 1.05t；整形时为 1.03t。冲长方孔时，圆筒凸、凹模间隙单边为 1.0t，最后翻边拉直时，圆筒单边采取 0.97t 间隙，小于料厚是为了保证圆筒直径的精度和减少圆角半径。

13）该模具设有自动检测安全保护装置，控制带料的进距精度和实现安全冲压。其原理是采用安全导正销 19（图 3-15）装在卸料板 8 上，通过绝缘衬套 17 和绝缘垫圈 18 与卸料板 8 绝缘；安全导正销 19 接导线 16，导线与机床控制电路相连（下模座接地）。工作时，如果带料送进位置正确，安全导正销插入带料孔中（不与带料接触），压力机正常工作。反之，带料误送，安全导正销与带料接触，导通电路，形成回路，切断机床控制电路，使压力机立即停机，避免产生废品，有效地保护了模具和机床。

3.5 黄铜管帽多工位级进模

1. 工艺分析

图 3-20 所示的黄铜管帽，材料为 H68M，料厚 t 为 0.4mm，该制件拉深展开毛坯直径 D 为 ϕ18mm，则

$$\frac{t}{D}\times 100=\frac{0.4}{18}\times 100=2.2>1$$

$$\frac{d_{凸}}{d}=\frac{11}{6.5}=1.7$$

$$\frac{h}{d}=\frac{6.5}{6.5}=1$$

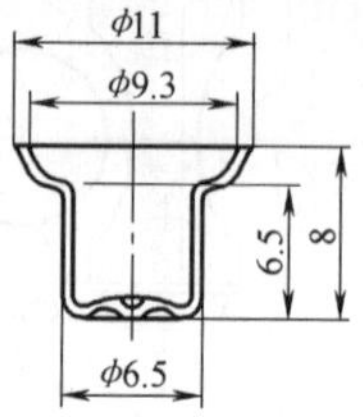

图 3-20　黄铜管帽

经计算后，查表 3-2，并结合经验，该制件可以使用无工艺切口的整带料拉深。制件图中，筒形上部 ϕ11mm × 1.5mm 的碗形部分用成形方法获得。

制件的总拉深系数 $m_{总}=\frac{6.1}{18}=0.34$；带推件装置时，黄铜的极限总拉深系数 $m_{总}=0.2\sim0.24$。实际 $m_{总}=0.34>0.2\sim0.24$，表示制件在连续拉深过程中可以不进行中间退火的工序。

2. 排样设计

该制件经过上述的分析后，选用无工艺切口连续拉深工艺方案。排样图见图 3-21，共分 10 个工位。具体工位如下：

工位①：首次拉深成 ϕ10.5mm × 4.9mm，$m_1=0.58$。

工位②：空工位。

工位③：二次拉深成 ϕ8.6mm × 5.9mm，$m_2=0.82$。

工位④：三次拉深成 ϕ7.2mm × 6.6mm，$m_3=0.84$。

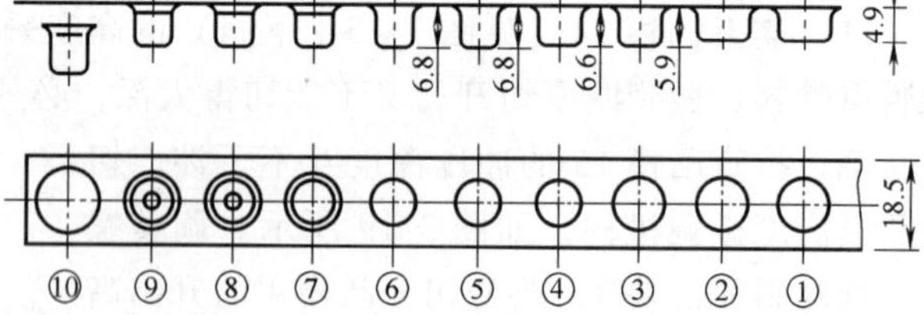

图 3-21　排样图

工位⑤：四次拉深成 ϕ6.5mm × 6.8mm，$m_4=0.9$。

工位⑥：五次拉深成 ϕ5.9mm × 6.8mm，$m_5=0.91$。

工位⑦：凸缘处成形。

工位⑧：底部成形。

工位⑨：空工位。

工位⑩：落料。

3. 模具结构设计

图 3-22 所示为黄铜管帽多工位级进模结构。该模具结构特点如下：

1）带料送进用自动送料机构粗定位；各次拉深成形用凸模自动找正；落料凸模 3 上的导正销 20 作落料时精定位。

2）工位①首次拉深用活动压板 12 起压料作用，以后各工位采用固定卸料板 2 卸料。工位②为空工位，加一活动压料杆 10，可避免拉深过程中带料滑移和翘起。

3）凹模采用镶套结构。

4）拉深、成形凹模中设推件装置（弹性）。

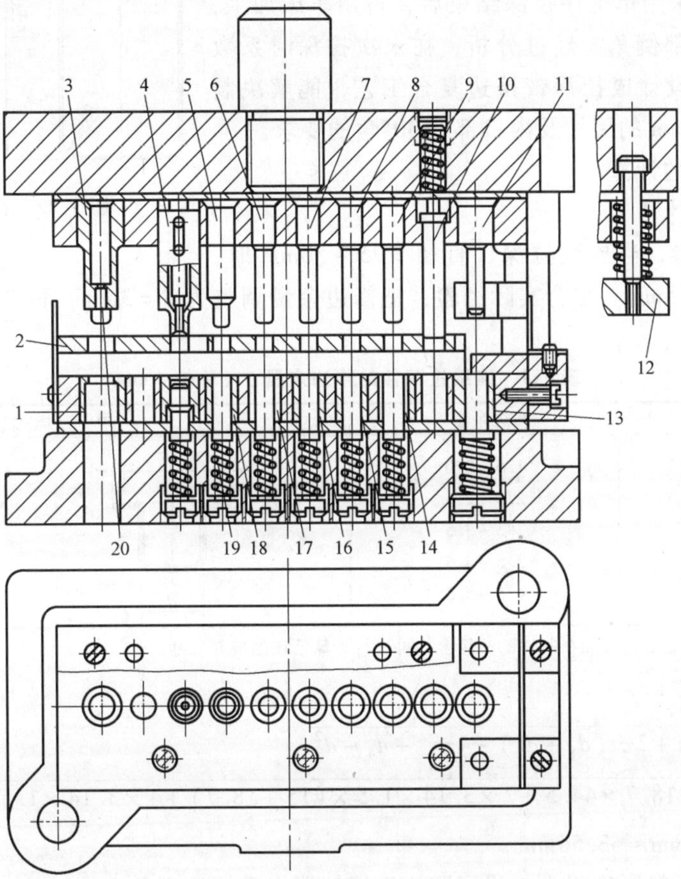

图 3-22 黄铜管帽多工位级进模结构

1—落料凹模 2—固定卸料板 3—落料凸模 4、5—成形凸模 6、7、8、9、11—拉深凸模 10—活动压料杆 12—活动压板 13、14、15、16、17—拉深凹模 18、19—成形凹模 20—导正销

3.6 长圆筒形件多工位级进模

1. 工艺分析

图 3-23 所示的长圆筒形件，材料为 SPCE，板料厚为 0.3mm，年产量 100 多万件。旧工艺采用 5 副单工序模：①落料拉深复合模；②二次拉深；③三次拉深；④四次拉深；⑤拉深

带整形。最后在车床上进行口部及内口倒角加工，需要设计专用的夹具，且容易引起断面形状的改变。这样不仅生产效率低、生产成本高、产品质量不稳定，而且不能满足大批量生产的要求。为了满足大批量的生产，采用多工位连续拉深模设计，在末次采用拉深与挤边复合工艺。

从图 3-23 可以看出，由于在带料上连续生产无凸缘拉深件。其修边余量也应在带料平面上考虑，而不应沿制件高度方向考虑。

该拉深件高度 $h=46\pm0.05$mm，内口部有 30°的倒角要求。旧工艺是采用单工序拉深结束后，再用车床加工，然后再进行内口部倒角。经过分析，在末次拉深时系数适当取大些，并设计成拉深带挤边复合工艺，能解决制件高度 46 ±0. 05mm 的尺寸及内口部有 30°角的要求。

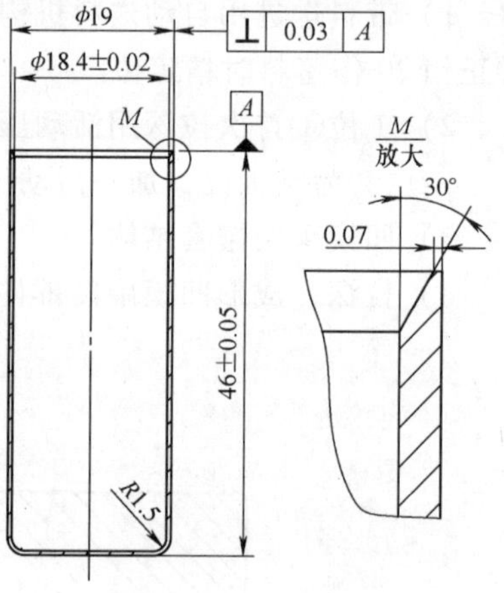

图 3-23　长圆筒形件

2. 拉深工艺的计算

（1）毛坯的计算

从表 3-3 查得，当连续拉深件直径 >25 ~ 50mm 时，其修边余量 $\delta=2.5$mm。结合实际经验，把修边余量调整为 $\delta=3$mm，得凸缘直径 $d_凸=2\times3+19=25$mm。

表 3-3　连续拉深件的修边余量 δ（单位：mm）

凸缘直径 $d_凸$	修边余量 δ	附　图
≤25	1.5 ~ 2.0	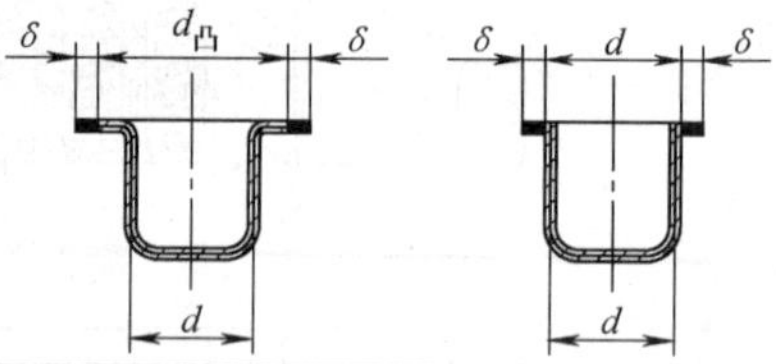
>25 ~ 50	2.0 ~ 2.5	
>50 ~ 100	2.5 ~ 3.5	
>100 ~ 150	3.5 ~ 4.5	
>150	4.5 ~ 5.5	

注：表中的修边余量 δ 直接加在制件的凸缘上，再进行计算毛坯的展开尺寸。

代入公式计算：

$$D=\sqrt{d_1^2+4d_2h+2\pi r(d_1+d_2)+4\pi r^2+d_4^2-d_3^2}$$
$$=\sqrt{15^2+4\times18.7\times44.5+2\times3.14\times1.5\times(15+18.7)+4\times3.14\times1.5^2+25^2-22^2}\text{mm}$$
$$=\sqrt{4040.31}\text{mm}\approx63.56\text{mm}$$

考虑到相对板料厚度很小，为了防止后续拉深出现拉破现象，按经验：首次拉深按表面积计算多拉入了 4% 的材料；在后续的拉深中，再将多拉入的料返回到凸缘处。这样就可防止再拉深时，因凸缘区材料再流入凹模而出现拉破现象，故实际采用的毛坯直径 D_1 为

$$D_1=\sqrt{1.04}D=\sqrt{1.04}\times63.56\text{mm}\approx64.8\text{mm}\ （实取 64.4\text{mm}）$$

（2）拉深系数及各次拉深直径计算

拉深系数是拉深工艺中的重要一个参数。该制件首次拉深把凸缘部分的材料全部拉入凹模内，因此首次拉深按无凸缘零件计算拉深系数。毛坯相对厚度为

$$\frac{t}{D_1}\times100=\frac{0.3}{64.4}\times100\approx0.47$$

查得 $m_1=0.55\sim0.58$，$m_2=0.78\sim0.79$，$m_3=0.80\sim0.81$，$m_4=0.82\sim0.83$。首次拉深材料还没硬化，塑性好，拉深系数可取小些。由于制件再拉深的硬化指数相对较高，而塑

性越来越低，变形越来越困难，故拉深系数一道比一道大。该制件在连续拉深中，中间并无退火工序，拉深系数相对取大些。根据经验值调整后的拉深系数：$m_1=0.55$，$m_2=0.79$，$m_3=0.80$，$m_4=0.85$。求得各工序拉深直径如下：

$$d_1=m_1D_1=0.55\times64.4\text{mm}=35.42\text{mm}\ （实取35.5\text{mm}）$$

$$d_2=m_2d_1=0.79\times35.5\text{mm}\approx28\text{mm}$$

$$d_3=m_3d_2=0.80\times28\text{mm}=22.4\text{mm}$$

$$d_4=m_4d_3=0.85\times22.4\text{mm}\approx19\text{mm}$$

3. 排样设计

为了提高材料利用率，该制件采用一出三排样较为合理，求得料带宽度为202mm，步距为72mm。排样图见图3-24，共设计为11个工位。具体工位如下：

工位①：冲导正销孔。

工位②：空工位。

工位③：切口。

工位④：空工位。

工位⑤：首次拉深。

工位⑥、⑦：空工位。

工位⑧：二次拉深。

工位⑨：空工位。

工位⑩：三次拉深。

工位⑪：四次拉深与挤边复合工艺。

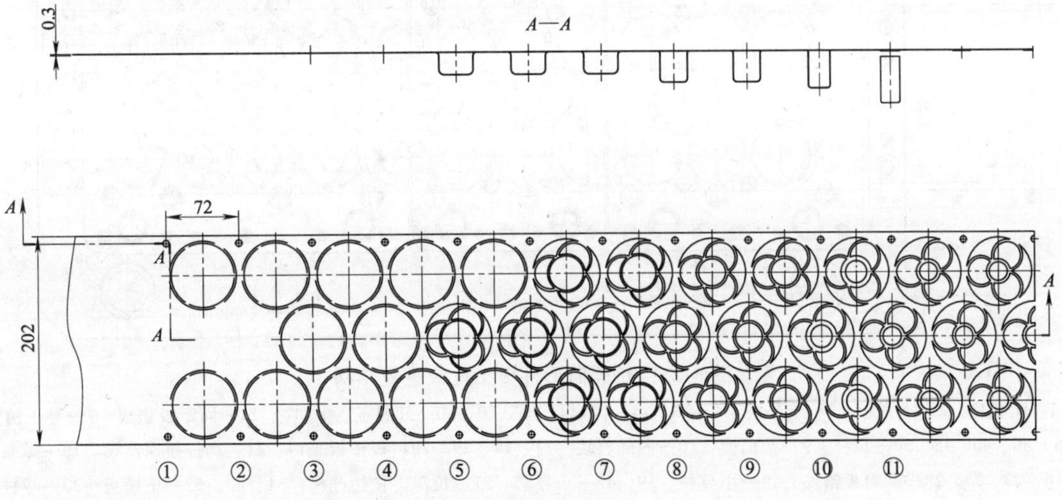

图3-24　排样图

4. 模具结构设计

图3-25所示为长圆筒形件多工位级进模结构。该结构为多组模板组合而成的一副较精密的级进拉深模，以便调试、维修。各工序的结构较为复杂，有复合内、外切口，以及拉深与挤边复合工艺等。为了确保制件的精度，此模具采用4个精密滚珠钢球导柱。以滚动送料器为粗定距，以内部导正销为精定距。使模具在生产中更稳定；在模具外部安装误送检测装置（未绘制出），当带料送错位或模具碰到异常时，压力机即自动停止冲压。

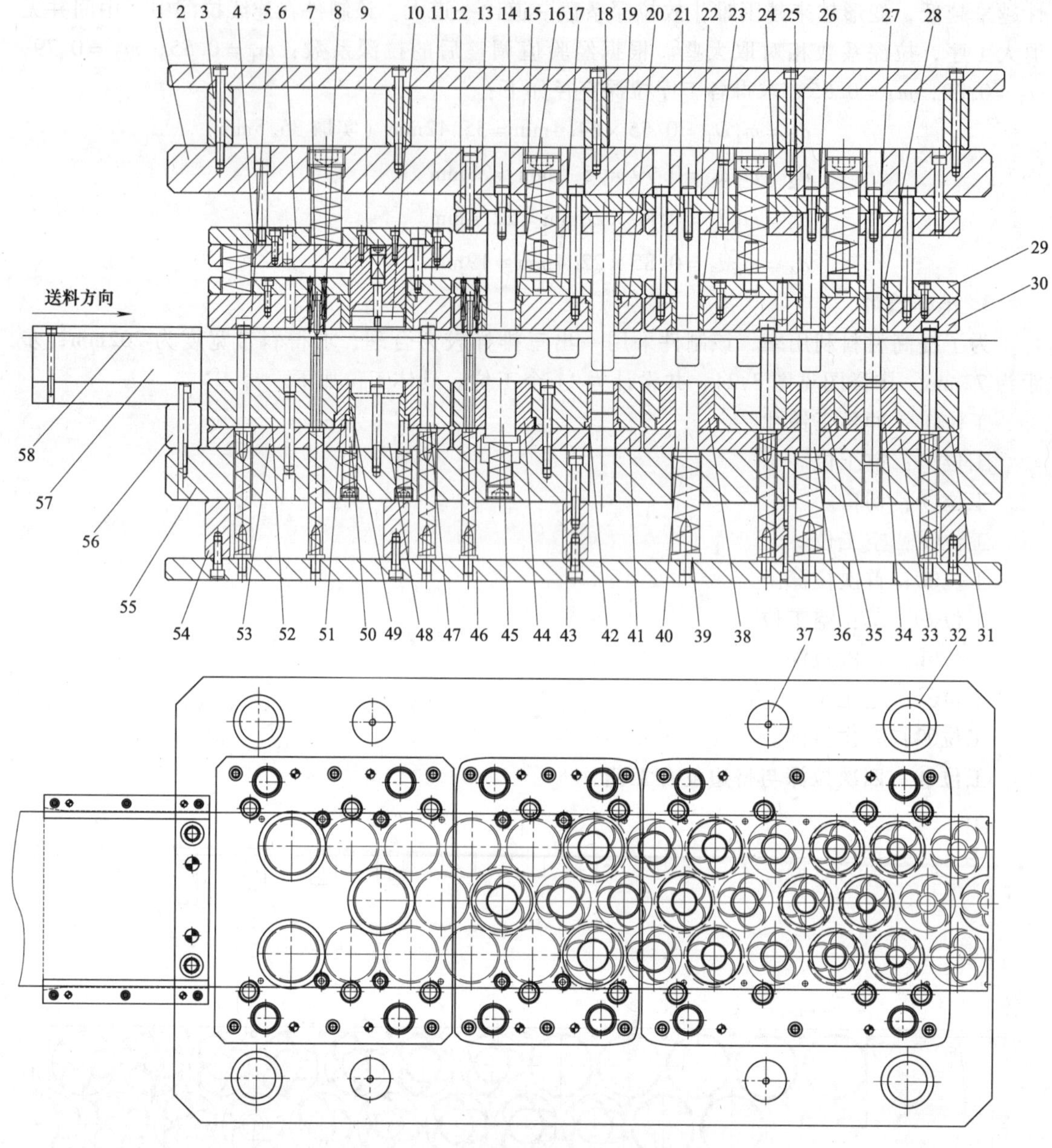

图 3-25　长圆筒形件多工位级进模结构

1—上模座　2—上托板　3—上垫脚　4、13、24—固定板　5、20、30—卸料板　6、12、22—固定板垫板　7—导正销　8、36、40、45、50—顶杆　9—凸凹模　10—内卸料块　11、17、29—卸料板垫板　14、21、26—拉深凸模　15—螺塞　16、23、25、28—卸料板镶件　18—小导柱　19、42—小导套　27—拉深、挤边凸模　31、43、52—下模板　32—导柱　33、41、53—下模板垫板　34—拉深、挤边凹模　35、38、44—拉深凹模　37—限位柱　39—弹簧垫圈　46—下托板　47—浮动导料销　48—下凸模　49—顶料圈　51—下模镶件　54—下垫脚　55—下模座　56—垫块　57—导料板　58—带料

该制件年产量较大，为了确保拉深凹模的使用寿命和稳定性，各工位的拉深凹模采用硬质合金镶拼而成。

(1) 切口结构

由于模具长度的限制，把常规的内圈切口及外圈切口两个工位，合并为复合切口一个工位来完成较合理。这样既减短带料的工位及模具的长度，又使送料更稳定。复合切口结构如

图 3-26 所示。

（2）拉深与挤边复合工艺

为了提高产品质量，满足大批量生产的要求。工位⑪采用拉深与挤边复合工艺。拉深、挤边复合结构如图 3-27 所示。

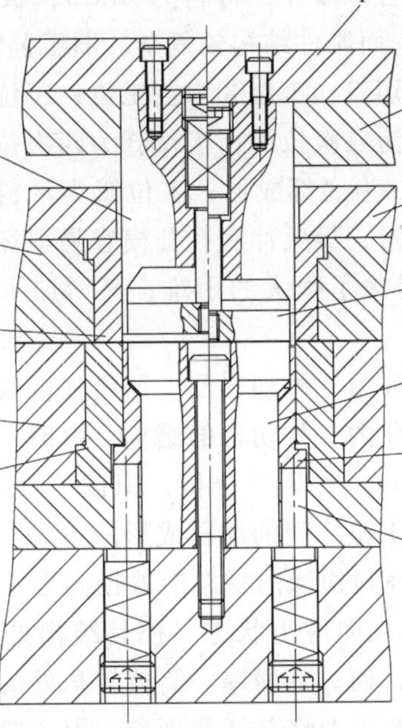

图 3-26　复合切口结构

1—固定板垫板　2—固定板　3—卸料板垫板　4—内卸料块　5—凸模　6—推料圈　7—顶杆　8—下模镶件　9—下模板　10—卸料板镶件　11—卸料板　12—凸、凹模

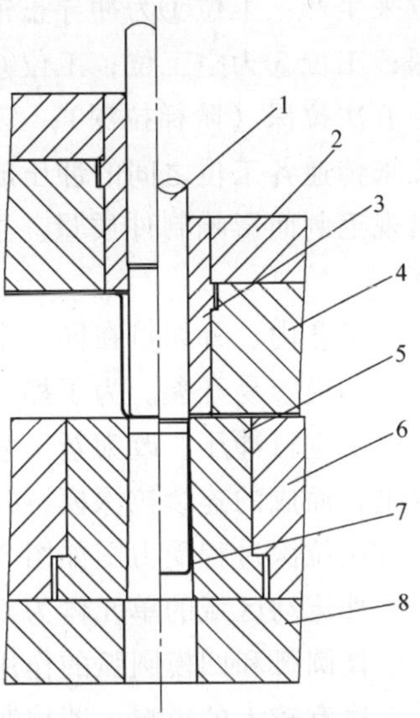

图 3-27　拉深、挤边复合结构

1—凸模　2—卸料板垫板　3—卸料板镶件　4—卸料板　5—拉深、挤边凹模　6—下模板　7—制件　8—下模垫板

1）其结构是：首先拉深凸模进入带料制件中，随着拉深凸模下行，对制件进行拉深；在拉深工序结束时，拉深凸模的台阶与凹模共同对制件进行挤边。挤边的变形过程不同于冲裁。挤边过程可分解为以下几个阶段：

① 弹性变形阶段。拉深凸模上的台阶接触前一工位送进的工序件后，开始压缩材料。材料弹性压缩，随着凸模的继续压入，材料的内应力达到弹性极限。

② 塑性变形阶段。凸模继续压入，材料的内应力达到屈服极限时，开始进入塑性变形阶段。凸模挤入材料的深度逐渐增大，即弹性变形程度逐渐增大，变形区材料硬化加剧。

③ 挤边阶段。凸模继续向下，“无间隙”地通过凹模，把制件进行切断。制件挤压面和切断面表面粗糙度值较低。

2）拉深挤边具有以下特点：

① 挤边过程是凸模利用尖锐的环状台阶从水平方向挤压制件，使侧壁与余边逐渐分离。

② 由于拉深和挤边总是相拌而行，挤边刃口既是拉深凸模（或凹模）的部分，即省去了专用切边模，又可以免去车床加工倒角的工序。

③ 拉深挤边后，制件边缘内口部的形状见图 3-23 的 M 放大图。其中，30°角的大小与挤边工位的凸模参数相关联，经过调试后达到制件使用性能的要求。

3.7 天线外壳多工位级进模

1. 工艺分析

图3-28所示为天线外壳。该制件是TV天线的主要部件，材料为SPCD，板料厚度为0.25mm。由于需求量较大（年产量为2500多万件），而制件结构较复杂，旧工艺需用12个工位来生产：工位①为冲导正销孔；工位②为内、外切口；工位③为空工位；工位④为首次拉深；工位⑤为空工位；工位⑥为二次拉深；工位⑦为三次拉深；工位⑧为四次拉深；工位⑨为五次拉深（阶梯拉深）；工位⑩为冲底孔；工位⑪为底部成形；工位⑫为落料。以送料形式来传递各工位之间的冲压成形，如果位置稍有不对，导致冲底孔凸模容易损坏，造成底部出现毛刺而影响制件质量。这样既给维修和调整带来了很大的困难，又增加了制件的报废率。

旧工艺内、外切口在同一个工位上进行冲压。这样内、外切口凸、凹模强度较单薄，造成凸、凹模容易开裂。为了提高模具的使用寿命，简化内、外切口的结构，由旧工艺在同一个工位上进行冲压，改为新工艺在2个工位上进行冲压。经研究分析，拟设计一副为14个工位组合而成的连续拉深模，并用拉料形式来传递各工位之间的冲压成形。

首次拉深过程受力图如图3-29a所示。拉深时，坯料边缘的材料沿着径向形成杯状，因此在塑性流动区域的单元体为双向受压、单向受拉的三向应力状态。模具结构见图3-29b。由于凸模圆弧和凹模圆弧的作用，筒体下部壁厚减薄，而口部增厚。筒体转角处的圆弧大小对后工序有较大的影响，若控制不好易产生严重的拉深痕及底部开裂现象。因此要考虑以下几个因素：①筒体的直径和拉深比；②拉深凸、凹模圆弧表面粗糙度及间隙；③材料的力学性能等。

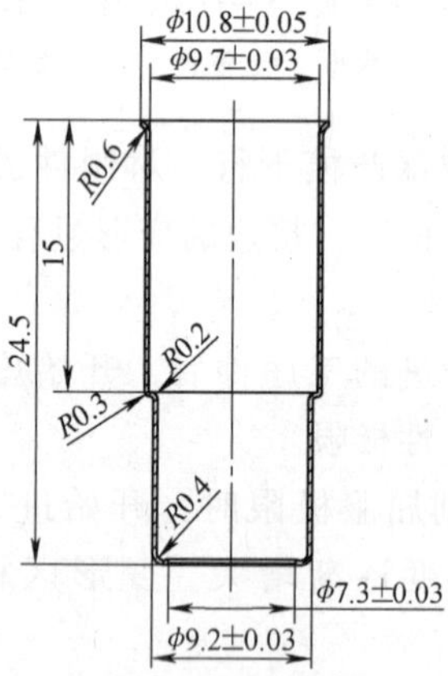

图3-28　天线外壳

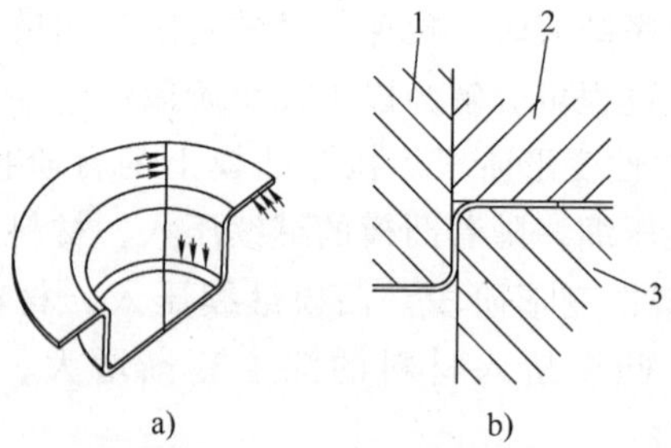

图3-29　首次拉深过程受力图和模具图

a）受力图　b）模具图

1—凸模　2—压边圈　3—凹模

2. 拉深工艺的计算

（1）毛坯计算

当无凸缘圆筒形阶梯拉深件直径≤25mm时，查得连续拉深的修边余量$\delta=1.5\text{mm}$。结合实际经验及拉深件的技术要求，把修边余量调整为$\delta=2.1\text{mm}$，得凸缘直径$=(2.1\times2+10.8)\text{mm}=15\text{mm}$。

代入以下公式求 D：

$$D=\sqrt{d_3^2+4(d_1h_1+d_2h_2)}=\sqrt{15^2+4(9.95\times15.05+8.95\times9.25)}\text{mm}$$
$$=33.987\text{mm}\approx34\text{mm}$$

（2）拉深系数及各次拉深直径计算

拉深系数是拉深工艺中的重要一个参数。该制件首次拉深时，把凸缘部分的材料全部拉入凹模内，因此首次拉深按无凸缘制件计算拉深系数。毛坯相对厚度为

$$\frac{t}{D}\times100=\frac{0.25}{34}\times100\approx0.74$$

当毛坯相对厚度约等于 0.74mm 时，查得拉深系数 $m_1=0.53\sim0.55$，$m_2=0.76\sim0.78$，$m_3=0.79\sim0.80$，$m_4=0.81\sim0.82$，$m_5=0.84\sim0.85$。首次拉深材料还没硬化，塑性好，拉深系数可取小些。因连续拉深中部并无退火工序，因此各次拉深系数相对取大些。暂定拉深系数 $m_1=0.53$，$m_2=0.78$，$m_3=0.80$，$m_4=0.82$，$m_5=0.85$。

$$d_1=m_1D=0.53\times34\text{mm}\approx18.0\text{mm}$$
$$d_2=m_2d_1=0.78\times18.0\text{mm}\approx14\text{mm}$$
$$d_3=m_3d_2=0.80\times14\text{mm}\approx11.2\text{mm}$$
$$d_4=m_4d_3=0.82\times11.2\text{mm}\approx9.2\text{mm}$$

从以上计算可以看出，d_4的直径小于图 3-28 制件的头部上圆筒形外径，将该制件定为四次拉深。制件的下圆筒形外径 $\phi9.2$mm，经分析要再加一个拉深工位，将该制件定为五次拉深。根据经验值调整后的拉深系数：$m'_1=0.53$，$m'_2=0.81$，$m'_3=0.83$，$m'_4=0.85$，$m'_5=0.9$。

重新计算各工序的拉深直径：

$$d'_1=m'_1D=0.53\times34\text{mm}\approx18.0\text{mm}$$
$$d'_2=m'_2d_1=0.81\times18.0\text{mm}\approx14.6\text{mm}\ （实取 14.5\text{mm}）$$
$$d'_3=m'_3d_2=0.83\times14.5\text{mm}\approx12.0\text{mm}$$
$$d'_4=m'_4d_3=0.85\times12.0\text{mm}\approx10.2\text{mm}$$
$$d'_5=m'_5d_4=0.9\times10.2\text{mm}\approx9.2\text{mm}$$

3. 排样设计

该制件按理应设计为多排工位的连续拉深模结构，但由于受机床限制，采用单排双侧载体形式排列。因制件坯料直径为 $\phi34$mm，计算出带料宽度为 42mm，步距为 41mm。

因为冲压件材料较薄，为了提高材料的利用率，将旧工艺采用送料方式改为新工艺的拉料方式。料带宽度从原来 42mm 调整为现在的 40mm，步距从原来 41mm 调整为 38.5mm。为了简化内、外切口的结构，由旧工艺在同一个工位上进行冲压，改为新工艺分别在二个工位上进行冲压，而且还在内圈切口、外圈切口及首次拉深后，分别留有空工位，以确保模具的强度。该制件共设计成 14 个工位，排样图见图 3-30。具体工位如下：

工位①：冲导正销孔。

工位②：内圈切口。

工位③：空工位。

工位④：外圈切口。

工位⑤：空工位。

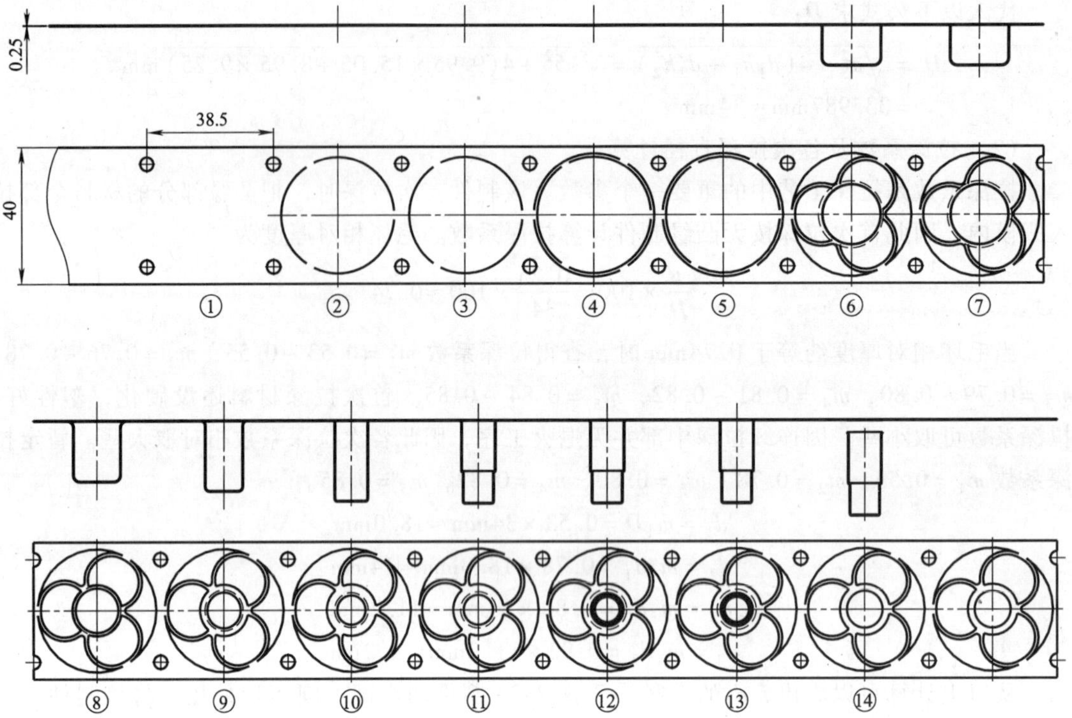

图 3-30　排样图

工位⑥：首次拉深。

工位⑦：空工位。

工位⑧：二次拉深。

工位⑨：三次拉深。

工位⑩：四次拉深。

工位⑪：五次拉深（阶梯拉深）。

工位⑫：冲底孔。

工位⑬：底部成形。

工位⑭：落料。

4. 模具结构设计

图 3-31 所示为天线外壳多工位级进模结构。该模具特点如下：

1）模具结构为多组模板组合而成的一副较精密的连续拉深模，以便调试、维修。各工位的结构较为复杂，有拉深、阶梯拉深、冲底孔等。为了确保制件的精度，该模具采用 4 个精密滚珠钢球外导柱，并在模具内、外安装了多个不同的误送检测装置。因制件年产量较大，为了确保拉深凹模及落料刃口的使用寿命和稳定性，各工位的拉深凹模及落料刃口，采用硬质合金 YG15 镶拼而成。

其工作过程如下：将料架上的卷料通过外导料板 72，进入下模浮动导料销 69；当上模下行时，卸料板在弹簧的作用下压住料带，进行冲裁及拉深成形。

2）检测装置结构。在模具的内部和尾部各装有误送检测装置。内部检测装置如图 3-32 所示。当料带送错位或模具碰到异常时，误送导正销 8 往上升，接触到关联销 3；再通过关联销 3 接触到微动开关 1；当压力机控制器接收到微动开关 1 发出的信号时，即自动停止冲

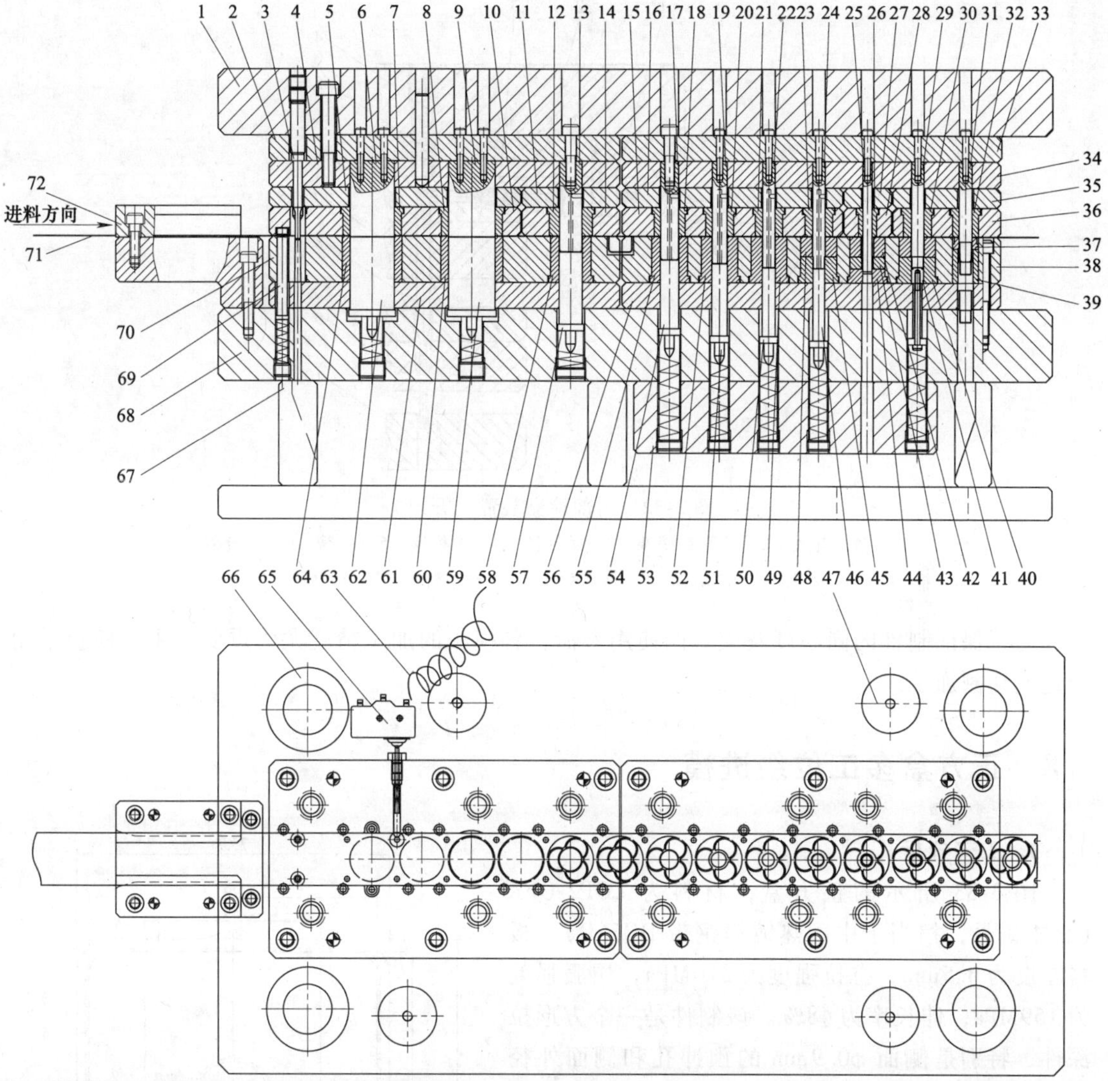

图 3-31 天线外壳多工位级进模结构

1—上模座 2、33—固定板垫板 3—导正销孔凸模 4、34—固定板 5、11、16、27、35—卸料板垫板 6、9—切口凸模 7、8、12、18、20、21、23、26、30、32—卸料板镶件 10、14、15、28、36—卸料板 13—首次拉深凸模 17—二次拉深凸模 19—三次拉深凸模 22—四次拉深凸模 24—五次拉深凸模（阶梯拉深凸模）25—冲底孔凸模 29—底部成形凸凹模 31—落料凸模 37—落料凹模 38、70—下模板 39—落料凹模垫块 40—底部成形凹模 41—成形凸模 42、43、48—导向块 44—冲底孔凹模 45—阶梯拉深凹模 46、50、51、54、57、59、62—顶杆 47—限位柱 49—四次拉深凹模 52—三次拉深凹模 53—弹簧底板 55—二次拉深凹模 56、61—下模板垫板 58—首次拉深凹模 60、64—切口凹模 63—检测装置连接线 65—微动开关 66—导柱 67—下垫脚 68—下模座 69—浮动导料销 71—料带 72—外导料板

压，蜂鸣器也随着发出声音。

3）模具零件的制造。该模具结构中的固定板垫板、卸料板垫板及下模板垫板选用Cr12，热处理硬度为55～56HRC；固定板、卸料板及下模板选用高铬合金钢Cr12MoV，热处理硬度为55～58HRC；凸模（指切口凸模、拉深凸模及落料凸模等）选用SKH51，热处理硬度为62～64HRC。

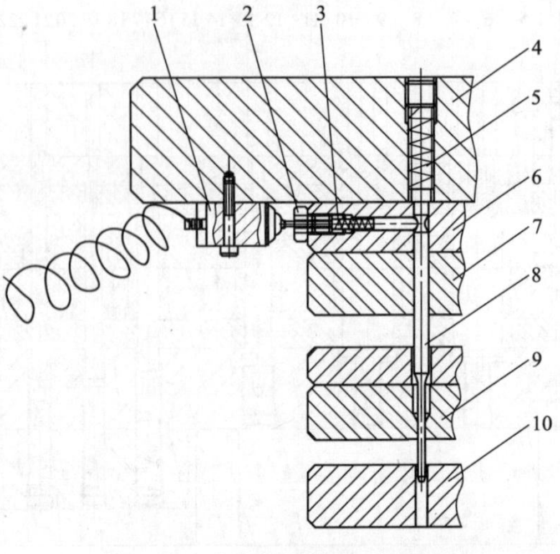

图 3-32　内部检测装置（开启）

1—微动开关　2—关联销螺塞　3—关联销　4—上模座　5—弹簧　6—固定板垫板　7—固定板　8—误送导正销　9—卸料板　10—下模板

为了保证制件的同心度及模具的使用寿命，各模板的加工精度尤为重要，主要模板采用慢走丝切割加工。

3.8　正方盒多工位级进模

1. 工艺分析

图 3-33 所示的正方盒，材料为 LGP2-QFK（日本牌号，相当于中国热镀锌钢带 DC56D），板料厚度为 0.5mm，抗拉强度为 310MPa，屈服强度为 159MPa，伸长率为 48%。该制件是一个方形拉深件，特别是侧面 $\phi0.9$mm 的预冲孔和侧面外径 $\phi3.25 \pm 0.015$mm 的翻孔要求较高。

该制件旧工艺采用 8 副单工位模来生产。工位①为落料拉深复合模；工位②为二次拉深；工位③为整形模；工位④为侧冲孔；工位⑤为冲底孔；工位⑥为翻底孔、刻印（图中未画出）；工位⑦为侧翻孔；工位⑧为落料。特别是侧面预冲孔和侧面翻孔两道工序，手工放置半成品有误差，导致侧面变薄、翻孔口部不平整，影响制件质量。这样既增加了冲压的人工成本和制件废品率，又降低了机床利用率，且机床投资成本也较大。

从单冲模改成级进模之后，不仅提高了生产效率和减少废品率，而且节约了人工成本及减少占用机床成本，有效地保证了制件的质量及产量。

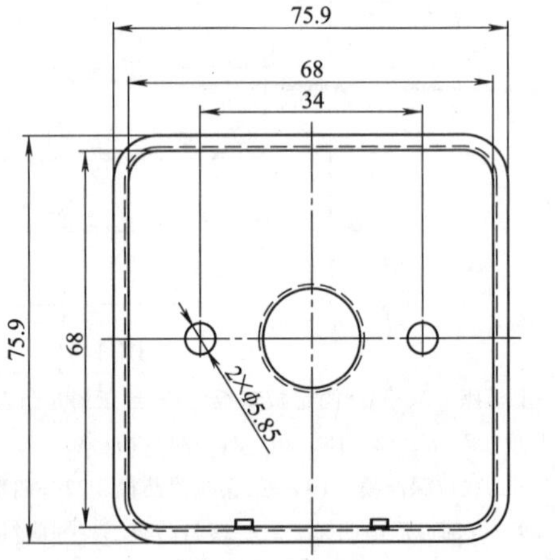

图 3-33　正方盒

从图 3-33 可以看出，该制件精度要求较高，特别是侧面翻孔有高度的要求，材料厚为 0.5mm，孔外径是 $\phi3.25\pm0.015$mm，高度≥1.5mm，符合图样要求必须要变薄翻边才能达成，按理论计算这样一次变薄可到极限。它的口部平整度要求高，而且不允许有开裂现象，此翻孔又是从盒体外往内翻。

按理论计算，冲压件的 $H/B<0.7\sim0.8$（高度/宽度值）时，方形拉深件毛坯可以一次性拉成，但冲压件的 $r_c/B<0.1$（转角半径/宽度值）时，转角区变形过于激烈，很容易使其底角处拉破，需采用两次拉深成形。因为设备限制，必须一次拉成。经过积累的经验，把拉深凹模直边和转角处圆弧的 R 角作了不规则的调整，便一次拉深获得了成功。

2. 拉深工艺的计算

此方形拉深件是小凸缘拉深，从资料查得修边余量 $\delta=1.6$mm。当 $h/B\leqslant0.6$ 时，可以按以下公式求展开：

（1）直边部分按弯曲件求展开 l

$$l=\frac{B_f-B}{2}+h+0.57r_0-0.43r_a$$

$$=\left(\frac{79.1-68.5}{2}+37+0.57\times3.85-0.43\times0.6\right)\text{mm}=44.2365\text{mm}\approx44.2\text{mm}$$

式中　B_f——方形凸缘边长（mm）；

B——方形拉深件边长（mm）；

h——制件高度（mm）；

r_0——方形件底部圆弧半径（mm）；

r_a——方形件凸缘处圆角半径（mm）。

（2）四周角拼成带凸缘的圆筒求展开半径 R_0

R_0也可按“带凸缘筒形件的拉深”计算公式求展开直径，再除以 2。带凸缘筒形件的拉深，可以代入以下公式求展开：

$$D=\sqrt{d_1^2+4d_2h+2\pi r(d_1+d_2)+4\pi r^2+d_4^2-d_3^2}$$

$$=\sqrt{4^2+4\times11.7\times32.3+2\times3.14\times3.85(4+11.7)+4\times3.14\times3.85^2+20.2^2-13.2^2}\text{mm}$$

$$=\sqrt{2327.2}\text{mm}\approx48.24\text{mm}$$

$$R_0=\frac{D}{2}=\frac{48.24}{2}\text{mm}=24.12\text{mm}$$

（3）求展开图的宽度 K

$$K=B-2r_0+2l$$

$$=(68.5-2\times3.85+2\times44.2)\text{mm}$$

$$=149.2\text{mm}$$

该制件拉深较高，而相对圆角较小，$r/h<0.6$（冲压件转角半径/高度值）时，可用圆弧连接。图 3-34 中，理论毛坯初步修正为近似圆形。为了简化毛坯的形状，使工位①、工位③的凸模和凹模便于加工，将此拉深件毛坯采用圆形。经过进一步修整，方形拉深件的毛坯直径确定为 $\phi148$mm。

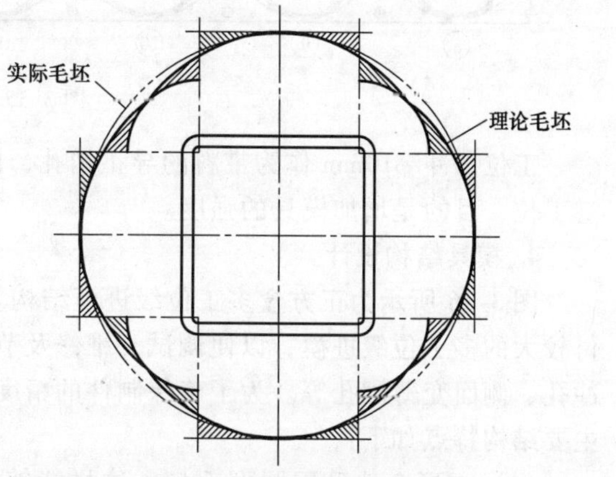

图 3-34　制件毛坯展开图

3. 排样设计

由于机床的限制，采用单排排样。结合实际经验值，把料带的宽度修整为158mm，步距修整为156mm。该制件共设计成14个工位，排样图见图3-35。具体工位如下：

工位①：冲导正销孔、切舌、内圈切口。

工位②：空工位。

工位③：外圈切口。

工位④：空工位。

工位⑤：拉深。

工位⑥：空工位。

工位⑦：整形。

工位⑧：侧冲孔。

工位⑨：冲底孔。

工位⑩：翻底孔。

工位⑪：压字印（图中未绘制出）。

工位⑫：侧翻孔。

工位⑬：空工位。

工位⑭：落料。

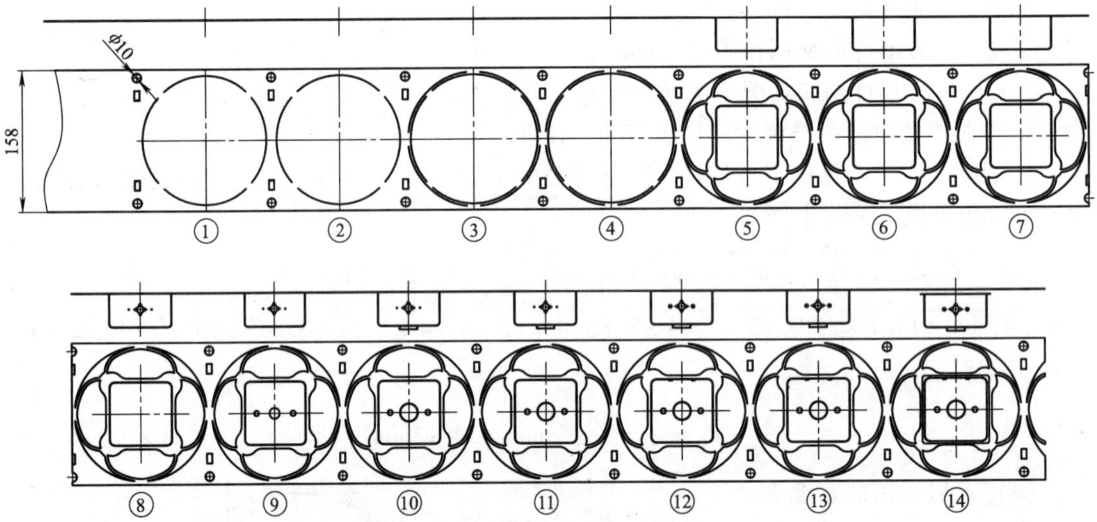

图3-35 排样图

工位①冲ϕ10mm作为带料的导正销孔，以确保送料的精度。在带料排列当中留了几个空工位，目的是增加模具的强度。

4. 模具结构设计

图3-36所示为正方盒多工位级进模结构。其模具结构为多组独立的模具组合而成的一付较大的多工位级进模，以便调试、维修及节约成本。各工位的结构较为复杂，有拉深、侧冲孔、侧面变薄翻孔等。为了确保制件的精度，此模具采用6个精密滚珠钢球导柱。该模具主要结构特点如下：

（1）方形盒件采用圆形毛坯，这样能够简化模具复杂的几何图形；当然在四只角上，材料会有较多的积余，但又较好地起到了使连料处有足够强度的作用。

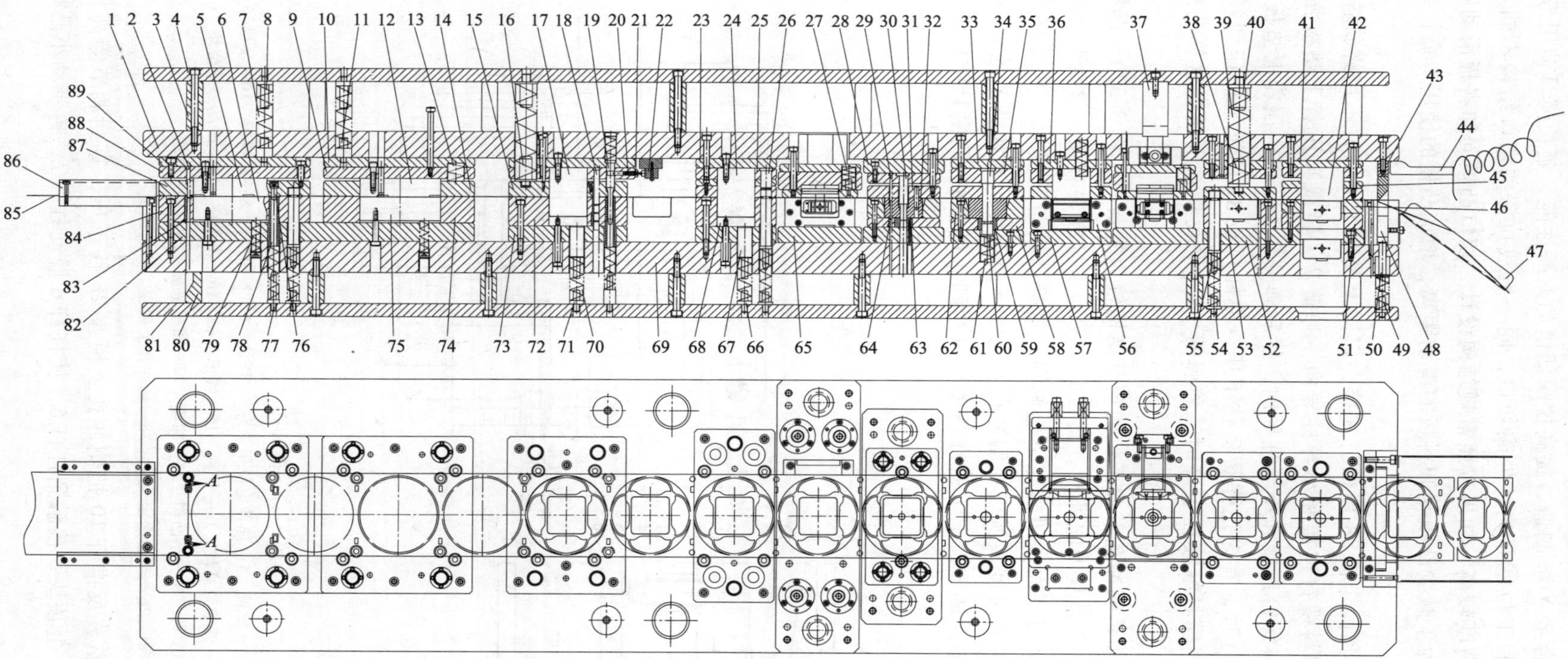

图3-36 正方盒多工位级进模结构

1—上模座 2、5、12、29、30、42—凸模 3—上垫脚 4—上托板 6—内切口顶块 7、13、20、27、39、61、70、79—弹簧 8、40、77—弹簧导销 9、25、35、88—固定板 10、23、33、36、41、89—上垫板 11、16、38、49、54、66、71—弹簧垫圈 14、15、32、87—卸料板 17—拉深凸模 18—小导柱 19—误送导正销 21—压板 22—微动开关 24—整形凸模 26—浮动导料销顶杆 28—子模上模座 31、45—卸料板垫板 34—翻边凸模 37、43—打杆 44—绝缘支架 46、58、63、64、83、84—凹模 47—废料斗 48—废料刀 50、60、67—顶杆 51—凹模垫板 52、57、73、82—下垫板 53—垫块 55—浮动导料销 56—导向板 59—翻边凹模 62—产品定位板 65—子模下模座 68—下顶块 69—下模座 72—拉深凹模 74—外切口凹模 75—顶块 76—导正销 78—套式顶料杆 80—下垫脚 81—下托板 85—料带 86—外导料板

（2）拉深凹模采用硬质合金 YG8 制造，提高拉深凹模的耐磨性能，延长模具使用寿命。

（3）切口结构。工位①和工位③是内、外圈切口，同一般浅拉深的切口结构不同。因为此拉深件材料较薄，拉深高度较高，如果按照常规结构设计，切口凸模同卸料板滑动距离太长，造成凸模容易磨损。为了减少凸模与卸料板的滑动距离，增加凸模的使用寿命，采用双浮动（双层弹压）结构。

切口结构是：上垫板 89 和固定板 88 用螺钉连接，但同上模座 1 分开，不用螺钉连接。上模座 1 同固定板 88 是用卸料螺钉连接和小导柱导向，弹簧 7（轻载）压着上垫板弹压。固定板 88 同卸料板 87 用卸料螺钉连接和小导柱导向，然后弹簧 7（轻载）顶着上垫板 89，压着卸料板 87。这样模具下行时，首先把弹簧 7 往下压，使卸料板 87 的下平面压到料带，直到上垫板同上模座闭死；当模具继续往下降时，将弹簧 13（重载）往下压，这样凸模就慢慢进入凹模切口。

（4）侧冲孔结构。工位⑧是侧冲孔。此工位的模具结构较为复杂（见图 3-37）。凸模较小（头部只有 ϕ0.9mm 大），又是从内向外冲。其目的：①为了排废料方便；②为后序变薄翻孔打好基础。凸模必须在上模侧面，凹模在下模侧面，这样凸模与凹模上、下很难对准，给模具调试和维修带来了很大的难度，所以在侧冲孔上模座下面设计了两块调节等高块 13。在调节等高块上面垫有专用垫片调节，上下对准精度可以达到 0.01mm。此模具结构是利用杠杆原理。

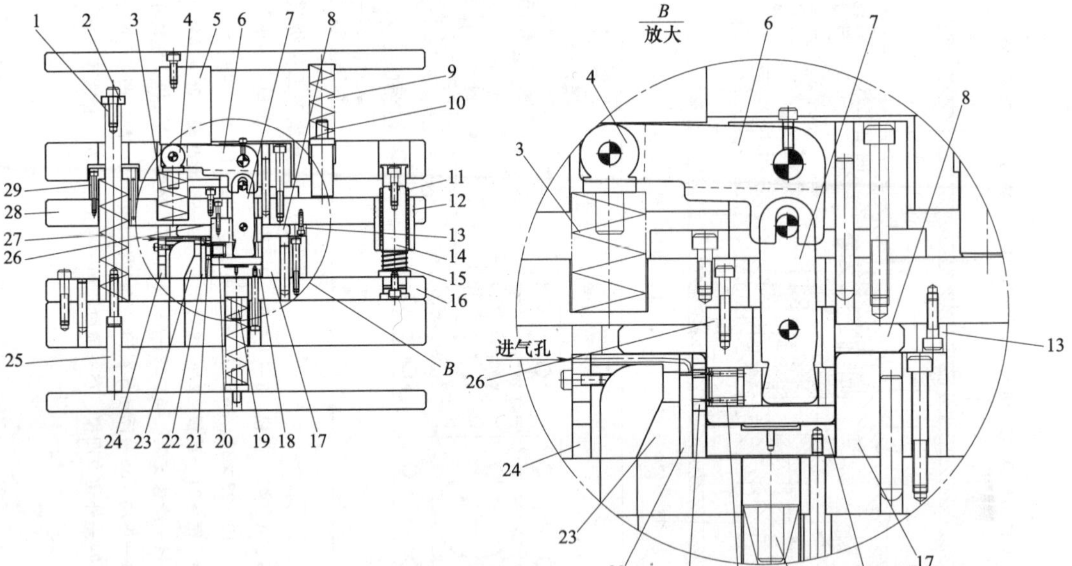

图 3-37　侧冲孔结构

1—等高杆　2—垫圈　3、9、27—弹簧　4—弹簧定位销　5—上顶块　6、7—杠杆　8—卸料板　10—反推杆　11—保持圈　12—导套　13—调节等高块　14—导柱　15—线形弹簧　16—小模座　17—产品外定位块　18—顶块　19—顶杆　20—小凸模　21—凹模　22—凹模垫板　23、24—挡块　25—圆柱销　26—产品内定位块　28—侧冲孔上模座　29—压板

其动作为：上模下行，首先反推杆 10 把侧冲孔上模座 28 往下压，直到调节等高块 13 同产品外定位块 17 闭合时，上顶块 5 接触到杠杆 6，使杠杆 6 撬动杠杆 7，再带动小凸模 20 从内往外冲压。

（5）侧翻孔结构（图 3-38）

工位⑫是侧翻孔，上下对准调节方法与图 3-37 侧冲孔一样。孔外径是 $\phi3.25\pm0.015$mm，高度≥1.5mm，符合图样要求必须要变薄翻孔。经计算，要从料厚 0.5mm 变薄到料厚 0.28mm 才能达成，这样一次性变薄已经到极限。它的口部平整度要求高，而且不允许有开裂现象；翻孔又是从外向内翻，所以结合前面侧冲孔必须从内往外冲孔，目的使翻孔口部不容易开裂。此工序的结构较为复杂，也是利用斜楔、杠杆原理。

其动作如下：上模下行，首先反推杆 10 把侧翻孔上模座 28 往下压，直到调节等高块 13 与产品外定位块 15 闭合时，上顶块 1 接触到斜楔 31，使斜楔 31 带动滑块 4；利用滑块 4 带动杠杆 6 的一头，杠杆 6 的另一头带动翻孔凹模 5，直到翻孔凹模 5 压到所需要的位置；然后斜楔 30 往下降，推动滑块 23（装有翻孔凸模 22），使得翻孔凸模 22 从外往内运动。

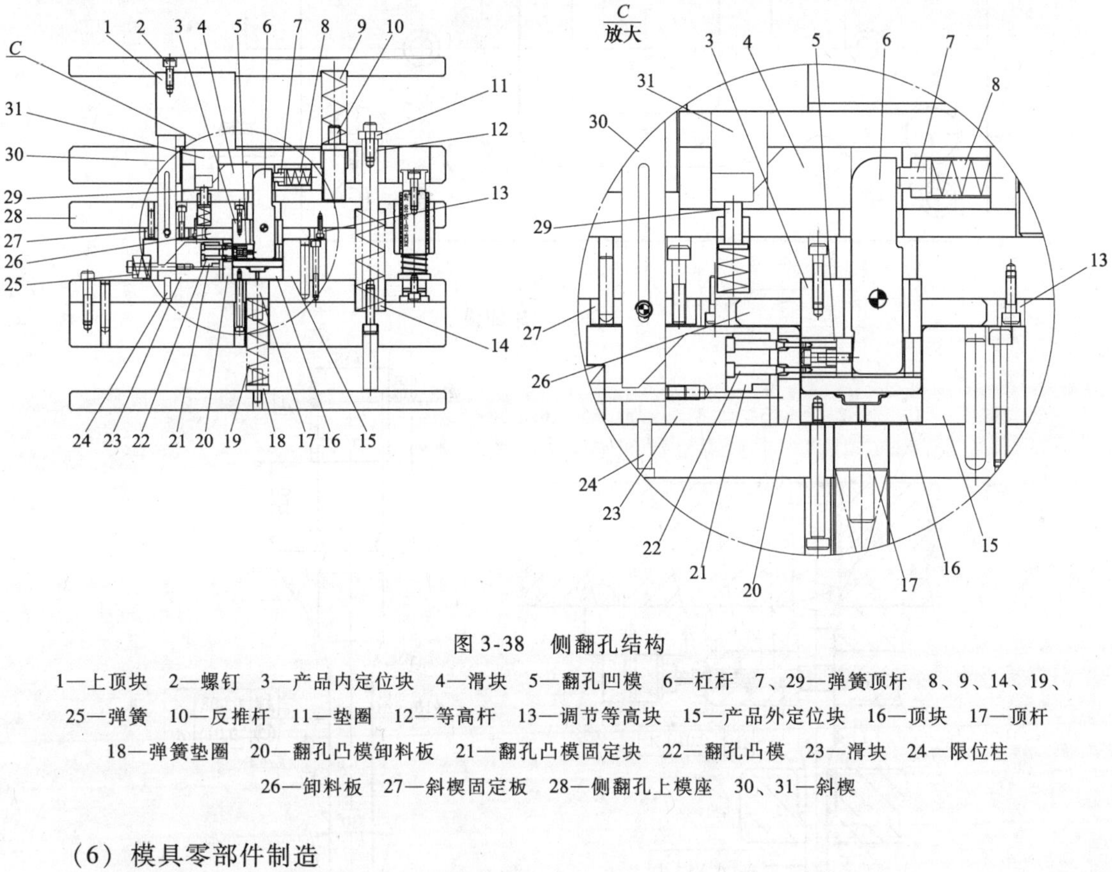

图 3-38 侧翻孔结构

1—上顶块 2—螺钉 3—产品内定位块 4—滑块 5—翻孔凹模 6—杠杆 7、29—弹簧顶杆 8、9、14、19、25—弹簧 10—反推杆 11—垫圈 12—等高杆 13—调节等高块 15—产品外定位块 16—顶块 17—顶杆 18—弹簧垫圈 20—翻孔凸模卸料板 21—翻孔凸模固定块 22—翻孔凸模 23—滑块 24—限位柱 26—卸料板 27—斜楔固定板 28—侧翻孔上模座 30、31—斜楔

（6）模具零部件制造

1）模具制造要求

① 该模具采用导正销导正。为了保证较高的送料步距精度，导正销与导正销固定孔的双面间隙选用 0.01～0.015mm。

② 模具主要零部件采用慢走丝切割加工。下模板与镶件采用零对零配合；卸料板与凸模滑动的配合为双面间隙 0.01mm。凸模采用螺钉固定，并设计成快拆方式，以便维修。

2）主要零部件制造

① 拉深凹模。图 3-39 所示为拉深凹模。该制件年产量较大，为了确保拉深凹模的使用寿命和稳定性，模具材料采用硬质合金 YG8 镶拼合成。具体的加工技术要求见图 3-39。

② 误送导正销图 3-40 所示为误送导正销。其材料为 SKD11，热处理硬度为 61～

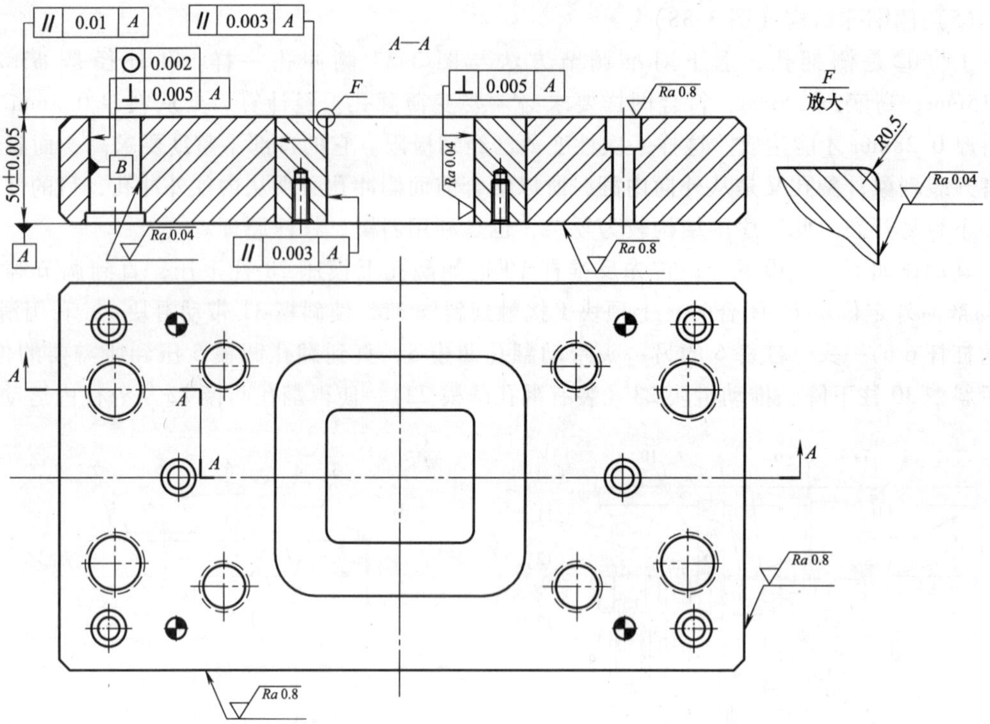

图 3-39　拉深凹模

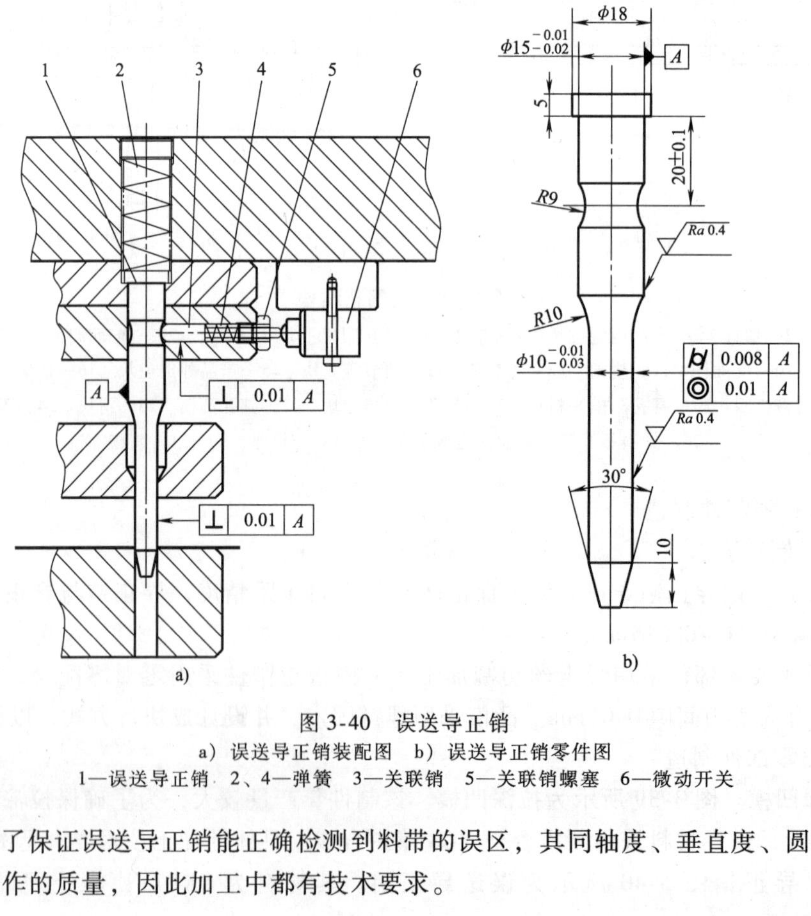

图 3-40　误送导正销

a）误送导正销装配图　b）误送导正销零件图

1—误送导正销　2、4—弹簧　3—关联销　5—关联销螺塞　6—微动开关

63HRC，为了保证误送导正销能正确检测到料带的误区，其同轴度、垂直度、圆柱度等都会影响检测工作的质量，因此加工中都有技术要求。

3.9　焊片多工位级进模

1. 工艺分析

图 3-41 所示为某产品上的零件焊片，材料为 08F 钢，料厚为 0.4mm。由于使用上的需要，在片状零件上需拉深成一相对较深的圆筒。从图中可以看出，拉深孔为 ϕ1.2mm、深 4.0mm，需经多次拉深、整形、冲孔才能达到尺寸要求。该制件是一个以拉深为主的冲压件，特点是制件尺寸小、材料薄、尺寸精度要求不高。由于采用多工位级进模比复合模或单工序模生产效率高、成本低、操作简便、安全可靠，因此决定采用多工位连续拉深级进模。冲压工艺方案为拉深、整形、冲底部孔、冲长形孔、外形落料等。

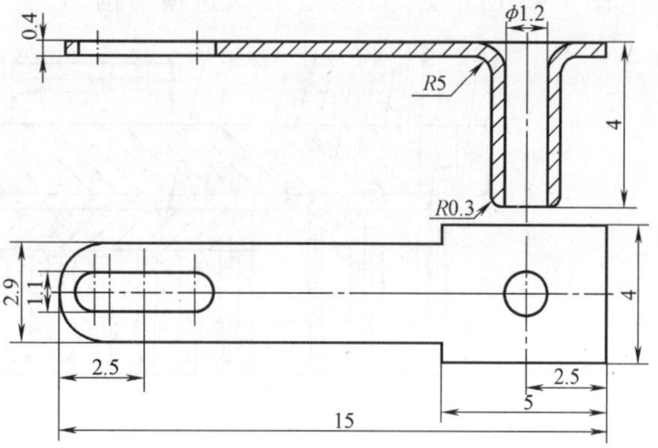

图 3-41　焊片

2. 排样设计

根据制件的形状尺寸，同时对各种排样方案进行分析，决定采用双排直排样。排样图见图 3-42。具体工位如下：

工位①：冲切侧刃。

工位②：切口。

工位③：空工位。

工位④：首次拉深。

工位⑤：二次拉深。

工位⑥：三次拉深。

工位⑦：四次拉深。

工位⑧：五次拉深。

工位⑨：六次拉深。

工位⑩：七次拉深。

工位⑪：八次拉深。

工位⑫：空工位。

工位⑬：冲孔（拉深底孔和长形孔）。

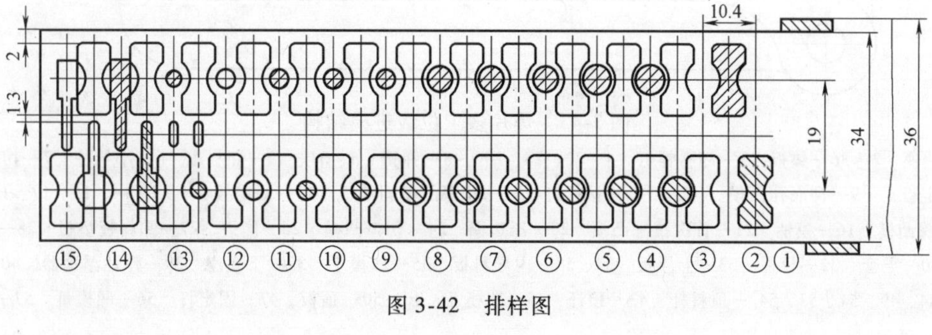

图 3-42　排样图

工位⑭：外形落料。

工位⑮：另一个制件外形落料。

该排样设计中采用了 2 个空工位，目的是为了满足凹模的强度要求，使模具的结构布置更合理。

3. 模具结构设计

图 3-43 所示为焊片多工位级进模结构。

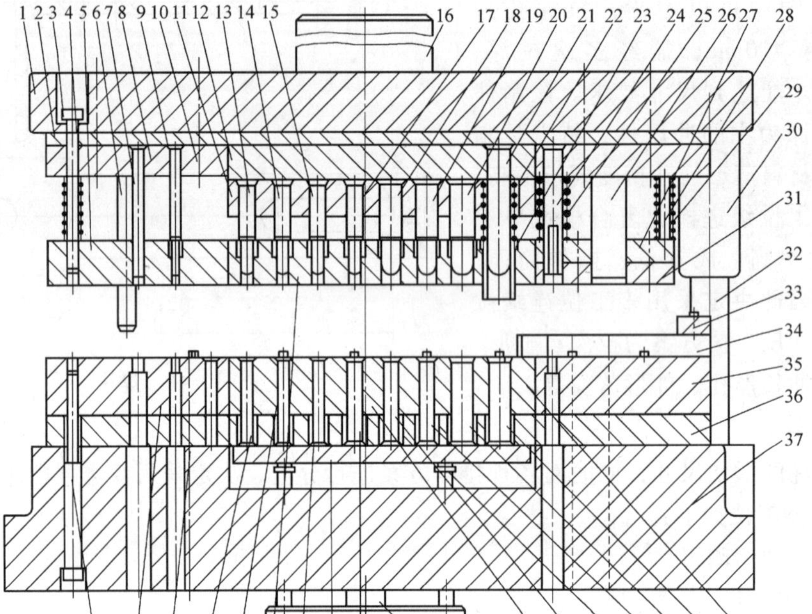

图 3-43　焊片多工位级进模结构

1—上模座　2、36—垫板　3—卸料螺钉　4、22、25、29、48—弹簧　5、31、52—卸料板　6—小导柱　7—切断凸模　8—固定板Ⅰ　9—冲底孔凸模　10、55—连接螺钉　11—拉深凸模固定板　12—固定板Ⅱ　13、14、15、17、18、19、20—拉深凸模　16—模柄　21—首次拉深凸模　23—压边圈　24—切口凸模　26—侧刃　27—卸料板垫板　28—卸料螺钉　30—导套　32—导柱　33—上导板　34、38—内导料板　35—凹模Ⅰ　37—下模座　39—弹性浮顶器　40、41、42、44、49、51、53、54 —顶料杆　43—顶杆　45—凹模Ⅱ　46、50—顶板　47—固定杆　56—凹模Ⅲ　57—螺钉

（1）模具结构及工作原理

模具工作时，带料从左、右导料板38、34内导料板中导正，然后依此进行排样图中各工序的要求，即冲出侧刃定位、切口、首次拉深、再拉深七次、冲拉深筒底并冲长形孔，最后落料，完成制件的冲压加工。

（2）凸、凹模设计要点

1）圆形凸模设计成台阶式结构，以提高强度，与其拉深凸模固定板11采用铆接；异形凸模设计成直通式结构，以利于线切割加工，与拉深凸模固定板11仍采用铆接。

2）凹模采用镶拼结构形式，以三段拼合而成：第一段凹模包括侧刃冲裁和切口冲裁；第二段凹模全部是拉深工位；第三段凹模为冲孔落料。这样结构便于模具的加工、调整和维修，当某一段模具损坏时，只需更换该段凹模，而不致于使整副模具报废；分段凹模还便于模具刃磨。三段凹模各自直接紧固在同一块垫板上。

（3）导向装置设计要点

该模具采用联合导向结构，即模架导向和卸料板导向。模架采用钢球滚动式导柱导套导向，导向效果很好。卸料板5通过安装于固定板8上的小导柱6作辅助导向，全部凸模均以卸料板导向，保持冲压平稳。首次拉深需采用压边圈，以后各次拉深均不需要压边。

（4）定位装置设计要点

由于制件精度要求较低，故采用侧刃定距限定带料送进步距的准确。整套模具与自动送料机构配合使用，易实现生产自动化。

（5）导料装置设计要点

为了保证带料送料顺利，在各工位段的凹模表面设置了弹性浮顶器39，使带料在运送中，用弹性浮顶器39将带料抬高2mm，以利于带料送进的通畅。

3.10　阶梯圆筒形件多工位级进模

1. 工艺分析

图3-44所示的阶梯圆筒形件是某电子产品的重要部件，材料为SPCE，板料厚度为0.2mm。该制件结构较复杂，是一个无凸缘阶梯圆筒形拉深件。该产品特点如下：①小内径与大内径尺寸有一定的严格要求；②各部位的同轴度在0.1mm范围以内，虽然同轴度要求不是很高，但对于冲压件来说，要保证这样的尺寸要求有一定的难度；③特别是制件的R角较小，要符合要求，必须在拉深之后加整形工位才能很好的保证其质量。

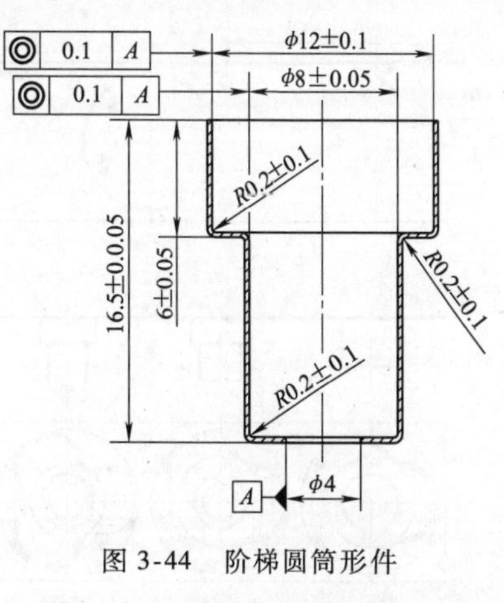

图3-44　阶梯圆筒形件

2. 拉深工艺的计算

1）毛坯计算。当无凸缘阶梯圆筒形拉深件直径≤25mm时，查得连续拉深的修边余量$\delta=1.5$mm。结合实际经验，把修边余量调整为$\delta=2$mm，得凸缘直径=(2×2+12.2)mm=16.2mm。

代入以下公式求展开：

$$D=\sqrt{d_3{}^2+4(d_1h_1+d_2h_2)}$$
$$=\sqrt{16.2^2+4(12.2\times6+8.2\times10.5)}\text{mm}=29.993\text{mm}\approx30\text{mm}$$

上式求得制件坯料直径为 ϕ30mm

2）拉深系数及直径的确定。通过计算及结合经验值，求得各工序的拉深系数如下：$m_1=0.53$；$m_2=0.75$；$m_3=0.758$；$m_4=0.879$。

计算各工序的拉深直径如下：①首次拉深 $d_1\approx\phi16$mm；②二次拉深 $d_2\approx\phi12$mm；③三次拉深（阶梯部位）$d_3\approx\phi9.1$mm；④ 四次拉深（阶梯部位）$d_4\approx\phi8$mm。

3. 排样设计

该制件采用单排排样。因制件坯料直径为 ϕ30mm，计算出料带宽度 35mm，步距 34.5mm。排样图见图 3-45。具体工位如下：

工位①：冲导正销孔。

工位②：内圈切口。

工位③：空工位。

工位④：外圈切口。

工位⑤：空工位。

工位⑥：首次拉深。

工位⑦：空工位。

工位⑧：二次拉深。

工位⑨：空工位。

工位⑩：三次拉深。

工位⑪：四次拉深。

工位⑫：整形。

工位⑬：整形。

工位⑭：空工位。

工位⑮：冲底孔。

工位⑯：落料。

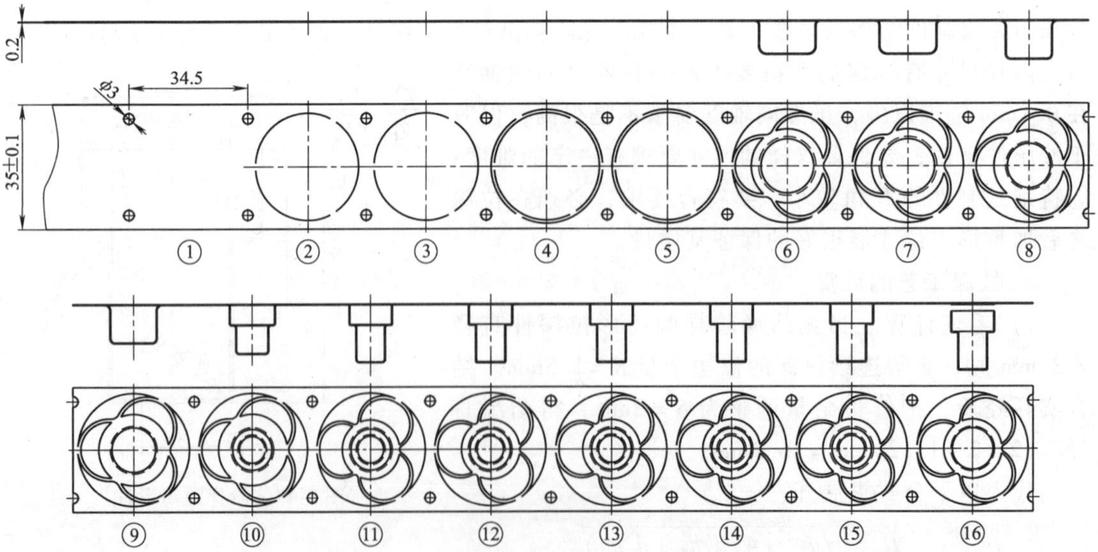

图 3-45 排样图

4. 模具结构设计

图 3-46 所示为阶梯圆筒形件多工位级进模结构。该模具结构为多组模板组合而成的一付较精密的连续拉深模。各工序的结构较为复杂，有拉深、阶梯拉深、冲底孔等。为了确保制件的精度，该模具采用 4 个精密滚珠钢球外导柱、导套导向。该模具有如下特点：

1）为了提高拉深凹模的耐磨性能，延长模具使用寿命，各工位拉深凹模采用硬质合金 YG8 制造。

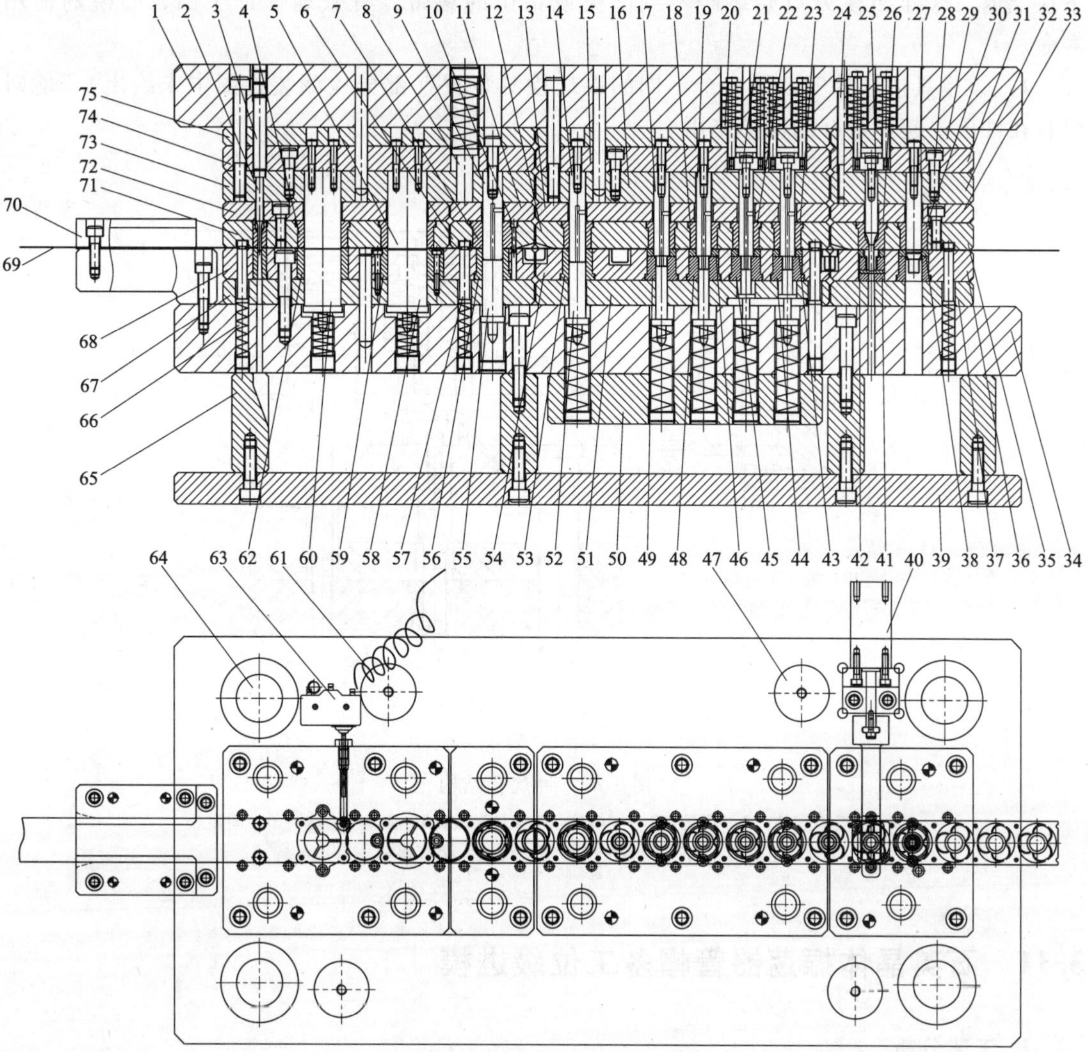

图 3-46 阶梯圆筒形级进模结构图

1—上模座 2—冲导正销孔凸模 3—凸模顶杆 4、18、22、23、26、30—卸料板镶件 5—切口凸模 6、12、35、71—卸料板 7—压边圈 8—弹簧顶杆 9、14、17、19—拉深凸模 10—导正销 11、13、33、72—卸料板垫板 15、31—滑块固定板 16、32、73—固定板 20、66—弹簧 21—整形凸模 24、28—螺钉 25—冲底孔凸模 27—落产品凸模 29、74—固定板垫板 34—下模座 36、54、68—下模板 37、51、67—下模垫板 38、41、42、43、46、59、62—下模镶件 39—下托板 40—气缸 44、45—整形凹模 47—限位柱 48、49、53、56—拉深凹模 50—弹簧垫板 52、55、58、60—顶杆 57—浮动导料销 61—微动开关连接线 63—微动开关 64—导柱 65—下垫脚 69—料带 70—外导料板 75—上背板

2）从制件图 3-44 可以看出，此制件的各部位 R 部较小（R 为 0.2mm）。因此在工位⑫、⑬设置了整形结构。此结构的凸模尾部加装有微调装置，能使调整及维修更方便。

3）工位⑮是冲底孔，制件对毛刺要求较高，为了提高模具的使用寿命，此工位凸、凹模均为硬质合金（YG15）镶拼而成。因此该结构对凸、凹模能起到很好的保护作用。

图 3-47 所示为冲底孔结构。当模具在正常冲压时，凸模固定块 1 始终顶在滑块 10 上面。反之，模具碰到异常时，滑块 10 在气缸 11 受拉下自动退出，凸模 9 在弹簧 2 的拉力之下往上退，这样凸模刃口始终碰不到凹模或错位的料带，有效地保证了凸、凹模的使用寿命。

4）该模具内、外安装了三个不同的误送检测装置（部分检测装置图中未绘出），能对模具在冲压中起到很好的保护作用。

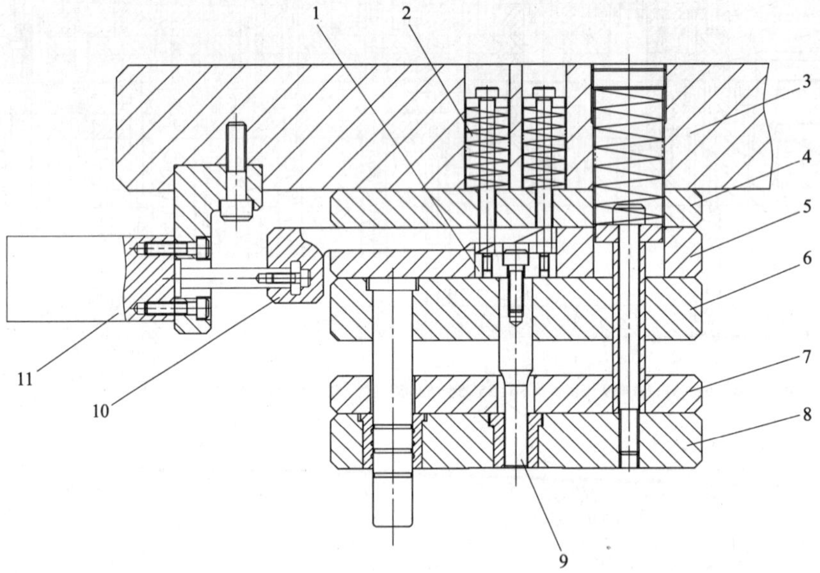

图 3-47　冲底孔结构

1—凸模固定块　2—弹簧　3—上模座　4—上背板　5—固定板垫板　6—固定板
7—卸料板垫板　8—卸料板　9—凸模　10—滑块　11—气缸

3.11　石英晶体振荡器管帽多工位级进模

1. 工艺分析

图 3-48 所示为石英晶体振荡器管帽，材料为 10 钢，料厚为 0.25mm。该制件为带小凸缘的椭圆形壳体，凸缘部分要求平整，和管基封装配套，精度要求较高。采用多工位拉深模经连续拉深、整形、镦台、落料加工，满足大批量生产要求。

毛坯尺寸的确定，可按毛坯与制件等面积的原理分两部分计算确定：一部分为制件两端圆弧部分当成带凸缘筒形件计算，可直接用公式算得；另一部分为制件的直壁部分面积，按弯曲展开算得，最终计算拉深毛坯直径为 ϕ22mm。

2. 排样设计

排样图见图 3-49。为了使材料容易流动成形，获得较好的制件，采用了双圈形切口；

在带料两侧，两工位之间的废料处，设有两导正销孔，以保证带料送料精度。排样共设有 16 个工位，料宽为 30mm，步距为 24mm。各有关工位冲压性质及相关尺寸见表 3-4。具体工位如下：

工位①：冲导正销孔，外圈切口。

工位②：空工位。

工位③：内圈切口。

工位④：空工位。

工位⑤：首次拉深。

工位⑥：空工位。

工位⑦：二次拉深。

工位⑧：三次拉深。

工位⑨：四次拉深。

工位⑩：空工位。

工位⑪：五次拉深。

工位⑫：六次拉深。

工位⑬：整形。

工位⑭：镦台。

工位⑮：空工位。

工位⑯：落料。

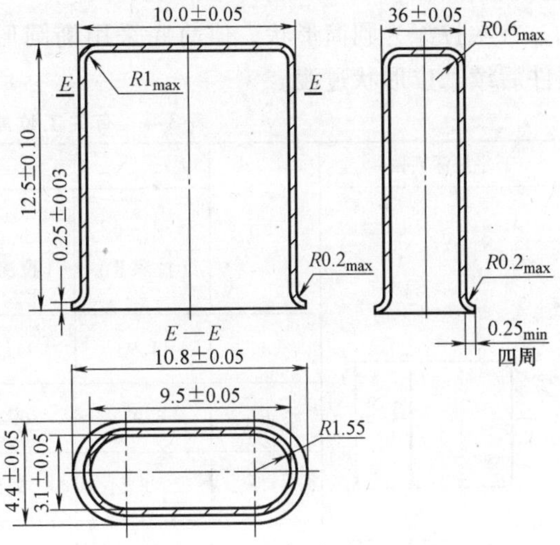

图 3-48　石英晶体振荡器管帽

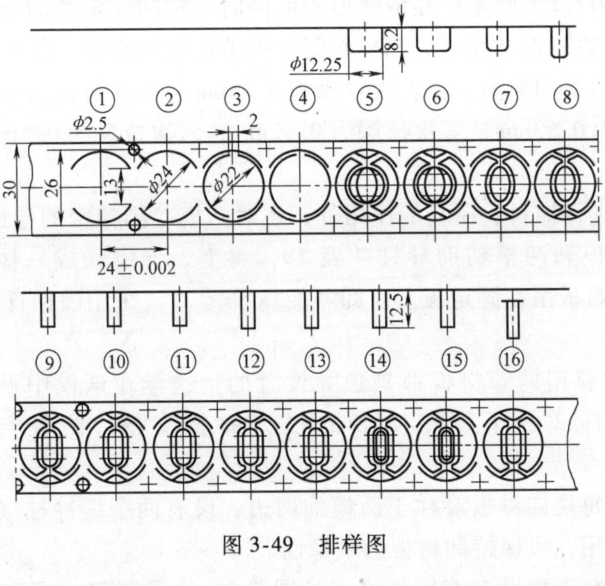

图 3-49　排样图

3. 模具结构设计

图 3-50 所示为石英晶体振荡器管帽多工位级进模结构。模具结构特点如下：

1）模架上、下模座采用 45 钢经调质处理，厚度分别为 50mm、70mm。四根滚动式导柱、导套导向副采用倒装形式，便于刃磨。

2）凸、凹模与固定板采用 H6/h5 配合。将固定板 13、15 和压板 21 卸下，凸、凹模可方便从固定板中取出，进行维修或更换。

首次拉深为圆筒形状，但筒底采用椭圆形由凸模形状决定（见图 3-50e）。这样有利于制件后续工位形状过渡。

表 3-4　有关工位冲压性质及相关尺寸　　（单位：mm）

工序拉深筒图	尺寸	冲压性质					
		工位 7（拉深Ⅱ）	工位 8（拉深Ⅲ）	工位 9（拉深Ⅳ）	工位 11（拉深Ⅴ）	工位 12（拉深Ⅵ）	整形
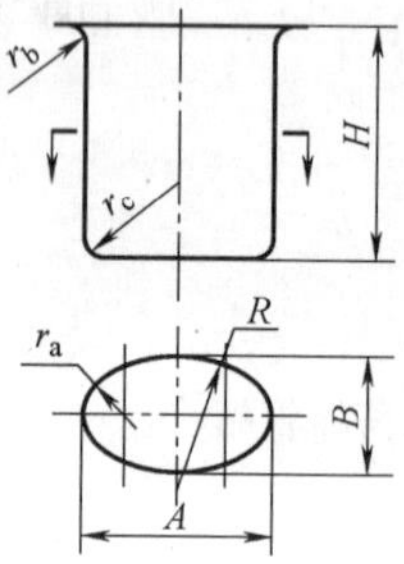	A	11.93	11.32	10.9	10.45	10.2	9.97
	B	8.97	6.25	4.8	4.03	3.73	3.56
	r_a	8	2.5	2.25	2	1.87	1.78
	R	6.7	10.8	36.46	—	—	—
	r_b	2	1.5	1	0.6	0.4	0.2
	r_c	1.5	1	1	1	0.6	0.4
	H	8.3	10.3	10.96	11.8	12.5	12.5

凸模的材料为 W6Mo5Cr4V2，凹模的材料为 YG8。内腔加工采用了两次线切割法：第一次粗切；第二次用慢走丝精切，并留精磨余量 0.08～0.1mm。用坐标磨达到尺寸要求。然后用研磨膏和木棒进行镜面抛光。在精磨型腔的同时，把凹模定位的直线部分（见图 3-50f 中 k 面）一起磨出，以确保装配时，凹模在固定板中定位精度的一致性。

3）凸、凹模间双面间隙如下：首次拉深为 0.55mm；二次拉深为 0.55mm；三次拉深为 0.54mm；四次拉深为 0.53mm；五次拉深为 0.52mm；六次拉深为 0.5mm；整形工位取负间隙为 0.48mm。

4）卸料板除了进行卸料、压料的作用外，还对凸模起到精密的导向和保护作用。卸料板 9 和 16 分别由四根和两根辅助导柱 7 及 19，将上、下模联成一体。并由顶柱（见图 3-50b中件 23）把卸料板吊在固定板上。卸料板靠导套 22（采用硬铝青铜 QA19-4 制成）与辅助导柱滑动。

每道拉深工序卸料用的卸料板都是独立设置的，这样在试模中调压及维修都比较方便。分别由顶料导杆 2 及下模座中装的强力弹簧支撑。凸模与卸料板的间隙取 0.005～0.01mm。

在拉深过程中，每块卸料板对称于凸模的两边，设有两个缓冲柱（见图 3-50d 件 27），对卸料板起着缓冲作用，以保持卸料板的平稳性。

首次拉深工序，在下模设有调压装置（见图 3-50c）及弹簧、螺塞。当卸料板压料时，始终处于压力均衡状态，对防止制件凸缘起皱起到良好的作用。

5）采用拉式气动送料器实现自动送料，由浮动导料销 5 导料，浮动托料杆 6 顶出凹模一定高度，浮动导正销 8 精定位进行正常作业。带料进入模具前，装于进料模外的支承板上设有带油棉织物（图中未表示），对带料表面的附着物起擦净作用。

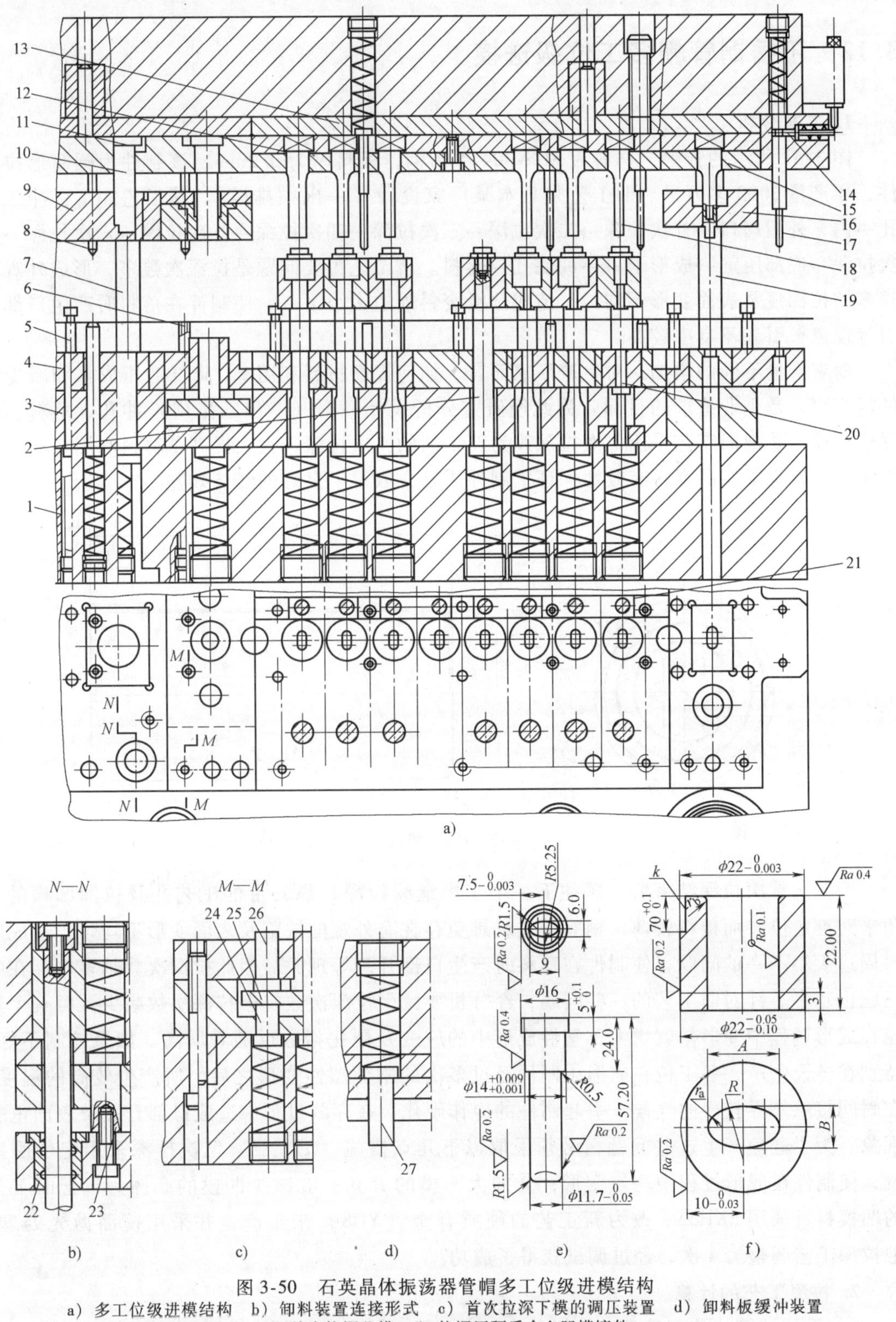

图 3-50　石英晶体振荡器管帽多工位级进模结构

a）多工位级进模结构　b）卸料装置连接形式　c）首次拉深下模的调压装置　d）卸料板缓冲装置
e）首次拉深凸模　f）拉深用硬质合金凹模镶件

1—4 导柱滚动导向模架　2—顶料导杆　3—下垫板　4—凹模固定板　5—浮动导料销　6—浮动托料杆
7、19—导柱　8—浮动导正销　9、16—卸料板　10—切口凸模　11、12—微调垫片
13、15—固定板　14—接触销　17—浮动安全检测销　18—凸模　20—凹模
21—压板　22—导套　23—顶柱　24、26—顶杆　25—托板　27—缓冲柱

3.12　不锈钢管帽多工位级进模

1. 工艺分析

图 3-51 所示的管帽，材料为 SUS-304 不锈钢，板料厚为 0.2mm。该制件为圆筒形拉深件，年产量2000 多万只。旧工艺是日本某厂家设计（一出一排样）。其工艺如下：冲工艺孔→内、外圈切口→首次拉深→二次拉深→三次拉深→四次拉深→五次拉深→六次拉深→七次拉深→底部压筋→成形卡口→冲底孔→落料。该工艺主要问题是拉深次数多，形成外观有较多的拉深痕及表面变形不均匀，造成凸缘废料周边大小不一，使制件在落料时产生口部开裂等现象，引起不良率较高。

随着产量不断的增加，对生产厂家而言，如何提高材料利用率，降低冲压成本和减少制件报废率，是企业追求的目标。为此经研究分析设计一副（一出三排列）冲孔、落料、拉深连续模，并把旧工艺采用 7 次拉深改为新工艺的 4 次拉深，大大提高了材料利用率和生产效率，还减少了废品率，有效地保证了制件质量，取得了良好的经济效益。

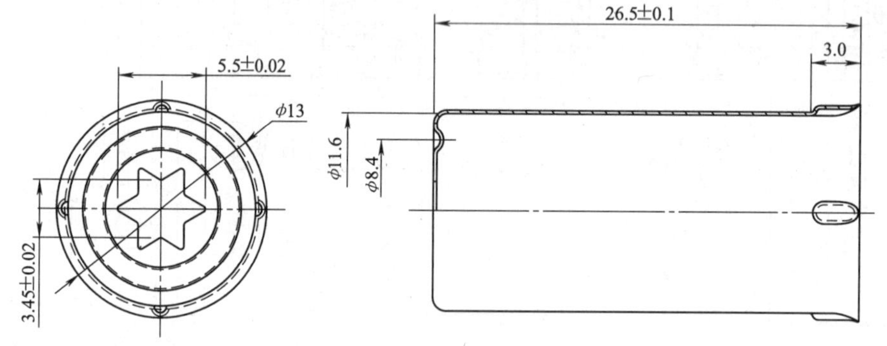

图 3-51　管帽

旧工艺首次拉深结束后，送往下一个工序继续拉深是靠料带的工艺孔及拉深凹模的 R 角来对准定位，而板料较薄，稍有偏差就难免存在有外观的缺陷及表面变形不均匀，造成废料周边大小不一的问题，使制件在落料时产生口部开裂等现象。因此拉深次数越多，存在的问题也越多。针对旧工艺的一些问题，经分析要减少拉深次数。但拉深次数减少，每一个工位在成形过程中变形量就增大，塑性成形中的应变及硬化指数也随着增高。如果控制不好，特别在冬天生产，各工位在成形中制件经过多次的剧烈塑性变形之后，所产生较高的温度，在瞬间接触外界较冷的气候，引起制件的冷作硬化，在存放过程中造成口部开裂及表面龟裂现象。为了避免产生这些问题，必须采取以下几点措施：①在二、三次拉深采用定位圈定位，使制件在成形过程中均匀变形；②加大凹模的 R 角；③减少凹模的摩擦力，把旧工艺的凹模材料采用 SKH51，改为新工艺的硬质合金（YG8）来生产，并采用镜面抛光处理，把拉深工艺调整为 4 次，经过调试获得了成功。

2. 拉深工艺的计算

1）毛坯计算。该制件毛坯计算方式与 3.6 节中的毛坯计算方式相同。经计算，毛坯直径为 ϕ39mm。

2）拉深系数及各次拉深直径计算。制件首次拉深时，把凸缘部分的材料全部拉入凹模

内，因此首次拉深按无凸缘零件计算拉深系数。毛坯相对厚度为

$$\frac{t}{D}\times 100=\frac{0.2}{39}\times 100=0.51$$

查得首次拉深 $m_1=0.55\sim 0.58$，以后各次拉深 m_n取 0.83 ~ 0.88。首次拉深材料还没有硬化，塑性好，因此拉深系数可取小些。由于不锈钢制件再拉深的硬化指数相对较高，而塑性越来越低，变形越来越困难，故拉深系数一道比一道大。在第二、三次拉深设计有定位圈装置，使制件在成形过程中均匀变形，拉深系数可略取小些。

根据经验值调整后的拉深系数如下：$m_1=0.55$，$m_2=0.79$，$m_3=0.82$，$m_4=0.86$，$m_5=0.88$。所得各次拉深直径如下：

$$d_1=m_1D_1=0.55\times 39\text{mm}\approx 21.5\text{mm}$$
$$d_2=m_2d_1=0.79\times 21.5\text{mm}\approx 17\text{mm}$$
$$d_3=m_3d_2=0.82\times 17\text{mm}\approx 14\text{mm}$$
$$d_4=m_4d_3=0.86\times 14\text{mm}\approx 12\text{mm}$$

从计算结果可以看出，d_4的直径与图 3-51 的管帽外径相近，因此该制件为四次拉深即可。

3. 排样设计

为了提高材料利用率和节约人工成本及减少占用机床成本。从旧工艺（一出一）改为新工艺的一出三排列。计算出带料宽度为 126mm，步距为 45mm，共设计 22 个工位完成。排样图见图 3-52。具体工位如下（以下各工位的命名以排样图中的 A—A 视图为准）：

工位①：冲导正销孔等。
工位②：空工位。
工位③：内圈切口。
工位④：空工位。
工位⑤：空工位。
工位⑥：外圈切口。
工位⑦：空工位。
工位⑧：首次拉深。
工位⑨：空工位。
工位⑩：空工位。
工位⑪：二次拉深。
工位⑫：空工位。
工位⑬：三次拉深。
工位⑭：四次拉深。
工位⑮：空工位。
工位⑯：整形、底部压筋。
工位⑰：空工位。
工位⑱：成形卡口。
工位⑲：空工位。
工位⑳：冲底孔。
工位㉑：空工位。
工位㉒：落料。

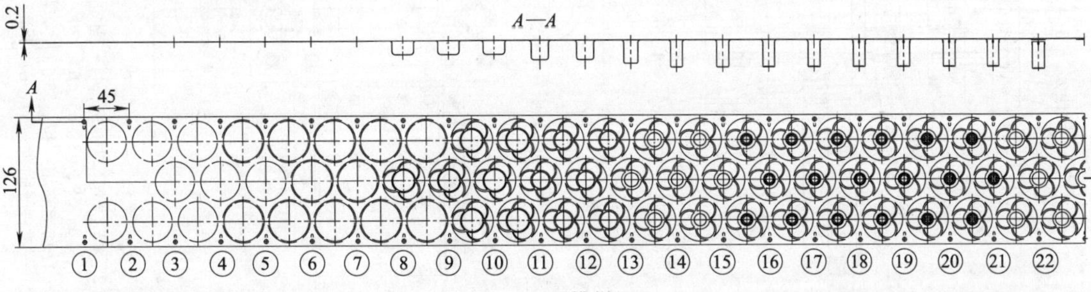

图 3-52　排样图

4. 模具结构设计

图 3-53 所示为不锈钢管帽多工位级进模结构。该结构为多组模板组合而成的一副较精

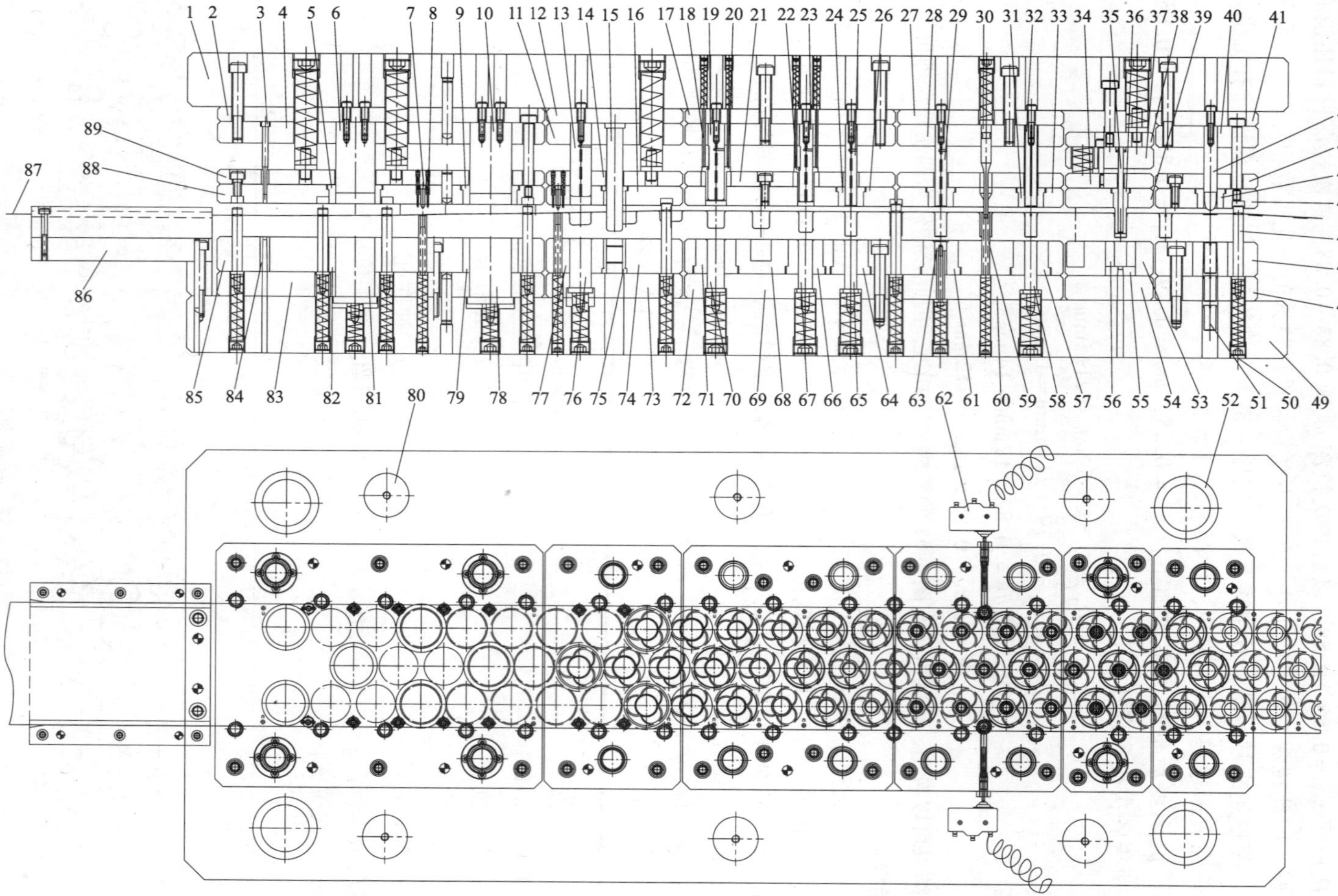

图 3-53　不锈钢管帽多工位级进模结构

1—上模座　2、12、17、27、38、41—固定板垫板　3、6、10、13、19、23、25、29、32、35、42—凸模　4、11、28、37、40—固定板　5、9、24、31、36、44—卸料板镶件　7—导正销　8、18、58、63、65、67、70、76、78、81—顶杆　14、21、34、43、89—卸料垫板　15—导柱　16、26、33、39、45、88—卸料板　20、22—定位圈　30—误送导正销　46—浮动导料销　47、53、68、74、85—下模板　48、54、60、69、72、73、83—下模板垫板　49—下模座　50—螺塞　51—制件　52—导柱、导套　55—冲孔凹模　56—制件导向件　57、61、64、66、71、77、79、82、84—凹模　59—套式顶料杆　62—微动开关　75—小导套　80—限位柱　86—承料板　87—带料

密的连续拉深模。主要结构特点如下：

1）为了确保制件的精度，此模具采用 4 个精密滚珠钢球导柱，在模具内部设计有切舌装置，防止带料送料万一过多时起挡料作用。这样可以代替边缘的侧刃，在生产过程中使送料更加稳定。切舌结构如图 3-54 所示。

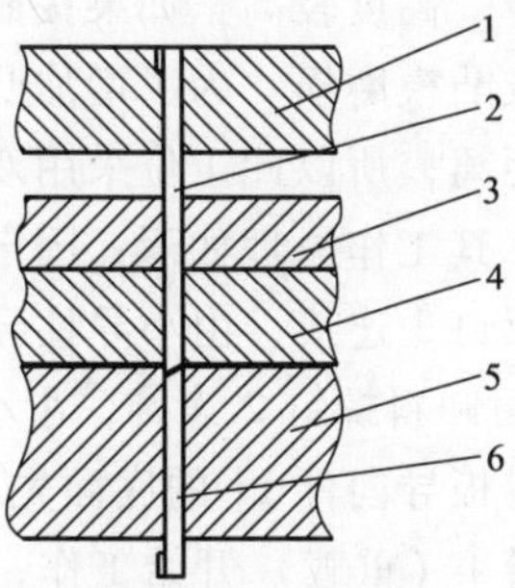

图 3-54　切舌结构

1—固定板　2—切舌凸模　3—卸料板垫板　4—卸料板　5—下模板　6—顶料块

2）在模具内、外安装不同的误送检测装置。当料带送错位或模具碰到异常时，起到保护模具作用。

3）该制件年产量较大，为了确保拉深凹模及落料刃口的使用寿命和稳定性，各工位的拉深凹模及落料刃口采用硬质合金（YG8）镶拼合成。

4）定位圈结构。为了拉深件得到较好的定位，使板料在塑性变形中较均匀，在第二、三次拉深时，设计有如图 3-55 所示的定位圈结构。此结构在连续模中设计较复杂，制作精度要求也较高。

其工作原理如下：上模下行，首先定位圈 3 完全定好前一工位送进的拉深工序件内径，上模再继续下行，凸模 1 进入凹模 7，进行冲压成形。

5）底部冲孔结构　如图 3-56 所示。它同一般模具冲底孔结构有所不同，因为制件材料

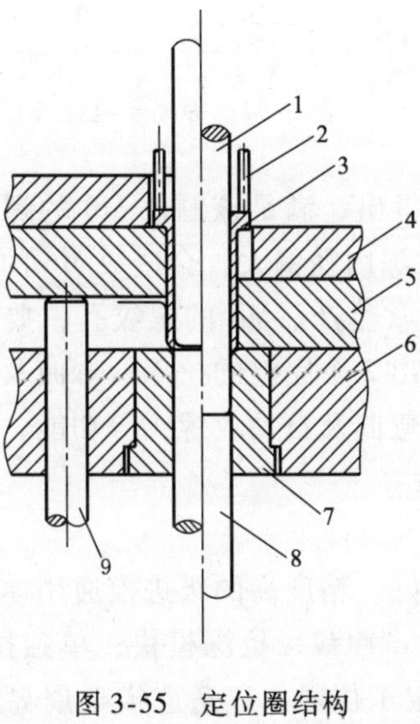

图 3-55　定位圈结构

1—凸模　2—弹簧顶杆　3—压边、定位圈　4—卸料垫板　5—卸料板　6—下模板　7—凹模　8—顶杆　9—反推杆

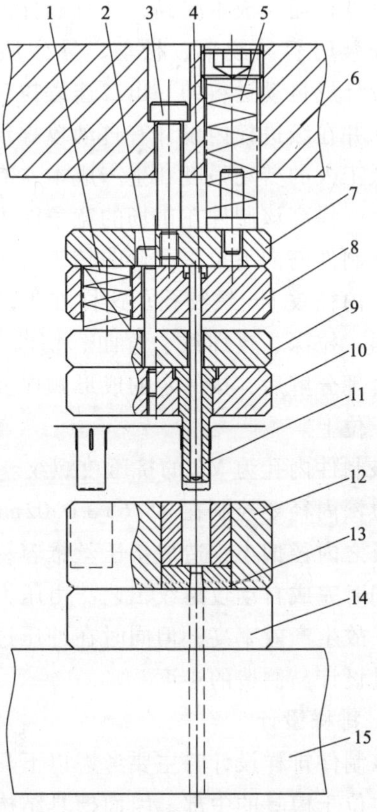

图 3-56　底部冲孔结构示意图

1、5—弹簧　2、3—卸料螺钉　4—凸模　6—上模座　7—固定板垫板　8—固定板　9—卸料板垫板　10—卸料板　11—卸料板导向件　12—下模板　13—凹模　14—下模板垫板　15—下模座

较薄、高度较高，如果按照常规结构设计，凸模 4 与卸料板导向件 11 滑动距离过长，容易造成凸模磨损。为了增加凸模的使用寿命，必须要减短凸模 4 与卸料板导向件 11 之间的滑动距离，所以此工位采用双浮动结构。

其工作原理如下：固定板垫板 7 和固定板 8 用螺钉连接，上模座 6 与固定板垫板 7 用卸料螺钉 3 连接，由小导柱导向，弹簧 5（轻载）压着固定板垫板 7 弹压。固定板 8 与卸料板 10 用卸料螺钉 2 连接，由小导柱导向。当上模从上止点下行时，首先把弹簧 5 往下压，使卸料板导向件 11 的底面先压到制件底面时，固定板垫板 7 与上模座 6 闭合；上模继续下行，弹簧 1（重载）开始工作，这样凸模就慢慢进入凹模冲底孔。

3.13　等离子电视连接支架多工位级进模

1. 工艺分析

图 3-57 所示的等离子电视连接支架，材料为 SPCD，料厚为 1.6mm，原工艺采用一副多工位弯曲级进模和一副铆接模来完成。也就是说，将在专业厂家采购的铆钉和在多工位级进模生产出的弯曲件，经过铆接模铆合在一起。所需模具及设备多，机床利用率低，而且成本较高，并且制件的铆接部分在流水线上安装时容易脱落、松动，导致质量不稳定。经分析，设计成自动送料的一出二连续拉深多工位级进模来生产，并在级进模内设计有自动攻螺纹装置。这样就大大降低工人的劳动强度和生产成本，有效地保证了制件的质量，提高该制件在市场的竞争能力。

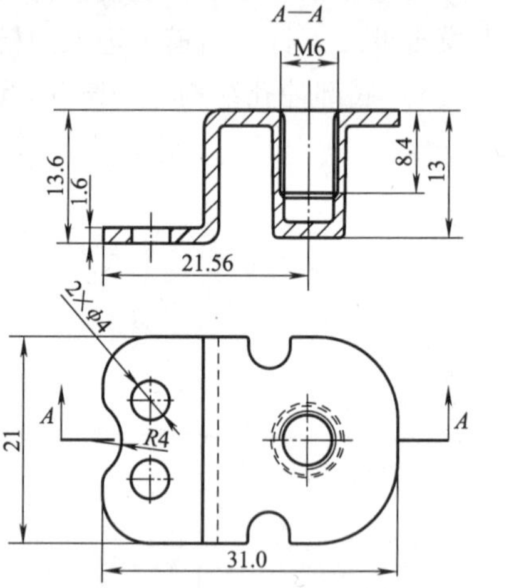

图 3-57　等离子电视连接支架

该制件需向下拉深、弯曲较为合理，并要求在制件的拉深内径攻 M6 螺纹孔。这样在生产中需经过冲切外形废料、拉深、攻螺纹、弯曲、切断等工序组合而成，均经合理分解后，按一定的成形顺序要求设置在不同的冲压工位上。

该制件内孔为 M6 的挤压攻螺纹。经过积累的经验得出，满足该制件 M6 的螺牙，攻螺纹前拉深内径要控制在 $\phi5.65 \pm 0.02$mm。如果螺纹前拉深内径偏大，会造成 M6 的螺牙不饱满；反之内径偏小，造成挤压丝锥容易折断，将无法正常生产。M6 的螺纹孔，要求在级进模内同时完成自动攻螺纹工艺。由压力机一次行程生产出 2 个完整的拉深、弯曲及攻螺纹的制件，故生产效率高；但同时在冲压过程中实现拉深、弯曲及自动攻螺纹等功能，大大提高了模具设计与制造的难度。

2. 排样设计

该制件排样设计时主要考虑以下几个方面：①刚性好、精度高的级进模通用模架、攻螺纹模块位于模具的中部，因而模具结构设计成 4 大模块：冲裁、拉深模块，单独拉深模块，攻螺纹模块，弯曲及载体与制件分离模块；② 合理制定工位数，以适应模架周界及考虑累积误差对零件精度的影响；③复杂的型孔应分解为若干个简单的孔形，并分成几步进行冲裁，使模具制造简单，对同一尺寸或位置精度要求高的部位，应尽量在同一工位上冲压出；④ 合理制定步距，以适应凹模强度及攻螺纹模块的位置；⑤由于零件带有工艺切口、拉深、攻螺纹、冲孔、弯曲等工序。各工序的先后应按有利于下道工序的进行为准，并应按照先拉深、再攻螺纹，然后弯曲等，前后次序不能对调；⑥ 排样时必须合理安排导正销孔的位置，以适应制件精度要求；⑦需要冲制的制件与载体的连接，应具有足够的强度和刚度，以保证带料在冲压过程中连续送进的稳定性；⑧尽可能使级进模的压力中心与压力机的压力中心一致；⑨尽可能提高材料的利用率以节约成本。

排样图见图 3-58，共有 22 个工位。具体工位如下：

工位①：冲导正销孔及冲切废料。

工位②、③：冲切废料。

工位④：首次拉深。

工位⑤：空工位。

工位⑥：二次拉深。

工位⑦：三次拉深。

工位⑧：四次拉深。

工位⑨：五次拉深。

工位⑩：六次拉深。

工位⑪：整形。

工位⑫：空工位。

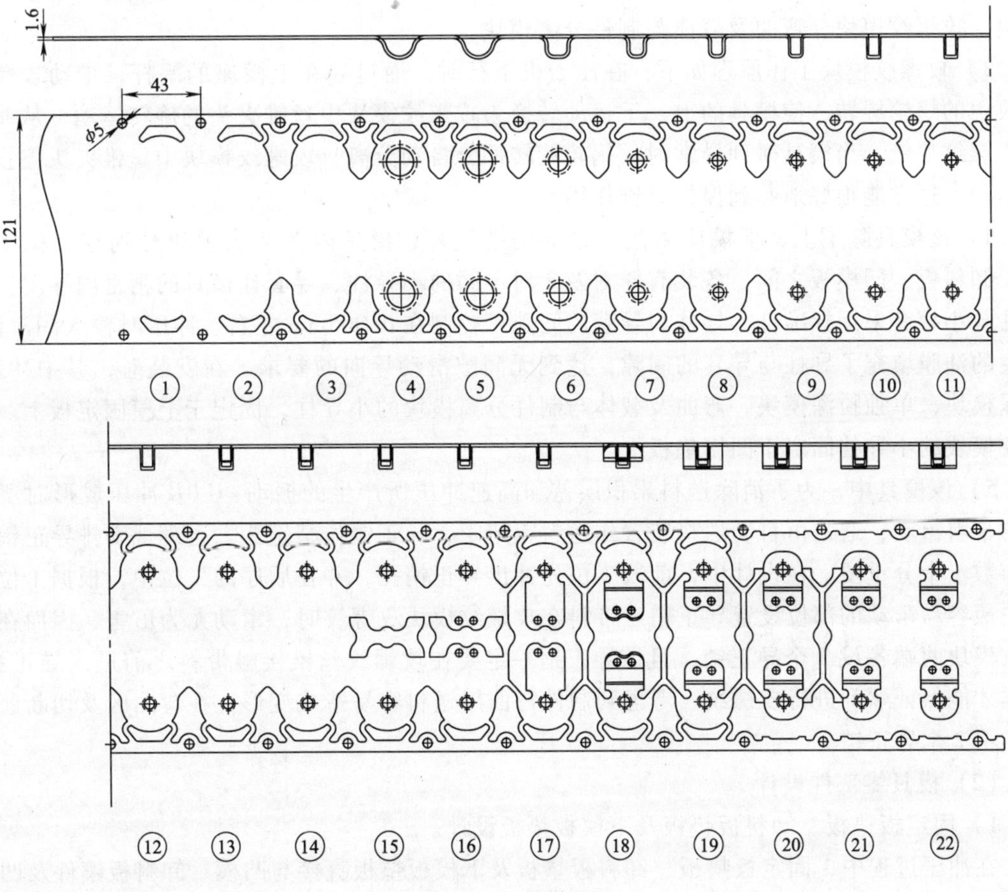

图 3-58　排样图

工位⑬：攻螺纹。

工位⑭：空工位。

工位⑮：冲切废料。

工位⑯：冲孔。

工位⑰：冲切废料。

工位⑱：弯曲 45°。

工位⑲：弯曲 90°。

工位⑳、㉑：冲切废料。

工位㉒：制件与载体分离。

3. 模具结构设计

图 3-59 所示为等离子电视连接支架多工位级进模结构。

（1）模具结构特点

1）采用滚动式自动送料机构传送各工位之间的冲裁、拉深、攻螺纹及弯曲等工作；用浮动导料销导料、顶杆及顶块抬料；利用切断凹模将已成形好的制件从带料上切断，使分离后的制件左侧尾部下装有轻微的浮料块向上顶，沿着下模板铣出的斜坡滑下。

2）采用刚性好、精度高的级进模通用模架，以确保上下模对准精度。该模具采用 4 个精密滚珠钢球导柱；为保证卸料板与各凸模之间的间隙，在卸料板及下模板上设计了小导套，从而大大增加模具的使用寿命。该模具由 4 大模块组成，即冲裁、拉深模块，单独拉深模块，攻螺纹模块，弯曲及载体与制件分离模块。

3）攻螺纹模块工作原理如下：在压力机下行时，通过装在上模座的蜗杆，带动攻螺纹模块中的蜗轮旋转，使模具的上、下运动转换为攻螺纹模块中丝锥夹头的旋转运动，从而实现攻螺纹功能。当模具碰到异常时，蜗轮旋转部分自动分离，攻螺纹模块中丝锥夹头停止旋转运动，这样能很好地起到保护丝锥作用。

4）该模具除了上、下模座采用滚动导向装置外，模具内部 4 大模块分别在上模固定板、卸料板、凹模板之间，各装有 4 对及 2 对不同的小导柱、导套作模具的精密内导向。小导柱与小导套采用标准件，导柱与导套的间隙可控制在 0.005mm 左右。冲压时输入润滑油，产生的油膜填充了导柱与导套的间隙，达到无间隙滑动导向的要求。在安装时，其中冲裁、拉深模块，单独拉深模块，弯曲及载体与制件分离模块的小导柱，固定于上模固定板上。攻螺纹模块的小导柱固定于凹模垫板上。

5）该模具中，为了消除送料累积误差和高速冲压所产生的振动，以及冲压成形时所造成的带料窜动，通常由自动送料装置作送料粗定距，导正销作精定距。合理地安排导正销位置与数量十分重要。在设计中，前段工位先冲出导正销孔，并在后序的工位中，根据工位数优先最容易窜动的部位设置导正销。带料在攻螺纹模块攻螺纹时，窜动尤为厉害，因而在攻螺纹模块两端各设 2 个导正销，且该导正销一定要在攻螺纹丝锥接触带料之前进入导正孔，这样才能保证顺利进行攻螺纹。考虑到制件弯曲后送料容易造成变形，在弯曲区及切断前各增加了 2 个导正销。

（2）模具零部件设计

1）固定板垫板、卸料板垫板及下模板垫板设计。

在冲压过程中，固定板垫板、卸料板垫板及下模板垫板直接与凸模、卸料板镶件及凹模接触，不断受到冲击载荷的作用，对其变形程度要严格限制，否则工作时就会造成凸、凹模

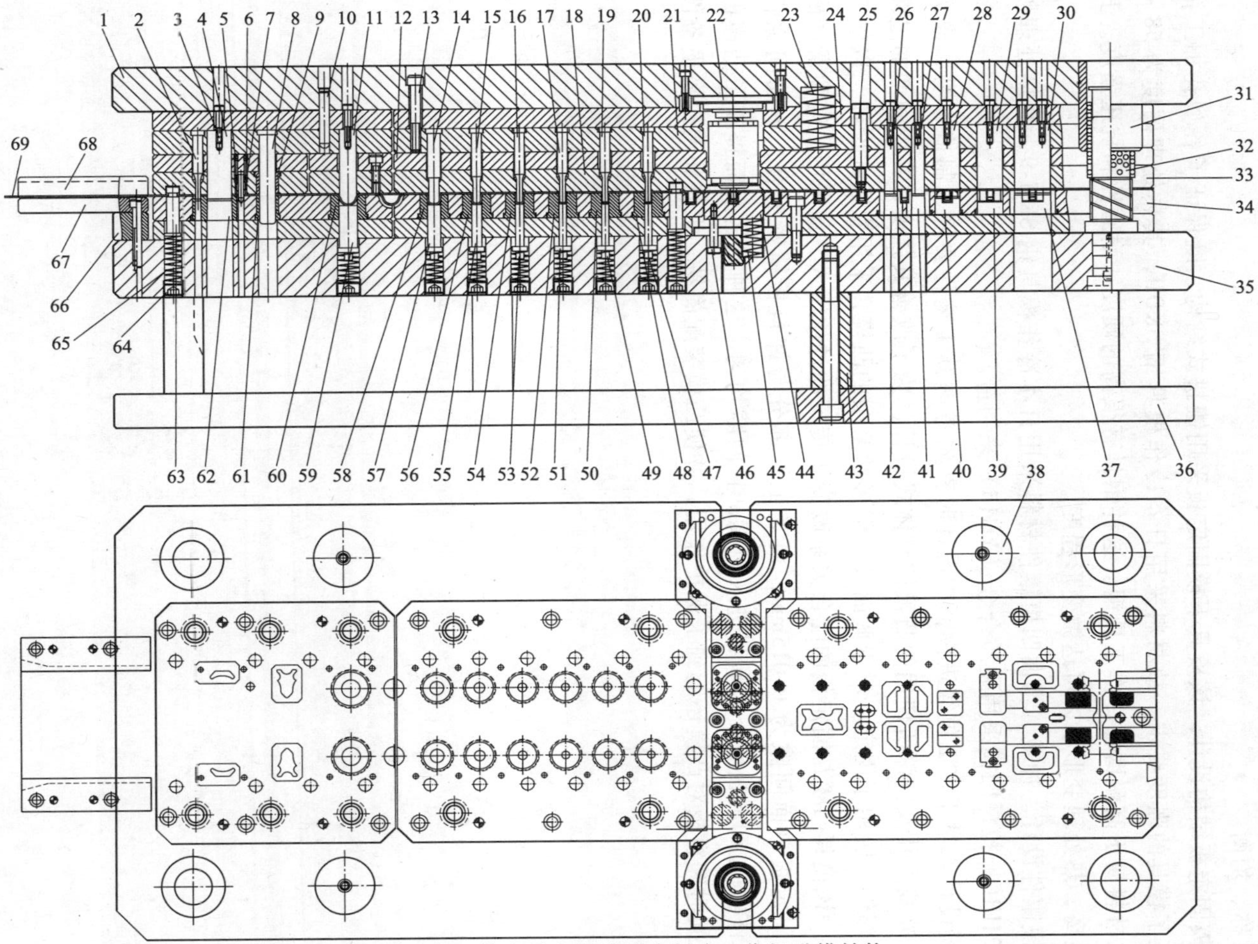

图 3-59　等离子电视连接支架多工位级进模结构

1—上模座　2、4、26、27、30—冲切废料凸模　3、13—螺钉　5、64—螺塞　6、23、45、65—弹簧　7—顶杆　8—小导柱　9、61—小导套　10—圆柱销　11—首次拉深凸模　12—卸料板垫板　14—二次拉深凸模　15—三次拉深凸模　16—四次拉深凸模　17—五次拉深凸模　18、33—卸料板　19—六次拉深凸模　20—整形凸模　21—固定板　22—攻螺纹组件　24—固定板垫板　25、46—卸料螺钉　28—45°弯曲凸模　29—90°弯曲凸模　31—导套　32—导柱　34—下模固定板　35—下模座　36—下托板　37、41、42、62—冲切废料凹模　38—限位柱　39—90°弯曲凹模　40—45°弯曲凹模　43—下垫块　44—攻螺纹浮料板　47、49、51、53、55、57、59—顶杆　48—整形凹模　50—六次拉深凹模　52—五次拉深凹模　54—四次拉深凹模　56—三次拉深凹模　58—二次拉深凹模　60—首次拉深凹模　63—浮动顶料销　66—承料板垫板　67—承料板　68—外导料板　69—带料等不稳定。故材料选用 Cr12 钢，热处理硬度为 53 ~ 55HRC。这种材料具有很高的抗冲击韧性，符合使用要求。

2）卸料板结构设计。卸料板采用弹压卸料装置，具有压紧、导向、成形、保护及卸料的作用。故材料选用日本冷作模具钢 SKDII，热处理硬度为 58 ~ 60HRC。卸料板与凸模单面间隙为 0.01 ~ 0.02mm。因级进模卸料力较大，冲压力不平衡，固采用矩形重载荷弹簧。弹簧放置应对称、均衡。

3）下模固定板结构设计。该模具下模固定板采用镶拼式结构，既保证了各型孔加工精度，也保证了模具的强度要求。故材料采用日本冷作模具钢 SKDII，其热处理硬度为 58 ~ 60HRC。此材料属于高耐磨性冷作工具钢。这种钢具有很高的硬度、耐磨性和抗压强度。其渗透性也很高，热处理变形小，可达微变形程度。

4）凹模镶件设计。冲裁、弯曲凹模镶件材料采用日本冷作模具钢 SKH-9，其热处理硬度为 60 ~ 62HRC，拉深凹模采用硬质合金（YG15）来制造。

5）凸模设计。对于多工位级进模，在设计时首先考虑其工艺性要好、制造容易、模刃修整方便。冲裁圆孔及拉深所使用的凸模按整体式设计。为了改善其强度，在中间增加过渡阶梯，大端部份台阶用于固定。对于截面较大但形状复杂的凸模，采用直通式设计，以便于线切割加工。该模具凸模与固定板的配合关系改变了传统的过盈压入，而采用小间隙滑动配合。凸模与固定板单面间隙为 0.015mm，而其工作部分与卸料板精密配合，单面间隙仅 0.01mm。凸模通过卸料板后，能顺利进入凹模，且间隙均匀。这种结构反而提高了凸模的垂直精度，同时卸料板对凸模还起到了保护作用，并使凸模装配简易，维修和调换易损备件更加方便。

第 4 章　冲裁、成形多工位级进模

4.1　撕拉盖多工位级进模

1. 工艺分析

如图 4-1 所示的环形撕拉盖，材料为 A3003H16 铝合金，料厚为 0. 225 mm。它是一种新型的瓶盖，用途较广泛，例如在饮料、啤酒等行业中使用。其工艺难点是在盖体上切痕深度的控制，以及成形时盖体与尾部交界处容易起皱。由于盖体与拉环中间有一连接带，使盖体成形时沿周边变形不均匀，导致盖体与尾部交界处形成材料堆积而起皱。在工艺设计时将制件展开图上与盖连接处开出 60°角的斜面（图 4-2），以减小连接处的宽度，同时在连接带上增设两条加强肋（见图 4-1），吸收多余材料，调整径向压应力来防止起皱。

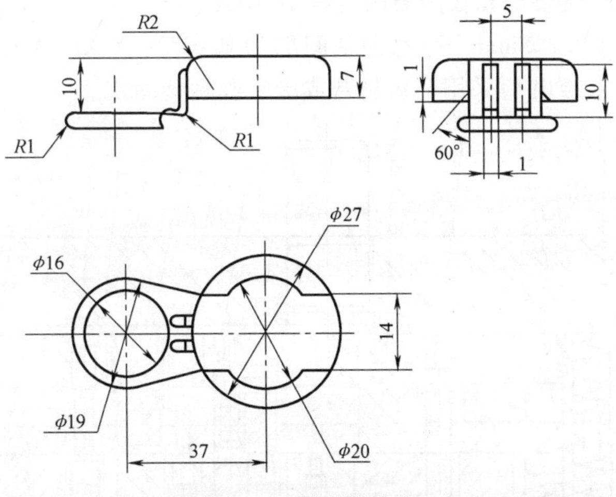

图 4-1　环形撕拉盖

盖体上 ϕ20mm 切痕的深度，既要保证开启使用时能顺利撕开，又要防止因瓶内压力的作用而胀裂，因此切痕的深度由模具的结构来控制。

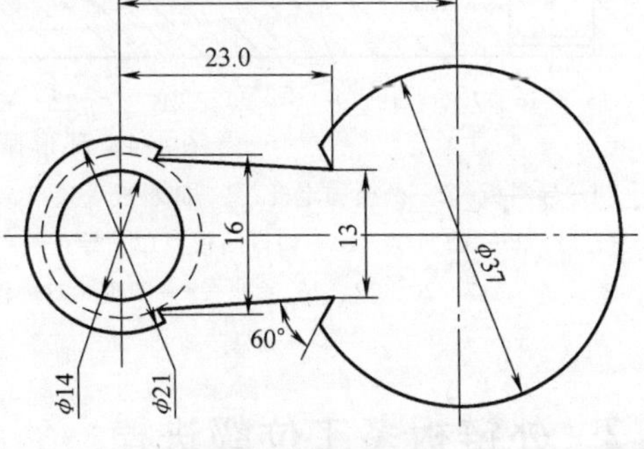

图 4-2　制件展开图

2. 排样设计

为了适应大批量生产的要求，选用多工位级进模的冲压方式，采用四工位级进模完成该制件冲压工序。排样图见图 4-3。具体工位安排如下：

工位①：冲凹式侧刃，冲拉环中孔 ϕ14mm，瓶盖切痕 ϕ20mm 和冲导正销孔。

工位②：拉环内孔翻边成 ϕ16mm，切拉环外缘并翻边成 ϕ19mm。

工位③：拉环卷边，压两条加强肋。

工位④：盖体部分落料拉深。

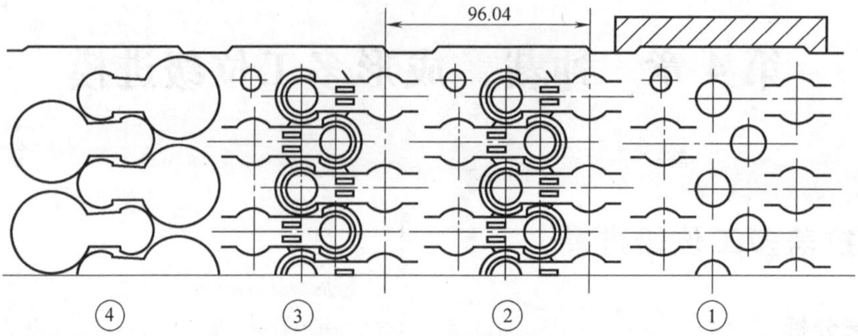

图 4-3　排样图

3. 模具结构设计

图 4-4 所示为环形撕拉盖多工位级进模结构。该模具特点如下：

1）该模具用辊式自动送料机构来传递各工位的冲压成形。带料送进定距用凹式侧刃和导正销 12 控制。下模装有两排浮动导料销 21，将冲压后的带料顶起，便于送料。

2）压痕凸模和压加强肋凸模采用斜楔微调机构，来保证压痕和压加强肋的深度。凹模采用镶拼结构，镶拼凹模块安装在凹模固定板 16 中。

3）此制件料厚为 0.225mm，因此冲裁间隙为 0.015 ~ 0.021mm。为了保证间隙均匀，凸模及小导套（图中未绘出）采用环氧树脂或厌氧胶粘接固定。

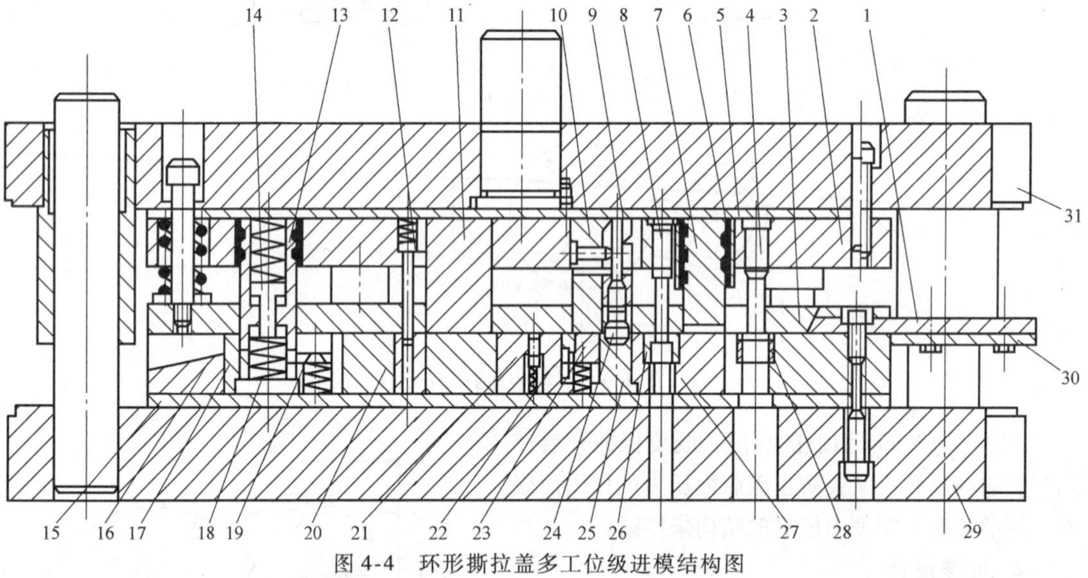

图 4-4　环形撕拉盖多工位级进模结构图

1—导料板　2—凸模固定板　3—卸料板　4、7、8、11、18、24—凸模　5—固定板垫板　6—压痕凸模固定套　9、13、25—凸凹模　10—切口凸模　12—导正销　14、19、23—顶件器　15—凹模固定板垫板　16—凹模固定板　17、20、22、26、27、28—凹模　21—浮动导料销　29—下模座　30—承料板　31—上模座

4.2　外链板多工位级进模

1. 工艺分析

图 4-5 所示的外链板，是 CA 系列农机链条上的一个零件，材料为 45Mn 钢，厚度

3.0mm，属大批量生产。从图中可以看出，链板中间有一处压肋，压肋时极易产生链板平面度超差。该制件孔距要求较高，要求孔的垂直度较好，以保证链条装配后不产生扭曲。传统的加工工艺是采用小吨位敞开式压力机，单工序模，多工序冲压加工，生产效率低、成本高。为了降低成本，采用多工位级进模高速连续冲压。

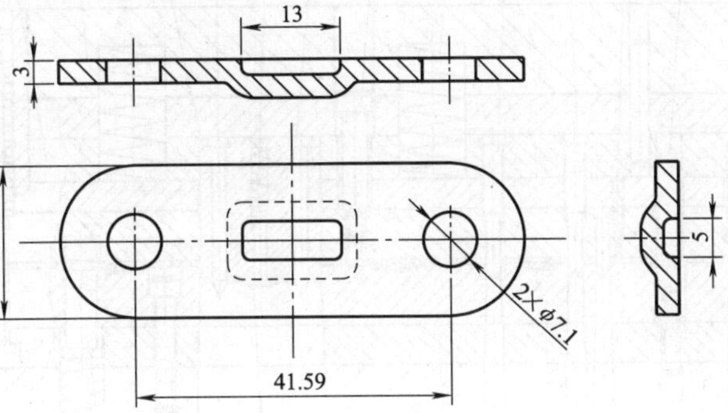

图 4-5　外链板

2. 排样设计

传统工艺为：条料切断、落料、软化退火、压肋、整形（校平）、冲孔（外形定位）。其缺点是工序多，生产效率低；以外形定位，冲孔位置度误差大。经分析和多次工艺试验，决定采用多工位级进模高速连续冲压。排样图见图 4-6。具体工位如下：

工位①：冲导正销孔，成形。

工位②：冲孔，成形。

工位③：冲孔。

工位④：落料。

工位⑤：空工位。

工位⑥：落料。

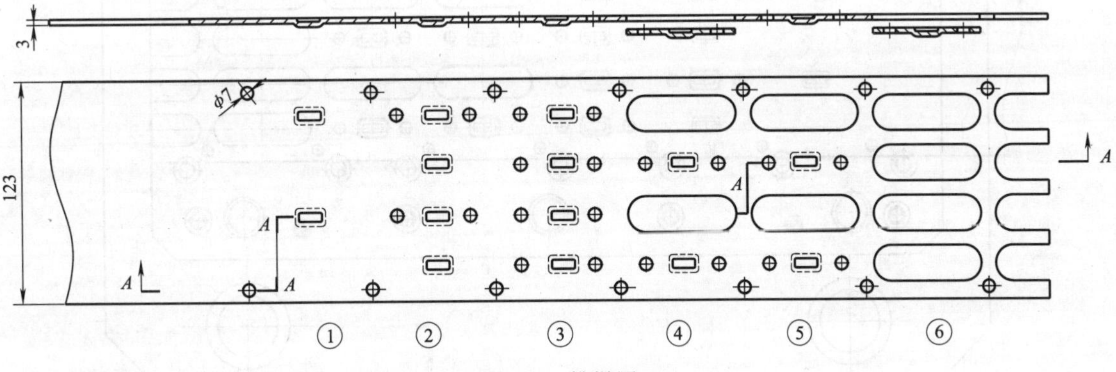

图 4-6　排样图

3. 模具结构设计

图 4-7 所示为外链板多工位级进模结构。该模具结构特点如下：

1）为了防止制件 23 被落料凸模 12 带出凹模面，在落料凸模 12 中间安装有弹性顶杆 10。

2）为了保证模具的精度，凹模 25、卸料板 17、凸模固定板 14 采用中走丝“割一修二”加工，保证步距精度在 0.01mm 内；冲孔凸模 2、5、6 与卸料板 17 配合间隙为 0.02 mm，使冲孔凸模 2、5、6 得到有效支撑，生产过程中不易折断。

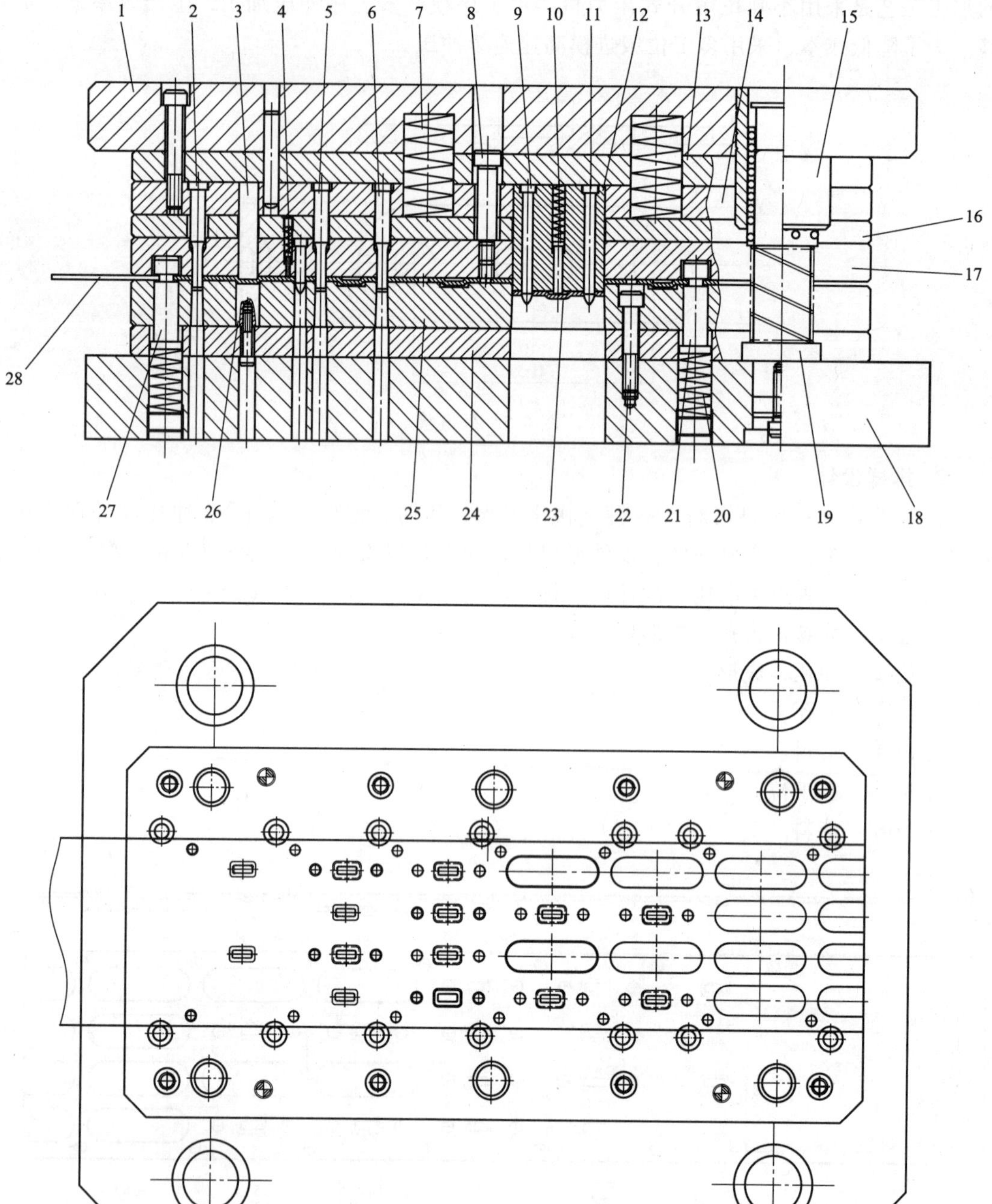

图 4-7　外链板多工位级进模结构

1—上模座　2、5、6—冲孔凸模　3—成形凸模　4、10—顶杆　7、20—弹簧　8—卸料螺钉　9、11—导正销　12—落料凸模　13—固定板垫板　14—凸模固定板　15—导套　16—卸料板垫板　17—卸料板　18—下模座　19—导柱　21、27—浮动导料销　22—螺钉　23—制件　24—凹模垫板　25—凹模　26—下模镶件　28—带料

4.3　瓶塞压臂多工位级进模

1. 工艺分析

图 4-8 所示的某瓶塞压臂零件，材料为 2A12 硬铝，料厚为 1.0mm。该制件为不规则的形状，要注意以下几方面：

1）制件“U”形成形和 135°成形是一个整体，直角部分和圆角部分是相连在一起的，变形时相互影响，互相牵制。经应力分析可知，直角部分不是单纯的弯曲，圆角部分的材料向上流动的同时，还有直边部分材料流动，使直边部分的材料受到挤压。与相应圆筒制件相比，减轻了圆角部分材料的压缩变形，减少了切向压应力，因而所需要的拉深力较小。由于“U”形成形与 135°成形相交，在交点处有一点小拉深，展开时面积被挤压转移，展开后修整展开毛坯的形状。假设制件从弯曲处断开，把两段看做纯弯曲分别展开，然后在断开处接上，出现倒“V”形缺口。在缺口处作一圆弧，得到平滑过渡的毛坯外形（见图 4-9）。

2）梯形孔的边缘处在“U”形弯曲的位置上。

3）有一处弯曲位于制件宽度突变处。该处应冲出工艺槽以避免撕裂。

分析图 4-9 制件展开图可知，制件一端有弯曲成形，与上平面成一定的角度，不在一个平面上，高度方向有落差。因此在两个制件中间设计载体连接，除了连接的部分外，其余外形轮廓有弯曲成形先冲切出，在中间连接的情况下进行弯曲成形，最后冲切连接载体。

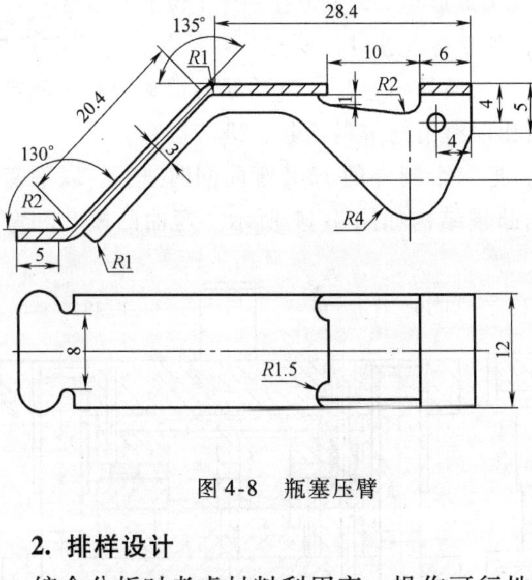

图 4-8　瓶塞压臂

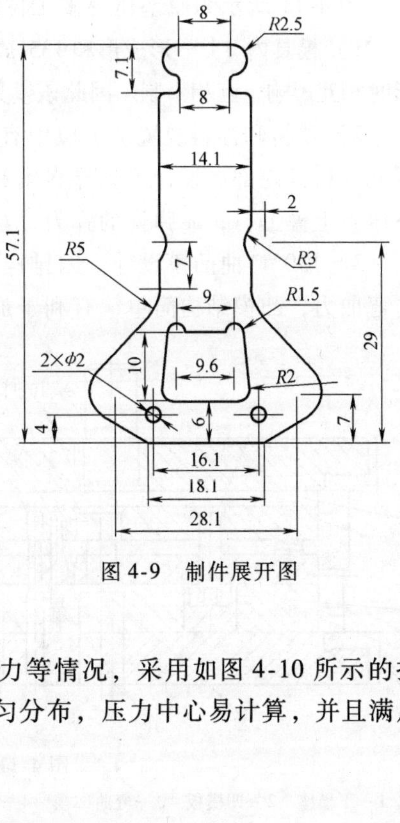

图 4-9　制件展开图

2. 排样设计

综合分析时考虑材料利用率、操作可行性、弯曲受力等情况，采用如图 4-10 所示的排样图。该排样方式为对排排样，不仅有助于弯曲力的均匀分布，压力中心易计算，并且满足大批量生产的需要。具体工位如下：

工位①：冲圆孔（包括冲导正销孔），冲切侧刃。

工位②：冲梯形孔。

工位③、④：冲切外形。

工位⑤：弯曲。

工位⑥：成形。

工位⑦：切断（制件与载体分离）。

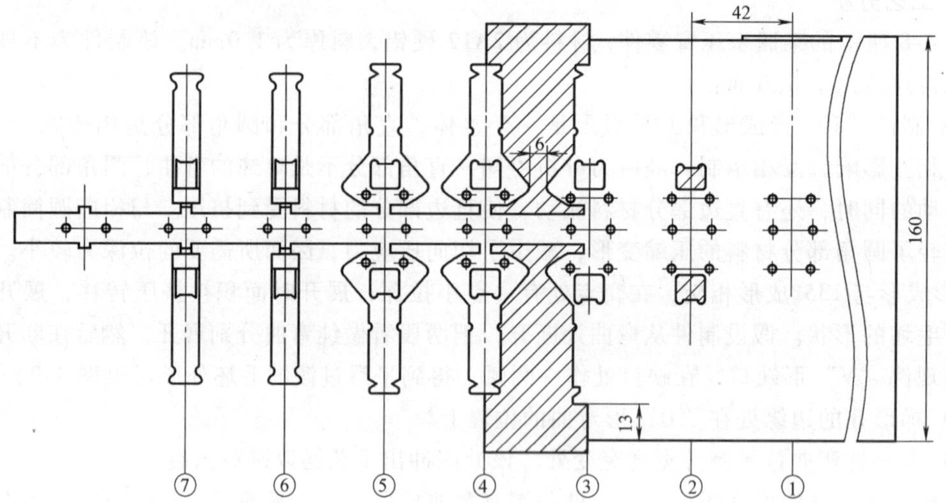

图 4-10 排样图

3. 模具结构设计

图 4-11 所示为瓶塞压臂多工位级进模结构。该模具设计要点如下：

1）模具内“U”形成形和 135°成形是一个整体，直角部分和圆角部分是联系在一起的，变形时相互影响，互相牵制。因此该模具结构“U”形成形和 135°成形在一个工位上冲压出。

2）顶料和浮料装置。工位中有向下弯曲，在带料送进时，要把带料抬起，再往前送进。因此在模具内部要设计浮动导料销和顶料装置。在模具闭合时，浮动导料销和顶料销随带料下压；上模上行，靠弹簧的弹力，浮动导料销和顶料销把带料抬起，进行送料。

3）130°弯曲凸模设计。因排样为双对排，把二个制件的 130°弯曲同时进行，以平衡侧向弯曲力，凸模结构简单，有利于加工。弯曲凸模结构如图 4-11 所示。弯曲凸模 8 和弯曲

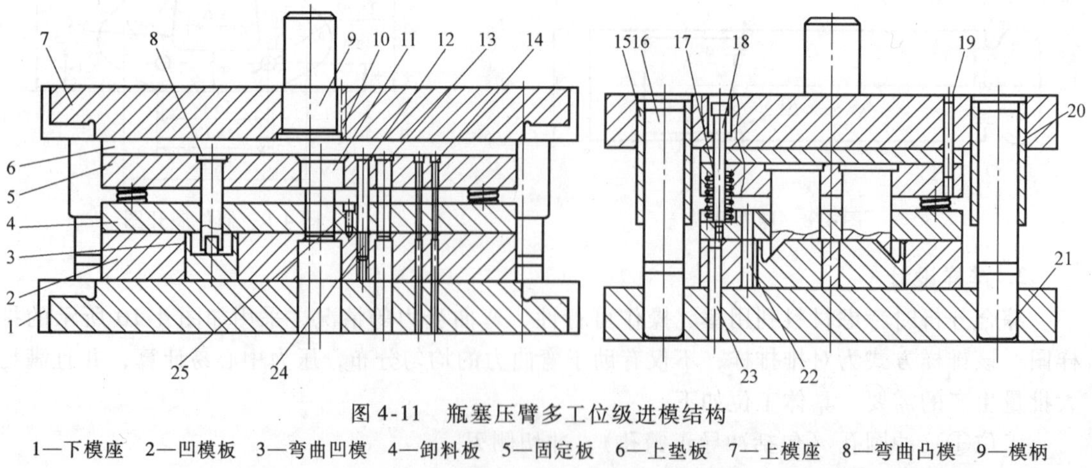

图 4-11 瓶塞压臂多工位级进模结构

1—下模座 2—凹模板 3—弯曲凹模 4—卸料板 5—固定板 6—上垫板 7—上模座 8—弯曲凸模 9—模柄 10、19、23—圆柱销 11、13、14—凸模 12—小导柱 15、20—导套 16、21—导柱 17—弹簧 18—卸料螺钉 22—顶料销 24—顶杆 25—导正销组件

凹模3的厚度为14mm，进口圆角半径 R 不能太小，否则弯矩的力臂减小，毛坯沿凹模圆角滑进时的阻力增大，使毛坯表面易擦伤。根据材料厚度决定取凹模圆角半径 $R=3t$。当 $t\leq 2mm$ 时，圆角半径可取 $R=3mm$。

4.4　消声器前盖多工位级进模

1. 工艺分析

图4-12所示的消声器前盖，材料为08F钢，板厚为0.7mm。该制件形状复杂，需经过多道工序成形才能达成。制件长度为160mm，宽度为70mm，高度为7.5mm。经分析，拟定工序为成形、冲孔、翻孔及落料等。由于工序多，为了保证冲压精度，采用单侧刃定距，翻孔时沿冲孔反方向进行，使毛刺位于翻孔内，以减少翻孔口部开裂问题；另外凸模与凹模之间的间隙略小于材料的厚度，能很好地保证翻孔凸缘挺直，从而保证制件的质量。

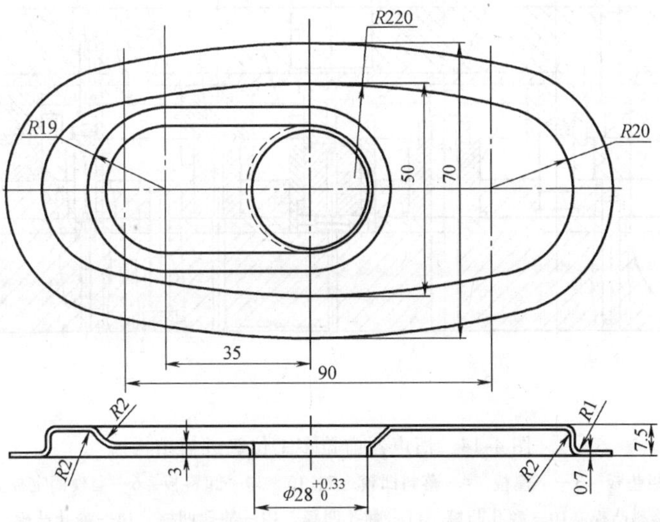

图4-12　消声器前盖

2. 排样设计

对制件进行分析，综合考虑材料利用率、工艺合理性及模具结构简易等，采用图4-13所示的排样图。该方案材料利用率为82.9%，能满足大批量生产的需要。具体工位如下：

工位①：冲切侧刃及冲切单圈切口。

工位②：空工位。

工位③：成形。

工位④：反拉深。

工位⑤：冲孔。

工位⑥：翻孔。

工位⑦：落料。

3. 模具结构设计

图4-14所示为消声器前盖多工位级进模结构。

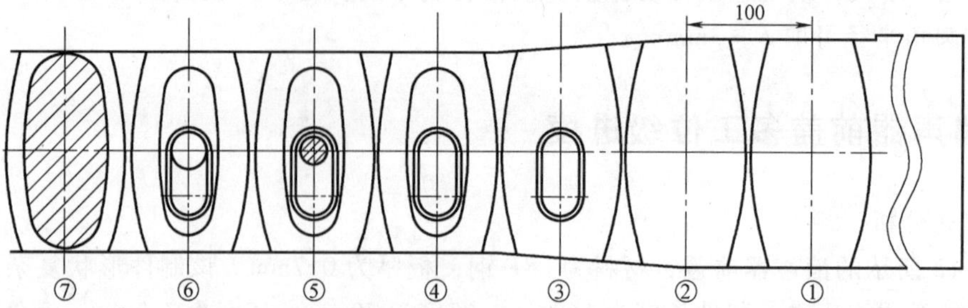

图 4-13 排样图

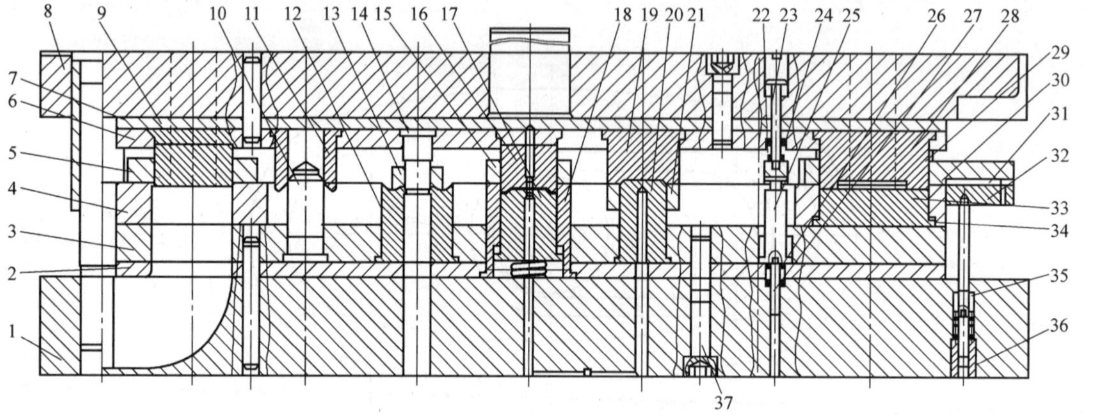

图 4-14 消声器前盖多工位级进模结构

1—下模座 2—下模板垫板 3—下模板 4—落料凹模 5、13、30—卸料板 6—上模固定板 7—上模固定板垫板 8—上模座 9—落料凸模 10—翻孔凸模 11—翻孔凹模 12—冲孔凹模 14—冲孔凸模 15、21—压料板 16、20—拉深凸模 17、33—顶件器 18—拉深凹模 19—成形凹模 22、26—弹簧 23、35—限位柱 24—挡块 25—浮动导料销 27—导柱 28—冲切载体凸模 29—侧刃凸模 31—导料板 32—承料板 34—冲切载体凹模 36、37—螺钉

1）该模具工序较多，为了保证冲压精度，采用四导柱模架，单侧刃定距。这样可保证成形件在经过多个工序冲压后，即使带料变窄，仍可保证成形精度。

2）带料经过导料板送入模具内，单侧刃定距和导柱导向，经过冲单圈切口、成形、反拉深、冲孔、翻孔、落料等工位完成制件的冲压成形。在此过程中，为了保证成形时材料自由流动不影响送料精度，采用切口的方法。

3）浮顶装置设计。对于包含落料与拉深及成形等的级进模，在冲压过程中，成形部分会留在凹模内。因此冲压完毕，需从凹模腔内顶出制件以便带料送进。浮顶装置见图 4-15 所示，其动作如下：上模下行，挤压弹簧，从而推动挡块，在挡块的推动浮动导料销带动带料下压；当模具回程时，靠弹簧的弹力，浮动导料销把带料抬起，保证送料的顺畅，同时对坯料进行导向，起到导料的作用。

4）切口凸模与侧刃凸模结构。切口凸模与侧刃凸模结构如图 4-16 所示。当上模座带动凸模向下运动时，切口凸模下压，将带料冲切出切口，使带料在成形过程中保证制件的精度。冲压过程中，切口凸模向下运动，推动位于切口凹模内的顶件器向下运动；冲压过程完成后，顶件器在弹簧的作用下将制件顶出。与切口凸模相连接的弹性卸料装置，在切口凸模冲压时起压料作用，冲压过程完成后起卸料作用。

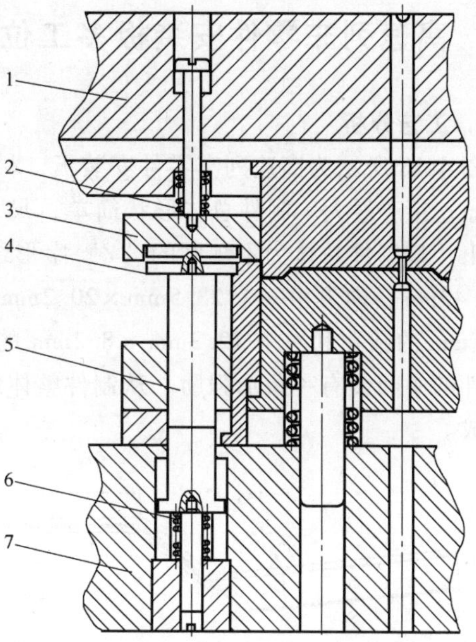

图4-15　浮顶装置示意图

1—上模座　2、6—弹簧　3—挡块　4—浮顶器导料板　5—浮顶杆　7—下模座

侧刃凸模与切口凸模相连接，在带料侧面切出送料定位缺口。侧刃凹模在切口凹模一侧，与切口凹模一体。当上模座向下运动时，侧刃凸模冲压，将带料侧面冲出送料定位缺口，保证送料的精度。切出的废料经侧刃凹模从出料口排出。

5）出料口设计。位于工位①冲侧刃及工位⑤预冲孔的出料口，主要是排出侧刃凸模切边定距及预冲孔产生的废料；位于落料处的出料口，主要是输出成品。当落料凸模将制件冲裁下来后，制件会沿落料凹模落下，顺着出料口滑出。图4-17为出料口示意图。

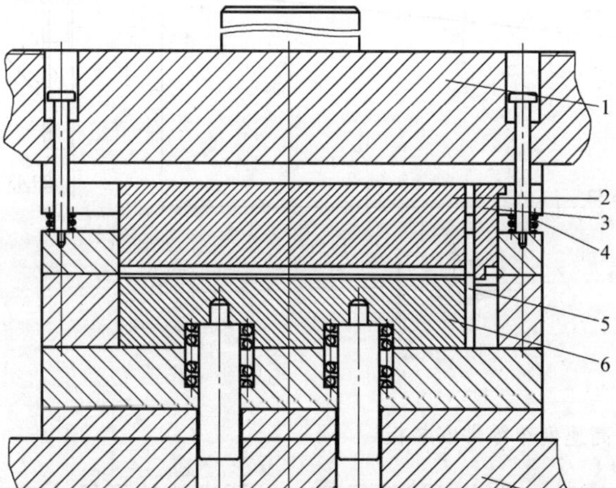

图4-16　切口凸模与侧刃凸模结构

1—上模座　2—切口凸模　3—侧刃凸模　4—弹性卸料装置　5—切口凹模　6—顶件器　7—下模座

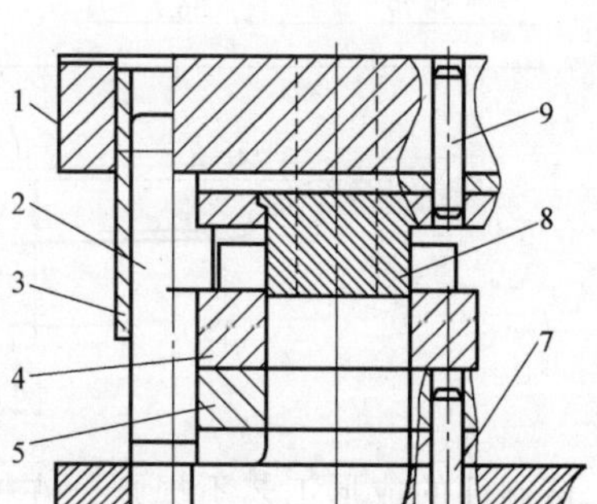

图4-17　出料口示意图

1—上模座　2—导柱　3—导套　4—凹模　5—下垫板　6—下模座　7、9—圆柱销　8—凸模

4.5　高速列车零件安装板多工位级进模

1. 工艺分析

图 4-18 所示为高速列车零件安装板，材料为 DC03 钢（相当于 ST12 或 SPCD），料厚为 2.0mm，年产量大。制件总体形状简单，尺寸要求并不高，但成形工艺复杂。从图 4-18 可以看出，该制件总体为不规则的“Z”字形结构，外形长为 275.32mm，宽为 112.59mm，高为 29.43mm；内形由一个 23.5mm × 20.2mm 的方孔，一个 18.7mm × 13.5mm 的方孔，一个 ϕ15.5mm 的圆孔和一个 12.2mm × 8.2mm 的椭圆形孔组成。为了增加制件弯曲处的强度，在制件的中间设有一条加强肋。从制件整体结构分析，需经过冲孔、成形及冲切载体等工序来完成。

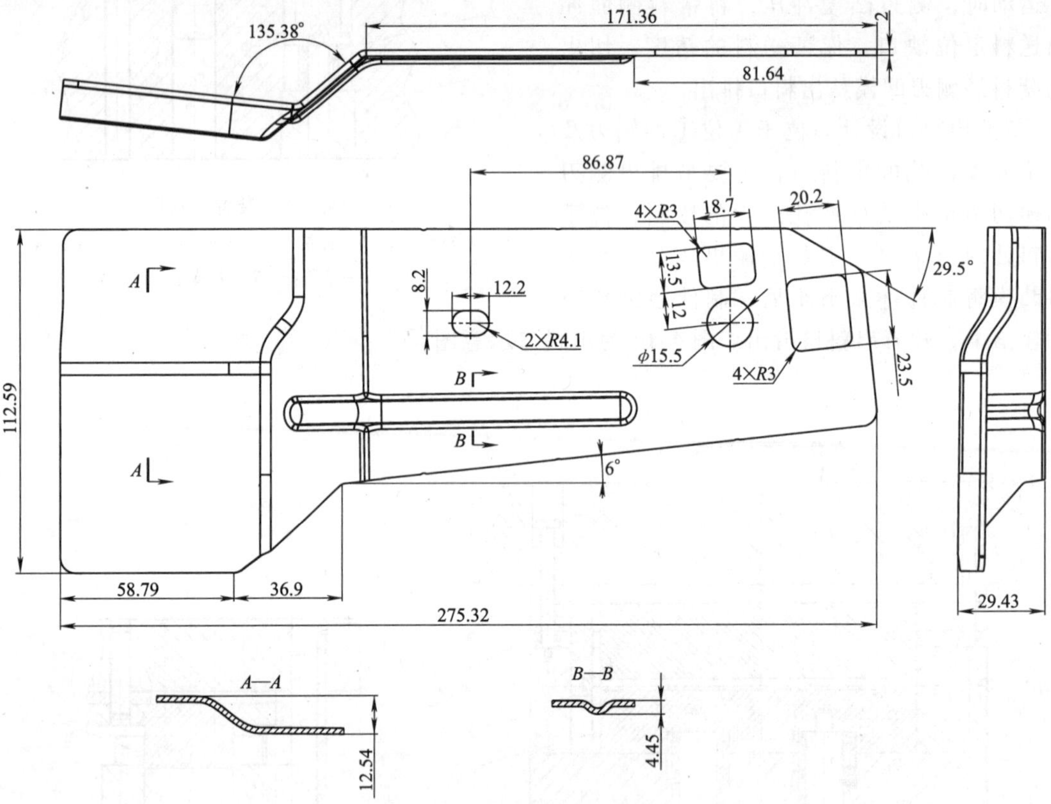

图 4-18　高速列车零件安装板

该制件的成形工艺不规则，在模具设计时，按公式计算展开。展开出的外形尺寸难以符合制件外形的要求，因此用 Dynaform 的软件，利用网格划分的方式进行分析和计算展开。制件展开图见图 4-19。

分析图 4-18 并结合制件的外形、尺寸、精度及材料均符合冲压工艺要求的前提下，提出以下三种冲压方案：

方案 1：采用四副单工序模进行冲压。工序①为压肋，冲一个 23.5mm × 20.2mm 的方孔，一个 ϕ15.5mm 的圆孔、一个 12.2mm × 8.2mm 的椭圆形孔及冲切外形部分废料；工序②冲一个 18.7mm × 13.5mm 的方孔及剩余的外形废料；工序③为预成形；工序④为成形。

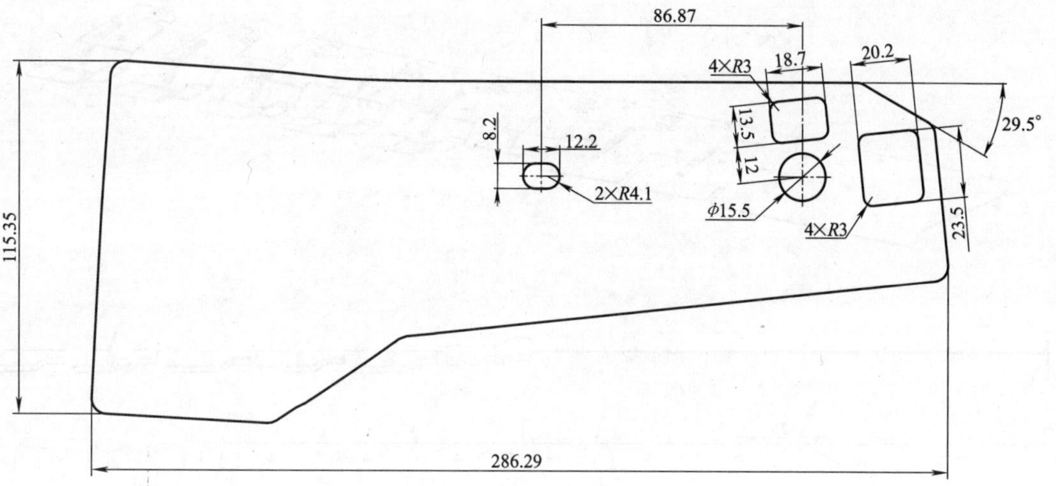

图 4-19　制件展开图

方案 2：采用一副压肋、冲孔及落料的多工位级进模和二副单工序模进行冲压。工序①为一副多工位级进模（压肋，冲出圆孔、方孔和腰形孔）；工序②为预成形；工序③为成形。

方案 3：采用一副多工位级进模进行完成整个制件的冲压工序（其冲压工艺需经过冲孔、压肋、成形及冲切载体等工序来完成）。

分析以上三种方案，作出如下结论：方案 1 的难点：①制件的定位次数多，导致冲压后的制件外形不稳定；②所需模具多（需经过四副单工序模进行冲压），设备利用率低，占用人工成本高；③生产效率低，废品率高。方案 2 在设备利用率、生产效率及废品率等比方案 1 有所改善，但还是满足不了大批量生产。方案 3 可以弥补方案 1 和方案 2 的缺点，但增加了模具的复杂程度。

综合上述的分析，采用方案 3，用一副多工位级进模在一台压机上完成整个制件的冲压、成形等工序，可以解决方案 1 和方案 2 所产生的难点，在保证产量的前提下，还可以确保生产的安全性，降低工人的劳动力和生产成本。

2. 排样设计

该制件的排样设计主要应考虑以下几方面：

1）如何优化制件的排样工艺，尽量采用减少废料的排样方式，以便提高材料的利用率和降低制件的成木。

2）如何使设计出的模具便于维修。

3）如何防止制件成形时产生的侧向力。

4）如何使设计出的模具有足够的强度和刚度。

5）将复杂的形孔分解为若干个简单的孔形，并分成几个工位进行冲裁，尽量使模具制造简单化和长寿命。

考虑了以上五方面，并结合制件展开的形状，该排样采用单排排列方式较合理。排样图见图 4-20，共分为 9 个工位来完成。具体工位如下：

工位①：冲导二个正销孔、冲二个方孔、压肋。

工位②：冲切废料、冲圆孔。

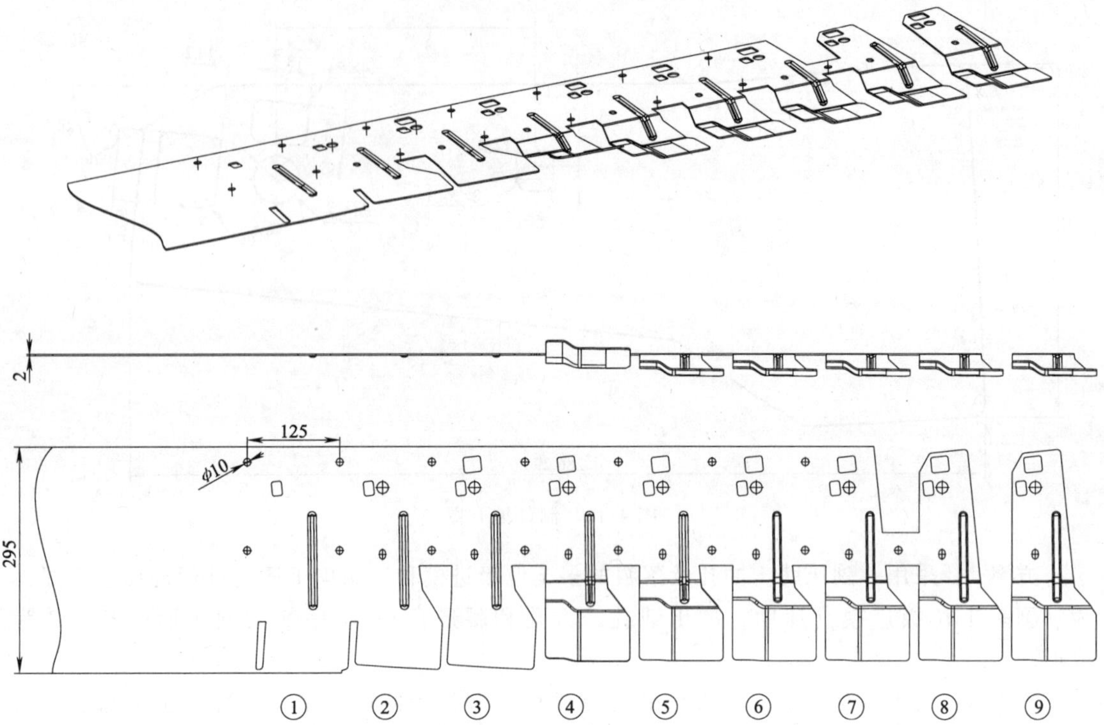

图 4-20　排样图

工位③：冲方孔。

工位④：预成形。预成形结构图见图 4-21 的 A 视图。

工位⑤：成形。成形结构图见图 4-21 的 B 视图。

工位⑥：空工位。

工位⑦：冲切端部外形废料。

工位⑧：空工位。

工位⑨：冲切载体（制件与载体分离）。

3. 模具结构图设计

图 4-21 所示为高速列车零件安装板多工位级进模结构。该模具结构紧凑、成形复杂。根据排样图的分析，细化了模具工作零件和成形工位，设置模具紧固件、导向装置、浮料装置、卸料装置，以及制件成形避空空间等。其模具结构特点如下：

1）为了提高生产效率，采用滚动式自动送料机构，传送各工位之间的冲裁及成形等工作。

2）为了保证模具的上、下对准精度，该模具采用内、外双重导向。外导向采用四套 ϕ38mm 的钢球导柱。内导向第一组采用四套 ϕ20mm 小导柱、小导套导向；第二组上模采用四套 ϕ20mm 小导柱、小导套导向，下模采用二套 ϕ20mm 小导柱、小导套导向（第二组小导柱上模同下模不贯通）；第三组采用四套 ϕ20mm 小导柱、小导套导向。

3）为了使模具结构简单，方便调试、维修，该模具采用三大组独立模板组合而成一副多工位级进模。

4）该模具凸、凹模之间的冲裁间隙单边为 0.10mm。凹模直壁刃口高为 5mm，锥度单边 1.2°。

5）导向顶杆设计。一般的导向顶杆采用圆形，制造方便、造价低。该模具比较特殊，有圆形导向顶杆和方形导向顶杆两种形式。在带料的前部分及一边不冲切边缘部分，采用圆形导向顶杆；另一边的带料经过工位②冲切边缘的废料后，用圆形无法稳定导向，因此采用方形导向顶杆结构较为合理（见图4-21的件号56）。

6）工位④预成形结构设计。为了保证制件稳定性及减少制件的回弹量，该模具在成形前先采用预成形工艺。该工位的预成形结构复杂，为上、下压料结构（见图4-21的A视图）。

其工作过程如下：上模下行，带料中的工序件上表面首先接触卸料板2（件号79），下表面接触下浮料板（件号68）。在卸料板2和下浮料板受两方向弹簧的压力下，紧压着带料中的工序件下行，直到下浮料板（件号68）的底面先贴紧下浮料板垫板（件号74）上，上模继续下行再进行预成形工作。

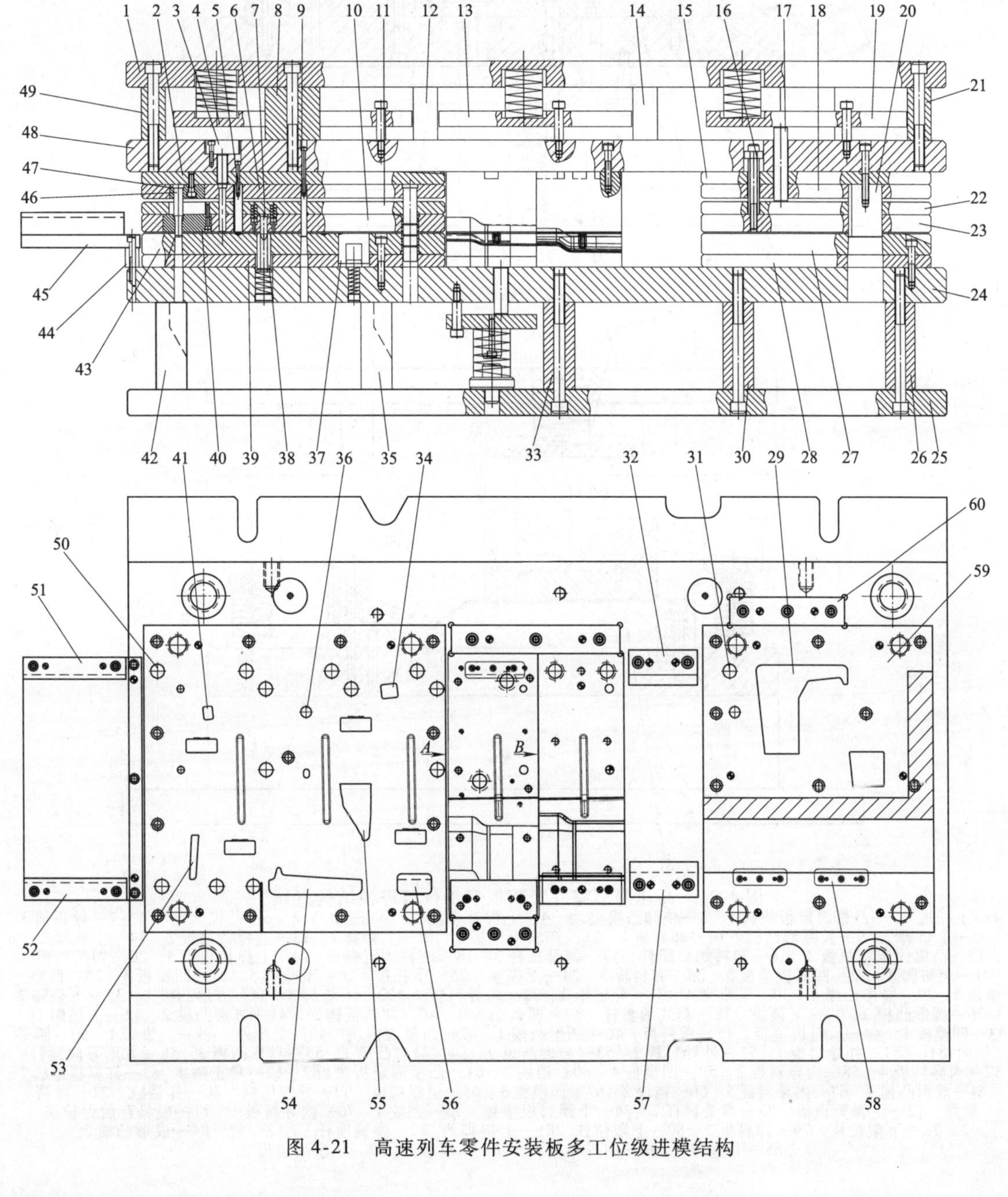

图4-21　高速列车零件安装板多工位级进模结构

$\frac{A}{放大}$（预成形结构）

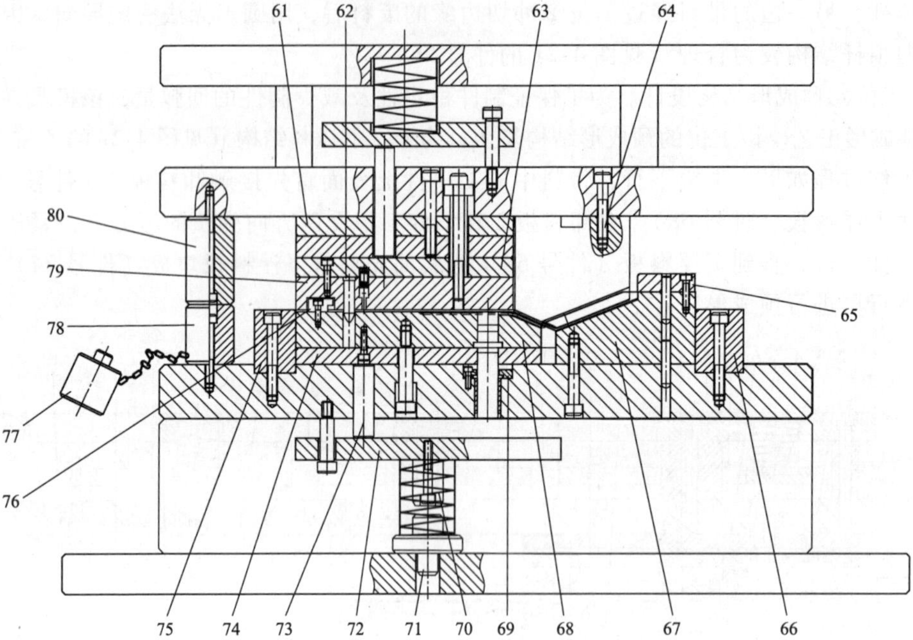

$\frac{B}{放大}$（成形结构）

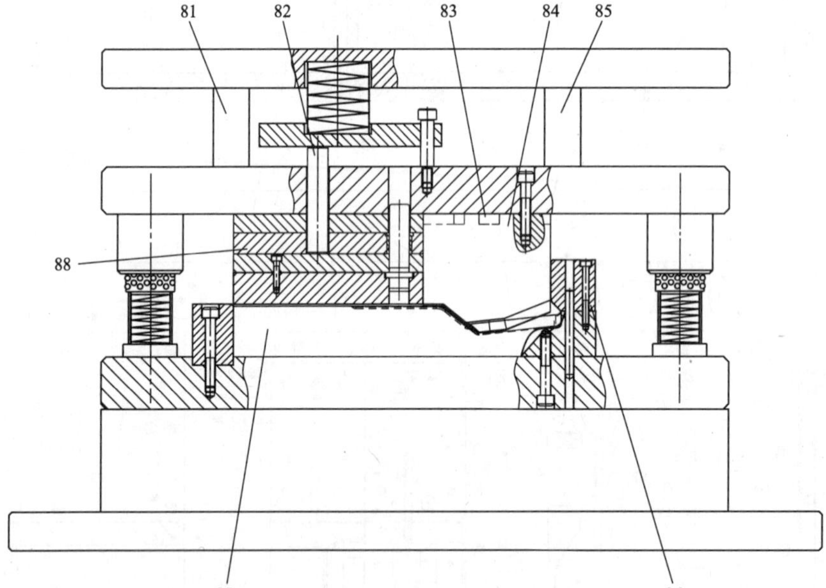

图 4-21　高速列车零件安装板多工位级进模结构（续）

1—上托板　2—凸模固定板垫板 1　3—快卸凸模垫块　4—上弹簧顶板 1　5—压肋凸模　6—凸模固定板 1　7—导正销 3　8—上垫脚 7　9—长圆形凸模　10—卸料板 1　11—卸料板垫板 1　12—上垫脚 2　13—上弹簧顶板 2　14—上垫脚 3　15—凸模固定板垫板 3　16—卸料螺钉组件　17—弹簧顶杆 3　18—凸模固定板 3　19—上弹簧顶板 3　20—切断凸模　21—上垫脚 4　22—卸料板垫板 3　23—卸料板 3　24—下模座　25—下托板　26—下垫脚 5　27—凹模板 5　28—凹模垫板 2　29—异形凸模 4　30—下垫脚 4　31—导正销 1　32—内导料板 3　33—下垫脚 3　34—方形凸模 1　35—下垫脚 2　36—圆形凸模 2　37—下顶块　38—套式顶料杆　39—凹模垫板 1　40—卸料板镶件　41—方形凸模 2　42—下垫脚 1　43—凹模板 1　44—承料板垫板　45—承料板　46—圆形凸模 1　47—凸模固定块　48—上模座　49—上垫脚 1　50—圆形导向顶杆　51—外导料板 1　52—外导料板 2　53—异形凸模 2　54—异形凸模 1　55—异形凸模 3　56—方形导向顶杆　57—内导料板 4　58—内导料板 2　59—凹模板 4　60—挡块 3　61—凸模固定板垫板 2　62—导正销 2　63—卸料板垫板 2　64—成形凸模 1　65—内导料板 5　66—挡块 2　67—凹模板 3　68—下浮料板　69—导柱压板　70—弹簧柱　71—弹簧垫圈　72—下弹簧顶板　73—弹簧顶杆 2　74—下浮料板垫板　75—挡块 1　76—内导料板 1　77—模具存放保护块　78—下限位柱　79—卸料板 2　80—上限位柱　81—上垫脚 5　82—弹簧顶杆 1　83—键　84—成形凸模 2　85—上垫脚 6　86—内导料板 6　87—凹模板 2　88—凸模固定板 2

7）工位⑤成形结构设计见图 4-21 的 B 视图。该工位成形时为单向受力，结构是：凹模板 2（件号 87）固定在下模座上，利用挡块 1（件号 75）挡住凹模板 2 的受力一侧，这样可以防止凹模板 2 成形受力时外移。而成形凸模 2（件号 84）在螺钉和键（件号 83）的固定下，也可以防止成形时承受的侧向力。

8）为了节约模具安装在压机上的时间，该模具在下托板（件号 25）上设计有快速定位槽。当模具吊装在压机上时，利用下托板的快速定位槽与压机下台面的快速定位对准，再用压板固定模具即可。

4. 冲压动作原理

将原材料宽 295mm、厚 2.0mm 的卷料吊装在料架上，通过整平机将送进的带料整平后，再进入滚动式自动送料机构内（在此之前将滚动式自动送料机构的步距调至 125.05mm）。开始用手工将带料送至模具的导料板，直到带料的头部覆盖二个 ϕ10mm 的导正销孔、二个方孔及压筋凹模上。这时进行第一次冲二个 ϕ10mm 的导正销孔、二个方孔及压肋；依次进入第二次冲切废料及冲一个 ϕ15.5mm 圆孔；进入第三次为冲方孔；进入第四次为预成形；进入第五次为成形；第六次为空工位；进入第七次为冲切端部外形废料；第八次为空工位；最后（第九次）为冲切载体（制件与载体分离），使分离后的制件从右边滑出。此时将自动送料器调至自动的状况可进入连续冲压。

4.6　晶体管引线框架多工位级进模

1. 工艺分析

图 4-22 所示的三极管引线框架，材料为 KFC 铜带，料厚为（0.381 ± 0.01）mm。该制件形状看似简单，但技术要求高：①未注公差为 ± 0.05mm；②制件的水平毛刺尺寸 ≤ 0.06mm；③全长范围内的扭曲度 < 1.0/300（mm）；④全长范围内的侧弯 < 0.03/254（mm）；⑤表面无异常压伤，管腿无异常变形。

为了保证制件的精度和大批量生产的需要，采用高精密的多工位级进模进行生产。在生产过程中，为了保证内外引线的平直，经模具冲压成形的三极管引线框没有进行切断。从模具出来后仍然是带料形式。在进行塑封后才切去中肋两侧的载体搭边，并切断成单个零件。

2. 排样设计

排样图见图 4-23。该制件采用“一出五”的排样方式。具体工位如下：

工位①：冲五个内引线废料和五个 ϕ1.62mm 导正销孔。

工位②~④：冲五个内引线废料，并设置四个导正销导正。

工位⑤：空工位。

工位⑥~⑩：冲外引线废料，并设置三个导正销。

工位⑪~⑫：冲内引线废料并设置二个导正销。

工位⑬~⑮：精压，将材料厚度由 0.381mm 精压减薄至 0.326mm，整形和扭曲校正，并设置二个导正销；

工位⑯、⑰：校正正、反向侧弯，并设置二个导正销。

3. 模具结构设计

图 4-24 所示为三极管引线框架多工位级进模结构。该多工位级进模结构有如下特点：

1）该模具为“三板式”结构，采用四导柱滚动导向钢板模座。

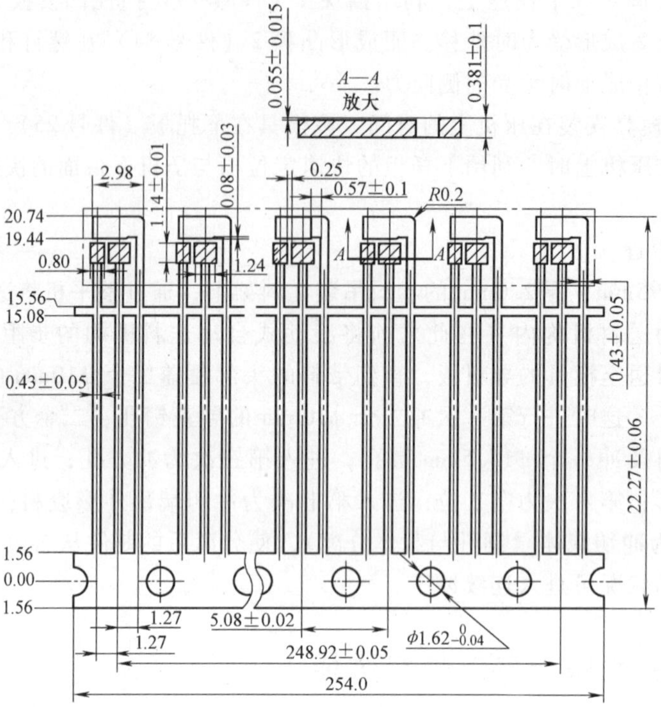

图 4-22　三极管引线框架

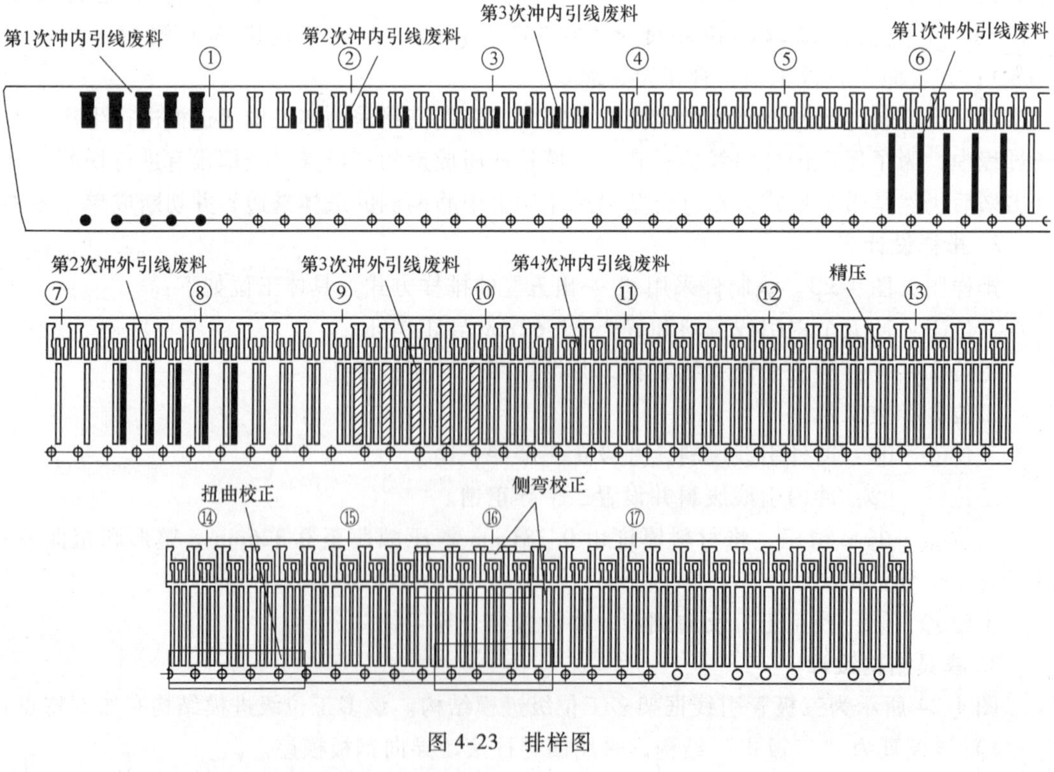

图 4-23　排样图

2）模具卸料装置采用卸料板结构，设置四个小导柱以提高卸料座板的精度。十个卸料螺钉采用等高套筒组合式，可以方便地控制卸料板与凹模的平行度。在模具中心位置 100mm × 550mm 内共设置十七个强力卸料弹簧，以保证可靠地压料和卸料。

3）采用子模结构以缩短凸模的长度，提高强度和刚度。凸模与固定板的单边间隙为 0.015mm；凸模利用卸料板导向，凸模与卸料板的双边间隙不大于 0.003mm；凸模与凹模的冲裁间隙为 0.003mm。为了保证凸模运动精度，采用凸模固定板护销结构。

4）由于模具有精压、整形等工序，设置四对限位装置，工作时方便控制凸模进入凹模的深度。

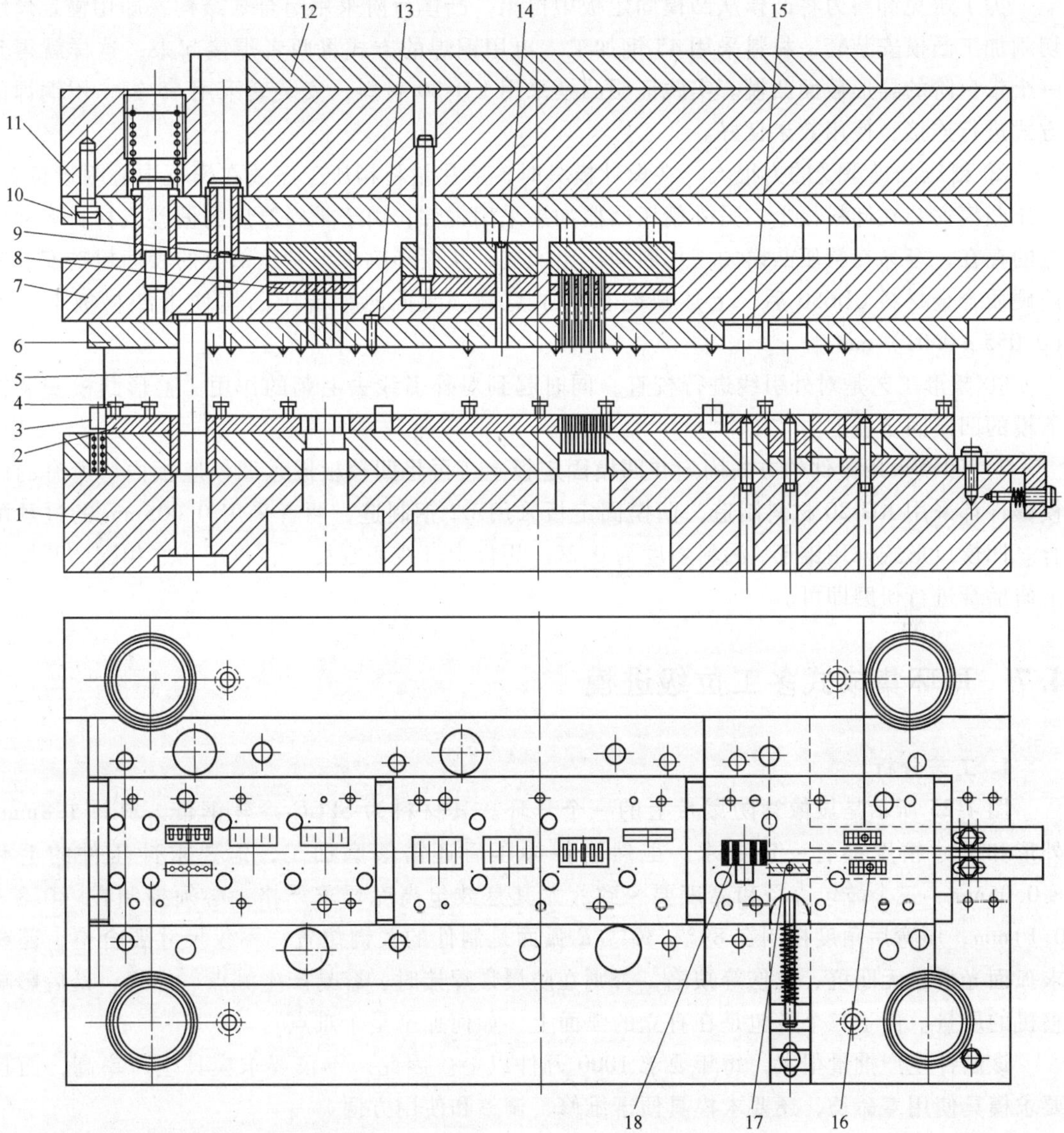

图 4-24　三极管引线框架多工位级进模结构

1—下模座　2—下模板　3—抬料横梁　4—浮动导料销　5—小导柱　6—卸料板　7—卸料座　8—凸模固定板　9—凸模垫板　10—垫板　11—上模座　12—盖板　13—导正销　14—凸模固定板护销　15—精压凸模　16—侧弯校正凹模　17—扭曲校正凹模　18—整形凹模

5）为了保证带料在连续冲压中产生累积误差，在模具中共设置十五个导正销精确定距。

6）冲裁凸模结构特点

① 由于制件尺寸小，导致模具中的冲裁凸模的截面尺寸也很小。为了保证凸模的强度和刚度，一方面从模具结构上采取措施减小凸模的长度（采用子模结构）；另一方面从凸模结构上增加凸模的强度和刚度。凸模的加工采用慢走丝线切割加工外形，再用平面磨床将补强位置部分磨去，同时保证平面部分的表面粗糙度 *Ra* 值为 0.4 ~0.8μm，而圆角部分则在光学曲线磨床上进行精加工。

为了避免卸料力将凸模从凸模固定板中拉出，凸模台阶采用组合式结构，即用慢走丝线切割加工凸模安装套，材料采用 45 钢加工，再用铜焊的方式将两者焊接起来，这样就得到一个带台阶的异形截面凸模。实践证明凸模采用 KD-20 材料，安装套采用 45 钢，用铜焊的方式进行连接，使用效果良好。

② 精压凸模承受的力很大，在设计模具时，应尽量将精压工序放在模板中心附近位置，精压凸模安装在卸料板上。另外精压凸模如果采用钢件，由于带料厚度的偏差或材料上硬质点的存在，容易在精压凸模的工作断面压出凹坑，从而影响带料精压部分的表面粗糙度。改用硬质合金材料 CD650 后，上述缺陷得到了克服。装配时，精压凸模伸出卸料板下端面（0.055 ±0.01）mm。

③ 整形工艺是对外引线进行校直，同时起到对外引线去毛刺的作用。整形凸模安装在下模的凹模固定板上。

7）凹模采用镶件的方式固定在凹模固定板上，再将凹模板嵌入凹模座板内。所有的凹模镶件都采用 KD-20 材料制造，凹模固定板采用 D2 钢制造，两者采用 0.005mm 的过盈配合。凹模口形式采用锥形，漏料斜度为 0.2°。用慢走丝线切割加工，再用与之相配的凸模沾上研磨膏进行研磨即可。

4.7 耳环集成式多工位级进模

1. 工艺分析

图 4-25 所示是显像管防爆带上的一个耳环。其材料为 SPCC 冷轧钢带，料厚 1.8mm。外形和尺寸精度都有一定要求。虽然制件冲压后还需滚磨加工，但要求冲压件的毛刺≤0.05mm，三个鼓包直径和高度要一致。尤其是鼓包高度要求严格，必须控制在（0.8 ±0.1）mm；压弯后角度控制在 89° ±30′。*R* 弧面是制件的关键位置，不仅尺寸要合格，还要求孤面光滑，无凹坑、拉伤等缺陷，否则在防爆带焊接时，容易产生溅点、虚焊，最后影响整机的质量。由于三个鼓包是在直立的弧面上，如何加工是个难点。

该制件生产批量很大，每年要求 1000 万件以上。因此，不仅要求模具生产率高，而且要求模具使用寿命长，还要求模具便于维修、调整和使用方便。

生产初期，为了满足使用急需和基于对该制件形状尺寸等技术要求，严格控制还不是太有把握，曾采取单工序，经落料→压弯→压包→冲孔四道工序、四副模具，分别由四个生产工人占用四台冲压设备，还要有一名检验人员随时巡回抽检，一遇到质量问题便停机待工。由于效率低，严重地影响了生产任务的完成。经分析，决定采用多工位级进模生产。

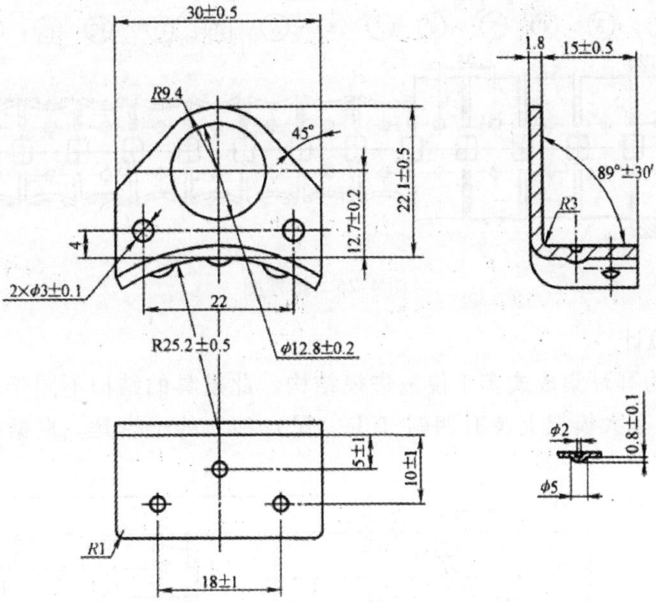

图 4-25　耳环

2. 排样设计

为了提高生产效率和节约材料，采用了对称排，在压力机冲一次行程中出二件的排样形式。根据制件的特点，为了保证制件的质量，在工序的顺序方面，冲切外形废料、压弯工序在前，打包工序在中间，最后为冲孔、切断载体分离制件。排样图见图 4-26，共设有十七个工位。其冲压内容由冲切外形废料、压弯成形、打包及冲孔切断四个单元组成。考虑到这四个单元的模具都采用独立的子模具，安装在一大模架上，安装子模具必须有足够的空间；又因为冲切外形废料、打包、切断单元在冲压过程中，凹模平面基本保持同一水平，工作工位排列可以紧凑些。成形部分有一高度差，当推板顶起时，高于其他三部分一个成形高度，所以压弯成形部分应离切外形和打包部分稍远比较好，这样有利于带料的送进和运行，减少带料运行过程中的变形。因此，排样中有较多的工位是空工位。具体工位如下：

工位①：借用制件孔 $\phi(12.8\pm0.2)$mm 冲导正销孔 $\phi6.5$mm，作为以后工位定距导正用；并在两制件切断的中间废料处，冲一长方孔 14mm × 12mm，此孔也是为后面工位定位用。

工位②：冲异形双侧刃定距兼冲切制件间多余废料。

工位③～⑥：空工位。

工位⑦：向上压弯 89°。

工位⑧～⑪：空工位。

工位⑫：打包（由内向外打）。

工位⑬、⑭：空工位。

工位⑮：冲三个圆孔，冲 $\phi12.8$mm 孔的废料。由于其上已冲过 $\phi6.5$mm 孔，因此冲下的废料为一圆垫圈，不仅废物利用，也提高了材料的利用率。

工位⑯：空工位。

工位⑰：冲切载体，制件与载体分离。

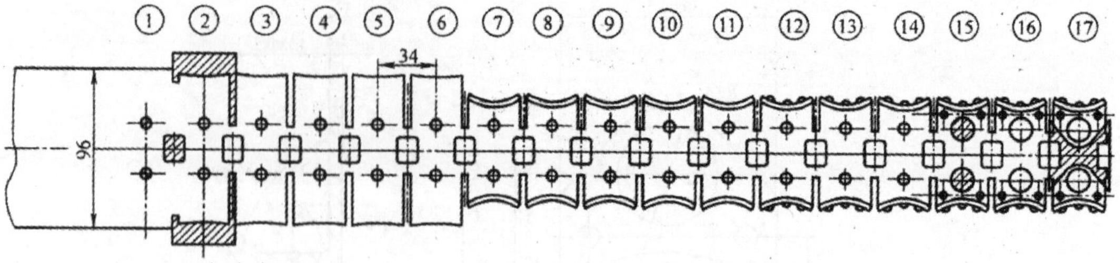

图 4-26 排样图

3. 模具结构设计

图 4-27 所示为耳环集成式多工位级进模结构。此模具的结构不同于常规的多工位级进模结构。这是在一套大模架上装有四副（Ⅰ～Ⅳ）独立的子模具。根据排样安排，四副独

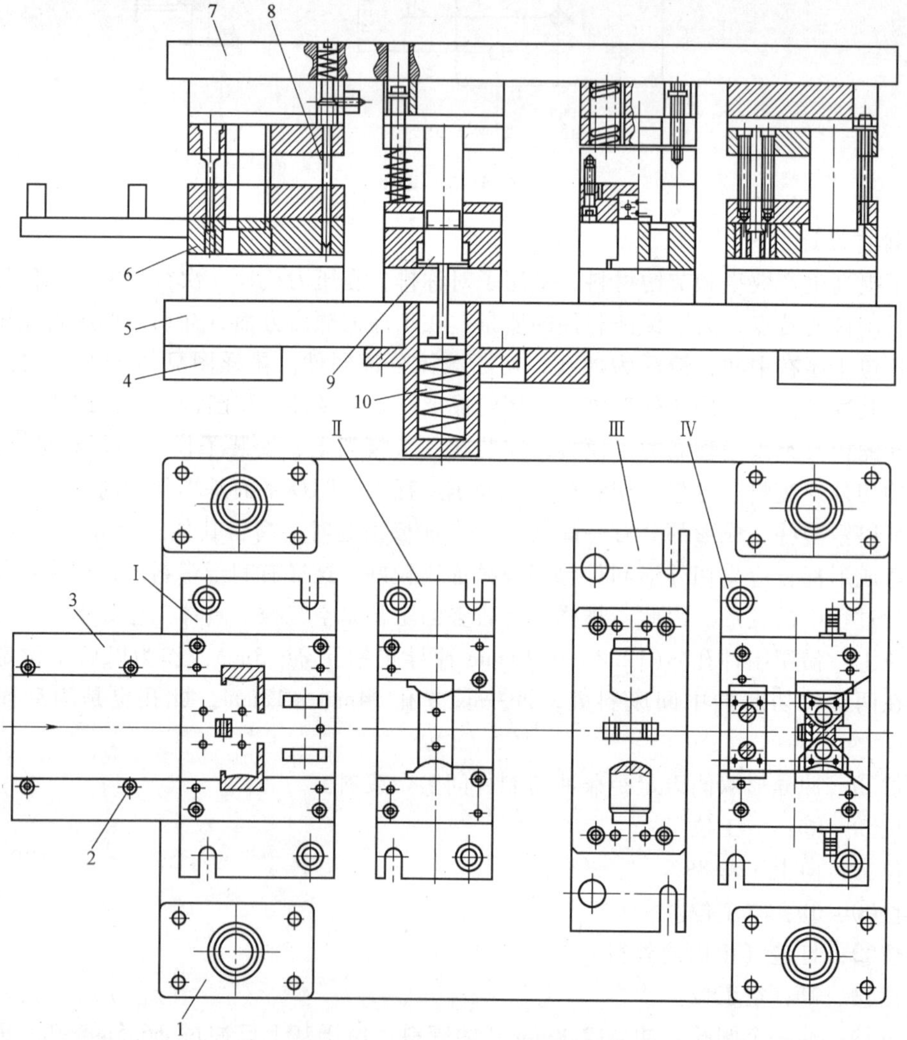

图 4-27 耳环集成式多工位级进模结构

Ⅰ—冲切外形子模具 Ⅱ—压弯子模具 Ⅲ—打包子模具 Ⅳ—冲孔切断子模具

1—独立滚动导向副 2—导料柱 3—外导料板 4—下垫脚 5—大模架下模座 6—凹模 7—大模架上模座 8—安全检测销 9—下推板 10—弹顶器

立子模具分别完成冲切外形废料、压弯成形、打包及冲孔切断分离制件的冲压任务。各子模具由圆柱销定位，并由螺钉分别固定在大模架上。各子模具间均保持一定的距离，并符合步距不变的原则，调整好它们之间相互位置，符合级进冲压的要求。

大模架的上、下模座较厚，上面装有四对独立式滚动导柱，每副子模具也都装有滚珠导柱，因而模具在使用过程中，刚度、导向性、稳定性较好。小模具的拆装比较方便，对维修十分有利。各子模具圆柱销的位置孔由坐标镗加工保证精度。

大模架下模座 5 的底面，左、中、右分别垫有下垫脚 4。其主要作用是增大模具闭合高度，使模具的最小闭合高度达到大于压力机的最小装模高度范围，否则模具不能使用。并且有了下垫脚 4 以后，大模架下模座 5 与压力机台面之间存在一定空间，有利于观察冲压过程中的漏料情况。

模具安装在 1100kN 开式压力机上，冲压速度为 50 ~ 60 次/min。

（1）冲切外形废料子模具

这部分实际上是一副简单的小型冲裁级进模。结构完全和常规的三板式级进模相同，卸料板为弹压式结构，凹模为整体结构，采用强度和耐磨性较高的高铬工具钢 Cr12MoV 制造，淬硬至 60 ~ 62HRC。刃口有效高度小于 10mm，冲压时凸模进入凹模适当多一些，正常情况下使凹模内的料不超过三片，这样对凹模寿命有利。凸模采用 W18Cr4V 高速钢制造，淬硬至 62 ~ 66HRC。

冲压时，带料由自动送料装置经导料板和导料柱沿正确方向送入模具后，完成在制件的 ϕ6.5mm 孔（作为以后的导正销孔使用），冲长方孔和在带料的两侧通过异形侧刃切去废料等冲切任务。第③工位设有安全监测装置，一旦料不到位，探头缩回，机床停止工作。

（2）压弯成形子模具

这是一副带有压料和推料装置的压弯成形模。自由状态下，下推板 9 高出Ⅰ子模具凹模 6 平面约 7mm；压弯成形开始时，利用圆孔的导正定位，上凸模将料压紧状态下，两侧边料向上弯成 89°，并形成弧面；压到底时，即下推板 9 底平面与Ⅱ子模具下模座平面压死，起到整形作用。此时的下推板 9 的上平面比凹模 6 平面低 7mm，以减少带料在冲制过程中的弯曲变形。

下推板下设专用弹顶器，固定在大模架的下模座上（伸出部分正好在压力机台面孔里）。弹压力大小不仅要足够，而且能可调。弹顶器是由十几块 ϕ80mm × 20mm 的真空橡皮组成。

压弯凹模的工作部分镶有硬质合金，凸模采用 Cr12 或 Cr12MoV 制造，硬度为 58 ~ 62HRC。凸、凹模之间间隙取料厚加 0.01 ~ 0.02mm。弯曲凹模圆角为 2 ~ 3mm，表面粗糙度 $Ra \leqslant 0.4\mu m$。

（3）打包子模具

图 4-28 所示为打包模的侧剖面结构简图。在图 4-27 中的安装位置为Ⅲ所示。其动作过程是上模板 9 下行，在左、右斜楔 5 的作用下，推动左、右滑块 3，随同凹模 2 送到位，上模继续下行，中间斜楔 12 开始起作用，将中间滑块 4 带动打包凸模 1 用力往外挤压，完成打包工序。上模上行，各滑块在复位弹簧的作用下迅速回到原位，然后进行下一循环。

弹簧 11 有四个，其外径为 ϕ30mm。自由状态下，弹簧外露上模板 9 平面约 30mm，并且要求四个弹簧齐平。

卸料板 7 采用 SKD11 钢制造，淬硬至 58 ~ 60HRC，由六个螺钉连接，通过固定板 8 吊

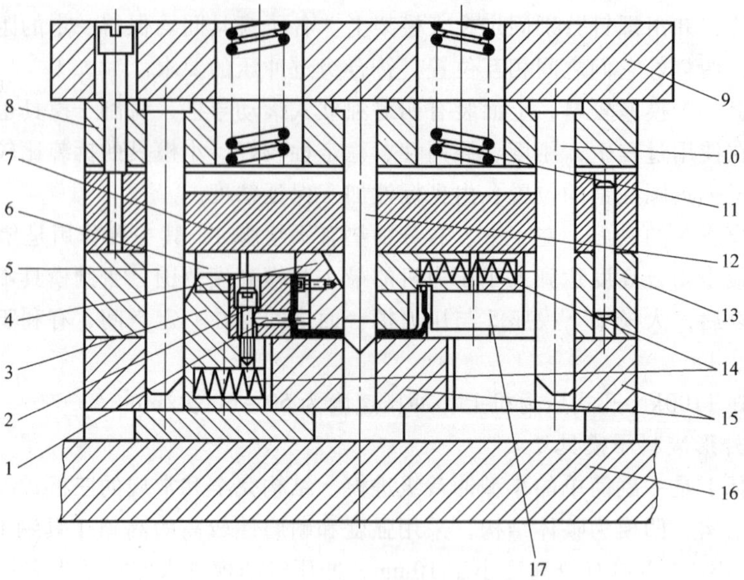

图 4-28 打包模的侧剖面结构简图

1—打包凸模 2—凹模 3—左滑块 4—中间滑块 5、10—斜楔 6—导轨 7—卸料板 8—固定板 9—上模板 11—弹簧 12—中间斜楔 13—挡块 14—复位弹簧 15—导板挡块 16—下模板 17—右滑块

在上模板 9 上。卸料板 7 与固定板 8 之间的有效空间为 25mm。

为了挡住斜楔 5，10，免受侧向力，卸料板 7 上装有挡块 13。每块挡块用二个 ϕ8mm 圆柱销及螺钉固定。

打包工作过程中力量较大（约有 60kN），除靠斜楔 5、10、12 自身的刚性外，导板挡块 15 分别对两侧斜楔 5、10 和中间斜楔 12 起到定位和稳定作用。打包时挤压力较大，又是自动化连续生产，斜楔和滑块间产生的摩擦热不可避免，其中滑块 3、4、17 负载最大，为此，滑块的材料选用 W18Cr4V，淬硬到 60～63HRC；并且在卸料板中间加有油槽，保证运动副及时得到润滑，使生产顺利进行。

中间滑块 4 在导轨 6 中运行，必须保持松紧合适、活动自如，它们间应有良好的间隙配合。复位弹簧 14 要能使中间滑块 4 复位到预定位置，这样在斜楔 12 工作时，做到滑块受力均匀，左右滑块 3 和 17 同时工作，不会出现有先有后的不正常现象。

打包凸、凹模采用镶件结构，对保证包的大小、高低及角度等控制过程中，维修、调整较为方便。

（4）冲孔和切断分离子模具

此部分工作工位有二个，即冲二个 ϕ3mm 孔和 ϕ12.8mm 大孔为一个工作工位，另一个工作工位即切断废料分离制件。冲下 ϕ12.8mm 孔的废料正好是一个可利用的垫圈。

模具的凹模全部采用 YG20 硬质合金，做成镶拼件，刃口有效高度为 4～5mm。镶拼件通过凹模固定板固定，并由导板紧压，导板上有气孔，每冲一次把切断分离后的成品耳环吹入到容器内。

凸模采用 SKD11，淬硬至 60～62HRC。

第 2 篇　多工位级进模设计图解

第 5 章　过滤网多孔冲级进模

制件名称：过滤网；材料及板厚：Q195 钢，0.5mm；所用冲压设备：高速精密压力机 J21G-80（800kN）。

5.1　工艺分析

如图 5-1 所示的过滤网，料宽 410mm，每件的长度不小于 800mm（一般冲压出的制件为卷料，在使用时再切断），上面均匀布置方孔 4mm×4mm 单排计 68 个。它的网孔与网孔的中心位置公差在 ±0.08mm 以内，表面要求平整光洁、不得有飞边。经分析，该制件有以下三种方案：

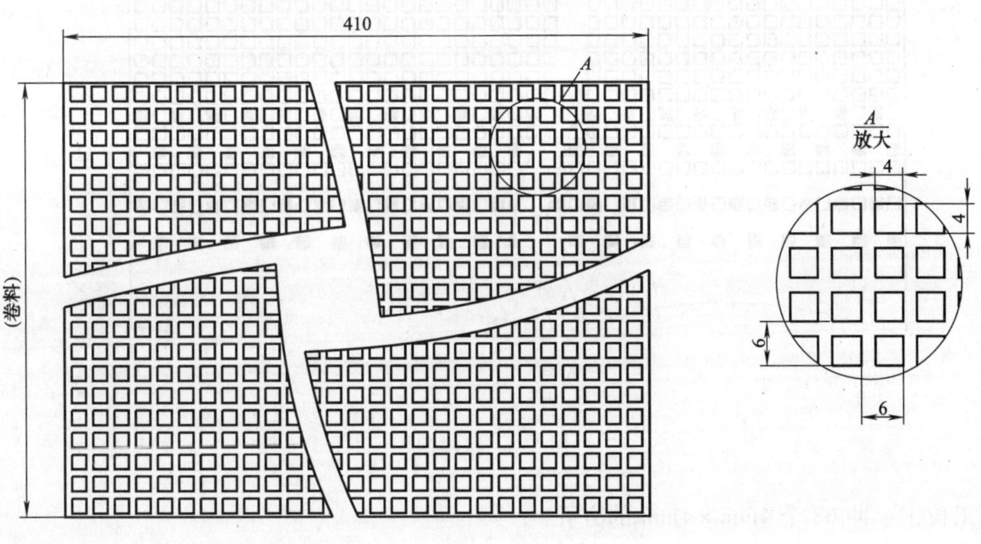

图 5-1　过滤网

方案 1：采用单排连续模来生产，凹模刃口强度较单薄，刃口与刃口之间的距离为 2mm。如果一个凹模刃口损坏就难以修补，必须更换整体凹模。这样凹模刃口寿命低，维修成本高。

方案 2：采用一出一双排叉开排列方式，凹模刃口与刃口之间的距离为 8mm。虽然凹模强度提高了，但满足不了大批量的生产。

方案 3：采用一出二四排叉开排列方式。成本虽然比方案 2 有所提高，但保证了凹模的强度，生产效率比方案 2 提高了一倍。

根据以上三种方案的分析，方案 3 的一出二四排叉开排列方式较为合理，能够满足大批量的生产。

网孔冲裁与普通冲裁的主要区别如下：①凸模需要可靠的导向结构；②压料力要大，约为冲裁力的 13% ~18%；③冲裁间隙要小，单边约为料厚的 2.5%；④由于是级进模，模具的卸料精度要高，冲下的废料不得带回到凹模表面，以免下次冲裁时，方形废料回跳到带料的表面造成制件压伤。

5.2　排样设计

该制件采用一出二四排叉开排列方式，排样图如图 5-2 所示。为了简化模具结构，降低制造和维修成本，在该制件排样时，主要考虑以下因素：①生产能力与生产批量；②送料方式；③冲压力的平衡（压力中心）；④凹模要有足够的强度；⑤空工位的确定等。在充分分析图 5-1 及网孔模的冲裁特点基础上，考虑送料、模具结构及制造成本等因素。具体工位如下：

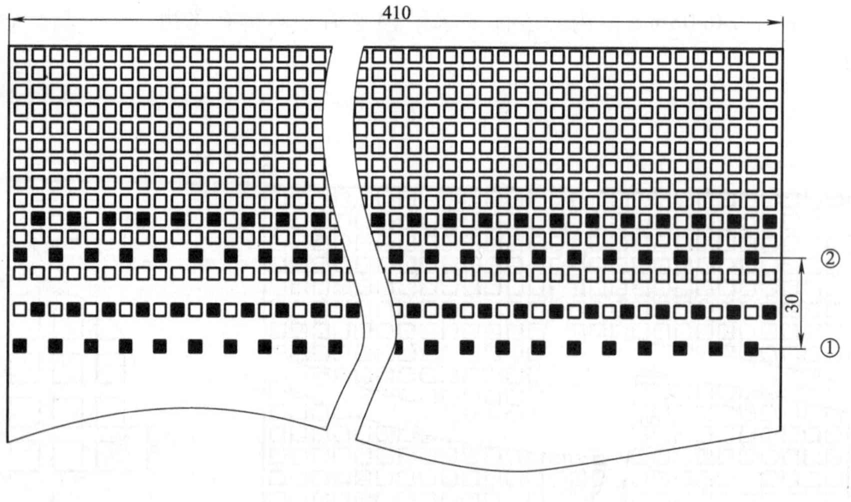

图 5-2　排样图

工位①：冲 68 个 4mm ×4mm 的方孔。

工位②：冲另外 68 个 4mm ×4mm 的方孔。

5.3　模具总装图设计

图 5-3 所示为过滤网多孔冲级进模总装图。为了确保上、下模对准精度及冲压的稳定性，该模具采用四个精密滚珠钢球导柱；为了保证卸料板导向精度，同时保证卸料板与各凸模之间的间隙，在卸料板及凹模固定板上设计了小导套导向。该模具特点如下：

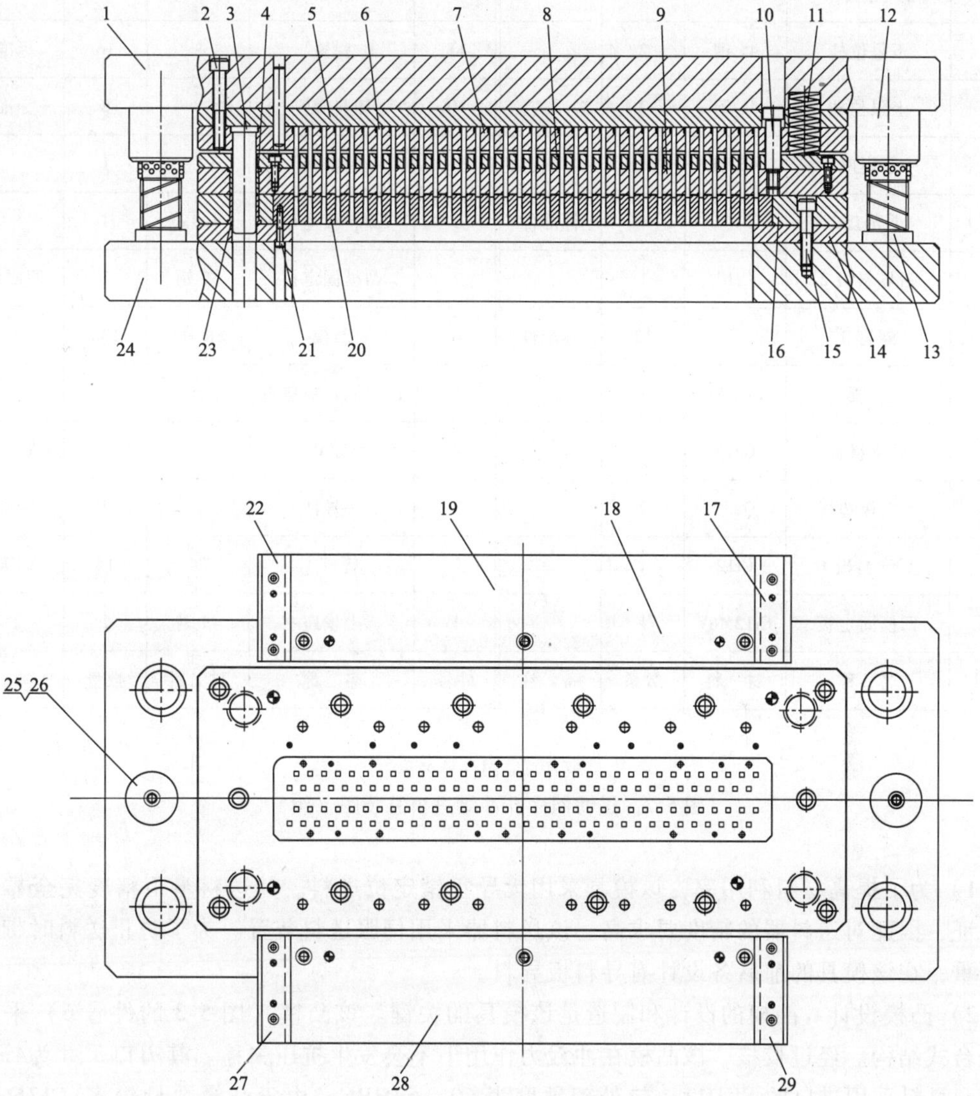

模具总装图

图 5-3　过滤网多孔冲级进模总装图

件号	名　称	材　料	数量	备　注	件号	名　称	材　料	数量	备　注
					15	螺钉 2		14	标准件
29	前导料板 2	Cr12	1		14	凹模垫板	Cr12	1	
28	前承料板	Q235	1		13	导柱		4	标准件
27	前导料板 1	Cr12	1		12	导套		4	标准件
26	下限位柱	45 钢	2		11	弹簧		16	标准件
25	上限位柱	45 钢	2		10	卸料螺钉		8	标准件
24	下模座	45 钢	1		9	卸料板	Cr12MoV	1	
23	小导套 2		4	标准件	8	卸料板垫板	Cr12	1	
22	后导料板 2	Cr12	1		7	凸模固定板	45 钢	1	调质处理
21	螺钉 3		12	标准件	6	凸模	SKD11	136	
20	凹模	SKH51	1		5	凸模固定板垫板	Cr12	1	
19	后承料板	Q235	1		4	小导套 1		4	标准件
18	承料板垫板	Q235	2		3	小导柱		4	标准件
17	后导料板 1	Cr12	1		2	螺钉 1		14	标准件
16	凹模固定板	Cr12MoV	1		1	上模座	45 钢	1	

模具总装图件号名称

图 5-3　过滤网多孔冲级进模总装图（续）

1）为了提高材料利用率，该模具采用无导正销定位送料。其送料步距精度完全靠送料器保证，因此对送料器的精度要求高。该送料器采用伺服送料装置。为了防止送料时带料窜动严重，在该模具的前后各设计有导料板导料。

2）凸模设计。凸模的设计和制造是该模具的关键。该凸模（图 5-3 的件号 6）采用直杆挂台式结构。经过校核，该凸模在冲裁力作用下不会发生抗压失稳。其刃口尺寸为4mm × 4mm，材料采用进口的 SKD11，热处理硬度为 60 ~ 62HRC。由于凸模数量较多（136 件），可以到专业模具标准件厂家定做，这样可以降低模具的制造成本。

3）凹模设计。该制件年产量较大，为了确保冲孔凹模的使用寿命和稳定性，材料选用 SKH51，热处理硬度为 60 ~ 62HRC。该凹模采用镶入式，便于制造和维修更换。

4）模板材料的选用及热处理。该模具结构中的凸模固定板垫板、卸料板垫板及凹模垫板选用材料为 Cr12，热处理硬度为 53 ~ 55HRC；凸模固定板选用材料为 45 钢，调质硬度为320 ~ 360HBW；卸料板及凹模固定板选用材料为高铬合金钢 Cr12MoV，热处理硬度为 55 ~ 58HRC。各模板的加工精度对保证模具的使用寿命尤为重要，主要模板采用慢走丝切割加工。

5.4　模座设计

5.4.1　上模座（图 5-4）

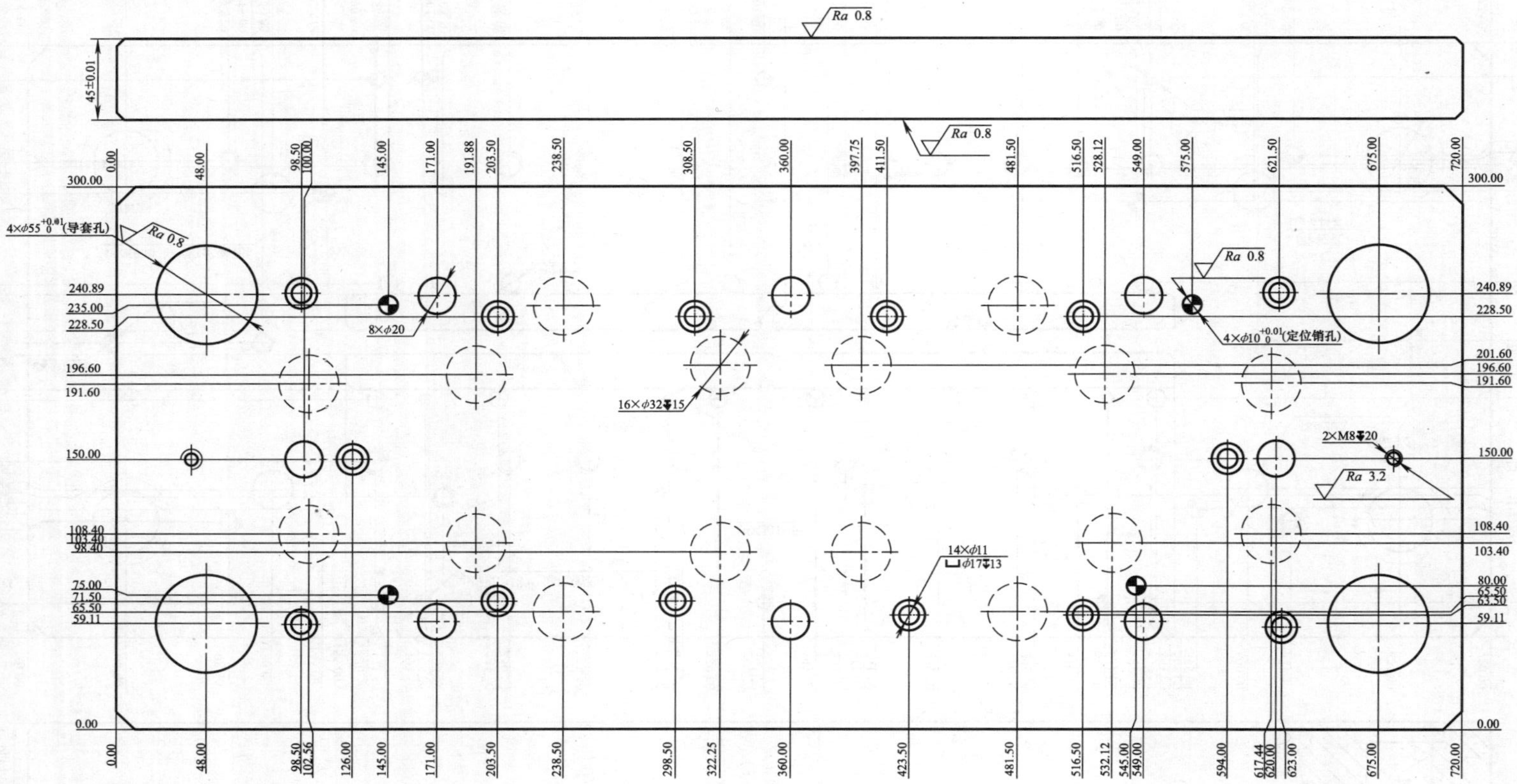

技术要求：1.材料:45钢。
2.板厚:45±0.01,两面平行度0.005。
3.定位销孔和导套孔的垂直度0.003。
4.数量:1件。

图 5-4　上模座（图 5-3 的件号 1）

5.4.2 下模座（图 5-5）

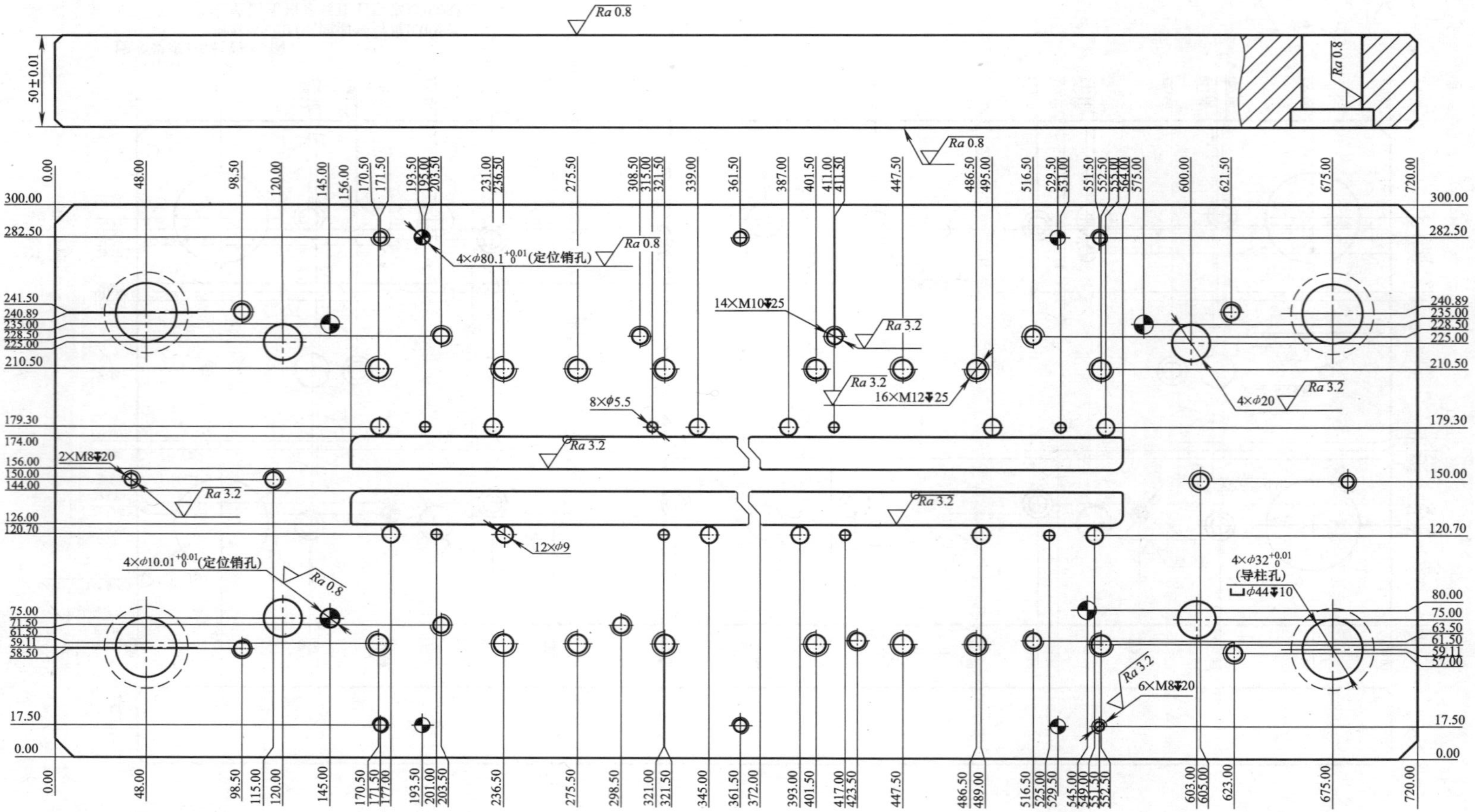

技术要求：1.材料:45钢。
2.板厚:50±0.01,两面平行度0.005。
3.定位销孔和导柱孔的垂直度0.003。
4.数量:1件。

图 5-5　下模座（图 5-3 的件号 24）

5.5　模板设计

5.5.1　凸模固定板垫板（图 5-6）

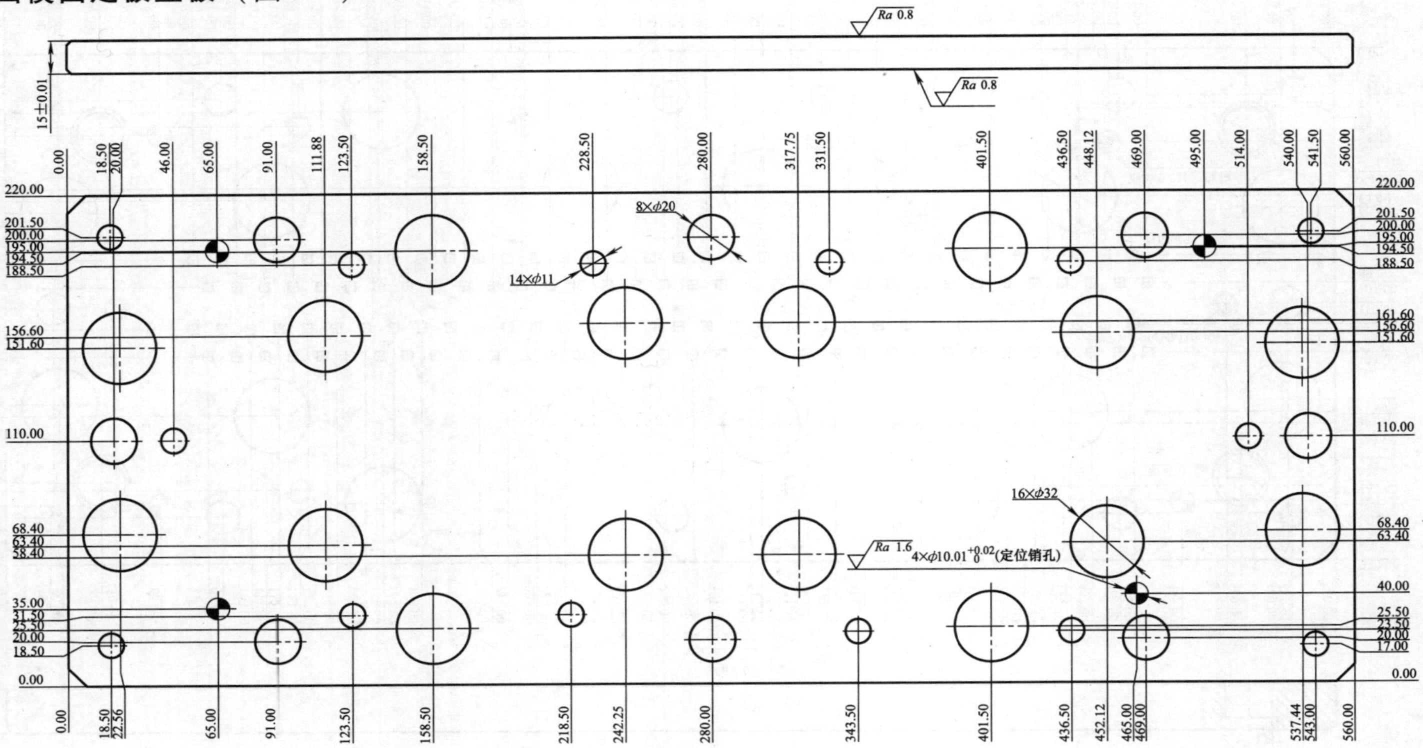

技术要求：1.材料：Cr12。

2.热处理硬度：53～55HRC。

3.板厚：15±0.01，两面平行度0.005。

4.数量：1件。

图 5-6　凸模固定板垫板（图 5-3 的件号 5）

5.5.2 凸模固定板（图 5-7）

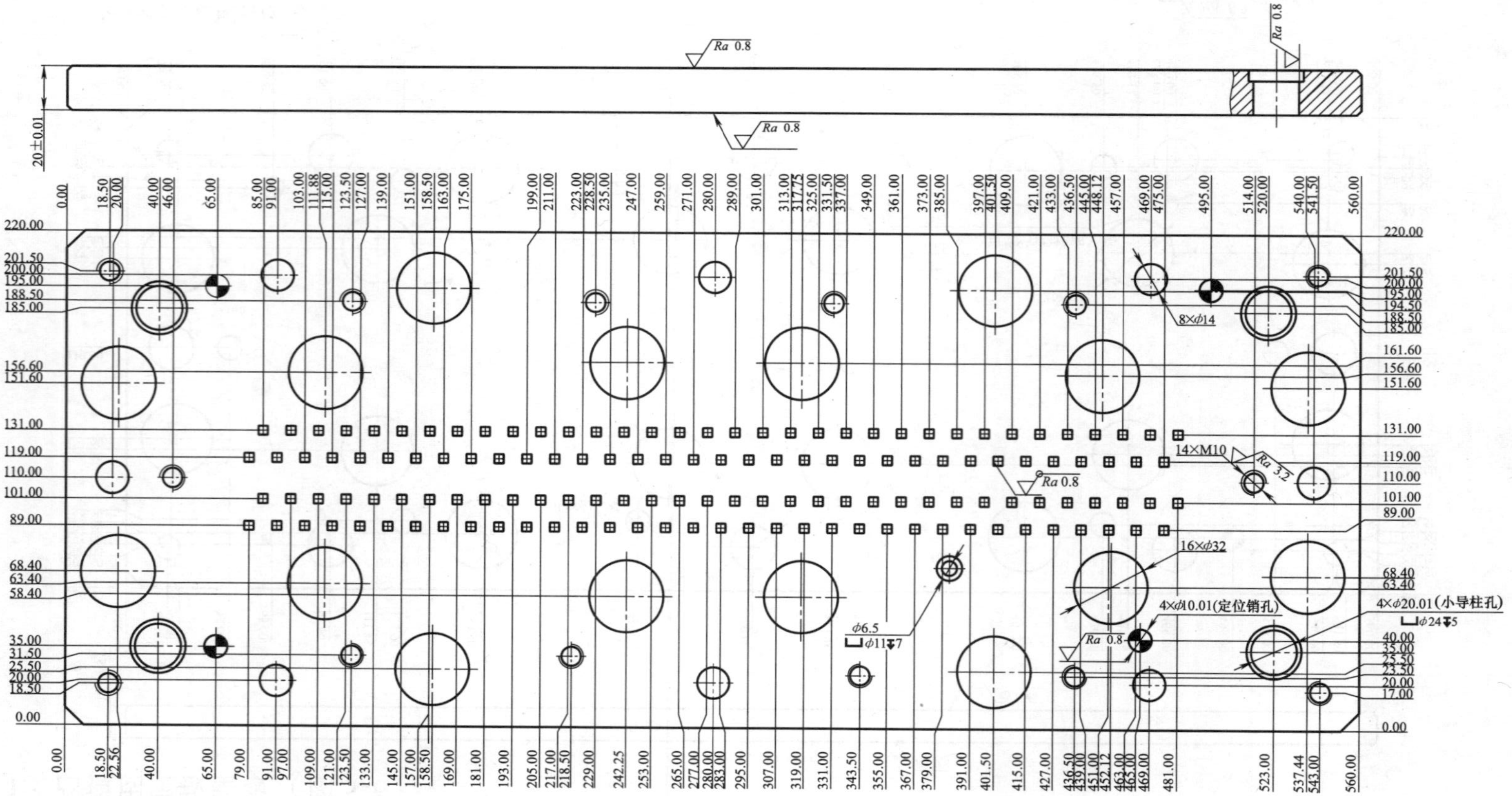

技术要求：1.材料:45钢。
2.调质处理硬度:320～360HBW。
3.板厚:20±0.01,两面平行度0.005。
4.主要型孔采用慢走丝线切割加工,垂直度0.002。
5.数量:1件。

$\sqrt{Ra\ 6.3}$ (√)

图 5-7　凸模固定板（图 5-3 的件号 7）

5.5.3　卸料板垫板（图 5-8）

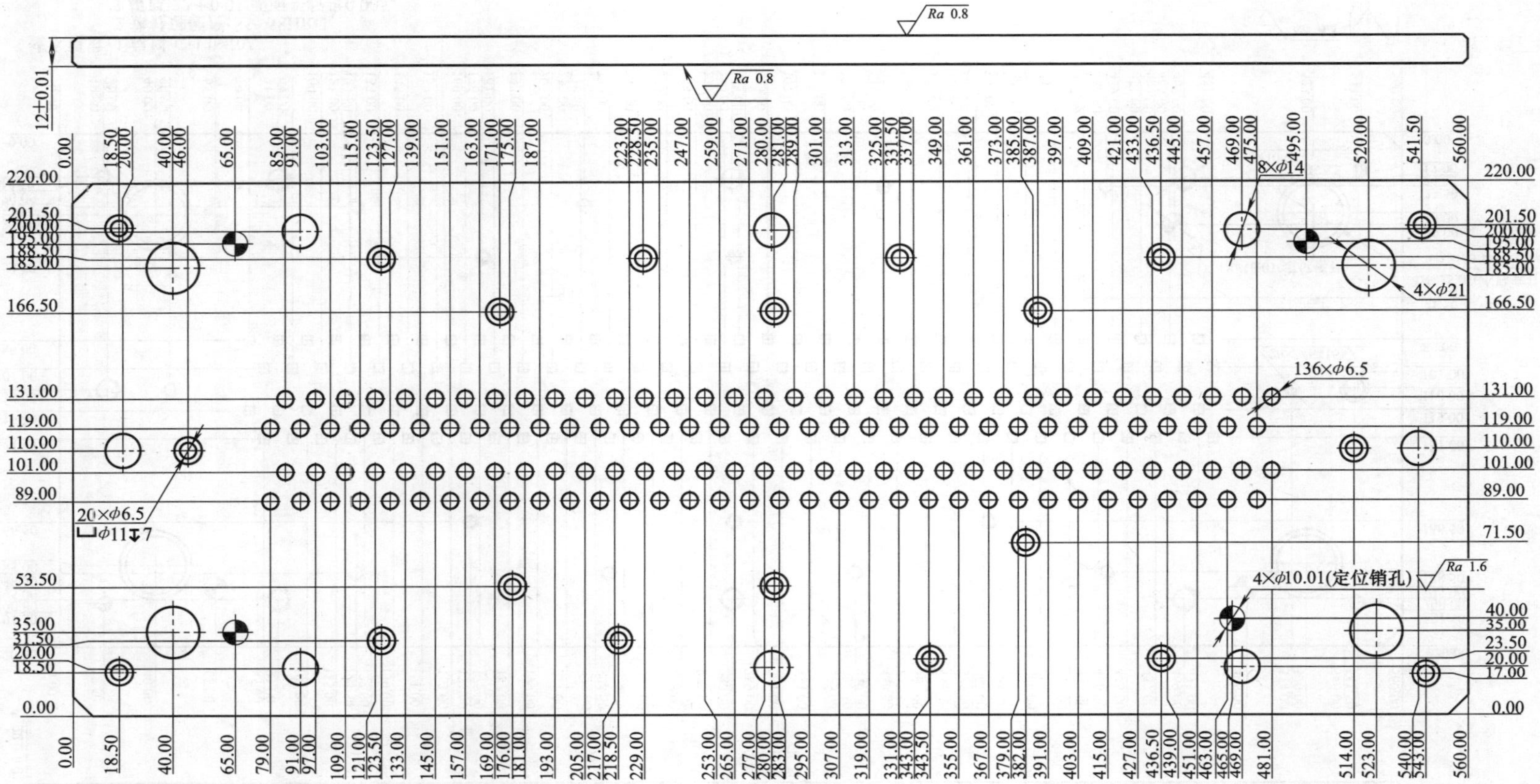

技术要求：1.材料:Cr12。
2.热处理硬度:53～55HRC。
3.板厚:12±0.01,两面平行度0.005。
4.主要型孔采用快走丝线切割加工。
5.数量:1件。

Ra 6.3 (√)

图 5-8　卸料板垫板（图 5-3 的件号 8）

5.5.4　卸料板（图 5-9）

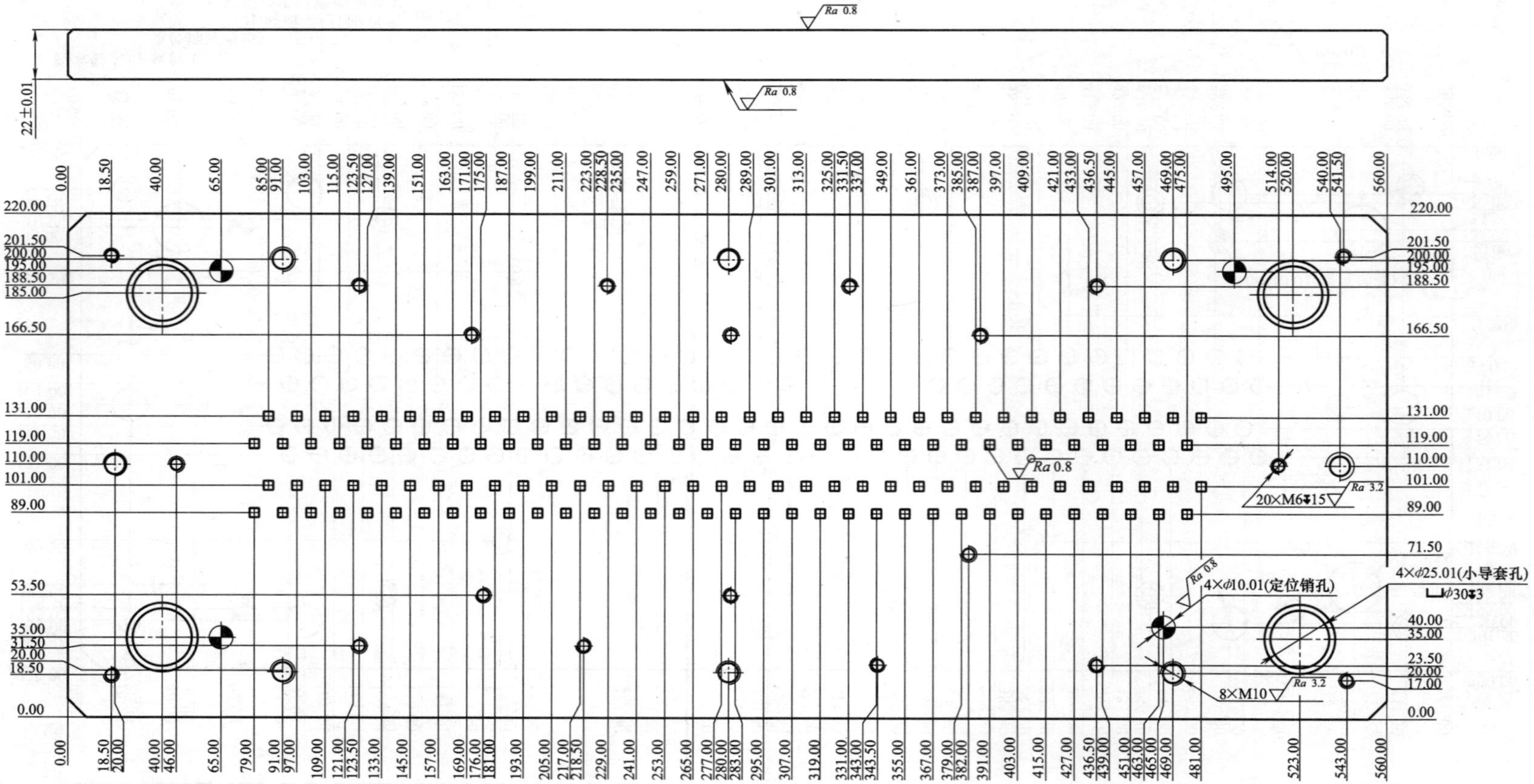

技术要求：1.材料:Cr12MoV。
2.热处理硬度:55~58HRC。
3.板厚:22±0.01,两面平行度0.005。
4.主要型孔采用慢走丝线切割加工,垂直度0.002。
5.数量:1件。

图 5-9　卸料板（图 5-3 的件号 9）

5.5.5　凹模固定板（图 5-10）

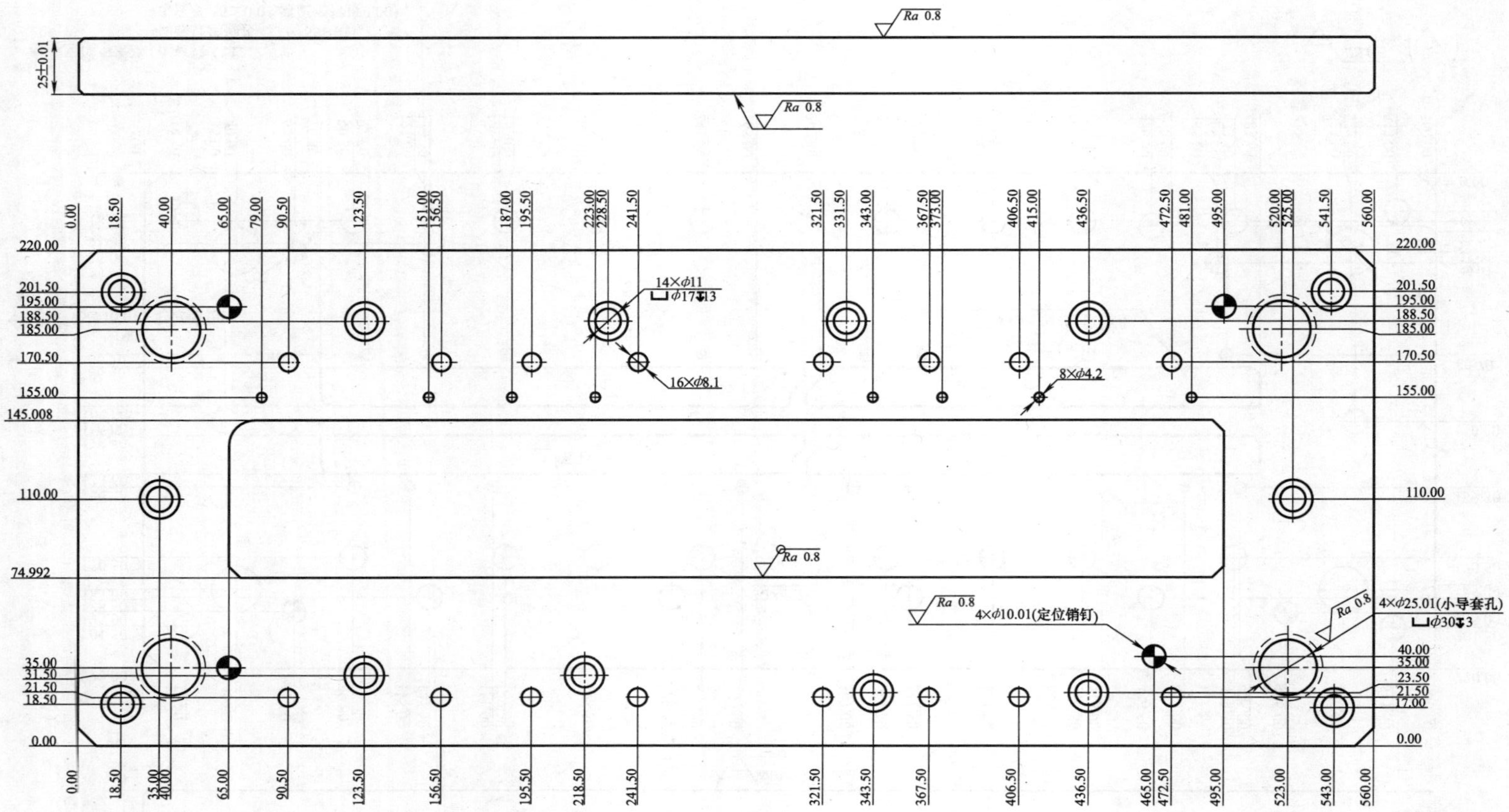

技术要求：1.材料:Cr12MoV。
2.热处理硬度: 55～58HRC。
3.板厚:25±0.01,两面平行度0.005。
4.主要型孔采用慢走丝线切割加工,垂直度0.002。
5.数量:1件。

图 5-10　凹模固定板（图 5-3 的件号 16）

5.5.6　凹模垫板（图 5-11）

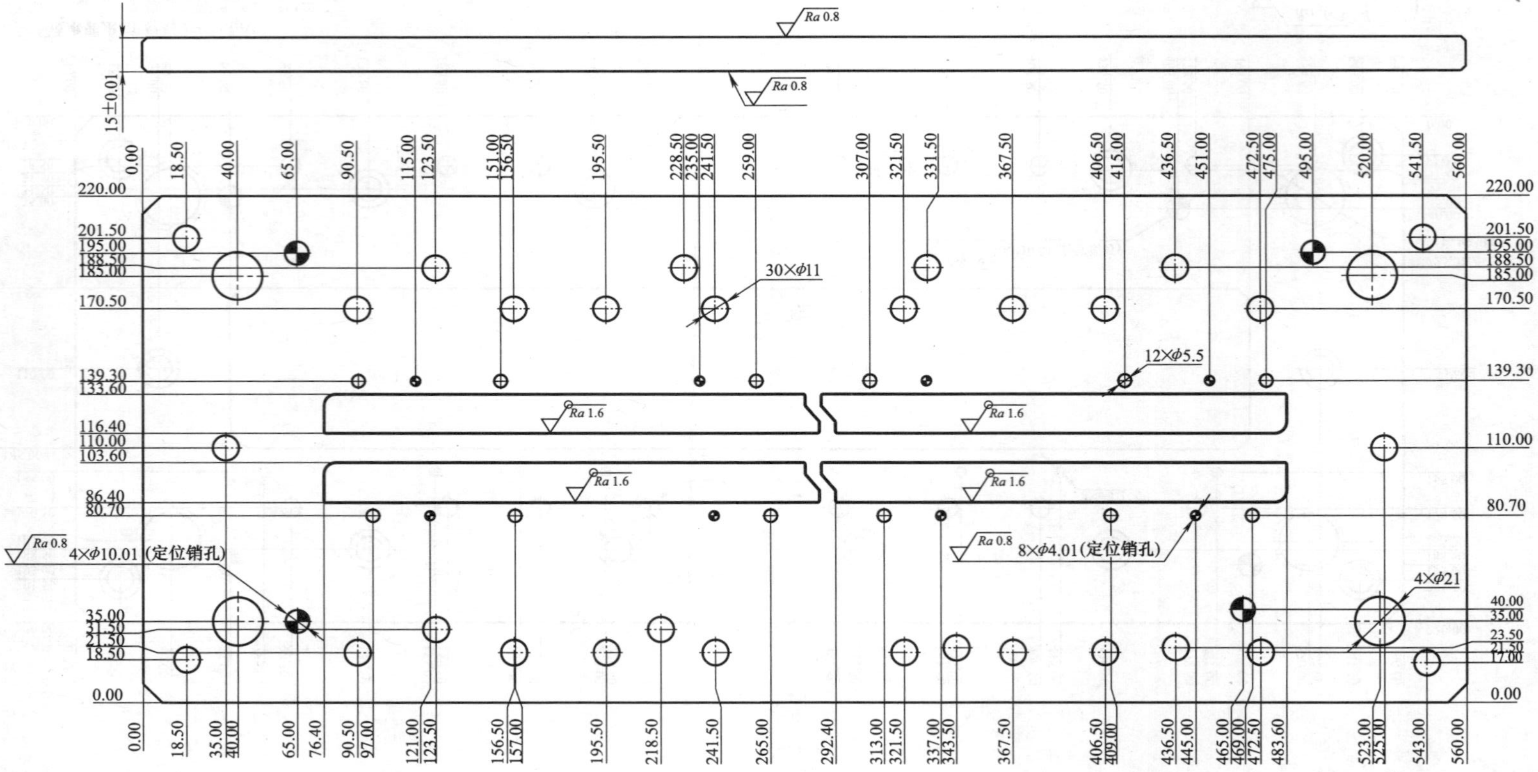

技术要求：1.材料:Cr12。
2.热处理硬度:53～55HRC。
3.板厚:15±0.01,两面平行度0.005。
4.定位销孔采用慢走丝加工，中部四处异形孔采用快走丝线切割加工。
5.数量:1件。

图 5-11　凹模垫板（图 5-3 的件号 14）

5.6　模具零部件设计

5.6.1　承料板

（1）前承料板（图 5-12）

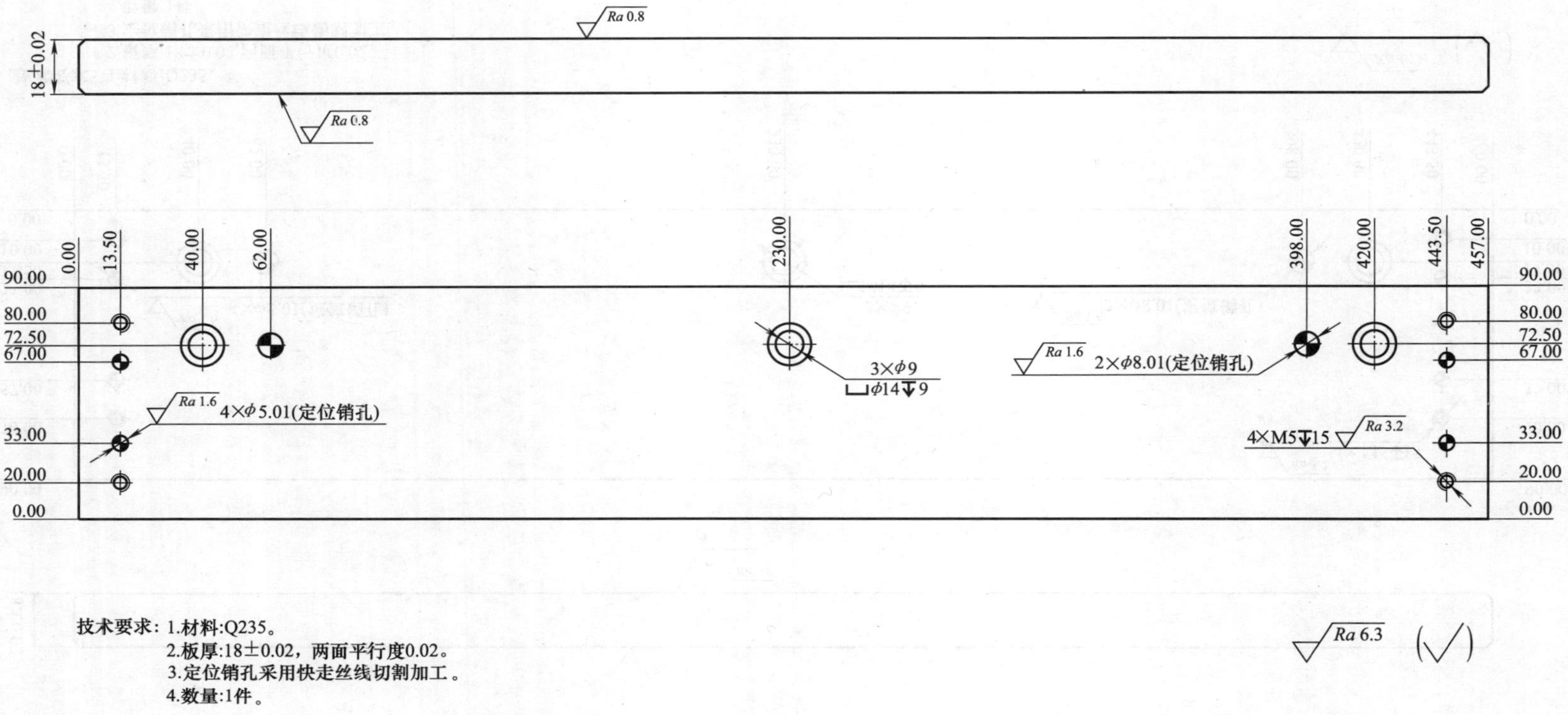

图 5-12　前承料板（图 5-3 的件号 28）

（2）后承料板（图 5-13）

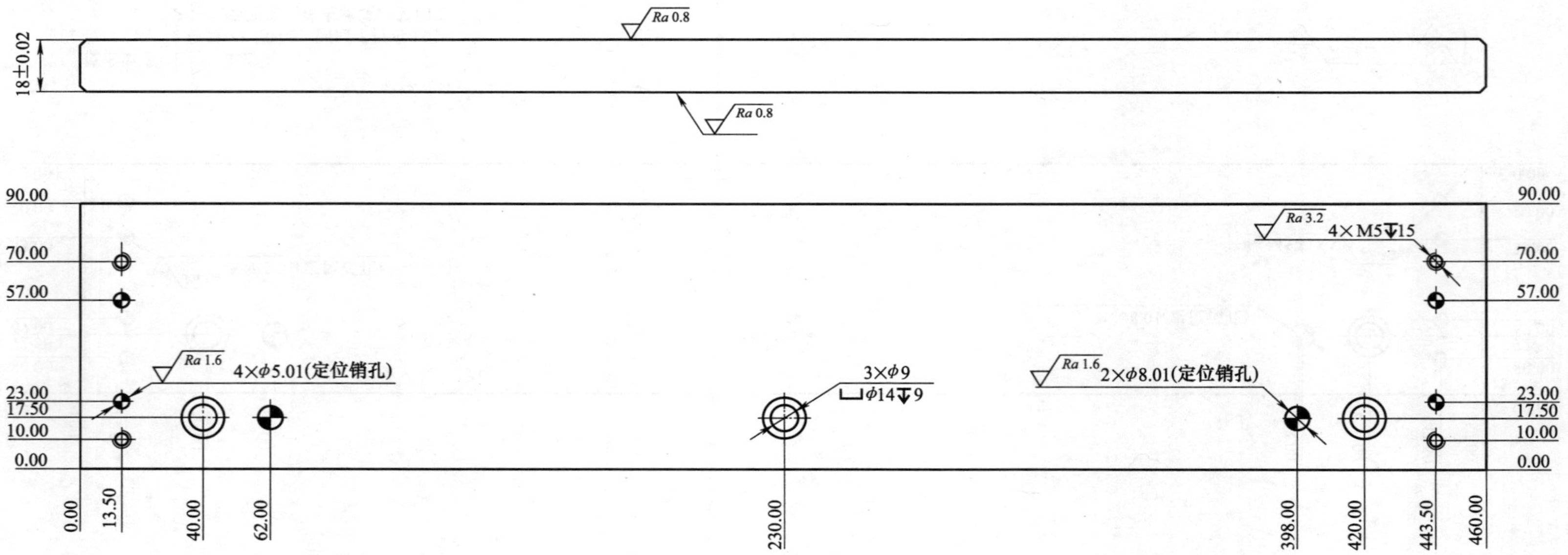

技术要求：1.材料:Q235。
2.板厚:18±0.02,两面平行度0.02。
3.定位销孔采用快走丝线切割加工。
4.数量:1件。

Ra 6.3 (√)

图 5-13 后承料板（图 5-3 的件号 19）

5.6.2　承料板垫板（图 5-14）

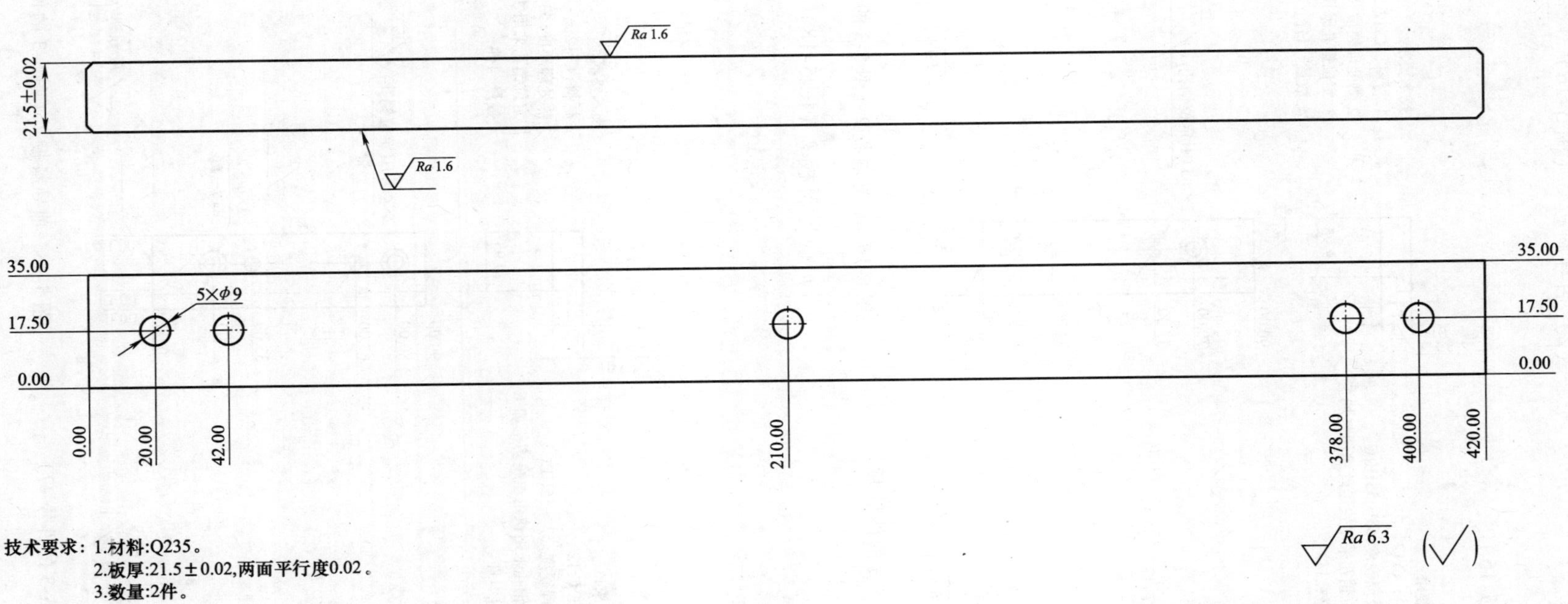

图 5-14　承料板垫板（图 5-3 的件号 18）

5.6.3 导料板

（1）后导料板 1（图 5-15）

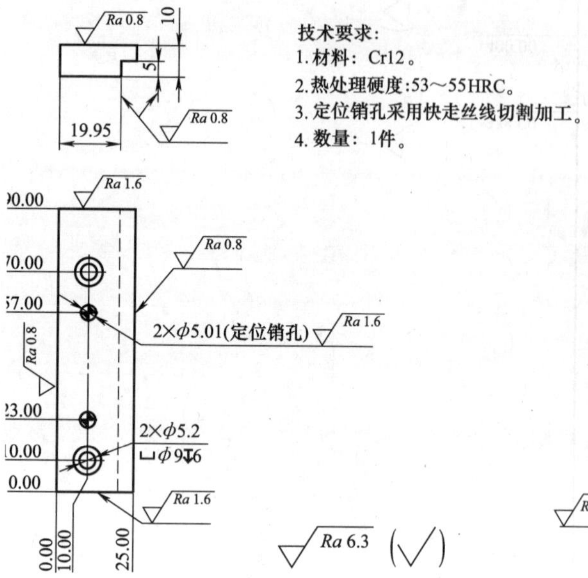

图 5-15　后导料板 1（图 5-3 的件号 17）

（2）后导料板 2（图 5-16）

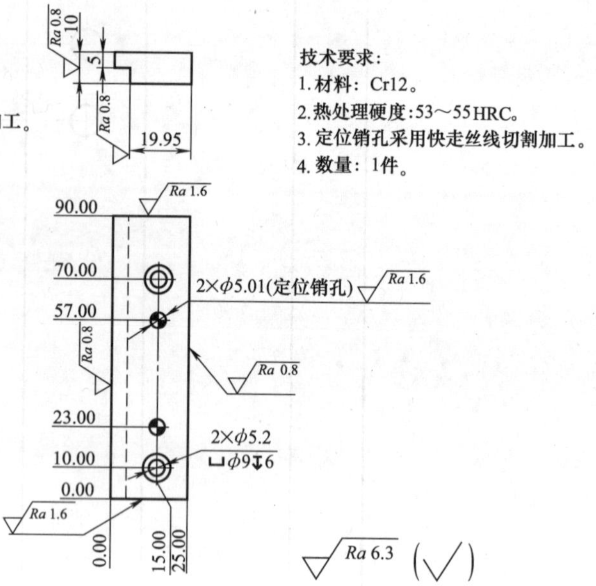

图 5-16　后导料板 2（图 5-3 的件号 22）

（3）前导料板 1（图 5-17）

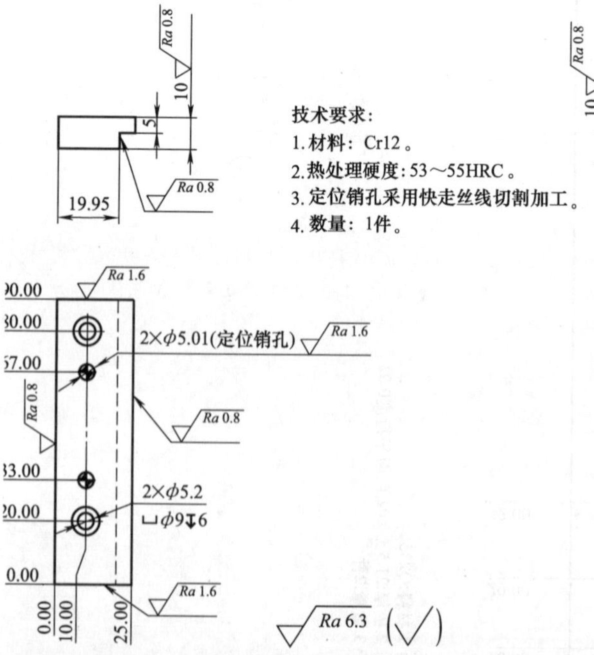

图 5-17　前导料板 1（图 5-3 的件号 27）

（4）前导料板 2（图 5-18）

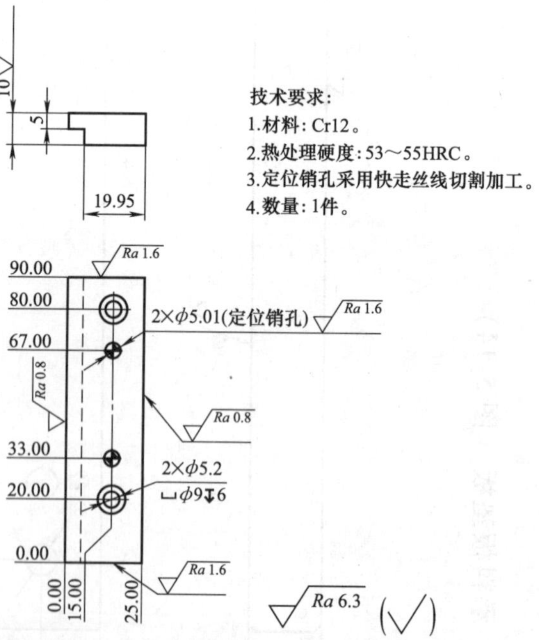

图 5-18　前导料板 2（图 5-3 的件号 29）

5.6.4　凸模（图 5-19）

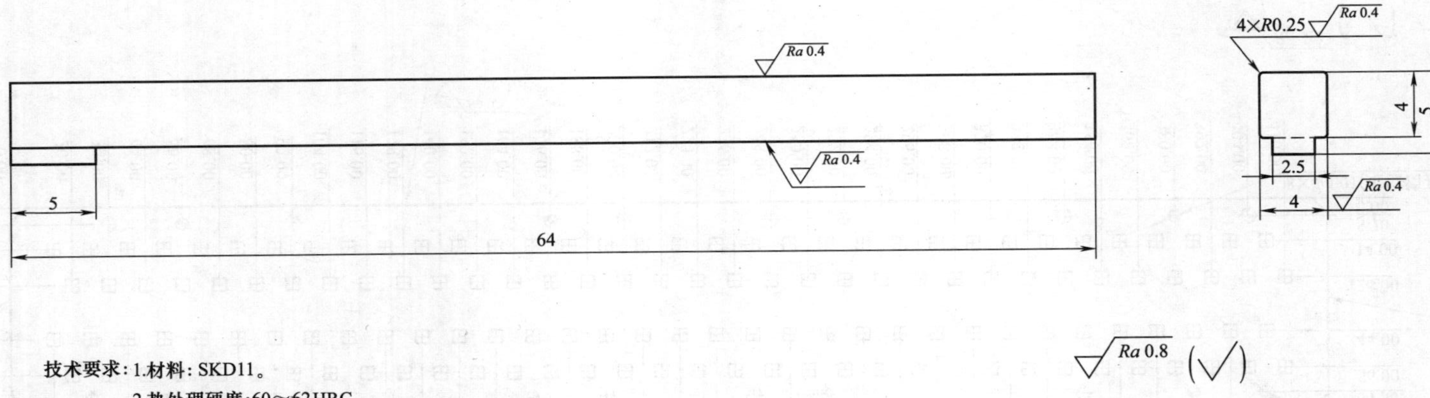

技术要求：1.材料：SKD11。
2.热处理硬度：60～62HRC。
3.外形采用慢走丝加工，垂直度0.003。
4.数量：136件。

图 5-19　凸模（图 5-3 的件号 6）

5.6.5　凹模（图 5-20）

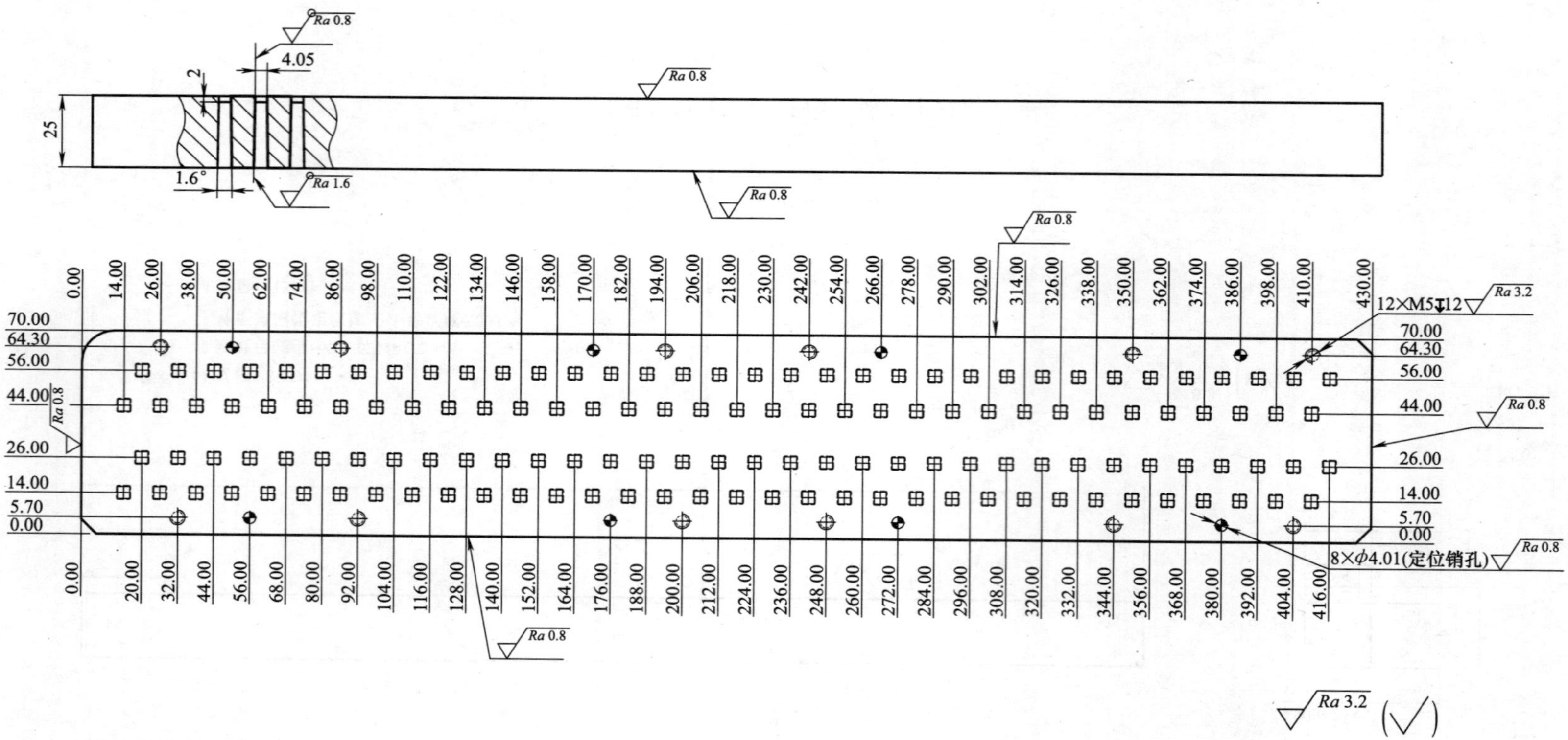

技术要求：1.材料：SKH51。

2.热处理硬度：60～62HRC。

3.凹模两长边热处理后采用精密磨床加工，两头部及型孔采用慢走丝加工。

4.数量：1件。

图 5-20　凹模（图 5-3 的件号 20）

5.6.6　限位柱

（1）上限位柱（图 5-21）

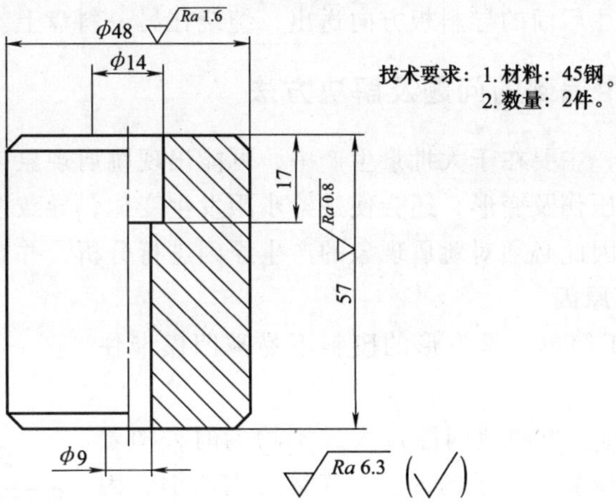

图 5-21　上限位柱（图 5-3 的件号 25）

（2）下限位柱（图 5-22）

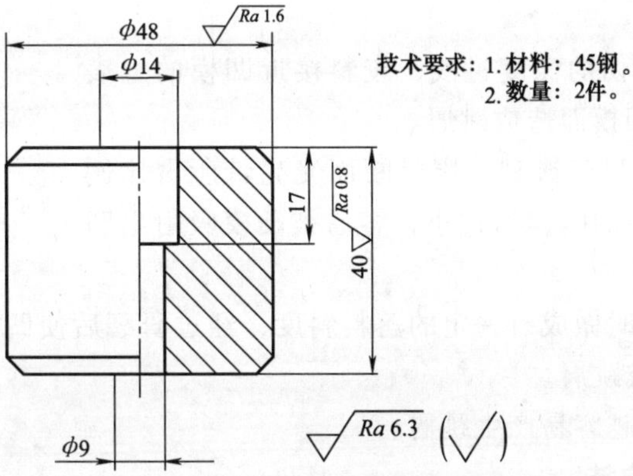

图 5-22　下限位柱（图 5-3 的件号 26）

5.7　冲压动作原理与使用情况

5.7.1　冲压动作原理

该模具采用伺服送料器传送各工位之间的冲裁工作。靠此装置来保证送料步距及孔与孔之间的间距。冲压前将原材料宽 410mm、厚 0.5mm 的卷料吊装在料架上，通过整平机将送进的带料整平；然后进入伺服送料器内，将伺服送料器的步距调至 30mm。开始用手工将带料送至模具的导料板，直到带料的头部覆盖第一排冲孔凹模；这时伺服送料器调至自动状态，上模下行，卸料板9（见图5-3，下同）压紧带料，使带料紧压凹模表面；上模继续下行，增大压料力，同时冲孔凸模6在卸料板9的导向与保护下，进入凹模冲压。当冲压完毕时，上模上行，卸料板9卸下箍在凸模6上的带料，这时工位①的68个4mm×4mm的方孔已冲压完毕；再进入工位②冲出另外68个4mm×4mm的方孔。依次循环冲压，将已冲压完毕的带料，由送料装置往后面的导料板方向送出，缠绕在另一料盘上。

5.7.2 模具在使用中遇到的问题及解决方法

该网板的冲压难点，主要在于大批量生产中，可能出现跳屑现象（见图5-23）。跳屑会造成送料过程中带料的压伤及变形，还会使进给步距发生变化，导致网孔的尺寸差异，严重者造成无法继续送料。因此必须对跳屑现象的产生原因进行分析，并想办法解决。

1. 引起跳屑的主要原因

1）冲裁的形状过于简单，呈方形的废料不易被凹模卡住而造成跳屑。

2）冲裁间隙不合理。当冲裁间隙过大或不均匀时，随着冲裁结束后出现的弹性恢复，冲下的废料向实体方向收缩，因其外形尺寸小于凹模，使废料与凹模的咬合力较小而造成跳屑。

3）冲压速度较高也容易造成跳屑。

4）切削液的选用及用量不合适。一般根据材质不同，所选用的切削液也不同。

5）凸模过短造成冲切的深度过浅，废料接近凹模的上表面，极易被凸模吸附出凹模而造成跳屑。

6）凸模及凹模刃口过于锋利，废料断面光亮带所占比例多而飞边少，与凹模之间的摩擦力过小，容易被凸模吸附出凹模而造成跳屑。

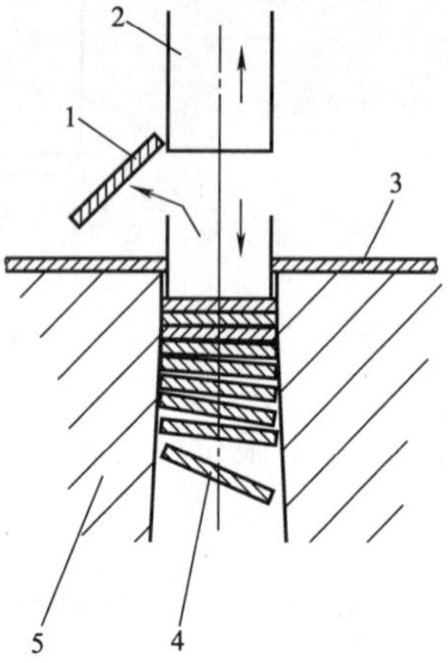

图5-23　跳屑现象
1—跳屑废料　2—凸模
3—带料　4—废料　5—凹模

7）如果凹模在设计时做成有一定的落料斜度，经过研磨后使凹模刃口的高度变低，而间隙变大，也可能会造成跳屑。

8）带料硬度越高，越容易产生跳屑。

2. 防止跳屑的解决方法

1）凸模采用斜刃口冲裁，以增大材料与凸模之间的摩擦力。

2）控制好凸模与凹模之间的冲裁间隙。

3）合理控制冲压速度。

4）合理选用切屑液，尽可能不用黏性大的切削液；或把切削液加在材料的下表面，以防止凸模底部黏住废料而造成跳屑。

5）严格控制凸模的长度。

6）空气吸引。加装吸尘器，废料在吸尘器的强力吸引下不易被凸模带出。

7）定期检查凹模的使用间隙。

第 6 章　模内带自动送料装置的卡片级进模

制件名称：卡片；材料及板厚：SPTE（镀锡薄板），0.6mm；所用冲压设备：开式压力机 JZ21-45（450kN）。

6.1　工艺分析

图 6-1 所示为家用电器安装卡片。该制件形状简单，尺寸要求不高，外形狭长。长为 198mm，宽为 19.6mm，是一个纯冲裁的冲压件。旧工艺采用一副复合模，并用条料进行冲压。虽然模具结构简单，制造成本低，但凸、凹模的刃口壁厚较单薄，容易崩裂，导致维修频率高；冲压时，坯料用手工放置生产效率低，难以实现自动化。随着年产量的增长，采用复合模冲压满足不了大批量的生产，决定设计一副多工位级进模来满足大批量生产。多工位级进模的冲压工艺为先冲出带料的导正销孔，再冲切中部异形孔废料及冲切外形废料等工序。

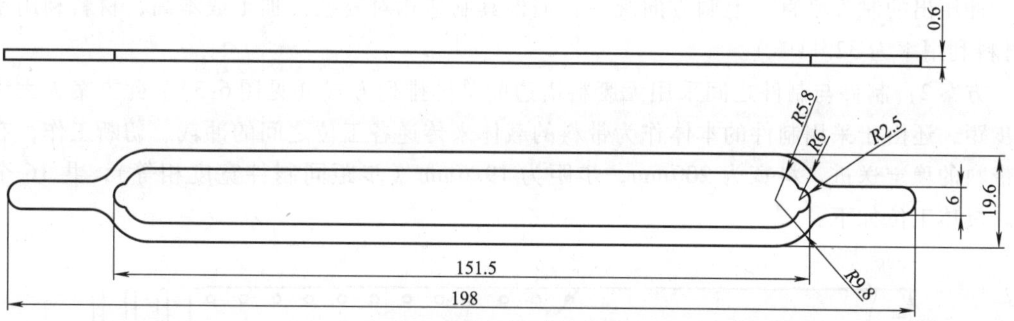

图 6-1　家用电器安装卡片

6.2　排样设计

为了简化模具结构、降低制造成本、提高材料利用率，保证带料传递的稳定性及降低模具的故障和返修的概率，拟定了以下两个排样方案：

方案 1：采用等宽双侧载体的单排排列方式（见图 6-2），料宽为 202mm，步距为 23.5mm。共 16 个工位。具体工位如下：

工位①：冲导正销孔。

工位②：空工位。

工位③：冲切两端异形废料。

工位④：空工位。

工位⑤、⑥：冲切中部异形孔废料。

工位⑦：空工位。

工位⑧：冲切中部长方形孔废料及设置模内送料机构。

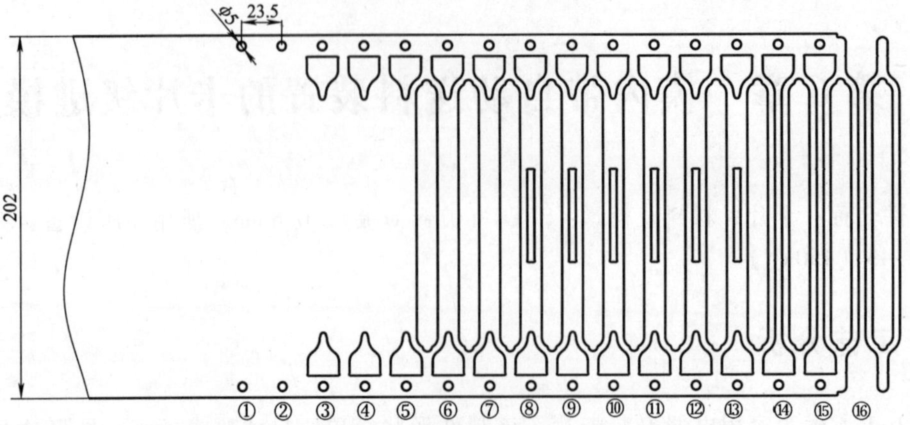

图 6-2 方案 1 排样图

工位⑨～⑬：设置模内送料机构。

工位⑭：冲切中部两个长方形孔废料。

工位⑮：空工位。

工位⑯：冲切两端载体（制件与载体分离）。

此排样制件与制件之间采用分段切除废料的方式，把复杂的形孔分解成若干个简单的形孔。冲压出的制件平直、毛刺方向统一；但模具制造相对复杂，加工成本高，材料利用率低（材料利用率为 32.11%）。

方案 2：制件与制件之间采用无废料搭边的单排排列方式（见图 6-3）。此方案大大缩小了步距，还由于采用制件的本体作为带料的载体来传递各工位之间的冲裁、切断工作，有利于带料的稳定送进。料宽为 200mm，步距为 19.6mm（步距同制件宽度相等），共 16 个工位。具体工位如下：

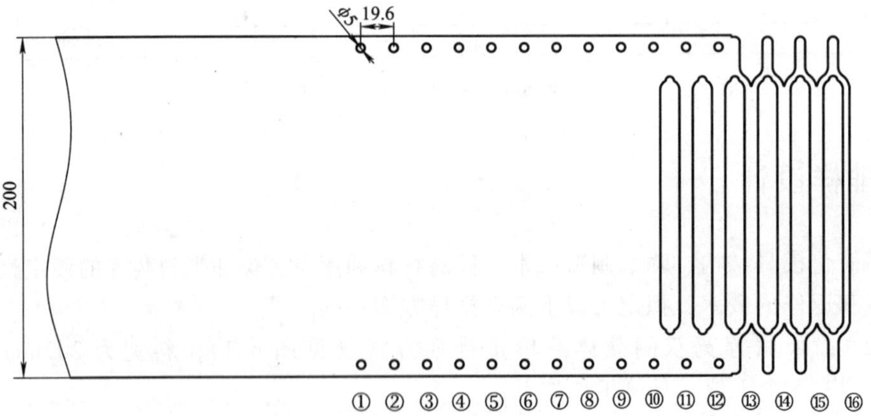

图 6-3 方案 2 排样图

工位①：冲导正销孔。

工位②：空工位。

工位③～⑧：设置模内送料机构。

工位⑨：空工位。

工位⑩、⑪：冲切中部异形孔废料。

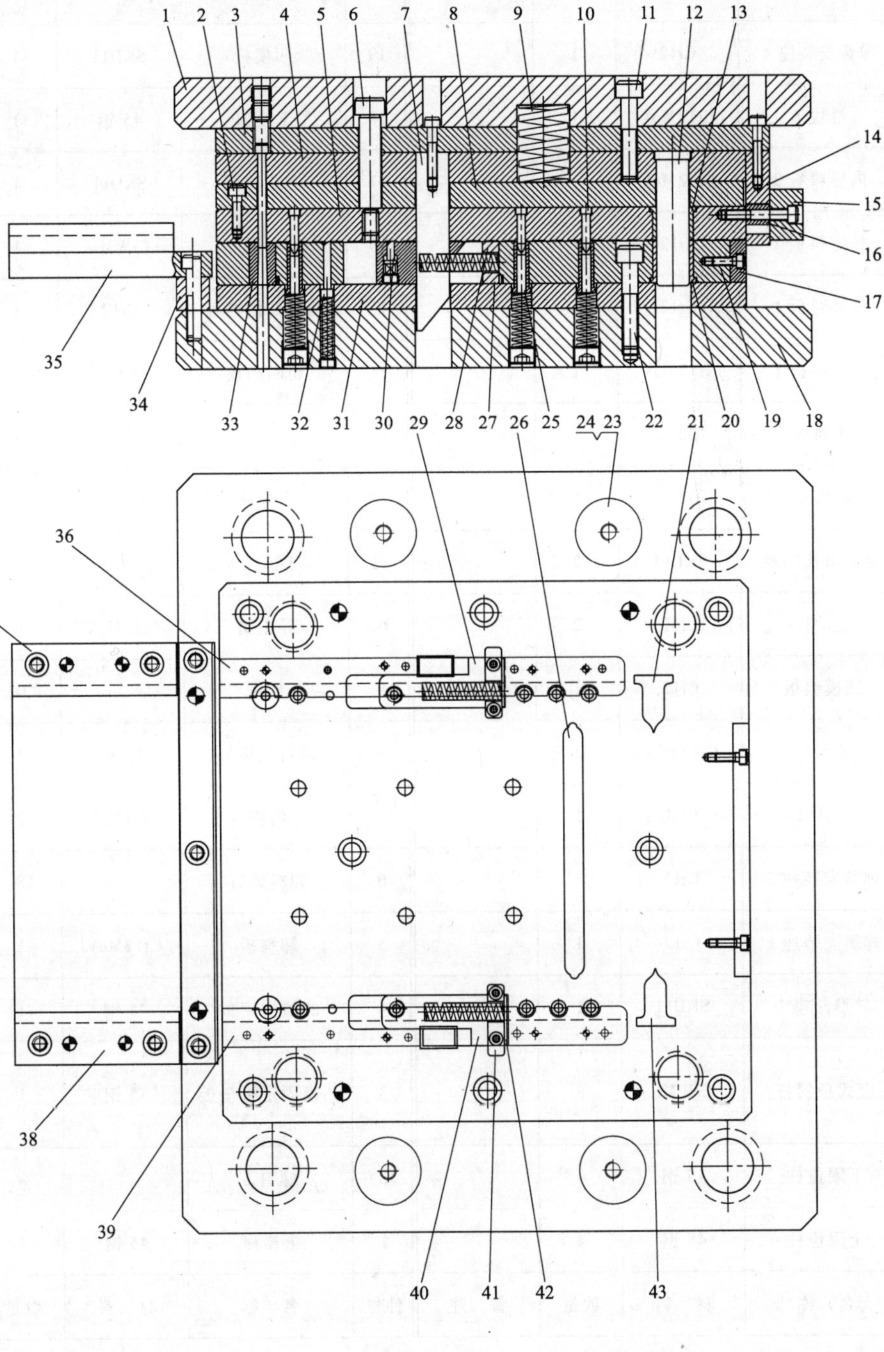

模具总装图

图 6-4　模内带自动送料装置的卡片级进模总装图

件号	名称	材料	数量	备注
43	异形凸模 3	SKD11	1	
42	弹簧安装座 2	Cr12	1	
41	弹簧安装座 4	Cr12	1	
40	滑块 2	Cr12MoV	1	
39	内导料板 2	Cr12MoV	1	
38	外导料板 2	Cr12	1	
37	外导料板 1	Cr12	1	
36	内导料板 1	Cr12MoV	1	
35	承料板	Q235	1	
34	承料板垫板	Q235	1	
33	导正销孔凹模	SKD11	2	
32	止动杆	Cr12MoV	2	
31	凹模垫板	Cr12	1	
30	送料杆	Cr12MoV	2	
29	滑块 1	Cr12MoV	1	
28	弹簧安装座 3	Cr12	1	
27	弹簧安装座 1	Cr12	1	
26	异形凸模 1	SKD11	1	
25	套式顶料杆	CrWMn	8	
24	下限位柱	45 钢	4	
23	上限位柱	45 钢	4	
22	螺钉 3		8	标准件
21	异形凸模 2	SKD11	1	
20	小导套 2		4	标准件
19	凹模板	SKD11	1	
18	下模座	45 钢	1	
17	切断凹模	SKD11	1	
16	垫圈	CrWMn	1	
15	切断凸模挡板	Cr12	1	
14	切断凸模	SKD11	1	
13	小导套 1		4	标准件
12	小导柱		4	标准件
11	螺钉 2		8	标准件
10	导正销	Cr12MoV	8	
9	弹簧		10	标准件
8	卸料板垫板	45 钢	1	
7	斜楔	Cr12MoV	2	
6	卸料螺钉		8	标准件
5	卸料板	Cr12MoV	1	
4	凸模固定板	45 钢	1	
3	凸模固定板垫板	45 钢	1	调质处理
2	螺钉 1		8	标准件
1	上模座	45 钢	1	

模具总装图件号名称

图 6-4 模内带自动送料装置的卡片级进模总装图（续）

工位⑫：空工位。

工位⑬：冲切两边废料。

工位⑭、⑮：空工位。

工位⑯：切断（制件与载体分离）。

最后工位（工位⑯）用切断刀将制件与制件之间切断分离，使分离后的制件出件顺畅；但制件飞边方向不统一。此模具制造简单，加工成本低，材料利用率高（材料利用率为38.88%）。

对以上两个方案的分析，考虑到该制件形状简单，尺寸要求不高，制件装配时对飞边方向没有特殊的要求。结合模具制造成本及材料利用率等方面，最终选用方案2较为合理。

6.3 模具总装图设计

模内带自动送料装置的卡片级进模总装图如图6-4所示。此模具在模具内部配有对称的模内送料装置来实现自动化生产。这样既能够获得较高的生产效率，又能够减小设备投资，降低产品成本。模具结构主要特点如下：

1）空工位设计。此模具空工位较多，共有11个：工位②空工位为带料导正定位用；工位③~⑧空工位是为了模内送料装置而留；工位⑨、⑫、⑭、⑮空工位是为了增加模具的强度。

2）切断凸模设计。在级进模中，最后工位切断一般是用来切断载体的废料，但此模具的切断凸模（件号14）是用于制件与制件之间的分离切断。这样对切断凸模与卸料板及凹模板的间隙配合要求较高。为了防止侧向力，此模具在切断凸模的右边安装导向挡板，使切断凸模在中间滑动，从而提高切断的精度。通常将切断凸模设计成平刃口，这样会对切断凸模所产生的侧向力较大。为了减少切断时所产生的侧向力，把平刃口切断凸模改为斜刃口。开始冲压时，可以让切断凸模最高点先接触切断凹模；随着上模继续下行，再慢慢地进行全部切断工作，这样就减轻了冲裁力。

3）模内送料设计。模内送料装置是一种结构简单、制造方便、造价低的自动送料装置。其特点是靠送料杆拉动工艺孔，实现自动送料。这种送料装置大部分使用在有搭边，且搭边具有一定强度的冲压自动生产中。在送料杆没有拉住搭边的工艺孔时，带料需靠手工送进。在多工位级进模冲压中，模内送料通常与导正销配合使用，才能保证准确送料步距。此模具的送料装置由上模直接带动，安装在上模的斜楔7带动下模滑块29、40进行送料。

其工作过程如下：先由手工送进几个冲压件，当能使送料杆30进入工艺孔钩住搭边位置时才可自动送进；在上模带动斜楔7向下运动时，斜楔7推动滑块29、40向右移动，带料在送料杆30的带动下向右送进，当斜楔7的斜面完全进入滑块29、40时，送料完毕（此时材料被向右移动一个步距）；此后止动杆32停止不动，上模继续下行使凸模再进入凹模冲压。当模具回程时，滑块29、40及送料杆30在弹簧力的作用下向左移动复位，使带斜面的送料杆30跳过搭边，进入下一个工艺孔位完成一次送料，而带料在导料板及止动杆32的作用下不能退回，静止不动。如此循环，达到自动间歇送进的目的。模内送料装置的送料运动，一般是在上模下行时进行，因此送料过程必须在凸模接触带料前送料结束，保证冲压的带料定位在正确的冲压位置上。

6.4 模座设计

6.4.1 上模座（图 6-5）

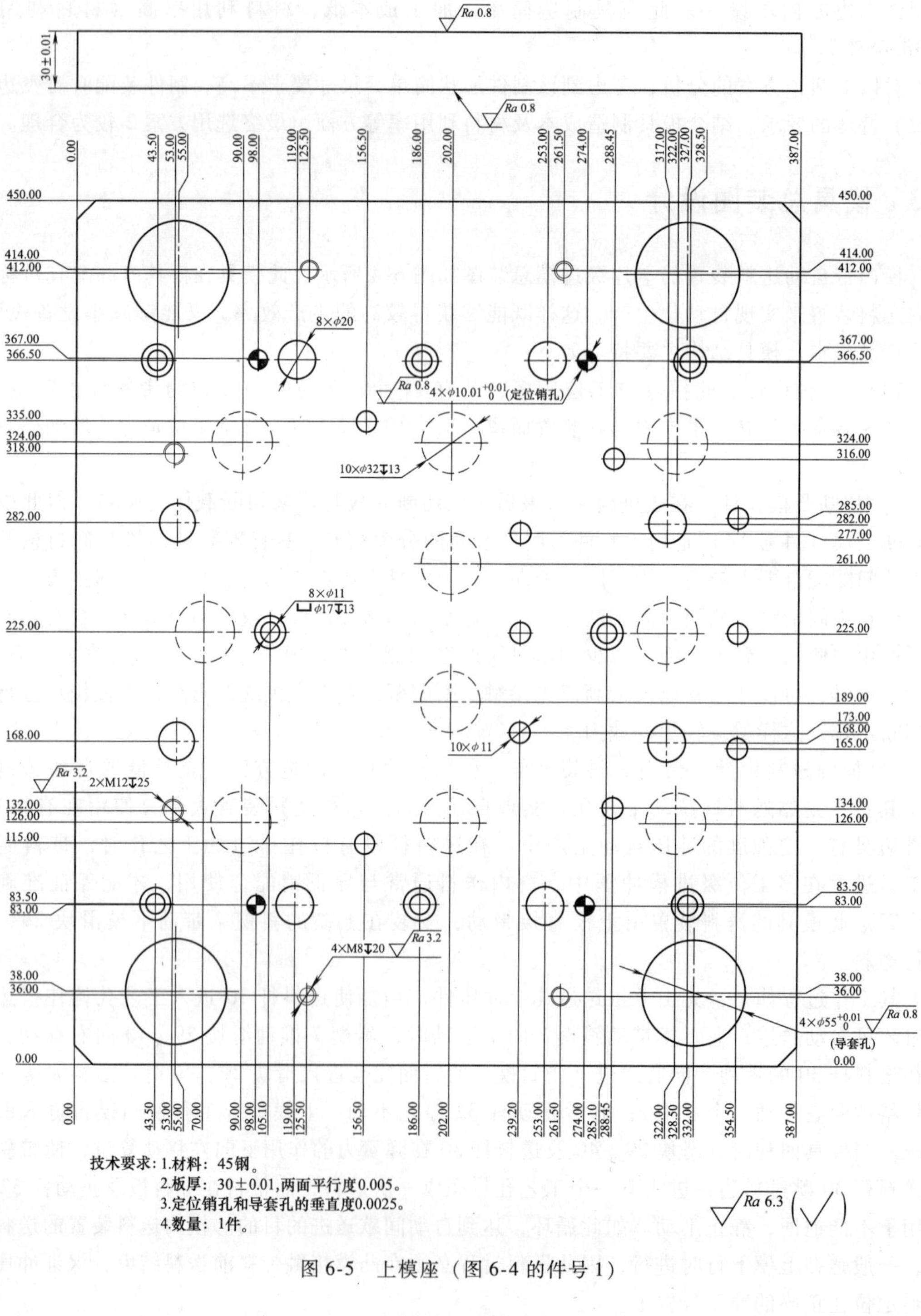

图 6-5 上模座（图 6-4 的件号 1）

6.4.2　下模座（图 6-6）

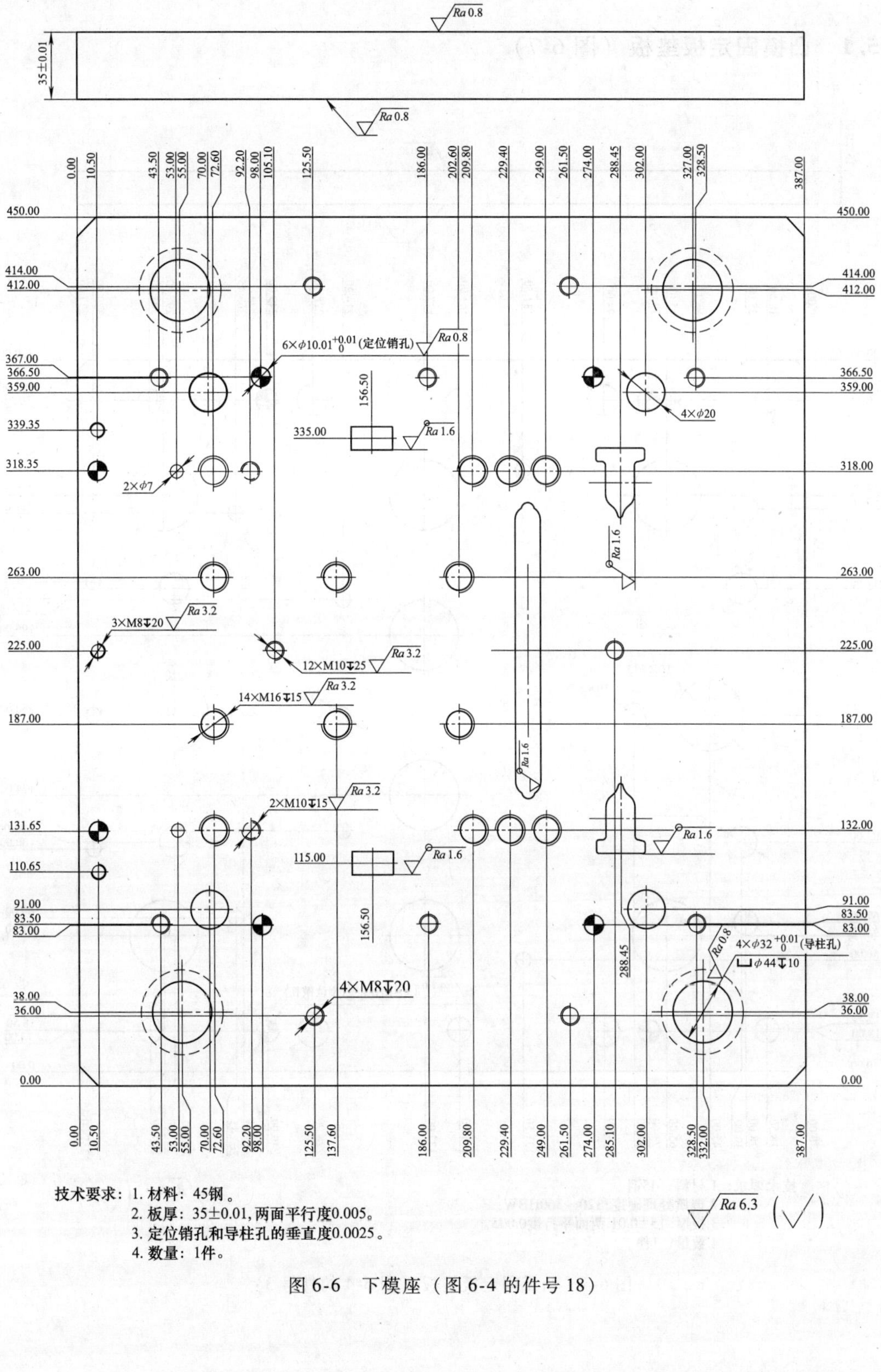

技术要求：1. 材料：45钢。
2. 板厚：35±0.01，两面平行度0.005。
3. 定位销孔和导柱孔的垂直度0.0025。
4. 数量：1件。

图 6-6　下模座（图 6-4 的件号 18）

6.5　模板设计

6.5.1　凸模固定板垫板（图 6-7）

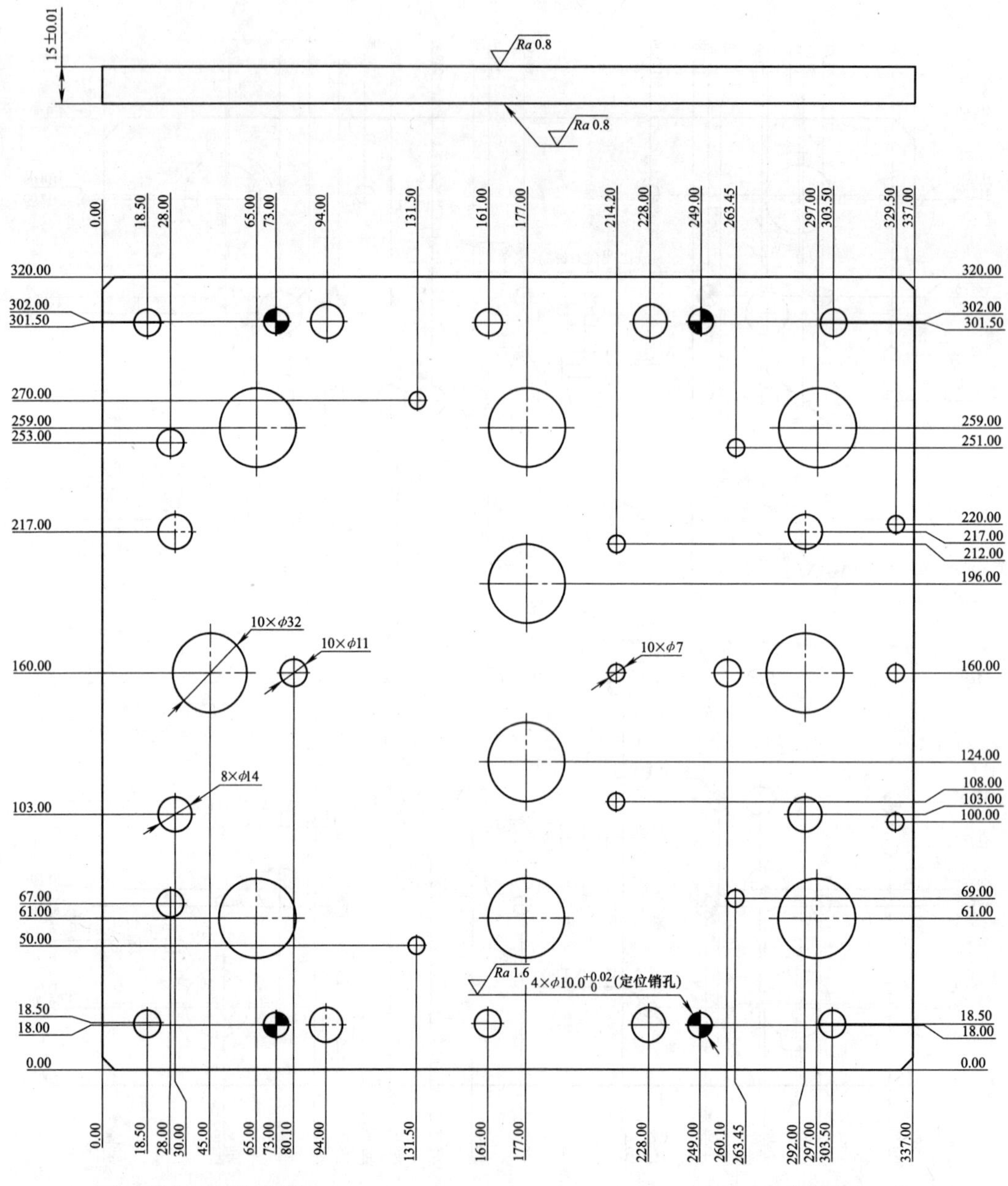

技术要求：1.材料：45钢。
2.调质处理硬度:320～360HBW。
3.板厚: 15±0.01,两面平行度0.005。
4.数量：1件。

图 6-7　凸模固定板垫板（图 6-4 的件号 3）

6.5.2　凸模固定板（图 6-8）

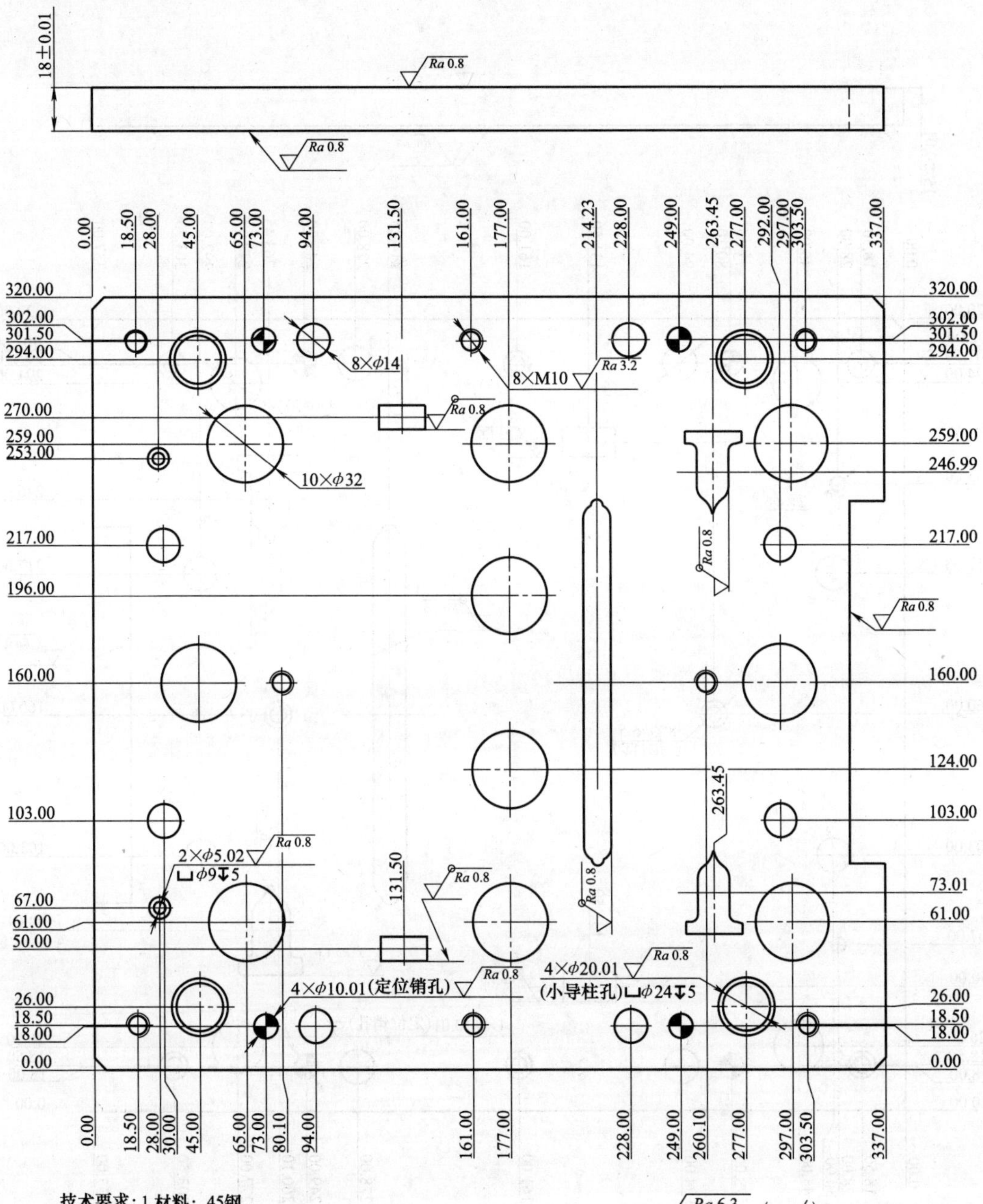

技术要求：1.材料：45钢。
2.板厚：18±0.01，两面平行度0.005。
3.主要型孔采用慢走丝线切割加工，垂直度0.002。
4.数量：1件。

图 6-8　凸模固定板（图 6-4 的件号 4）

6.5.3　卸料板垫板（图 6-9）

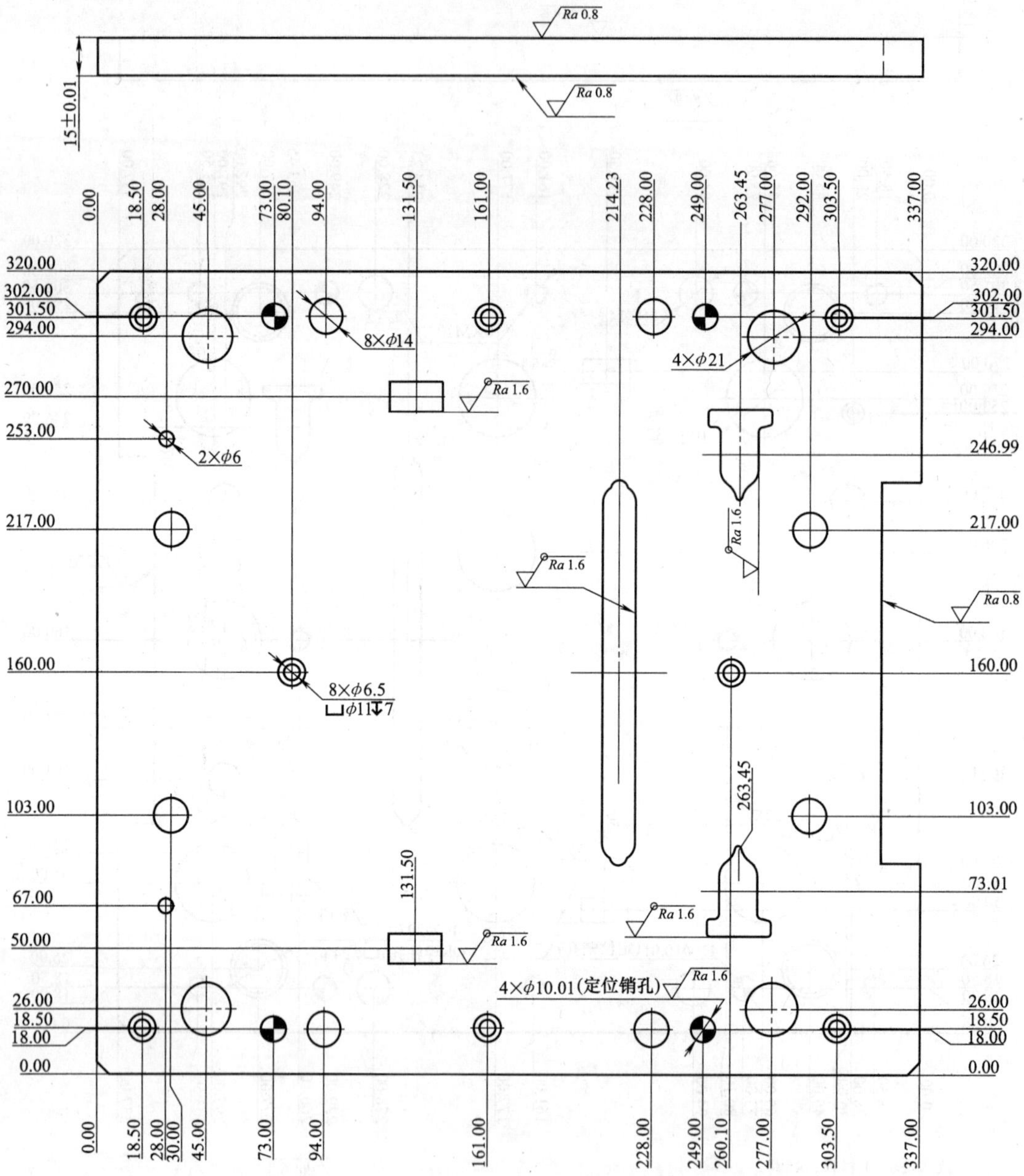

技术要求：1.材料：45钢。

2.板厚：15±0.01,两面平行度0.005。

3.主要型孔采用快走丝线切割加工。

4.数量：1件。

Ra 6.3 (√)

图 6-9　卸料板垫板（图 6-4 的件号 8）

6.5.4　卸料板（图 6-10）

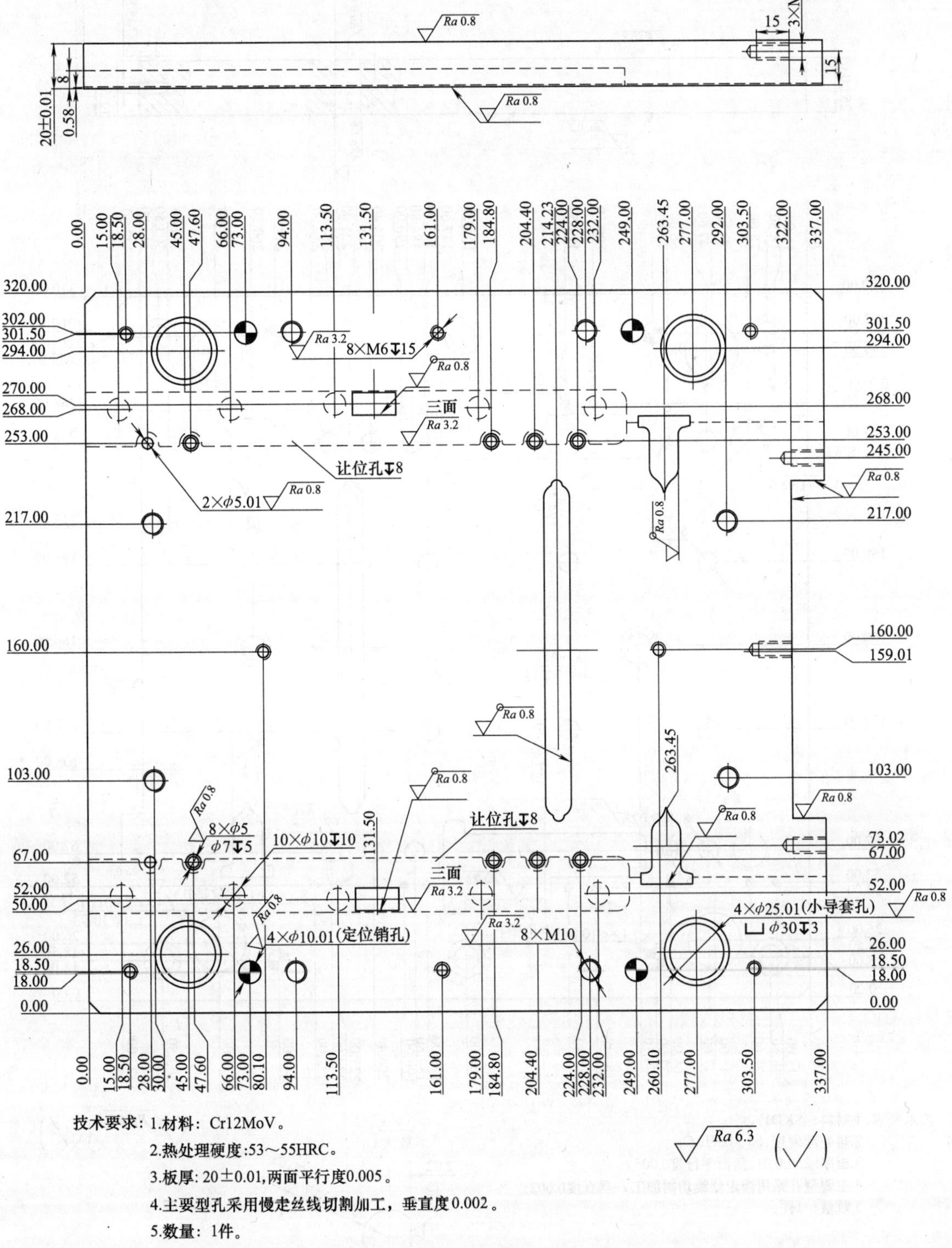

技术要求：1.材料：Cr12MoV。

2.热处理硬度:53～55HRC。

3.板厚: 20±0.01,两面平行度0.005。

4.主要型孔采用慢走丝线切割加工，垂直度0.002。

5.数量：1件。

Ra 6.3 (√)

图 6-10　卸料板（图 6-4 的件号 5）

6.5.5　凹模板（图 6-11）

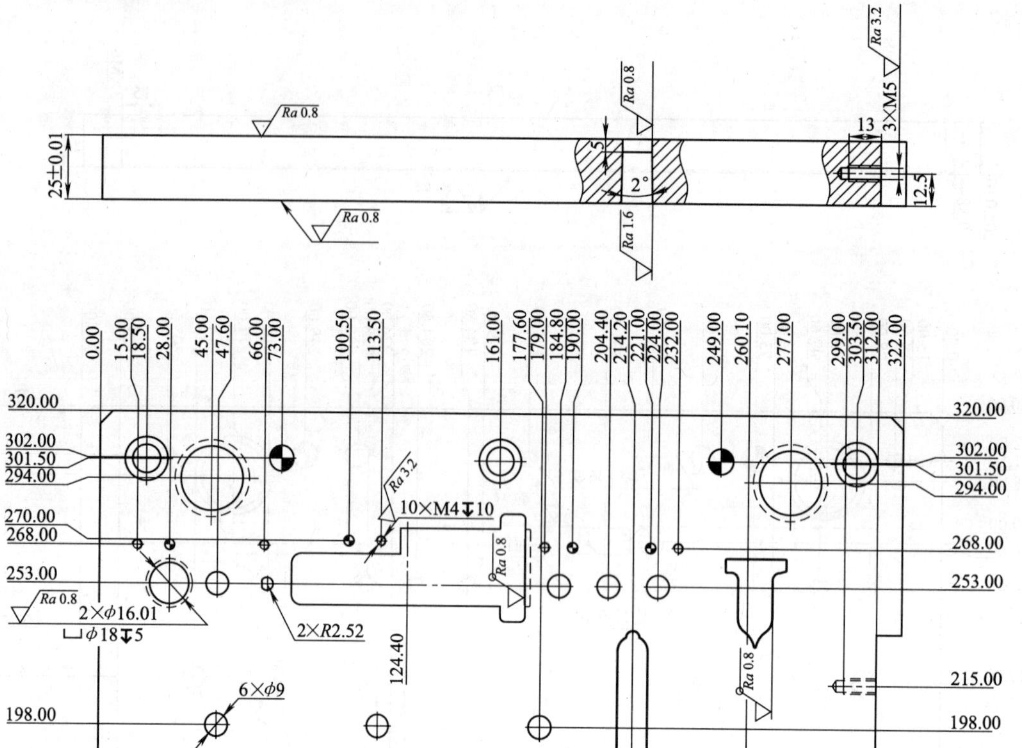

技术要求：1.材料：SKD11。
2.热处理硬度：60～62HRC。
3.板厚：25±0.01，两面平行度0.005。
4.主要型孔采用慢走丝线切割加工，垂直度0.002。
5.数量：1件。

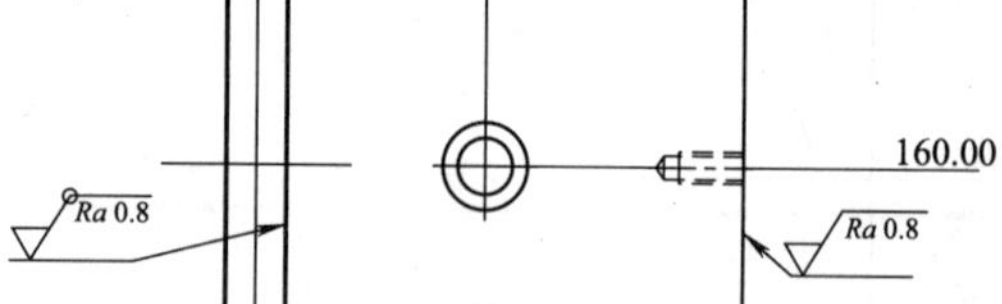

图 6-11　凹模板（图 6-4 的件号 19）

6.5.6　凹模垫板（图 6-12）

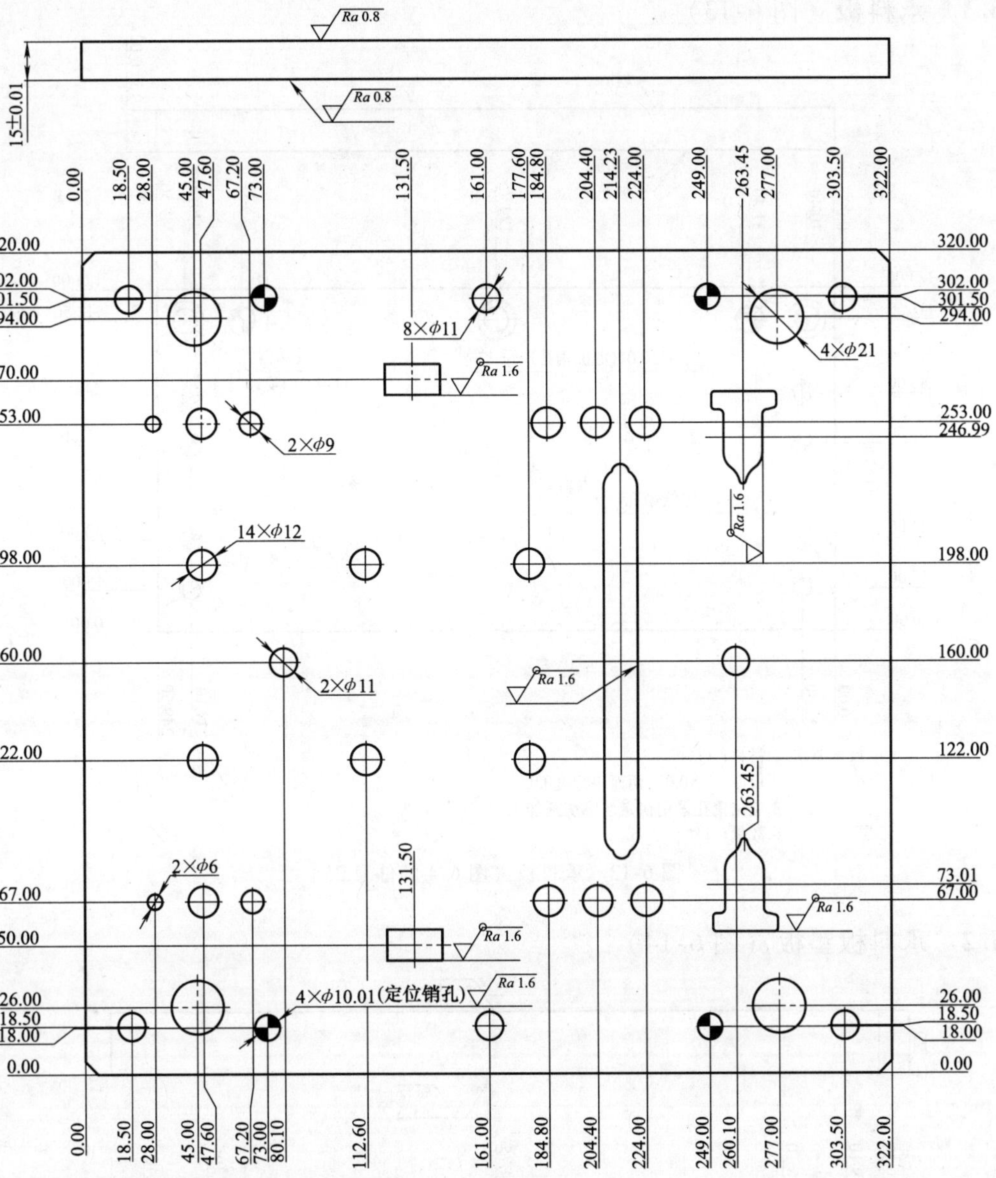

技术要求：1.材料：Cr12。
2.热处理硬度：53～55HRC。
3.板厚:15±0.01，两面平行度0.005。
4.主要型孔采用快走丝线切割加工。
5.数量：1件。

图 6-12　凹模垫板（图 6-4 的件号 31）

6.6 模具零部件设计

6.6.1 承料板（图 6-13）

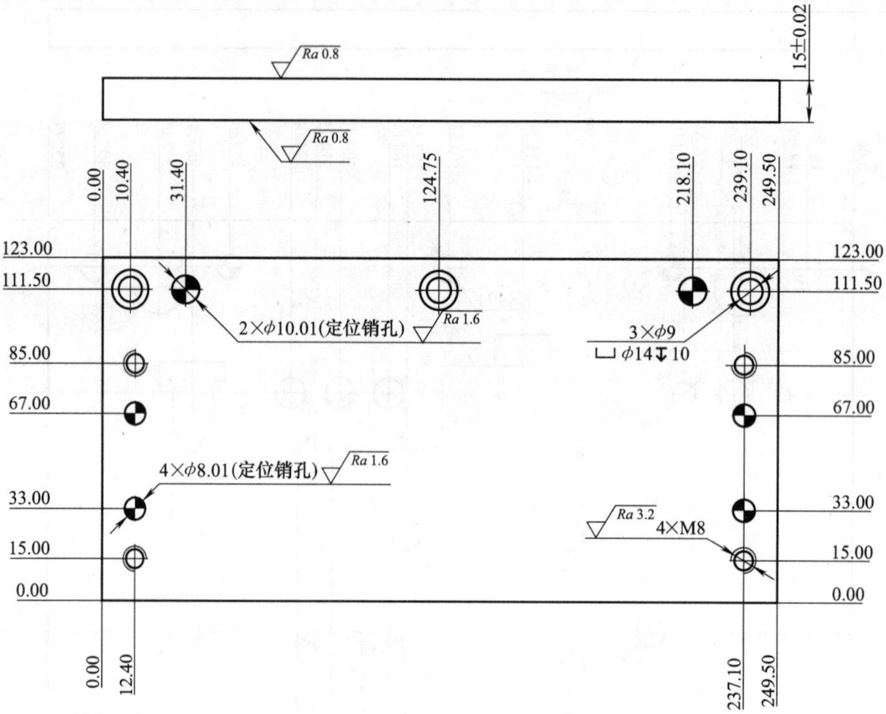

技术要求：1.材料：Q235。
2.板厚:15±0.02,两面平行度0.02。
3.定位销孔采用快走丝线切割加工。
4.数量：1件。

Ra 6.3 (√)

图 6-13　承料板（图 6-4 的件号 35）

6.6.2 承料板垫板（图 6-14）

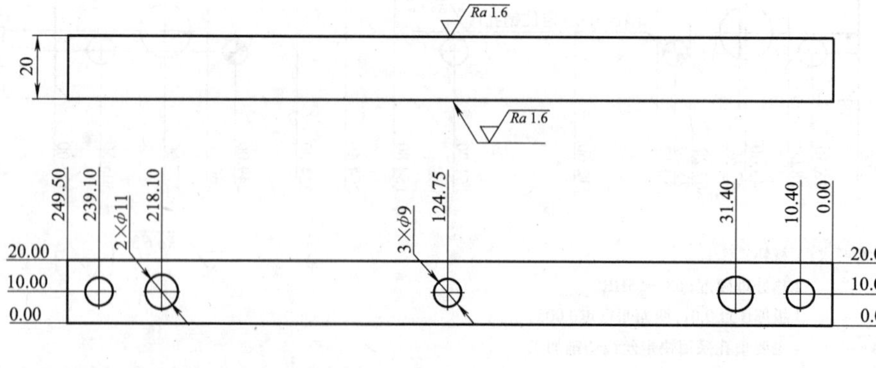

技术要求：1.材料：Q235。
2.板厚：20,两面平行度0.02。
3.数量：1件。

Ra 6.3 (√)

图 6-14　承料板垫板（图 6-4 的件号 34）

6.6.3　导料板

（1）外导料板 1（图 6-15）

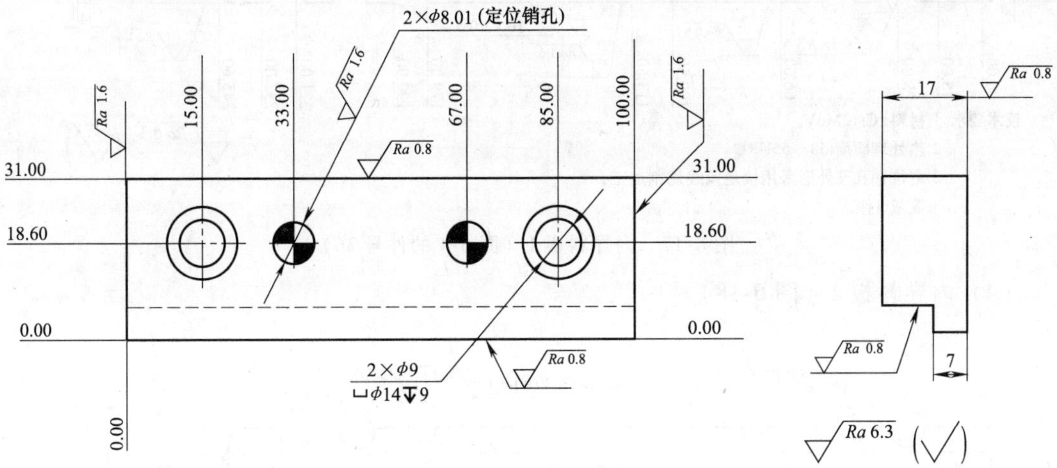

技术要求：1.材料:Cr12。
2.热处理硬度: 53～55HRC。
3.定位销孔采用快走丝线切割加工。
4.数量:1件。

图 6-15　外导料板 1（图 6-4 的件号 37）

（2）外导料板 2（图 6-16）

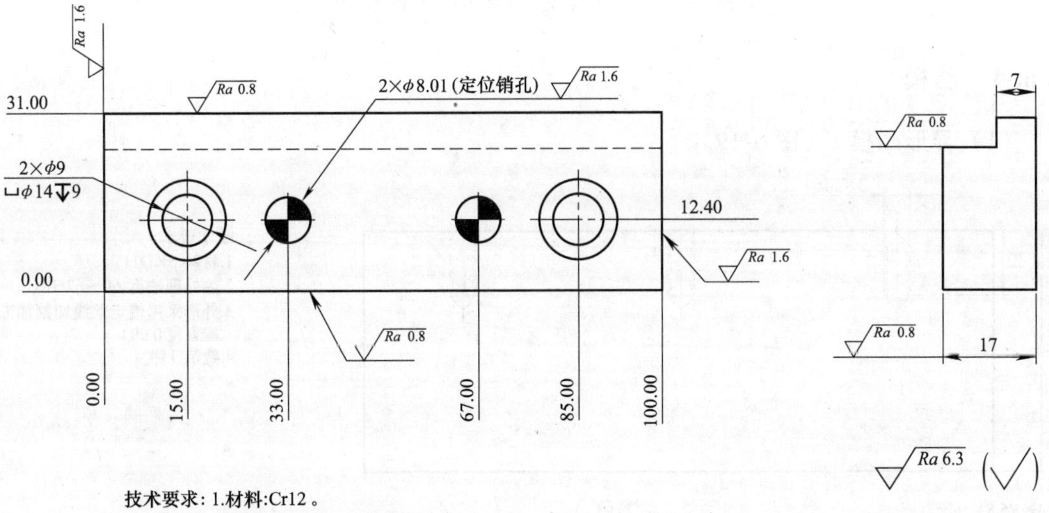

技术要求：1.材料:Cr12 。
2.热处理硬度:53～55HRC 。
3.定位销孔采用快走丝线切割加工。
4.数量:1件。

图 6-16　外导料板 2（图 6-4 的件号 38）

（3）内导料板 1（图 6-17）

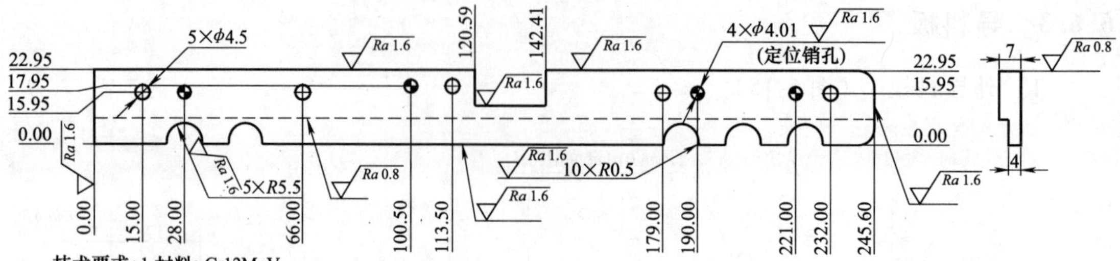

技术要求：1.材料：Cr12MoV。
2.热处理硬度：53～55HRC。
3.定位销孔及外形采用快走丝线切割加工。
4.数量：1件。

图 6-17　内导料板 1（图 6-4 的件号 36）

（4）内导料板 2（图 6-18）

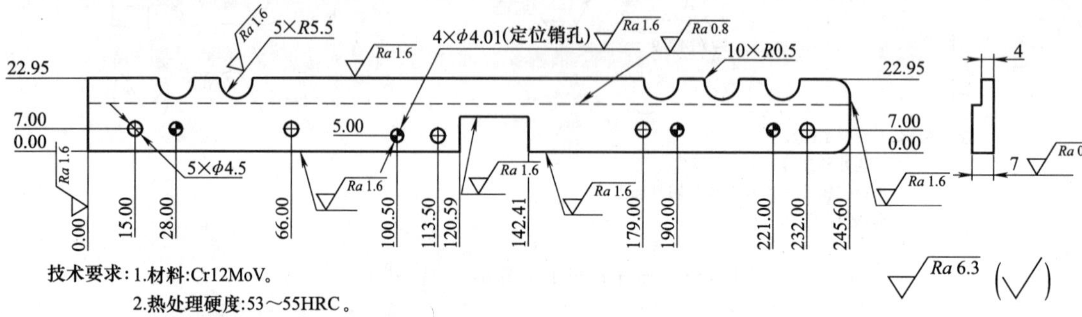

技术要求：1.材料：Cr12MoV。
2.热处理硬度：53～55HRC。
3.定位销孔及外形采用快走丝线切割加工。
4.数量：1件。

图 6-18　内导料板 2（图 6-4 的件号 39）

6.6.4　凸模

（1）异形凸模 1（图 6-19）

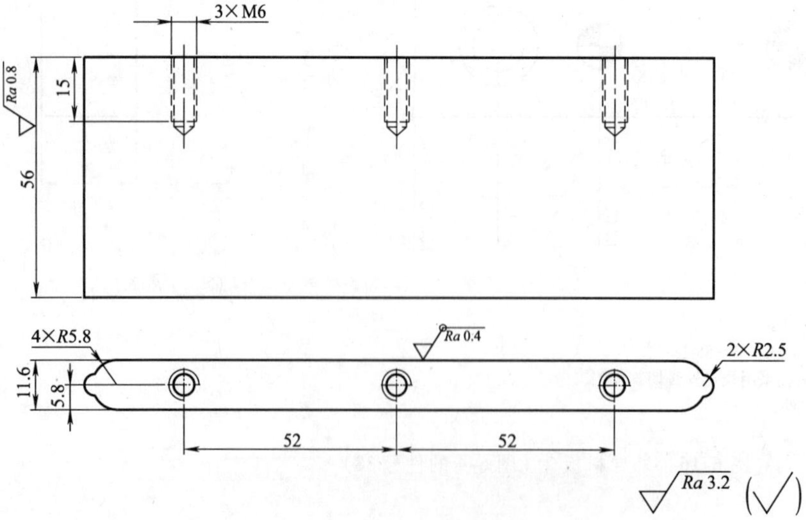

技术要求：
1.材料：SKD11。
2.热处理硬度：60～62HRC。
3.外形采用慢走丝线切割加工，垂直度0.003。
4.数量：1件。

图 6-19　异形凸模 1（图 6-4 的件号 26）

（2）异形凸模 2（图 6-20）

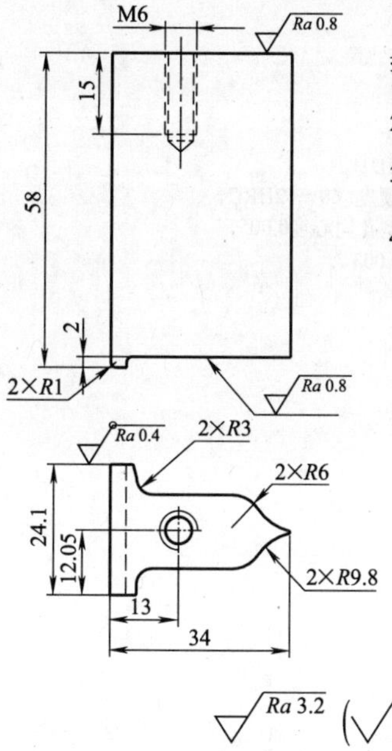

技术要求:
1.材料:SKD11。
2.热处理硬度:
60～62HRC。
3.外形采用慢走丝线切割加工,垂直度0.003。
4.数量:1件。

图 6-20　异形凸模 2（图 6-4 的件号 21）

（3）　异形凸模 3（图 6-21）

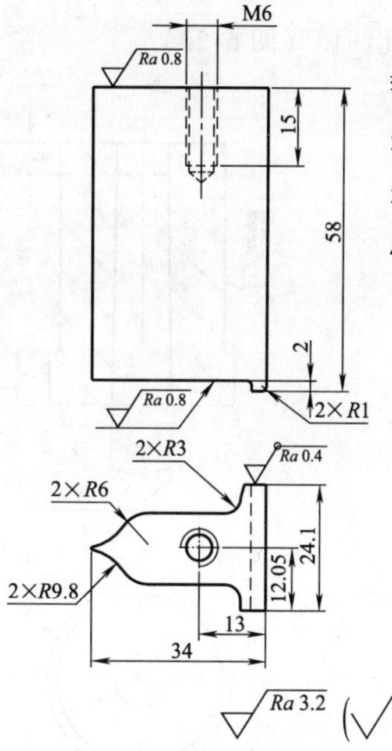

技术要求:
1.材料:SKD11。
2.热处理硬度:
60～62HRC。
3.外形采用慢走丝线切割加工,垂直度0.003。
4.数量:1件。

图 6-21　异形凸模 3（图 6-4 的件号 43）

（4）切断凸模（图 6-22）

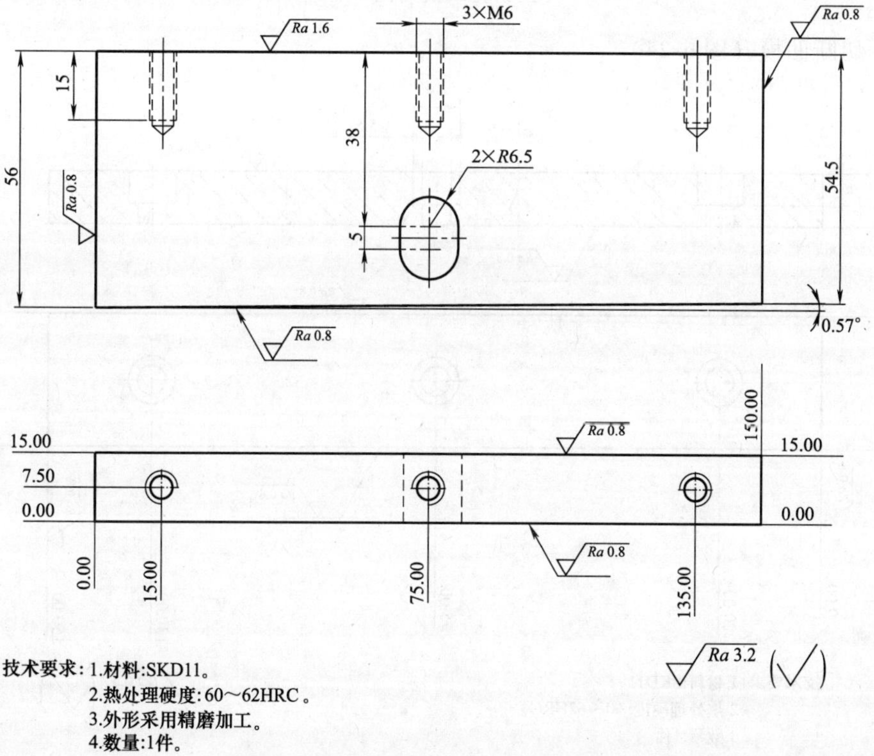

技术要求: 1.材料:SKD11。
2.热处理硬度:60～62HRC。
3.外形采用精磨加工。
4.数量:1件。

图 6-22　切断凸模（图 6-4 的件号 14）

6.6.5 凹模

（1）导正销孔凹模（图 6-23）

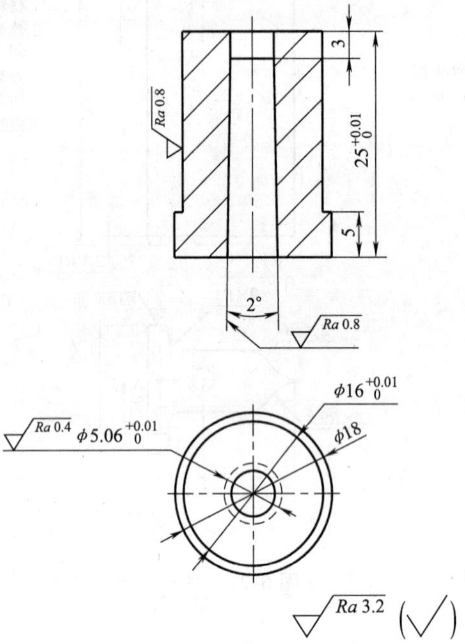

技术要求：
1.材料:SKD11。
2.热处理硬度: 60～62HRC。
3.外形与型孔同心度0.005，垂直度0.003。
4.数量:2件。

图 6-23　导正销孔凹模（图 6-4 的件号 33）

（2）切断凹模（图 6-24）

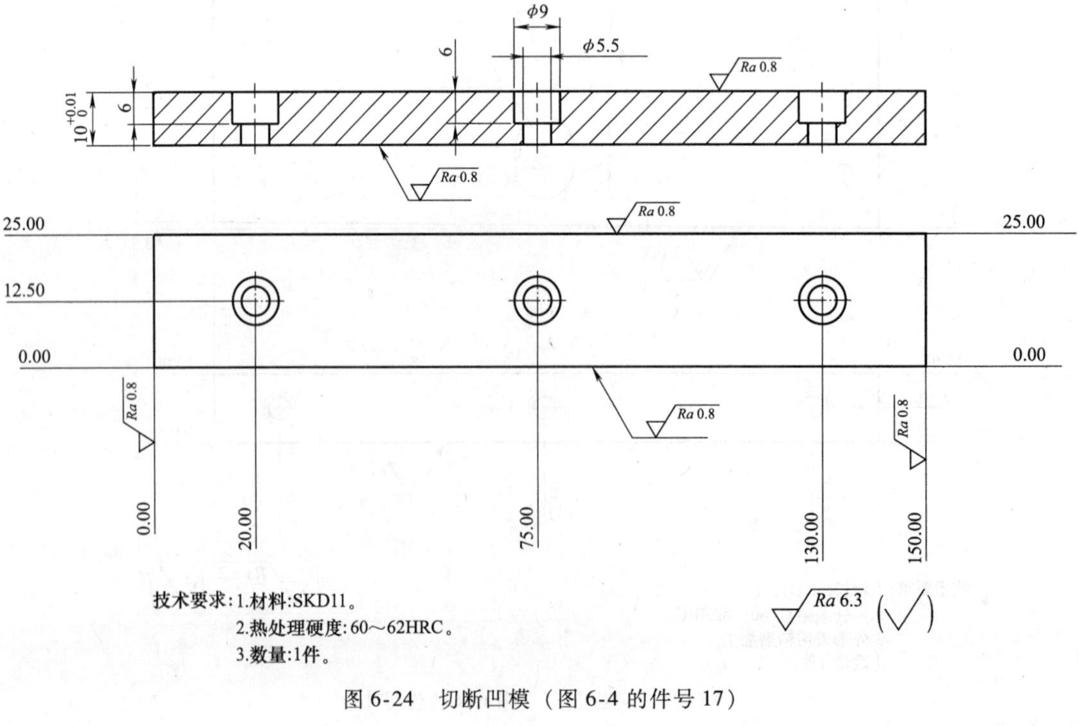

技术要求：1.材料:SKD11。
2.热处理硬度:60～62HRC。
3.数量:1件。

图 6-24　切断凹模（图 6-4 的件号 17）

6.6.6　切断凸模挡板（图 6-25）

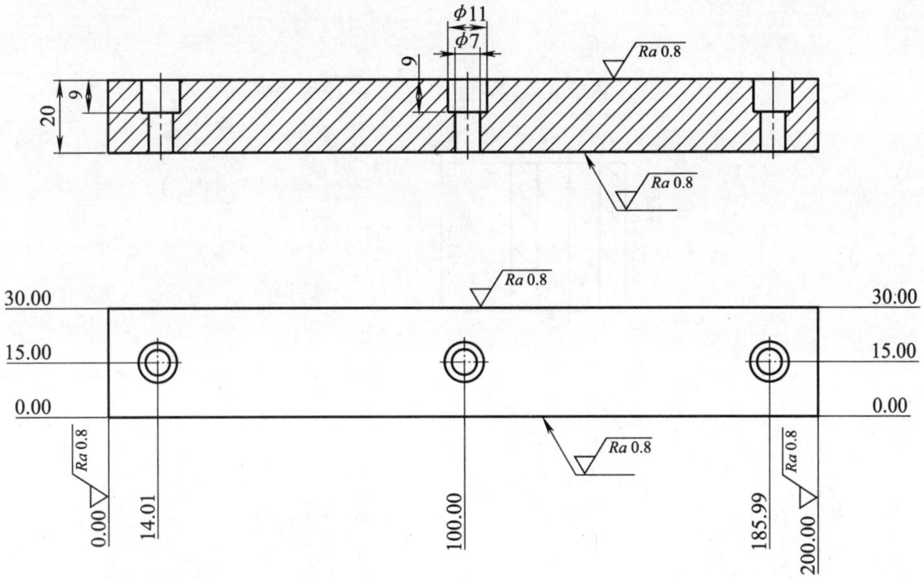

技术要求：1.材料：Cr12。
2.热处理硬度：53～55HRC。
3.数量：1件。

Ra 6.3 (✓)

图 6-25　切断凸模挡板（图 6-4 的件号 15）

6.6.7　导正销（图 6-26）

6.6.8　套式顶料杆（图 6-27）

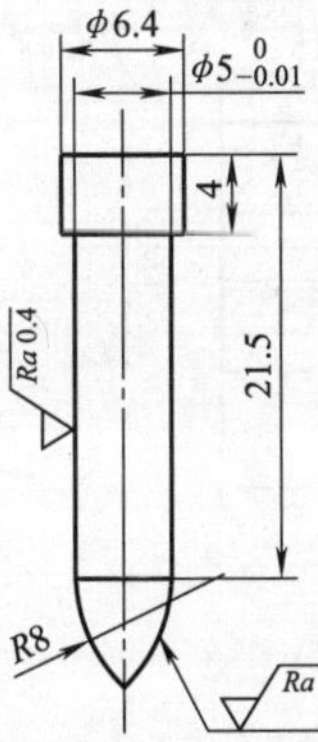

技术要求：
1.材料：Cr12MoV。
2.热处理硬度：55～58HRC。
3.数量：8件。

Ra 1.6 (✓)

图 6-26　导正销（图 6-4 的件号 10）

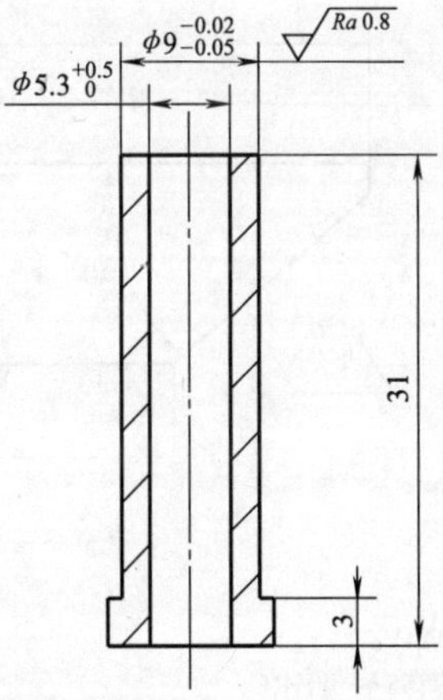

技术要求：
1.材料：CrWMn。
2.热处理硬度：55～58HRC。
3.数量：8件。

Ra 1.6 (✓)

图 6-27　套式顶料杆（图 6-4 的件号 25）

6.6.9　垫圈（图 6-28）

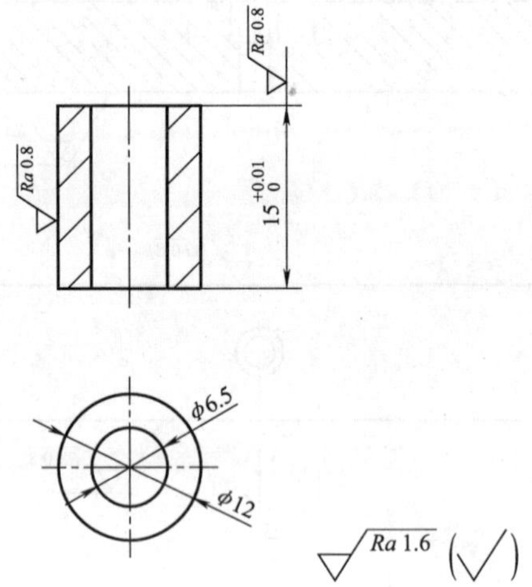

技术要求：1.材料：CrWMn。
2.热处理硬度：55～58HRC。
3.数量：1件。

图 6-28　垫圈（图 6-4 的件号 16）

6.6.10　拉料器组件

（1）斜楔（图 6-29）

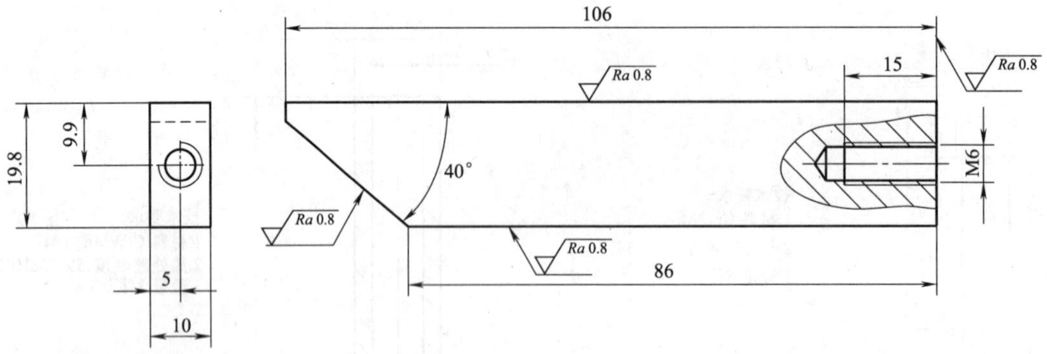

技术要求：1.材料：Cr12MoV。
2.热处理硬度：55～58HRC。
3.数量：2件。

图 6-29　斜楔（图 6-4 的件号 7）

（2）止动杆（图 6-30）

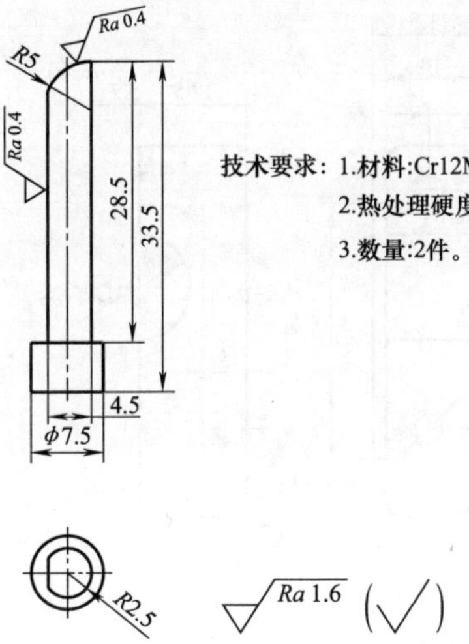

技术要求：1.材料:Cr12MoV。
2.热处理硬度:55～58HRC。
3.数量:2件。

图 6-30　止动杆（图 6-4 的件号 32）

（3）送料杆（图 6-31）

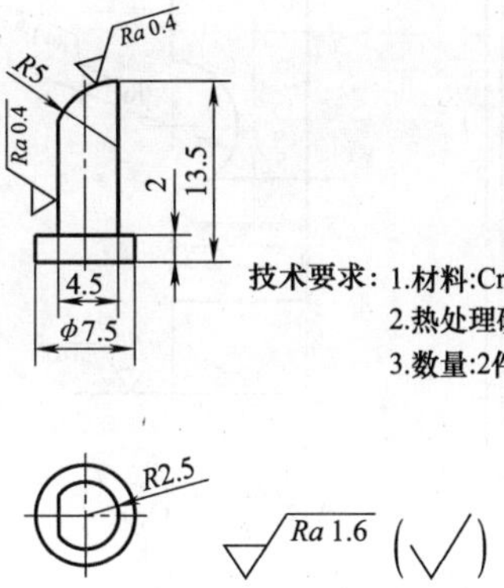

技术要求：1.材料:Cr12MoV。
2.热处理硬度:55～58HRC。
3.数量:2件。

图 6-31　送料杆（图 6-4 的件号 30）

（4）滑块 1（图 6-32）

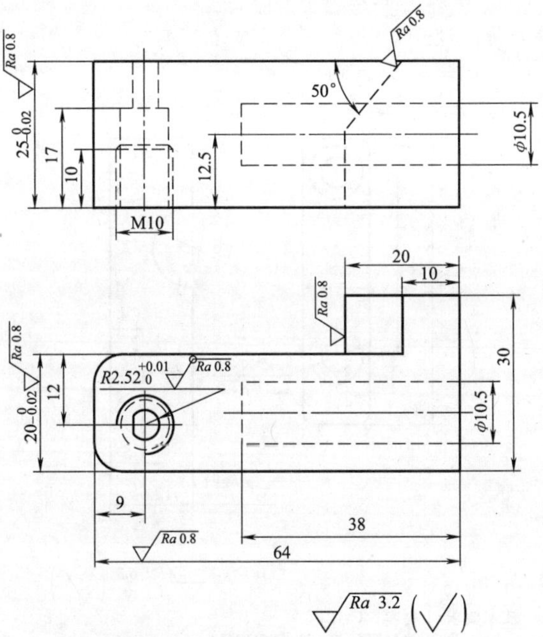

技术要求：1.材料：Cr12MoV。
2.热处理硬度:55～58HRC。
3.数量：1件。

图 6-32　滑块 1（图 6-4 的件号 29）

（5）滑块 2（图 6-33）

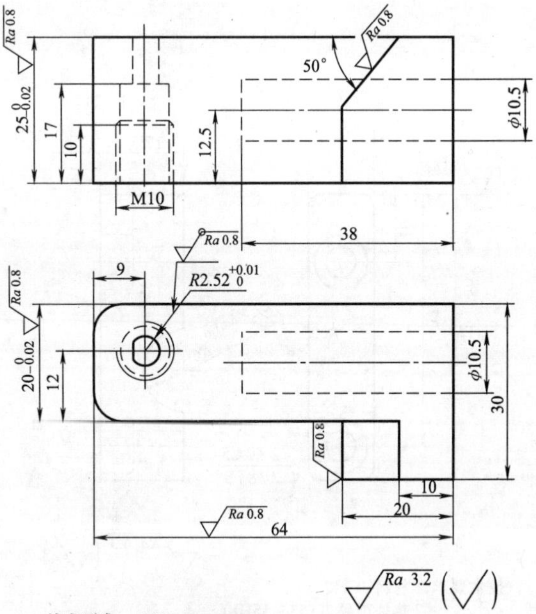

技术要求：1.材料：Cr12MoV。
2.热处理硬度:55～58HRC。
3.数量：1件。

图 6-33　滑块 2（图 6-4 的件号 40）

（6）弹簧安装座 1（图 6-34）

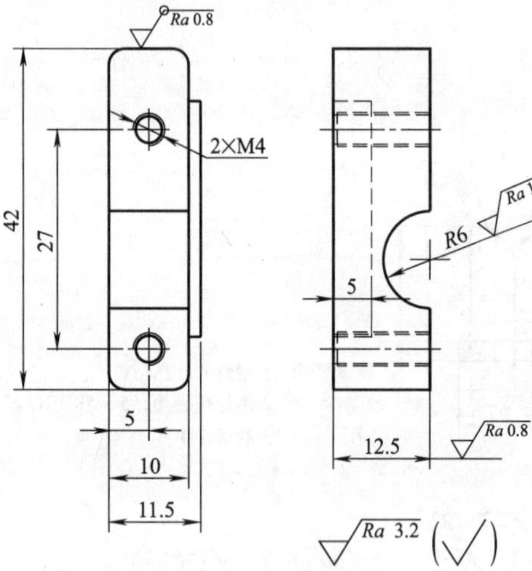

技术要求：1.材料：Cr12。
2.热处理硬度：53～55HRC。
3.数量：1件。

图 6-34　弹簧安装座 1（图 6-4 的件号 27）

（7）弹簧安装座 2（图 6-35）

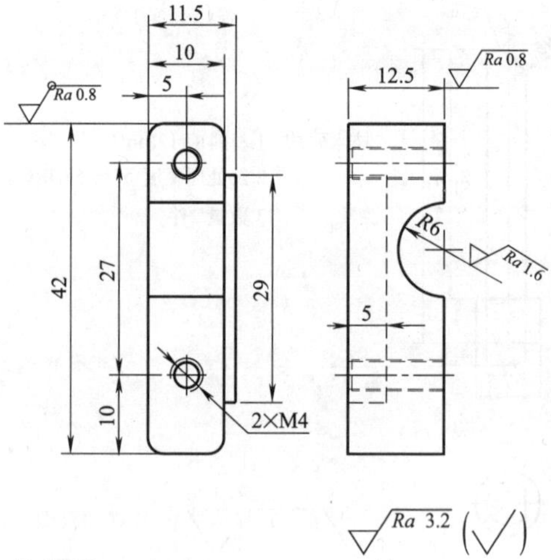

技术要求：1.材料：Cr12。
2.热处理硬度：53～55HRC。
3.数量：1件。

图 6-35　弹簧安装座 2（图 6-4 的件号 42）

（8）弹簧安装座 3（图 6-36）

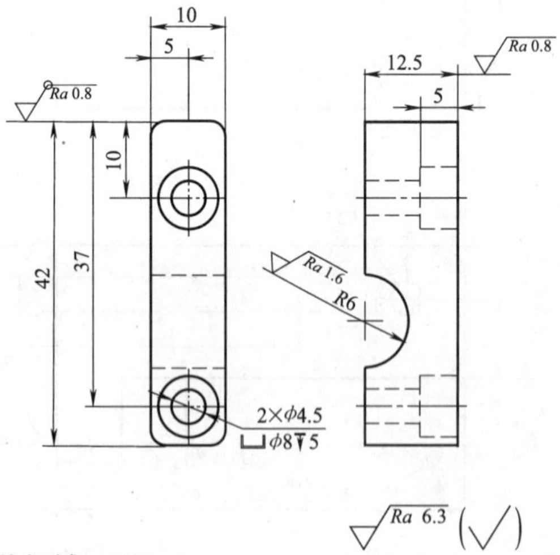

技术要求：1.材料：Cr12。
2.热处理硬度：53～55HRC。
3.数量：1件。

图 6-36　弹簧安装座 3（图 6-4 的件号 28）

（9）弹簧安装座 4（图 6-37）

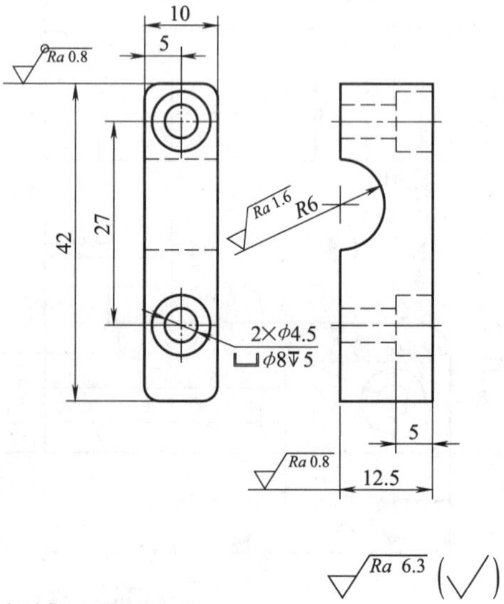

技术要求：1.材料：Cr12。
2.热处理硬度：53～55HRC。
3.数量：1件。

图 6-37　弹簧安装座 4（图 6-4 的件号 41）

6.6.11 限位柱

（1）上限位柱（图 6-38）

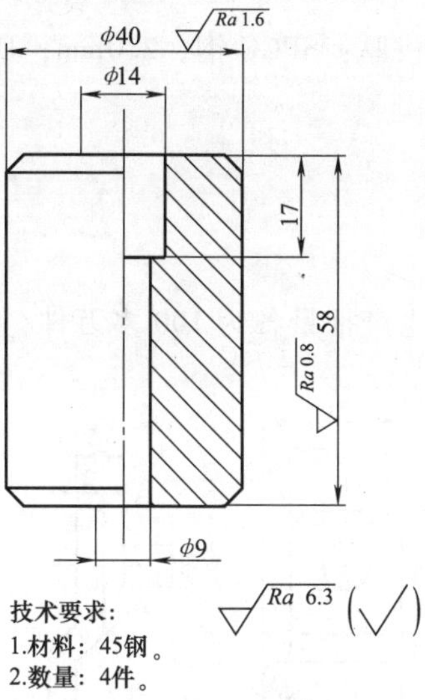

图 6-38　上限位柱（图 6-4 的件号 23）

（2）下限位柱（图 6-39）

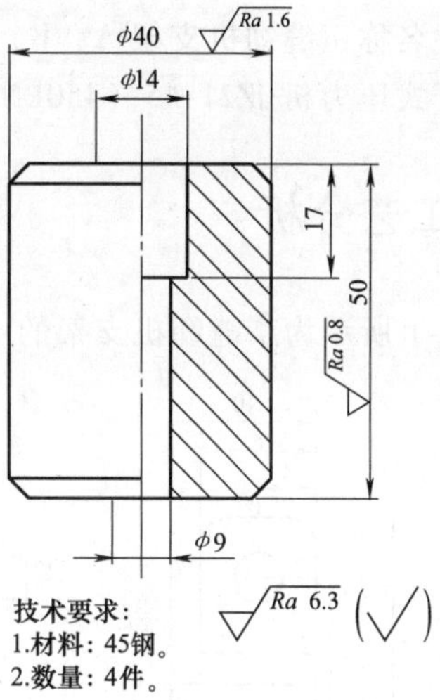

图 6-39　下限位柱（图 6-4 的件号 24）

6.7 冲压动作原理

将原材料宽度 200mm、厚度 0.6mm 的卷料吊装在料架上，通过整平机将送进的带料整平，然后用手工将带料送入模具的导料板内，直到带料的头部覆盖两个 ϕ5.0mm 的导正销孔凹模刃口。这时进行第一次冲两个 ϕ5.0mm 的导正销孔；然后进行第二次将带料导正（第二次为空工位）；第三次为止动杆钩住带料的工艺孔，这时带料只能向前送，不能往后退；第四次为空工位。此次冲压后不再用手工送料，当模具回程时，滑块 29、40 及送料杆 30 在弹簧力的作用下向左移动复位，使带斜面的送料杆 30 跳过搭边进入下一个工艺孔，而带料在导料板及止动杆 32 的作用下不能退回，静止不动；进入第五次冲压时（第五次为空工位），在上模带动斜楔 7 向下运动，斜楔 7 推动滑块 29、40 向右移动，带料在送料杆的带动下向右送进，当斜楔 7 的斜面完全进入滑块时，送料完毕（此时材料被向右移动一个步距），此后止动杆 32 停止不动，上模继续下行再进行冲压；第六次至第九次为空工位；第十、十一次为冲切中部异形孔废料；第十二次为空工位；第十三次为冲切两边废料；第十四、十五次为空工位；第十六次（最后）为切断（制件与载体分离），使分离后的制件从右边滑下。这时将自动送料器调至自动的状况可进入连续冲压。

第 7 章　带自动攻螺纹缝纫机支架多工位级进模

制件名称：缝纫机支架 A、B、C 三个零件；材料及板厚：SPCC 钢，2.0mm；所用冲压设备：开式压力机 JZ21-45（450kN）。

7.1　工艺分析

图 7-1 所示为某缝纫机支架的 A、B、C 三个制件，生产批量各为 100 多万件/年。此制

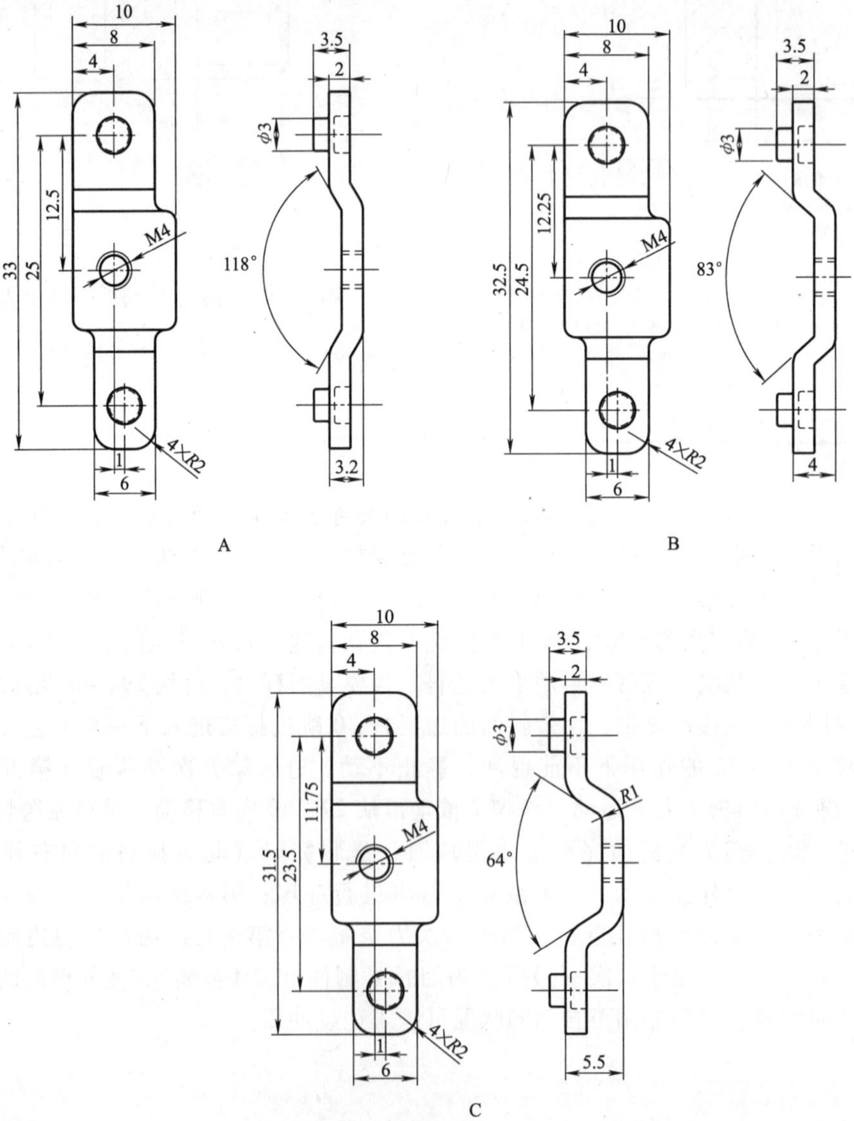

图 7-1　缝纫机支架 A、B、C 三个制件

件有飞边方向的要求，需向下弯曲成形；制件中部攻有 M4 螺纹孔。其冲压工艺需经过冲裁、攻螺纹、弯曲、切断等工序来完成。经合理分解后，把 A、B、C 三个制件按一定的成形顺序，设置在不同的冲压工位上，使模具起到了一模多用的作用，又提高了生产效率。

制件的弯曲高度低，经分析可以在级进模上一次弯曲成形。M4 的螺纹孔要求在级进模内同时完成自动攻螺纹工艺，给模具设计与制造带来了一定的难度。

7.2　排样设计

图 7-2 所示为制件排样图。此制件排样设计时主要考虑如下：

1）模具刚性好、精度高的级进模通用模座，攻螺纹模块位于模具中部，因而模具结构设计成三大组模块：冲裁模块、攻螺纹模块、成形及制件分离模块。

2）合理制订工序数，以适应模座周界及考虑累积误差对制件精度的影响。

3）合理制定步距，以适应凹模强度及攻螺纹模块的位置。

4）由于制件带有切口、冲孔、弯曲、攻螺纹等工序，各工序的先后应按复杂程度而定，以有利于下道工序的进行为准，并应先易后难，先冲平面形状后冲复杂形状。

5）排样时，必须合理安排导正销孔的位置，以适应制件精度要求。

6）需要冲制的制件与载体的连接应具有足够的强度和刚度，以保证带料在冲压过程中连续送进的稳定性。

经过以上分析后，此制件共分为 22 个工位来完成。具体工位如下：

工位①：冲孔及冲切侧刃。

工位②：冲预冲孔（后续攻螺纹用）。

工位③~⑤：空工位。

工位⑥：攻螺纹。

工位⑦、⑧：空工位。

工位⑨、⑩：压凸。

工位⑪~⑬：冲切外形废料。

工位⑭：空工位。

工位⑮：制件 A 弯曲。

工位⑯：空工位。

工位⑰：制件 B 弯曲。

工位⑱：空工位。

工位⑲：制件 C 弯曲。

工位⑳、㉑：空工位。

工位㉒：切断（制件与载体分离）。

其中，为了配合攻螺纹模块，让出了五个空工位。

工位⑮制件 A 弯曲、工位⑰制件 B 弯曲，以及工位⑲制件 C 弯曲的切换方式，详见第 7.7 节冲压动作原理的解释。

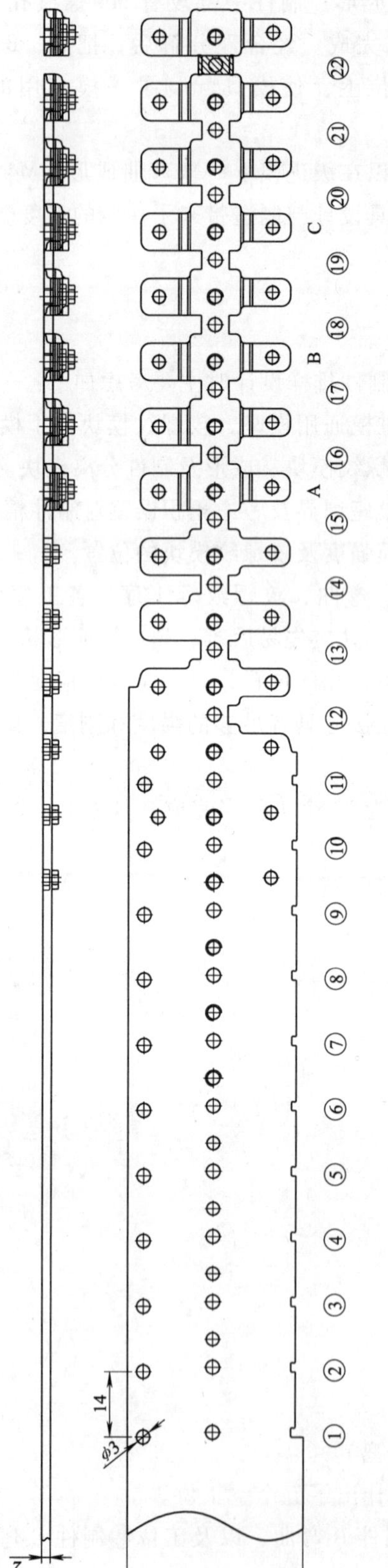

图 7-2　排样图

7.3　模具总装图设计

图 7-3 所示为带自动攻螺纹缝纫机支架多工位级进模总装图。此模具的结构特点如下：

1）此模具由三大模块组成，即冲裁模块、攻螺纹模块、成形及制件分离模块。

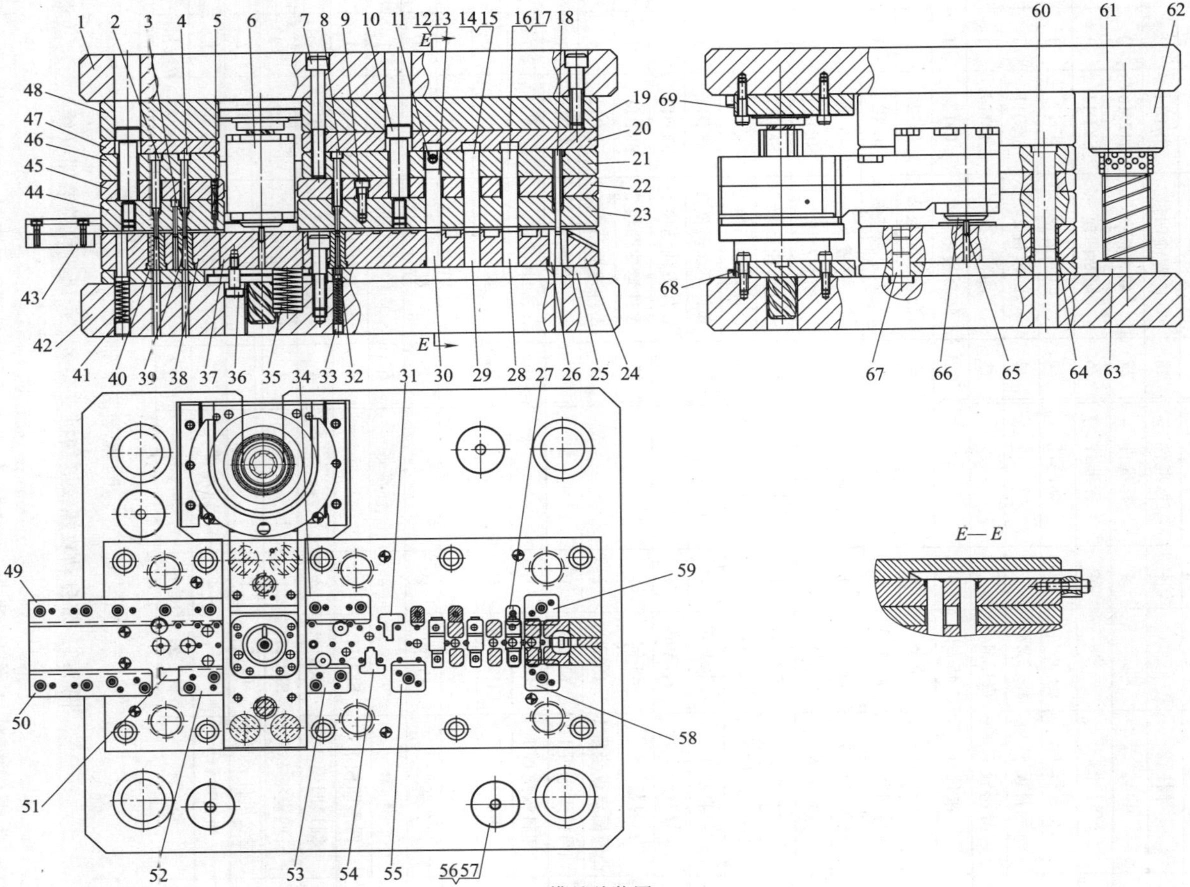

模具总装图

图 7-3　带自动攻螺纹缝纫机支架多工位级进模总装图

件号	名　称	材　料	数量	备　注	件号	名　称	材　料	数量	备　注
					35	弹簧		4	标准件
69	上安装板	45 钢	1	专业厂家制作	34	导料板 2	Cr12MoV	1	
68	下安装板	45 钢	1	专业厂家制作	33	螺塞		2	标准件
67	小导柱 2		2	标准件	32	顶杆 2	CrWMn	2	标准件
66	丝锥夹头		1	专业厂家制作	31	异形凸模 1	SKD11	1	
65	丝锥		1	标准件	30	A 件弯曲凹模	SKD11	1	
64	小导套		6	标准件	29	B 件弯曲凹模	SKD11	1	
63	导柱		4	标准件	28	C 件弯曲凹模	SKD11	1	
62	导套		4	标准件	27	导料板 9	Cr12MoV	2	
61	保持圈		4	标准件	26	切断凹模	SKD11	1	
60	小导柱 1		6	标准件	25	凹模垫板	Cr12	1	
59	导料板 8	Cr12MoV	1		24	凹模板 2	SKD11	1	
58	导料板 7	Cr12MoV	1		23	卸料板 2	Cr12MoV	1	
57	下限位柱	45 钢	4		22	卸料板垫板 2	Cr12	1	
56	上限位柱	45 钢	4		21	凸模固定板 2	Cr12	1	
55	导料板 3	Cr12MoV	1		20	凸模固定板垫板 2	Cr12	1	
54	异形凸模 2	SKD11	1		19	衬板 2	45 钢	1	
53	导料板 6	Cr12MoV	1		18	切断凸模	SKD11	1	
52	导料板 5	Cr12MoV	1		17	C 件弯曲凸模 2	SKD11	1	
51	侧刃凸模	SKD11	1		16	C 件弯曲凸模 1	SKD11	1	
50	导料板 4	Cr12MoV	1		15	B 件弯曲凸模 2	SKD11	1	
49	导料板 1	Cr12MoV	1		14	B 件弯曲凸模 1	SKD11	1	
48	衬板 1	45 钢	1		13	A 件弯曲凸模 2	SKD11	1	
47	凸模固定板垫板 1	Cr12	1		12	A 件弯曲凸模 1	SKD11	1	
46	凸模固定板 1	Cr12	1		11	斜楔	Cr12MoV	1	
45	卸料板垫板 1	Cr12	1		10	卸料螺钉		7	标准件
44	卸料板 1	Cr12MoV	1		9	螺钉 2		10	标准件
43	承料板	Q235	1		8	凸点凸模	SKD11	2	标准件
42	下模座	45 钢	1		7	螺钉 1		10	标准件
41	弹簧		2	标准件	6	攻丝机组件		1	专业厂家制作
40	圆形凹模 1	SKD11	2		5	顶杆 1	CrWMn	4	标准件
39	圆形凹模 2	SKD11	3		4	圆形凸模 2	SKD11	1	标准件
38	凹模板 1	SKD11	1		3	导正销		14	标准件
37	攻螺纹组件顶料板	Cr12	1		2	圆形凸模 1	SKD11	2	标准件
36	卸料螺钉		4	标准件	1	上模座	45 钢	1	

模具总装图件号名称

图 7-3　带自动攻螺纹缝纫机支架多工位级进模总装图（续）

2）攻螺纹模块工作原理是通过装在上模座的蜗杆，带动攻螺纹模块中的蜗轮旋转，使模具上、下运动转换为攻螺纹模块中丝锥夹头的旋转运动，实现攻螺纹功能。当模具碰到异常时，蜗轮旋转部分自动分离，攻螺纹模块中丝锥夹头停止旋转运动，起到保护丝锥作用。

3）此模具除了上、下模座采用滚珠导柱导向装置外，模具内部三大模块分别在凸模固定板、卸料板、凹模板之间各装有二套小导柱、小导套，作为模具的精密内导向。小导柱与小导套采用标准件，导柱与导套的间隙控制在0.005mm左右。冲压时用润滑油润滑，产生的油膜填充导柱与导套的间隙，达到无间隙滑动导向的要求。导柱采用SUJ2（相当于我国GCr15）轴承钢制造，导套外层也采用SUJ2轴承钢制造，内部与导柱滑动部分采用铜合金并开有油槽。安装时，冲裁模块、成形及制件分离模块的小导柱固定于凸模固定板上，攻螺纹模块一对小导柱固定于凹模垫板上。

4）多工位级进模在冲压过程中，为了消除送料累积误差和高速冲压所产生的振动，以及冲压成形时所造成的带料窜动，通常由自动送料装置作送料粗定位，导正销作精定位。因此，合理地安排导正销位置与数量十分重要。在设计中，前段工序先冲出导正销孔，并在以后的工序中，根据工序数优先在容易窜动的部位设置导正销。带料在攻螺纹模块攻螺纹时窜动尤为厉害，因而在攻螺纹模块前后两端，各设一根导正销。导正销一定要在攻螺纹丝锥接触带料之前进入导正销孔，才能保证攻螺纹顺利进行。考虑到制件弯曲后，送料容易造成带料变形，在弯曲与切断前增加二根导正销精定位。

5）防倾侧结构设计。从排样图可以看出，带料的侧刃及部分边缘是单边冲切废料。凹模刃口的冲裁间隙是放在冲裁这一面，而另一面间隙是零配零。当凸模进入凹模冲裁时，造成单边受力。力的方向全部集中在外侧一边，而凸模在卸料板的滑动间隙下倾斜在外侧的一边。这样就造成凸模外边的一面刃口与凹模的刃口发生微小碰撞，影响制件的冲切精度。因此，该凸模采用防倾侧结构，可以解决上述的问题，从而延长模具的使用寿命。其工作过程如下：上模下行，凸模的防倾侧部位先导入凹模，再进行冲切废料。

6）凸模固定板垫板、卸料板垫板及凹模垫板设计。这些垫板在冲压过程中，直接与凸模、卸料板镶件及凹模接触，不断受到冲击载荷的作用，对其变形程度要严格限制，否则工作时就会造成凸、凹模等不稳定。因此，其材料选用Cr12，热处理硬度53～55HRC。此材料具有很高的抗冲击韧度，符合使用要求。

注意：模具开始制作时，卸料板不采用镶件结构。当达到一定的产量后，卸料板的型孔磨损变大，此时将卸料板镶件，使卸料板垫板直接与卸料板镶件接触，不断受到冲击载荷作用。

7）卸料板结构设计。卸料板采用弹压卸料装置，具有压紧、导向、保护、卸料的作用。材料选用高铬合金钢Cr12MoV，热处理硬度53～55 HRC。此级进模卸料力较大，冲压力不平衡，采用矩形重载荷弹簧，弹簧放置应对称、均衡。

8）凹模板结构设计。模具每组凹模板采用整体结构，既保证了各型孔加工精度，也保证了模具的强度。材料采用冷作模具钢SKD11（相当于我国Cr12MolV），热处理硬度60～62HRC。此材料属于高耐磨性冷作工具钢，具有很高的硬度、耐磨性和抗压强度，渗透性也很高，热处理变形小，可达微变形程度。

9）凸模设计。多工位级进模设计中，凸模的数量和不同冲压工序的凸模种类非常多。在设计时，首先考虑工艺性要好、制造容易、模刃修整方便，因此冲裁圆孔所使用的凸模按整体式设计。为了改善强度，在中间增加过渡阶梯，大端部用台阶固定。对于截面较大但形状复杂的凸模，采用直通式设计，以利于线切割加工。此模具凸模与凸模固定板的配合，改变了传统的过盈压入，而采用小间隙浮动配合。凸模与凸模固定板单边间隙为0.01mm。凸模工作部分与卸料板精密配合，单边间隙仅0.01mm，当凸模通过卸料板后，能顺利进入凹模，间隙均匀。这种结构反而提高了凸模的垂直精度，同时卸料板对凸模起到了保护作用，并使凸模装配简单，维修和调换易损件更加方便。

7.4 模座设计

7.4.1 上模座（图 7-4）

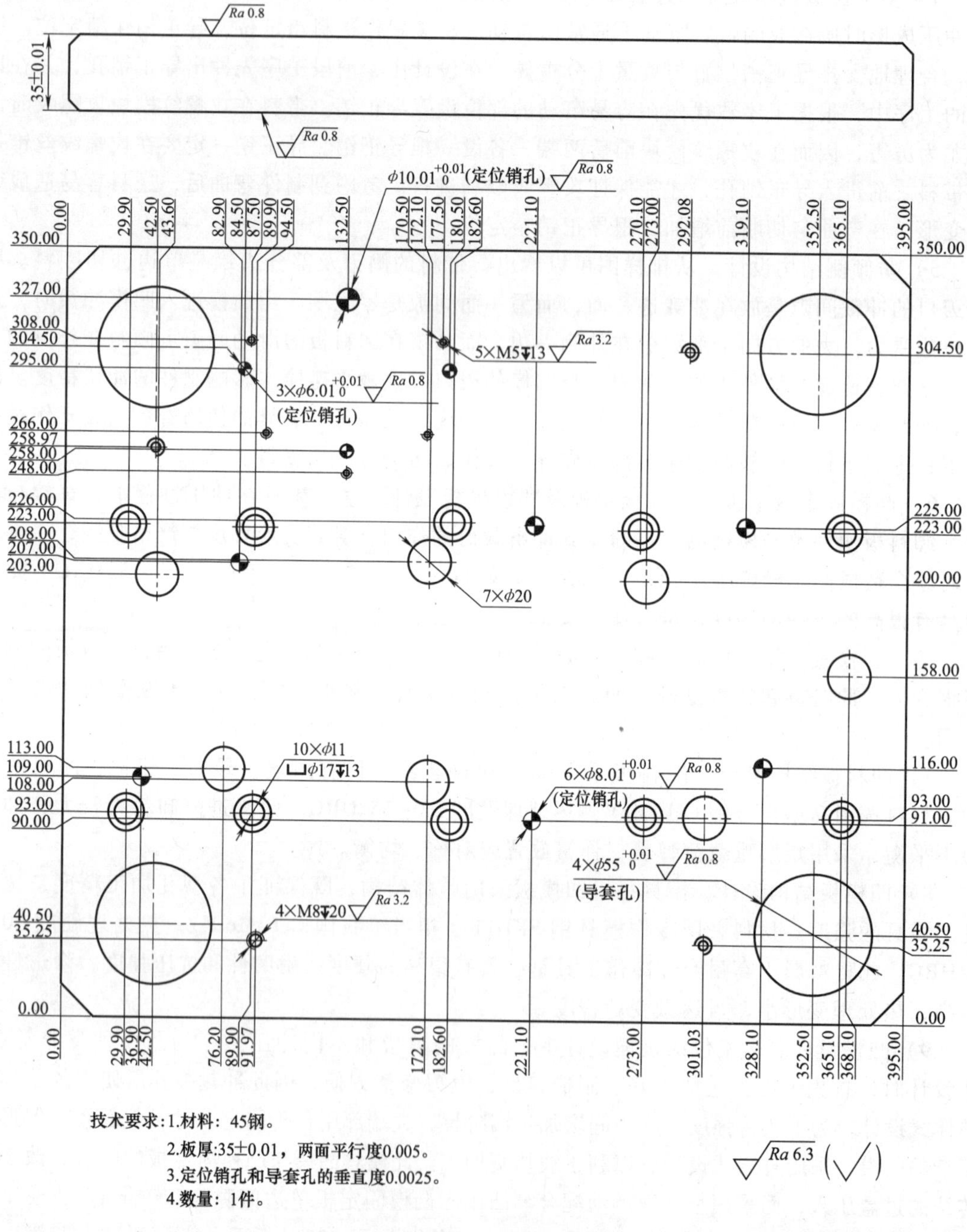

图 7-4　上模座（图 7-3 的件号 1）

7.4.2　下模座（图 7-5）

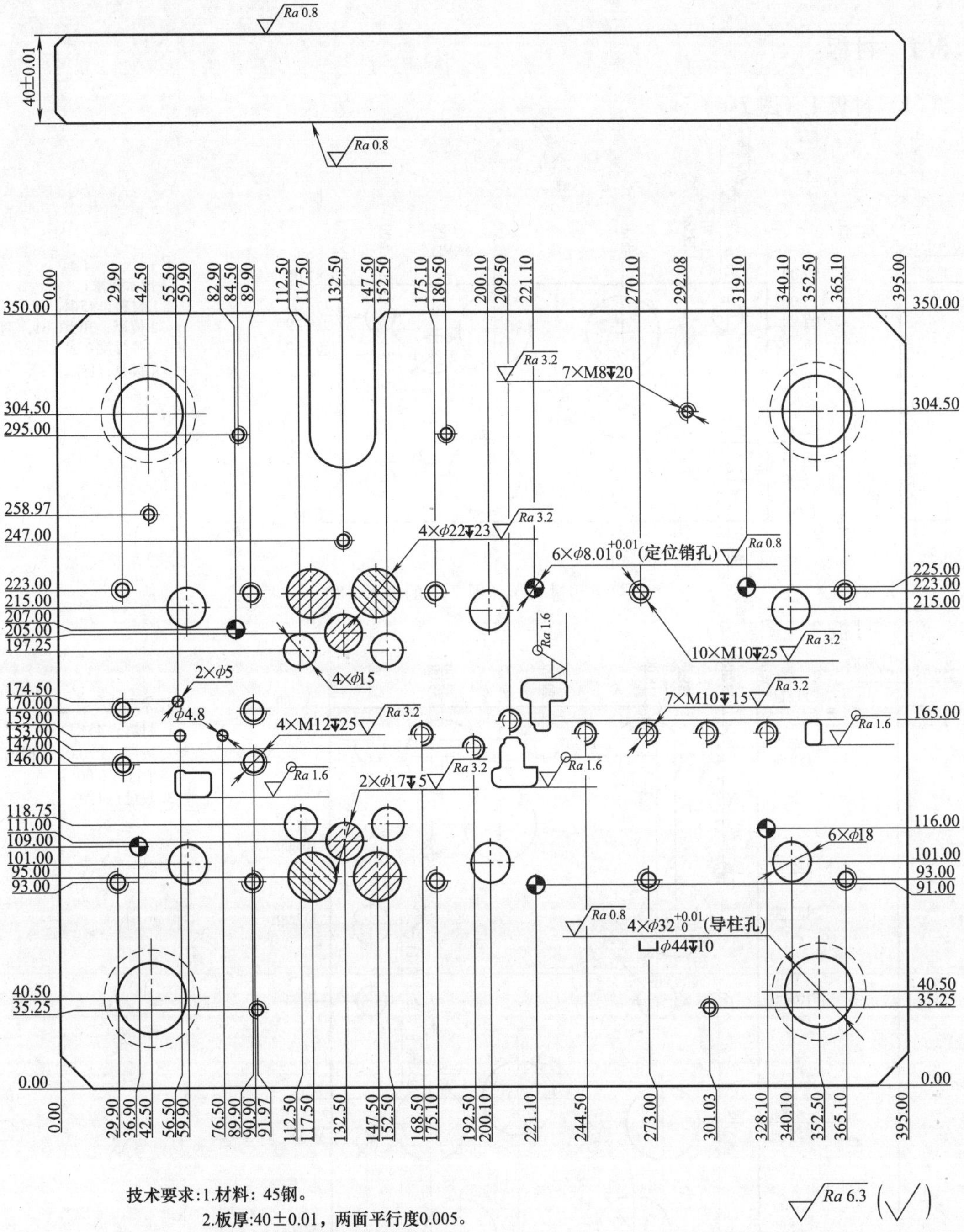

技术要求：1.材料：45钢。

2.板厚：40±0.01，两面平行度0.005。

3.定位销孔和导柱孔的垂直度0.0025。

4.数量：1件。

$\sqrt{Ra\ 6.3}$ ($\sqrt{}$)

图 7-5　下模座（图 7-3 的件号 42）

7.5　模板设计

7.5.1　衬板

（1）衬板 1（图 7-6）

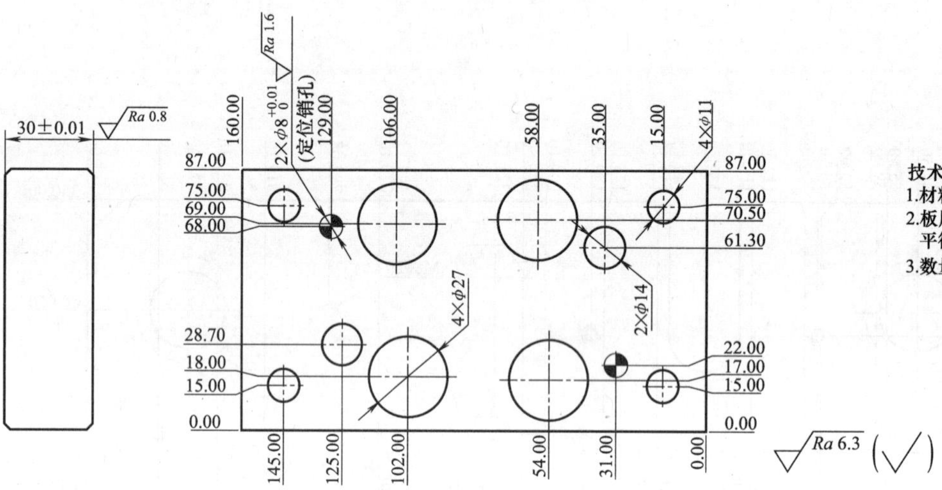

技术要求：
1.材料：45钢。
2.板厚：30±0.01，两面平行度0.005。
3.数量：1件。

图 7-6　衬板 1（图 7-3 的件号 48）

（2）衬板 2（图 7-7）

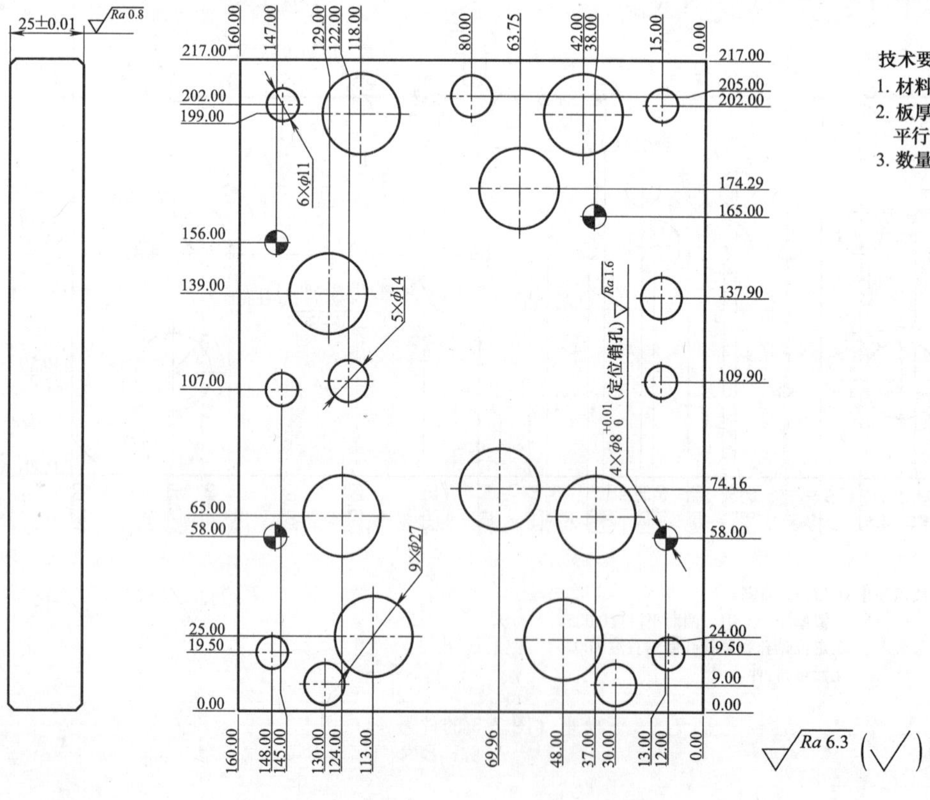

技术要求：
1. 材料：45钢。
2. 板厚:25±0.01，两面平行度0.005。
3. 数量：1件。

图 7-7　衬板 2（图 7-3 的件号 19）

7.5.2　凸模固定板垫板

（1）凸模固定板垫板 1（图 7-8）

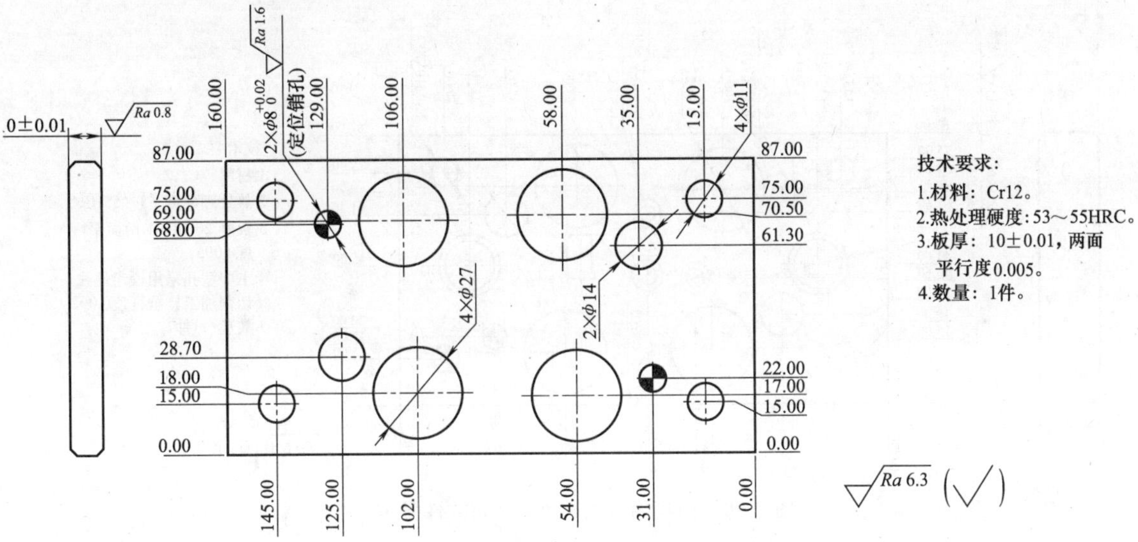

图 7-8　凸模固定板垫板 1（图 7-3 的件号 47）

（2）凸模固定板垫板 2（图 7-9）

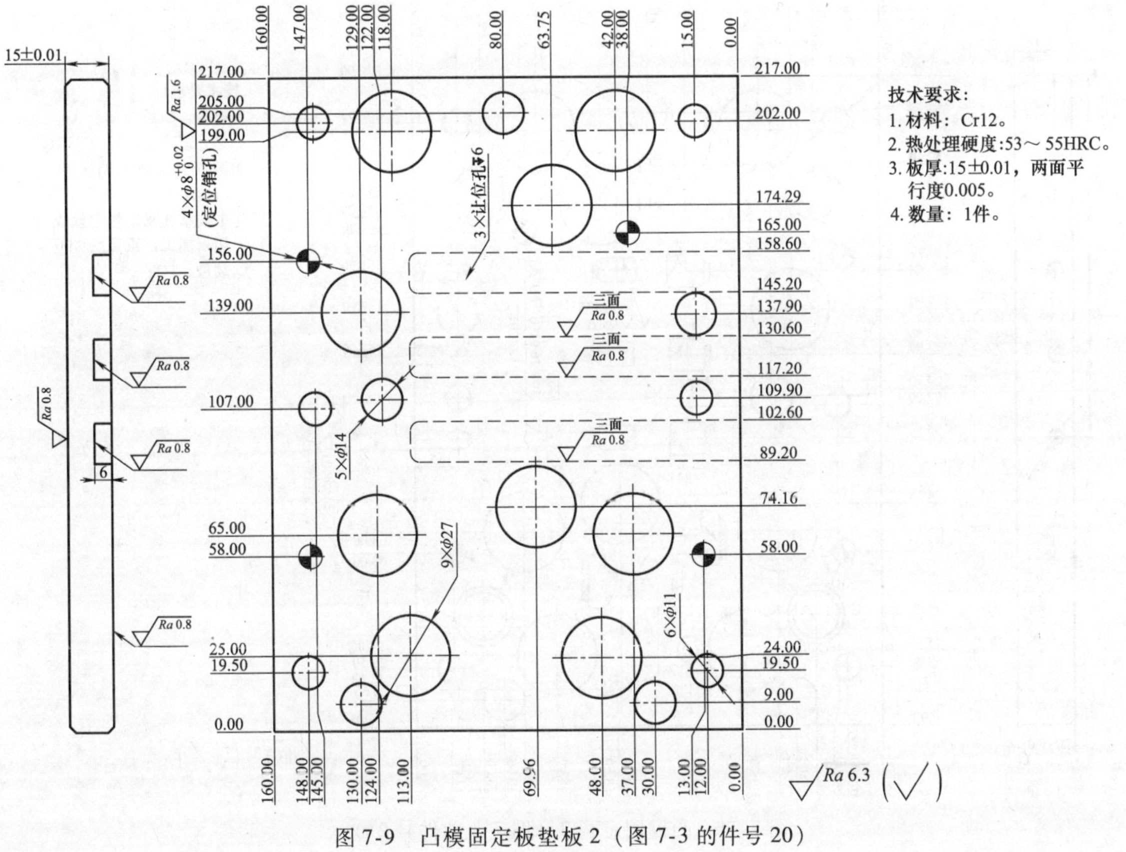

图 7-9　凸模固定板垫板 2（图 7-3 的件号 20）

7.5.3 凸模固定板

（1）凸模固定板 1（图 7-10）

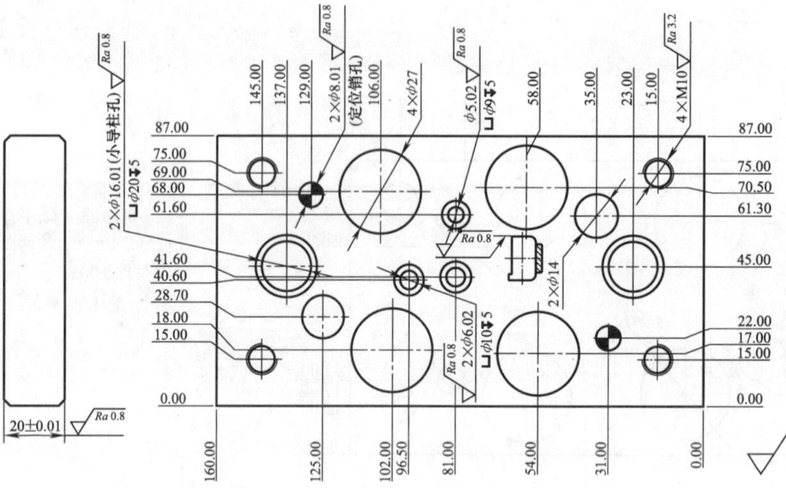

Ra 6.3 (√)

图 7-10 凸模固定板 1（图 7-3 的件号 46）

技术要求：
1.材料：Cr12。
2.热处理硬度:53～55HRC。
3.板厚:20±0.01,两面平行度0.005。
4.主要型孔采用慢走丝线切割加工，垂直度0.002。
5.数量：1件。

（2） 凸模固定板 2（图 7-11）

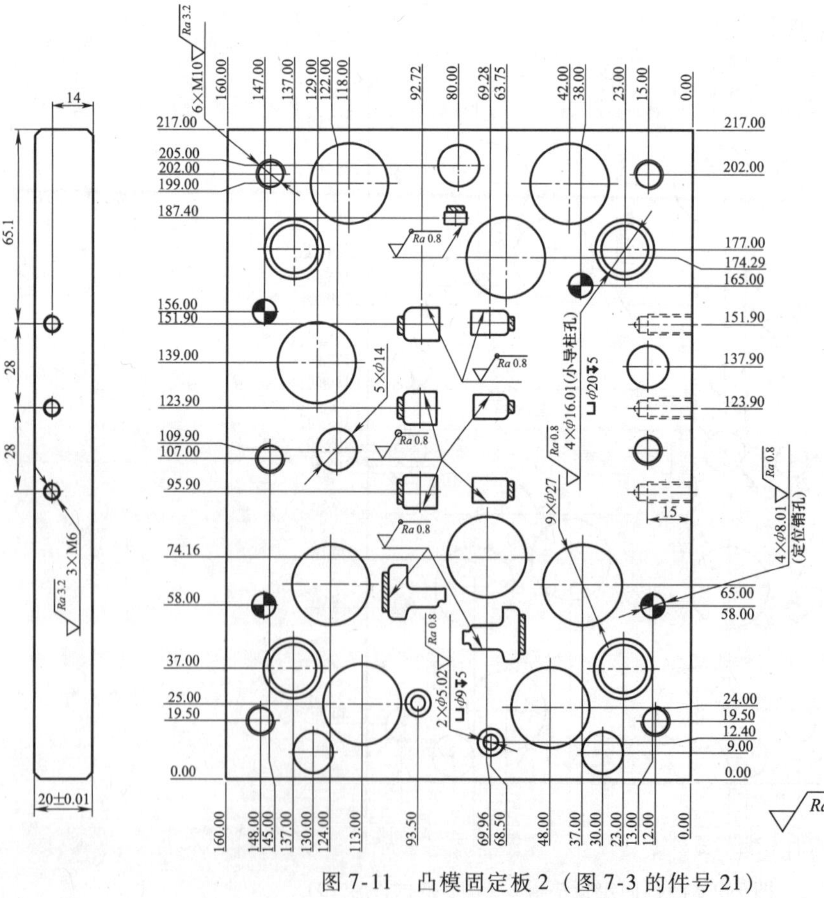

Ra 6.3 (√)

图 7-11 凸模固定板 2（图 7-3 的件号 21）

技术要求：
1.材料：Cr12。
2.热处理硬度:53～55HRC。
3.板厚:20±0.01，两面平行度0.005。
4.主要型孔采用慢走丝线切割加工，垂直度0.002。
5.数量：1件。

7.5.4　卸料板垫板

（1）卸料板垫板 1（图 7-12）

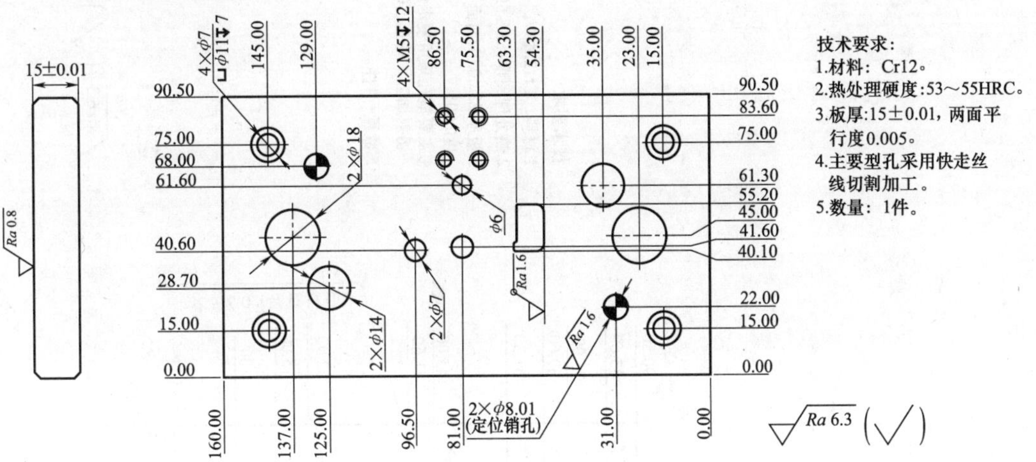

图 7-12　卸料板垫板 1（图 7-3 的件号 45）

（2）卸料板垫板 2（图 7-13）

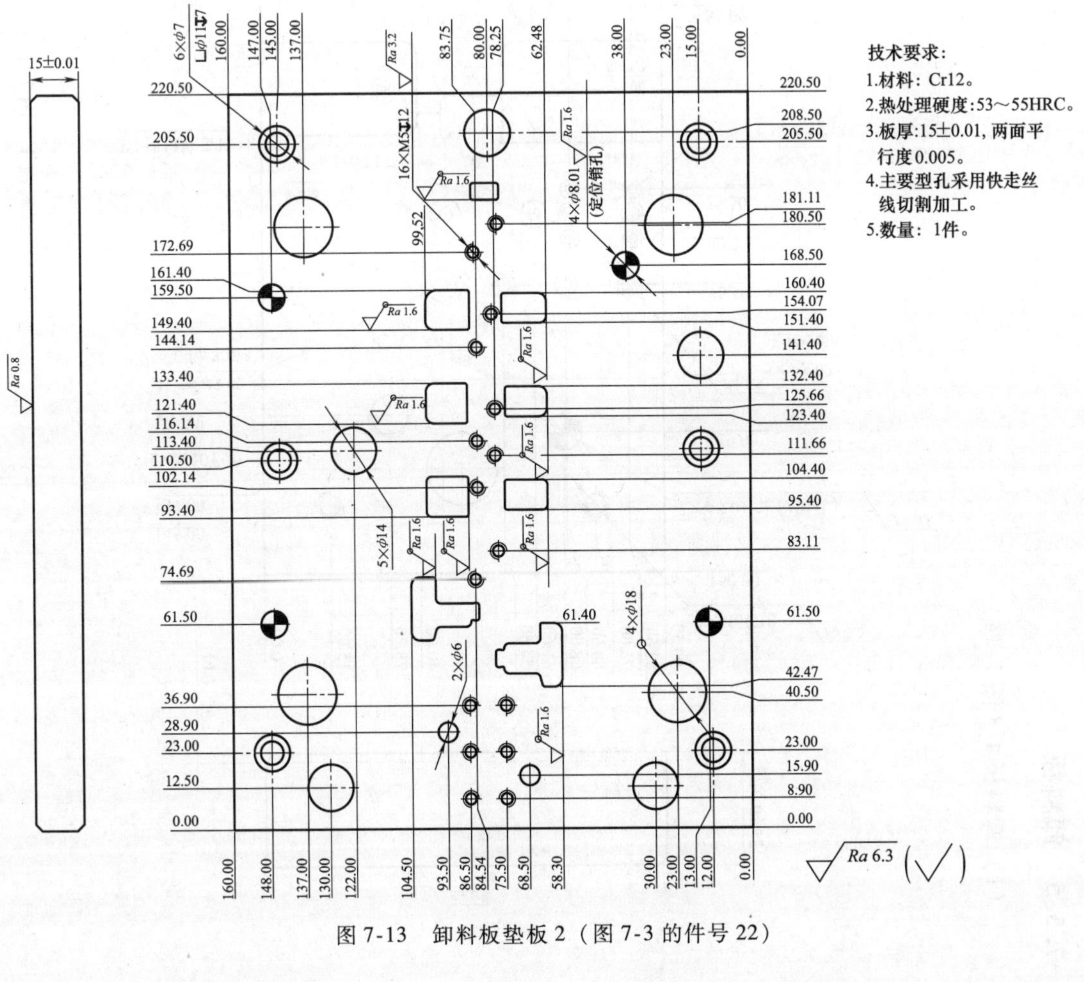

图 7-13　卸料板垫板 2（图 7-3 的件号 22）

7.5.5 卸料板

（1）卸料板 1（图 7-14）

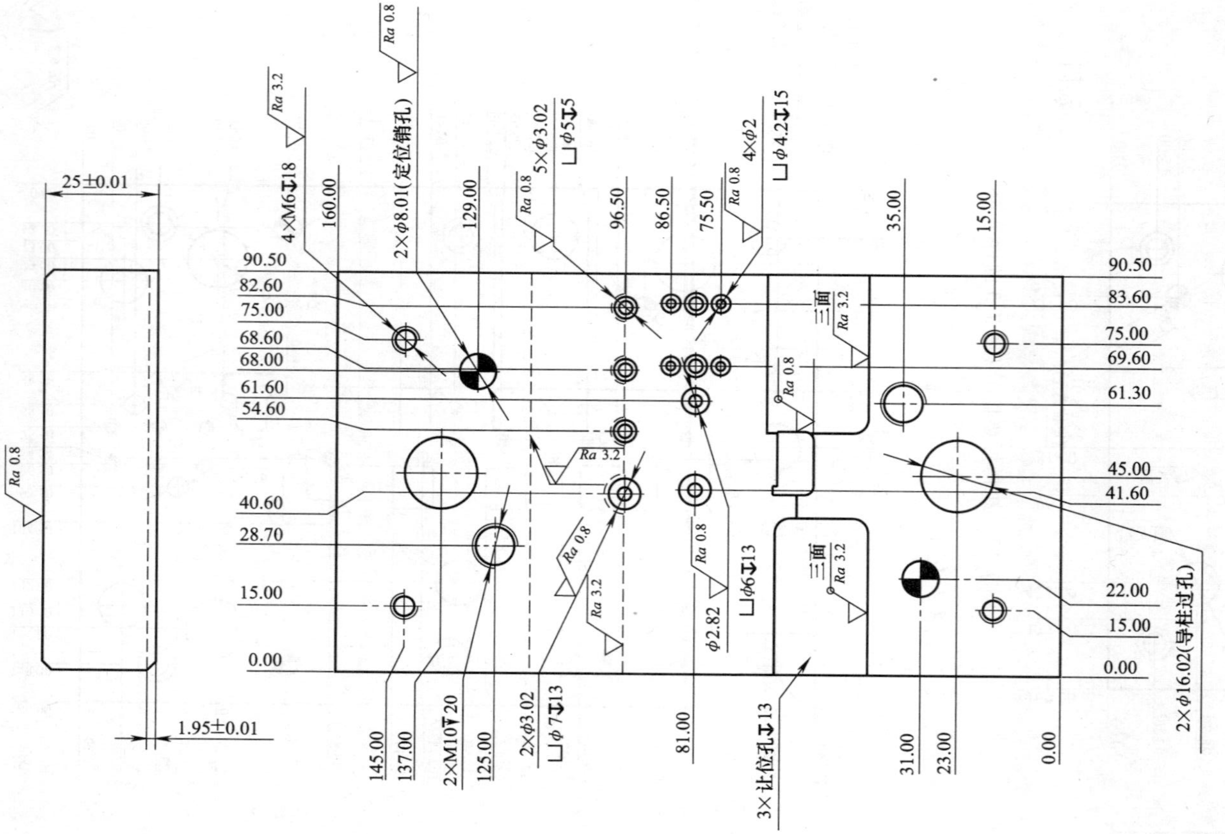

技术要求：

1.材料：Cr12MoV。

2.热处理硬度：53～55HRC。

3.板厚：25±0.01，两面平行度0.005。

4.主要型孔采用慢走丝线切割加工，垂直度0.002。

5.数量：1件。

Ra 6.3 (√)

图 7-14 卸料板 1（图 7-3 的件号 44）

（2）卸料板 2（图 7-15）

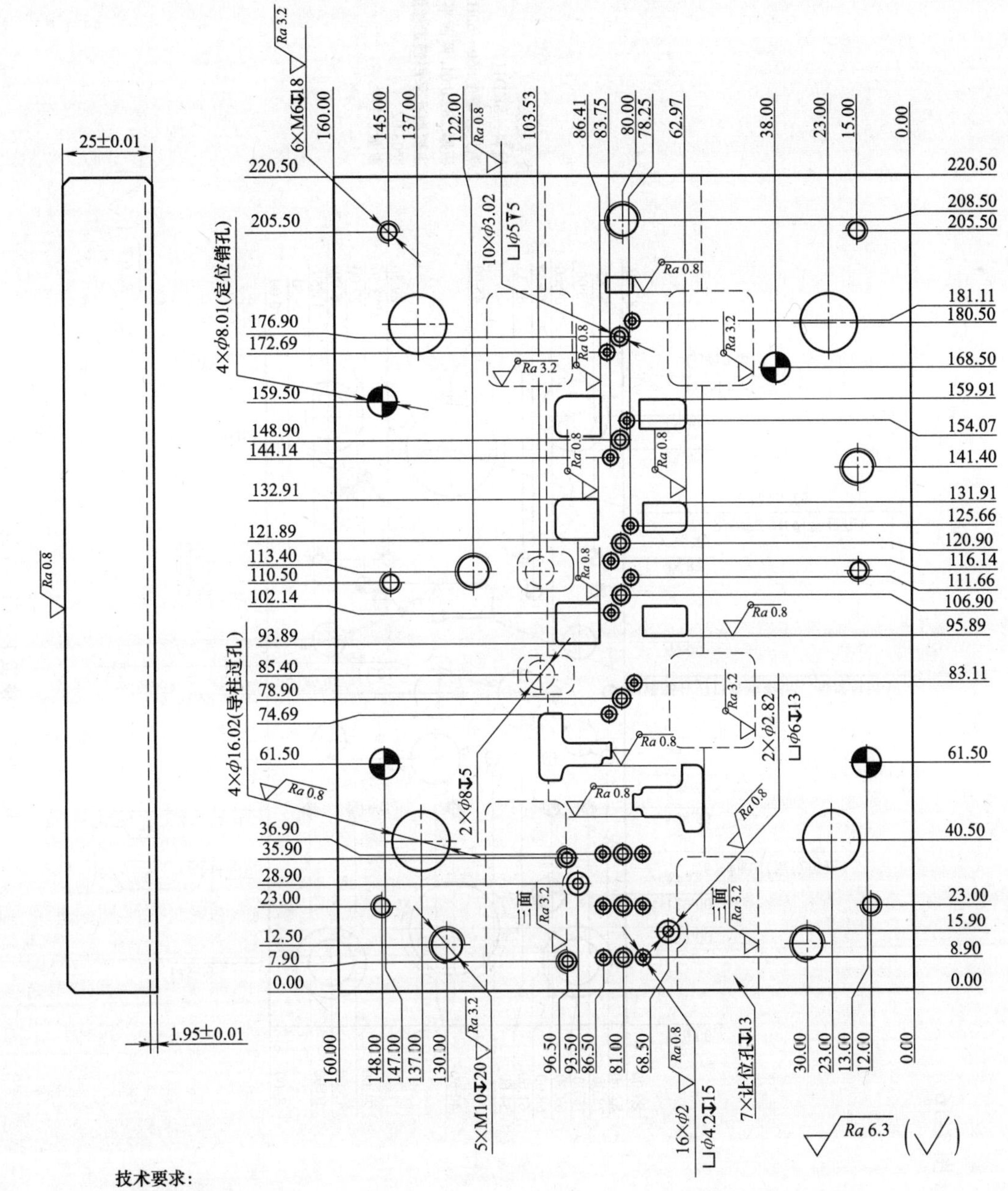

技术要求：
1.材料：Cr12MoV。
2.热处理硬度:53～55HRC。
3.板厚:25±0.01,两面平行度0.005。
4.主要型孔采用慢走丝线切割加工，垂直度0.002。
5.数量：1件。

图 7-15　卸料板 2（图 7-3 的件号 23）

7.5.6　凹模板

（1）凹模板 1（图 7-16）

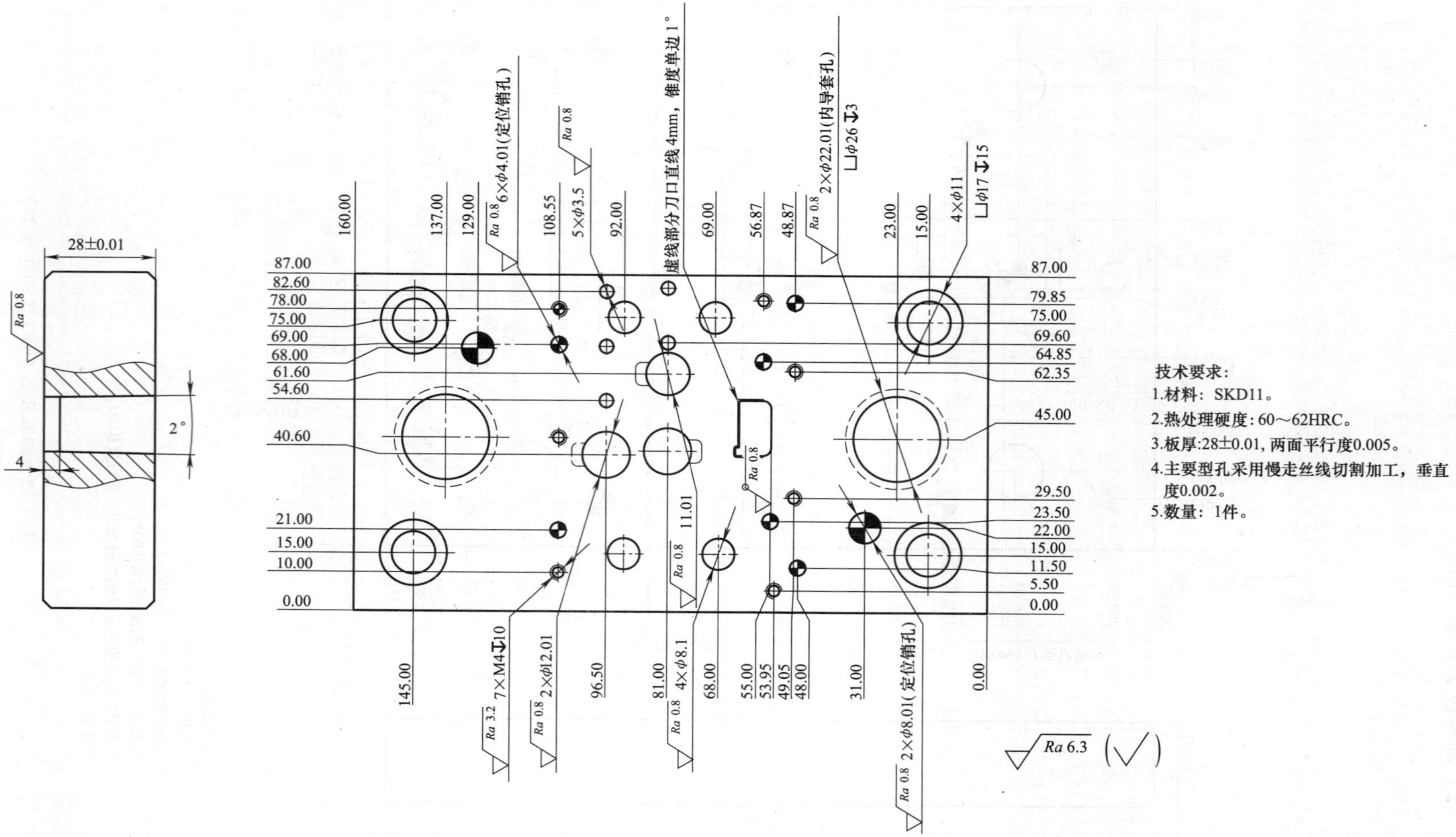

图 7-16　凹模板 1（图 7-3 的件号 38）

（2）凹模板 2（图 7-17）

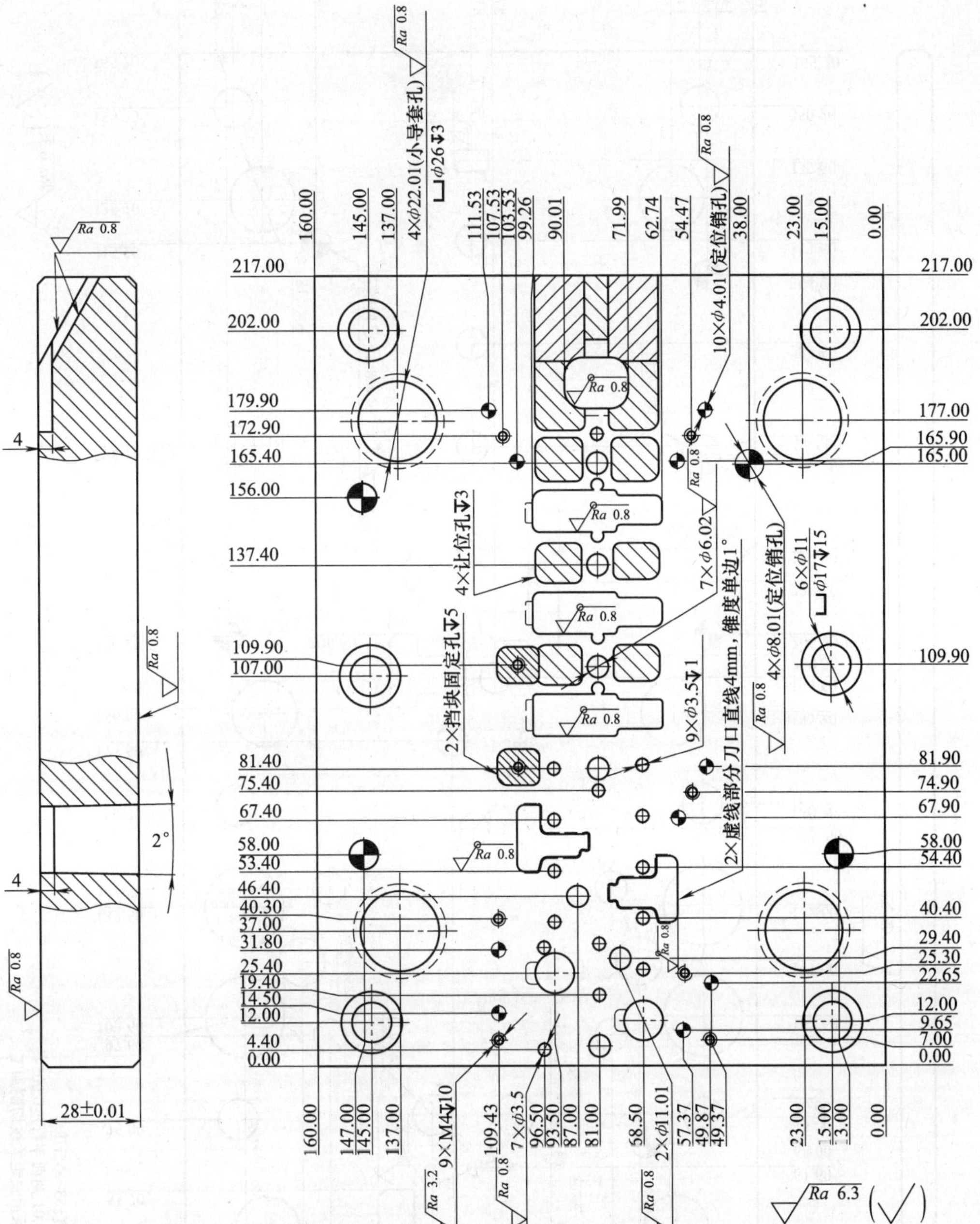

技术要求：
1.材料: SKD11。
2.热处理硬度: 60～62HRC。
3.板厚:28±0.01, 两面平行度0.005。
4.主要型孔采用慢走丝线切割加工, 垂直度0.002。
5.数量:1件。

图 7-17　凹模板 2（图 7-3 的件号 24）

7.5.7 凹模垫板（图 7-18）

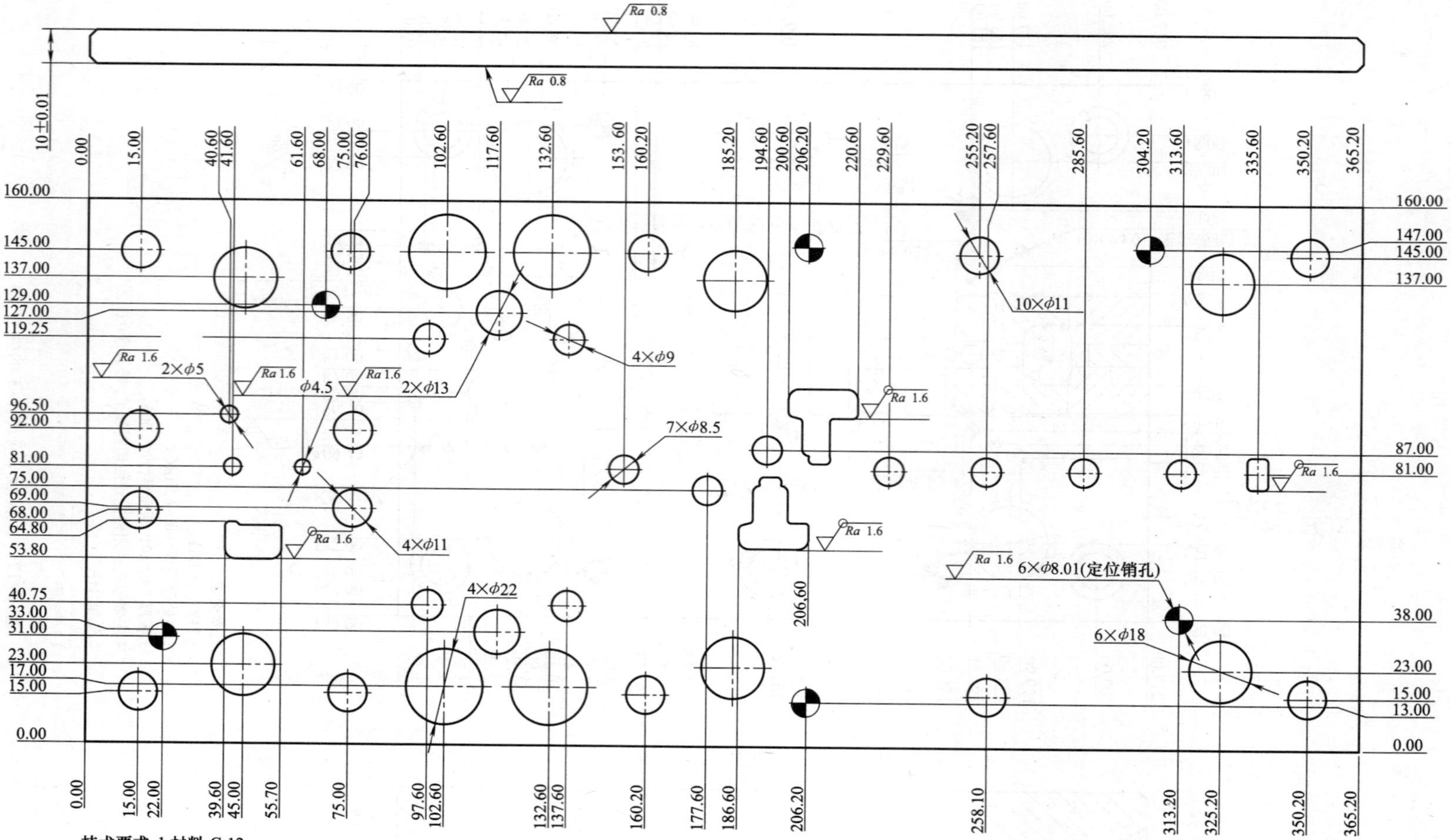

技术要求:1.材料:Cr12。
2.热处理硬度:53～55HRC。
3.板厚:10±0.01,两面平行度0.005。
4.主要型孔采用快走丝线切割加工。
5.数量:1件。

Ra 6.3 (√)

图 7-18 凹模垫板（图 7-3 的件号 25）

7.5.8　攻螺纹组件顶料板（图 7-19）

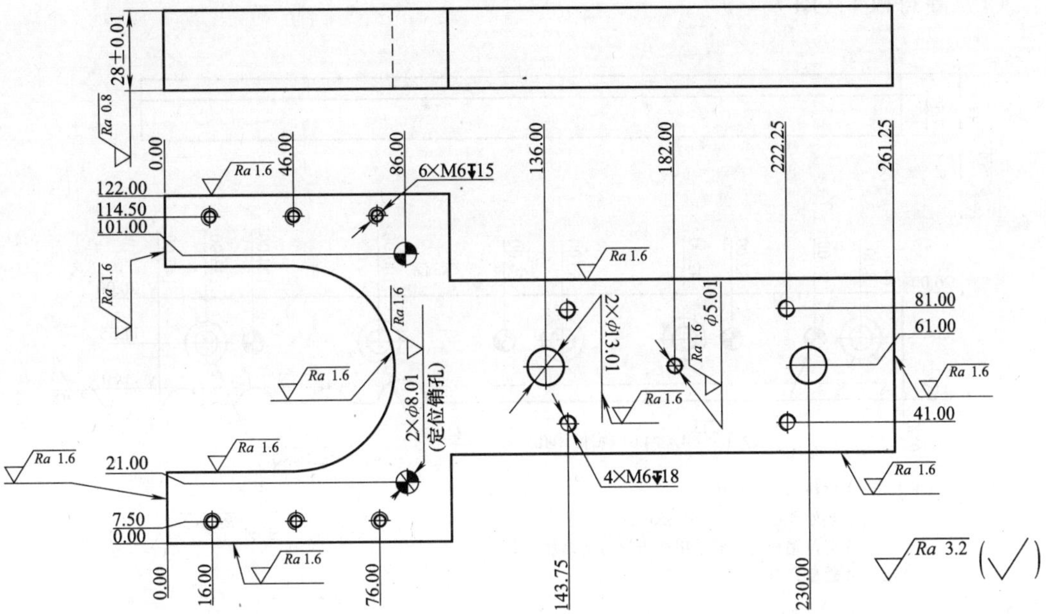

技术要求：1.材料:Cr12。
2.热处理硬度:53～55HRC。
3.板厚:28±0.01,两面平行度0.005。
4.主要型孔采用快走丝线切割加工。
5.数量:1件。

图 7-19　攻螺纹组件顶料板（图 7-3 的件号 37）

7.6　模具零部件设计

7.6.1　承料板（图 7-20）

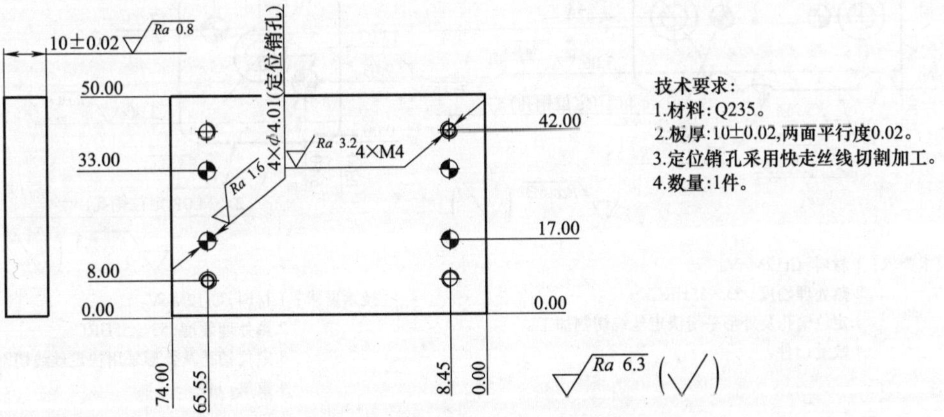

图 7-20　承料板（图 7-3 的件号 43）

7.6.2　导料板

（1）导料板 1（图 7-21）

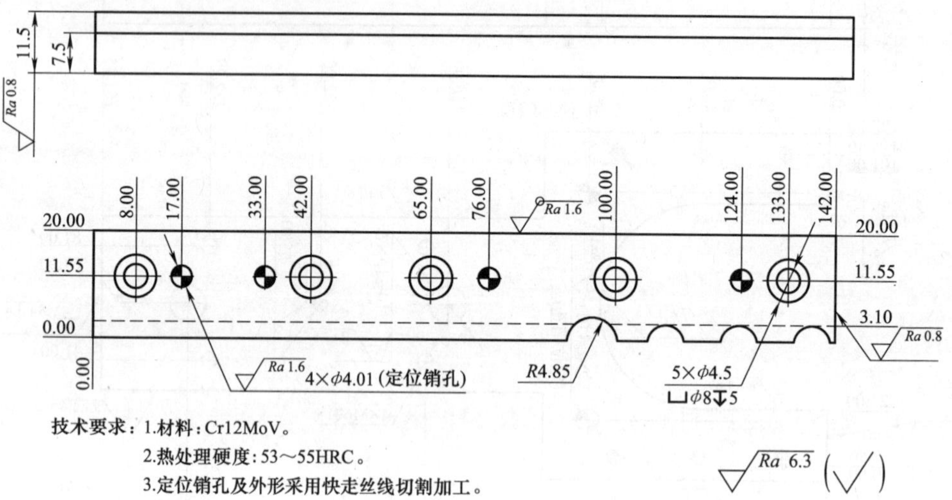

技术要求：1.材料：Cr12MoV。
2.热处理硬度：53～55HRC。
3.定位销孔及外形采用快走丝线切割加工。
4.数量：1件。

图 7-21　导料板 1（图 7-3 的件号 49）

（2）导料板 2（图 7-22）

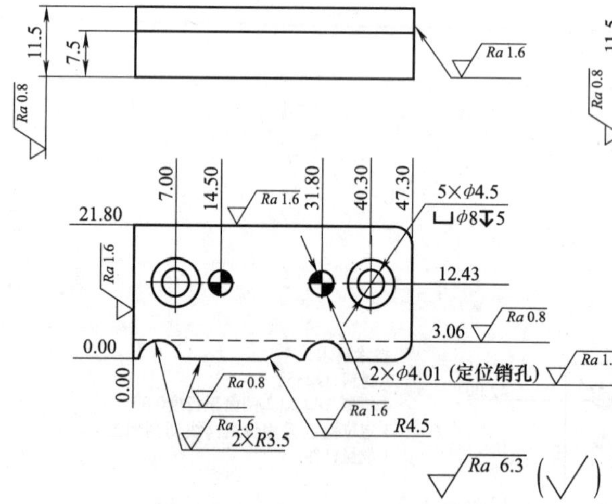

技术要求：1.材料：Cr12MoV。
2.热处理硬度：53～55HRC。
3.定位销孔及外形采用快走丝线切割加工。
4.数量：1件。

图 7-22　导料板 2（图 7-3 的件号 34）

（3）导料板 3（图 7-23）

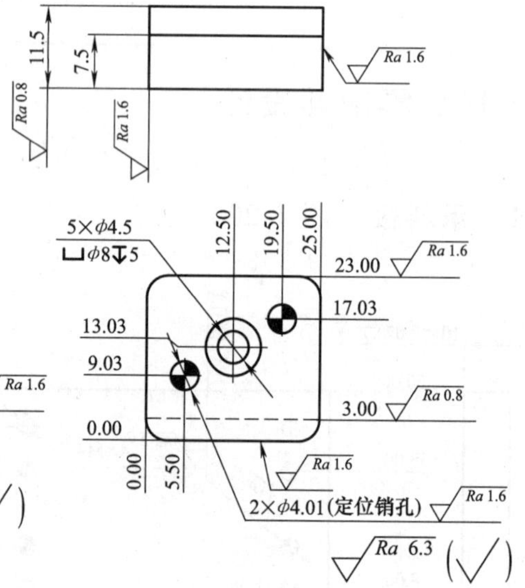

技术要求：1.材料：Cr12MoV。
2.热处理硬度：53～55HRC。
3.定位销孔及外形采用快走丝线切割加工。
4.数量：1件。

图 7-23　导料板 3（图 7-3 的件号 55）

（4）导料板 4（图 7-24）

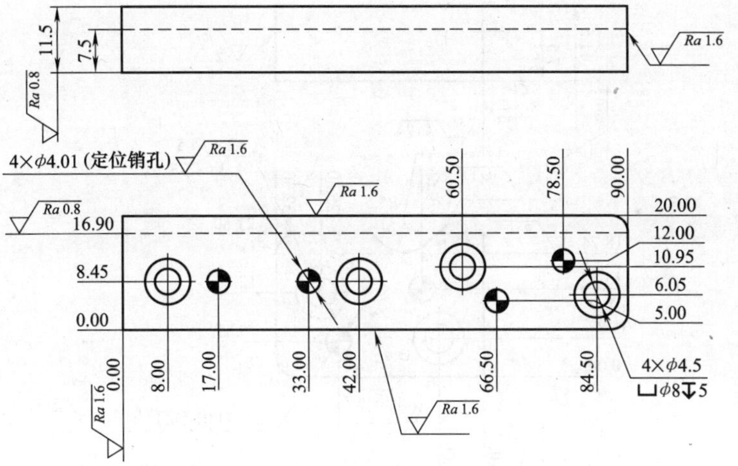

技术要求：1.材料：Cr12MoV。　　Ra 6.3 (√)
2.热处理硬度：53～55HRC。
3.定位销孔及外形采用快走丝线切割加工。
4.数量：1件。

图 7-24　导料板 4（图 7-3 的件号 50）

（5）导料板 5（图 7-25）

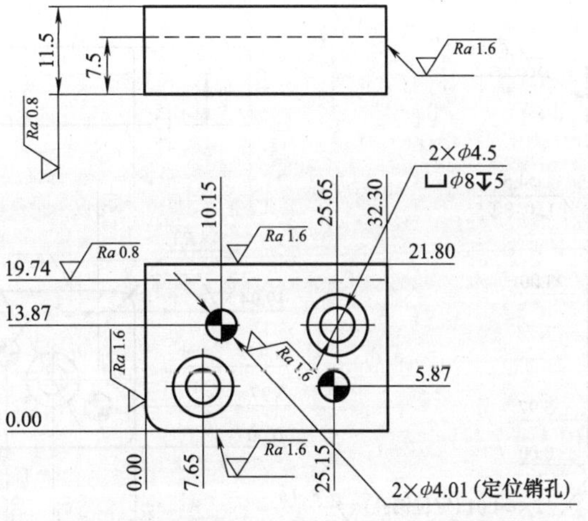

技术要求：1. 材料：Cr12MoV。　　Ra 6.3 (√)
2. 热处理硬度：53～55HRC。
3. 定位销孔及外形采用快走丝线切割加工。
4. 数量：1件。

图 7-25　导料板 5（图 7-3 的件号 52）

（6）导料板 6（图 7-26）

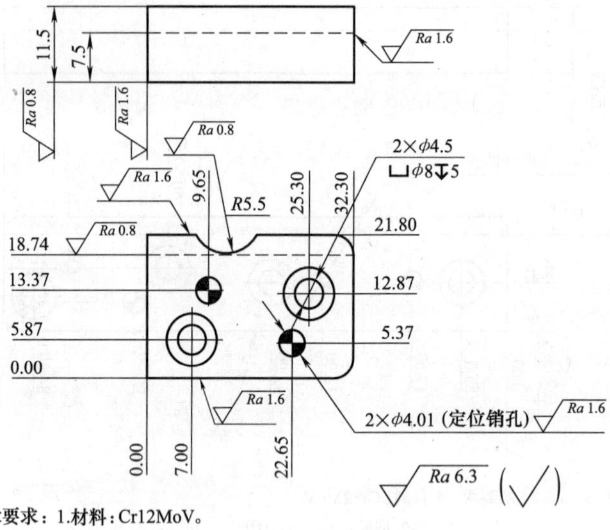

技术要求：1.材料：Cr12MoV。
2.热处理硬度：53～55HRC。
3.定位销孔及外形采用快走丝线切割加工。
4.数量：1件。

图 7-26　导料板 6（图 7-3 的件号 53）

（7）导料板 7（图 7-27）

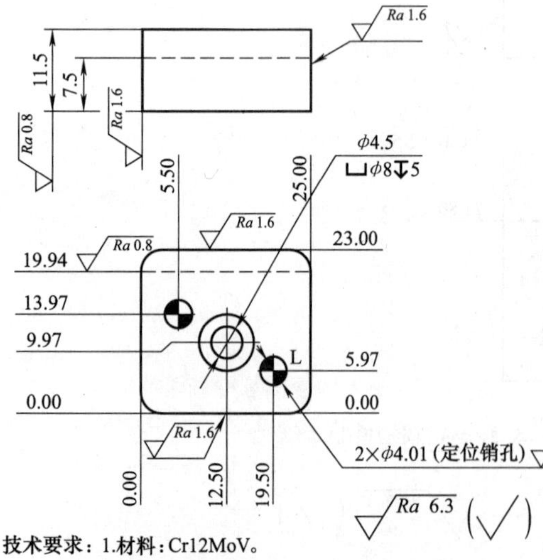

技术要求：1.材料：Cr12MoV。
2.热处理硬度：53～55HRC。
3.定位销孔及外形采用快走丝线切割加工。
4.数量：1件。

图 7-27　导料板 7（图 7-3 的件号 58）

（8）导料板 8（图 7-28）

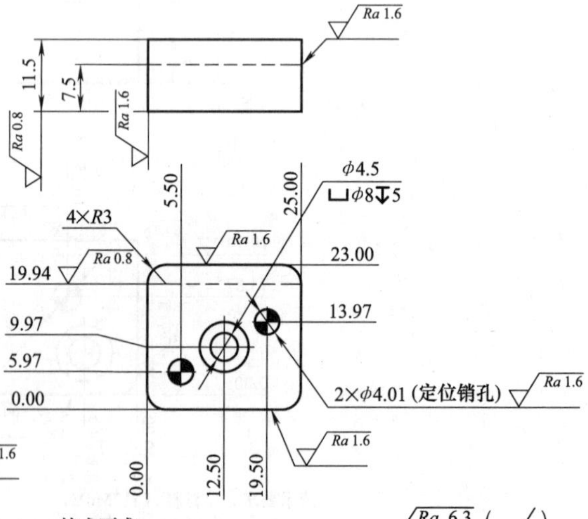

技术要求：
1.材料：Cr12MoV。
2.热处理硬度：53～55HRC。
3.定位销孔及外形采用快走丝线切割加工。
4.数量：1件。

图 7-28　导料板 8（图 7-3 的件号 59）

（9）导料板 9（图 7-29）

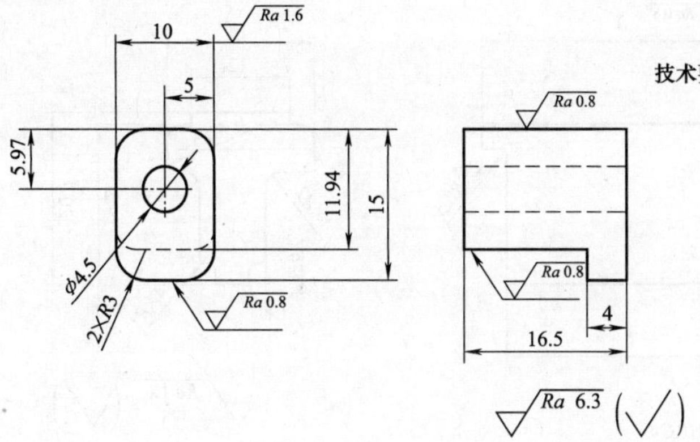

技术要求：1. 材料：Cr12MoV。
2. 热处理硬度：53～55HRC。
3. 外形采用快走丝线切割加工。
4. 数量：2件。

图 7-29　导料板 9（图 7-3 的件号 27）

7.6.3　凸模

（1）侧刃凸模（图 7-30）

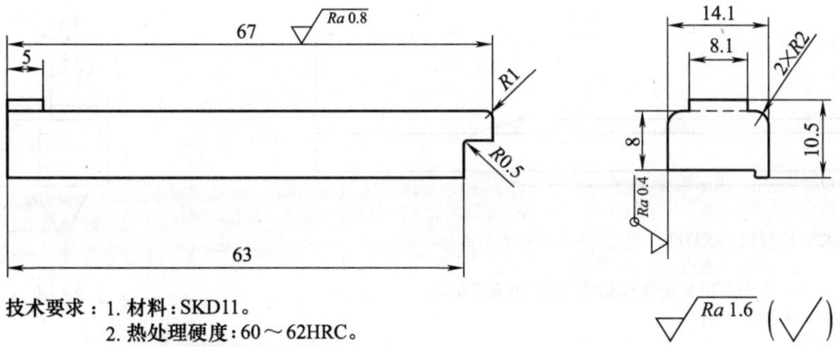

技术要求：1. 材料：SKD11。
2. 热处理硬度：60～62HRC。
3. 外形采用慢走丝线切割加工，垂直度0.003。
4. 数量：1件。

图 7-30　侧刃凸模（图 7-3 的件号 51）

（2）异形凸模 1（图 7-31）

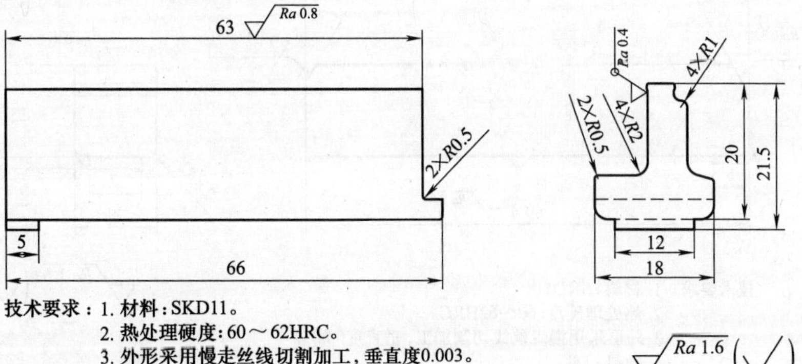

技术要求：1. 材料：SKD11。
2. 热处理硬度：60～62HRC。
3. 外形采用慢走丝线切割加工，垂直度0.003。
4. 数量：1件。

图 7-31　异形凸模 1（图 7-3 的件号 31）

（3）异形凸模 2（图 7-32）

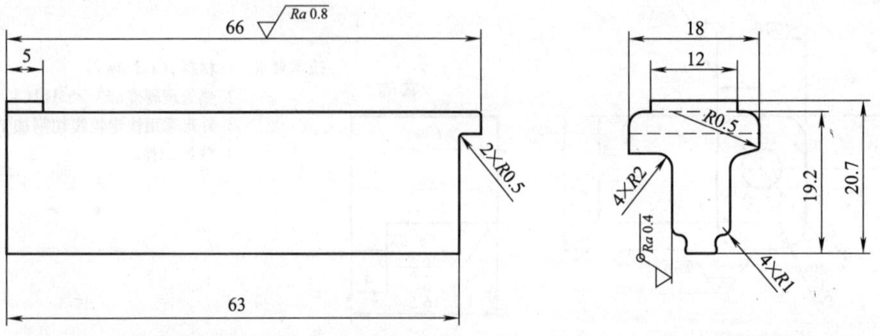

技术要求：1. 材料：SKD11。
2. 热处理硬度：60～62HRC。
3. 外形采用慢走丝线切割加工，垂直度0.003。
4. 数量：1件。

图 7-32　异形凸模 2（图 7-3 的件号 54）

（4）切断凸模（图 7-33）

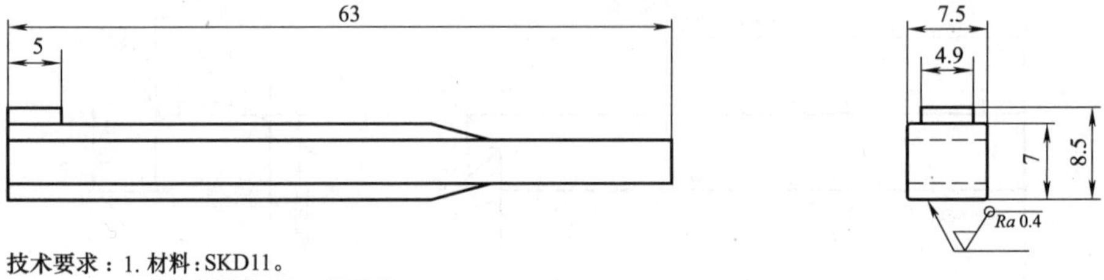

技术要求：1. 材料：SKD11。
2. 热处理硬度：60～62HRC。
3. 外形采用慢走丝线切割加工，垂直度0.003。
4. 数量：1件。

图 7-33　切断凸模（图 7-3 的件号 18）

（5）A 件弯曲凸模 1（图 7-34）

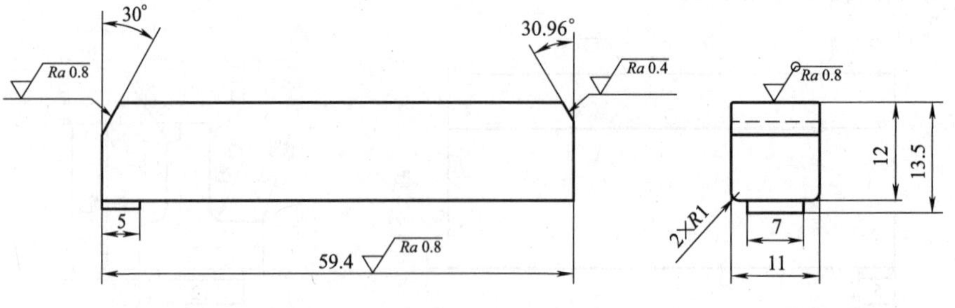

技术要求：1. 材料：SKD11。
2. 热处理硬度：60～62HRC。
3. 外形采用慢走丝线切割加工，垂直度0.003。
4. 数量：1件。

图 7-34　A 件弯曲凸模 1（图 7-3 的件号 12）

（6）A 件弯曲凸模 2（图 7-35）

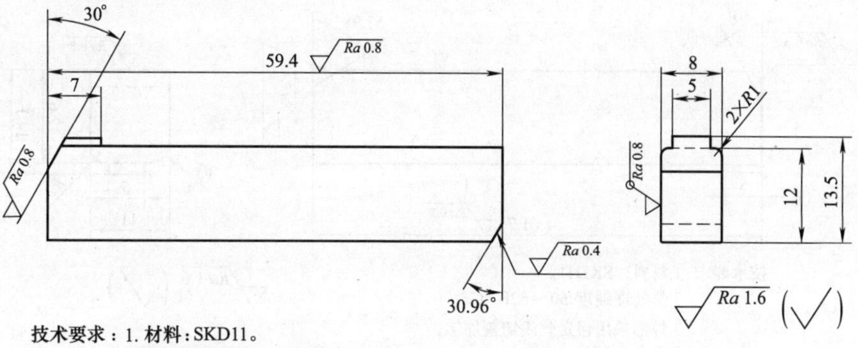

技术要求：1. 材料：SKD11。
　　　　　2. 热处理硬度：60～62HRC。
　　　　　3. 外形采用慢走丝线切割加工，垂直度0.003。
　　　　　4. 数量：1件。

图 7-35　A 件弯曲凸模 2（图 7-3 的件号 13）

（7）B 件弯曲凸模 1（图 7-36）

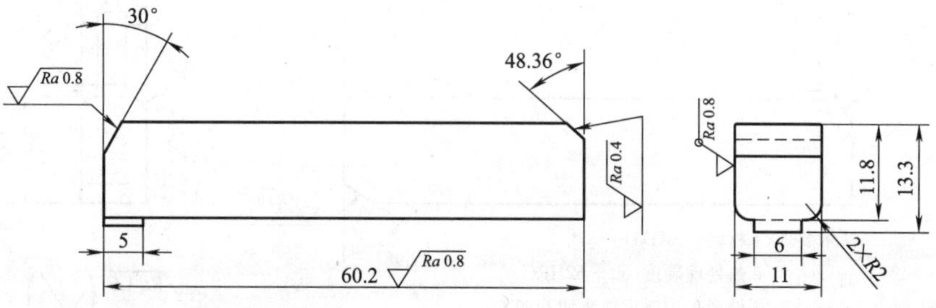

技术要求：1.材料：SKD11。
　　　　　2.热处理硬度：60～62HRC。
　　　　　3.外形采用慢走丝线切割加工，
　　　　　　垂直度0.003。
　　　　　4.数量：1件。

Ra 1.6 (√)

图 7-36　B 件弯曲凸模 1（图 7-3 的件号 14）

（8）B 件弯曲凸模 2（图 7-37）

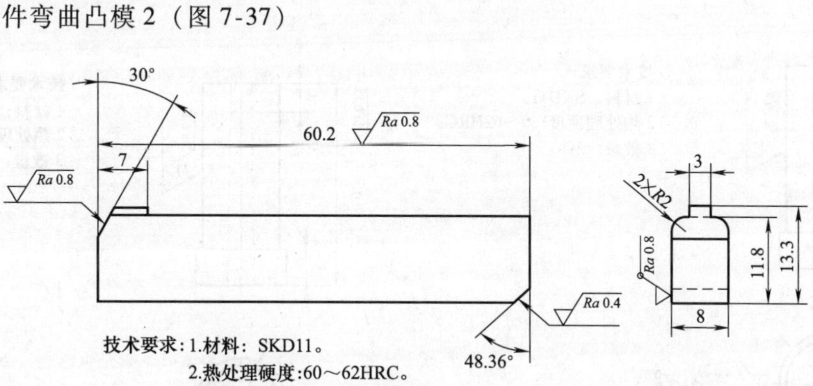

技术要求：1.材料：SKD11。
　　　　　2.热处理硬度：60～62HRC。
　　　　　3.外形采用慢走丝线切割加工，
　　　　　　垂直度0.003。
　　　　　4.数量：1件。

Ra 1.6 (√)

图 7-37　B 件弯曲凸模 2（图 7-3 的件号 15）

(9) C 件弯曲凸模 1 (图 7-38)

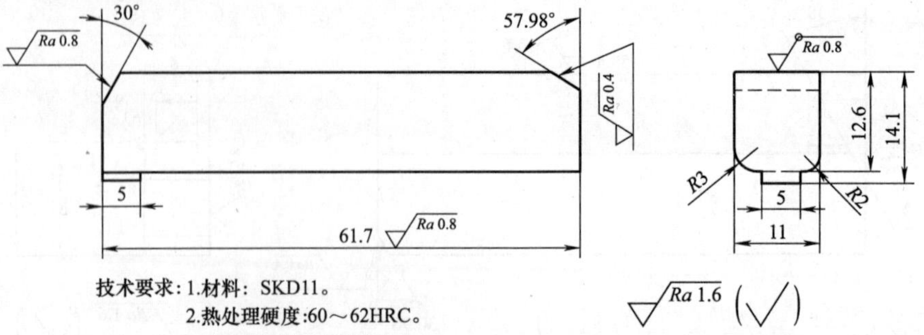

技术要求:1.材料:SKD11。
2.热处理硬度:60～62HRC。
3.外形采用慢走丝线切割加工,
垂直度0.003。
4.数量:1件。

图 7-38　C 件弯曲凸模 1 (图 7-3 的件号 16)

(10) C 件弯曲凸模 2 (图 7-39)

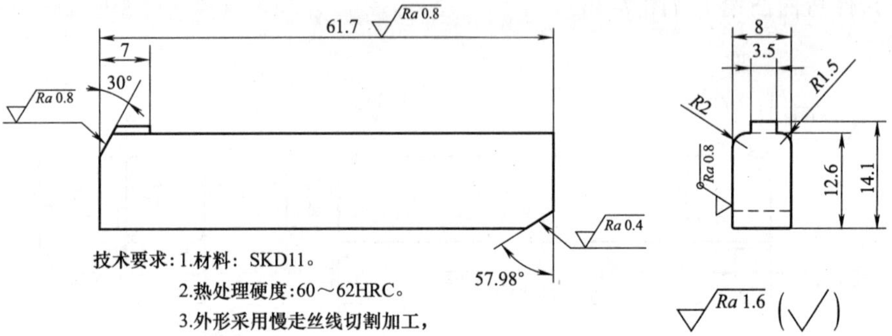

技术要求:1.材料:SKD11。
2.热处理硬度:60～62HRC。
3.外形采用慢走丝线切割加工,
垂直度0.003。
4.数量:1件。

图 7-39　C 件弯曲凸模 2 (图 7-3 的件号 17)

7.6.4　凹模

(1) 圆形凹模 1 (图 7-40)

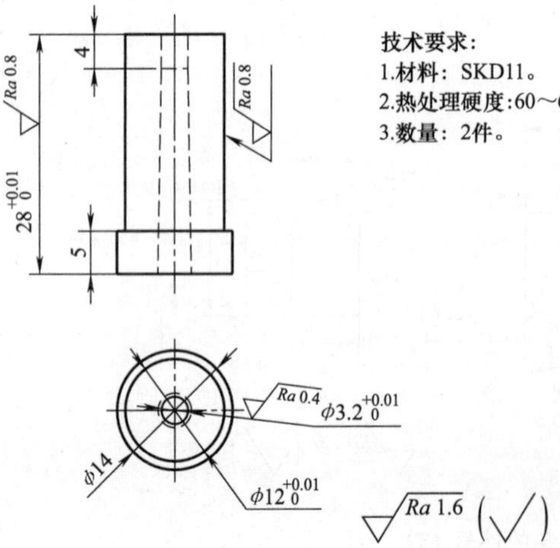

技术要求:
1.材料:SKD11。
2.热处理硬度:60～62HRC。
3.数量:2件。

图 7-40　圆形凹模 1 (图 7-3 的件号 40)

(2) 圆形凹模 2 (图 7-41)

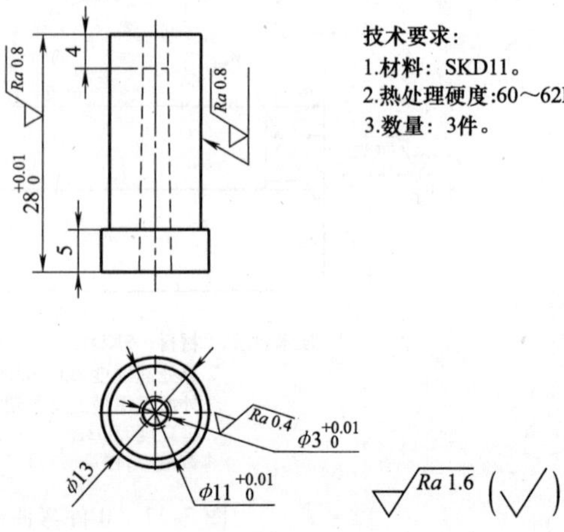

技术要求:
1.材料:SKD11。
2.热处理硬度:60～62HRC。
3.数量:3件。

图 7-41　圆形凹模 2 (图 7-3 的件号 39)

（3）A 件弯曲凹模（图 7-42）

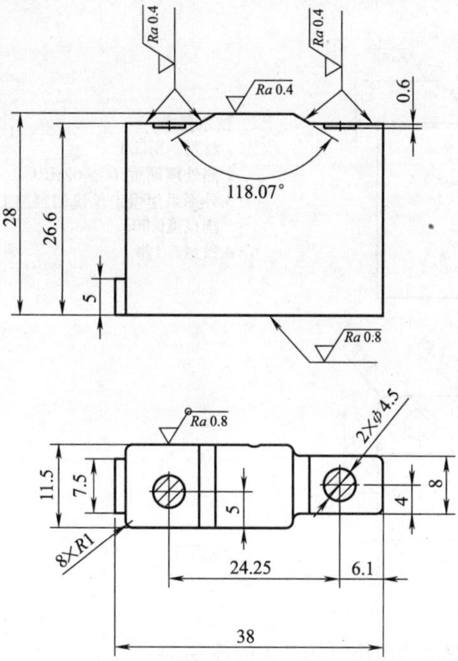

技术要求：
1.材料：SKD11。
2.热处理硬度:60～62HRC。
3.外形采用慢走丝线切割加工，垂直度0.003。
4.数量：1件。

Ra 1.6 (√)

图 7-42　A 形弯曲凹模（图 7-3 的件号 30）

（4）B 件弯曲凹模（图 7-43）

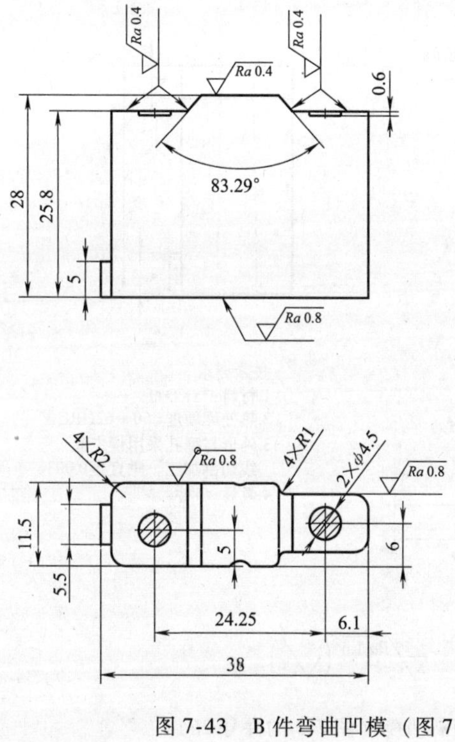

技术要求：
1.材料：SKD11。
2.热处理硬度: 60～62HRC。
3.外形采用慢走丝线切割加工，垂直度0.003。
4.数量：1件。

Ra 1.6 (√)

图 7-43　B 件弯曲凹模（图 7-3 的件号 29）

（5）C 件弯曲凹模（图 7-44）

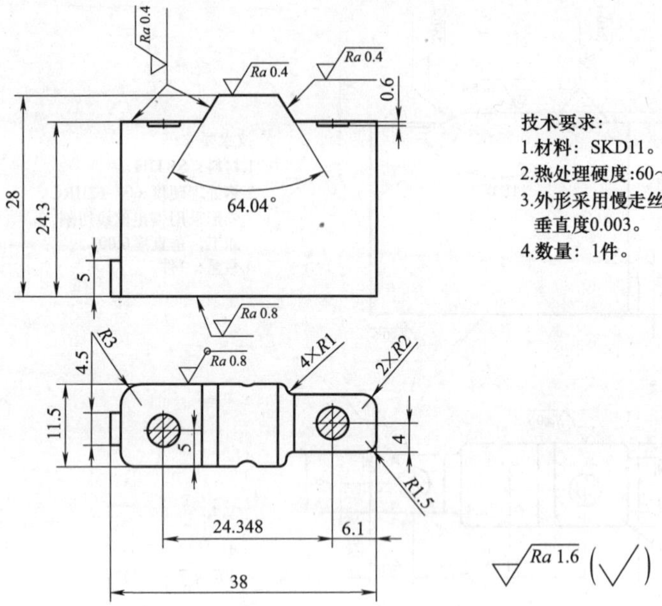

技术要求：
1.材料：SKD11。
2.热处理硬度:60～62HRC。
3.外形采用慢走丝线切割加工，
垂直度0.003。
4.数量：1件。

图 7-44　C 件弯曲凹模（图 7-3 的件号 28）

（6）切断凹模（图 7-45）

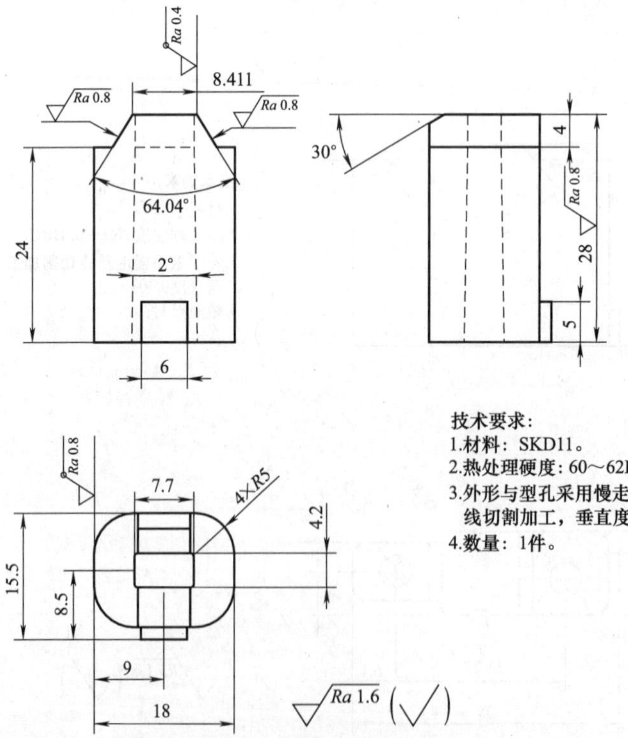

技术要求：
1.材料：SKD11。
2.热处理硬度：60～62HRC。
3.外形与型孔采用慢走丝
线切割加工，垂直度0.003。
4.数量：1件。

图 7-45　切断凹模（图 7-3 的件号 26）

7.6.5　斜楔（图 7-46）

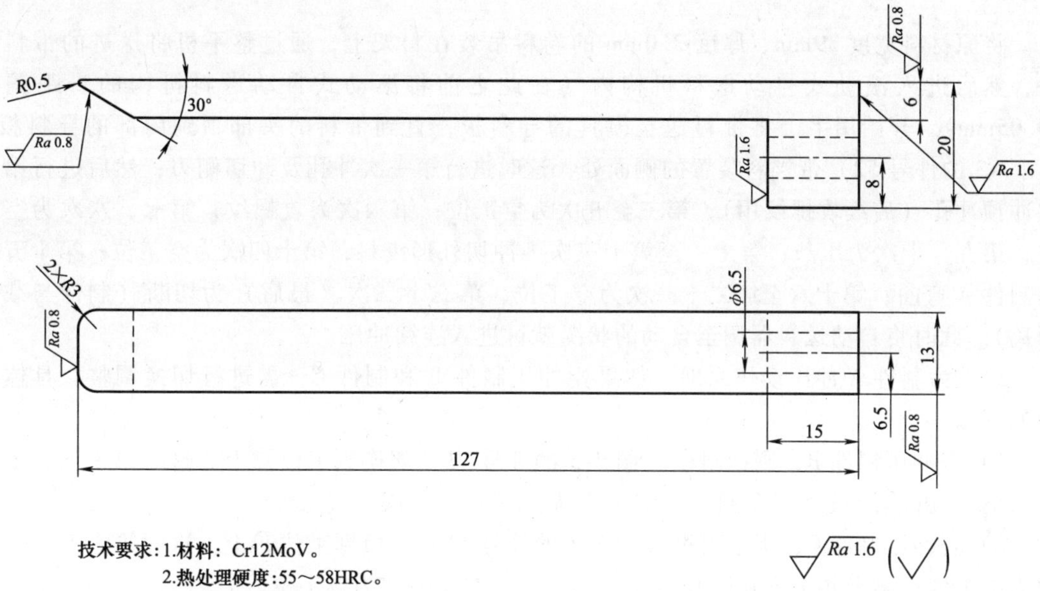

技术要求：1.材料：Cr12MoV。
2.热处理硬度：55～58HRC。
3.型面采用精磨加工。
4.数量：1件。

图 7-46　斜楔（图 7-3 的件号 11）

7.6.6　限位柱

（1）上限位柱（图 7-47）

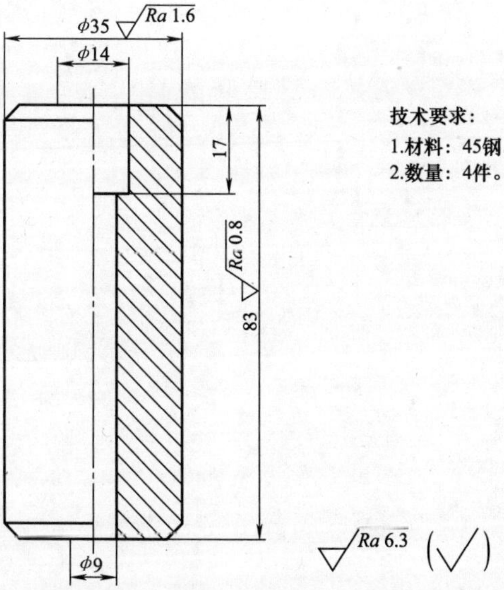

技术要求：
1.材料：45钢。
2.数量：4件。

图 7-47　上限位柱（图 7-3 的件号 56）

（2）下限位柱（图 7-48）

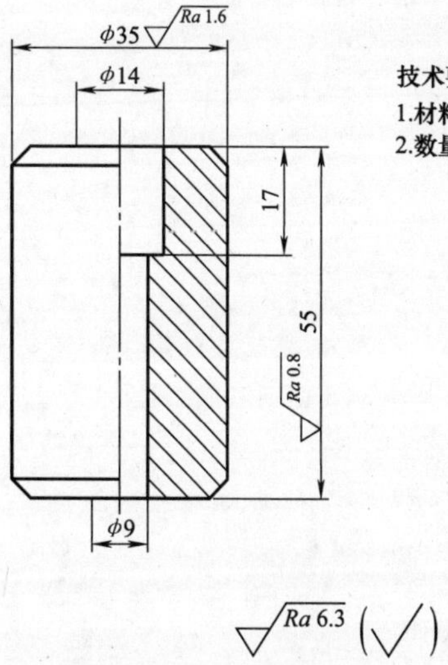

技术要求：
1.材料：45钢。
2.数量：4件。

图 7-48　下限位柱（图 7-3 的件号 57）

7.7　冲压动作原理

将原材料宽度 39mm、厚度 2.0mm 的卷料吊装在料架上，通过整平机将送进的带料整平，然后进入滚动式自动送料机构内（在此之前将滚动式自动送料机构的步距调至 14.05mm）。开始用手工将带料送至模具的导料板，直到带料的头部顶到内部的导料板 5（图 7-3 的件号 52）带挡料装置的侧面处，这时进行第一次冲孔及冲切侧刃；然后进行第二次冲预冲孔（后续攻螺纹用）；第三至五次为空工位；第六次为攻螺纹；第七、八次为空工位；第九、十次为压凸；第十一至第十三次为冲切外形废料；第十四次为空工位；第十五次为制件 A 弯曲；第十六至第二十一次为空工位；第二十二次（最后）为切断（制件与载体分离）。此时将自动送料器调至自动的状况就可进入连续冲压。

以上为制件 A 冲压动作原理。如果要冲压制件 B 和制件 C，需进行切换调整。具体安排如下：

1）若冲压制件 B，则把斜楔（图 7-3 的件号 11）切换到工位⑰上。这时第十五、十六次为空工位；第十七次为制件 B 弯曲；第十八至二十一次为空工位。

2）若冲压制件 C，则把斜楔（图 7-3 的件号 11）切换到工位⑲上。这时第十五、十八次为空工位；第十九次为制件 C 弯曲；第二十、二十一次为空工位。

冲压制件 B 和制件 C 时，除了以上的变化以外，其余冲压动作原理同制件 A。

第 8 章　A 侧管连续拉深多工位级进模

制件名称：A 侧管；材料及板厚：SUS304 不锈钢，0.2mm；所用冲压设备：闭式双点高精密压力机 J75G-80（800kN）。

8.1 工艺分析

图 8-1 所示为某家用电器的 A 侧管，年需求量较大（年产量 900 多万件）。此制件外形由内径（$\phi13.6\pm0.02$）mm、（$\phi16.6\pm0.02$）mm 和凸缘（$\phi19\pm0.02$）mm 组成；高度由（18.4 ± 0.03）mm 和（19.3 ± 0.03）mm 组成；底部有一个六角形孔和四个小凸点。制件直径和高度的公差分析，该制件要求较高。设计一副高精度的连续拉深模冲压，能满足大批量生产和制件质量要求。

从图 8-1 可以看出，此制件是一个狭边凸缘圆筒阶梯拉深件，形状复杂，尺寸公差要求高。其冲压工艺由工艺切口、冲孔、拉深及落料等工序组成。特别在制件拉深成形时，既要保证带料平直不变形，又要减少拉深的阻力，使材料容易流动成形，冲压后获得较高的产品质量。此制件的毛坯在带料上采用了双圈圆形三面切口的搭边方式，并在带料两侧两个工位之间的废料处，设有两个 $\phi4$mm 的导正销孔（见图 8-2），以保证带料的送料精度。因制件材料较薄，为了使送料更稳定，此模具采用拉料机构来传递各工位之间的冲压工作。

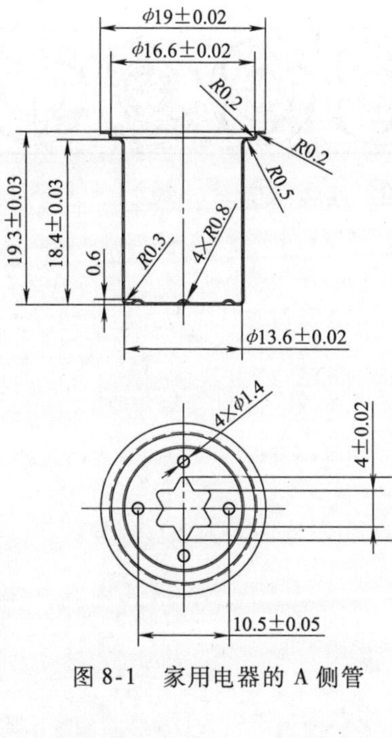

图 8-1　家用电器的 A 侧管

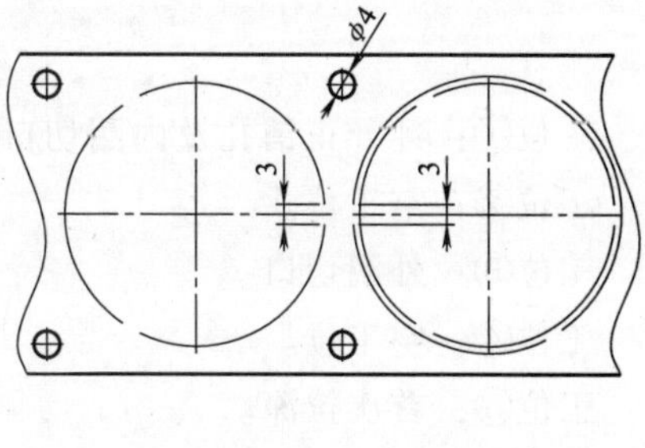

图 8-2　双圈圆形三面切口的搭边

8.2　排样设计

连续拉深排样设计是级进模的关键环节，也是级进模设计的前提和基础。它具体反映了制件在整个冲裁、拉深成形过程中，工位位置和各工序拉深次数、拉深高度及拉深直径大小的相互关系。

经分析，此制件采用单排排列较为合理。因制件坯料直径为 ϕ39.5mm，根据经验得：切口搭边宽为 3.4mm，制件搭边宽为 1.05mm，侧搭边宽为 2.7mm；求得带料宽度为 47mm，步距为 45mm。制件排样图见图 8-3。此排样图共设计成 17 个工位。具体工位如下：

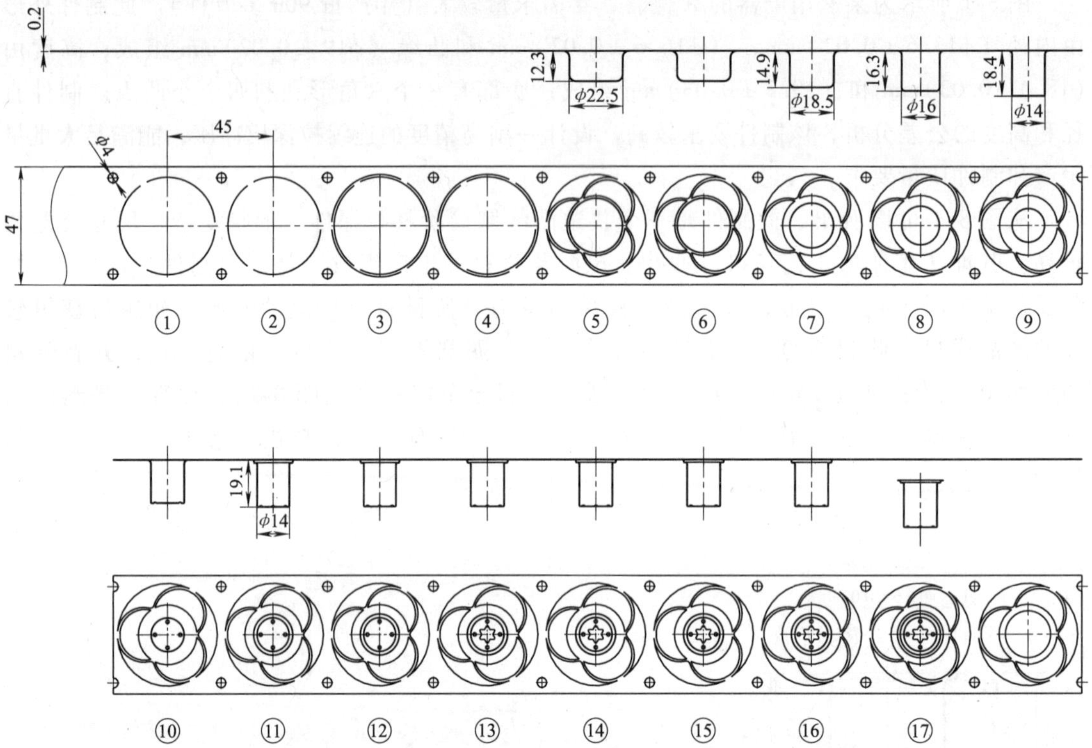

图 8-3　排样图

工位①：冲导正销孔及内圈切口。

工位②：空工位。

工位③：外圈切口。

工位④：空工位。

工位⑤：首次拉深。

工位⑥：空工位。

工位⑦：二次拉深。

工位⑧：三次拉深。

工位⑨：四次拉深。

工位⑩：底部压凸。

工位⑪：阶梯拉深。

工位⑫：空工位。

工位⑬：冲底孔。

工位⑭：空工位。

工位⑮：整形。

工位⑯：空工位。

工位⑰：落料。

8.3　模具总装图设计

图 8-4 所示为 A 侧管连续拉深多工位级进模总装图。此模具结构较为复杂，有拉深、阶梯拉深、冲底孔等。具体结构特点如下：

1）此制件带料厚度较薄，为了使送料更稳定，模具采用拉料机构（总图及零件图中未画出）来传递各工位之间的冲压工作。

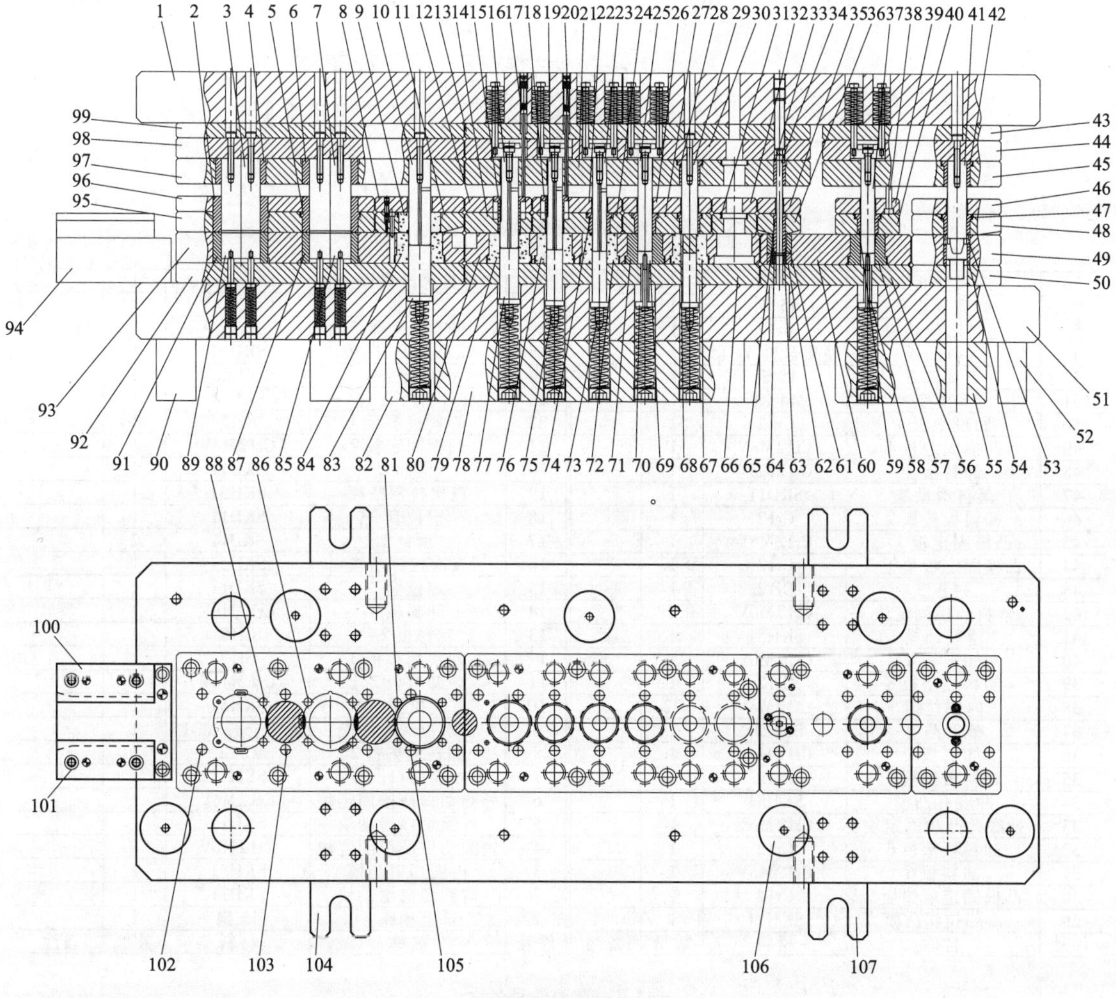

模具总装图

图 8-4　A 侧管连续拉深多工位级进模总装图

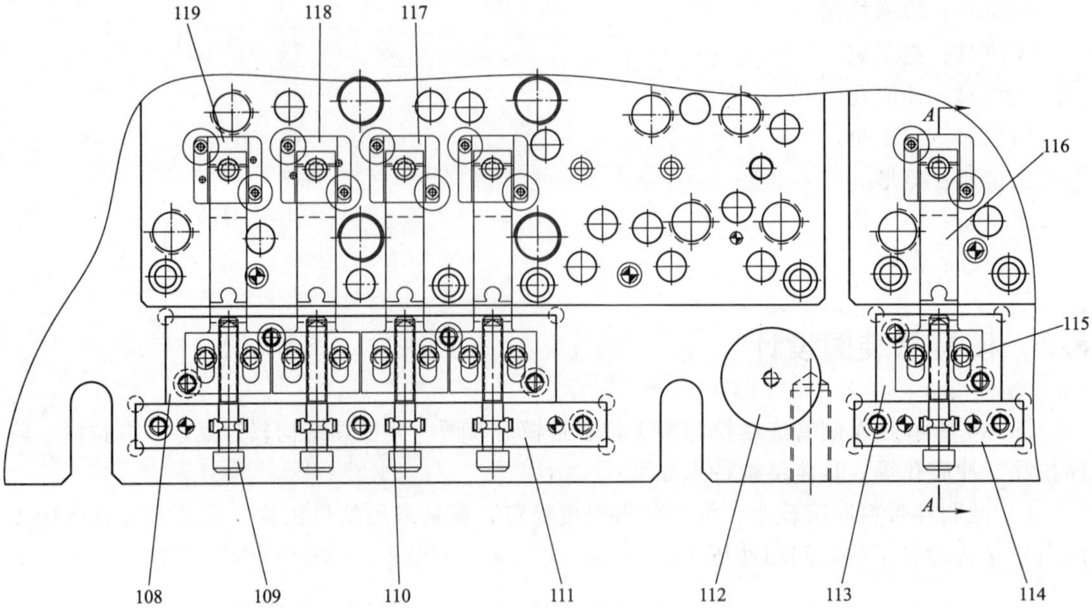

A—A

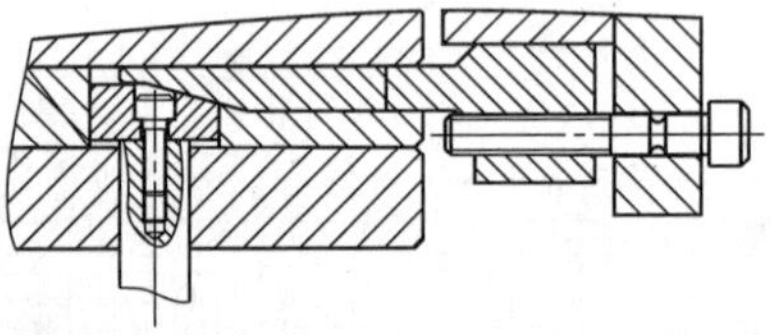

上模部分局部放大图

56	凹模垫板 3	Cr12	1		28	口部拉深凸模固定块	Cr12MoV	1	
55	弹簧底板 2	45 钢	1		27	卸料板 5	Cr12MoV	1	
54	落料凹模垫块	Cr12	1		26	卸料板垫板 5	Cr12	1	
53	落料凹模	硬质合金 YG15	1		25	压凸点凸、凹模	SKH51	1	
52	下垫脚 3	45 钢	1		24	卸料板 4	Cr12MoV	1	
51	下模座	45 钢	1		23	四次拉深凸模	SKH51	1	
50	凹模垫板 4	Cr12	1		22	卸料板垫板 4	Cr12	1	
49	凹模固定板 4	Cr12MoV	1		21	凸模固定板 2	Cr12MoV	1	
48	卸料板 9	Cr12MoV	1		20	顶针 2	SKD11	2	
47	落料滑动块	SKD11	1		19	三次拉深凸模	SKH51	1	
46	卸料板垫板 9	Cr12	1		18	定位套 2	SKD11	1	
45	凸模固定板 3	Cr12MoV	1		17	顶针 1	SKD11	2	
44	凸模固定板垫板 3	Cr12	1		16	二次拉深凸模	SKH51	1	
43	衬板 3	Cr12	1		15	定位套 1	SKD11	1	
42	落料凸模固定块	Cr12MoV	1		14	卸料板 3	Cr12MoV	1	
41	落料凸模	SKH51	1		13	衬板 2	Cr12	1	
40	卸料板 8	Cr12MoV	1		12	卸料板垫板 3	Cr12	1	
39	卸料板垫板 8	Cr12	1		11	卸料板 2	Cr12MoV	1	
38	内限位销	Cr12MoV	22		10	首次拉深凸模	SKH51	1	
37	整形凸模	SKH51	1		9	首次拉深压边圈	硬质合金 YG15	1	
36	卸料板 7	Cr12MoV	1		8	卸料板垫板 2	Cr12	1	
35	卸料板垫板 7	Cr12	1		7	外圈切口凸模	SKH51	1	
34	冲底孔凸模	SKH51	1		6	外圈切口凸模固定块	Cr12MoV	1	
33	冲底孔凸模固定块	Cr12MoV	1		5	外圈切口滑动块	SKD11	1	
32	卸料板垫板 6	Cr12	1		4	内圈切口凸模固定块	Cr12MoV	1	
31	卸料板 6	Cr12MoV	1		3	内圈切口凸模	SKH51	1	
30	凸模固定板垫板 2	Cr12	1		2	内圈切口滑动块	SKD11	1	
29	口部拉深凸模	SKH51	1		1	上模座	45 钢	1	
件号	名称	材料	数量	备注	件号	名称	材料	数量	备注

模具总装图件号名称

图 8-4　A 侧管连续拉深多工位级进模总装图（续）

					88	套式顶料杆 1	CrWMn	2	
119	微调凸模固定块 1	Cr12	1		87	外圈切口凹模	SKH51	1	
118	微调凸模固定块 2	Cr12	1		86	套式顶料杆 2	CrWMn	2	
117	微调凸模固定块 3	Cr12	3		85	外圈切口顶块	CrWMn	1	
116	斜楔	CrWMn	5		84	首次拉深凹模	硬质合金 YG15	1	
115	斜楔连接块	CrWMn	5		83	首次拉深顶杆	CrWMn	1	
114	调节挡块 2	Cr12	1		82	弹簧底板 1	45 钢	1	
113	锁紧压板 2	CrWMn	1		81	套式顶料杆 3	CrWMn	6	
112	上限位柱	45 钢	7		80	凹模固定板 2	Cr12MoV	1	
111	调节挡块 1	Cr12	1		79	二次拉深凹模	硬质合金 YG15	1	
110	调节螺钉固定销	Cr12	10		78	下垫脚 4	45 钢	2	
109	调节螺钉		5	标准件	77	二次拉深顶杆	CrWMn	1	
108	锁紧压板 1	CrWMn	1		76	三次拉深凹模	硬质合金 YG15	1	
107	下垫脚 5	45 钢	2		75	三次拉深顶杆	CrWMn	1	
106	下限位柱	45 钢	7		74	四次拉深滑动块	SKD11	1	
105	导向顶杆 3	CrWMn	32		73	四次拉深顶杆	CrWMn	2	
104	下垫脚 2	45 钢	1		72	四次拉深凹模	硬质合金 YG15	1	
103	导向顶杆 2	CrWMn	2		71	压凸点凹模	SKH51	1	
102	导向顶杆 1	CrWMn	2		70	垫圈	45 钢	2	
101	导料板 2	Cr12	1		69	凸点成形顶杆	SKH51	2	
100	导料板 1	Cr12	1		68	口部拉深滑动块	SKD11	1	
99	衬板 1	Cr12	1		67	口部拉深凹模	硬质合金 YG15	1	
98	凸模固定板垫板 1	Cr12	1		66	凹模垫板 2	Cr12	1	
97	凸模固定板 1	Cr12MoV	1		65	冲底孔滑动块	SKD11	1	
96	卸料板垫板 1	Cr12	1		64	冲底孔凹模	SKH51	1	
95	卸料板 1	Cr12MoV	1		63	冲底孔凹模垫块	Cr12MoV	1	
94	承料板	Q235	1		62	冲底孔凹模固定块	Cr12MoV	1	
93	凹模固定板 1	Cr12MoV	1		61	制件导向块	Cr12MoV	1	
92	凹模垫板 1	Cr12	1		60	凹模固定板 3	Cr12MoV	1	
91	内圈切口凹模	SKH51	1		59	整形滑动块	SKD11	1	
90	下垫脚 1	45 钢	1		58	等高套筒	45 钢	2	
89	内圈切口顶块	CrWMn	1		57	整形凹模	SKH51	1	
件号	名　称	材　料	数量	备注	件号	名　称	材　料	数量	备注

模具总装图件号名称

图 8-4　A 侧管连续拉深多工位级进模总装图（续）

2）为了确保各工序拉深凹模及落料刃口的使用寿命和稳定性，各工位的拉深凹模及落料刃口采用硬质合金（YG15）镶拼而成。

3）为了使各工序调整及维修更方便，此模具由多组模板组合而成。具体模板分组如下（参见图 8-4）：

① 衬板、凸模固定板垫板及凸模固定板，分别由三组模板组合而成。

② 卸料板垫板和卸料板分别由九组模板组合而成。

③ 凹模固定板和凹模垫板分别由四组模板组合而成。

上模部分和下模部分的各组模板，分别安装在整体的上模座及下模座上，并用四套 ϕ38mm 的精密滚珠导柱、导套及 20 套小导柱、小导套作为导向。

4）定位套设计。为了保证拉深件得到较好的定位，此模具除带料两侧两个工位之间的废料处设有 ϕ4.0mm 的导正销孔精定位外，还在工位⑦二次拉深和工位⑧三次拉深的凸模上，各设有不同大小的定位套（见图 8-5），使拉深件成形时塑性变形较均匀。此结构在连续拉深模中设计较复杂，制作精度要求也较高。

图 8-5 所示定位套的工作过程如下：当上模下行时，定位套 3 首先进入前一工位送进的拉深件内径，将坯件定好位；上模再继续下行，拉深凸模 1 进入拉深凹模 7 进行拉深成形。

5）空工位设计。此模具在工位②、工位④、工位⑥、工位⑫、工位⑭及工位⑯各留一个空工位。其中，工位②和工位④的空工位，是在内、外圈切口后起校平作用；在工位⑥安排一个空工位，当后序拉深成形时，由于不同的拉深高度导致带料表面与模板的表面不平行，即拉深的轴心线和模具表面产生一定的斜角，这对后序拉深件的质量有影响。为了确保制件的质量，以空工位来增加料带的工作长度，减小料带的倾斜角；由于此制件拉深次数多，在工位⑫留一个空工位，必要时可作为后备拉深工序；为了减少拉深工序同冲底孔工序之间的落差，在工位⑭及工位⑯各留一个空工位，以此减小料带的倾斜角。

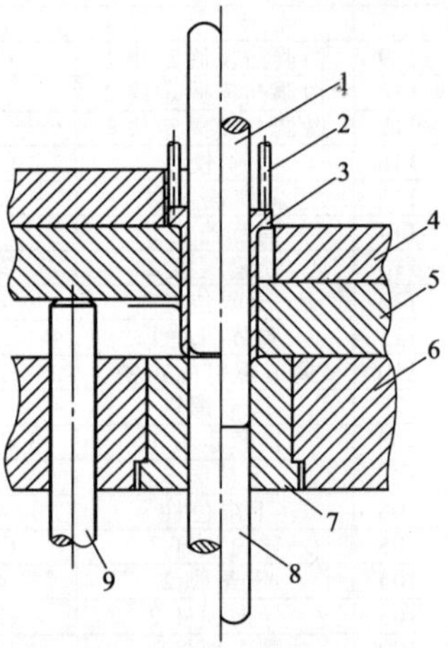

图 8-5　定位套结构

1—拉深凸模　2—顶针　3—定位套　4—卸料板垫板　5—卸料板　6—凹模固定板　7—拉深凹模　8—顶杆　9—反推杆

6）微调机构设计。此模具在拉深凸模及整形凸模上设置有五处微调机构（见图 8-4 的上模部分局部放大图 $A—A$）。当拉深凸模或整形凸模的尺寸过高或偏低时，无需卸下拉深凸模或整形凸模，直接在上模的侧面调整其高度即可。

调整过程如下：首先松动固定在斜楔连接块（图 8-4 的件号 115），用内六角扳手调整调节螺钉。利用调节螺钉的左右旋转，带动斜楔连接块及斜楔（图 8-4 的件号 116）的进出，再带动拉深凸模或整形凸模的伸出或缩进。当高度调整完毕，再固定斜楔连接块即可。

7）冲底孔（见图 8-3 的工位⑬）凸模设计。此凸模（图 8-4 的件号 34）为六角形，外形小而复杂，不便于用螺钉及凸肩（挂台）固定，因此选用穿销固定。凸模维修时，把固定在上模座（图 8-4 的件号 1）上的螺塞卸下，取出圆柱销，即可卸下凸模。待凸模刃口修磨完毕（例如：凸模刃口修磨 0.5mm，则垫在凸模穿销固定下的垫片也应修磨 0.5mm，这样凸模可以往下调，使冲裁的深度同维修前的深度一样），直接从后面安装，再放入圆柱销，拧紧螺塞即可。

8）导向顶杆设计。此模具的导向顶杆有三种高度不一的规格。较低的导向顶杆分布在模具的头部，特别是接近拉料机构时，其高度几乎同拉料机构的高度相等，是为了减少带料送料时的落差。

9）不锈钢制件拉深同普通碳素钢制件拉深有所不同。因为不锈钢制件拉深在冬天冲压时，各工位在成形中，坯件经过多次的剧烈塑性变形之后所产生较高的温度，瞬间接触外界较冷的气候，引起制件的冷作硬化，在存放过程中造成口部开裂及表面龟裂现象，使制件存在较多的不良。为了避免这些问题，必须采取以下几点措施：

① 在工位⑦二次拉深和工位⑧三次拉深的凸模上，各设有不同大小的定位套，使坯件在成形过程中均匀变形。

② 尽可能加大凹模的 R 角。

③ 减少凹模的摩擦力，拉深凹模材料选用硬质合金（YG15）来制造，并采用镜面抛光处理。

10）此制件年产量较大，因此在卸料板上设置相对应的滑动块，以便维修、调整。例如：设置图 8-4 的件号 2、5、47、59、65、68、74 等滑动块。

11）检测装置设计。在模具尾部拉料机构的后面，安装有误送检测导电探针（总图中未画出）。当带料送错位或模具碰到异常时，误送检测导电探针发出感应信号；当压力机接收到此感应信号时，即自动停止冲压，蜂鸣器也随着发出声音。

8.4 模座设计

8.4.1 上模座（图 8-6）

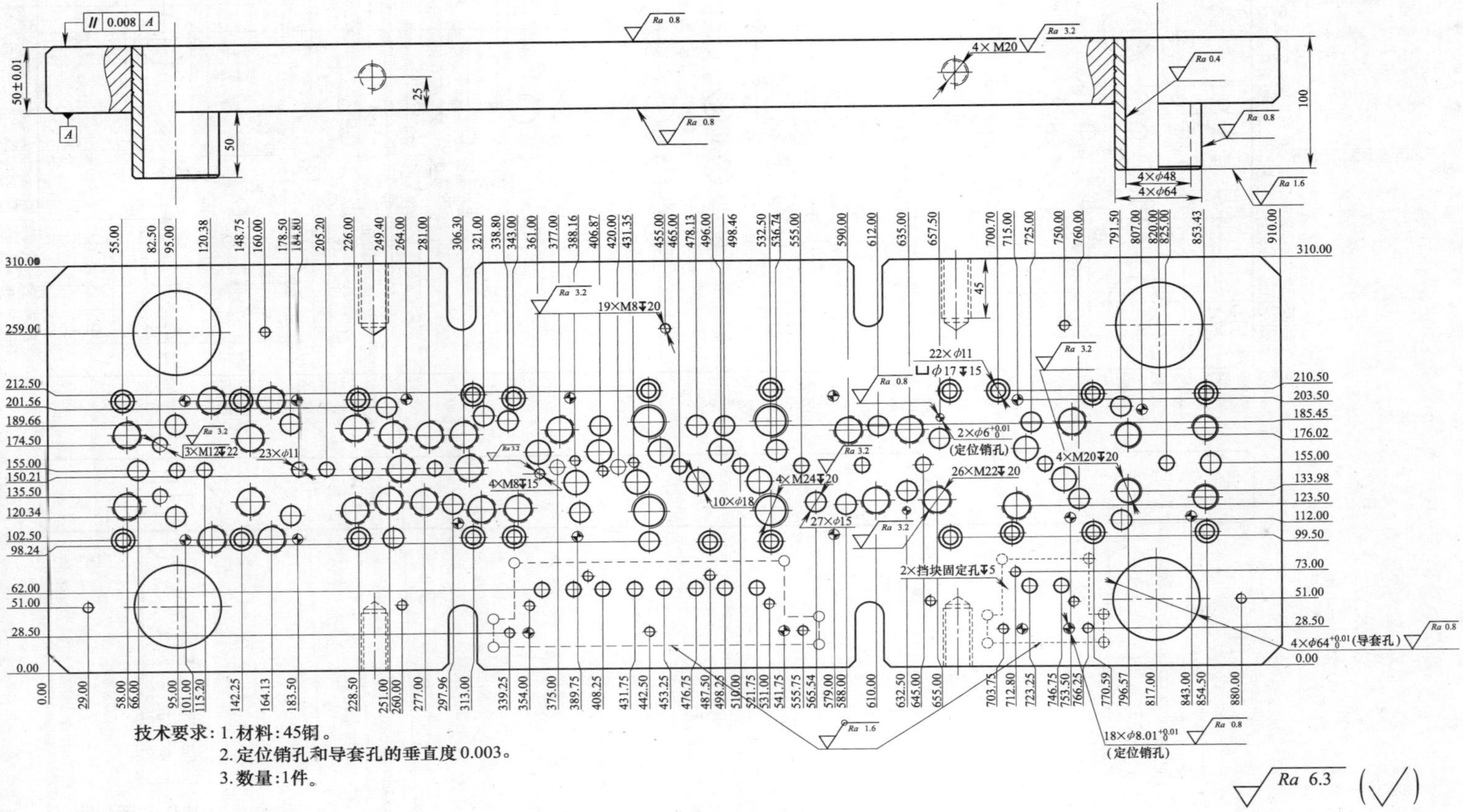

技术要求：1. 材料：45钢。

2. 定位销孔和导套孔的垂直度0.003。

3. 数量：1件。

图 8-6 上模座（图 8-4 的件号 1）

8.4.2　下模座（图 8-7）

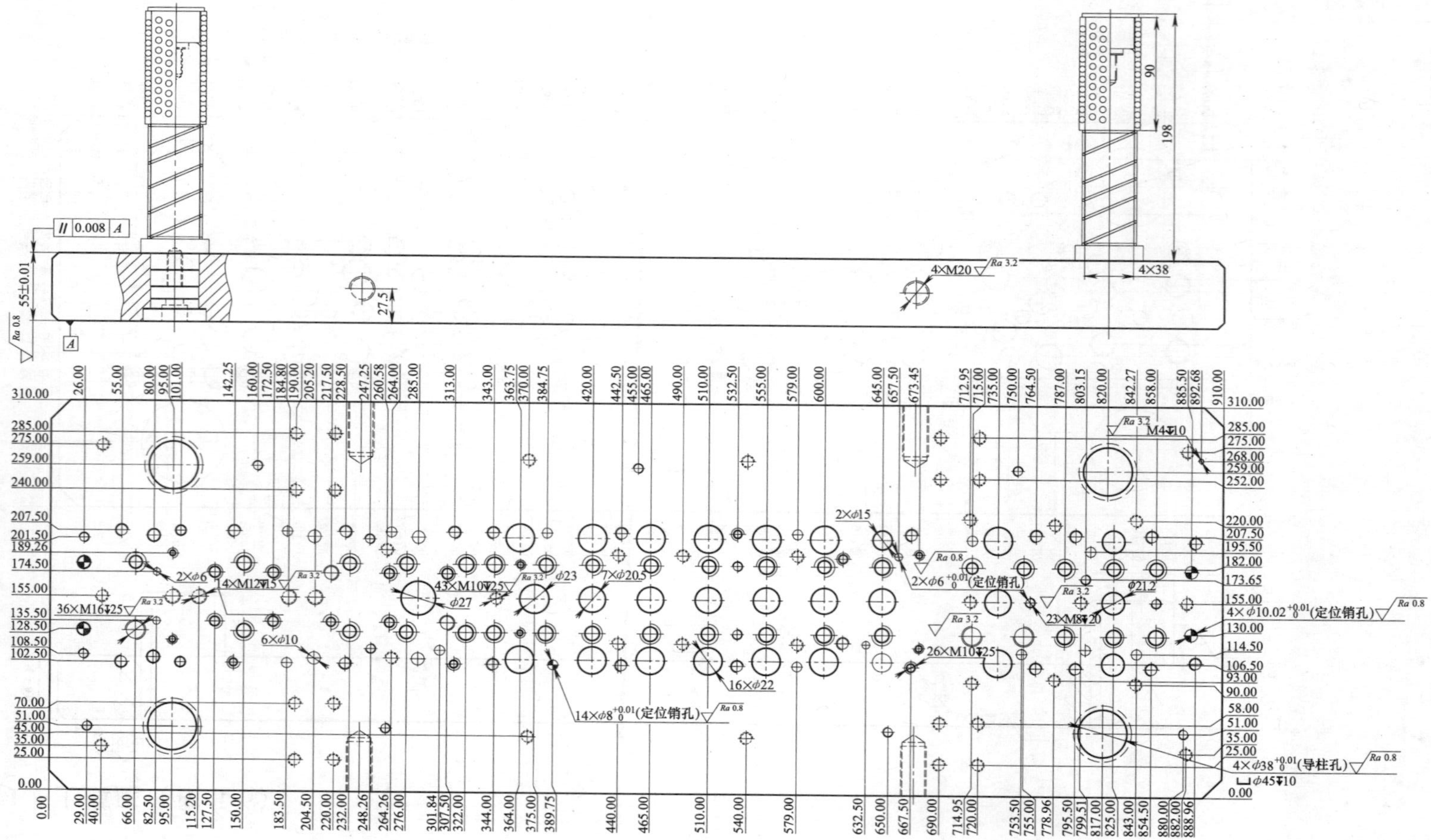

技术要求：1. 材料：45钢。
2. 定位销孔和导柱孔的垂直度0.0025。
3. 数量：1件。

Ra 6.3 (√)

图 8-7　下模座（图 8-4 的件号 51）

8.5　模板设计

8.5.1　衬板

（1）衬板 1（图 8-8）

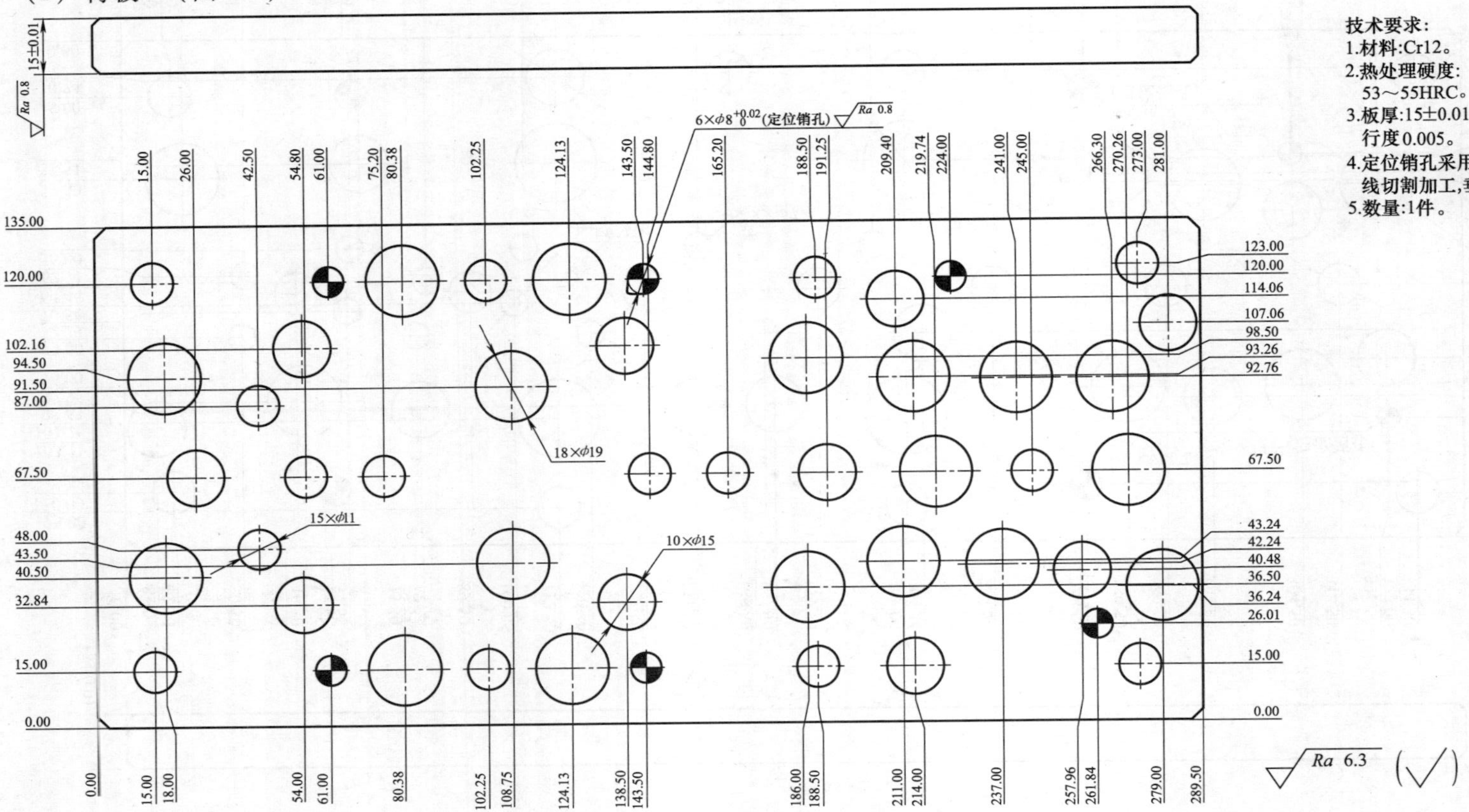

技术要求：

1.材料：Cr12。

2.热处理硬度：53～55HRC。

3.板厚：15±0.01，两面平行度 0.005。

4.定位销孔采用慢走丝线切割加工，垂直度0.002。

5.数量：1件。

图 8-8　衬板 1（图 8-4 的件号 99）

（2）衬板 2（图 8-9）

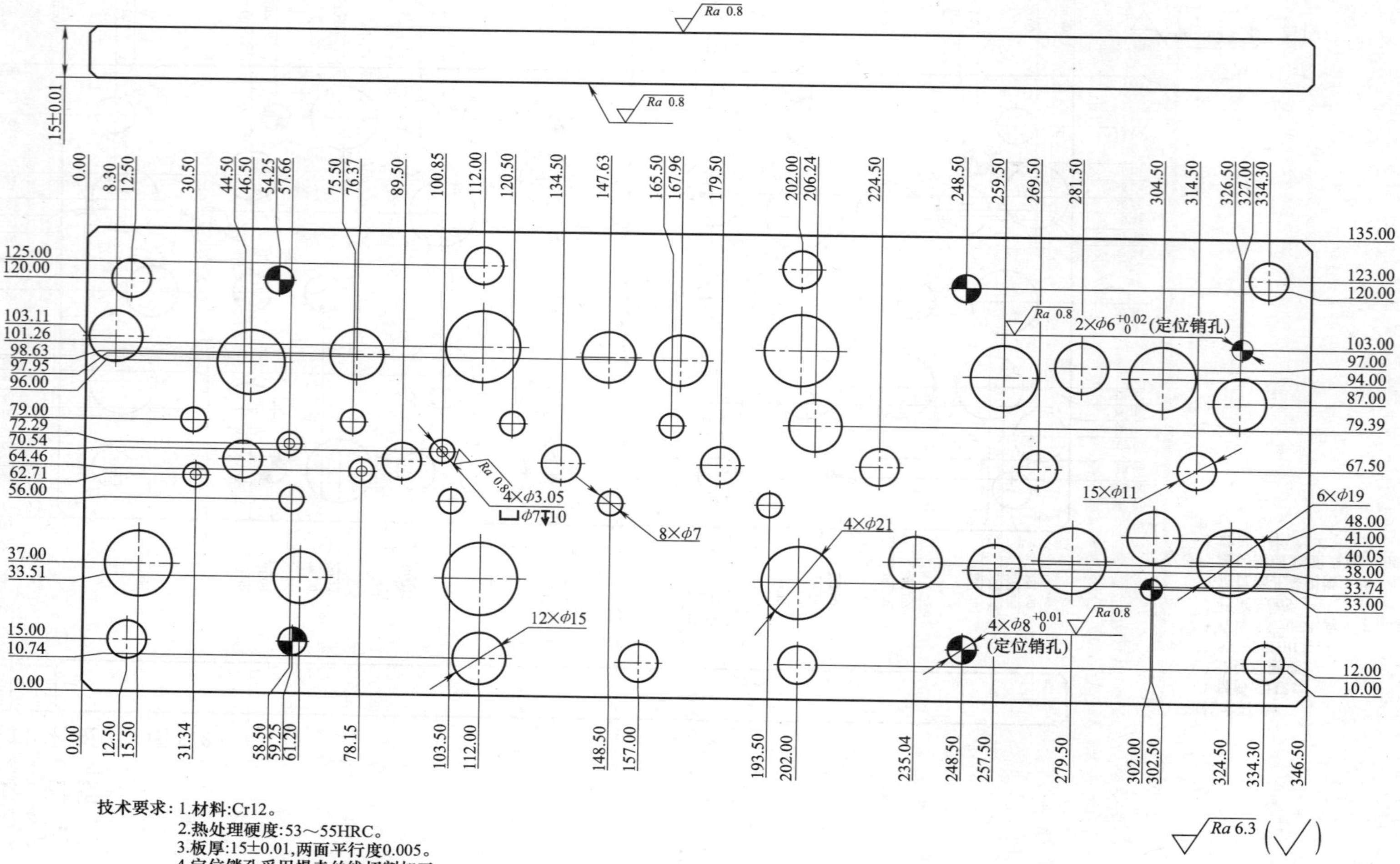

技术要求：1.材料:Cr12。
2.热处理硬度:53～55HRC。
3.板厚:15±0.01,两面平行度0.005。
4.定位销孔采用慢走丝线切割加工,
垂直度0.002。
5.数量:1件。

图 8-9　衬板 2（图 8-4 的件号 13）

(3) 衬板 3（图 8-10）

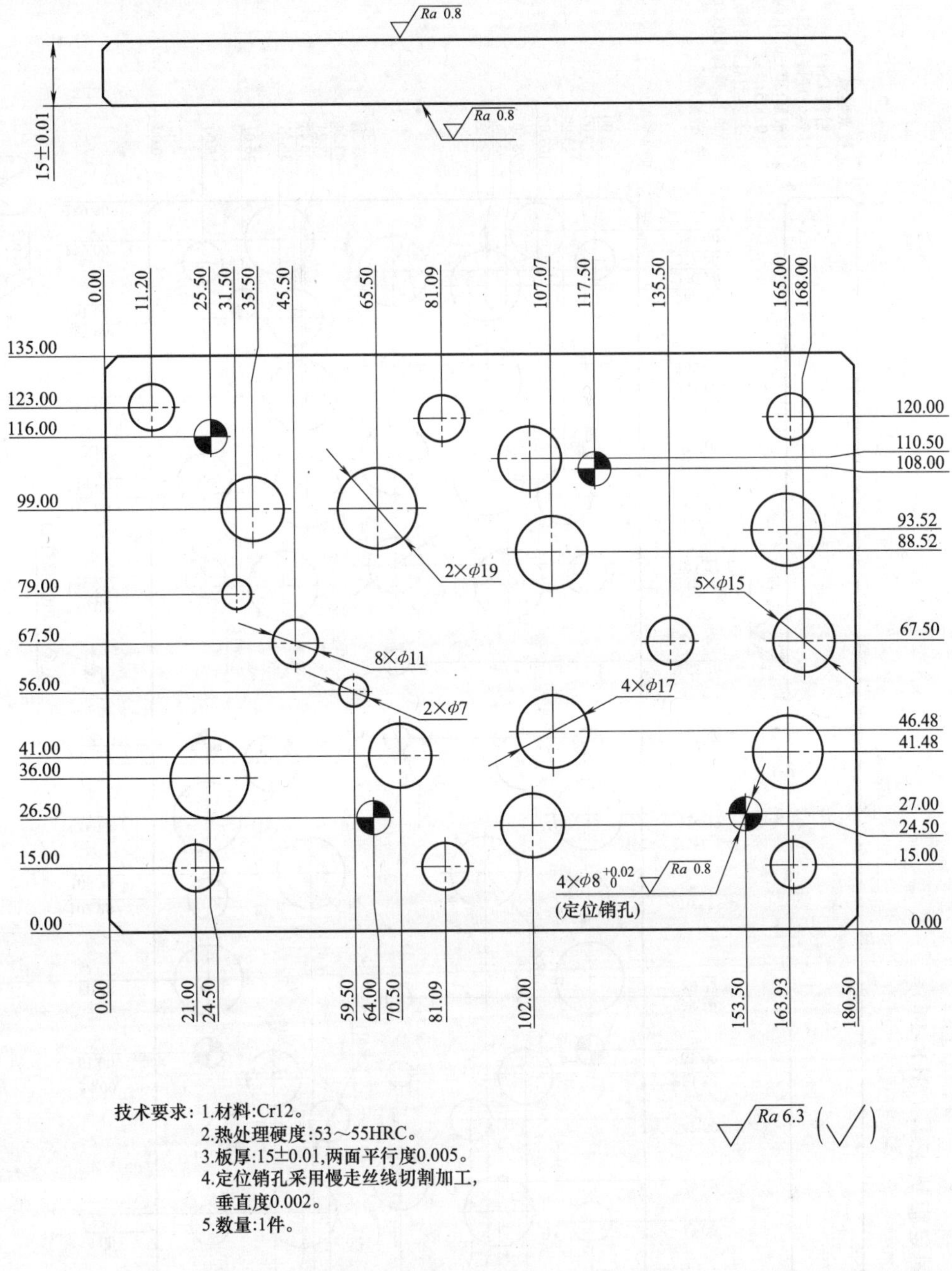

图 8-10 衬板 3（图 8-4 的件号 43）

8.5.2 凸模固定板垫板

（1）凸模固定板垫板 1（图 8-11）

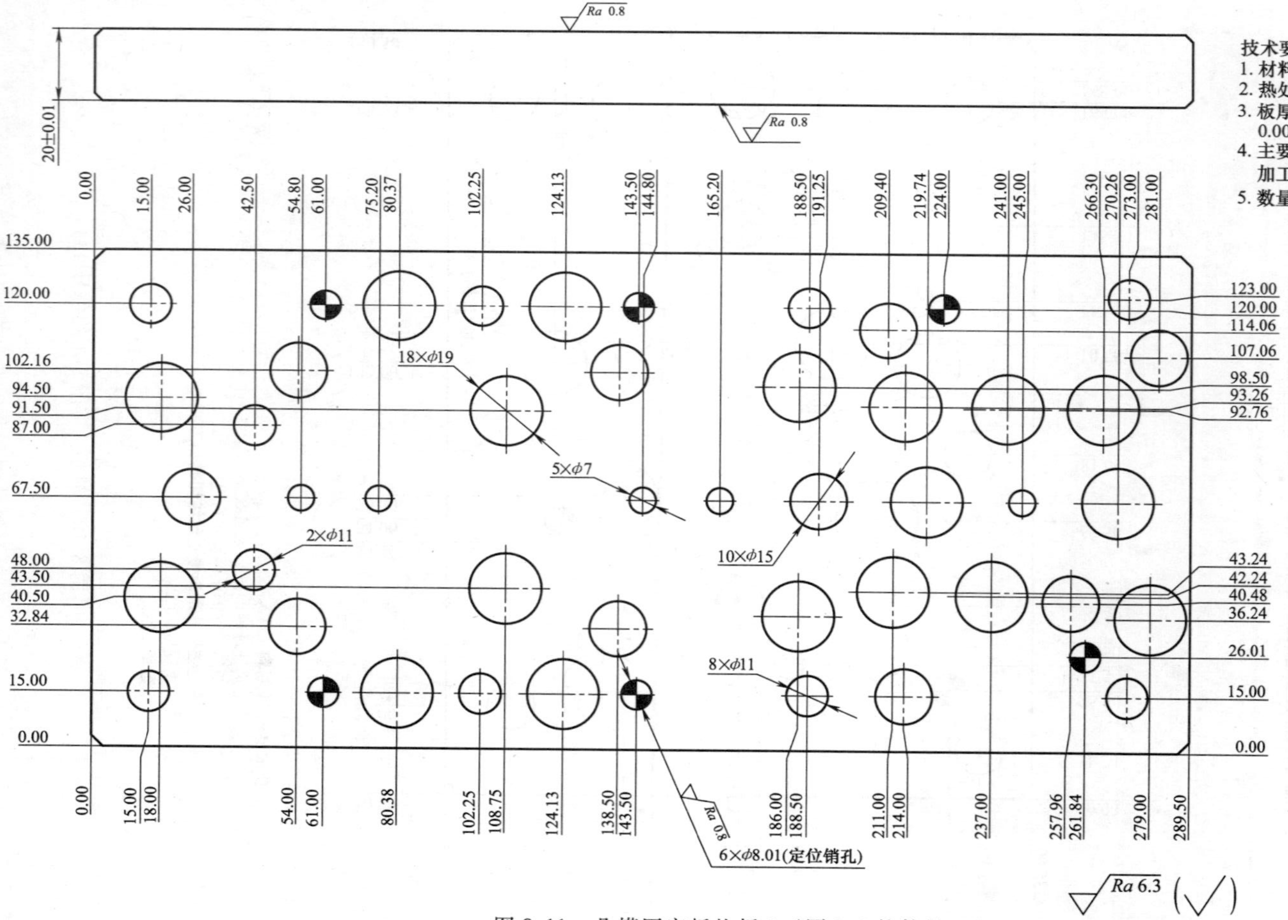

技术要求：
1. 材料:Cr12。
2. 热处理硬度:53～55HRC。
3. 板厚:20±0.01,两面平行度0.005。
4. 主要型孔采用慢走丝线切割加工,垂直度0.002。
5. 数量:1件。

图 8-11　凸模固定板垫板 1（图 8-4 的件号 98）

（2）凸模固定板垫板 2（图 8-12）

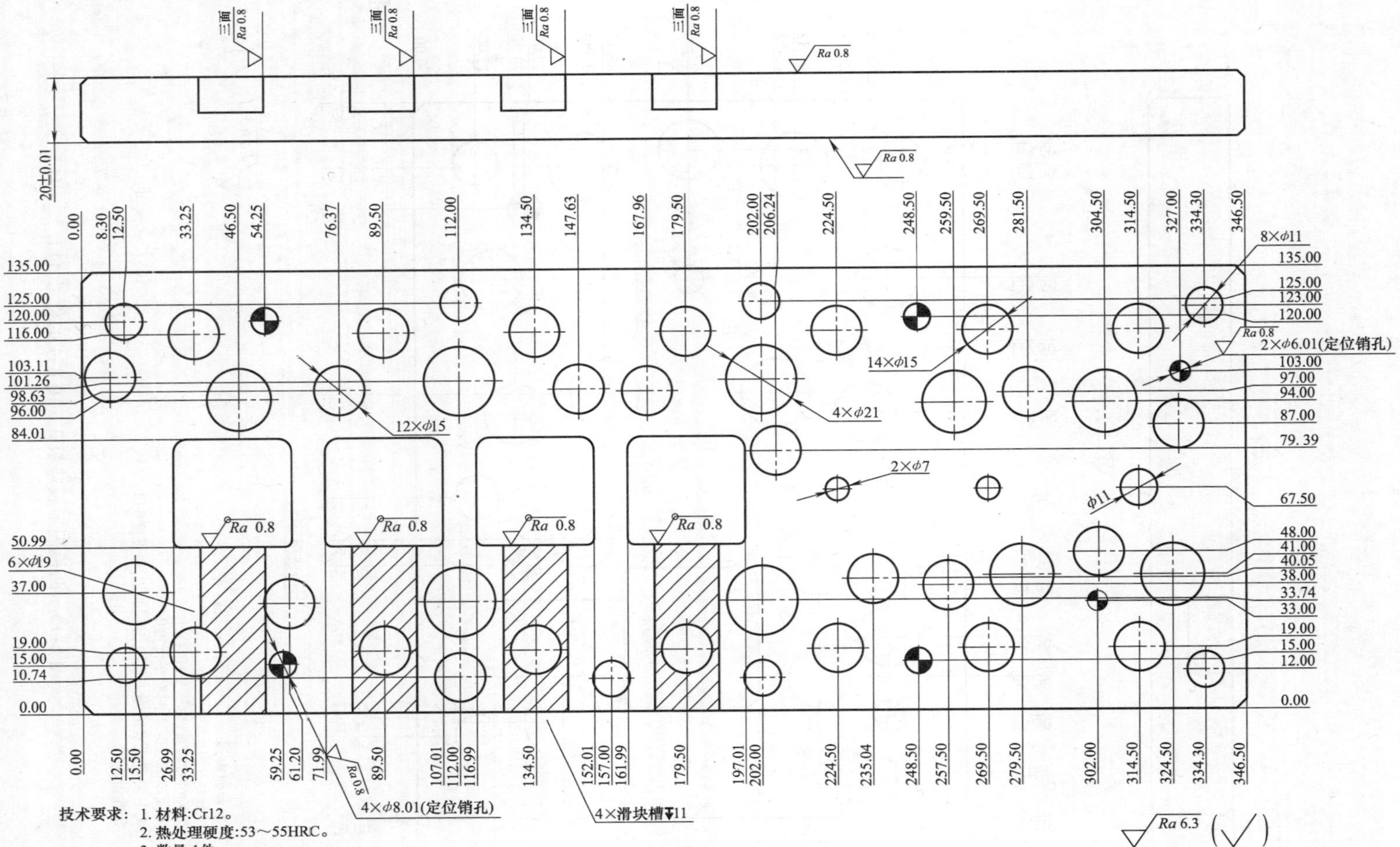

技术要求：1. 材料:Cr12。
2. 热处理硬度:53～55HRC。
3. 数量:1件。
4. 板厚:20±0.01,两面平行度0.005。
5. 主要型孔采用慢走丝线切割加工,垂直度0.002。
6. 数量:1件。

图 8-12　凸模固定板垫板 2（图 8-4 的件号 30）

（3）凸模固定板垫板 3（图 8-13）

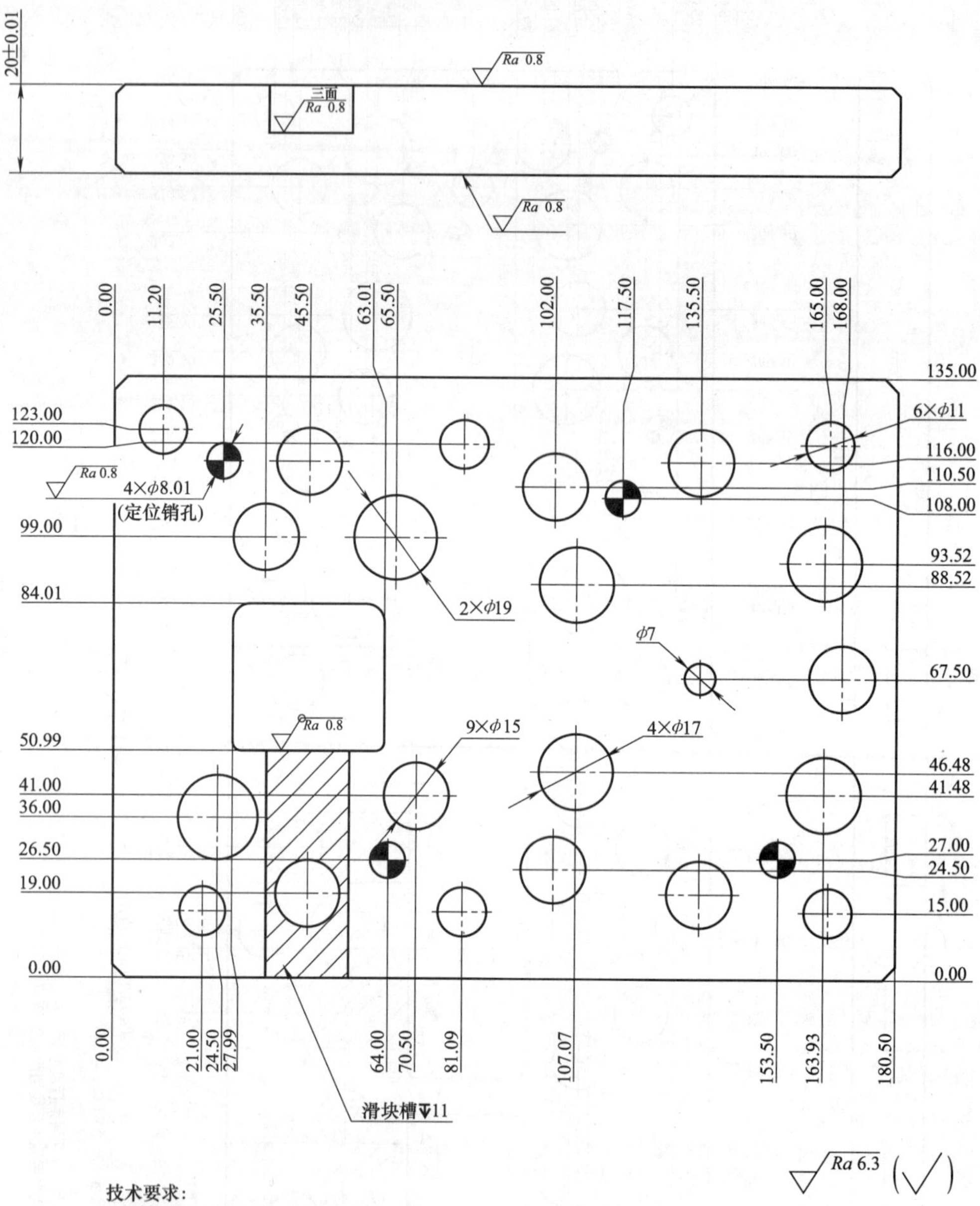

技术要求：
1.材料:Cr12。
2.热处理硬度:53～55HRC。
3.板厚:20±0.01,两面平行度0.005。
4.主要型孔采用慢走丝线切割加工,垂直度0.002。
5.数量:1件。

图 8-13　凸模固定板垫板 3（图 8-4 的件号 44）

8.5.3　凸模固定板

（1）凸模固定板 1（图 8-14）

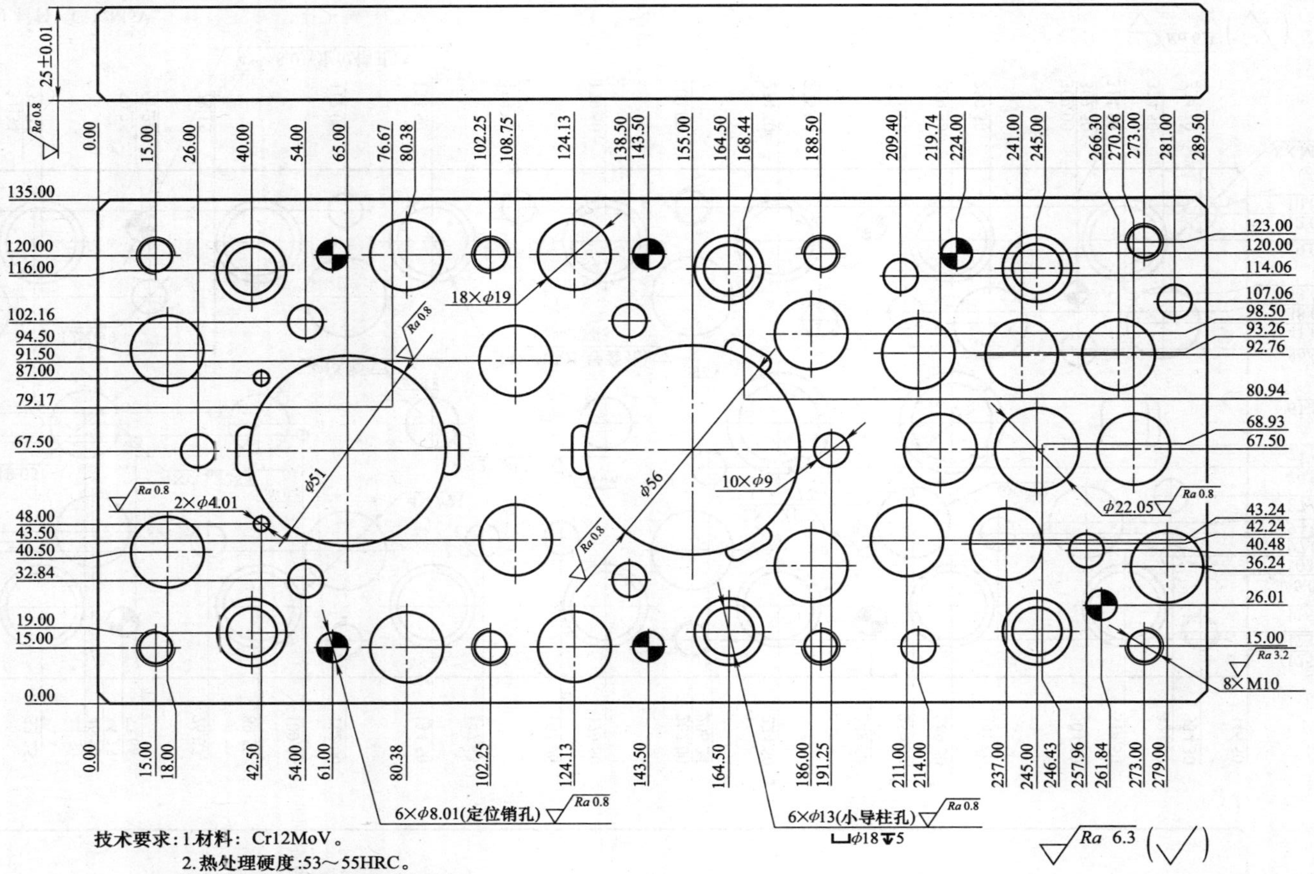

技术要求：1.材料：Cr12MoV。
2.热处理硬度：53～55HRC。
3.板厚：25±0.01，两面平行度0.005。
4.主要型孔采用慢走丝线切割加工，垂直度0.002。
5.数量：1件。

图 8-14　凸模固定板 1（图 8-4 的件号 97）

（2）凸模固定板 2（图 8-15）

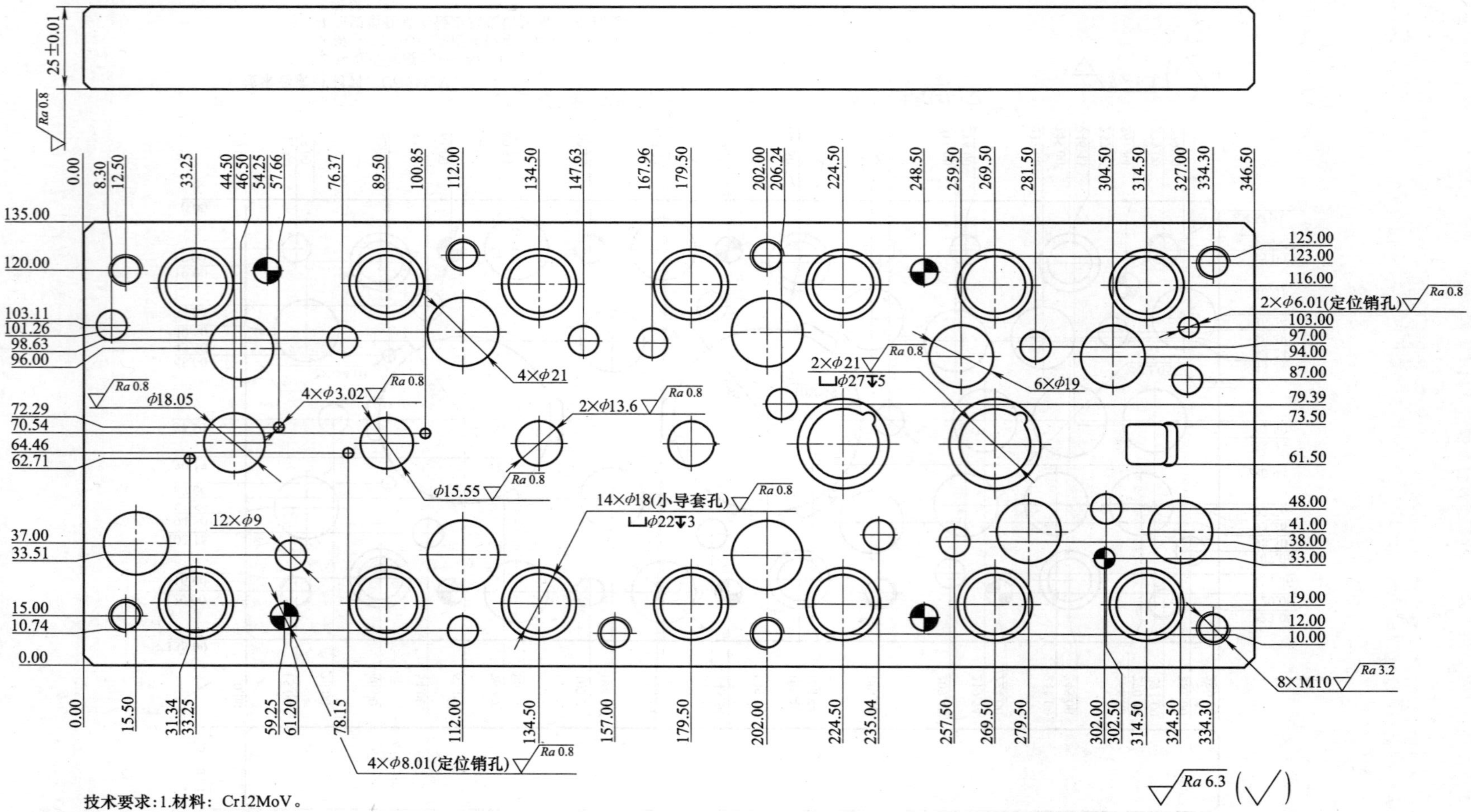

技术要求：1.材料：Cr12MoV。

2.热处理硬度：53～55HRC。

3.板厚：25±0.01，两面平行度0.005。

4.主要型孔采用慢走丝线切割加工，垂直度0.002。

5.数量：1件。

图 8-15　凸模固定板 2（图 8-4 的件号 21）

（3）凸模固定板 3（图 8-16）

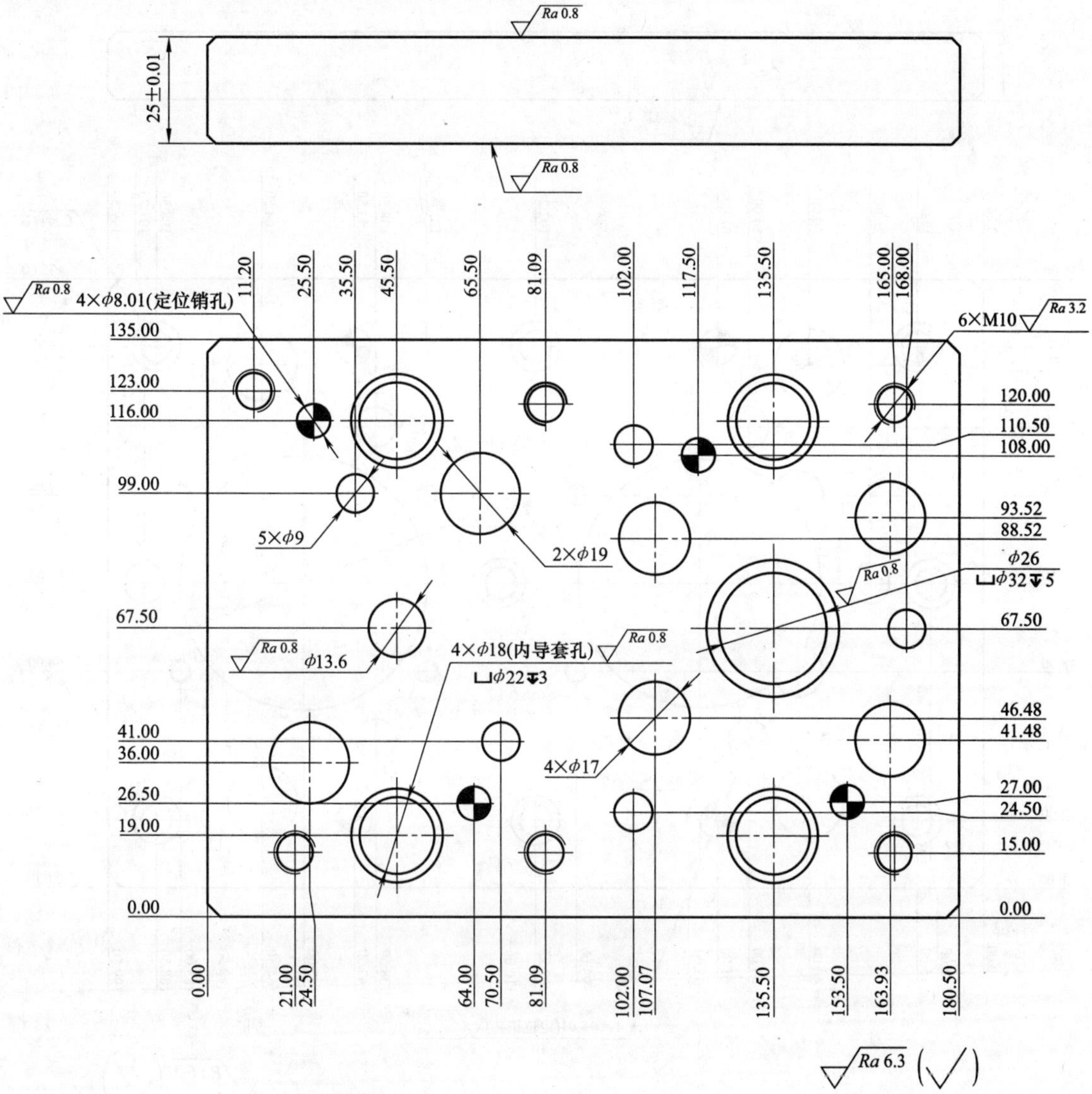

技术要求：
1.材料：Cr12MoV。
2.热处理硬度:53～55HRC。
3.板厚:25±0.01,两面平行度0.005。
4.主要型孔采用慢走丝线切割加工,垂直度0.002。
5.数量：1件。

图 8-16　凸模固定板 3（图 8-4 的件号 45）

8.5.4　卸料板垫板

（1）卸料板垫板 1（图 8-17）

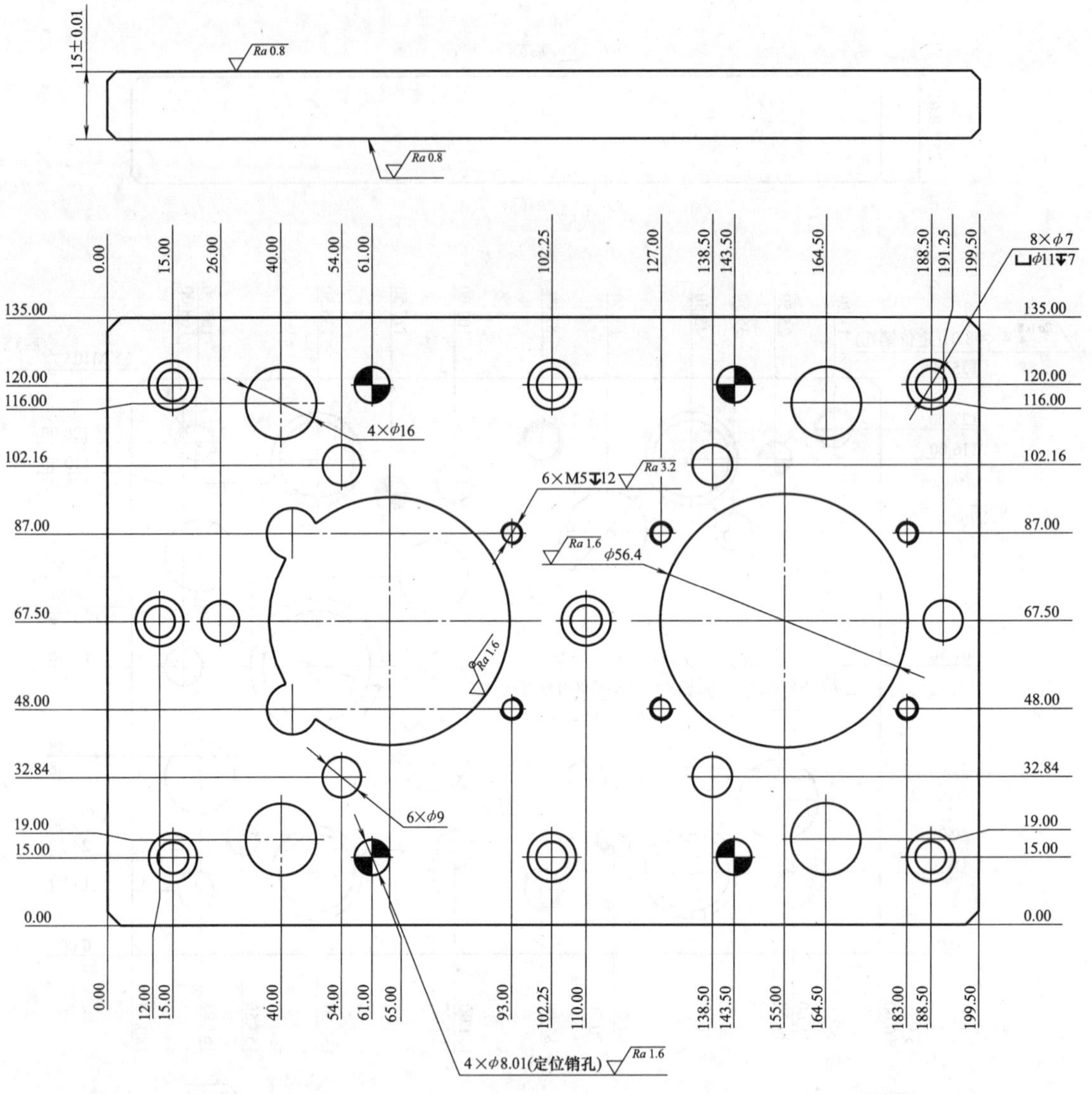

技术要求：
1.材料：Cr12。
2.热处理硬度:53～55HRC。
3.板厚:15±0.01,两面平行度0.005。
4.主要型孔采用快走丝线切割加工。
5.数量：1件。

图 8-17　卸料板垫板 1（图 8-4 的件号 96）

（2）卸料板垫板 2（图 8-18）

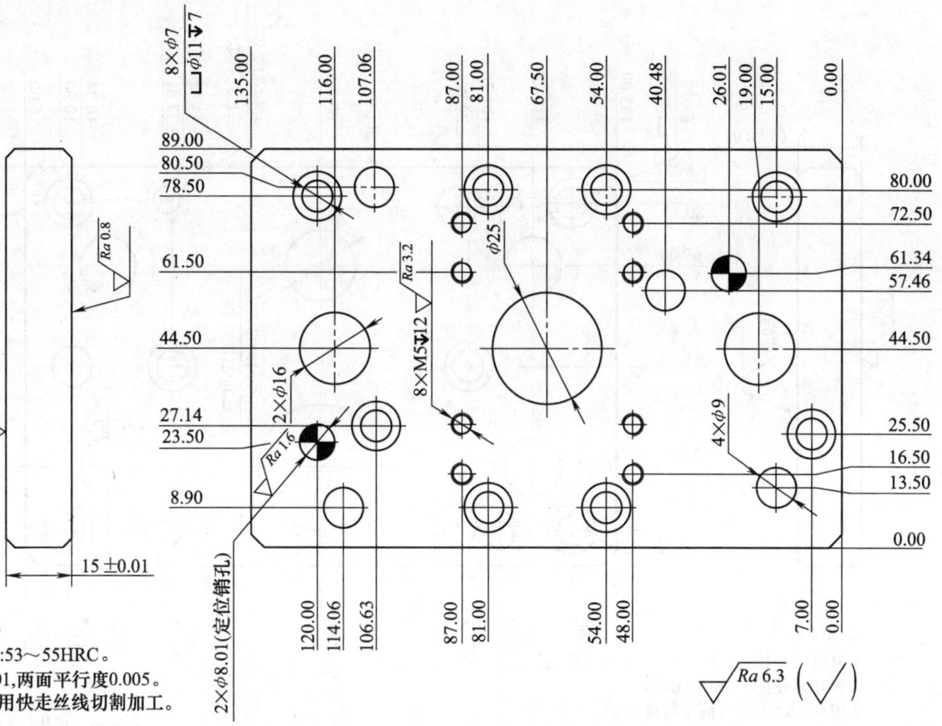

技术要求：
1.材料：Cr12。
2.热处理硬度：53～55HRC。
3.板厚：15±0.01，两面平行度0.005。
4.主要型孔采用快走丝线切割加工。
5.数量：1件。

图 8-18　卸料板垫板 2（图 8-4 的件号 8）

（3）卸料板垫板 3（图 8-19）

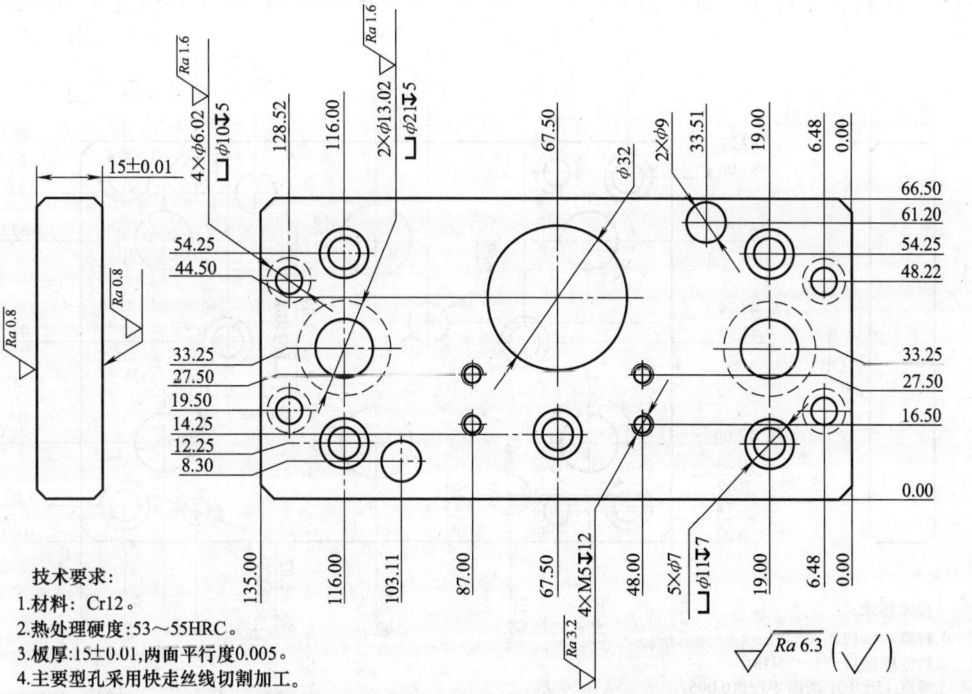

技术要求：
1.材料：Cr12。
2.热处理硬度：53～55HRC。
3.板厚：15±0.01，两面平行度0.005。
4.主要型孔采用快走丝线切割加工。
5.数量：1件。

图 8-19　卸料板垫板 3（图 8-4 的件号 12）

（4）卸料板垫板 4（图 8-20）

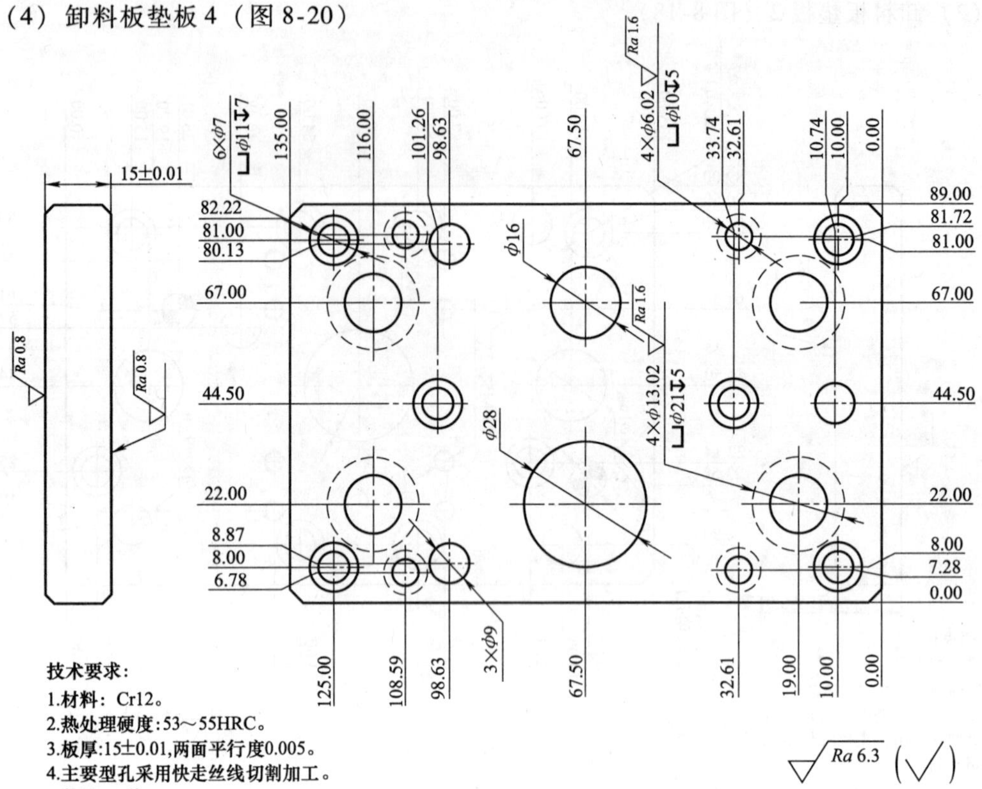

技术要求：

1.材料：Cr12。

2.热处理硬度:53～55HRC。

3.板厚:15±0.01,两面平行度0.005。

4.主要型孔采用快走丝线切割加工。

5.数量：1件。

图 8-20　卸料板垫板 4（图 8-4 的件号 22）

（5）卸料板垫板 5（图 8-21）

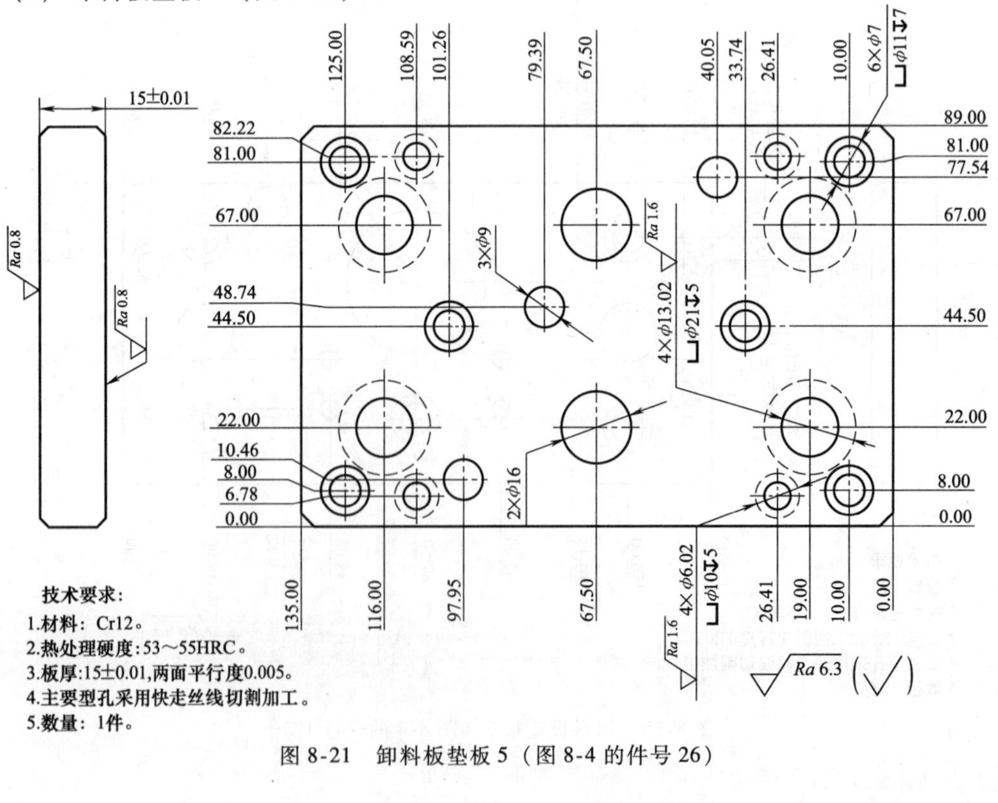

技术要求：

1.材料：Cr12。

2.热处理硬度:53～55HRC。

3.板厚:15±0.01,两面平行度0.005。

4.主要型孔采用快走丝线切割加工。

5.数量：1件。

图 8-21　卸料板垫板 5（图 8-4 的件号 26）

（6）卸料板垫板 6（图 8-22）

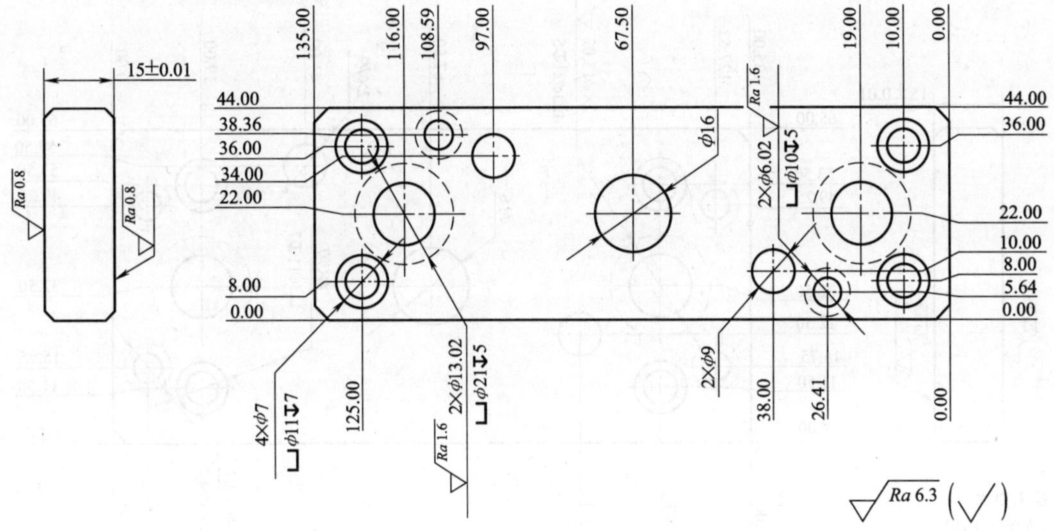

技术要求：1.材料：Cr12。
2.热处理硬度：53～55HRC。
3.板厚:15±0.01，两面平行度0.005。
4.主要型孔采用快走丝线切割加工。
5.数量：1件。

图 8-22　卸料板垫板 6（图 8-4 的件号 32）

（7）卸料板垫板 7（图 8-23）

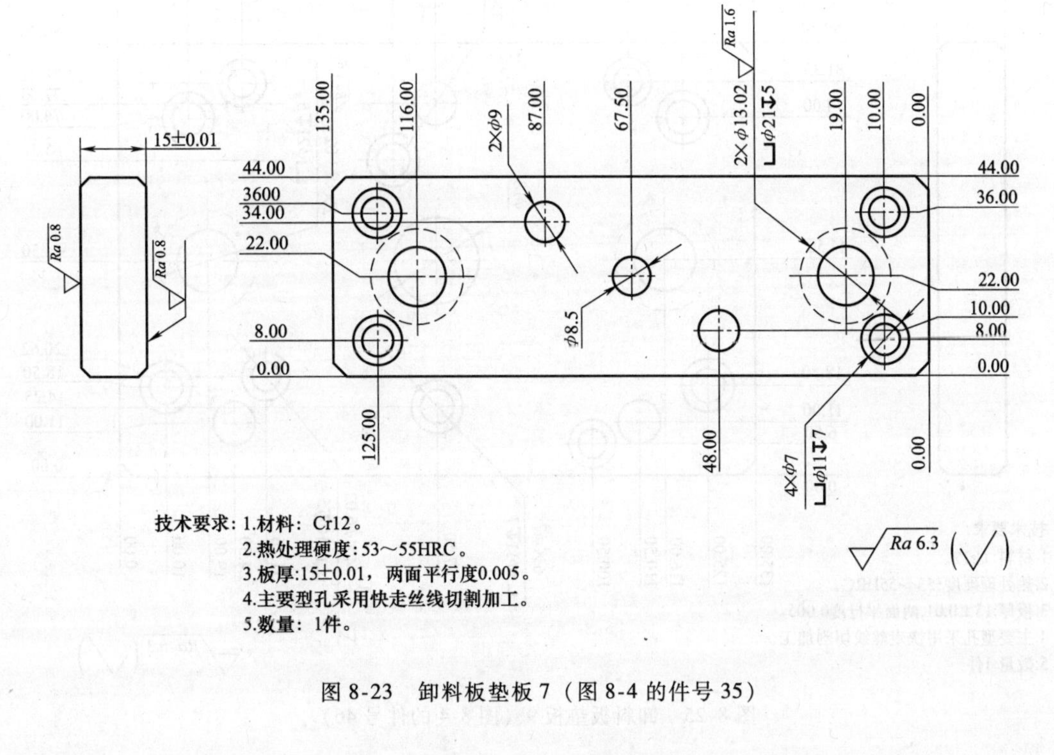

技术要求：1.材料：Cr12。
2.热处理硬度：53～55HRC。
3.板厚:15±0.01，两面平行度0.005。
4.主要型孔采用快走丝线切割加工。
5.数量：1件。

图 8-23　卸料板垫板 7（图 8-4 的件号 35）

（8）卸料板垫板 8（图 8-24）

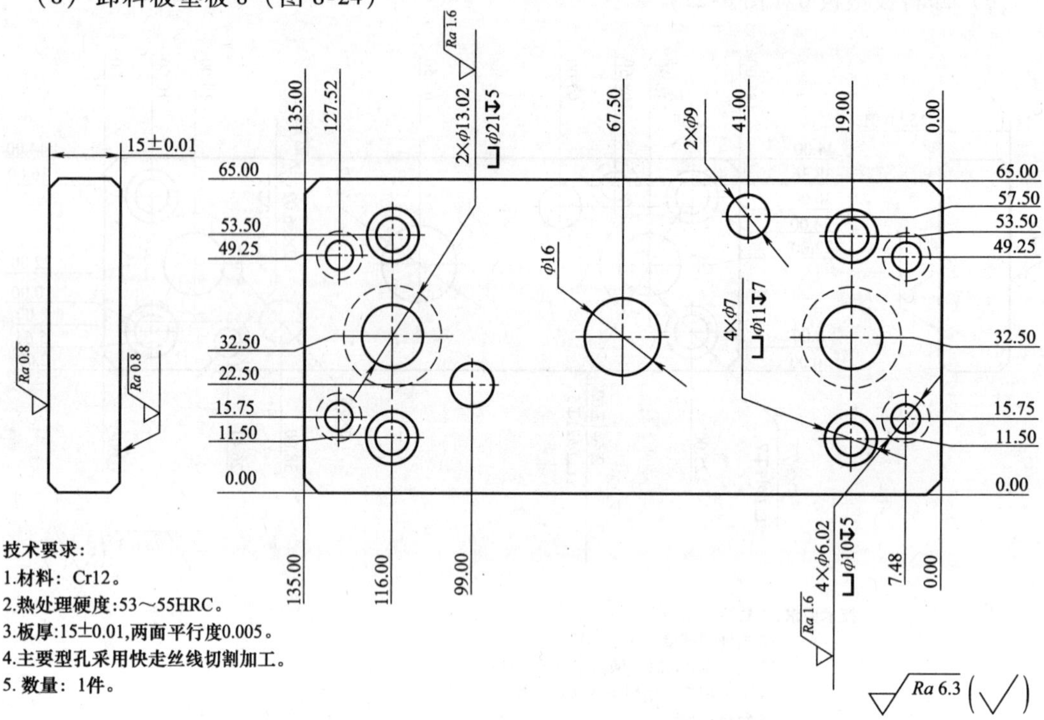

技术要求：
1.材料：Cr12。
2.热处理硬度:53～55HRC。
3.板厚:15±0.01,两面平行度0.005。
4.主要型孔采用快走丝线切割加工。
5. 数量：1件。

图 8-24　卸料板垫板 8（图 8-4 的件号 39）

（9）卸料板垫板 9（图 8-25）

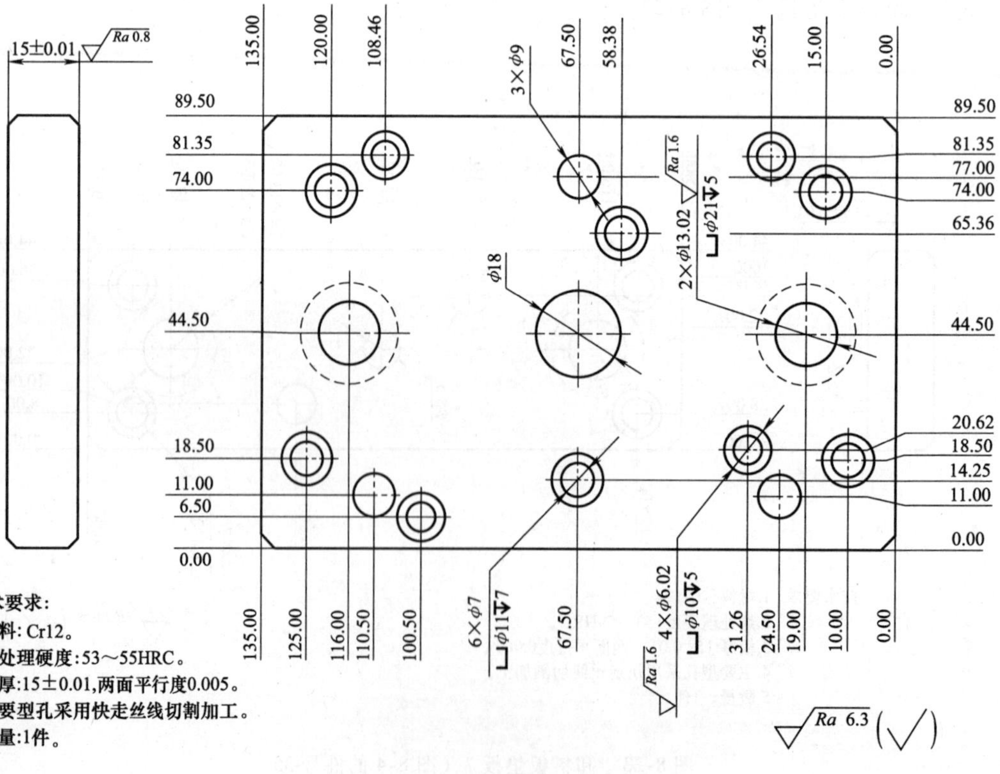

技术要求：
1.材料: Cr12。
2.热处理硬度：53～55HRC。
3.板厚:15±0.01,两面平行度0.005。
4.主要型孔采用快走丝线切割加工。
5.数量:1件。

图 8-25　卸料板垫板 9（图 8-4 的件号 46）

8.5.5　卸料板

（1）卸料板 1（图 8-26）

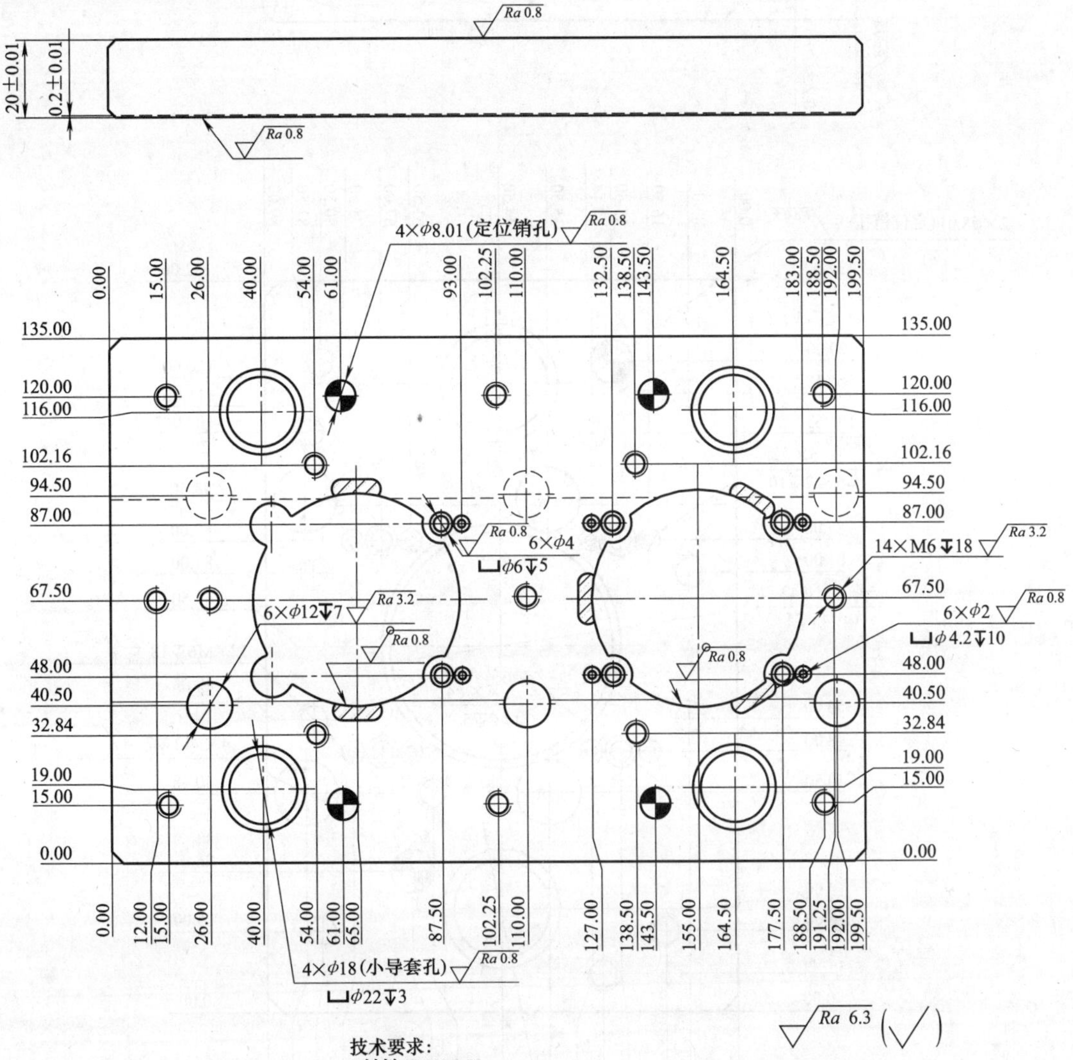

技术要求：
1.材料:Cr12MoV。
2.热处理硬度:53～55HRC。
3.板厚:20±0.01,两面平行度0.005。
4.主要型孔采用慢走丝线切割加工,
垂直度0.002。
5.数量:1件。

图 8-26　卸料板 1（图 8-4 的件号 95）

（2）卸料板 2（图 8-27）

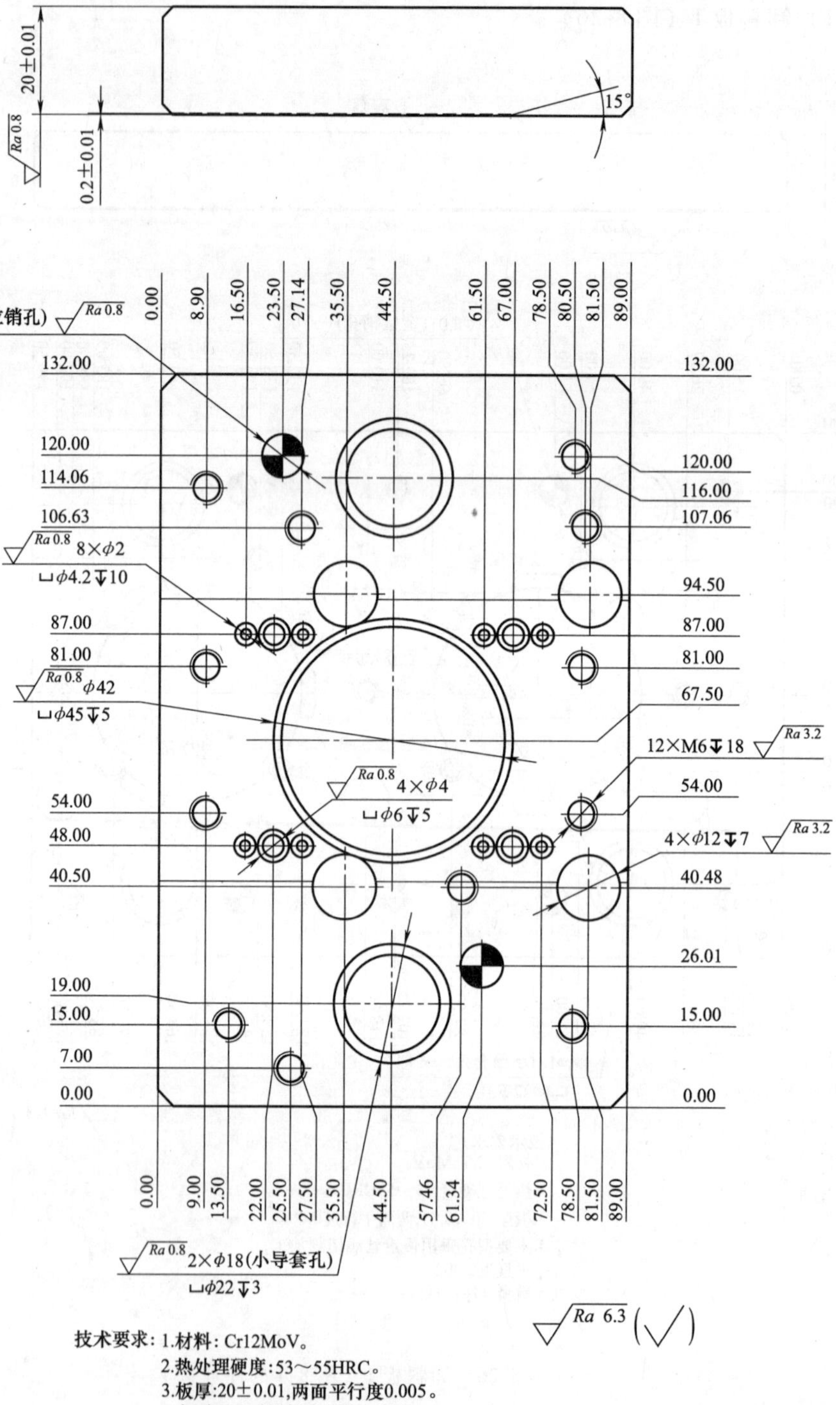

技术要求：1.材料：Cr12MoV。
2.热处理硬度：53～55HRC。
3.板厚：20±0.01，两面平行度0.005。
4.主要型孔采用慢走丝线切割加工，垂直度0.002。
5.数量：1件。

图 8-27　卸料板 2（图 8-4 的件号 11）

（3）卸料板 3（图 8-28）

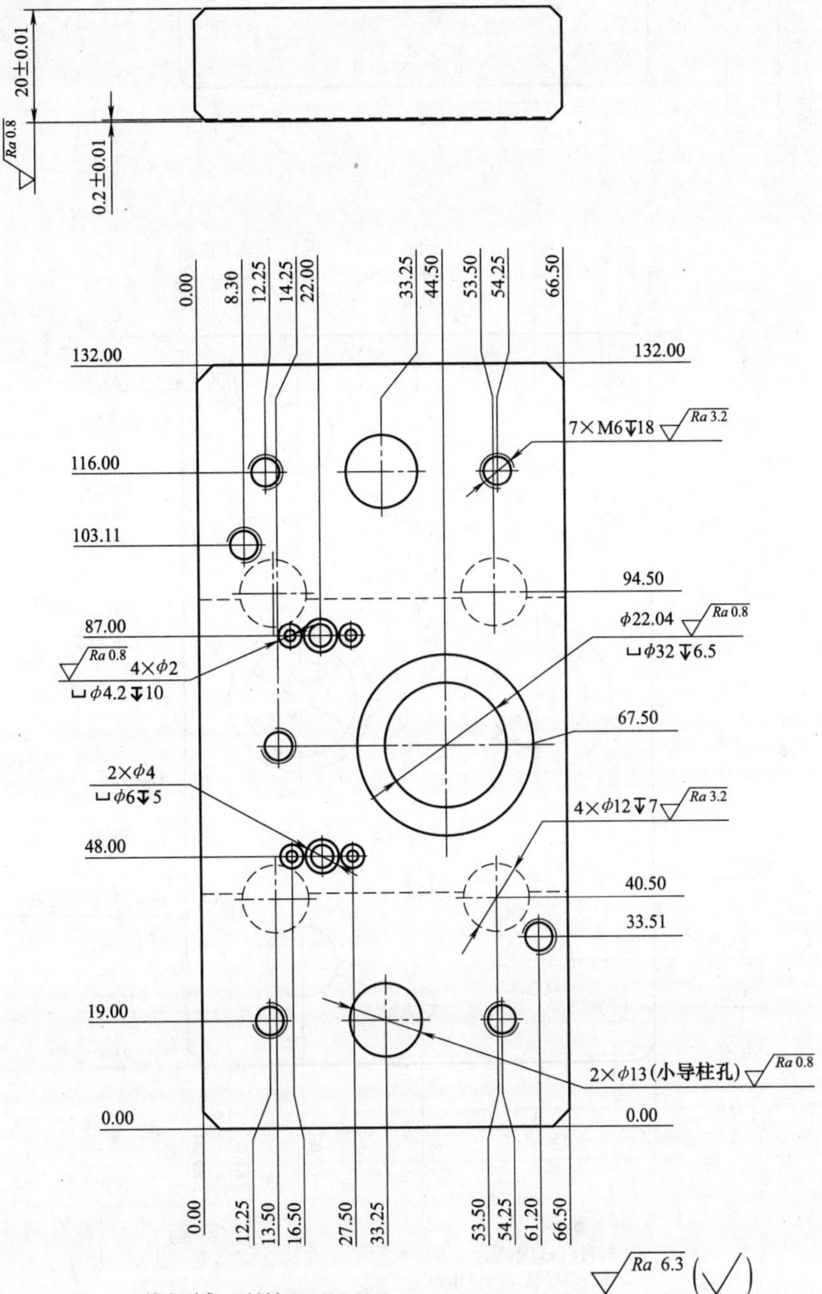

技术要求：1.材料：Cr12MoV。
2.热处理硬度：53～55HRC。
3.板厚：20±0.01，两面平行度0.005。
4.主要型孔采用慢走丝线切割加工，垂直度0.002。
5.数量：1件。

图 8-28　卸料板 3（图 8-4 的件号 14）

（4）卸料板 4（图 8-29）

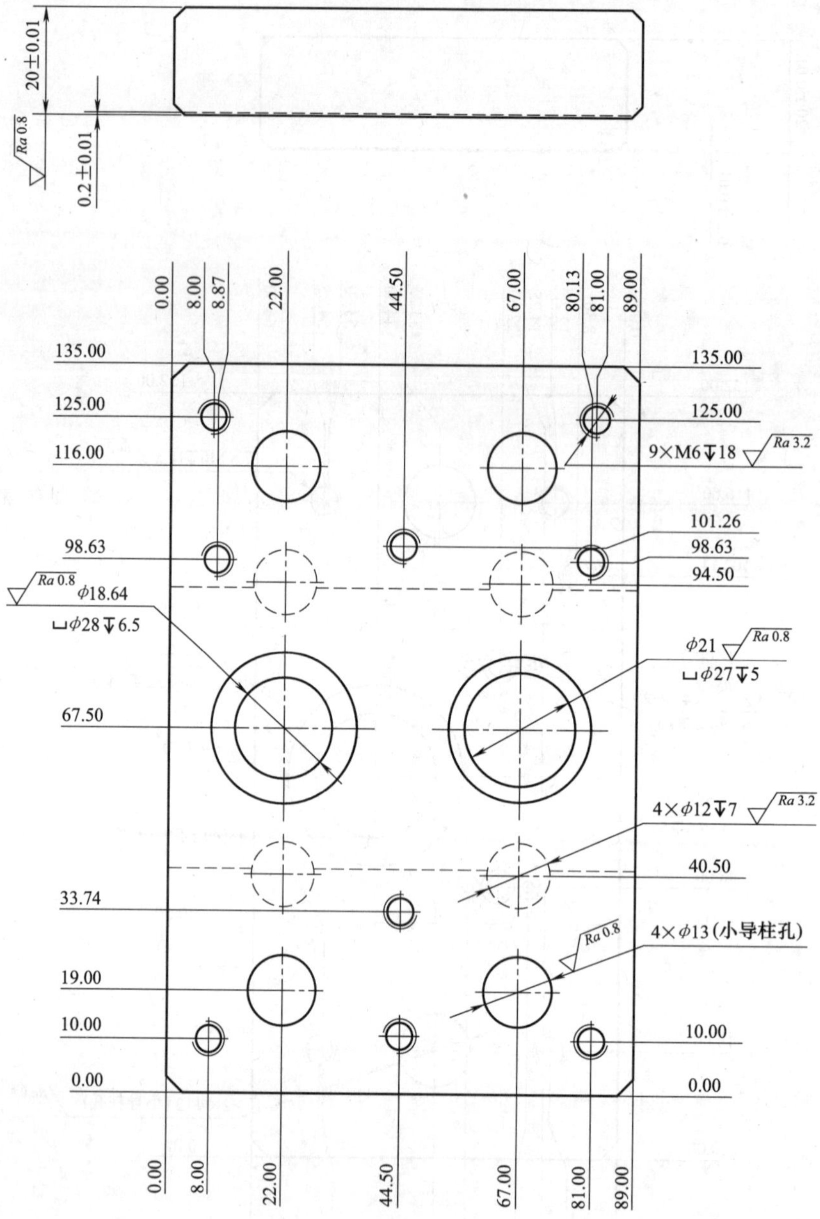

技术要求：
1.材料：Cr12MoV。
2.热处理硬度：53～55HRC。
3.板厚：20±0.01，两面平行度0.005。
4.主要型孔采用慢走丝线切割加工，
　垂直度0.002。
5.数量：1件。

图 8-29　卸料板 4（图 8-4 的件号 24）

（5）卸料板 5（图 8-30）

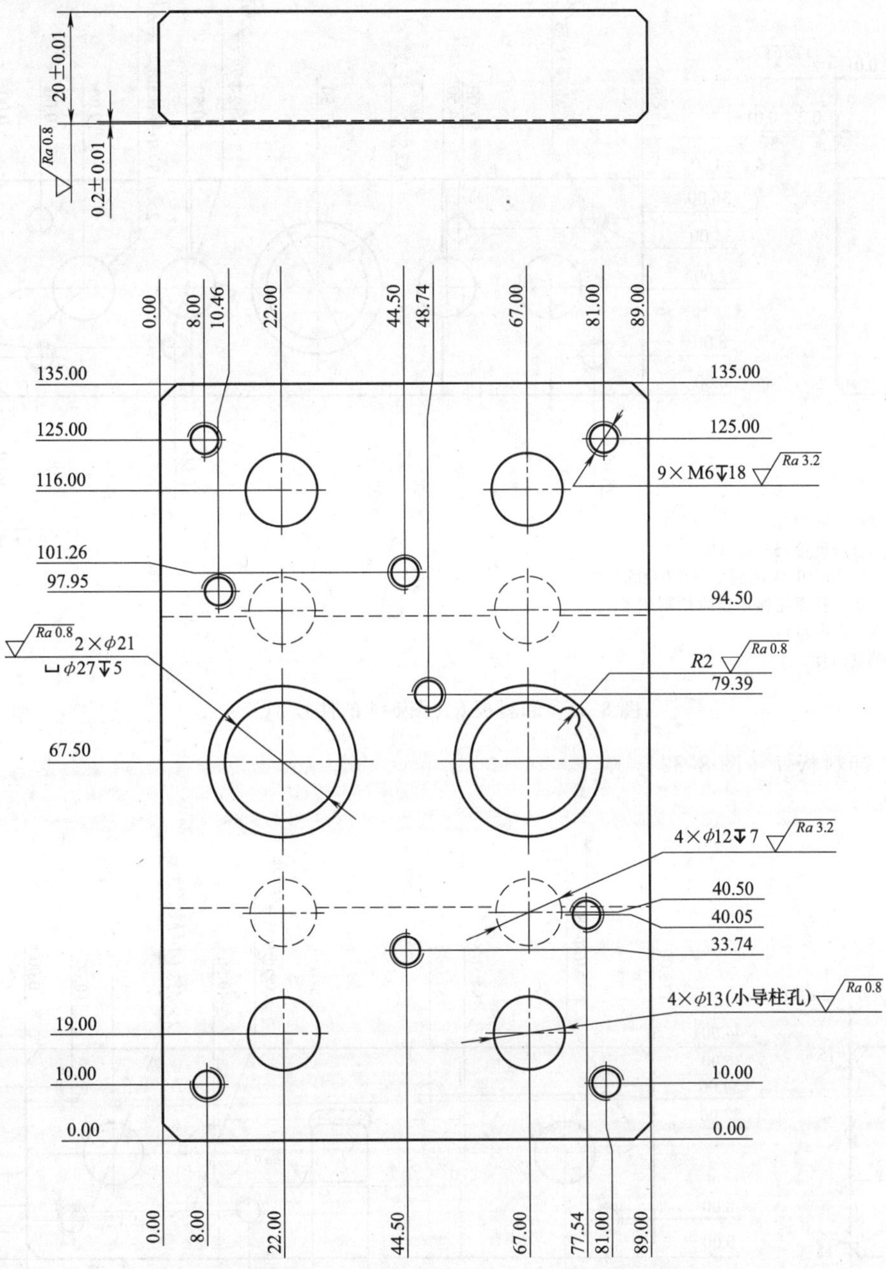

技术要求：1.材料：Cr12MoV。
2.热处理硬度：53～55HRC。
3.板厚:20±0.01,两面平行度0.005。
4.主要型孔采用慢走丝线切割加工，垂直度0.002。
5.数量:1件。

图 8-30　卸料板 5（图 8-4 的件号 27）

（6）卸料板 6（图 8-31）

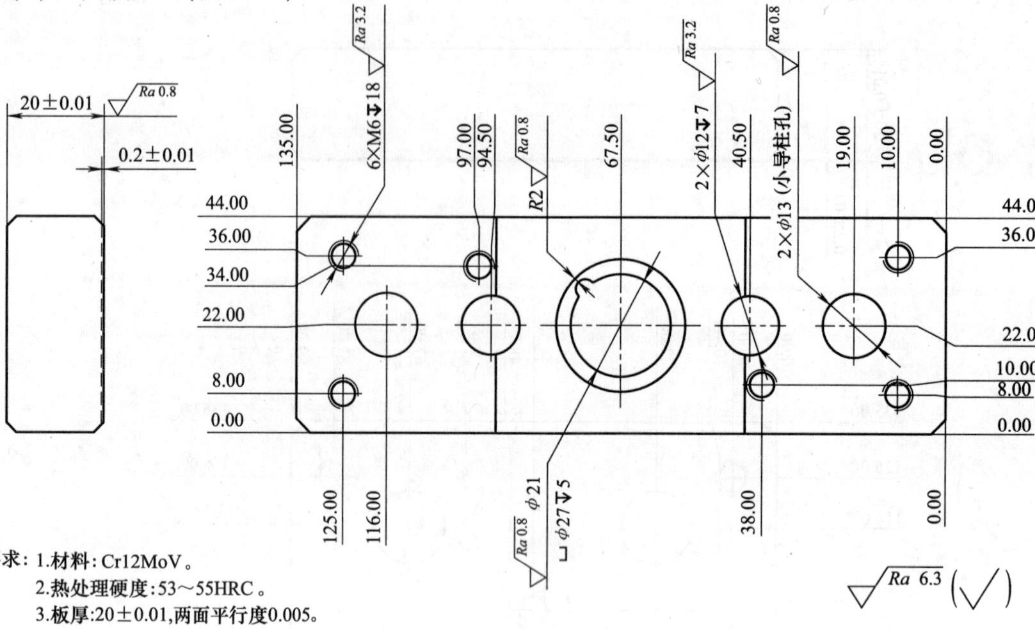

技术要求：1.材料：Cr12MoV。
2.热处理硬度：53～55HRC。
3.板厚：20±0.01，两面平行度0.005。
4.主要型孔采用慢走丝线切割加工，垂直度0.002。
5.数量：1件。

图 8-31　卸料板 6（图 8-4 的件号 31）

（7）卸料板 7（图 8-32）

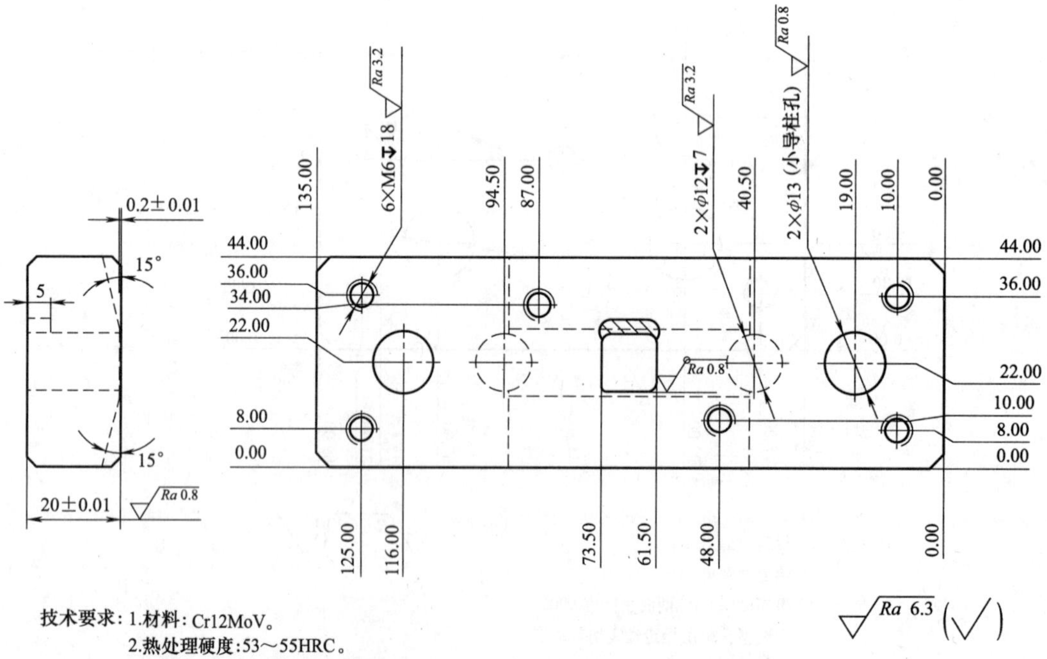

技术要求：1.材料：Cr12MoV。
2.热处理硬度：53～55HRC。
3.板厚：20±0.01，两面平行度0.005。
4.主要型孔采用慢走丝线切割加工，垂直度0.002。
5.数量：1件。

图 8-32　卸料板 7（图 8-4 的件号 36）

（8）卸料板 8（图 8-33）

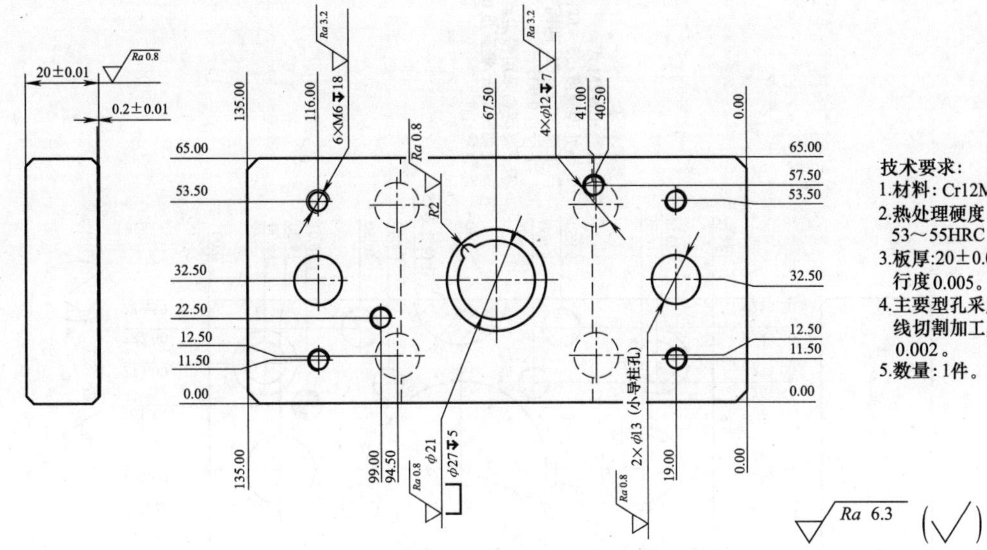

技术要求：
1.材料：Cr12MoV。
2.热处理硬度：53～55HRC。
3.板厚：20±0.01，两面平行度 0.005。
4.主要型孔采用慢走丝线切割加工，垂直度 0.002。
5.数量：1件。

图 8-33　卸料板 8（图 8-4 的件号 40）

（9）卸料板 9（图 8-34）

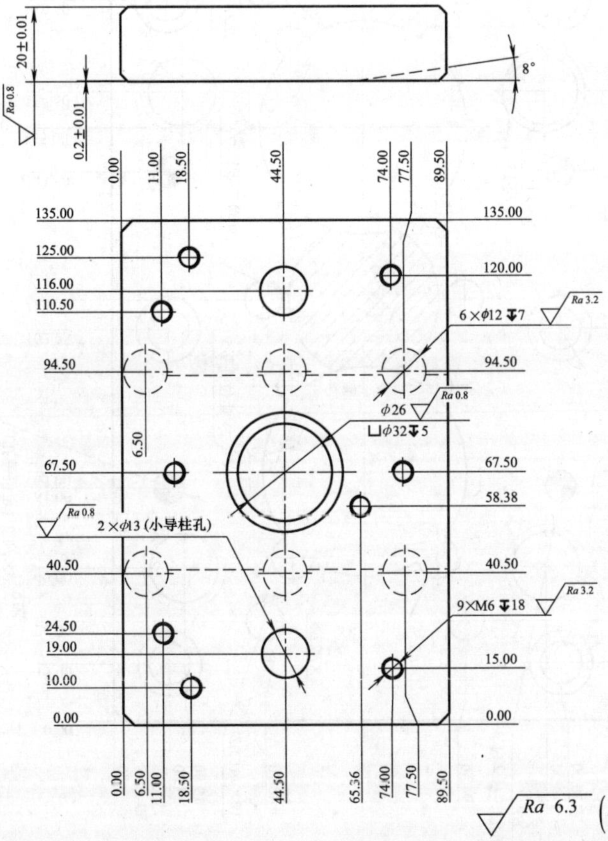

技术要求：
1.材料：Cr12MoV。
2.热处理硬度：53～55HRC。
3.板厚：20±0.01，两面平行度 0.005。
4.主要型孔采用慢走丝线切割加工，垂直度 0.002。
5.数量：1件。

图 8-34　卸料板 9（图 8-4 的件号 48）

8.5.6 凹模固定板

（1）凹模固定板 1（图 8-35）

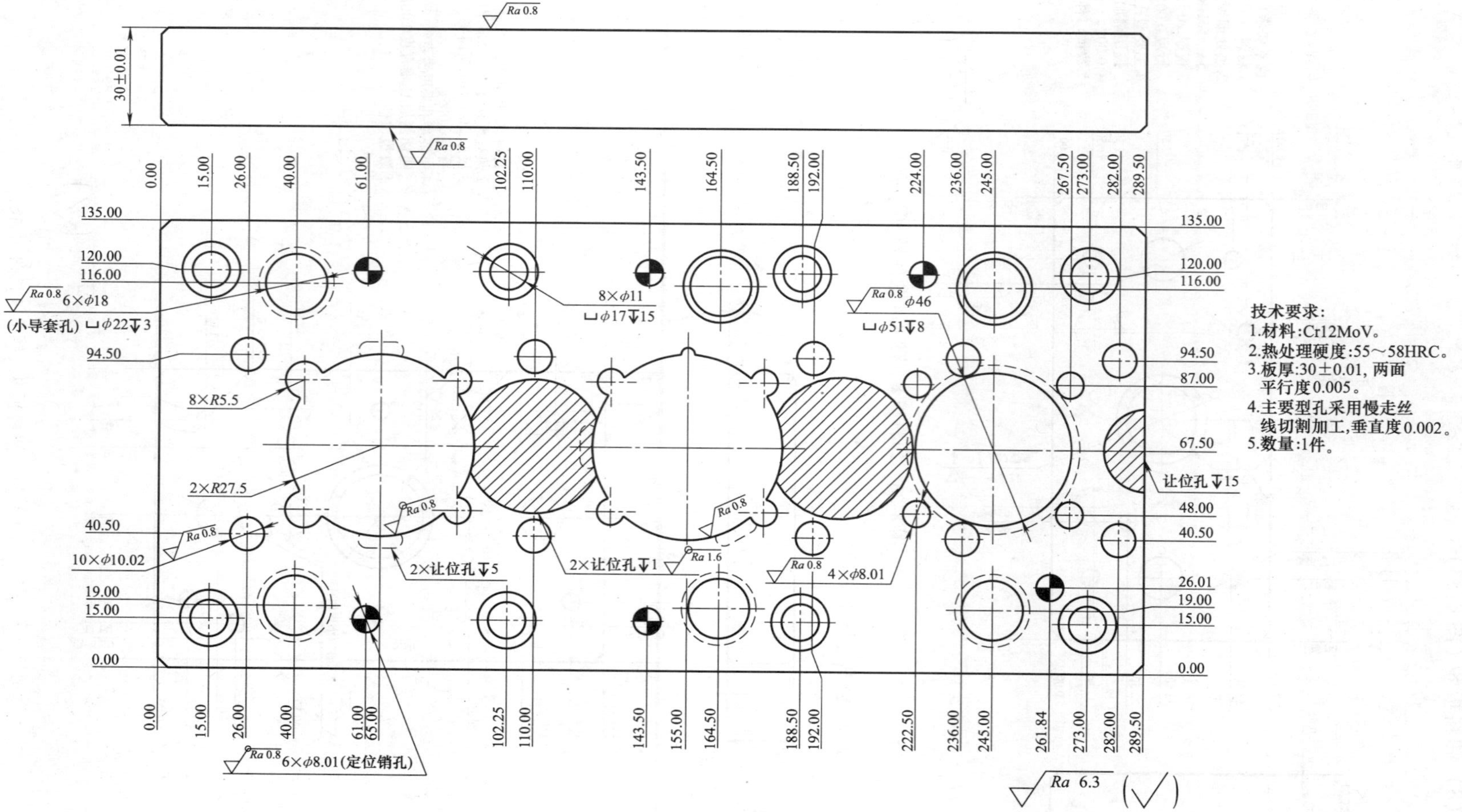

图 8-35 凹模固定板 1（图 8-4 的件号 93）

（2）凹模固定板 2（图 8-36）

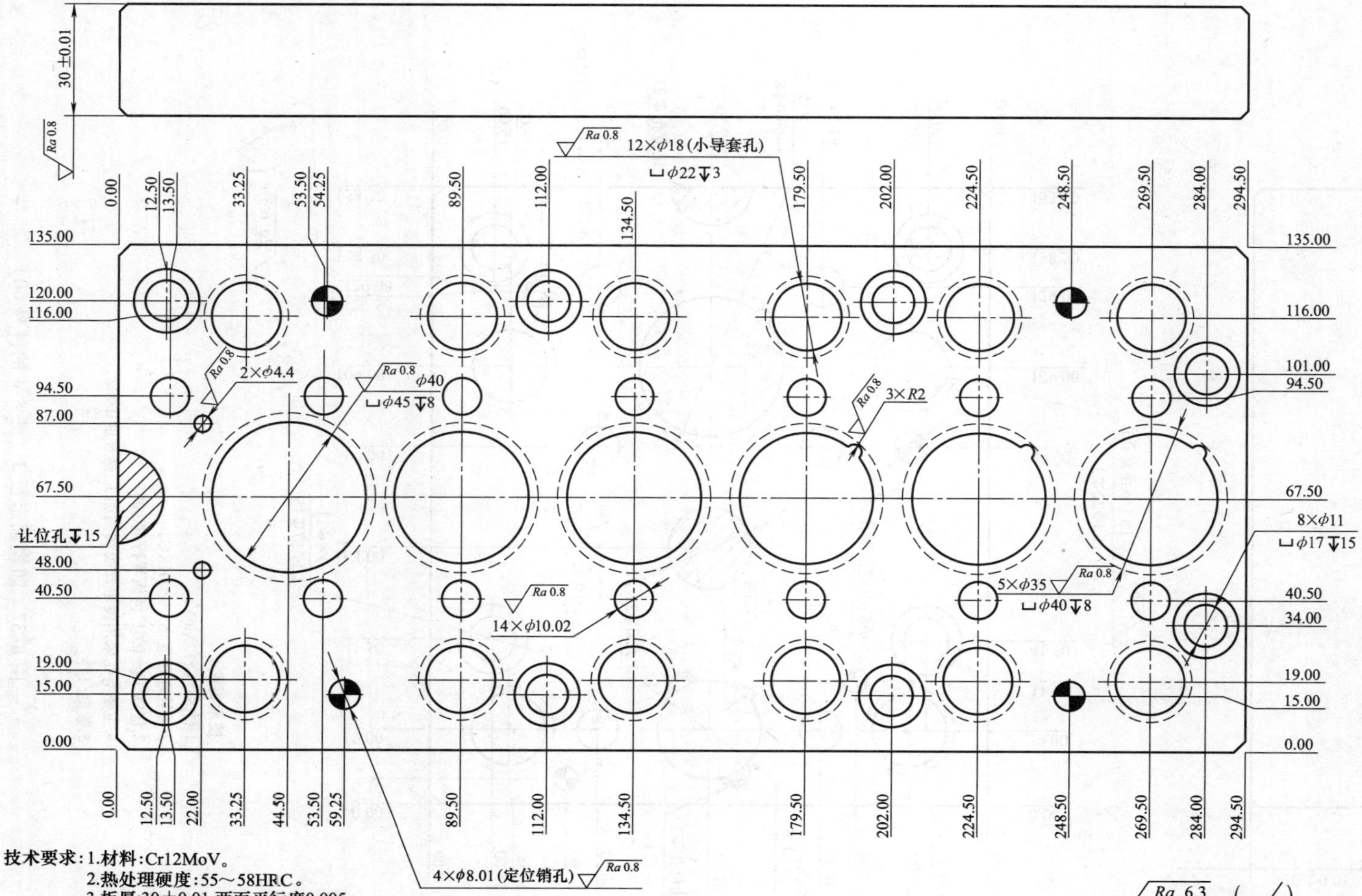

技术要求：1.材料：Cr12MoV。
2.热处理硬度：55～58HRC。
3.板厚：30±0.01，两面平行度0.005。
4.主要型孔采用慢走丝线切割加工，垂直度0.002。
5.数量：1件。

图 8-36　凹模固定板 2（图 8-4 的件号 80）

（3）凹模固定板 3（图 8-37）

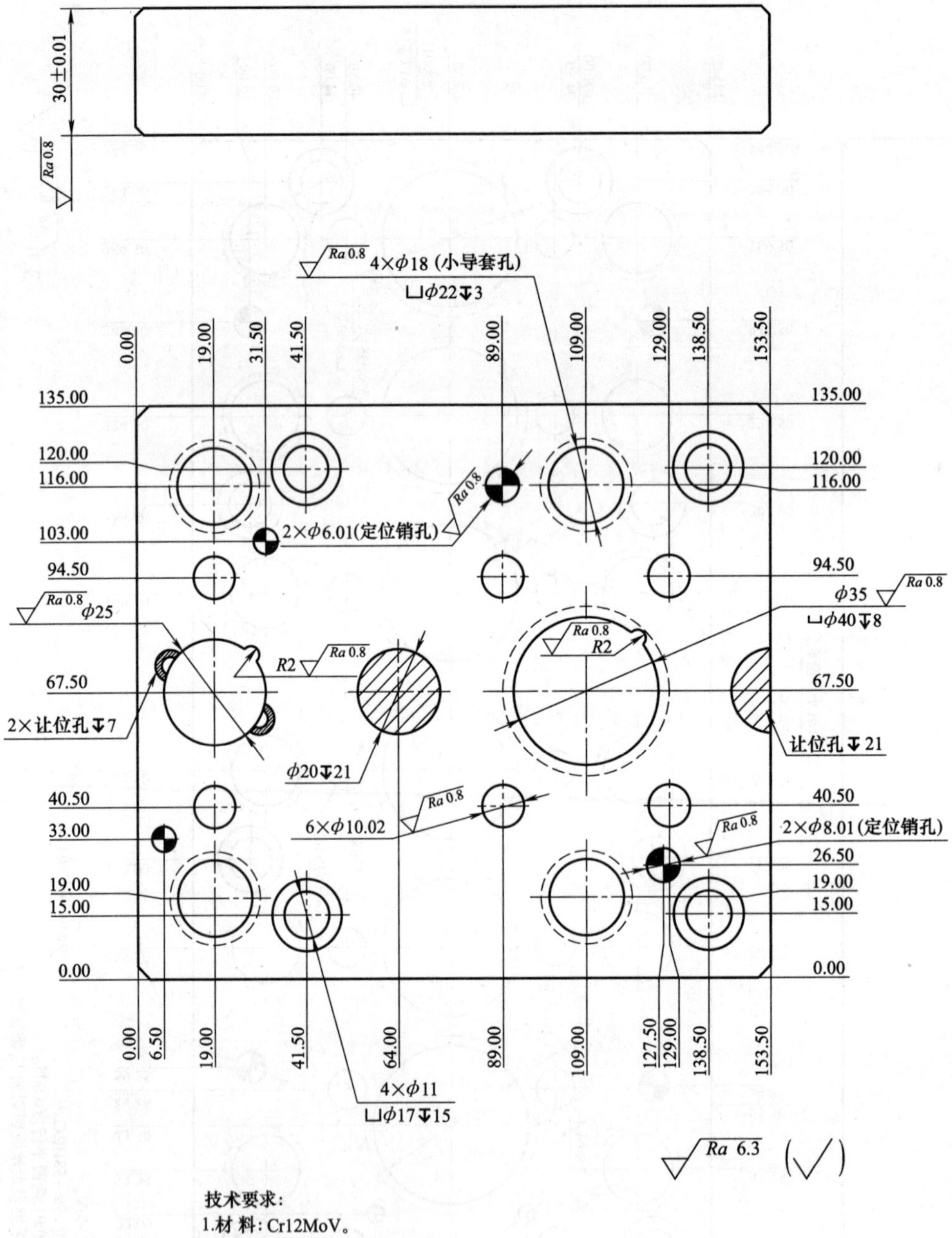

技术要求:
1.材 料: Cr12MoV。
2.热处理硬度: 55～58HRC。
3.板厚: 30±0.01, 两面平行度0.005。
4.主要型孔采用慢走丝线切割加工,垂直度0.002。
5.数量: 1件。

图 8-37　凹模固定板 3（图 8-4 的件号 60）

(4) 凹模固定板 4 (图 8-38)

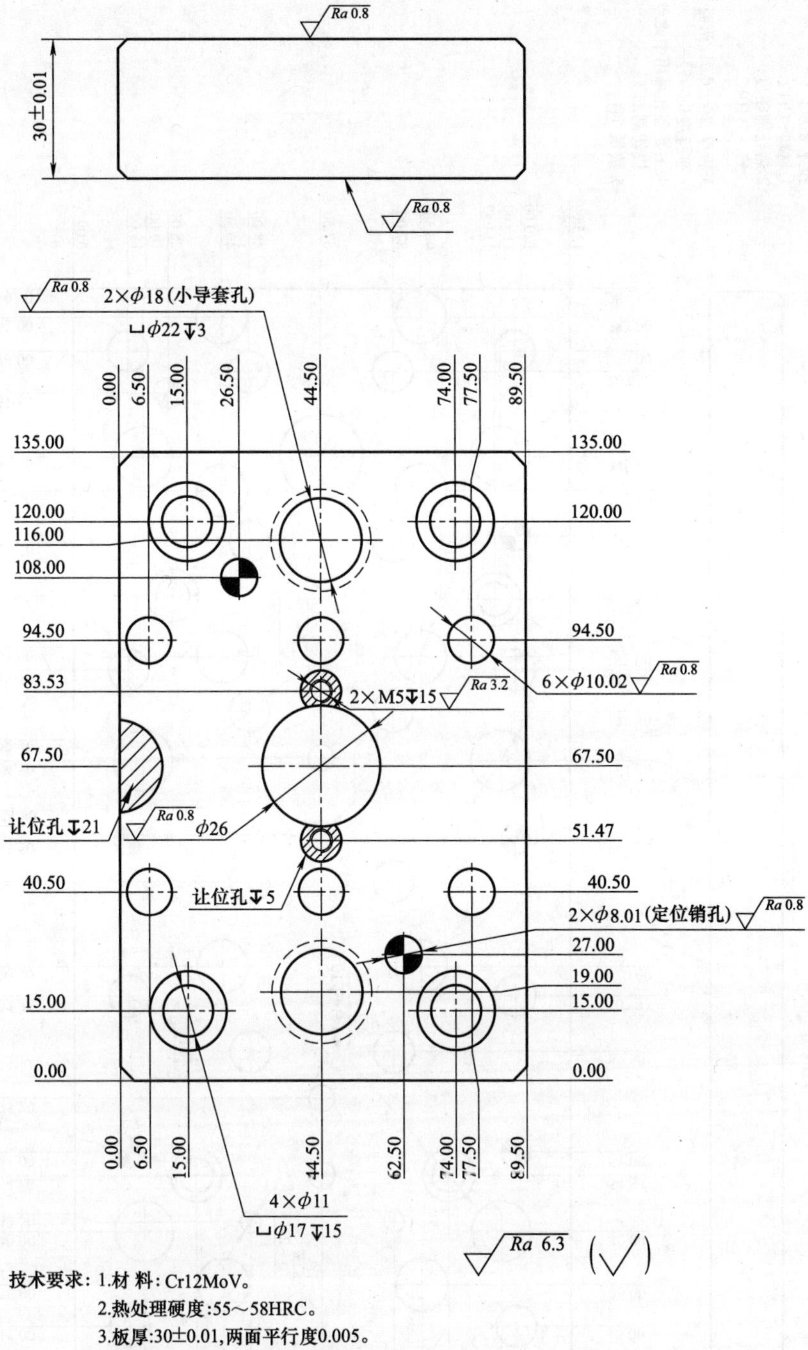

技术要求：1.材 料：Cr12MoV。
2.热处理硬度：55～58HRC。
3.板厚：30±0.01，两面平行度0.005。
4.主要型孔采用慢走丝线切割加工，垂直度0.002。
5.数量：1件。

图 8-38　凹模固定板 4 (图 8-4 的件号 49)

8.5.7 凹模垫板

(1) 凹模垫板 1（图 8-39）

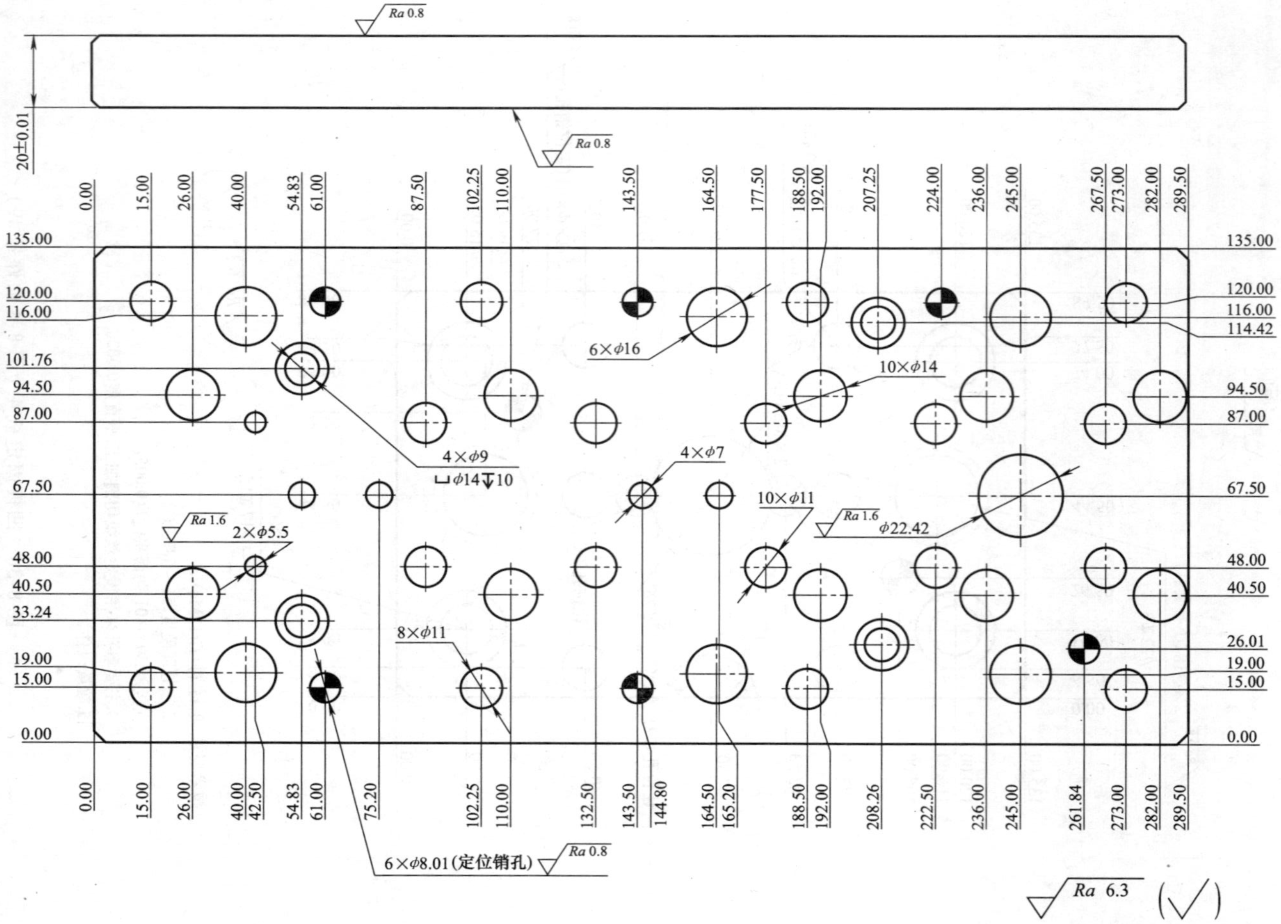

技术要求:
1.材料: Cr12。
2.热处理硬度:
53～55HRC。
3.板厚:20±0.01, 两面平行度0.005。
4.主要型孔采用中走丝线切割加工。
5.数量:1件。

图 8-39 凹模垫板 1（图 8-4 的件号 92）

(2) 凹模垫板 2（图 8-40）

技术要求：
1.材料：Cr12。
2.热处理硬度：53～55HRC。
3.板厚：20±0.01，两面平行度0.005。
4.主要型孔采用中走丝线切割加工。
5.数量：1件。

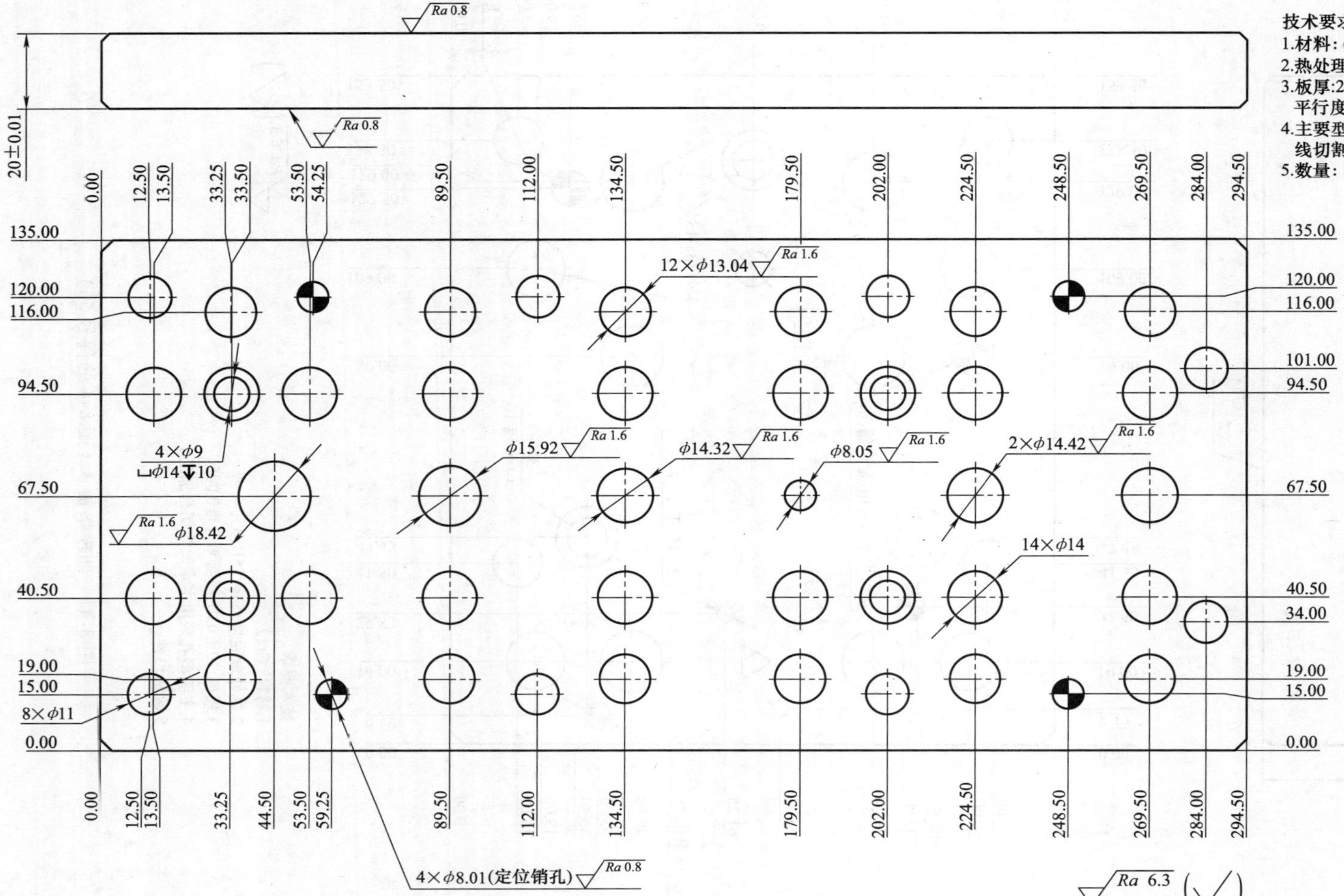

图 8-40　凹模垫板 2（图 8-4 的件号 66）

(3) 凹模垫板 3 (图 8-41)

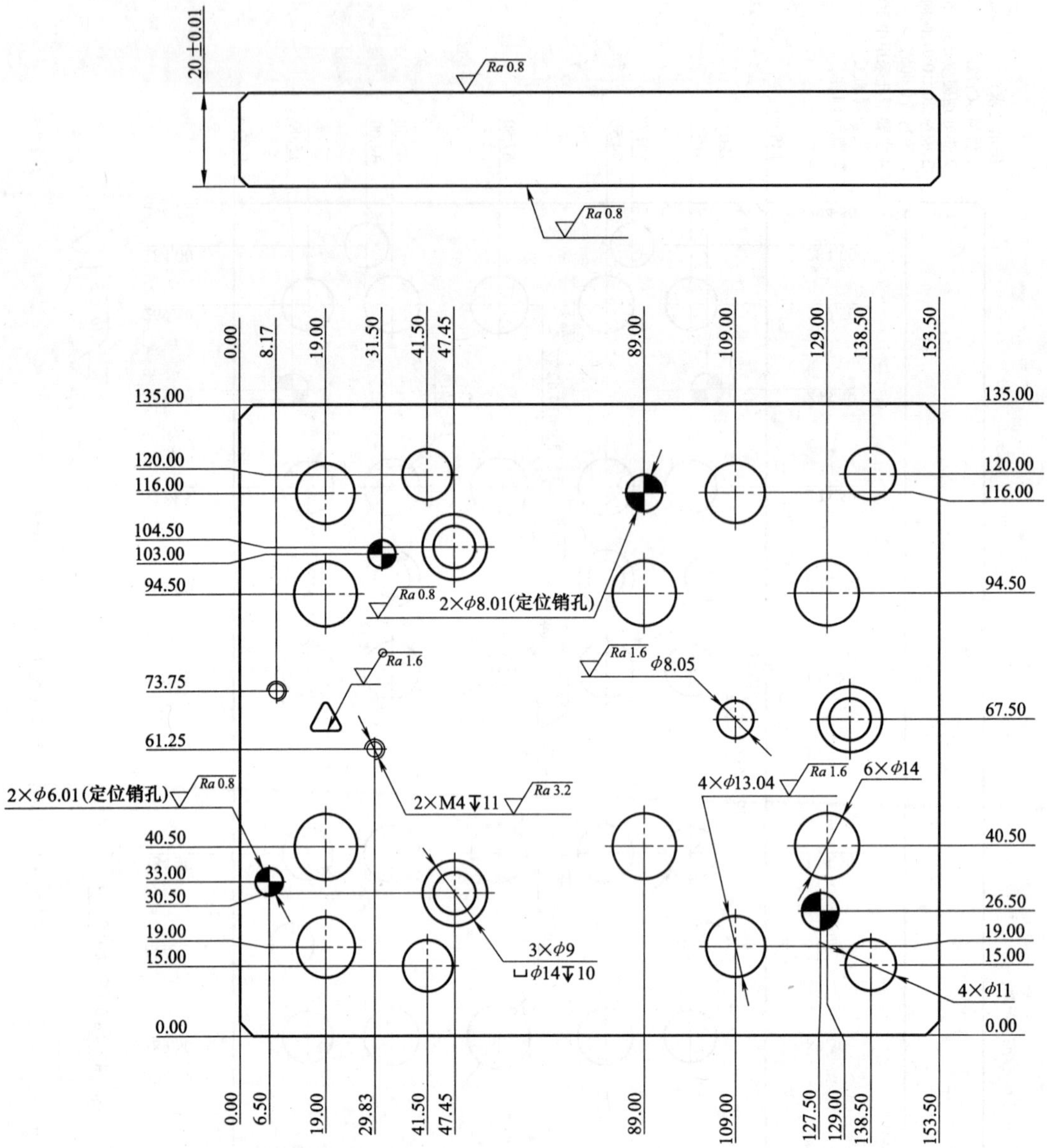

技术要求:
1.材料:Cr12。
2.热处理硬度:53～55HRC。
3.板厚:20±0.01,两面平行度0.005。
4.主要型孔采用中走丝线切割加工。
5.数量:1件。

Ra 6.3 (√)

图 8-41　凹模垫板 3 (图 8-4 的件号 56)

（4）凹模垫板 4（图 8-42）

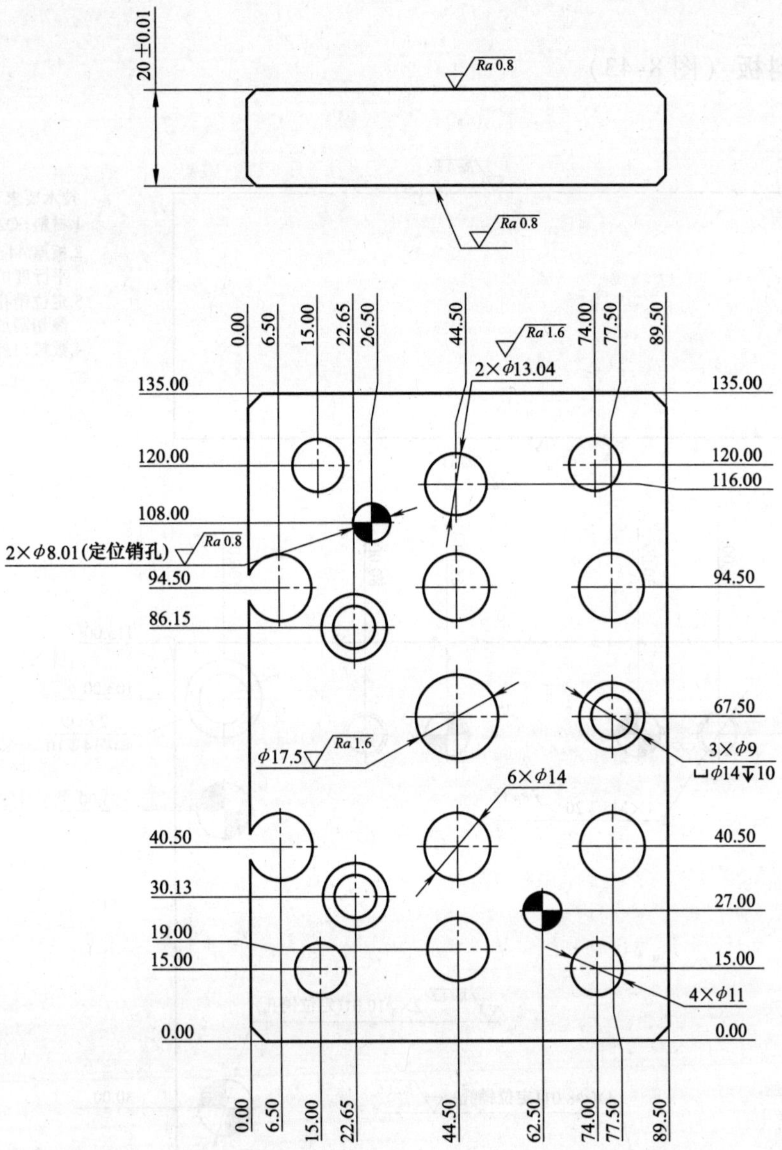

技术要求：
1.材料：Cr12。
2.热处理硬度：53～55HRC。
3.板厚：20±0.01，两面平行度0.005。
4.主要型孔采用中走丝线切割加工。
5.数量：1件。

图 8-42　凹模垫板 4（图 8-4 的件号 50）

8.6　模具零部件设计

8.6.1　承料板（图 8-43）

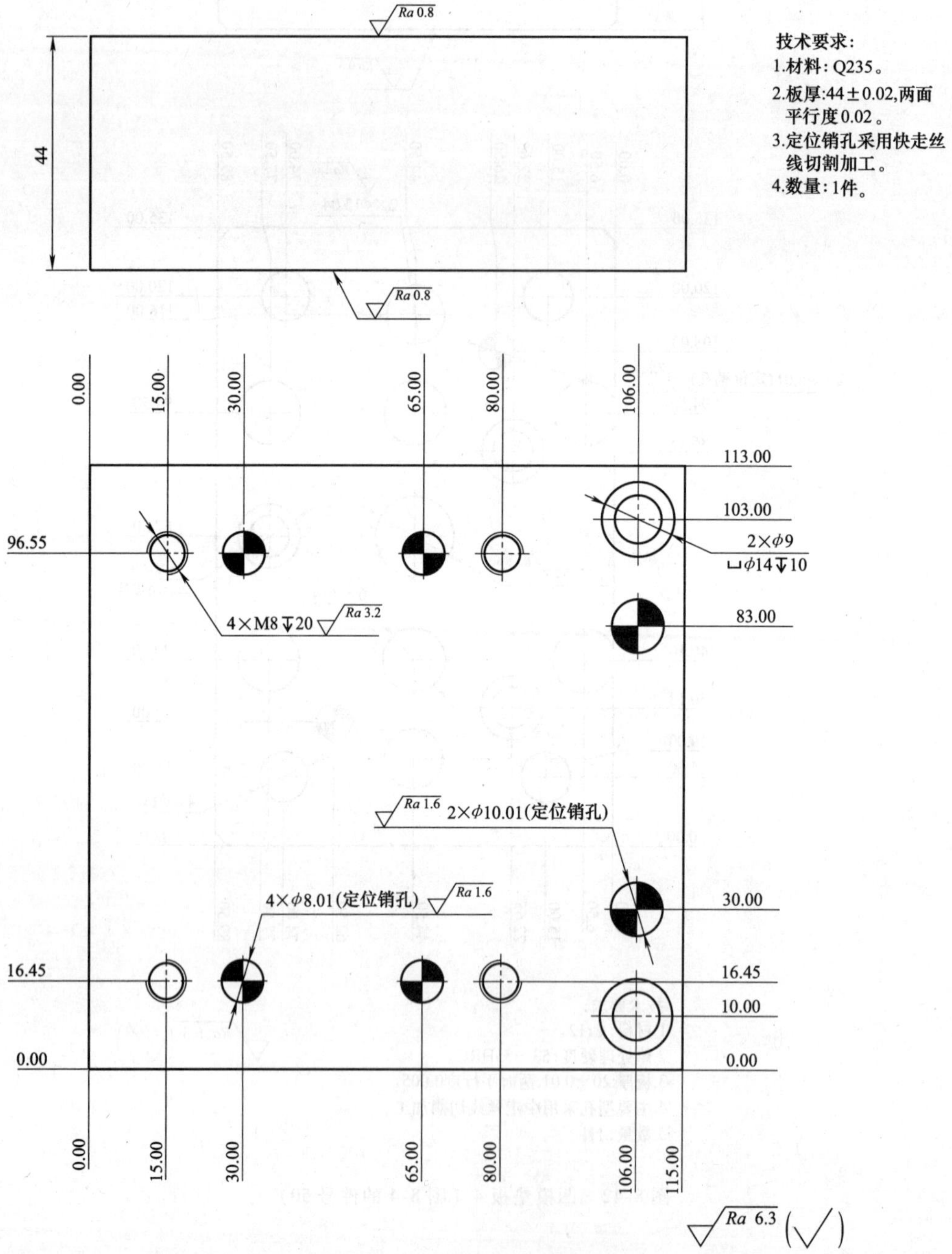

图 8-43　承料板（图 8-4 的件号 94）

8.6.2　导料板

（1）导料板 1（图 8-44）

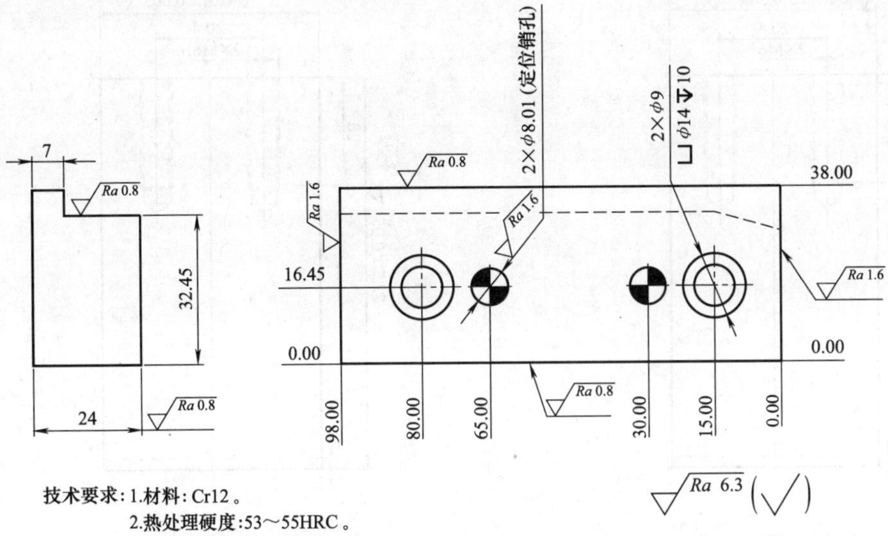

技术要求：1.材料：Cr12。
2.热处理硬度:53～55HRC。
3.定位销孔采用快走丝线切割加工。
4.数量:1件。

图 8-44　导料板 1（图 8-4 的件号 100）

（2）导料板 2（图 8-45）

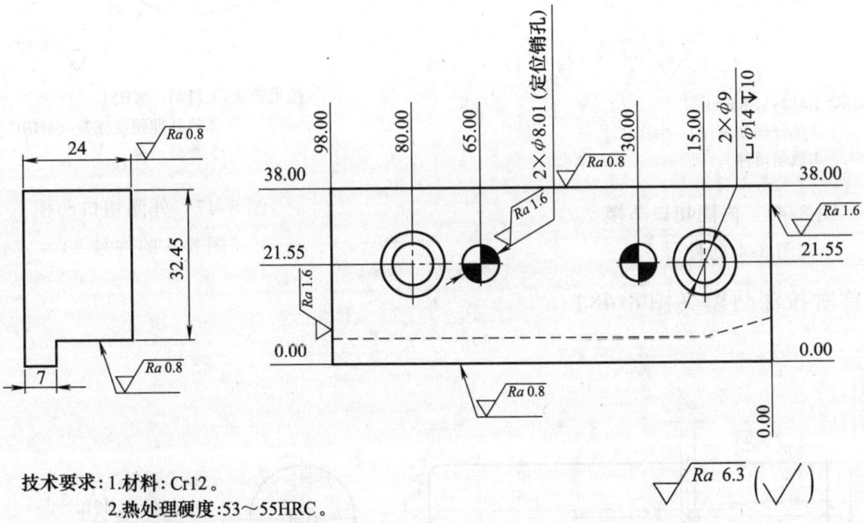

技术要求：1.材料：Cr12。
2.热处理硬度:53～55HRC。
3.定位销孔采用快走丝线切割加工。
4.数量:1件。

图 8-45　导料板 2（图 8-4 的件号 101）

8.6.3　凸模

（1）内圈切口凸模（图 8-46）

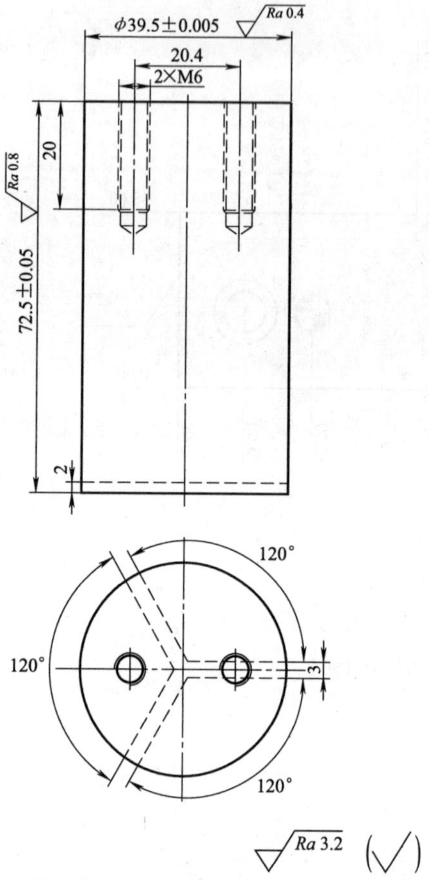

技术要求：1.材料：SKH51。
2.热处理硬度：62～64HRC。
3.数量：1件。

图 8-46　内圈切口凸模
（图 8-4 的件号 3）

（2）外圈切口凸模（图 8-47）

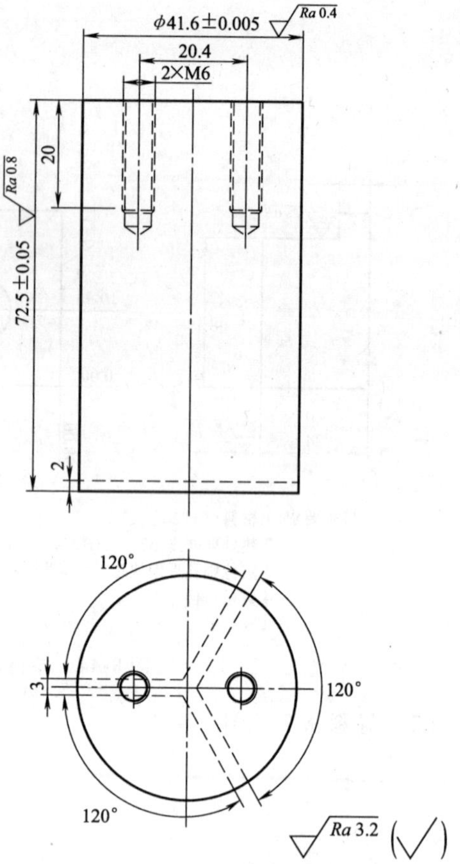

技术要求：1.材料：SKH51。
2.热处理硬度：62～64HRC。
3.数量：1件。

图 8-47　外圈切口凸模
（图 8-4 的件号 7）

（3）首次拉深凸模（图 8-48）

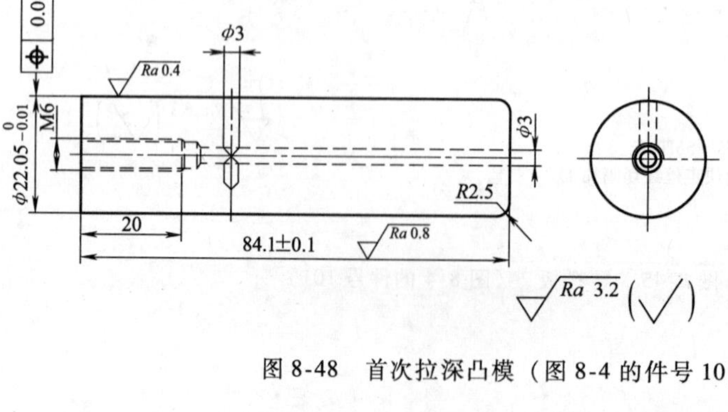

技术要求：
1.材料：SKH51。
2.热处理硬度：62～64HRC。
3.数量：1件。

图 8-48　首次拉深凸模（图 8-4 的件号 10）

（4）二次拉深凸模（图 8-49）

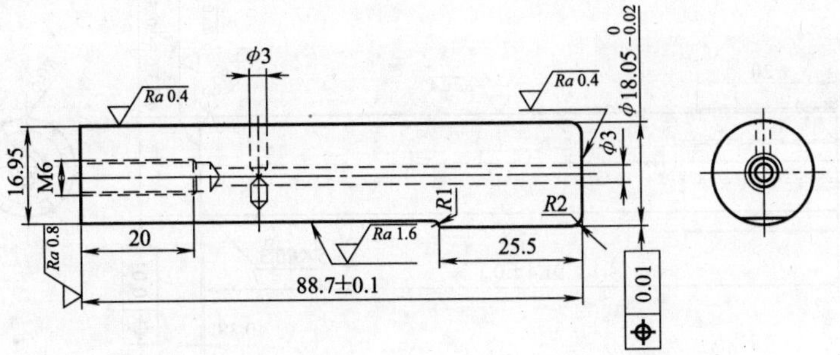

技术要求：1.材料：SKH51。
2.热处理硬度：62～64HRC。
3.数量：1件。

Ra 3.2 (✓)

图 8-49　二次拉深凸模（图 8-4 的件号 16）

（5）三次拉深凸模（图 8-50）

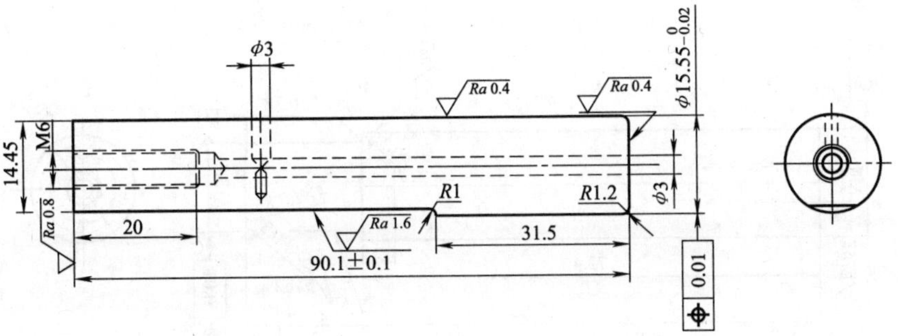

技术要求：1.材料：SKH51。
2.热处理硬度：62～64HRC。
3.数量：1件。

Ra 3.2 (✓)

图 8-50　三次拉深凸模（图 8-4 的件号 19）

（6）四次拉深凸模（图 8-51）

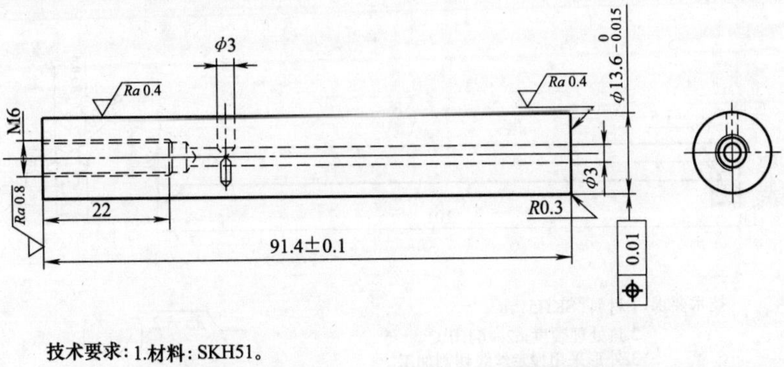

技术要求：1.材料：SKH51。
2.热处理硬度：62～64HRC。
3.数量：1件。

Ra 3.2 (✓)

图 8-51　四次拉深凸模（图 8-4 的件号 23）

（7）压凸点凸、凹模（图 8-52）

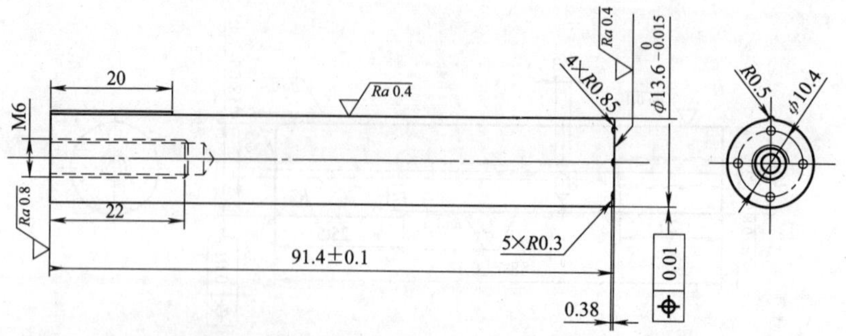

技术要求：1.材料：SKH51。
2.热处理硬度：62～64HRC。
3.数量：1件。

图 8-52　压凸点凸、凹模（图 8-4 的件号 25）

（8）口部拉深凸模（图 8-53）

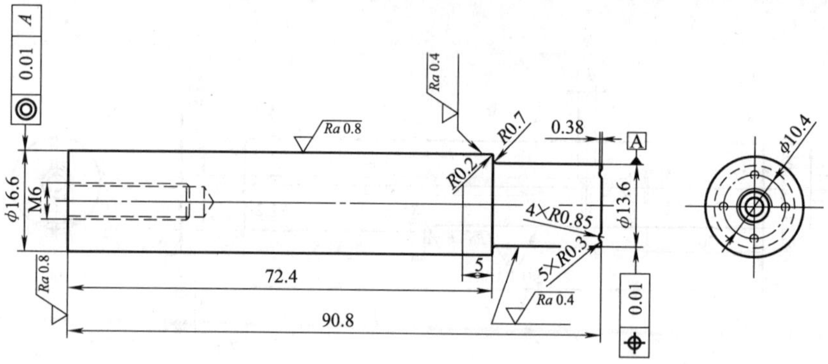

技术要求：1.材料：SKH51。
2.热处理硬度：62～64HRC。
3.数量：1件。

图 8-53　口部拉深凸模（图 8-4 的件号 29）

（9）冲底孔凸模（图 8-54）

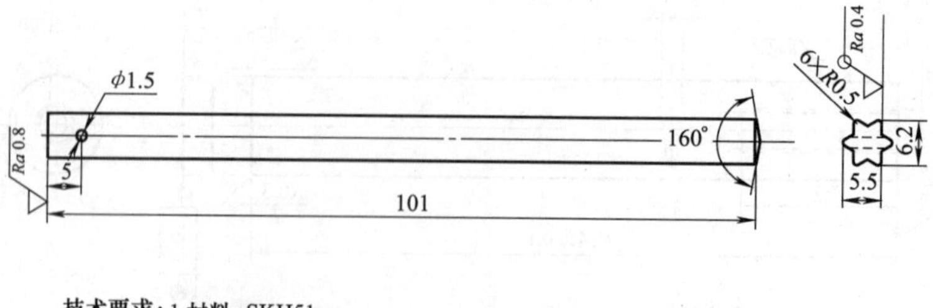

技术要求：1.材料：SKH51。
2.热处理硬度：62～64HRC。
3.外形采用慢走丝线切割加工，
垂直度0.003。
4.数量：1件。

图 8-54　冲底孔凸模（图 8-4 的件号 34）

（10）整形凸模（图 8-55）

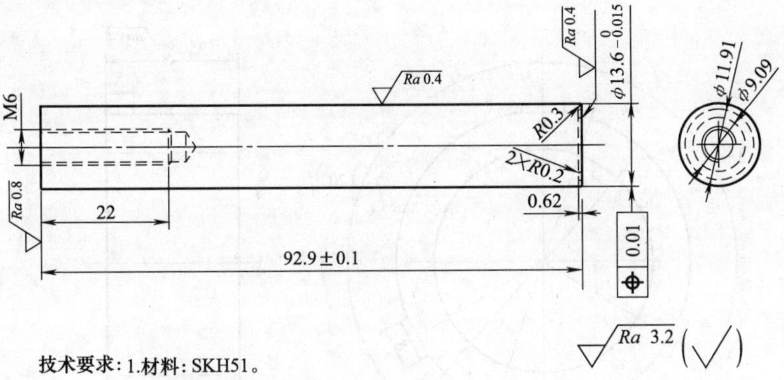

技术要求：1.材料：SKH51。
2.热处理硬度：62～64HRC。
3.数量：1件。

图 8-55　整形凸模（图 8-4 的件号 37）

（11）落料凸模（图 8-56）

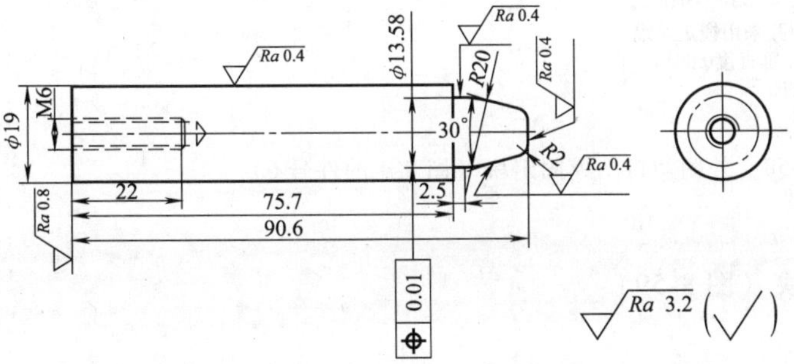

技术要求：
1.材料：SKH51。
2.热处理硬度：62～64HRC。
3.数量：1件。

图 8-56　落料凸模（图 8-4 的件号 41）

8.6.4　凸模固定块

（1）内圈切口凸模固定块（图 8-57）

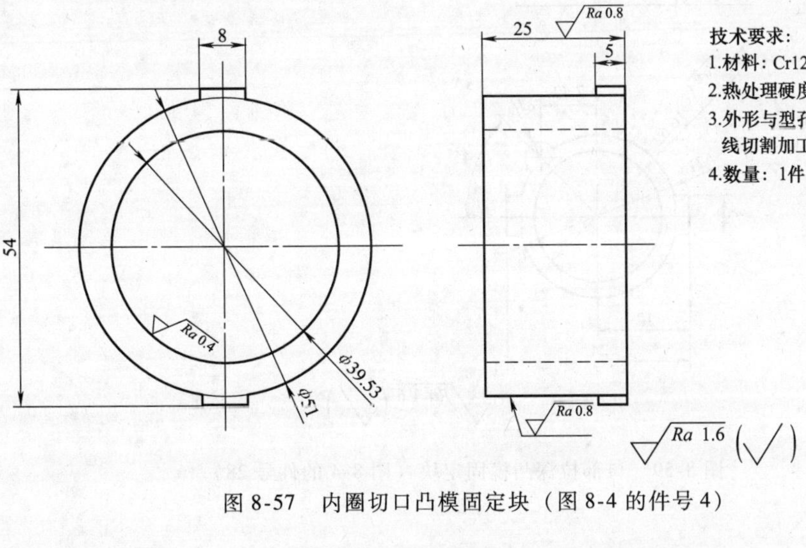

技术要求：
1.材料：Cr12MoV。
2.热处理硬度：53～55HRC。
3.外形与型孔采用慢走丝线切割加工，垂直度 0.003。
4.数量：1件。

图 8-57　内圈切口凸模固定块（图 8-4 的件号 4）

（2）外圈切口凸模固定块（图 8-58）

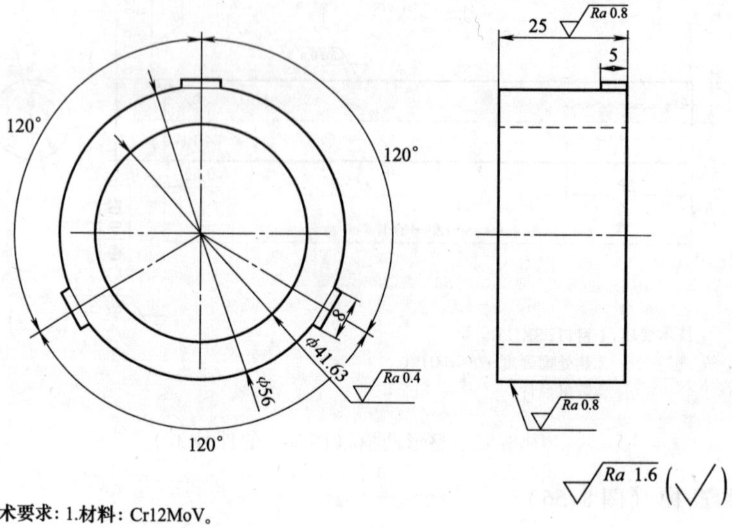

技术要求：1.材料：Cr12MoV。
2.热处理硬度：53～55HRC。
3.外形与型孔采用慢走丝线切割加工，垂直度0.003。
4.数量：1件。

图 8-58　外圈切口凸模固定块（图 8-4 的件号 6）

（3）口部拉深凸模固定块（图 8-59）

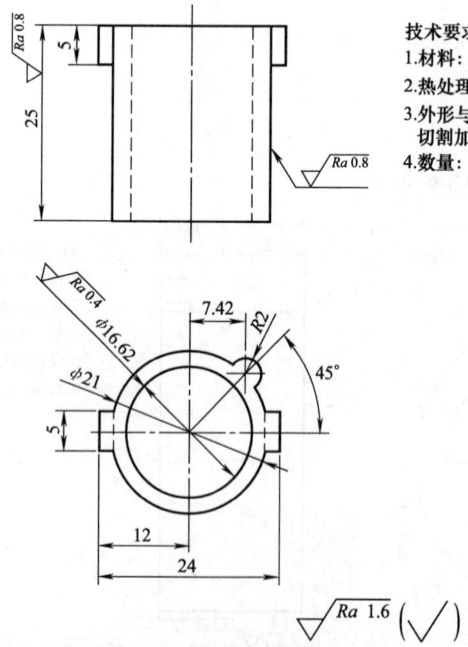

技术要求：
1.材料：Cr12MoV。
2.热处理硬度：53～55HRC。
3.外形与型孔采用慢走丝线切割加工，垂直度0.003。
4.数量：1件。

图 8-59　口部拉深凸模固定块（图 8-4 的件号 28）

（4）冲底孔凸模固定块（图 8-60）

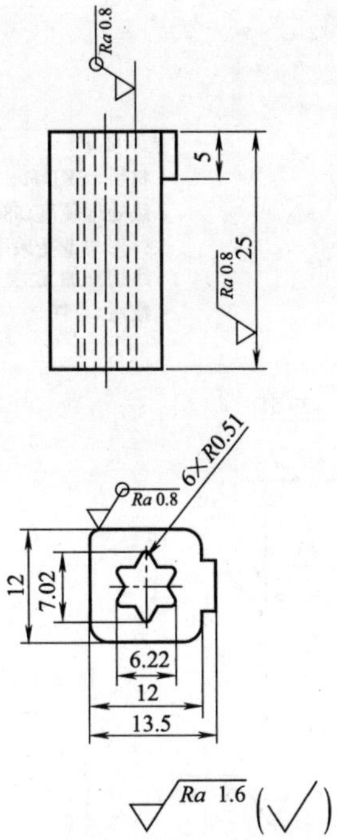

技术要求：
1.材料：Cr12MoV。
2.热处理硬度：53～55HRC。
3.外形与型孔采用慢走丝线切割加工，垂直度0.003。
4.数量：1件。

图 8-60　冲底孔凸模固定块（图 8-4 的件号 33）

（5）落料凸模固定块（图 8-61）

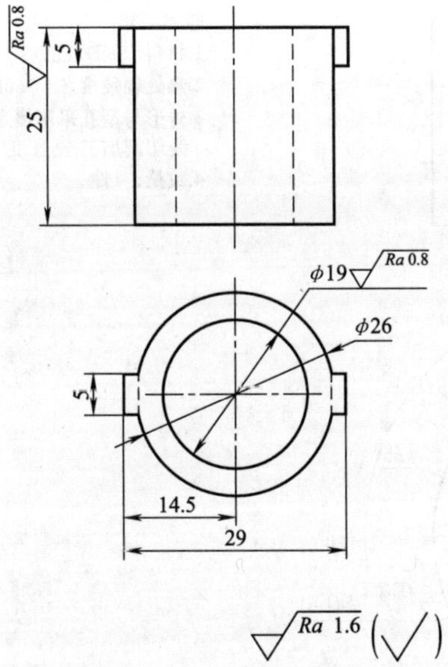

技术要求：
1.材料：Cr12MoV。
2.热处理硬度：53～55HRC。
3.外形与型孔采用慢走丝线切割加工，垂直度0.003。
4.数量：1件。

图 8-61　落料凸模固定块（图 8-4 的件号 42）

8.6.5　滑动块

（1）内圈切口滑动块（图 8-62）

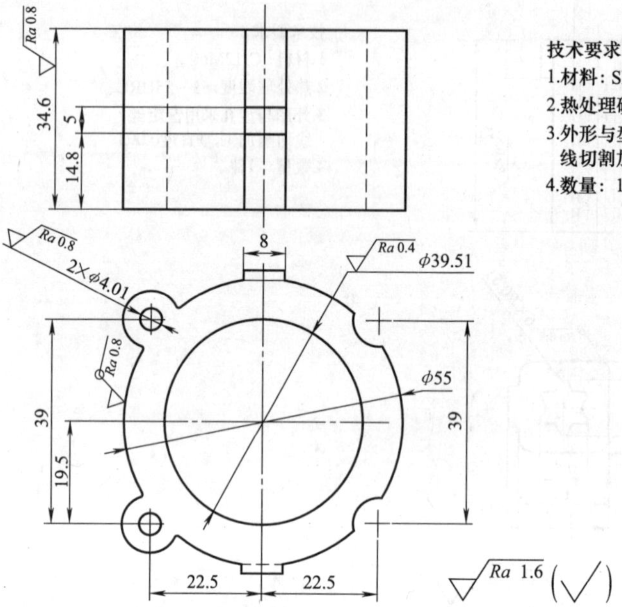

技术要求：
1.材料：SKD11。
2.热处理硬度：58～60HRC。
3.外形与型孔采用慢走丝线切割加工，垂直度0.003。
4.数量：1件。

图 8-62　内圈切口滑动块（图 8-4 的件号 2）

（2）外圈切口滑动块（图 8-63）

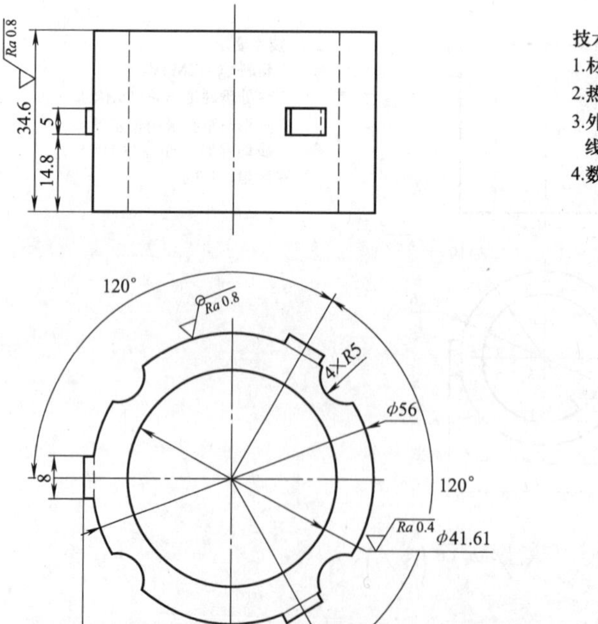

技术要求：
1.材料：SKD11。
2.热处理硬度：58～60HRC。
3.外形与型孔采用慢走丝线切割加工，垂直度0.003。
4.数量：1件。

图 8-63　外圈切口滑动块（图 8-4 的件号 5）

（3）首次拉深压边圈（图 8-64）

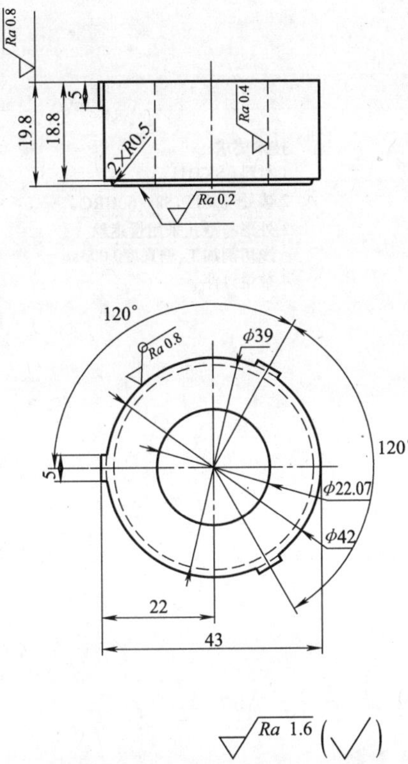

技术要求：
1.材料：硬质合金YG15。
2.外形与型孔采用慢走丝线切割加工，垂直度0.003。
3.数量：1件。

图 8-64　首次拉深压边圈（图 8-4 的件号 9）

（4）四次拉深滑动块（图 8-65）

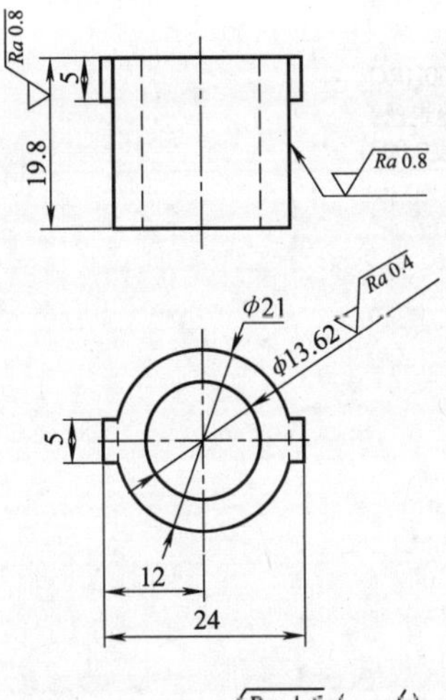

技术要求：
1.材料：SKD11。
2.热处理硬度：58～60HRC。
3.外形与型孔采用慢走丝线切割加工，垂直度0.003。
4.数量：1件。

图 8-65　四次拉深滑动块（图 8-4 的件号 74）

（5）口部拉深滑动块（图 8-66）

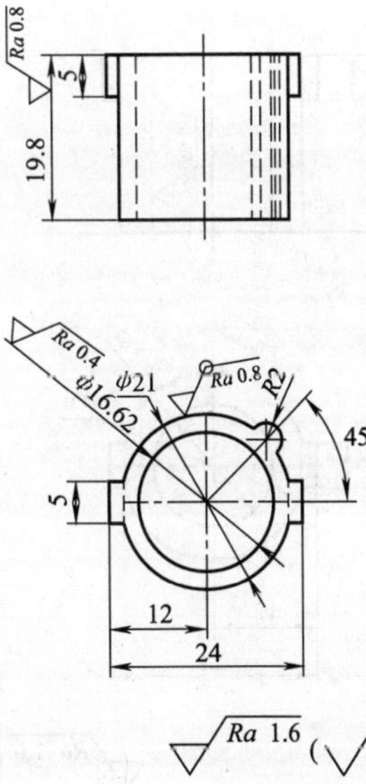

技术要求：
1.材料：SKD11。
2.热处理硬度：58～60HRC。
3.外形与型孔采用慢走丝线切割加工，垂直度0.003。
4.数量：1件。

图 8-66　口部拉深滑动块（图 8-4 的件号 68）

（6）冲底孔滑动块（图 8-67）

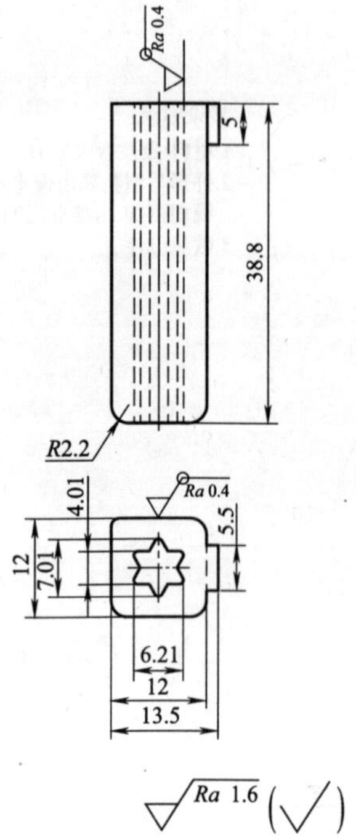

技术要求：
1.材料：SKD11。
2.热处理硬度：58～60HRC。
3.外形与型孔采用慢走丝线切割加工，垂直度0.003。
4.数量：1件。

图 8-67　冲底孔滑动块（图 8-4 的件号 65）

（7）整形滑动块（图 8-68）

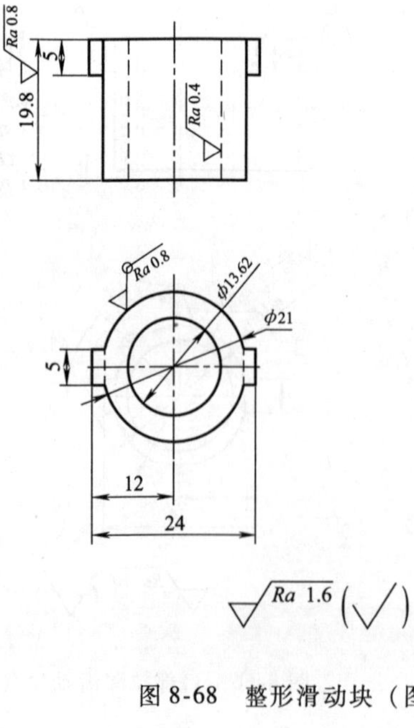

技术要求：
1.材料：SKD11。
2.热处理硬度：58～60HRC。
3.外形与型孔采用慢走丝线切割加工，垂直度0.003。
4.数量：1件。

图 8-68　整形滑动块（图 8-4 的件号 59）

（8）落料滑动块（图 8-69）

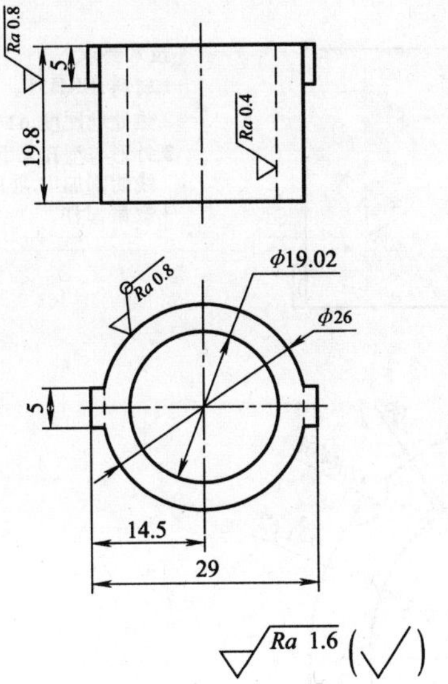

技术要求：
1.材料：SKD11。
2.热处理硬度:58～60HRC。
3.外形与型孔采用慢走丝线切割加工,垂直度0.003。
4.数量:1件 。

图 8-69　落料滑动块（图 8-4 的件号 47）

8.6.6　凹模

（1）内圈切口凹模（图 8-70）

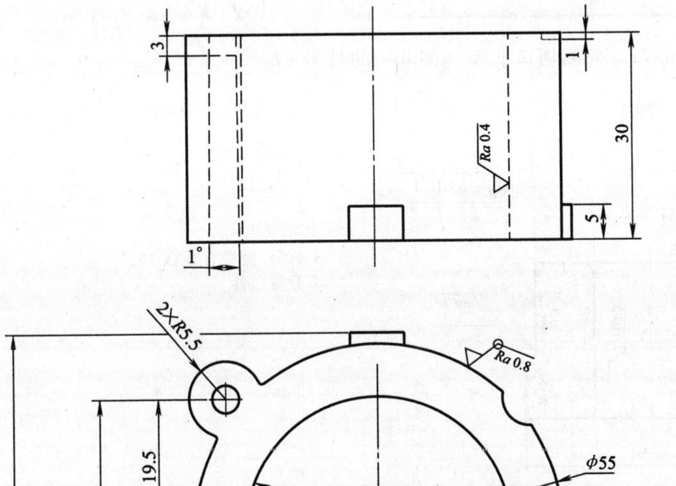

技术要求:
1.材料:SKH51。
2.热处理硬度:62～64HRC。
3.外形与型孔采用慢走丝线切割加工,垂直度0.003。
4.数量:1件。

图 8-70　内圈切口凹模（图 8-4 的件号 91）

（2）外圈切口凹模（图 8-71）

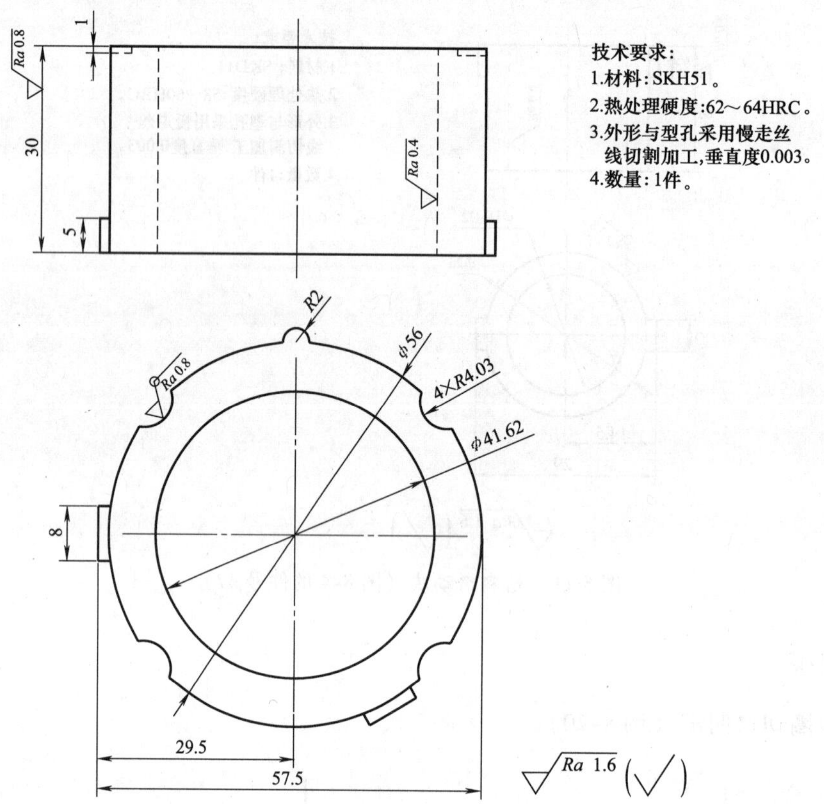

图 8-71　外圈切口凹模（图 8-4 的件号 87）

（3）首次拉深凹模（图 8-72）

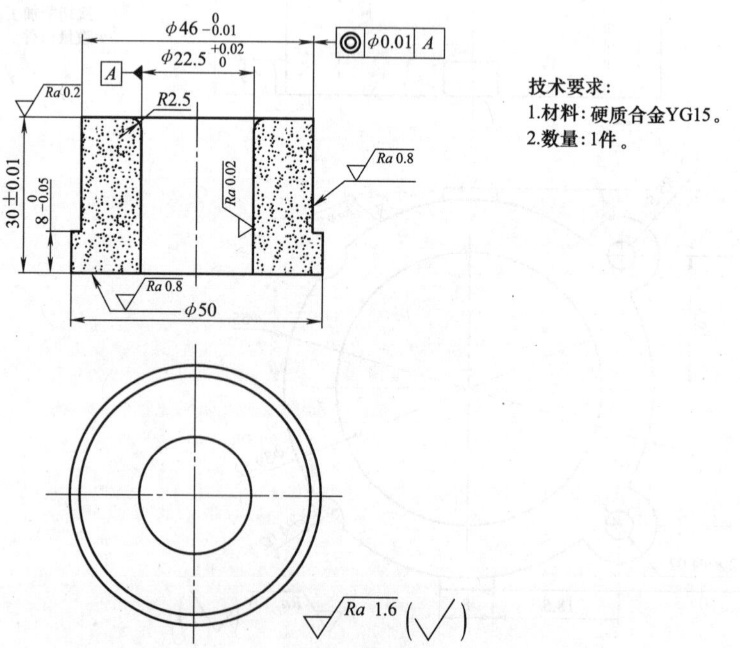

图 8-72　首次拉深凹模（图 8-4 的件号 84）

（4）二次拉深凹模（图 8-73）

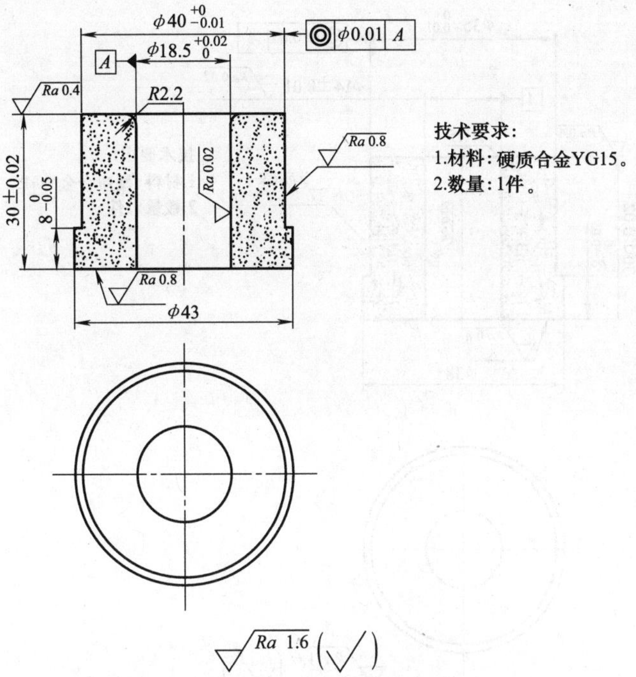

图 8-73　二次拉深凹模（图 8-4 的件号 79）

（5）三次拉深凹模（图 8-74）

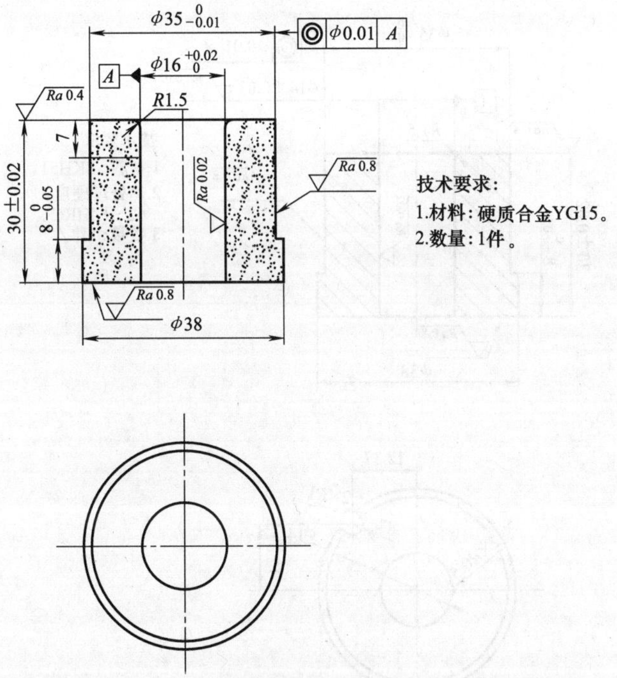

图 8-74　三次拉深凹模（图 8-4 的件号 76）

（6）四次拉深凹模（图 8-75）

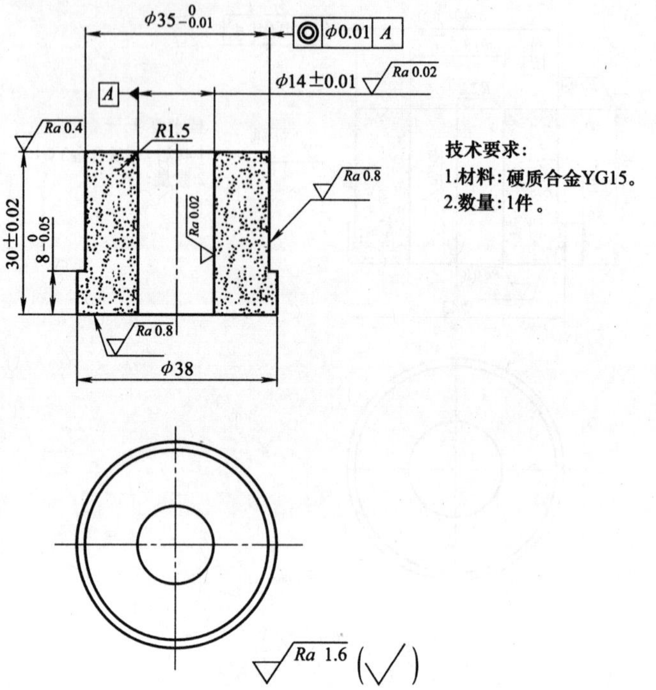

图 8-75　四次拉深凹模（图 8-4 的件号 72）

（7）压凸点凹模（图 8-76）

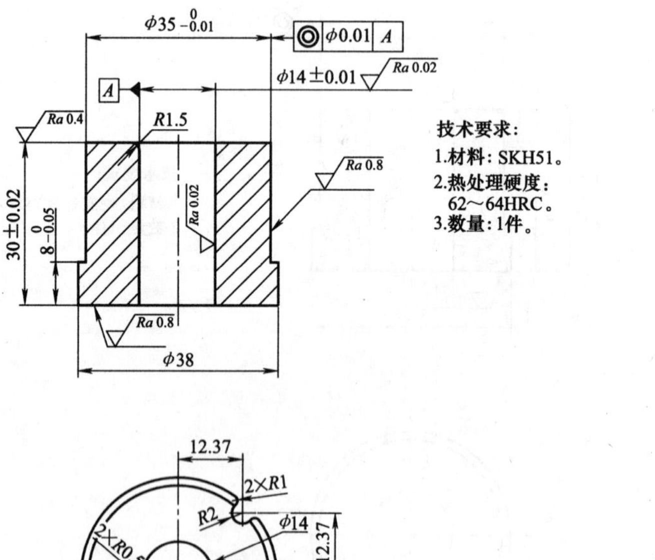

图 8-76　压凸点凹模（图 8-4 的件号 71）

（8）口部拉深凹模（图 8-77）

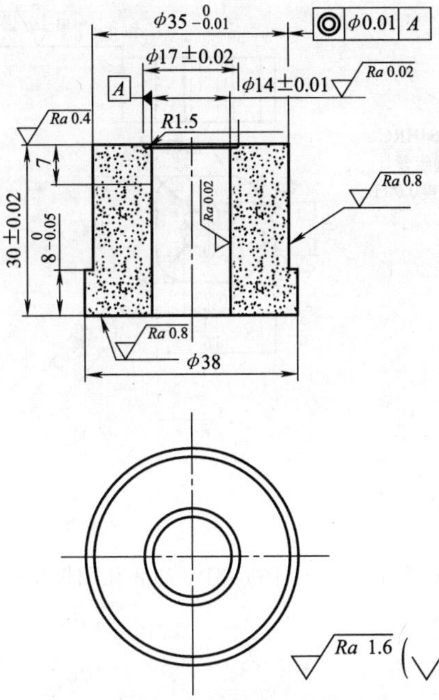

技术要求：
1.材料：硬质合金YG15。
2.数量：1件。

图 8-77　口部拉深凹模（图 8-4 的件号 67）

（9）冲底孔凹模组件

1）制件导向块（图 8-78）

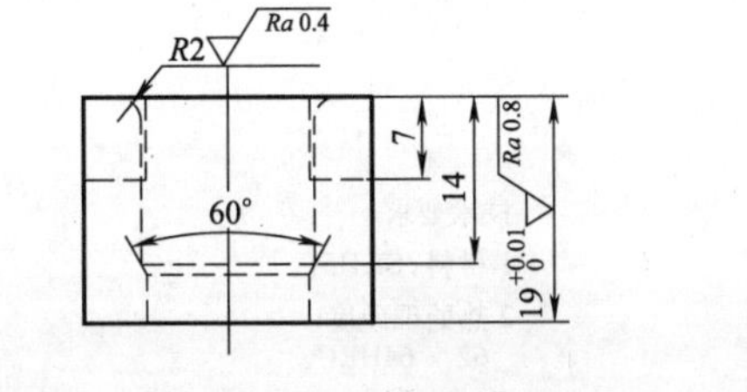

技术要求：1. 材料：Cr12MoV。
2. 热处理硬度：53～55HRC。
3. 数量：1件。

图 8-78　制件导向块（图 8-4 的件号 61）

2）冲底孔凹模固定块（图 8-79）

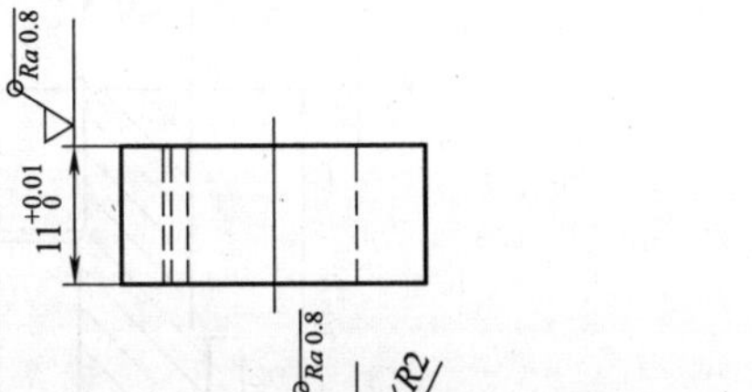

技术要求：1. 材料：Cr12MoV。
2. 热处理硬度：53～55HRC。
3. 外形与型孔采用慢走丝线切割加工，垂直度0.003。
4. 数量：1件。

图 8-79　冲底孔凹模固定块（图 8-4 的件号 62）

3）冲底孔凹模（图 8-80）

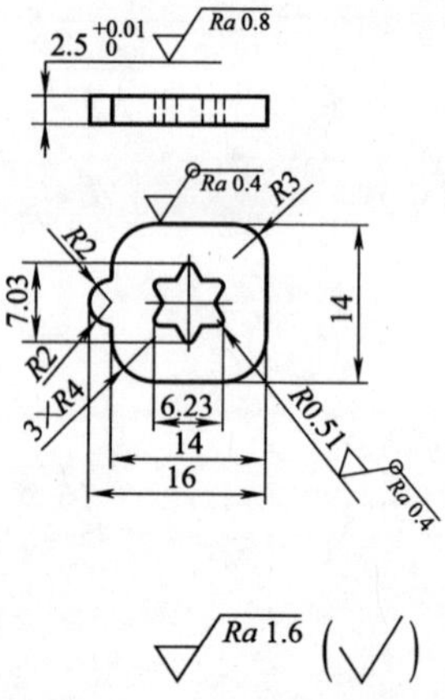

技术要求：
1. 材料：SKH51。
2. 热处理硬度：62～64HRC。
3. 外形与型孔采用慢走丝线切割加工，垂直度0.003。
4. 数量：1件。

图 8-80　冲底孔凹模（图 8-4 的件号 64）

4）冲底孔凹模垫块（图 8-81）

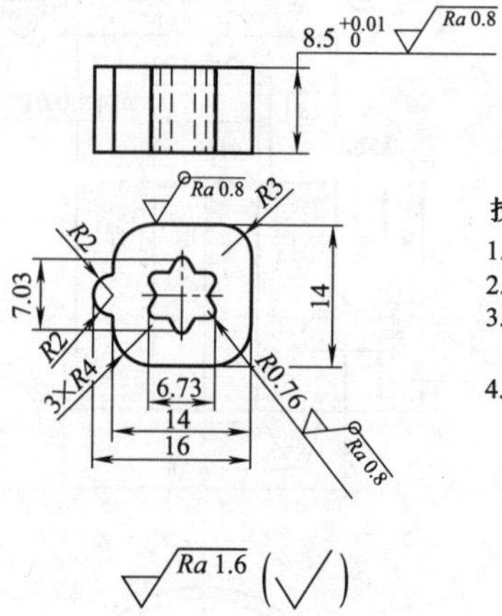

技术要求：
1. 材料：Cr12MoV。
2. 热处理硬度：53～55HRC。
3. 外形与型孔采用慢走丝线切割加工，垂直度0.003。
4. 数量：1件。

图 8-81　冲底孔凹模垫块（图 8-4 的件号 63）

（10）整形凹模（图 8-82）

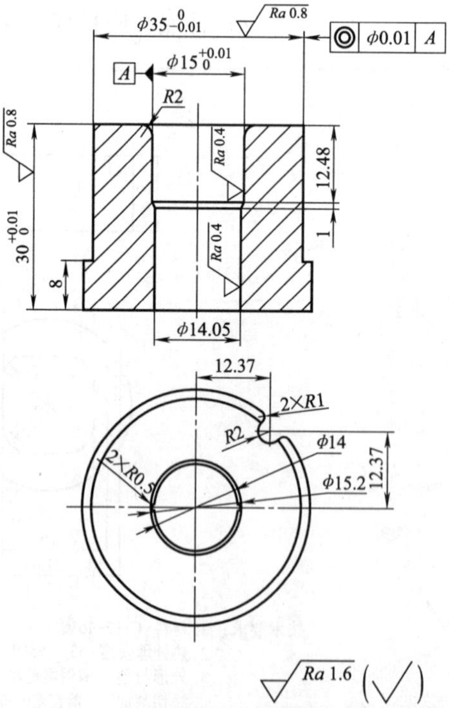

技术要求：
1.材料：SKH51。
2.热处理硬度：62～64HRC。
3.数量：1件。

图 8-82　整形凹模（图 8-4 的件号 57）

（11）落料凹模（图 8-83）

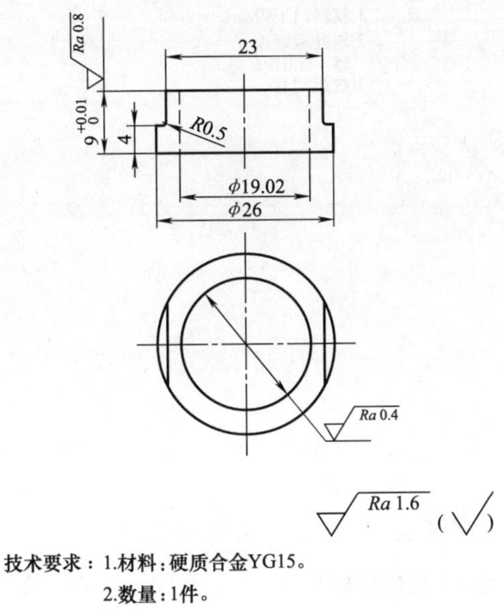

图 8-83　落料凹模（图 8-4 的件号 53）

（12）落料凹模垫块（图 8-84）

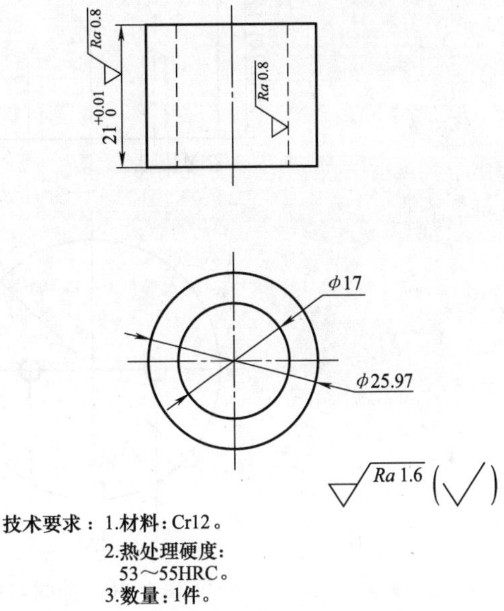

图 8-84　落料凹模垫块（图 8-4 的件号 54）

8.6.7　顶块

（1）内圈切口顶块（图 8-85）

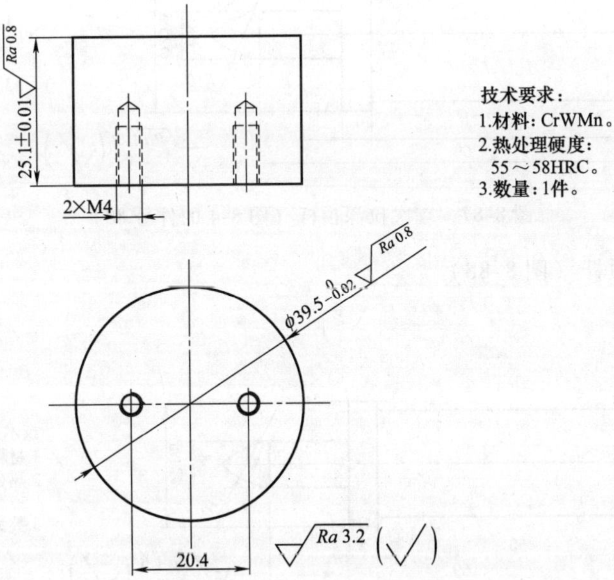

图 8-85　内圈切口顶块（图 8-4 的件号 89）

（2）外圈切口顶块（图 8-86）

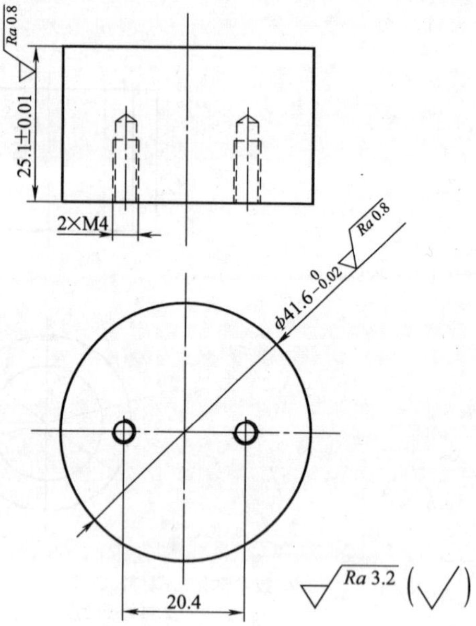

技术要求：
1.材料：CrWMn。
2.热处理硬度：
55～58HRC。
3.数量：1件。

图 8-86　外圈切口顶块（图 8-4 的件号 85）

8.6.8　顶杆

（1）首次拉深顶杆（图 8-87）

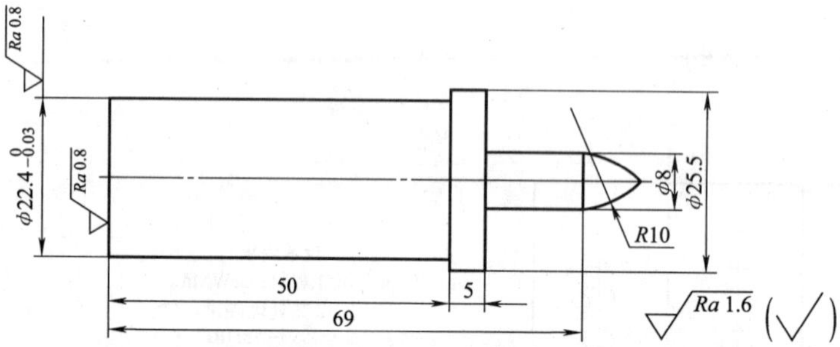

技术要求：
1.材料：CrWMn。
2.热处理硬度：
55～58HRC。
3.数量：1件。

图 8-87　首次拉深顶杆（图 8-4 的件号 83）

（2）二次拉深顶杆（图 8-88）

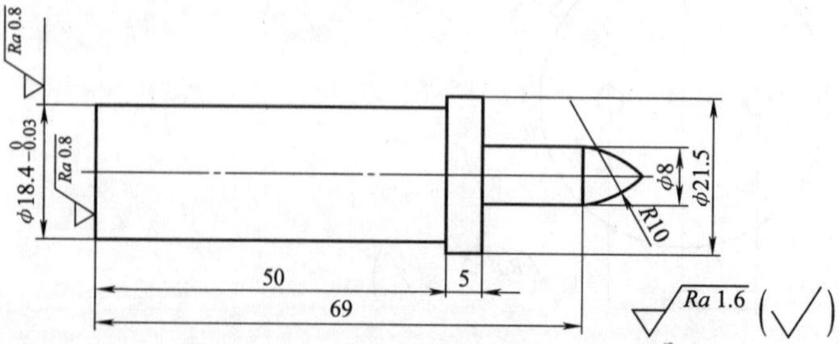

技术要求：
1.材料：CrWMn。
2.热处理硬度：
55～58HRC。
3.数量：1件。

图 8-88　二次拉深顶杆（图 8-4 的件号 77）

（3）三次拉深顶杆（图 8-89）

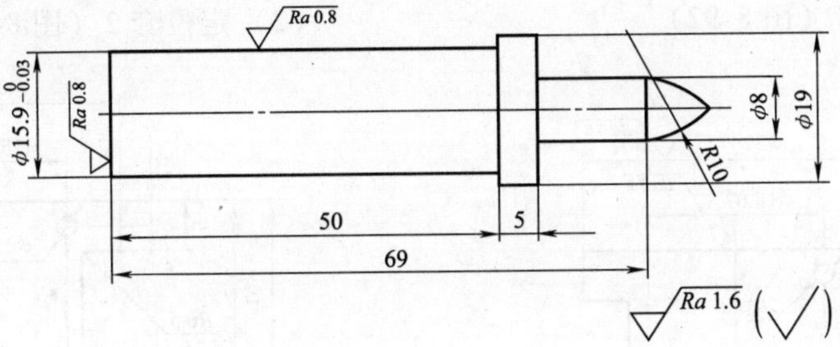

技术要求：1.材料：CrWMn。
2.热处理硬度：55～58HRC。
3.数量：1件。

图 8-89　三次拉深顶杆（图 8-4 的件号 75）

（4）四次拉深顶杆（图 8-90）

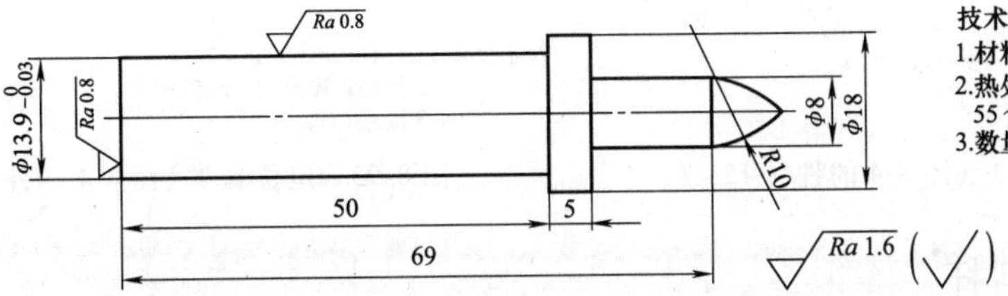

技术要求：
1.材料：CrWMn。
2.热处理硬度：
55～58HRC。
3.数量：2件。

图 8-90　四次拉深顶杆（图 8-4 的件号 73）

（5）凸点成形顶杆（图 8-91）

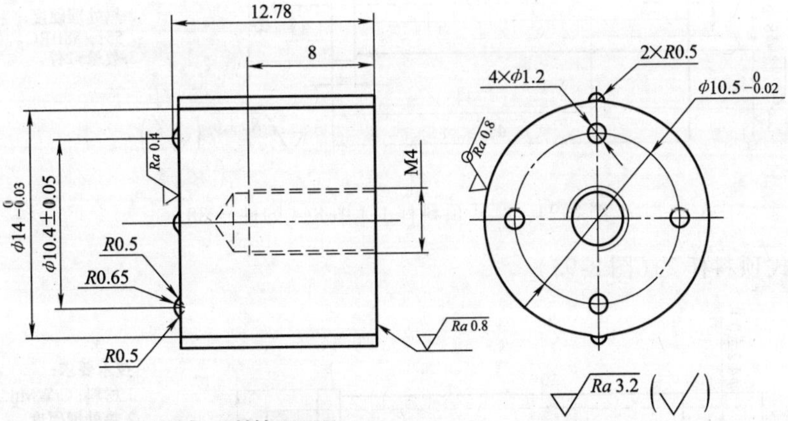

技术要求：1.材料：SKH51。
2.热处理硬度：62～64HRC。
3.数量：2件。

图 8-91　凸点成形顶杆（图 8-4 的件号 69）

8.6.9 定位套

（1）定位套 1（图 8-92）

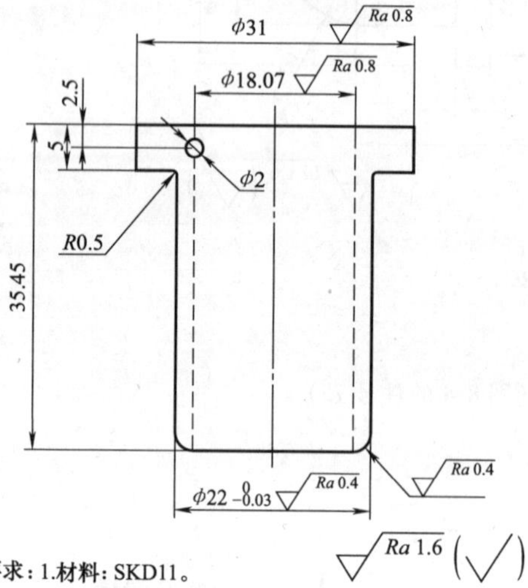

技术要求：1.材料：SKD11。
2.热处理硬度：55～58HRC。
3.数量：1件。

图 8-92　定位套 1（图 8-4 的件号 15）

（2）定位套 2（图 8-93）

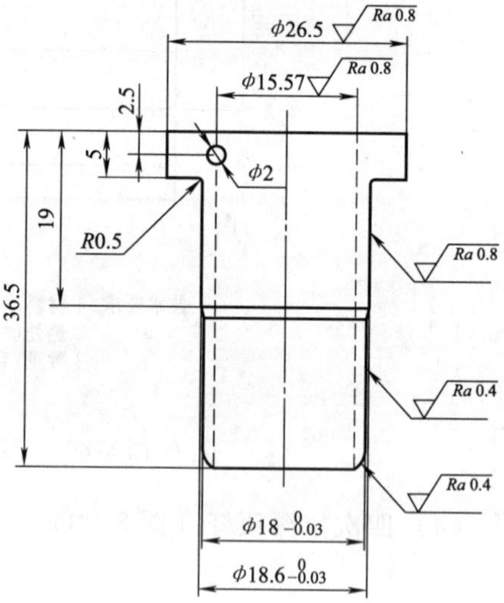

技术要求：1.材料：SKD11。
2.热处理硬度：55～58HRC。
3.数量：1件。

$\sqrt{Ra\ 1.6}$ ($\sqrt{}$)

图 8-93　定位套 2（图 8-4 的件号 18）

8.6.10 套式顶料杆

（1）套式顶料杆 1（图 8-94）

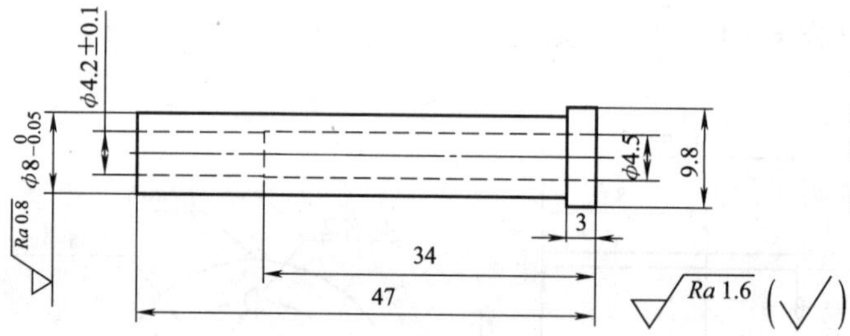

技术要求：
1.材料：CrWMn。
2.热处理硬度：
55～58HRC。
3.数量：2件。

图 8-94　套式顶料杆 1（图 8-4 的件号 88）

（2）套式顶料杆 2（图 8-95）

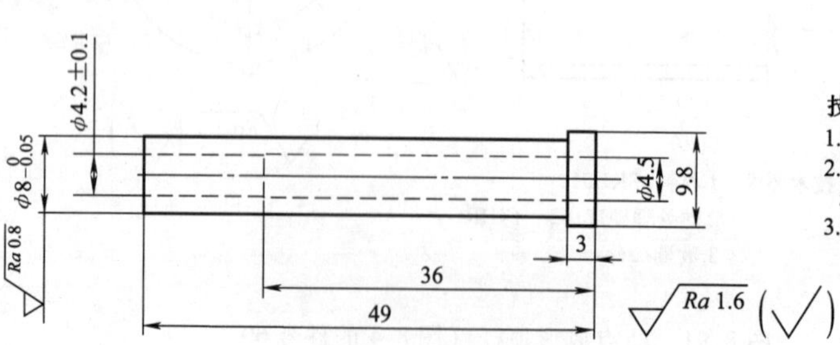

技术要求：
1.材料：CrWMn 。
2.热处理硬度：
55～58HRC。
3.数量：2件。

图 8-95　套式顶料杆 2（图 8-4 的件号 86）

（3）套式顶料杆 3（图 8-96）

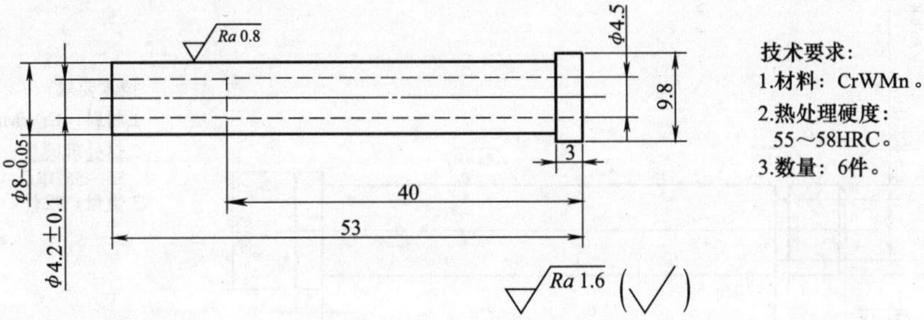

图 8-96　套式顶料杆 3（图 8-4 的件号 81）

8.6.11　导向顶杆

（1）导向顶杆 1（图 8-97）

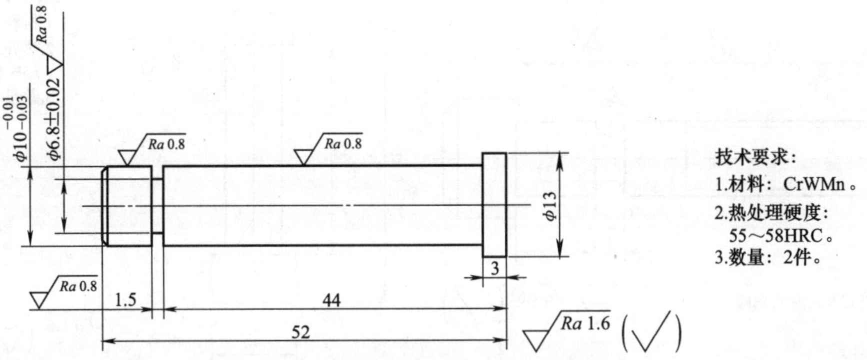

图 8-97　导向顶杆 1（图 8-4 的件号 102）

（2）导向顶杆 2（图 8-98）

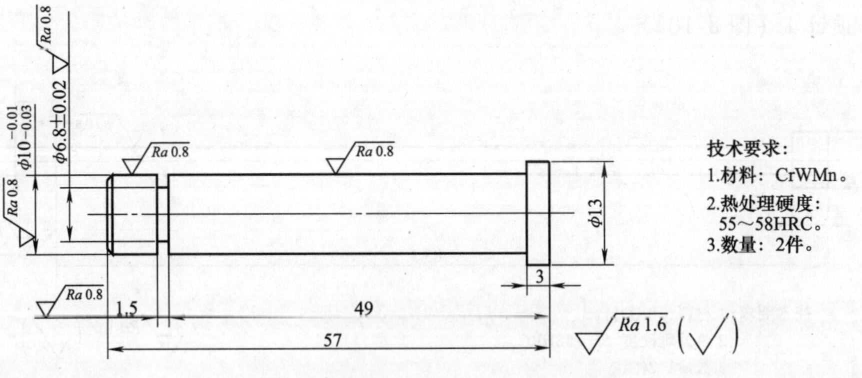

图 8-98　导向顶杆 2（图 8-4 的件号 103）

（3）导向顶杆 3（图 8-99）

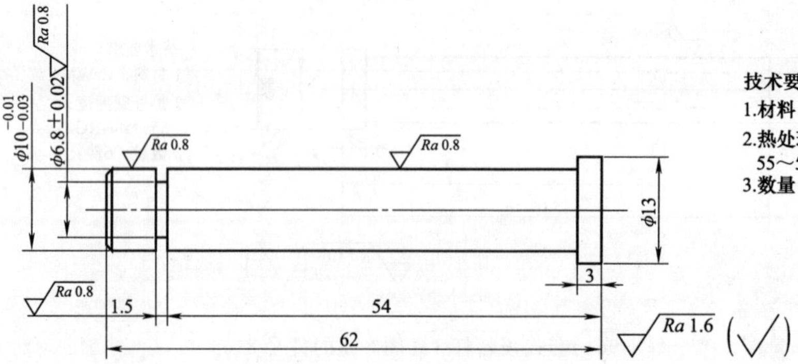

技术要求：
1.材料：CrWMn。
2.热处理硬度：55～58HRC。
3.数量：32件。

图 8-99　导向顶杆 3（图 8-4 的件号 105）

8.6.12　调节螺钉（图 8-100）

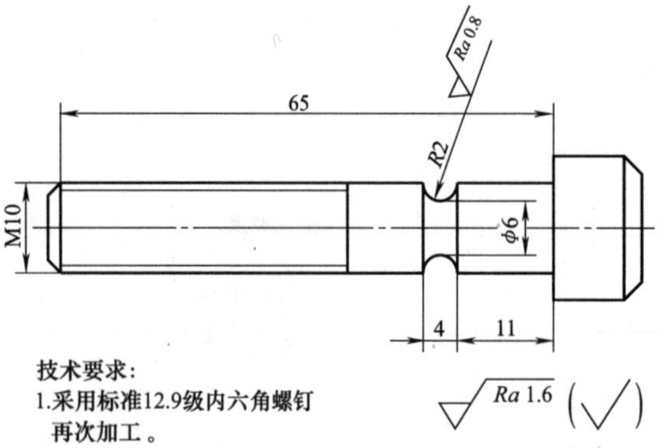

技术要求：
1.采用标准12.9级内六角螺钉再次加工。
2.数量：5件。

图 8-100　调节螺钉（图 8-4 的件号 109）

8.6.13　内限位销（图 8-101）

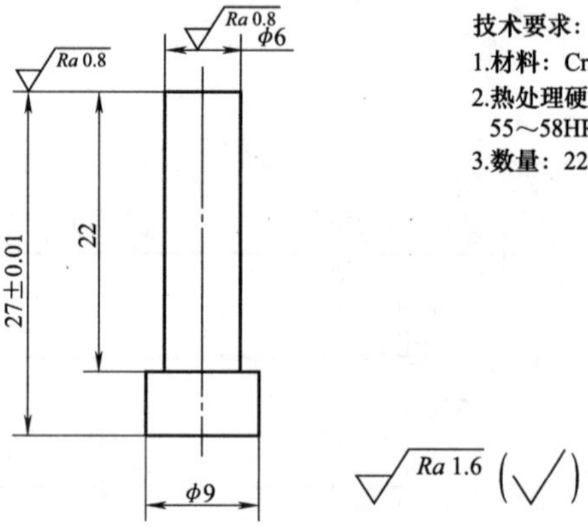

技术要求：
1.材料：Cr12MoV。
2.热处理硬度：55～58HRC。
3.数量：22件。

图 8-101　内限位销（图 8-4 的件号 38）

8.6.14　顶针

（1）顶针 1（图 8-102）

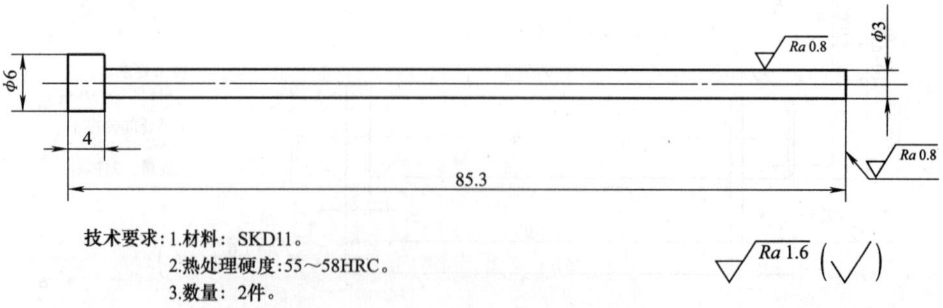

技术要求： 1.材料：SKD11。
2.热处理硬度：55～58HRC。
3.数量：2件。

图 8-102　顶针 1（图 8-4 的件号 17）

（2）顶针 2（图 8-103）

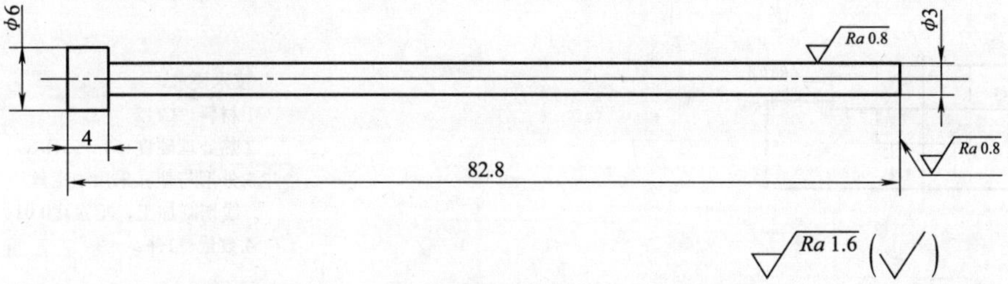

技术要求：
1.材料：SKD11。
2.热处理硬度：55～58HRC。
3.数量：2件。

图 8-103　顶针 2（图 8-4 的件号 20）

8.6.15　等高套筒组件

（1）垫圈（图 8-104）

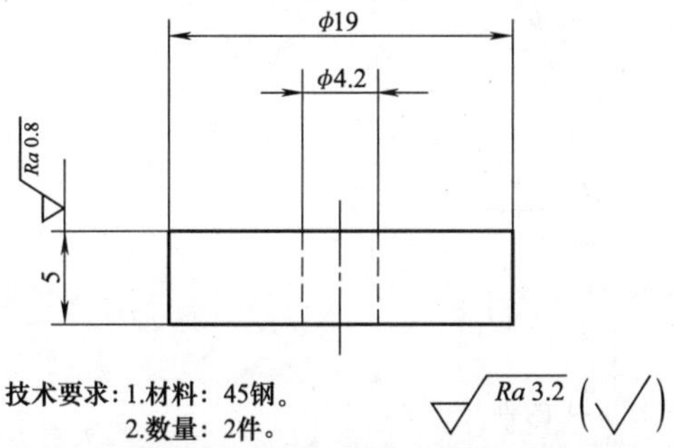

技术要求：1.材料：45钢。
2.数量：2件。

图 8-104　垫圈（图 8-4 的件号 70）

（2）等高套筒（图 8-105）

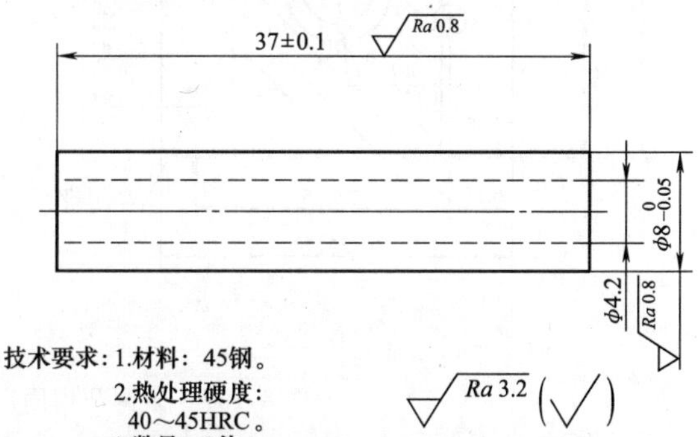

技术要求：1.材料：45钢。
2.热处理硬度：40～45HRC。
3.数量：2件。

图 8-105　等高套筒（图 8-4 的件号 58）

8.6.16　微调凸模固定块

（1）微调凸模固定块 1（图 8-106）

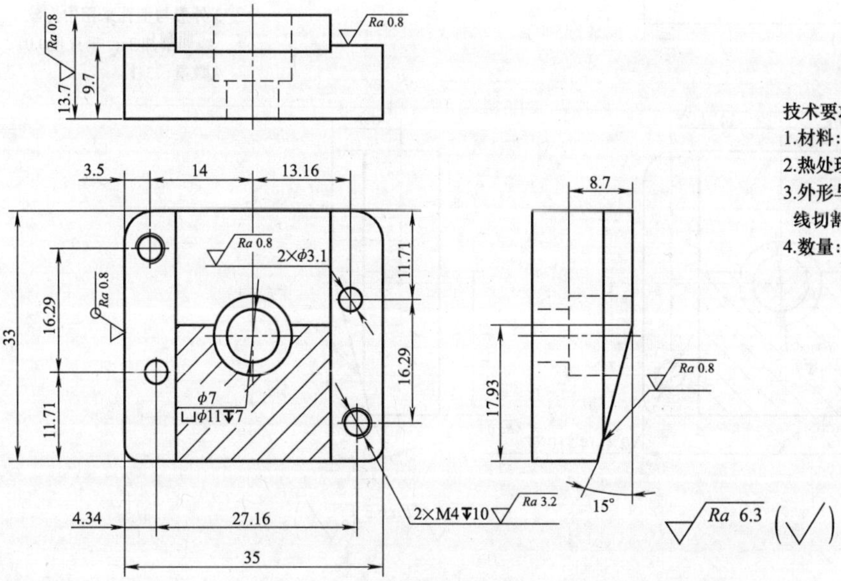

技术要求：
1.材料：Cr12。
2.热处理硬度：53～55HRC。
3.外形与型孔采用中走丝线切割加工，垂直度0.01。
4.数量：1件。

图 8-106　微调凸模固定块 1（图 8-4 的件号 119）

（2）微调凸模固定块 2（图 8-107）

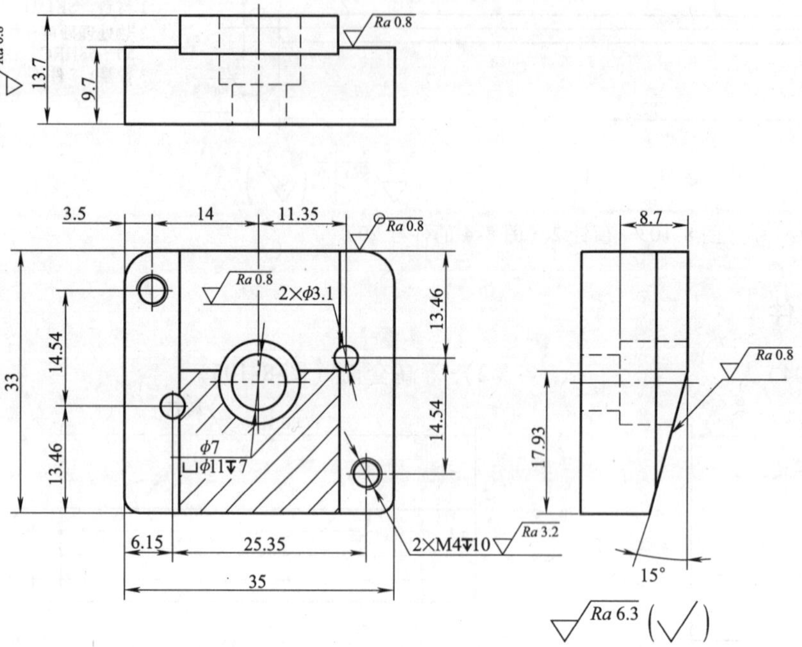

技术要求：
1.材料：Cr12。
2.热处理硬度:53～55HRC。
3.外形与型孔采用中走丝线切割加工，垂直度0.01。
4.数量：1件。

图 8-107　微调凸模固定块 2（图 8-4 的件号 118）

（3）微调凸模固定块 3（图 8-108）

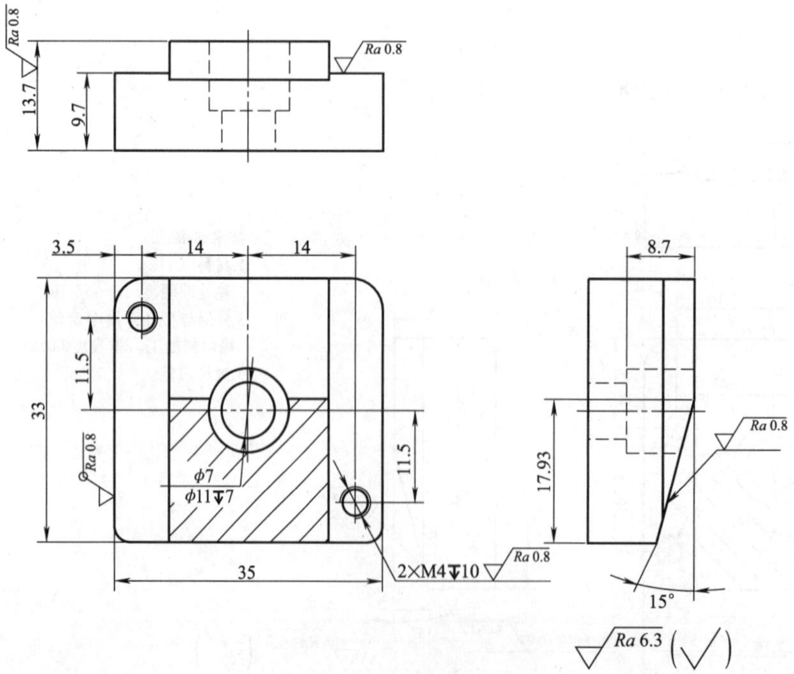

技术要求：
1.材料：Cr12。
2.热处理硬度:53～55HRC。
3.外形与型孔采用中走丝线切割加工，垂直度0.01。
4.数量：3件。

图 8-108　微调凸模固定块 3（图 8-4 的件号 117）

8.6.17 锁紧压板

（1）锁紧压板 1（图 8-109）

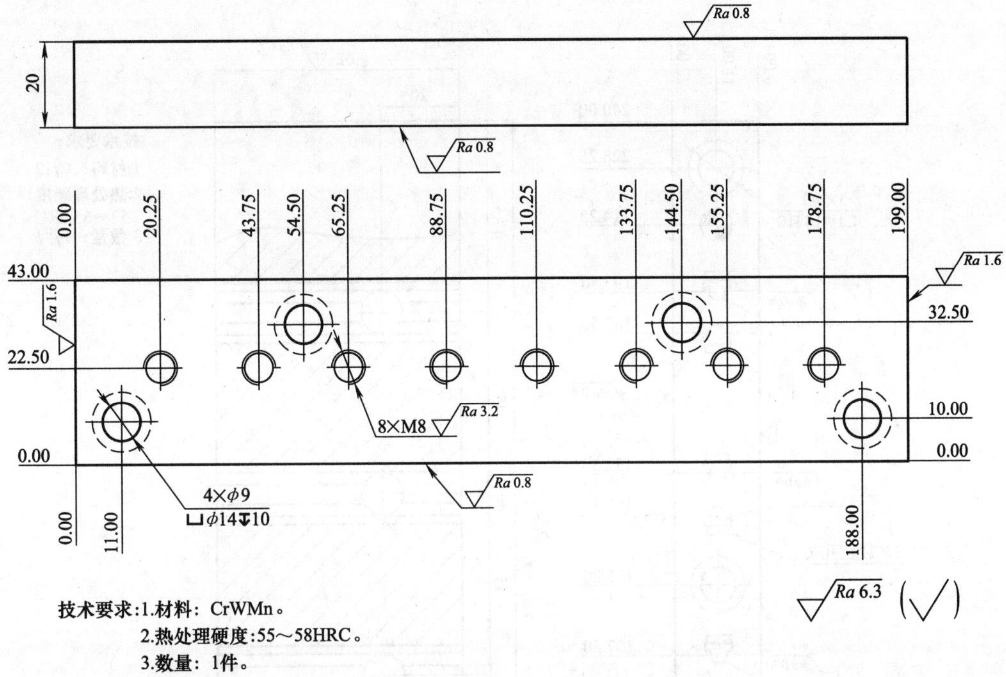

图 8-109 锁紧压板 1（图 8-4 的件号 108）

（2）锁紧压板 2（图 8-110）

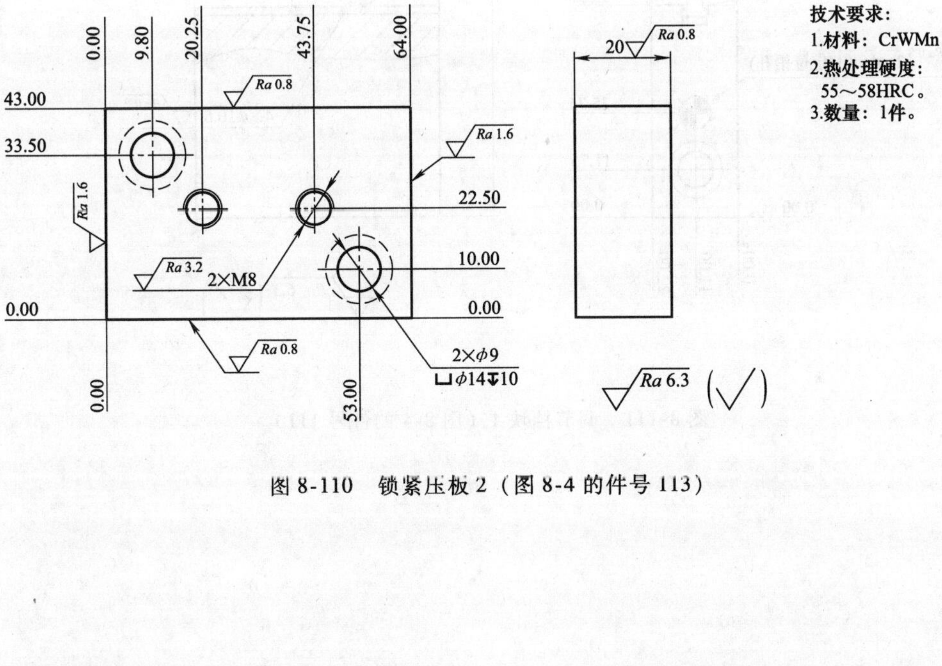

图 8-110 锁紧压板 2（图 8-4 的件号 113）

8.6.18　调节挡块

（1）调节挡块 1（图 8-111）

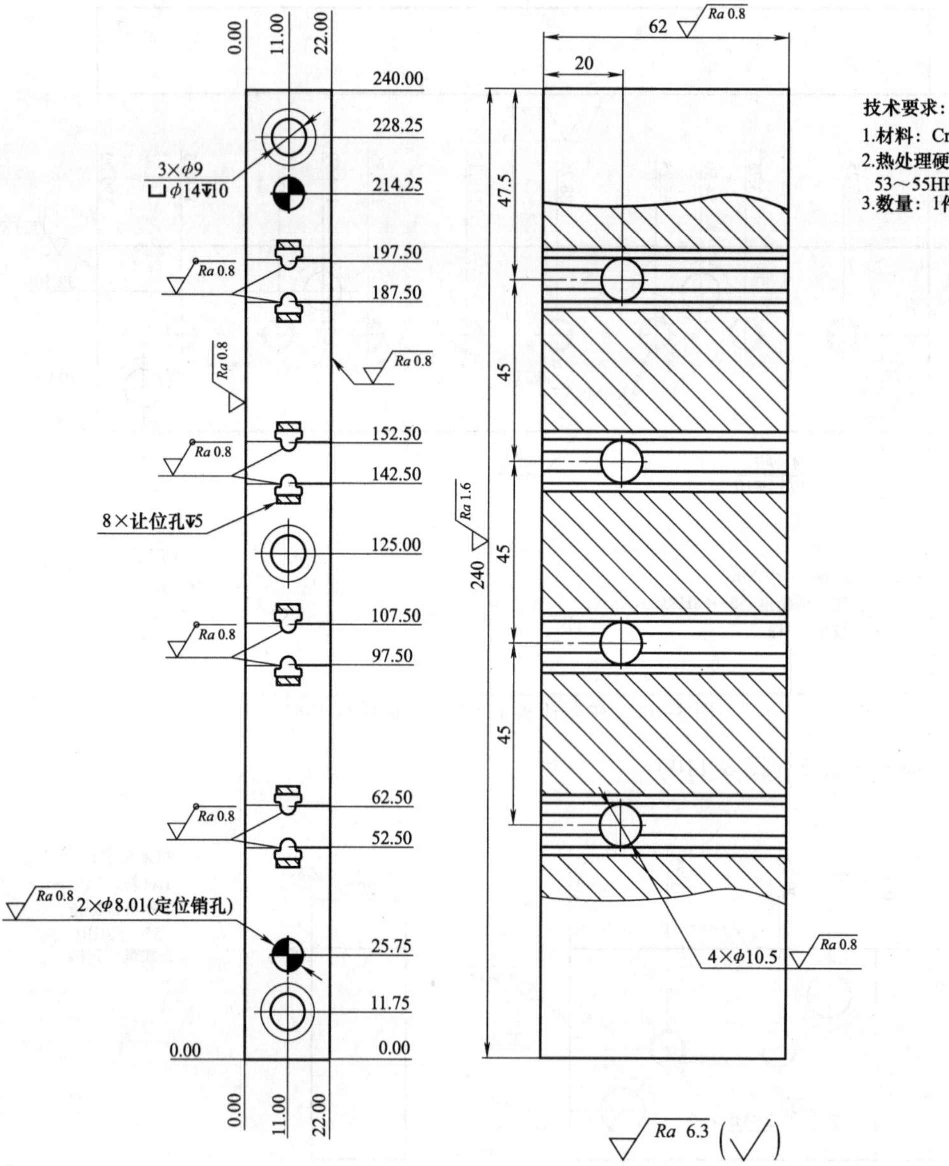

图 8-111　调节挡块 1（图 8-4 的件号 111）

(2) 调节挡块 2（图 8-112）

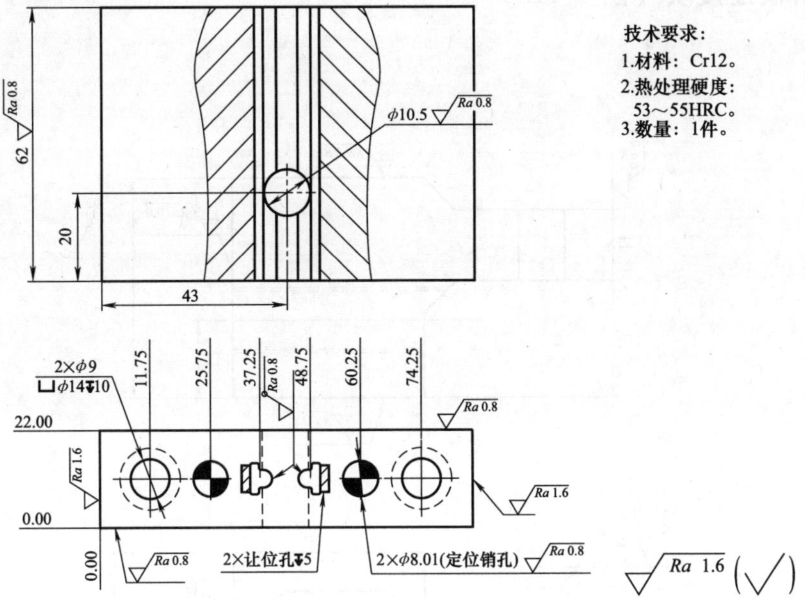

图 8-112　调节挡块 2（图 8-4 的件号 114）

8.6.19　调节螺钉固定销（图 8-113）

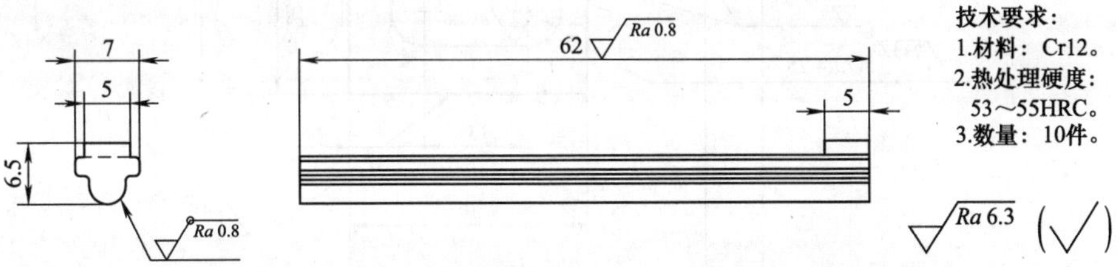

图 8-113　调节螺钉固定销（图 8-4 的件号 110）

8.6.20　斜楔（图 8-114）

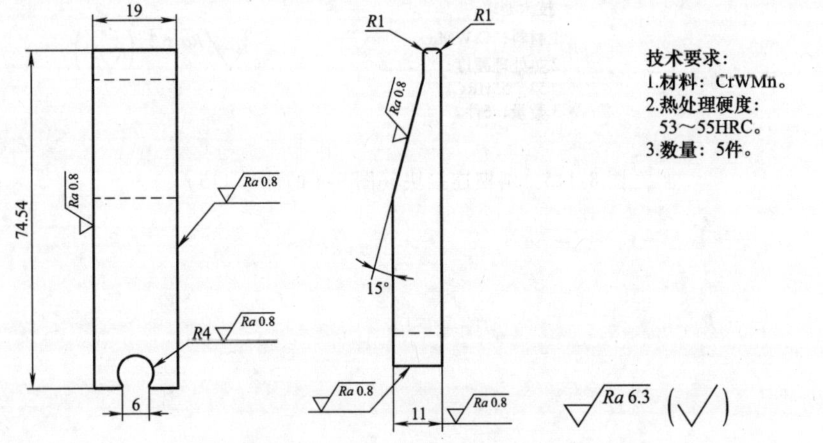

图 8-114　斜楔（图 8-4 的件号 116）

8.6.21　斜楔连接块（图 8-115）

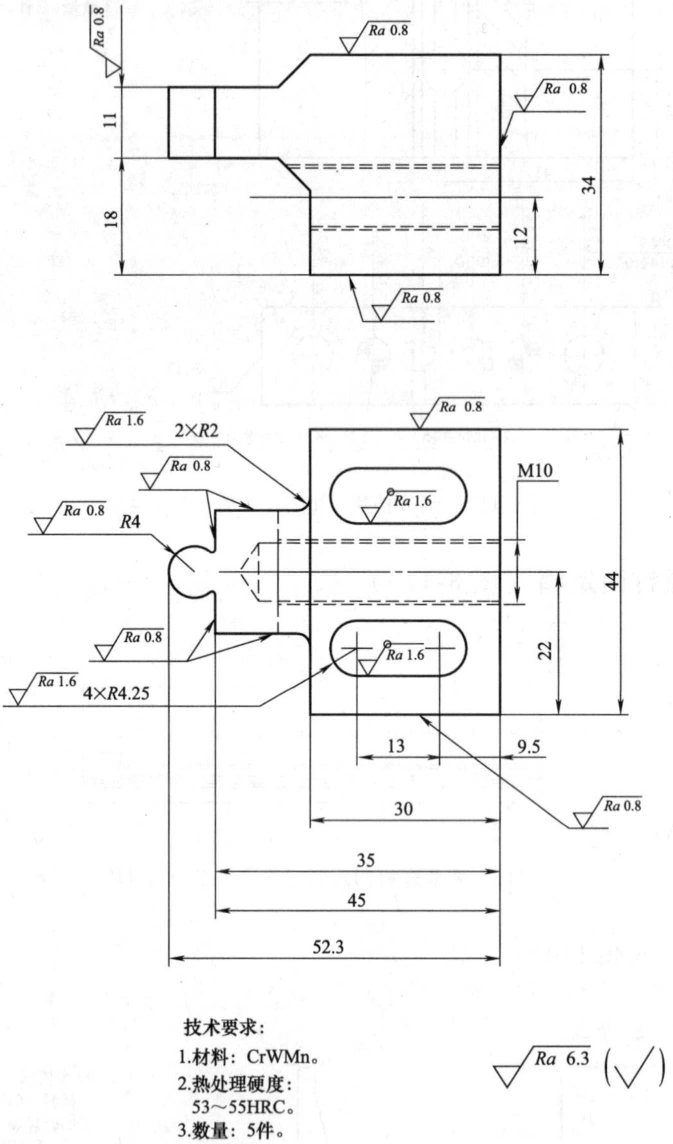

图 8-115　斜楔连接块（图 8-4 的件号 115）

8.6.22　下垫脚

（1）下垫脚 1（图 8-116）

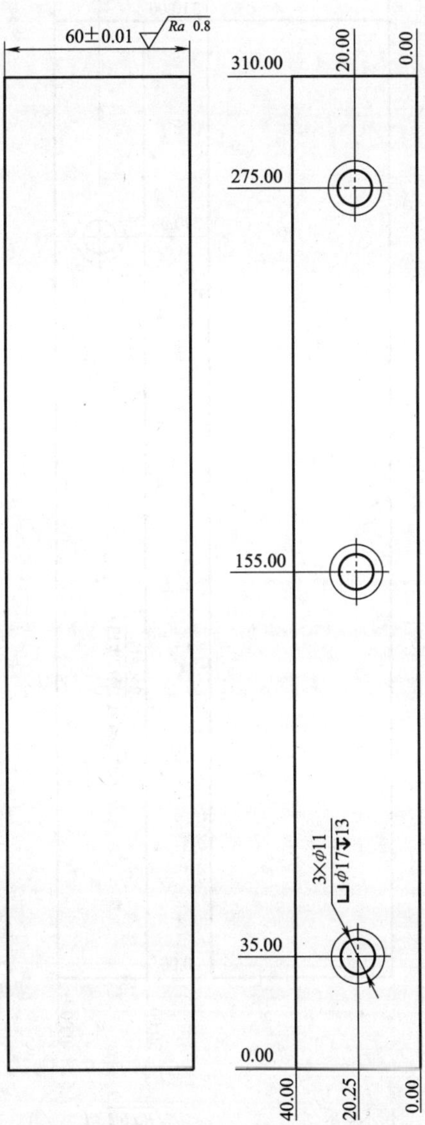

技术要求：
1.材料：45钢。
2.高：60±0.01，两面平行度0.005。
3.数量：1件。

Ra 6.3 (√)

图 8-116　下垫脚 1（图 8-4 的件号 90）

（2）下垫脚 2（图 8-117）

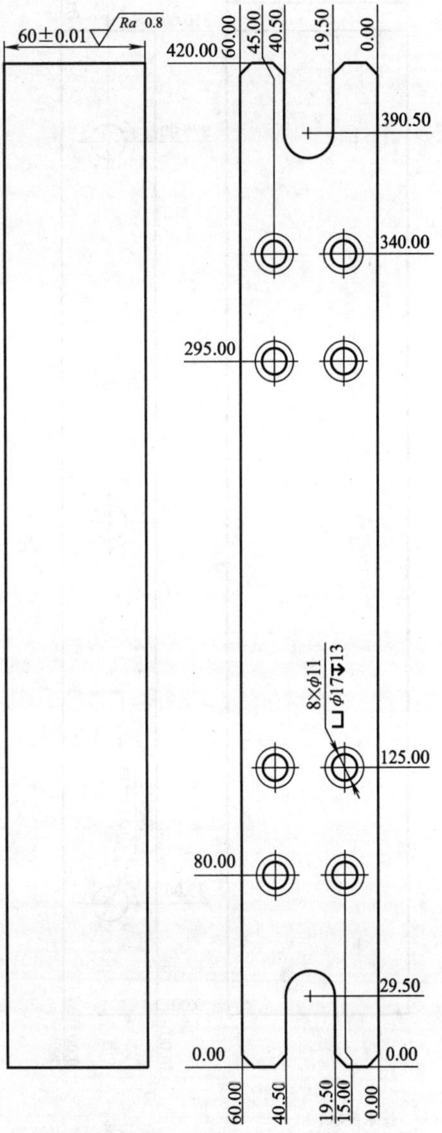

技术要求：
1.材料：45钢。
2.高：60±0.01,两面平行度0.005。
3.数量：1件。

Ra 6.3 (√)

图 8-117　下垫脚 2（图 8-4 的件号 104）

（3）下垫脚 3（图 8-118）

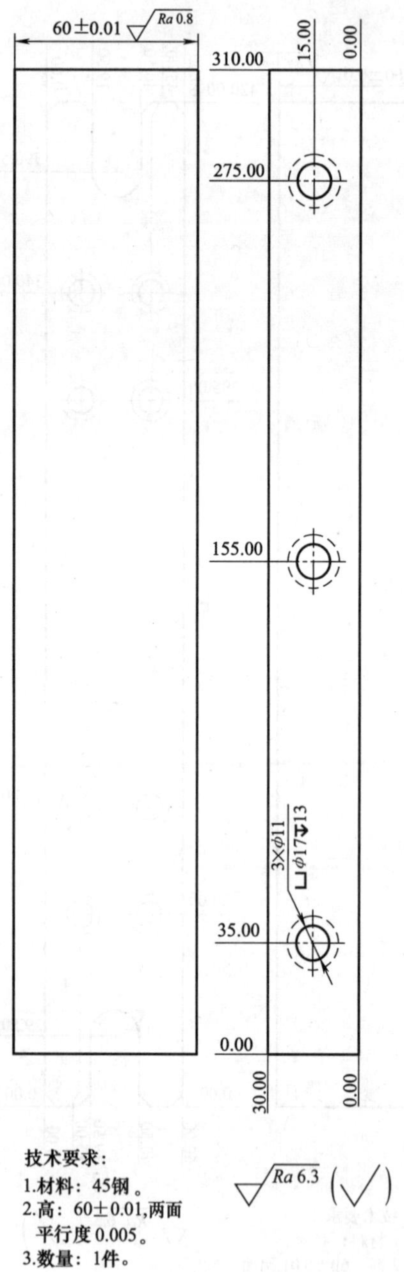

图 8-118　下垫脚 3（图 8-4 的件号 52）

（4）下垫脚 4（图 8-119）

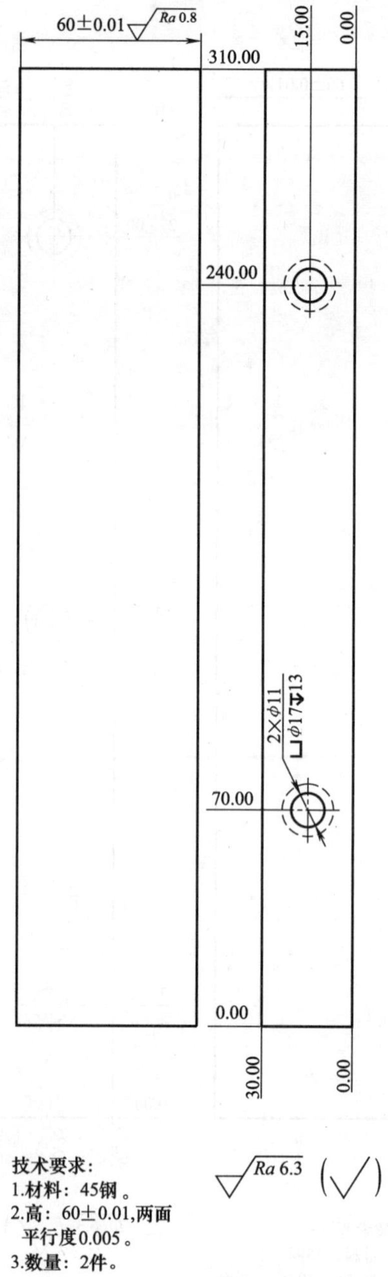

图 8-119　下垫脚 4（图 8-4 的件号 78）

（5）下垫脚 5（图 8-120）

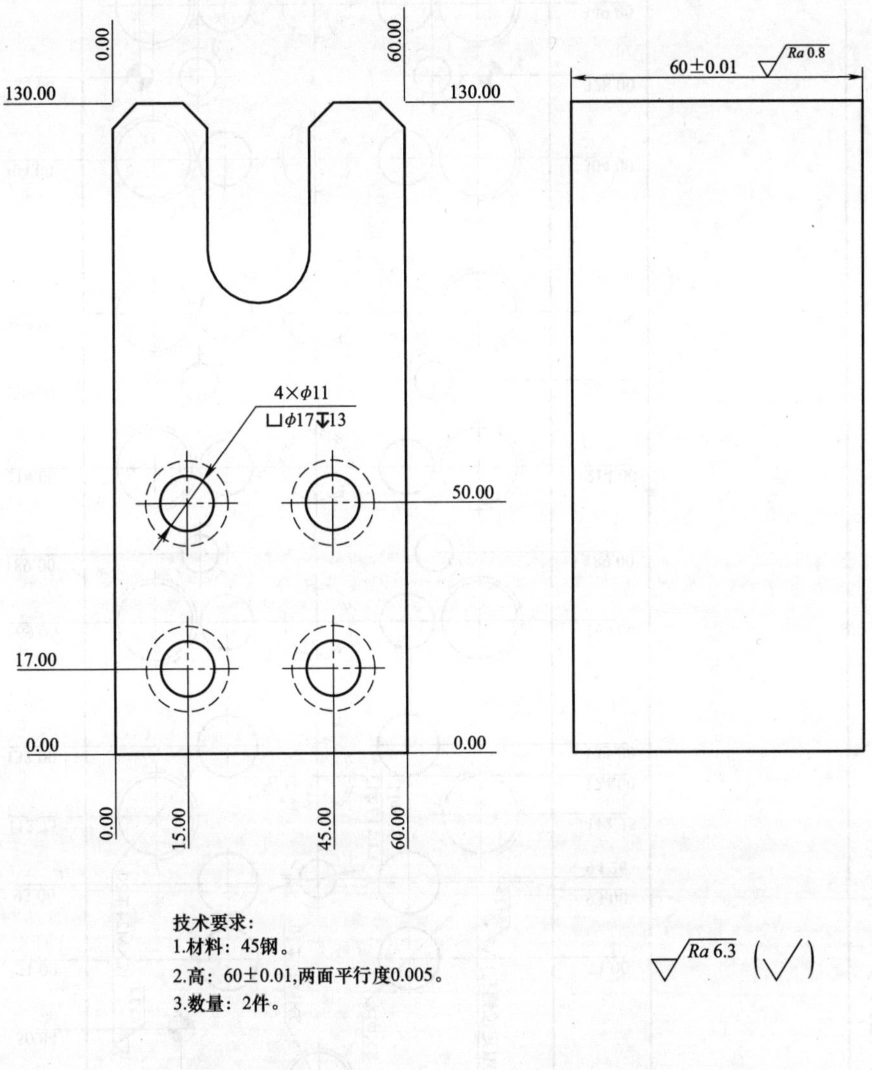

图 8-120　下垫脚 5（图 8-4 的件号 107）

8.6.23 弹簧底板

(1) 弹簧底板 1（图 8-121）

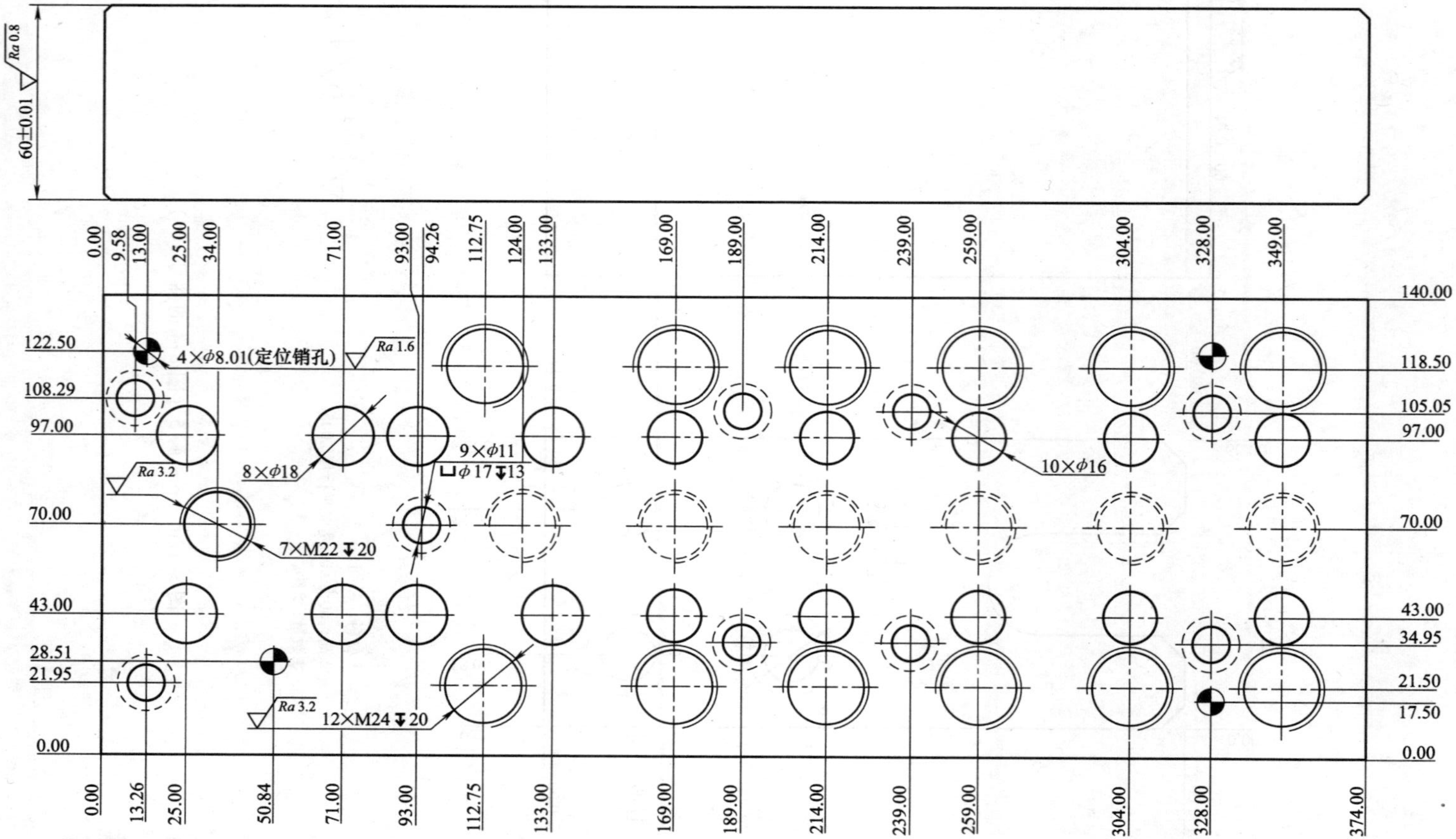

技术要求：1.材料：45钢。
2.高：60±0.01，两面平行度0.005。
3.数量：1件。

图 8-121 弹簧底板 1（图 8-4 的件号 82）

（2）弹簧底板 2（图 8-122）

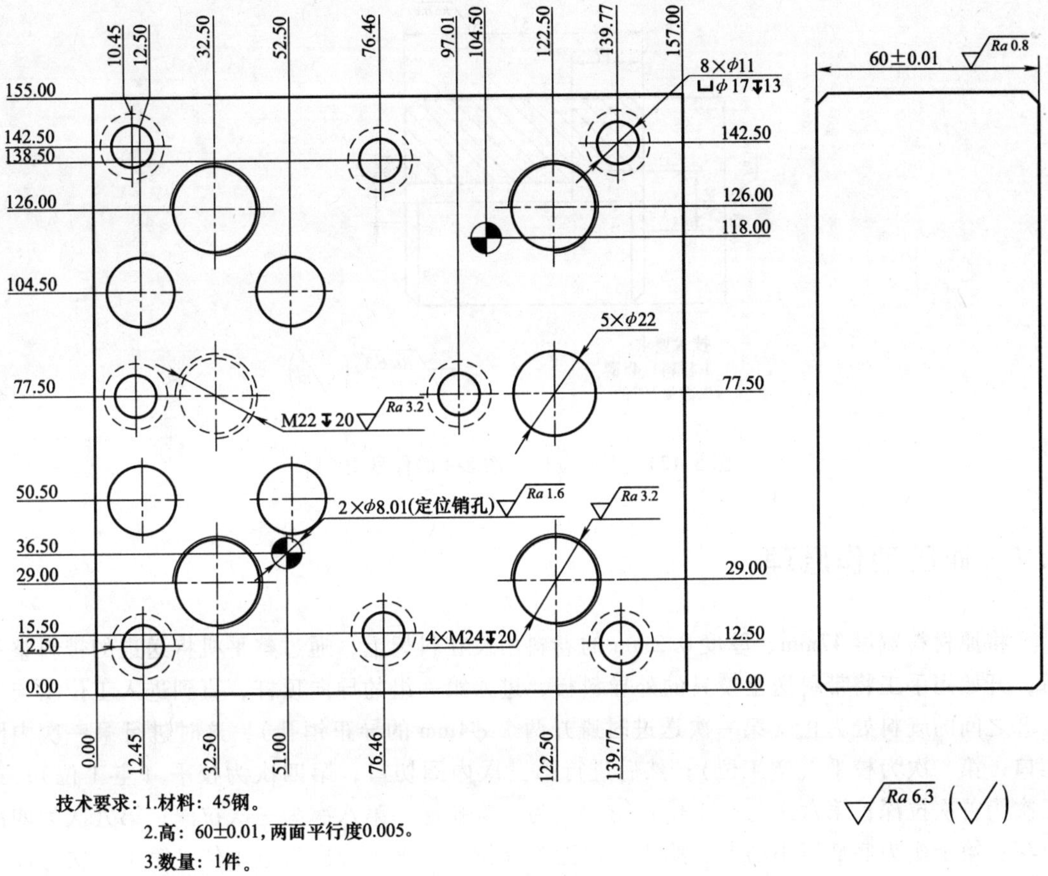

图 8-122　弹簧底板 2（图 8-4 的件号 55）

8.6.24　限位柱

（1）上限位柱（图 8-123）

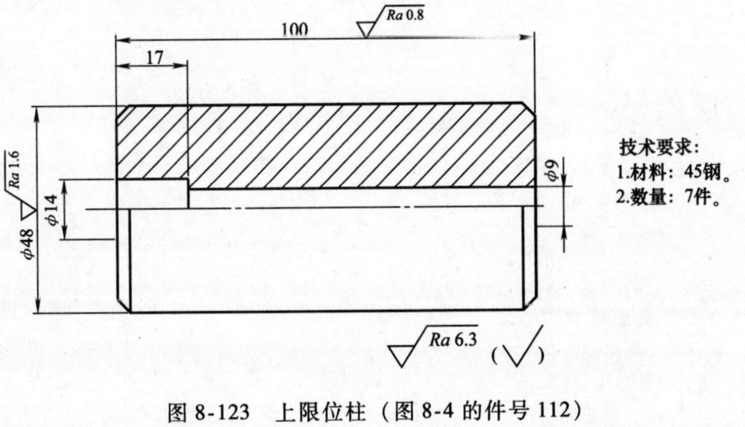

图 8-123　上限位柱（图 8-4 的件号 112）

（2）下限位柱（图 8-124）

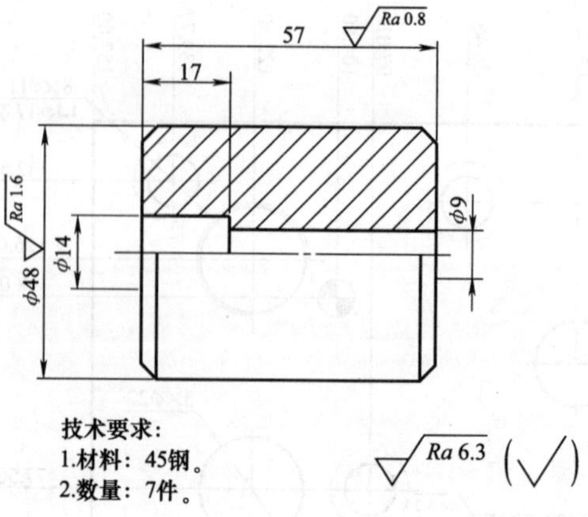

图 8-124　下限位柱（图 8-4 的件号 106）

8.7　冲压动作原理

将原材料宽度 47mm、厚度 0.2mm 的卷料吊装在料架上，通过整平机将送进的带料整平后，开始用手工将带料送至模具的外导料板，进入第一组的导向顶杆，直到进入工位①与工位②之间的废料处为止（第一次送进时避开两个 φ4mm 的导正销孔），这时进行第一次内圈切口；第二次为校平（空工位）；然后进行第三次内圈切口；第四次为校平（空工位）；第五次为首次拉深；第六次为空工位；第七次为二次拉深；第八次为三次拉深；第九次为四次拉深；第十次为底部压小凸点；第十一次为阶梯拉深；第十二次为空工位；第十三次为冲底孔；第十四次为空工位；为了保证制件的质量，进入第十五次的整形工序；第十六次为空工位，这时整个制件拉深成形已全部结束；第十七次（最后）将载体与制件分离，再连续用手工送至冲压出三个制件，利用制件同载体分离后，留在载体上的圆环形废料进入拉料器的拉料钩内（拉料器机构在图 8-4 中未画出来），即可进行自动冲压。

附　录

附录 A　冲压常用材料的性能和规格

表 A-1　钢铁材料（黑色金属）的力学性能

材料名称	牌号	材料状态	抗剪强度 τ_b /MPa	抗拉强度 σ_b /MPa	伸长率 δ_{10} (%)	屈服点 σ_s /MPa
电工用纯铁 $w(C)<0.025\%$	DT1、DT2、DT3	已退火	180	230	26	
电工硅钢	D11、D12、D21 D31、D32 D41～48、D310～340	已退火	190	230	26	
		未退火	560	650		
碳素结构钢	Q195F	未退火	260～320	320～400	28～33	
	Q215		270～340	320～420	26～31	220
	Q235		310～380	380～470	21～25	240
	Q255[①]		340～420	420～520	19～23	260
	Q275		400～500	500～620	15～19	280
优质碳素结构钢	05[②]	已退火	200	230	28	
	05F[②]		210～300	260～380	32	
	08F		220～310	280～390	32	180
	08		260～360	330～450	32	200
	10F		220～340	280～420	30	190
	10		260～340	300～440	29	210
	15F		250～370	320～460	28	
	15		270～380	340～480	26	230
	20F		280～390	340～480	26	230
	20		280～400	360～510	25	250
	25		320～440	400～550	24	280
	30		360～480	450～600	22	300
	35		400～520	500～650	20	320
	40		420～540	520～670	18	340
	45		440～560	550～700	16	360
	50		440～580	550～730	14	380
	55	已正火	550	≥670	14	390
	60		550	≥700	13	410
	65		600	≥730	12	420
	70		600	≥760	11	430
	65Mn	已退火	600	750	12	400

（续）

材料名称	牌号	材料状态	抗剪强度 τ_b /MPa	抗拉强度 σ_b /MPa	伸长率 δ_{10} (%)	屈服点 σ_s /MPa
碳素工具钢	T7～T12 T7A～T12A	已退火	600	750	10	
	T13、T13A		720	900	10	
	T8A、T9A	冷作硬化	600～950	750～1200		
锰钢	10Mn2	已退火	320～460	400～580	22	230
合金结构钢	25CrMnSi	已低温退火	400～560	500～700	18	
	30CrMnSiA 30CrMnSi		440～600	550～750	16	
弹簧钢	60Si2Mn 60Si2MnA 65Si2MnWA③	已低温退火	720	900	10	
		冷作硬化	640～960	800～1200	10	
不锈钢	12Cr13	已退火	320～380	400～470	21	
	20Cr13		320～400	400～500	20	
	30Cr13		400～480	500～600	18	480
	40Cr13		400～480	500～600	15	500
	12Cr18Ni9 17Cr18Ni9	经热处理	460～520	580～640	35	200
		冷碾压的冷作硬化	800～880	1000～1100	38	220
	1Cr18Ni9Ti④	经热处理退火	430～550	540～700	40	200

① Q255 牌号在 GB/T 700—2006 中取消。
② 05、05F 牌号在 GB/T 699 —1999 中取消。
③ 65Si2MnWA 牌号在 GB/T 1222—2007 中取消。
④ 1Cr18Ni9Ti 牌号在 GB/T 1221—2007 中取消。

表 A-2　非铁材料（有色金属）的力学性能

材料名称	牌号	材料状态	抗剪强度 τ_b /MPa	抗拉强度 σ_b /MPa	伸长率 δ_{10} (%)	屈服点 σ_s /MPa
铝	1070A、1050A 1200	已退火	80	75～110	25	50～80
		冷作硬化	100	120～150	4	
铝锰合金	3A21(LF21)	已退火	70～100	110～145	19	50
		半冷作硬化	100～140	155～200	13	130
铝镁合金铝铜镁合金	5A02(LF2)	已退火	130～160	180～230		100
		半冷作硬化	160～200	230～280		210
高强度的铝镁铜合金	7A04(LC4)	已退火	170	250		
		淬硬并经人工时效	350	500		460
镁锰合金	M2M	已退火	120～240	170～190	3～5	98
	AZ40M	已退火	170～190	220～230	12～14	140
		冷作硬化	190～200	240～250	8～10	160

（续）

材料名称	牌号	材料状态	抗剪强度 τ_b /MPa	抗拉强度 σ_b /MPa	伸长率 δ_{10} (%)	屈服点 σ_s /MPa
硬铝（杜拉铝）	2A12(LY12)	已退火	105 ~ 150	150 ~ 215	12	
		淬硬并经自然时效	280 ~ 310	400 ~ 440	15	368
		淬硬后冷作硬化	280 ~ 320	400 ~ 460	10	340
纯铜	T1、T2、T3	软	160	200	30	7
		硬	240	300	3	
黄铜	H62	软	260	300	35	
		半硬	300	380	20	200
		硬	420	420	10	
	H68	软	240	300	40	100
		半硬	280	350	25	
		硬	400	400	15	250
铅黄铜	HPb59-1	软	300	350	25	145
		硬	400	450	5	420
锰黄铜	HMn58-2	软	340	390	25	170
		半硬	400	450	15	
		硬	520	600	5	
锡磷青铜 锡锌青铜	QSn6.5-0.4 QSn4-3	软	260	300	38	140
		硬	480	550	3 ~ 5	
		特硬	500	650	1 ~ 2	546
铅青铜	QA17	退火	520	600	10	186
		不退火	560	650	5	250
铝锰青铜	QA19-2	软	360	450	18	300
		硬	480	600	5	500
硅锰青铜	QSi3-1	软	280 ~ 300	350 ~ 380	40 ~ 45	239
		硬	480 ~ 520	600 ~ 650	3 ~ 5	540
		特硬	560 ~ 600	700 ~ 750	1 ~ 2	
铍青铜	QBe2	软	240 ~ 480	300 ~ 600	30	250 ~ 350
		硬	520	660	2	
钛合金	TA2	退火	360 ~ 480	450 ~ 600	25 ~ 30	
	TA3		440 ~ 600	550 ~ 750	20 ~ 25	
	TA6		640 ~ 680	800 ~ 850	15	
镁合金	M2M	冷态	120 ~ 140	170 ~ 190	3 ~ 5	120
	ME20M		150 ~ 180	230 ~ 240	14 ~ 15	220
	M2M	预热 300℃	30 ~ 50	30 ~ 50	50 ~ 52	
	ME20M		50 ~ 70	50 ~ 70	58 ~ 62	

注：括号中的牌号为“曾用牌号”。

表 A-3　深拉深冷轧薄板的力学性能

牌号	拉深级别	钢板厚度/mm	力学性能		
			σ_b/MPa	σ_s/MPa ≤	δ_{10}(%)≥
08AL	ZF	全部	255~324	196	44
	HF	全部	255~333	206	42
	F	>1.2	255~343	216	39
		1.2	255~343	216	42
		<1.2	255~343	235	42
08F	Z	≤4	275~363	—	34
	S		275~383	—	32
	P		275~383	—	30
08	Z	≤4	275~392	—	32
	S		275~412	—	30
	P		275~412	—	28
10	Z	≤4	294~412	—	30
	S		294~432	—	29
	P		294~432	—	28
15	Z	≤4	333~451	—	27
	S		333~471	—	26
	P		333~471	—	25
20	Z	≤4	353~490	—	26
	S		353~500	—	25
	P		353~500	—	24

表 A-4　冷轧钢板和钢带的规格尺寸　（单位：mm）

<table>
<tr><th rowspan="3">公称厚度</th><th colspan="7">宽　度</th></tr>
<tr><th>600</th><th>800</th><th>1000</th><th>1250</th><th>1500</th><th>1800</th><th>2000</th></tr>
<tr><th colspan="7">最小和最大长度</th></tr>
<tr><td>0.2</td><td rowspan="4">1200
2500</td><td rowspan="4">1500
2500</td><td rowspan="7">1500
3500</td><td></td><td></td><td></td><td></td></tr>
<tr><td>0.3</td><td></td><td></td><td></td><td></td></tr>
<tr><td>0.4</td><td></td><td></td><td></td><td></td></tr>
<tr><td>0.6</td><td>1500
3000</td><td></td><td></td><td></td></tr>
<tr><td>0.8</td><td rowspan="6">1200
3000</td><td rowspan="6">1500
3000</td><td rowspan="3">1500
4000</td><td rowspan="3">2000
4000</td><td></td><td></td></tr>
<tr><td>1.0</td><td></td><td></td></tr>
<tr><td>1.2</td><td>2000
4000</td><td></td></tr>
<tr><td>1.5</td><td rowspan="4">1500
4000</td><td rowspan="2">1500
6000</td><td rowspan="4">2000
6000</td><td rowspan="3">2500
6000</td><td></td></tr>
<tr><td>2.0</td><td></td></tr>
<tr><td>2.5</td><td rowspan="2">2000
6000</td><td>2500
6000</td></tr>
<tr><td>3.0</td><td>2500
2700</td><td>2500
7000</td></tr>
<tr><td>3.5</td><td></td><td></td><td></td><td rowspan="4">2000
4500</td><td>2000
4750</td><td>2500
2700</td><td>2500
2700</td></tr>
<tr><td>4.0</td><td></td><td></td><td></td><td rowspan="3">2000
4500</td><td rowspan="2">1500
2500</td><td rowspan="2">1500
2500</td></tr>
<tr><td>4.5</td><td></td><td></td><td></td></tr>
<tr><td>5.0</td><td></td><td></td><td></td><td>1500
2300</td><td>1500
2300</td></tr>
</table>

表 A-5　冷轧钢板和钢带的厚度允许偏差　（单位：mm）

宽度 / 厚度	A 级精度 ≤1500	A 级精度 >1500 ~ 2000	B 级精度 ≤1500	B 级精度 >1500 ~ 2000
0.20 ~ 0.50	±0.04	—	±0.05	—
>0.50 ~ 0.65	±0.05	—	±0.06	—
>0.65 ~ 0.90	±0.06	—	±0.07	—
>0.90 ~ 1.10	±0.07	±0.09	±0.09	±0.11
>1.1 ~ 1.2	±0.09	±0.10	±0.10	±0.12
>1.2 ~ 1.4	±0.10	±0.12	±0.11	±0.14
1.5	±0.11	±0.13	±0.12	±0.15
1.8	±0.12	±0.14	±0.14	±0.16
2.0	±0.13	±0.15	±0.15	±0.17
2.5	±0.14	±0.17	±0.16	±0.18
3.0	±0.16	±0.19	±0.18	±0.20
3.5	±0.18	±0.20	±0.20	±0.21
4.0	±0.19	±0.21	±0.22	±0.24
4.5 ~ 5.0	±0.20	±0.22	±0.23	±0.25

表 A-6　轧制薄钢板的尺寸　（单位：mm）

钢板厚度	钢板宽度												
	500	600	710	750	800	850	900	950	1000	1100	1250	1400	1500
	冷轧钢板的长度												
0.2, 0.25, 0.3, 0.4	120	142	1500	1500									
	100	1800	1800	1800	1800	1800	1500	1500					
	150	200	2000	2000	2000	2000	1800	2000					
0.5, 0.55, 0.6		120	1420	1500	1500	1500							
	100	180	1800	1800	1800	1800	1500	1500					
	150	200	2000	2000	2000	2000	1800	2000					
0.7, 0.75		120	1420	1500	1500	1500							
		100	1800	1800	1800	1800	1800	1500	1500				
	150	200	2000	2000	2000	2000	1800	2000					
0.8, 0.9		120	1420	1500	1500	1500	1500						
	100	180	1800	1800	1800	1800	1800	1500	2000	2000			
	150	200	2000	2000	2000	2000	2000	2000	2200	2500			
1.0, 1.1, 1.2, 1.4, 1.5, 1.6, 1.8, 2.0	100	120	1420	150	150	1500					2800	2800	
	150	180	1800	1800	1800	1800	1800			2000	2000	3000	3000
	200	200	2000	2000	2000	2000	2000	2000	2200	2500	3500	3500	
2.2, 2.5, 2.8, 3.0, 3.2, 3.5, 3.8, 4.0	500	600											
	100	120	1420	1500	1500	1500							
	150	180	1800	1800	1800	1800	1800	2000					
	200	200	2000	2000	2000	2000							
	热轧钢板的长度												
0.35, 0.4, 0.45, 0.5, 0.55, 0.6, 0.7, 0.75		120		1000									
	100	150	1000	1500	1500		1500	1500					
	150	180	1420	1800	1600	1700	1800	1900	1500				
	200	200	2000	2000	2000	2000	2000	2000	2000				
0.8, 0.9				1500	1500	1500	1500	1500					
	100	120	1420	1800	1600	1700	1800	1900	1500				
	150	142	2000	2000	2000	2000	2000	2000	2000				
1.0, 1.1, 1.2, 1.25, 1.4, 1.5, 1.6, 1.8				1000			1000						
	100	120	1000	1500	1500	1500	1500	1500					
	150	142	1420	1800	1600	1700	1800	1900	1500				
	200	200	2000	2000	2000	2000	2000	2000	2000				

（续）

钢板厚度	钢板宽度												
	500	600	710	750	800	850	900	950	1000	1100	1250	1400	1500
	热轧钢板的长度												
2.0, 2.2, 2.5,2.8							1000						
	500	600	1000	1500	1500	1500	1500	1500	1500	2200	2500	2800	
2.8	100	120	1420	1800	1600	1700	1800	1900	2000	3000	3000	3000	3000
	150	150	2000	2000	2000	2000	2000	2000	3000	4000	40000	4000	4000
3.0, 3.2, 3.5,3.8,4.0				1000			1000						
				1500	1500	1500	1500	1500	2000	2200	2500	3000	3000
	500	600	1420	1800	1600	1700	1800	1900	3000	3000	3000	3500	3500
	100	120	1200	2000	2000	2000	2000	2000	4000	4000	4000	4000	4000

表 A-7　镀锌和酸洗钢板的规格和厚度允许偏差　　（单位：mm）

材料厚度	允许偏差	常用钢板的宽度×长度
0.25,0.30,0.35, 0.40,0.45	±0.05	510×710　850×1700 710×1420　900×1800 750×1500　900×2000
0.50,0.55	±0.05	710×1420　900×1800 750×1500　900×2000 750×1800　1000×2000 850×1700
0.60,0.65	±0.06	
0.70,0.75	±0.07	
0.80,0.90	±0.08	
1.00,1.10	±0.09	710×1420　750×1800 750×1500　850×1700 900×1800　1000×2000
1.20,1.30	±0.11	
1.40,1.50	±0.12	
1.60,1.80	±0.14	
2.00	±0.16	

表 A-8　热轧硅钢薄板的规格　　（单位：mm）

分类	检验条件	钢号	厚度	宽度×长度
低硅钢板	强磁场	D11	1.0,0.5	600×1200 670×1340 750×1500 860×1720 900×1800 1000×2000 厚度为0.2,0.1,其宽度×长度由双方协议规定
		D12	0.5	
		D21	1.0,0.5,0.35	
		D22	0.5	
		D23	0.5	
		D24	0.5	
高硅钢板		D31	0.5,0.35	
		D32	0.5,0.35	
		D41	0.5,0.35	
		D42	0.5,0.35	
		D43	0.5,0.35	
		D44	0.5,0.35	
	中磁场	DH41	0.35,0.2,0.1	
	弱磁场	DR41	0.35,0.2,0.1	
	高频率	DG41	0.35,0.2,0.1	

表 A-9　冷轧黄铜板的厚度、宽度和长度允许偏差　　（单位：mm）

<table>
<tr><th rowspan="3">厚度</th><th colspan="3">宽度×长度</th><th rowspan="3">宽度和长度允许偏差</th></tr>
<tr><th>600×1200</th><th>700×1430</th><th>800×1500</th></tr>
<tr><th colspan="3">厚度下偏差(上偏差为0)</th></tr>
<tr><td>0.4</td><td rowspan="2">-0.07</td><td rowspan="2">-0.09</td><td rowspan="4"></td><td rowspan="30">宽度允许偏差为 $^{0}_{-10}$
长度允许偏差为 $^{0}_{-15}$</td></tr>
<tr><td>0.5</td></tr>
<tr><td>0.6</td><td rowspan="2">-0.08</td><td rowspan="2">-0.1</td></tr>
<tr><td>0.7</td></tr>
<tr><td>0.08</td><td>-0.09</td><td></td><td rowspan="2">-0.12</td></tr>
<tr><td>0.9</td><td>-0.1</td><td rowspan="3">-0.12</td></tr>
<tr><td>1</td><td>-0.11</td><td rowspan="2">-0.14</td></tr>
<tr><td>1.1</td><td rowspan="2">-0.12</td></tr>
<tr><td>1.2</td><td>-0.14</td><td rowspan="2">-0.16</td></tr>
<tr><td>1.35</td><td rowspan="2">-0.14</td><td rowspan="4">-0.16</td></tr>
<tr><td>1.5</td><td rowspan="3">-0.18</td></tr>
<tr><td>1.6</td><td rowspan="3">-0.15</td></tr>
<tr><td>1.8</td></tr>
<tr><td>2.0</td><td rowspan="2">-0.18</td><td rowspan="2">-0.2</td></tr>
<tr><td>2.25</td><td rowspan="4">-0.16</td></tr>
<tr><td>2.5</td><td rowspan="3">-0.21</td><td>-0.22</td></tr>
<tr><td>2.75</td><td rowspan="2">-0.24</td></tr>
<tr><td>3.0</td></tr>
<tr><td>3.5</td><td rowspan="2">-0.2</td><td rowspan="2">-0.24</td><td rowspan="2">-0.27</td></tr>
<tr><td>4.0</td></tr>
<tr><td>4.5</td><td rowspan="2">-0.22</td><td>-0.27</td><td>-0.3</td></tr>
<tr><td>5.0</td><td rowspan="3">-0.30</td><td rowspan="3">-0.35</td></tr>
<tr><td>5.5</td><td rowspan="3">-0.25</td></tr>
<tr><td>6.0</td></tr>
<tr><td>6.5</td><td>-0.35</td><td>-0.37</td></tr>
<tr><td>7.0</td><td rowspan="3">-0.27</td><td rowspan="3">-0.37</td><td rowspan="3">-0.4</td></tr>
<tr><td>7.5</td></tr>
<tr><td>8.0</td></tr>
<tr><td>9.0</td><td rowspan="2">-0.30</td><td rowspan="2">-0.40</td><td rowspan="2">-0.45</td></tr>
<tr><td>10.0</td></tr>
</table>

表 A-10　普通碳素结构钢冷轧钢带的厚度与宽度允许偏差　　（单位：mm）

<table>
<tr><th rowspan="3">材料厚度</th><th colspan="2">材料厚度下偏差
(上偏差为0)</th><th rowspan="3">钢带宽度</th><th colspan="4">宽度允许偏差</th><th rowspan="3">钢带长度</th></tr>
<tr><th rowspan="2">普通</th><th rowspan="2">较高</th><th colspan="2">切边钢带</th><th colspan="2">不切边钢带</th></tr>
<tr><th>普通</th><th>较高</th><th>普通</th><th>较高</th></tr>
<tr><td>0.05,0.06
0.08,0.10</td><td>-0.015</td><td>-0.01</td><td>5,10,…,
100(间隔5)</td><td rowspan="6">宽度≤100时为 $^{0}_{-0.4}$
宽度>100时为 $^{0}_{-0.5}$</td><td rowspan="6">宽度≤100时为 $^{0}_{-0.2}$
宽度>100时为 $^{0}_{-0.3}$</td><td rowspan="8">宽度≤50
时为±2.5
宽度>50
时为±3.5</td><td rowspan="8">宽度≤50时为 $^{0}_{-1.5}$
宽度>50时为 $^{0}_{-2.5}$</td><td rowspan="8">一般不短于
$10m^3$ 最短允
许在5m以上</td></tr>
<tr><td>0.15</td><td>-0.02</td><td>-0.015</td><td rowspan="3">30,35,…,
100(间隔5)</td></tr>
<tr><td>0.20,0.25</td><td>-0.03</td><td>-0.02</td></tr>
<tr><td>0.30</td><td>-0.04</td><td>-0.03</td></tr>
<tr><td>0.35,0.40</td><td>-0.04</td><td>-0.03</td><td rowspan="4">30,35,…,
200(间隔5)</td></tr>
<tr><td>0.45,0.50</td><td>-0.05</td><td>-0.04</td></tr>
<tr><td>0.55,0.60
0.65,0.70</td><td>-0.05</td><td>-0.04</td><td rowspan="2">宽度≤100时为 $^{0}_{-0.5}$
宽度>100时为 $^{0}_{-0.6}$</td><td rowspan="2">宽度≤100时为 $^{0}_{-0.3}$
宽度>100时为 $^{0}_{-0.4}$</td></tr>
<tr><td>0.75,0.80
0.85,0.90
0.95,1.00</td><td>-0.07</td><td>-0.05</td></tr>
</table>

（续）

材料厚度	材料厚度下偏差（上偏差为0）		钢带宽度	宽度允许偏差				钢带长度
				切边钢带		不切边钢带		
	普通	较高		普通	较高	普通	较高	
1.05,1.10 1.15,1.20 1.25,1.30 1.35,1.40 1.45,1.50	-0.09	-0.06	50,55,…,200（间隔5）			宽度≤50时为±2.5 宽度>50时为±3.5	宽度≤50时为 0 -1.5 宽度>50时为 0 -2.5	一般不短于 $10m^3$ 最短允许在5m以上
1.60,1.70 1.75,1.80 1.90,2.00 2.10,2.20 2.30,2.40 2.50	-0.13	-0.10						
2.60,2.70 2.80,2.90 3.00	-0.16	-0.12						

表 A-11　优质碳素结构钢冷轧钢带的尺寸及允许偏差　　（单位：mm）

厚度				宽度				
公称（基本）尺寸	下偏差（上偏差为0）			切边钢带			不切边钢带	
	普通精度 P	较高精度 H	高精度 J	公称（基本）尺寸	允许偏差 普通精度 P	允许偏差 较高精度 H	公称（基本）尺寸	允许偏差
0.10~0.15	-0.020	-0.010	-0.010	4~120	0 -0.3	0 -0.2	≤50	+2 +1
>0.15~0.25	-0.30	-0.020	-0.015					
>0.25~0.40	-0.040	-0.30	-0.020	6~200				
>0.40~0.50	-0.050	-0.040	-0.025					
>0.50~0.70	-0.050	-0.040	-0.025	10~200	0 -0.4	0 -0.3		
>0.70~0.95	-0.070	-0.050	-0.030					
>0.95~1.00	-0.090	-0.060	-0.040				>50	+3 -2
>1.00~1.35	-0.090	-0.060	-0.040	18~200	0 -0.6	0 -0.4		
>1.35~1.75	-0.110	-0.080	-0.050					
>1.75~2.30	-0.120	-0.100	-0.060					
>2.30~3.00	-0.160	-0.120	-0.080					
>3.00~4.00	-0.200	-0.160	-0.100					

表 A-12　电信用冷轧硅钢带的规格　　（单位：mm）

牌号	厚度	厚度允许偏差		宽　度	宽度允许偏差			
		宽度<200	宽度≥200		宽5~10时	宽12.5~40时	宽50~80时	宽>80时
DG1、DG2、DG3、DG4	0.5	±0.005		5,6.5,8,10,12.5,15,16,20,25,32,40,50,64,80,100	0 -0.20	0 -0.25	0 -0.30	0 -1
	0.8 1.0	±0.010		5,6.5,8,10,12.5,15,16,20,25,32,40,50,64,80,100,110	0 -0.20	0 -0.25	0 -0.30	
	0.20	±0.015	±0.02	80~300			0 -0.30	
DQ1、DQ2、DQ3、DQ4、DQ5、DQ6	0.35	±0.020	±0.03	80~600			0 -0.30	

表 A-13　硅钢薄钢板尺寸规格　（单位：mm）

钢板厚度	宽度×长度	备　注
0.35 0.5	600×1200 670×1340 750×1500 810×1620 860×1720 900×1800 1000×2000	厚度为0.2,0.1的薄钢板宽度及长度,可由供需双方协议

表 A-14　铝及铝合金轧制板材尺寸规格　（单位：mm）

板材厚度	>0.2~0.8	>0.8~1.2	>1.2~4.5	>4.5~8
宽度尺寸	1000~1500	1000~2000	1000~2400	1000~4800
长度尺寸	1000~10000			

表 A-15　铝及铝合金冷轧带材厚度允许偏差　（单位：mm）

厚度	宽度尺寸				
	≤450	>450~900	>900~1400	>1400~1800	>1800~2300
>0.2~0.25	±0.03	±0.04	±0.05	—	—
>0.25~0.45	±0.04	±0.04	±0.05	—	—
>0.45~0.7	±0.04	±0.05	±0.05	±0.08	—
>0.7~0.9	±0.05	±0.05	±0.06	±0.09	±0.13
>0.9~1.1	±0.05	±0.06	±0.08	±0.10	±0.13
>1.1~1.7	±0.06	±0.08	±0.10	±0.13	±0.15
>1.7~1.9	±0.06	±0.08	±0.10	±0.15	±0.20
>1.9~2.4	±0.08	±0.08	±0.10	±0.15	±0.20
>2.4~2.7	±0.09	±0.10	±0.13	±0.18	±0.23
>2.7~3.6	±0.11	±0.11	±0.13	±0.18	±0.23
>3.6~4.5	±0.15	±0.15	±0.20	±0.23	±0.28
>4.5~5	±0.18	±0.18	±0.23	±0.28	±0.33
>5~6	±0.23	±0.23	±0.28	±0.33	±0.38

注：铝及铝合金冷轧带材宽度为60~2000mm。

表 A-16　铜及铜合金板、带材规格尺寸　（单位：mm）

材料名称	牌号	状态	厚度	宽度	长　度	
纯铜带	T2、T3	M Y_2 Y	0.05~2.0	≤600		
黄铜板	H62、H68	M Y Y_2 T	0.2~10.0	200~3000	宽度>1100时,最大长度3000	
黄铜带	H62、H68	M、Y、Y_2	0.05~0.2	200~600	厚度	长度
	HPb59-1、HMn58-2			200~300	0.05~0.5	≥20000
					>0.5~1.0	≥10000
	H62、H68	T	0.05~1.0	200~600	>1.0~2.0	≥7000
铝青铜带	QAl5 QAl7 QAl9-2 QAl9-4	M Y_2 Y T	0.05~1.2	20~300	2000	

（续）

材料名称	牌号	状态	厚度	宽度	长　度
锡青铜带	QSn6.5-0.1	M Y_2	0.05 ~ 0.4	25 ~ 280	
	QSn6.5-0.4	Y T	>0.4 ~ 2.0	100 ~ 600	
锰青铜带	QMn1.5	M	0.1 ~ 1.2	20 ~ 300	≥2000
	QMn5	M Y	0.1 ~ 1.2	20 ~ 300	≥2000

注：状态 M（软）、Y_2（半硬）、Y（硬）、T（特硬）。

附录 B　多工位级进模常用冲压材料力学性能、种类、用途及化学成分

表 B-1　力学性能名称符号及说明

名称		代号	单位	说　明
抗拉强度		σ_b	MPa	材料抵抗外力(拉力)作用不致破坏的最大能力,或材料试样拉断前所承受的最大应力
抗剪强度		τ_b	MPa	材料在受剪切状态的力作用下不致破坏的最大能力,或材料剪切断裂前的最大应力
屈服点		σ_s	MPa	材料在受外力作用到一定程度的时候,变形程度和受力大小不再成正比例,此时材料的能力称屈服点,或材料试样在拉伸过程中,负荷(外力)不再增加而变形继续增加时的最小应力
伸长率		δ	%	材料在受外力作用断裂时,伸长的长度与原有长度的百分比 $\delta=\dfrac{l-l_0}{l_0}\times100\%$ 试样标距长度等于 5 倍直径时,用 δ_5 表示 试样标距长度等于 10 倍直径时,用 δ_{10} 表示
断面收缩率		ψ	%	材料在受拉力作用断裂时,断面缩小的面积与原有断面面积的百分比 $\psi=\dfrac{A-A_0}{A_0}\times100\%$
硬度	①布氏硬度	HBW	MPa	材料抵抗硬物体压入自身表面的能力。不同硬度名称是根据不同测试方法决定的。可分为以下几种 ①布氏硬度压头现在都用硬质合金球,符号用 HBW 表示(以前有 HB、HBS、HBW),适用于布氏硬度值在 650 以下的材料 ②洛氏硬度:用一定压力,把淬硬钢球或 120°圆锥形金刚石压入材料表面,以压印深度计算硬度大小。冲压用金属材料一般不用洛氏硬度表述。模具制造中 HRC 洛氏硬度比较常用,其测定硬度范围为 20 ~ 70HRC ③维氏硬度适用于测定厚度为 0.3 ~ 0.5mm 的薄料,或厚度为 0.03 ~ 0.05mm 的表面硬化层(如渗碳、渗氮、碳氮共渗层)的硬度 ④邵氏硬度旧称肖氏硬度,用 HS 表示,度数 0 ~ 100,表示橡胶硬度时使用
	②洛氏硬度	HR		
	③维氏硬度	HV	MPa	
	④邵氏硬度	HS		

表 B-2　不同冲压性质与材料力学性能的适应性

冲压性质	抗拉强度 σ_b/MPa ≤	伸长率 δ(%) ≥	硬度 (HBW) ≤	杯突试验深度 /mm ≥
平板类零件一般冲裁	650	1 ~ 5	166 ~ 212	6 ~ 7
冲裁较大圆角($r\geqslant 2t$)及 90°弯曲	500	4 ~ 14	134 ~ 166	7 ~ 8

（续）

冲压性质	抗拉强度 σ_b/MPa ≤	伸长率 $\delta(\%)$ ≥	硬度（HBW） ≤	杯突试验深度 /mm ≥
浅拉深和成形，弯曲（$r \geq 0.5t$，弯曲线不垂直于材料纤维方向）	420	13 ~ 27	114 ~ 134	8 ~ 9
深拉深、复杂成形	370	24 ~ 36	95 ~ 114	9 ~ 10

表 B-3　多工位级进模冲压用材料（板料、条料、带料）种类与用途

类别	序号	名称	常用牌号	简要说明与用途举例
钢铁材料（黑色金属）	1	碳素结构钢	Q235A、Q235B、Q235C、Q235D、Q195、Q255A、Q255B 等	钢的牌号由代表屈服强度的字母 Q、屈服强度数值、质量等级符号（A、B、C、D）、脱氧方法符号四个部分按顺序组成 碳素结构钢是使用最为广泛的冲压材料，适用于制造电机、电器、仪表、汽车中的各种结构件。如 Q235，它具有一定的伸长率和强度，韧性较好，很适合于冲压成形
	2	优质碳素结构钢	08F、08、08Al、10、10F、15、15F、20、40Mn、65Mn 等	牌号后面的符号 F 表示沸腾钢，而镇静钢不标注。如 08F，表示含碳量为 0.08% 的沸腾钢。08Al 为铝镇静钢 优质碳素结构钢性能见表 B-4 优质碳素钢是冲压生产中大量使用的一种原材料。特别适合复杂变形零件，如弯曲件、拉深件的加工。例如：08、08Al、08F、10、10F 因含碳量低，塑性和韧性很高，被广泛用来制作深拉深件、盖罩件、管壳、搪瓷件、汽车车身、驾驶室、发动机罩、灯罩等；08F、08、08Al、10、10F 等因有良好的深拉深冲压性能，又被称为“深拉深钢” 为了满足不同冲压工艺的要求，将主要用于深拉深用冷轧薄钢板（带）按冲压性能高低，分为 ZF 级、HF 级、F 级、Z 级、S 级、P 级等，其中，ZF 级性能最高，ZF 级、HF 级和 F 级钢带（板）适合于深冲压，冲制拉延最复杂的零件；P 级性能最低，Z 级、S 级、P 级钢带（板）适合于冲制一般复杂的拉深件。优质碳素结构钢按拉延级别供货的性能见表 B-5。优质碳素钢材料（钢板和钢带）进行杯突试验，不同拉延级别的杯突值应符合表 B-6 不同拉延级别深冲压用 08Al 冷轧薄钢板和钢带力学性能见表 B-7，其杯突试验值见表 B-8 65Mn 用于制造弹性好的簧片类零件
		冷轧薄钢板和钢带	SPCC、SPCD、SPCE、SPCEN	上海宝钢生产的冷轧薄钢板和钢带（BQB）、日本进口的薄钢板（JISC3141）SPCC，相当于 10 钢，作一般冲压用；SPCD 相当于 08F，具有优良的拉延性能，作深冲用；SPCE 相当于 08Al，具有优良的拉延性能，从冶金方面控制了晶粒度，可使零件具有较好的表面质量，作超深冲用。其中，牌号为 SPCE 的钢板和钢带按拉延级别分为三级：ZF 用于冲制拉延最复杂的零件；HF 用于冲制拉延很复杂的零件，F 用于冲制拉延复杂的零件 SPCEN 为非时效性深度拉延用钢板，具有优良的深拉延性能，可用于要求非时效性零件，例如汽车覆盖件、车灯壳体、浅度冲压外护板等零件 SPCC、SPCD、SPCE 钢带化学成分、力学性能、硬度和杯突试验值分别见表 B-9 至表 B-12
		镀锌钢板	SECC、SECD、SECE、SECCN2、SECCN4	电镀锌钢板 SECC、SECD、SECE 化学成分、力学性能和 SPCC、SPCD、SPCE 基本一样，见表 B-9、表 B-10
		冷轧低碳钢板和钢带	st12、Ust13、RRst13、st14	上海宝钢生产的冷轧低碳钢板和钢带（BQB）st12、Ust13、RRst13、st14 的化学成分、力学性能、杯突试验值分别见表 B-13 至表 B-15。牌号为 st14 的钢板和钢带按拉延级别分为三级：ZF—用于冲制拉延最复杂的零件；HF—用于冲制拉延很复杂的零件；F—用于冲制拉延复杂的零件

（续）

类别	序号	名称	常用牌号	简要说明与用途举例
钢铁材料（黑色金属）	3	电工用纯铁（电磁纯铁）	DT1、DT1A、DT2、DT3	电工用纯铁是一种软磁性材料，含碳质量分数 <0.25%，主要用于制造电信、电气、电工仪表中软磁性导磁零件，如继电器中的衔铁、耳机中的极靴等 电工用纯铁用字母“DT”和阿拉伯数字表示。阿拉伯数字表示不同牌号的顺序号，如 DT3。电磁性能不同，在牌号尾部加注质量等级符号 A、C、E。例如：电磁性能较好的纯铁，在牌号后面加上“A”，如 DT1A，电磁性能特别好的纯铁，在牌号后面加“E”，如 DT1E
	4	电工用硅钢	D44、D41、DG41、DR42、DH42	电工用硅钢牌号，采用字母 D 和阿拉伯数字表示 牌号“D”后第二个字母 G、R、H，分别表示检验钢板时的磁场条件高、低、中。没有第二个字母的牌号，表示在频率为 50Hz 的磁场下检验的钢板 .牌号的第一位数字 1，2，3，4，表示钢板含硅量等级为低、中、较高、高。牌号的第二位数字表示钢板保证的电磁性能，数字大表示电磁性能好 电工用硅钢，含硅质量分数为 2% ~4% 的硅钢片，具有很好的电磁性能，是重要的电工材料，在电气、电信和仪表的磁路中，广泛用来制作变压器、电机定转子、铁心，并且为了提高生产效率，大多采用多工位级进模生产
	5	铁镍软磁合金（坡莫合金）	1J50、1J79、1J85	铁镍软磁合金是具有最高饱和磁感应和较高磁导率的高级软磁性材料，是一种强磁性铁镍合金。常用于高磁感下无励磁或低励磁的小型电力变压器、扼流圈、音频变压器微型电机转子片等，电磁性能要求高的导磁零件 铁镍软磁合金的牌号是“1J”，后面的数字表示含镍量，如 1J50，表示 $w(\mathrm{Ni}) = 50\%$、$w(\mathrm{Fe}) = 50\%$
	6	膨胀合金（可伐合金）	4J29 （铁镍钴玻璃封接合金） 4J32、4J36 （低膨胀合金） 4J34、4J31、4J33 （铁镍钴瓷封合金）	膨胀合金是铁镍或铁镍钴合金。它在一定的温度范围内具有特殊的线胀系数（线胀系数极小或一定值）。膨胀合金分为低膨胀合金和定膨胀合金。低膨胀合金用来制造尺寸近似恒定的零件；定膨胀合金根据膨胀系数不同，可分别作为与玻璃、陶瓷等进行封接零件的材料，如电真空、半导体器件中的管壳与玻璃或陶瓷封接零件，常用膨胀合金制成 膨胀合金的牌号是“4J”，后面的数字表示牌号的序号。个别序号相当于含镍量的质量分数，如 4J29 为铁镍钴玻璃封接合金，$w(\mathrm{Ni}) = 28.5\% \sim 29.5\%$；4J33 为铁镍钴瓷封合金，$w(\mathrm{Ni}) = 32.5\% \sim 34\%$。各种牌号的封接性能可查阅材料手册
	7	不锈钢	12Cr18Ni9 1Cr18Ni9Ti① 12Cr13 20Cr13 06Cr19Ni10	不锈钢由于含有大量的铬元素，因此具有很高的抗蚀性。当含有镍元素后成镍铬不锈钢，更在酸性气体中具有较高的耐蚀能力，可作抗蚀零件。不锈钢是优良的耐腐蚀材料，当含碳量不高时具有较高的伸长率，便于加工变形，在仪表、化工、日用五金、电子产品中使用越来越广泛 不锈钢有多种类型，按其铬和镍铬元素含量，可分为铬基不锈钢和镍铬基不锈钢两类；按其金相组织不同，可分为奥氏体型不锈钢、铁素体型不锈钢、马氏体型不锈钢、奥氏体-铁素体型不锈钢，以及析出硬化型不锈钢 冲压生产中应用的主要是铁素体 V 型不锈钢（有磁性）和奥氏体 V 型不锈钢（无磁性，如 1Cr18Ni9Ti① 比较常用）。由于两种材料的组织成分不同，冲压性能也不一样。铁素体 V 型不锈钢板的冲压性能近似于冷轧钢板，该不锈钢具有良好的拉深性能，但它的伸长类冲压成形性能较差，其胀形性能低于奥氏体 V 型不锈钢板。奥氏体 V 型不锈钢板的拉深性能稍差，但它的应变硬化指数值 η 远大于铁素体 V 型不锈钢板，它的胀形性能较好，具有良好的伸长类冲压性能，如胀形变形、翻边、扩口等 不锈钢的强度、硬度比普通碳素钢高，因此铬钢不锈钢冲压力比软钢高 1.4 ~1.6 倍；镍铬不锈钢冲压力比软钢高 1.8 倍左右。冲压常用不锈钢的力学性能见表 B-16

（续）

类别	序号	名称	常用牌号	简要说明与用途举例
非铁材料（有色金属）	8	黄铜	H68、H62、HPb59-1	黄铜是铜锌合金，它具有很好的塑性和较好的强度及抗蚀性，焊接性能和导电性能优良。当黄铜中含锌质量分数为30%～32%时，塑性最好。当含锌质量分数为45%～50%时，强度最好。按供货状态来分，又有硬性（Y）、半硬性（Y_2）、软性（M）。半硬性黄铜用于变形量不大的弯曲，软性黄铜用于复杂形状的弯曲和拉深。黄铜是冲压用有色金属材料中应用最为广泛的一种 黄铜牌号用字母“H”来表示，其中H68塑性最好，可用于深拉、深冲压成管壳等各种零件
	9	纯铜（紫铜）	T1、T2、T3	工业纯铜外观呈紫红色，故称紫铜。它是用电解方法生产而成，故又称电解铜。纯铜有良好的导电性、导热性、耐蚀性，塑性也比较好，易于冷加工。一般用于制作仪器仪表和电子产品导电零件、电气开关、垫圈、垫片等 纯铜的牌号有T1、T2、T3三种，T1纯度最高，含铜质量分数>99.95%，其余依次递减。纯铜中杂质成分越多，导电性、塑性均降低
		无氧铜	TU1、TU2	纯度高，导电、导热性极好，无“氢病”或极少“氢病”，加工和焊接、耐蚀、耐寒性能好。主要用作电真空仪器仪表、半导体器件，如高频管、引线框
	10	青铜（压力加工用青铜带）	QSn4-3 QSn4-4-4 QSn6.5-0.1 QSn6.5-0.4 QBe2 QBe1.7 QBe0.6-2.5	青铜原指铜锡合金，称为锡青铜。但通常对铜铝合金、铜硅合金、铜铍合金等统称为青铜，分别称为铝青铜、硅青铜、铍青铜。青铜又分为压力加工用和铸造用两大类。压力加工用青铜简称加工青铜，具有良好的弹性和耐磨性，导电、导热、抗蚀性能也很好。故常用来制造电器产品中接插件、弹性件、接触片、簧片等。铍青铜还能热处理强化（淬火并时效处理），可用于制造精密仪器仪表中的弹性元件，导电片等 冲压常用的青铜是锡青铜和铍青铜，还有含磷、锌等。锡磷青铜应用最广，它有软、硬、特硬三种状态之分 青铜的牌号用字母“Q”加第一个主添加元素符号，以及除基元素铜外的成分数表示。例如常用的锡磷青铜有QSn6.5-0.1，锡锌青铜QSn4-3，铍青铜QBe2、QBe1.7等
	11	铝和铝合金（纯铝和硬铝）	纯铝的牌号有 1070A（L1） 1060（L2） 1050A（L3） 1035（L4） 1200（L5） 8A06（L6） 硬铝的牌号有 2A11（LY11） 2A12（LY12） 3A21（LF21） 4A11（LD11）	铝密度小，有良好的导电性、导热性和很好的塑性，可进行冷加工。工业用纯铝退火状态适宜冷挤压加工，用于制造仪表面板及各种罩壳、支架等。多工位级进模冲压加工用铝料的较少 硬铝是铝铜合金，又称杜拉铝，是可以热处理强化的铝材。在退火状态有较好塑性，宜于冷加工；而淬火并时效处理后，可以获得较高的强度、硬度和耐蚀性 硬铝在其淬火后要有一个较长的时效时间。刚淬火后的硬铝仍保持良好的塑性，可以进行压力加工；随着时间的增长，金属内部过饱和的强化相不断析出，材料的强度和硬度等性能随之提高。硬铝用来制造仪表板及机械零件。常用的有2A11（LY11）、2A12（LY12）等
	12	镍和镍合金	N6、N7 NSi0.19 NSi0.20 NMg0.1 NCu40-2-1	镍是电子真空元件中用的材料，用来制造电子管、半导体中的零件，如阴极等。镍有良好的导电和焊接性能，镍的塑性很好，加工成的镍带料可以进行复杂形状的冲压加工 镍板（带）牌号用“N”表示。常用冷轧镍板（带）有N6、N7等 蒙乃尔合金是由镍和铜（约占质量分数30%）所组成。根据不同用途，还可以加铝、铍、硅等合金元素，从而获得强度高、塑性好，能铸能轧的各种牌号铜镍合金，如NCu28-2.5-1.5、NMg0.1等

（续）

类别	序号	名称	常用牌号	简要说明与用途举例
非铁材料（有色金属）	13	覆锡铜带	DSnH65 DSnH80 DSnH68 DSnH62 DSnQSn6.5-0.1 DSnQSn6.5-0.4 DSnQSn4-3 DSnQSn4-0.3	高精度覆锡铈合金黄铜带和高精度覆锡铈合金青铜带，在计算机、彩电、汽车、电子电信、仪器、仪表及机械中，广泛应用于制造弹性元件。该材料在光亮度、可焊性、防盐雾、防硫和防潮性能方面，都比覆锡、铅、银、镍具有明显优点，特别是具有良好的润湿率，可焊性好。广泛被用于制造端子等接插件
	14	其他材料（复合板、涂层板等）		除上述介绍的各种材料外，银铜合金（TAg0.1）带、单面覆铝镀镍铁带、镀镍铁带，在电真空器件、半导体器件中被使用 氯化乙烯涂层薄钢板是在 0.2 ~ 1.2mm 厚的基体钢板上，涂覆 0.1 ~ 0.45mm 厚的树脂。这种涂层板能大大提高冲压成形性能，并且有抗腐蚀能力，在汽车工业、农用机械和电器工业中得到很好应用

① 1Cr18Ni9Ti 不锈钢牌号，在 GB/T 20878—2007 中已被删除。

表 B-4 优质碳素结构钢性能（GB/T 699—1999）

材料牌号	σ_b/MPa	σ_s/MPa	δ_5(%)	ϕ(%)	交货状态硬度(HBW)≤	材料牌号	σ_b/MPa	σ_s/MPa	δ_5(%)	ϕ(%)	交货状态硬度(HBW)≤
08F	295	175	35	60	131	30	490	295	21	50	179
10F	315	185	33	55	137	45	600	355	16	40	229
15F	355	205	29	55	143	50	630	375	14	40	241
08	325	195	33	60	131	65	695	410	10	30	255
10	335	205	31	55	137	15Mn	410	245	26	55	163
20	410	245	25	55	156	65Mn	735	430	9	30	285

表 B-5 优质碳素结构钢按拉延级别供货的性能

材料牌号	Z	S、P	Z	S	P
	σ_b/MPa		δ_{10}(%) ≥		
08F	275 ~ 365	275 ~ 380	34	32	10
08,08Al,10F	275 ~ 390	275 ~ 410	32	30	28
10	295 ~ 410	295 ~ 430	30	29	28
15F	315 ~ 430	315 ~ 450	29	28	27
15	335 ~ 450	335 ~ 470	27	26	25
20	355 ~ 490	355 ~ 500	26	25	24

注：08Al 化学成分符合 08 钢要求，含酸溶铝质量分数为 0.015% ~ 0.065%。

表 B-6 不同优质碳素钢材料和拉延级别的杯突试验值

材料厚度/mm	Z	S	P	Z	S
	08F、08、08Al、10F	08F、08、08Al、10F	08F、08、08Al、10F	10、15F、15、20	10、15F、15、20
	冲压深度/mm ≥				
0.5	9.0	8.4	8.0	8.0	7.6
0.6	9.4	8.9	8.5	8.4	7.8
0.7	9.7	9.2	8.9	8.6	8.0
0.8	10.0	9.5	9.3	8.8	8.2
0.9	10.3	9.9	9.6	9.0	8.4
1.0	10.5	10.1	9.9	9.2	8.2
1.2	11	10.6	10.4	不作试验	
1.5	11.5	11.2	11.0		
1.8	11.9	11.7	11.5		
2.0	12.1	11.9	11.8		

表 B-7 不同拉延级别深冲压用 08Al 冷轧薄钢板和钢带力学性能（$t \leqslant 2$mm）

拉延级别	公称厚度/mm	σ_s/MPa ≤	σ_b/MPa	δ_{10}(%) ≥
ZF	全部	196	255~324	44
HF	全部	206	255~334	42
F	>1.2	216	255~344	39
	1.2	216		42
	<1.2	235		42

表 B-8 不同拉延级别深冲压用 08Al 冷轧薄钢板和钢带杯突试验值（$t \leqslant 2$mm）

（单位：mm）

冲压深度 ≥							
公称厚度	ZF	HF	F	公称厚度	ZF	HF	F
0.5	9.5	9.3	9.1	1.2	11.5	11.2	11.1
0.6	9.8	9.6	9.4	1.5	12	11.6	11.5
0.8	10.6	10.5	10.3	1.8	—	12.1	12
1.0	11.2	10.8	10.7	2.0	—	12.3	12.2

表 B-9 SPCC、SPCD、SPCE 冷轧薄钢板和钢带的化学成分

牌号	脱氧方式	化学成分(质量分数,%) ≤				
		C	Si	Mn	P	S
SPCC(SECC)	沸腾	0.12	0.05	0.50	0.035	0.035
SPCD(SECD)	沸腾	0.10	0.03	0.45	0.030	0.035
SPCE(SECE)	镇静	0.08	0.03	0.40	0.025	0.030

注：SECC、SECD、SECE 为镀锌薄钢板牌号，基体化学成分分别等同于 SPCC、SPCD、SPCE。

表 B-10 SPCC、SPCD、SPCE 冷轧钢板和钢带力学性能

牌号	抗拉强度/MPa ≥	厚度/mm				
		<0.40	0.40~<0.60	0.60~<1.0	1.0~<1.6	≥1.6
		伸长率(%) ≥				
SPCC(SECC)	275	32	34	36	37	38
SPCD(SECD)	275	34	36	38	39	40
SPCE(SECE)	275	36	38	40	41	42

注：SECC、SECD、SECE 为镀锌薄钢板牌号，基体力学性能指标等同于 SPCC、SPCD、SPCE。

表 B-11 SPCC、SPCD、SPCE 不同硬质钢板和钢带的硬度

热处理区分	处理代号	硬度	
		HRB	HV
1/8 硬质	8	50~71	95~130
1/4 硬质	4	65~80	115~150
1/2 硬质	2	74~89	135~185
硬质	1	≥85	≥170

表 B-12 SPCC、SPCD、SPCE 冷轧薄钢板和钢带杯突试验值 （单位：mm）

牌号		SPCC	SPCD	SPCE			牌号		SPCC	SPCD	SPCE		
				F	HF	ZF					F	HF	ZF
不同厚度的杯突值 ≥	0.4	7.2	7.6	8.0	—	—	不同厚度的杯突值 ≥	0.9	9.6	9.9	10.5	10.7	10.8
	0.5	8.0	8.4	9.1	9.3	9.5		1.0	9.8	10.1	10.7	10.8	11.2
	0.6	8.5	8.9	9.4	9.6	9.8		1.2	10.1	10.6	11.1	11.2	11.5
	0.7	8.9	9.2	9.9	10.1	10.3		1.4	10.4	11.0	11.4	11.4	11.8
	0.8	9.3	9.5	10.3	10.5	10.6		1.6	10.6	11.3	11.7	11.8	—

表 B-13　上海宝钢生产的冷轧低碳钢板和钢带（BQB）的化学成分

牌　号	脱氧方式	化学成分(质量分数,%) ≤			
		C	P	S	N
st12	—	0.10	0.035	0.035	0.007
Ust13	U	0.10	0.035	0.035	0.007
RRst13	RR	0.10	0.030	0.035	—
st14	RR	0.08	0.020	0.030	—

注：U 为沸腾钢，RR 为特殊镇静钢。

表 B-14　上海宝钢生产的冷轧低碳钢板和钢带（BQB）的力学性能

牌　号	σ_s 或 $\sigma_{0.2}$/MPa ≤	δ_b/MPa	δ(%) ≥	厚度 t/mm		
				>1.1	>0.6~1.1	≤0.6
				硬度 HRB≤100		
st12	280	270~410	28	65	94	60
Ust13	250	270~370	32	57	90	55
RRst13	240	270~370	34	55	88	53
st14	210	270~350	38	50	86	50

表 B-15　上海宝钢生产的冷轧低碳钢板和钢带（BQB）的杯突冲压深度试验值

（单位：mm）

公称厚度	材料牌号					公称厚度	材料牌号				
	st12	Ust13 RRst13	st14				st12	Ust13 RRst13	st14		
			ZF	HF	F				ZF	HF	F
0.5	8.8	9.5	9.8	9.7	9.6	1.3	10.2	11.0	11.7	11.3	11.2
0.6	9.0	9.8	10.0	9.9	9.8	1.4	10.4	11.1	11.8	11.4	11.4
0.7	9.2	10.0	10.3	10.2	10.1	1.5	10.5	11.2	12.0	11.6	11.5
0.8	9.4	10.2	10.6	10.5	10.3	1.6	10.6	11.3	—	11.8	11.6
0.9	9.6	10.3	10.8	10.7	10.5	1.7	10.7	11.5	—	12.0	11.7
1.0	9.8	10.5	11.2	10.8	10.7	1.8	10.8	11.6	—	12.1	11.8
1.1	9.9	10.7	11.3	11.0	10.9	1.9	11.0	11.7	—	12.2	11.9
1.2	10.1	10.8	11.5	11.2	11.1	2.0	11.1	11.8	—	12.3	12.1

表 B-16　冲压常用不锈钢的力学性能（GB/T 3280—2007）

牌　号	σ_b/MPa ≥	σ_s/MPa ≥	δ_5(%) ≥	HBW ≤	类　型
1Cr18Ni9 1Cr18Ni9Ti	520	205	40	187	奥氏体型
1Cr13 2Cr13	440 520	205 225	20 18	183 223	马氏体型
1Cr15 1Cr17	450	205	22	183	铁素体型

附录 C　常用冲模材料及热处理要求

表 C-1　凸模、凹模的常用材料及热处理

零件名称			选用材料	热处理	硬度 HRC	
模具类型	冲件情况				凸模	凹模
冲裁模	Ⅰ	1）形状简单，冲裁材料厚度 $t<3$mm 的凸模、凹模和凸凹模 2）带台阶的、快换式的凸模、凹模和形状简单的镶块	T8A T10A 9Mn2V Cr6WV	淬火	58~62	62~64

（续）

零件名称			选用材料	热处理	硬度 HRC	
模具类型		冲件情况			凸模	凹模
冲裁模	Ⅱ	1）形状复杂的凸模、凹模和凸凹模 2）冲裁材料厚度 $t>3$mm 的凸模、凹模和凸凹模 3）形状复杂的镶块	9SiCr CrWMn,9Mn2V Cr12,Cr12MoV 120Cr4W2MoV	淬火	58～62	62～64
	Ⅲ	要求耐磨的凸模、凹模	Cr12MoV,GCr15 120Cr4W2MoV	淬火	60～62	62～64
			YG15	—	—	
	Ⅳ	冲薄材料的凹模	T8A	—	—	
弯曲模	Ⅰ	一般弯曲的凸模、凹模及镶块	T8A,T10A	淬火	56～60	
	Ⅱ	1）要求高度耐磨的凸模、凹模及镶块 2）形状复杂的凸模、凹模及镶块 3）生产量特别大的凸模、凹模及镶块	CrWMn Cr12 Cr12MoV	淬火	60～64	
	Ⅲ	热弯的凸模、凹模	5CrNiMo,5CrNiTi 5CrMnMo	淬火	52～56	
拉深模	Ⅰ	一般拉深的凸模、凹模	T8A,T10A	淬火	58～62	60～64
	Ⅱ	连续拉深的凸模、凹模	T10A,CrWMn			
	Ⅲ	要求耐磨的凹模	Cr12,YG15 Cr12MoV,YG8		—	62～64
	Ⅳ	拉深不锈钢材料用的凸模、凹模	W18Cr4V	淬火	62～64	—
			YG15,YG8	—	—	—
	Ⅴ	热拉深用的凸模、凹模	5CrNiMo,5CrNiTi	淬火	52～56	52～56

表 C-2　冲模一般零件的材料及热处理

零件名称	选用材料	热处理	硬度 HRC
上、下模座	HT200、HT250、ZG270-500、ZG310-570,厚钢板刨制的 Q235、Q275		
模柄	Q275		
导柱、导套	20 钢、T10A	20 钢渗碳淬火	60～62（导柱）,57～60（导套）
凸、凹模固定板	Q235,Q275		
托料板	Q235		
卸料板	Q275		
挡料销	45 钢、T7A	淬火	43～48（45 钢）,52～56（T7A）
导正销、定位销	T7,T8	淬火	52～56
垫板	45 钢、T8A	淬火	43～48（45 钢）,54～58（T8A）
销钉	45 钢、T8A	淬火	43～48（45 钢）,52～54（T8A）
螺钉	45 钢	头部淬火	43～48
导料板	Q275,45 钢	淬火	43～48
推杆、顶杆	45 钢	淬火	43～48
推板、顶板	45 钢、Q275		
拉深模压边圈	T8A	淬火	54～58
螺母、垫圈、螺塞	Q235		
定距侧刃废料切刀	T8A	淬火	58～62
侧刃挡板	T8A	淬火	54～58
定位板	45,T8	淬火	43～48（45 钢）,52～56（T8）
楔块与滑块	T8A,T10A	淬火	60～62
弹簧	65Mn,60SiMnA	淬火	40～45

附录 D　国内外常用金属材料对照

表 D-1　黑色金属冲压材料牌号对照

分类	中国	美国		英国	日本	法国	德国	俄罗斯	韩国
	GB(YB)	AISI	SAE	BS	JIS	NF	DIN	(ГОСТ)	KS
碳素结构钢	08	1008		EN2A/1	S9CK	—	—	08	—
	08F	1006		EN2A/1	SPCH1	—	—	08KП	—
	10	C1012	1010	EN2A	S10C	C10,XC10	C10,CK10	10	SM10C
	10F	C1010	1010	EN2A	SPH2	—	—	10KП	—
	15	C1015	1015	EN2E	S15C	C12,XC15	C15,CK15	15	SM15C
	15F			EN2B	—	—	—	15KП	—
	20	C1020	1020	EN3A	S20C	C22E,XC18	C20,C22E	20	SM20C
	20F	C1020	1020	EN2C	SPH3	—	—	20KП	—
	30	C1030	1030	C30E、EN4	S30C	XC32	C30E,CK30	30	SM30C
	45	C1045	1045	EN8	S45C	XC45	C45,CK45	45	SM45C
合金结构钢	15Mn	C1115	1115	En14A	SB46	12M5	15Mn3	15Г	—
	20Mn	C1022	1022	En3C,4S21	—	20M5	21Mn4	20Г	—
	30Mn	C1033	1033	En5D,En5K	—	32M5	320Mn4	30Г	—
	20Mn2	1320,1321		En41A,S92,S514,150M19	SMn420	20M5	20Mn5	20Г2	SMn420
	30Mn2	1330		S92,S514,3T35,3T45,150M28	—	32M5	30Mn5	30Г2	—
	40Mn2	1340		~En15A	SMn438	40M5	—	40Г2	SMn438
	20MnV	—		—	—	—	20MnV6	—	—
	15Cr	—		~En206,533A4	SCr21,SCr415	12C3	15Cr3	15X	SCr415
	20Cr	—		En207,527A20	SCr22,SCr420	18C3	20Cr4	20X	SCr420
不锈钢	1Cr17Ni7	301,S30100		301S21	SUS301	Z12CN17.07	X12CrNi17-7	—	STS301
	1Cr17Ni8	—		—	SUS301J1	—	—	—	—
	1Cr18Ni9	302,S30200		302S25	SUS302	Z10CN18.9	X12CrNi18-8	12X18H9	STS302
	1Cr18Ni9Ti	321,S32100		321S20	SUS321	26CNT18.12	X12CrNiTi18-9	12X18H10T	STS321
	0Cr19Ni9	304,S30400		304S15	SUS304N1	26CN18.09	X5CrNi189	08X18H10	STS304N1
	1Cr12	403,S40300		403S17	SUS403	—	—	08X13	STS403
	1Cr13	410,S41000		410S21	SUS410	Z12C13	X10Cr13	12X13	STS410
	0Cr13	405,S40500		—	SUS405	Z6C13	X6Cr13	—	STS405
	2Cr13	420,S42000		420S37	SUS420J1	Z20C13	X20Cr13	20X13	STS420J1
	3Cr13	—		420S45	SUS420J2	—	—	30X13	STS420J2

表 D-2 有色金属材料牌号对照

分类	中国 GB(YB)	美国 ASTM(SAE)	英国 BS	日本 JIS	法国 NF	德国 DIN	俄罗斯 ГОСТ
工业纯铝	1070A	1080	1A	A1080	1070A	—	A00
	1060	1070,1060	—	A1070	—	(A199.6)	A0
	1050A	EC1050	1B	A105	A5	A199.5	A1
	1200	1100	1C	A1200	A4	A199	A2
防锈铝	5A02	5052	N4	A-5052	A-G2	AlMg2	АМГ3
	5A03	5154	N5	A-5154	A-G3	AlMg3	АМГ5
	5A05	5056	N6	A-5056	A-G5	AlMg5	АМГ6
		5056	N6	A-5056	A-G5	AlMg5	П
	3A21	3003	N3	A-3003	A-M1	AlMn	АМГ
硬铝	2A01	2117	L86	A2117	A-U2G	AlCuMg0.5	Д18П
	2A02	—	—	—	—	—	ВД17
	2B11	2017	—	A2017	A-U4G	—	Д1П
	2B12	2024	H14	A2024	A-U4G1	AlCuMg1	Д16П
	2A10	—	—	—	—	AlCuMg2	В65
	2A11	2017	DTD	A2017	A-U4G	—	Д1
	2A12	2024	—	A2024	A-U4G1	AlCuMg1	Д16
变形镁合金	MB1	AIMIA	DTD737,142	—	—	—	MA1
	MB2	AZ31C	118	M1	—	MgAl3Zn	MA2
	MB3	—	MAG111	—	—	—	MA2-1
	MB4	AZ61A	—	M2	—	MgAl6Zn	MA3
工业纯钛	TA1	Ti-35A	IMI115	KS50	—	—	BT1-0
	TA2	Ti-50A	IMI125	KS60	—	—	BT1-1
	TA3	Ti-65A	IMI135	KS85	—	—	BT1-2
钛合金	TA4	Ti-2Al	—	—	—	—	48-T2
	TA5	—	—	—	—	—	48-OT3
	TA6	—	—	—	—	—	BT5
	TA7	Ti-5Al-2Sn	IMIB6	KS1	—	—	BT5-1
铜	T3	C12700	C104	—	—	—	M2
	TU1	C10100	—	EOFCuP,C1011	Cu-C2	—	MB1,M0Б
	TU2	C10200	C103	OF-CuP,C1020	Cu-C1	OF-Cu	MB2,M1Б
黄铜	H90	C22000	DTD713,CZ101	RBs2,C2200	CuZn10	Ms90	Л90
	H80	C24000	DTD711,CZ103	RBs4,C2400	—	Ms80	Л80
	H70	C26000	CZ106	BsP1	CuZn30	Ms70	Л70
	H62	C28000	CZ119	Bs3	CuZn40	—	Л62
	HPb59-1	—	CZ111	PbBs13,C3771	—	Ms58,CuZn40Pb2	ЛС59-1
	HSn70-1	443	CZ112	BsTF1	—	SoMs71	ЛО70-1

（续）

分类	中国 GB(YB)	美国 ASTM(SAE)	英国 BS	日本 JIS	法国 NF	德国 DIN	俄罗斯 ГОСТ
青铜	QSn4-4-4	B139BZ	—	BC6	—	MSnBZ4Pb	БРОЦС4-4-4
	QSn6. 5-0. 1	B139, B159	407-3	—	—	SnBZ6	БРОФ6. 5-0. 15
	QSn6. 5-0. 4	519	—	PBB2	—	—	БРОФ6. 5-0. 4
	QAl9-4	—	—	AB1	—	—	БРАЖ9-4
	QAl10-4-4	ASMS640	2033	AB5	—	NiAlBZ	БРАЖН10-4-4
	QBe2	172	—	BeCu2	—	—	БРБ2
	QBe1. 7	170	—	BeCuP1	—	—	ЪРБНТ1. 7

表 D-3　日本板（带）材表示方法

序号	板材类别	日本标准牌号	备　注
1	冷轧薄钢板	SPC　SPCC(相当于 GB 10 钢)	普通用途冷轧板或带，作一般冲压用
		SPCD(相当于 GB 08F)	拉深用，具有优良的拉延性能
		SPCE(相当于 GB 08Al)	深拉深用，有优良的拉延性能，可用于深拉深
		SPCEN	深拉深用(无时效)，具有优良的深拉延性能，可用于要求非时效性零件。例如汽车外覆盖件、车灯壳件、浅度冲压外护板等
2	热轧薄钢板(带)	SPH　SPHC	普通用途热轧钢板(带)
		SPHD	拉深用
		SPHE	深拉深用
3	冷轧不锈钢板(带) 热轧不锈钢板(带)	SUS××CP(SUS××CS) SUS××HP(SUS××HS)	××为具体钢种代号数字，下同
4	镀锌薄钢板	SPG　SPG1	一般用途
		SPG2	弯曲加工用
		SPG3	拉深用
		SPG4	结构件用
5	镀锡薄钢板	SPT　SPTE	电镀锡板
		SPTE-D	电镀锡板
		SPTH	热电镀锡板
6	冷轧电工钢板 热轧电工钢板	S×× S××F	
7	铝板 铝带	A××P A××R	4(—0 材)，软质 (—H1/4 材)，1/4 硬 (—H3/4 材)，3/4 硬
8	纯铜板(带) 黄铜板(带) 磷青铜板(带) 锌白铜板(带) 白铜板(带)	RBSP(RBSR) BSP(BSR) PBP(PBR) NSP(NSR) CNP(CNR)	
9	钛板	TP	

附录 E　冲压件的尺寸、角度公差、形状和位置未注公差、未注公差尺寸的极限偏差

表 E-1　平冲压件和成形冲压件尺寸公差（GB/T 13914—2013）　　（单位：mm）

基本尺寸	材料厚度	平冲压件尺寸公差											成形冲压件尺寸公差									
		公差等级											公差等级									
		ST1	ST2	ST3	ST4	ST5	ST6	ST7	ST8	ST9	ST10	ST11	FT1	FT2	FT3	FT4	FT5	FT6	FT7	FT8	FT9	FT10
>0. 5 ~ 1	0. 5	0. 008	0. 010	0. 015	0. 020	0. 030	0. 040	0. 060	0. 080	0. 120	0. 160		0. 010	0. 016	0. 026	0. 040	0. 060	0. 100	0. 160	0. 260	0. 400	0. 600
	>0. 5 ~ 1	0. 010	0. 015	0. 020	0. 030	0. 040	0. 060	0. 080	0. 120	0. 160	0. 240		0. 014	0. 022	0. 034	0. 050	0. 090	0. 140	0. 220	0. 340	0. 500	0. 900
	>1 ~ 1. 5	0. 015	0. 020	0. 030	0. 040	0. 060	0. 080	0. 120	0. 160	0. 240	0. 340		0. 020	0. 030	0. 050	0. 080	0. 120	0. 200	0. 320	0. 500	0. 900	1. 400
>1 ~ 3	0. 5	0. 012	0. 018	0. 026	0. 036	0. 050	0. 070	0. 100	0. 140	0. 200	0. 280	0. 400	0. 016	0. 026	0. 040	0. 070	0. 110	0. 180	0. 280	0. 440	0. 0700	1. 000
	>0. 5 ~ 1	0. 018	0. 026	0. 036	0. 050	0. 070	0. 100	0. 140	0. 200	0. 280	0. 400	0. 560	0. 022	0. 036	0. 060	0. 090	0. 140	0. 240	0. 380	0. 600	0. 900	1. 400
	>1 ~ 3	0. 026	0. 036	0. 050	0. 070	0. 100	0. 140	0. 200	0. 280	0. 400	0. 560	0. 780	0. 032	0. 050	0. 080	0. 120	0. 200	0. 340	0. 540	0. 860	1. 200	2. 000
	>3 ~ 4	0. 034	0. 050	0. 070	0. 090	0. 130	0. 180	0. 260	0. 360	0. 500	0. 700	0. 980	0. 040	0. 070	0. 110	0. 180	0. 280	0. 440	0. 700	1. 100	1. 800	2. 800
>3 ~ 10	0. 5	0. 018	0. 026	0. 036	0. 050	0. 70	0. 100	0. 140	0. 200	0. 280	0. 400	0. 560	0. 022	0. 036	0. 060	0. 090	0. 140	0. 240	0. 380	0. 600	0. 960	1. 400
	>0. 5 ~ 1	0. 026	0. 036	0. 050	0. 070	0. 100	0. 140	0. 200	0. 280	0. 400	0. 560	0. 780	0. 032	0. 050	0. 080	0. 120	0. 200	0. 340	0. 540	0. 860	1. 400	2. 200
	>1 ~ 3	0. 036	0. 050	0. 070	0. 100	0. 140	0. 200	0. 280	0. 400	0. 560	0. 780	1. 100	0. 050	0. 070	0. 110	0. 180	0. 300	0. 480	0. 760	1. 200	2. 000	3. 200
	>3 ~ 6	0. 046	0. 060	0. 090	0. 130	0. 180	0. 260	0. 360	0. 480	0. 680	0. 980	1. 400	0. 060	0. 090	0. 140	0. 240	0. 380	0. 600	1. 000	1. 600	2. 600	4. 000
	>6	0. 060	0. 080	0. 110	0. 160	0. 220	0. 300	0. 420	0. 600	0. 840	1. 200	1. 600	0. 070	0. 110	0. 180	0. 280	0. 440	0. 700	1. 100	1. 800	2. 800	4. 400
>10 ~ 25	0. 5	0. 026	0. 036	0. 050	0. 070	0. 100	0. 140	0. 200	0. 280	0. 400	0. 560	0. 780	0. 030	0. 050	0. 080	0. 120	0. 200	0. 320	0. 500	0. 800	1. 200	2. 000
	>0. 5 ~ 1	0. 036	0. 050	0. 070	0. 100	0. 140	0. 200	0. 280	0. 400	0. 560	0. 780	1. 100	0. 040	0. 070	0. 110	0. 180	0. 280	0. 460	0. 720	1. 100	1. 800	2. 800
	>1 ~ 3	0. 050	0. 070	0. 100	0. 140	0. 200	0. 280	0. 400	0. 560	0. 780	1. 100	1. 500	0. 060	0. 100	0. 160	0. 260	0. 400	0. 640	1. 000	1. 600	2. 600	4. 000
	>3 ~ 6	0. 060	0. 090	0. 130	0. 180	0. 260	0. 360	0. 500	0. 700	1. 000	1. 400	2. 000	0. 080	0. 120	0. 200	0. 320	0. 500	0. 800	1. 200	2. 000	3. 200	5. 000
	>6	0. 080	0. 120	0. 160	0. 220	0. 320	0. 440	0. 600	0. 880	1. 200	1. 600	2. 400	0. 100	0. 140	0. 240	0. 400	0. 620	1. 000	1. 600	2. 600	4. 000	6. 400
>25 ~ 63	0. 5	0. 036	0. 050	0. 070	0. 100	0. 140	0. 200	0. 280	0. 400	0. 560	0. 780	1. 100	0. 040	0. 060	0. 100	0. 160	0. 260	0. 400	0. 640	1. 000	1. 600	2. 600
	>0. 5 ~ 1	0. 050	0. 070	0. 100	0. 140	0. 200	0. 280	0. 400	0. 560	0. 780	1. 100	1. 500	0. 060	0. 090	0. 140	0. 220	0. 360	0. 580	0. 900	1. 400	2. 200	3. 600
	>1 ~ 3	0. 070	0. 100	0. 140	0. 200	0. 280	0. 400	0. 560	0. 780	1. 100	1. 500	2. 100	0. 080	0. 120	0. 200	0. 320	0. 500	0. 800	1. 200	2. 000	3. 200	5. 000
	>3 ~ 6	0. 090	0. 120	0. 180	0. 260	0. 360	0. 500	0. 700	0. 980	1. 400	2. 000	2. 800	0. 100	0. 160	0. 260	0. 400	0. 660	1. 000	1. 600	2. 600	4. 000	6. 400
	>6	0. 110	0. 160	0. 220	0. 300	0. 440	0. 600	0. 860	1. 200	1. 600	2. 200	3. 000	0. 110	0. 180	0. 280	0. 460	0. 760	1. 200	2. 000	3. 200	5. 000	8. 000
>63 ~ 160	0. 5	0. 040	0. 060	0. 090	0. 120	0. 180	0. 260	0. 360	0. 500	0. 700	0. 980	1. 400	0. 050	0. 080	0. 140	0. 220	0. 360	0. 560	0. 900	1. 400	2. 200	3. 600
	>0. 5 ~ 1	0. 060	0. 090	0. 120	0. 180	0. 260	0. 360	0. 500	0. 700	0. 980	1. 400	2. 000	0. 070	0. 120	0. 190	0. 300	0. 480	0. 780	1. 200	2. 000	3. 200	5. 000
	>1 ~ 3	0. 090	0. 120	0. 180	0. 260	0. 360	0. 500	0. 700	0. 980	1. 400	2. 000	2. 800	0. 100	0. 160	0. 260	0. 420	0. 680	1. 100	1. 300	2. 800	4. 400	7. 000
	>3 ~ 6	0. 120	0. 160	0. 240	0. 320	0. 460	0. 640	0. 900	1. 300	1. 800	2. 500	3. 600	0. 140	0. 220	0. 340	0. 540	0. 880	1. 400	2. 200	3. 400	5. 600	9. 000
	>6	0. 140	0. 200	0. 280	0. 400	0. 560	0. 780	1. 100	1. 500	2. 100	2. 900	4. 200	0. 150	0. 240	0. 380	0. 620	1. 000	1. 600	2. 600	4. 000	6. 600	10. 000

（续）

基本尺寸	材料厚度	平冲压件尺寸公差											成形冲压件尺寸公差									
		公差等级											公差等级									
		ST1	ST2	ST3	ST4	ST5	ST6	ST7	ST8	ST9	ST10	ST11	FT1	FT2	FT3	FT4	FT5	FT6	FT7	FT8	FT9	FT10
>160～400	0.5	0.060	0.090	0.120	0.180	0.260	0.360	0.500	0.700	0.980	1.400	2.000		0.100	0.160	0.260	0.420	0.700	1.100	1.800	2.800	4.400
	>0.5～1	0.090	0.120	0.180	0.260	0.360	0.500	0.700	1.000	1.400	2.000	2.800		0.140	0.240	0.380	0.620	1.000	1.600	2.600	4.000	6.400
	>1～3	0.120	0.180	0.260	0.360	0.500	0.700	1.000	1.400	2.000	2.800	4.000		0.220	0.340	0.540	0.880	1.400	2.200	3.400	5.600	9.000
	>3～6	0.160	0.240	0.320	0.460	0.640	0.900	1.300	1.800	2.600	3.600	4.800		0.280	0.440	0.700	1.100	1.800	2.800	4.400	7.000	11.000
	>6	0.200	0.280	0.400	0.560	0.780	1.100	1.500	2.100	2.900	4.200	5.800		0.340	0.540	0.880	1.400	2.200	3.400	5.600	9.000	14.000
>400～1000	0.5	0.090	0.120	0.180	0.240	0.340	0.480	0.660	0.940	1.300	1.800	2.600			0.240	0.380	0.620	1.000	1.600	2.600	4.000	6.600
	>0.5～1		0.180	0.240	0.340	0.480	0.660	0.940	1.300	1.800	2.600	3.600			0.340	0.540	0.880	1.400	2.200	3.400	5.600	9.000
	>1～3		0.240	0.340	0.480	0.660	0.940	1.300	1.800	2.600	3.600	5.000			0.440	0.700	1.100	1.800	2.800	4.400	7.000	11.000
	>3～6		0.320	0.450	0.620	0.880	1.200	1.600	2.400	3.400	4.600	6.600			0.560	0.900	1.400	2.200	3.400	5.600	9.000	14.000
	>6		0.340	0.480	0.700	1.000	1.400	2.000	2.800	4.000	5.600	7.800			0.620	1.000	1.600	2.600	4.000	6.400	10.000	16.000
>1000～6300	0.5			0.260	0.360	0.500	0.700	0.980	1.400	2.000	2.800	4.000										
	>0.5～1			0.360	0.500	0.700	0.980	1.400	2.000	2.800	4.000	5.600										
	>1～3			0.500	0.700	0.980	1.400	2.000	2.800	4.000	5.600	7.800										
	>3～6				0.900	1.200	1.600	2.200	3.200	4.400	6.200	8.000										
	>6				1.000	1.400	1.900	2.600	3.600	5.200	7.200	10.000										

注：1. 平冲压件是经平面冲裁工序加工而成的冲压件。成形冲压件是经弯曲、拉深及其他成形方法加工而成的冲压件。

2. 平冲压件、成形冲压件尺寸的极限偏差按以下规定选取：

1）孔（内形）尺寸的极限偏差取表中给出的公差数值，冠以“+”作为上偏差，下偏差为 0。

2）轴（外形）尺寸的极限偏差取表中给出的公差数值，冠以“-”号作为下偏差，上偏差为 0。

3）孔中心距，孔边距，弯曲、拉深与其他成形方法而成的长度、高度，以及未注公差尺寸的极限偏差，取表中给出的公差值的一半，冠以“±”号分别作为上、下偏差。

3. 平冲压件尺寸公差分 11 个等级，即 ST1 至 ST11。ST 表示平冲压件尺寸公差，公差等级代号用阿拉伯数字表示。从 ST1 至 ST11 等级依次降低。平冲压件尺寸公差适用于平冲压件，也适用于成形冲压件上经过冲裁工序加工而成的尺寸。平冲压件的基本尺寸 B、D、L 选用示例见图 E-1a。

4. 成形冲压件尺寸公差分 10 个等级，即 FT1 至 FT10。FT 表示成形冲压件尺寸公差，公差等级代号用阿拉伯数字表示。从 FT1 至 FT10 等级依次降低。成形冲压件的基本尺寸 D、H、L 选用示例见图 E-1b。

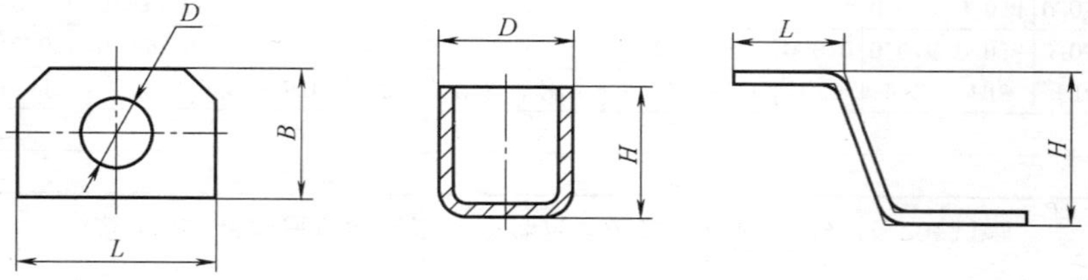

a)　　　　b)

图 E-1　平冲压件和成形冲压件的基本尺寸

a）平冲压件的基本尺寸 B、D、L　b）成形冲压件的基本尺寸 D、H、L

表 E-2　未注公差冲裁件成形件线性尺寸的极限偏差（GB/T 15055—2007）

（单位：mm）

基本尺寸	材料厚度	未注公差冲裁件线性尺寸的极限偏差				未注公差成形件线性尺寸的极限偏差			
		公差等级				公差等级			
		f	m	c	v	f	m	c	v
>0.5~3	1	±0.05	±0.10	±0.15	±0.20	±0.15	±0.20	±0.35	±0.50
	>1~3	±0.15	±0.20	±0.30	±0.40	±0.30	±0.45	±0.60	±1.00
>3~6	1	±0.10	±0.15	±0.20	±0.30	±0.20	±0.30	±0.50	±0.70
	>1~4	±0.20	±0.30	±0.40	±0.55	±0.40	±0.60	±1.00	±1.60
	>4	±0.30	±0.40	±0.60	±0.80	±0.55	±0.90	±1.40	±2.20
>6~30	1	±0.15	±0.20	±0.30	±0.40	±0.25	±0.40	±0.60	±1.00
	>1~4	±0.30	±0.40	±0.55	±0.75	±0.50	±0.80	±1.30	±2.00
	>4	±0.45	±0.60	±0.80	±1.20	±0.80	±1.30	±2.00	±3.20
>30~120	1	±0.20	±0.30	±0.40	±0.55	±0.30	±0.50	±0.80	±1.30
	>1~4	±0.40	±0.55	±0.75	±1.05	±0.60	±1.00	±1.60	±2.50
	>4	±0.60	±0.80	±1.10	±1.50	±1.00	±1.60	±2.50	±4.00
>120~400	1	±0.25	±0.35	±0.50	±0.70	±0.45	±0.70	±1.10	±1.80
	>1~4	±0.50	±0.70	±1.00	±1.40	±0.90	±1.40	±2.20	±3.50
	>4	±0.75	±1.05	±1.45	±2.10	±1.30	±2.00	±3.30	±5.00
>400~1000	1	±0.35	±0.50	±0.70	±1.00	±0.55	±0.90	±1.40	±2.20
	>1~4	±0.70	±1.00	±1.40	±2.00	±1.10	±1.70	±2.80	±4.50
	>4	±1.05	±1.45	±2.10	±2.90	±1.70	±2.80	±4.50	±7.00
>1000~2000	1	±0.45	±0.65	±0.90	±1.30	±0.80	±1.30	±2.00	±3.30
	>1~4	±0.90	±1.30	±1.80	±2.50	±1.40	±2.20	±3.50	±5.50
	>4	±1.40	±2.00	±2.80	±3.90	±2.00	±3.20	±5.00	±8.00
>2000~4000	1	±0.70	±1.00	±1.40	±2.00				
	>1~4	±1.40	±2.00	±2.80	±3.90				
	>4	±1.80	±2.60	±3.60	±5.00				

注：对于 0.5mm 和 0.5mm 以下的尺寸应标公差。

表 E-3　未注公差冲裁、成形圆角半径线性尺寸的极限偏差（GB/T 15055—2007）

（单位：mm）

基本尺寸	材料厚度	未注公差冲裁圆角半径线性尺寸的极限偏差				未注公差成形圆角半径线性尺寸的极限偏差	
		公差等级					
		f	m	c	v	基本尺寸	极限偏差
>0.5~3	≤1	±0.15		±0.20		≤3	±0.10
	>1~4	±0.30		±0.40			-0.30
>3~6	≤4	±0.40		±0.60		>3~6	±1.50
	>4	±0.60		±1.00			-0.50
>6~30	≤4	±0.60		±0.80		>6~10	±2.50
	>4	±1.00		±1.40			-0.80
>30~120	≤4	±1.00		±1.20		>10~18	±3.00
	>4	±2.00		±2.40			-1.00
>120~400	≤4	±1.20		±1.50		>18~30	±4.00
	>4	±2.40		±3.00			-1.50
>400	≤4	±2.00		±2.40		>30	±5.00
	>4	±3.00		±3.50			-2.00

表 E-4　平面压件、成形冲压件尺寸公差等级（GB/T 13914—2013）

冲压件	加工方法	尺寸类型	公差等级										
			ST1	ST2	ST3	ST4	ST5	ST6	ST7	ST8	ST9	ST10	ST11
平冲压件	精密冲裁	外形	—	—	—	—	—						
		内形	—	—	—	—							
		孔中心距	—	—	—	—							
		孔边距				—	—	—					
	普通平面冲裁	外形		—	—	—	—	—	—	—	—	—	—
		内形		—	—	—	—	—	—	—	—	—	—
		孔中心距		—	—	—	—	—	—	—	—	—	—
		孔边距				—	—	—	—	—	—	—	—
	成形冲压冲裁	外形					—	—	—	—	—	—	—
		内形				—	—	—	—	—	—	—	—
		孔中心距				—	—	—	—	—	—	—	—
		孔边距						—	—	—	—	—	—
成形冲压件	拉深	直径	—	—	—	—	—	—	—	—	—	—	—
		高度			—	—	—	—	—	—	—	—	—
	带凸缘拉深	直径	—	—	—	—	—	—	—	—	—	—	—
		高度					—	—	—	—	—	—	—
	弯曲	长度					—	—	—	—	—	—	—
	其他成形方法	直径	—	—	—	—	—	—	—	—	—	—	—
		高度				—	—	—	—	—	—	—	—
		长度					—	—	—	—	—	—	—

表 E-5　冲压件冲裁、弯曲角度公差（GB/T 13915—2013）

	公差等级	短边尺寸/mm						
		≤10	>10~25	>25~63	>63~160	>160~400	>400~1000	>1000~2500
冲压件冲裁角度	AT1	0°40′	0°30′	0°20′	0°12′	0°5′	0°4′	
	AT2	1°	0°40′	0°30′	0°20′	0°12′	0°6′	0°4′
	AT3	1°20′	1°	0°40′	0°30′	0°20′	0°12′	0°6′
	AT4	2°	1°20′	1°	0°40′	0°30′	0°20′	0°12′
	AT5	3°	2°	1°30′	1°	0°40′	0°30′	0°20′
	AT6	4°	3°	2°	1°20′	1°	0°40′	0°30′
	公差等级	短边尺寸/mm						
		≤10	>10~25	>25~63	>63~160	>160~400	>400~1000	>1000
冲压件弯曲角度	BT1	1°	0°40′	0°30′	0°16′	0°12′	0°10′	0°8′
	BT2	1°30′	1°	0°40′	0°20′	0°16′	0°12′	0°10′
	BT3	2°30′	2°	1°30′	1°15′	1°	0°45′	0°30′
	BT4	4°	3°	2°	1°30′	1°15′	1°	0°45′
	BT5	6°	4°	3°	2°30′	2°	1°30′	1°

注：1. 冲压件冲裁角度，是在平冲压件或成形冲压件的平面部分，经冲裁工序加工而成的角度。冲压件弯曲角度，是经弯曲工序加工而成的冲压件的角度。

2. 冲压件冲裁角度公差分六个等级，从 AT1 至 AT6 依次降低。冲压件弯曲角度公差分五个等级，从 BT1 至 BT5 依次降低。

3. 冲压件冲裁角度与弯曲角度的极限偏差按以下规定选取。

1）依据使用的需要选用单向或双向偏差。

2）未注公差的角度偏差数值，取表中给出的公差值的一半，冠以“±”号分别作为上，下偏差。

表 E-6　未注公差冲裁、弯曲角度的极限偏差（GB/T 15055—2007）

	公差等级	短边长度/mm						
		≤10	>10~25	>25~63	>63~160	>160~400	>400~1000	>1000
冲裁	f	±1°00′	±0°40′	±0°30′	±0°20′	±0°15′	±0°10′	±0°06′
	m	±1°30′	±1°00′	±0°40′	±0°30′	±0°20′	±0°15′	±0°10′
	c v	±2°00′	±1°30′	±1°00′	±0°40′	±0°30′	±0°20′	±0°15′
	公差等级	短边长度/mm						
		≤10	>10~25	>25~63	>63~160	>160~400	>400~1000	>1000
弯曲	f	±1°15′	±1°00′	±0°45′	±0°30′	±0°30′	±0°20′	±0°15′
	m	±2°00′	±1°30′	±1°00′	±0°45′	±0°35′	±0°30′	±0°20′
	c v	±3°00′	±2°00′	±1°30′	±1°15′	±1°00′	±0°45′	±0°30′

表 E-7　冲压件冲裁、弯曲角度选用（GB/T 13915—2013）

	材料厚度 t/mm	公　差　等　级					
		AT1	AT2	AT3	AT4	AT5	AT6
冲压件冲裁角度	≤2						
	>2~4						
	>4						

	材料厚度 t/mm	公　差　等　级				
		BT1	BT2	BT3	BT4	BT5
冲压件弯曲角度	≤2					
	>2~4					
	>4					

表 E-8　直线度、平面度未注公差（GB/T 13916—2013）　　（单位：mm）

本标准适用于金属材料冲压件，非金属材料冲压件可参照执行

直线度、平面度未注公差

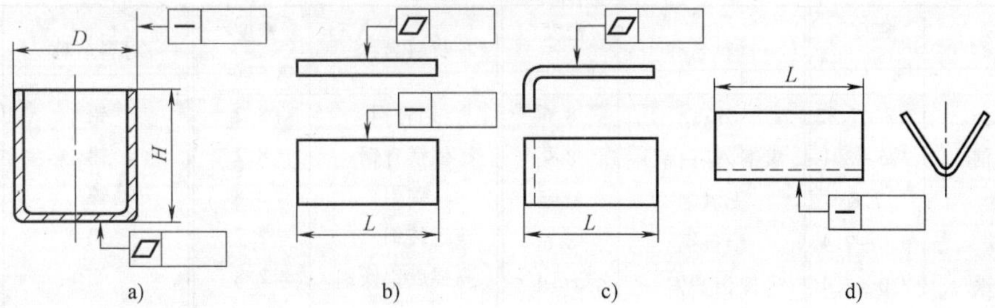

a)　　b)　　c)　　d)

公差等级	主参数（L、H、D）						
	≤10	>10~25	>25~63	>63~160	>160~400	>400~1000	>1000
f	0.06	0.10	0.15	0.25	0.40	0.60	0.90
m	0.12	0.20	0.30	0.50	0.80	1.20	1.80
c	0.25	0.40	0.60	1.00	1.60	2.50	4.00
v	0.50	0.80	1.20	2.00	3.20	5.00	8.00

表 E-9　同轴度、对称度未注公差（GB/T 13916—2013）　（单位：mm）

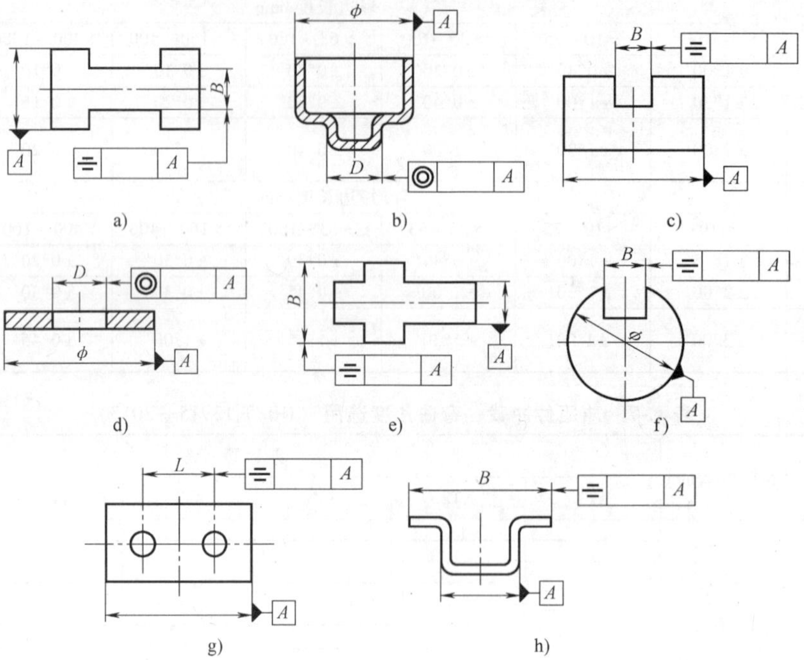

公差等级	主参数(B、D、L)							
	≤3	>3~10	>10~25	>25~63	>63~160	>160~400	>400~1000	>1000
f	0.12	0.20	0.30	0.40	0.50	0.60	0.80	1.00
m	0.25	0.40	0.60	0.80	1.00	1.20	1.60	2.00
c	0.50	0.80	1.20	1.60	2.00	2.50	3.20	4.00
v	1.00	1.60	2.50	3.20	4.00	5.00	6.50	8.00

附录 F　常用材料密度对照

材料名称	密度/ $kg\cdot cm^{-3}$	材料名称	密度/ $kg\cdot cm^{-3}$	材料名称	密度/ $kg\cdot cm^{-3}$	材料名称	密度/ $kg\cdot cm^{-3}$
碳素钢	7.8~7.85	H68	8.6	铝青铜	8.2	铅	11.3~11.4
高合金钢	7.5~8.1	康铜(锰白铜)	8.9	铝镁青铜	8.2	锡	7.3~7.5
铸钢	7.8	无氧铜	8.94	硬铝	2.8	镍	8.9
灰铸铁	6.6~7.4	铝黄铜	8.6	纯铝	2.7	钨	19.3
球墨铸铁	7.0~7.4	镍铝黄铜	8.4~8.5	高强度铝镁铝	2.8	钼	10.2~10.3
电工纯铁	7.87	锡磷青铜	8.65~8.9	铝锰合金	2.73	布胶板	1.3~1.4
T10、T10A	7.83	可伐合金	8.4	铝镁合金	2.65~2.67	纸胶板	1.3~1.4
40Cr	7.83			钛	4.54	云母	2.8~3.2
GCr15、9SiCr	7.8	YG8	14.5~14.9	钛合金	4.4	赛璐珞	1.35~1.4
W18Cr4V	8.69	YG15	13~14.2	黄金	19.361	有机玻璃	1.16~1.2
06Cr19Ni10	7.92	YG20	13.4~13.5	银	10.5	桦木胶合板	0.77~0.85
纯铜	8.94	GT35	6.4~6.6	白金	21.56	松木胶合板	0.54
H62	8.5	GW50	10.3~10.6	德银(BZn15-20)	8.89	硬橡胶	1.25
				锌	7.13	石棉	2.5

附录G　各种硬度值对照

布氏硬度 HBW	洛氏硬度			维氏硬度 HV	邵氏硬度 HS	布氏硬度 HBW	洛氏硬度			维氏硬度 HV	邵氏硬度 HS
	HRA	HRB	HRC				HRA	HRB	HRC		
—	85.6	—	68.0	940	97	375	70.6	—	40.4	396	54
—	85.3	—	67.5	920	96	363	70.0	—	39.1	383	52
—	85.0	—	67.0	900	95	352	69.3	—	37.9	372	51
767	84.7	—	66.4	880	93	341	68.7	—	36.6	360	50
757	84.4	—	65.9	860	92	331	68.1	—	35.5	350	48
745	84.1	—	65.3	840	91	321	67.5	—	34.3	339	47
733	83.8	—	64.7	820	90	311	66.9	—	33.1	328	46
722	83.4	—	64.0	800	88	302	66.3	—	32.1	319	45
710	83.0	—	63.3	780	87	293	65.7	—	30.9	309	43
698	82.6	—	62.5	760	86	285	65.3	—	29.9	301	—
684	82.2	—	61.8	740	—	277	64.6	—	28.8	292	41
682	82.2	—	61.7	737	84	269	64.1	—	27.6	284	40
670	81.8	—	61.0	720	83	262	63.6	—	26.6	276	39
656	81.3	—	60.1	700	—	255	63.0	—	25.4	269	38
653	81.2	—	60.0	697	81	248	62.5	—	24.2	261	37
647	81.1	—	59.7	690	—	241	61.8	100.0	22.8	253	36
638	80.8	—	59.2	680	80	235	61.4	99.0	21.7	247	35
630	80.6	—	58.8	670	—	229	60.8	98.2	20.5	241	34
627	80.5	—	58.7	667	—	223	—	97.3	—	234	—
620	80.3	—	58.3	660	79	217	—	96.4	—	228	33
601	79.8	—	57.3	640	77	212	—	95.5	—	222	—
578	79.1	—	56.0	615	75	207	—	94.6	—	218	32
—	78.8	—	55.6	607	—	201	—	93.8	—	212	31
555	78.4	—	54.7	591	73	197	—	92.8	—	207	30
—	78.0	—	54.0	579	—	192	—	91.9	—	202	29
534	77.8	—	53.5	569	71	187	—	90.7	—	196	—
—	77.1	—	52.5	553	—	183	—	90.0	—	192	28
514	76.9	—	52.1	547	70	179	—	89.0	—	188	27
—	76.7	—	51.6	539	—	174	—	87.8	—	182	—
—	76.4	—	51.1	530	—	170	—	86.8	—	178	26
495	76.3	—	51.0	528	68	167	—	86.0	—	175	—
—	75.9	—	50.3	516	—	163	—	85.0	—	171	25
477	75.6	—	49.6	508	66	156	—	82.9	—	163	—
—	75.1	—	48.8	495	—	149	—	80.9	—	156	23
461	74.9	—	48.5	491	65	143	—	78.7	—	150	22
—	74.3	—	47.2	474	—	137	—	76.4	—	143	21
444	74.2	—	47.1	472	63	131	—	74.0	—	137	—
429	73.4	—	45.7	455	61	126	—	72.0	—	132	20
415	72.3	—	44.5	440	59	121	—	69.8	—	127	19
401	72.0	—	43.1	425	58	116	—	67.6	—	122	18
388	71.4	—	41.8	410	56	111	—	65.7	—	117	15

附录 H　冲模零件的表面粗糙度

表面粗糙度 $Ra/\mu m$	使用范围	表面粗糙度 $Ra/\mu m$	使用范围
0.2	抛光的成形面及平面	1.6	1)内孔表面——在非热处理零件上配合使用 2)底板平面
0.4	1)压弯、拉深、成形的凸模和凹模的工作表面 2)圆柱表面和平面的刃口 3)滑动和精确导向的表面	3.2	1)不磨加工的支撑、定位和紧固表面——用于非热处理的零件 2)底板平面
0.8	1)凸模和凹模刃口 2)凸模和凹模镶块的结合面 3)过盈配合和过渡配合的表面——用于热处理零件 4)支承定位和紧固表面——用于热处理零件 5)磨加工的基准面 6)要求准确的工艺基准面	6.3~12.5	不与冲压件及冲模零件接触的表面
		25	粗糙的不重要的表面

附录 I　多工位级进模低碳钢带料的最小搭边值

（单位：mm）

材料厚度 t	圆形件及 $r>2t$		矩形件边长 $L<50$		矩形件边长 $L<50$ 或圆角 $r>2t$	
	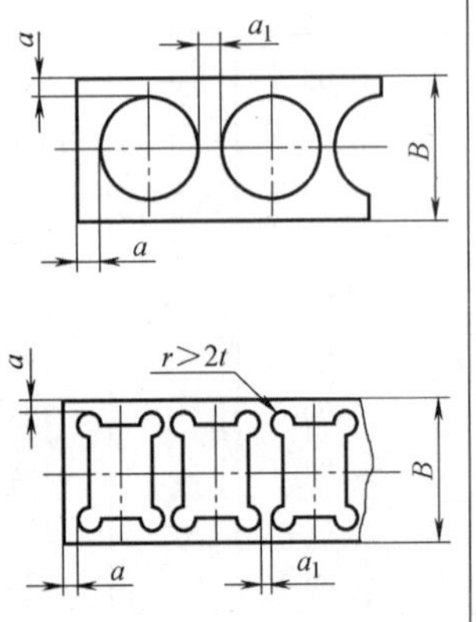		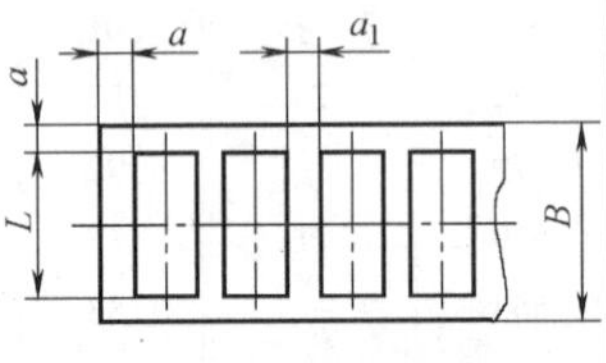		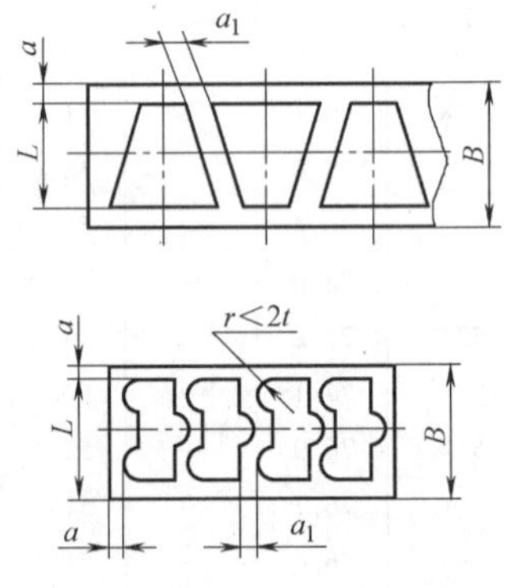	
	a_1	a	a_1	a	a_1	a
<0.25	1.8	2.0	2.2	2.5	2.8	3.0
0.25~0.5	1.2	1.5	1.8	2.0	2.2	2.5
0.5~0.8	1.0	1.2	1.5	1.8	1.8	2.0
0.8~1.2	0.8	1.0	1.2	1.5	1.5	1.8
1.2~1.6	1.0	1.2	1.5	1.8	1.8	2.0
1.6~2.0	1.2	1.5	1.8	2.0	2.0	2.2
2.0~2.5	1.5	1.8	2.0	2.2	2.2	2.5
2.5~3.0	1.8	2.2	2.2	2.5	2.5	2.8
3.0~3.5	2.2	2.5	2.5	2.8	2.8	3.2
3.5~4.0	2.5	2.8	2.5	3.2	3.2	3.5
4.0~5.0	3.0	3.5	3.5	4.0	4.0	4.5
5.0~12	$0.6t$	$0.7t$	$0.7t$	$0.8t$	$0.8t$	$0.9t$

附录 J　冲裁模间隙分类、比值及初始双面间隙（汽车、拖拉机、电器、仪表行业）

表 J-1　冲裁模间隙分类

分类依据			Ⅰ	Ⅱ	Ⅲ
冲件断面质量	塌角宽度		(4～7)%t	(6～8)%t	(8～10)%t
	光面宽度		(35～55)%t	(25～40)%t	(15～25)%t
	毛面宽度		小	中	大
	毛刺高度		一般	小	一般
	毛面斜角 β		4°～7°	7°～8°	8°～11°
冲件精度	尺寸精度	落料件	接近凹模尺寸	稍小于凹模尺寸	小于凹模尺寸
		冲孔件	接近凸模尺寸	稍大于凸模尺寸	大于凸模尺寸
	翘曲度		稍小	小	较大
模具寿命			较低	较高	最高
力能消耗	冲裁力		较小	小	最小
	卸、推件力		较大	最小	小
	冲裁功		较大	小	稍小
适用场合			冲裁件切断面质量、尺寸精度要求高时，采用小间隙。冲模寿命较低	冲裁件切断面质量、尺寸精度要求一般时，采用中等间隙。因残余应力小，能减少破裂现象。适用于需继续塑性变形的冲件	冲裁件切断面质量，尺寸精度要求不高时，应优先采用大间隙，以利于提高冲模寿命

注：选用冲裁间隙时，应考虑冲件技术要求、使用特点和生产条件等因素。首先按表 J-1 确定拟采用的间隙类别；然后按表 J-2 相应选取该类间隙的比值；再经简单计算，便可得到合适间隙的具体数值。

表 J-2　冲裁模间隙比值

分类依据	类别 Ⅰ	类别 Ⅱ	类别 Ⅲ
低碳钢 08F、10F、10、20、Q215、Q235	(3.0～7.0)%	(7.0～10.0)%	(10.0～12.5)%
中碳钢 45 不锈钢 1Cr18Ni9Ti①、40Cr13 膨胀合金（可伐合金）4J29	(3.5～8.0)%	(8.0～11.0)%	(11.0～15.0)%
高碳钢 T8A、T10A、65Mn	(8.0～12.0)%	(12.0～15.0)%	(15.0～18.0)%
纯铝 L2、L3、L4、L5 铝合金（软态）LF21 黄铜（软态）H62 紫铜（软态）T1、T2、T3	(2.0～4.0)%	(4.5～6.0)%	(6.5～9.5)%
黄铜（硬态）、铅黄铜 紫铜（硬态）	(3.0～5.0)%	(5.5～8.0)%	(8.5～11.0)%
铝合金（硬态）LY12 锡磷青铜、铝青铜、铍青铜	(3.5～6.0)%	(7.0～10.0)%	(11.0～13.0)%
镁合金	(1.5～2.5)%		
硅钢	(2.5～5.0)%	(5.0～9.0)%	

注：1. 表中适用于厚度为 10mm 以下的金属材料。考虑到料厚对间隙比值的影响，将料厚分成≤1.0mm、>1.0～2.5mm、>2.5～4.5mm、>4.5～7.0mm、>7.0～10.0mm 五档。当料厚≤1.0mm 时，各类间隙比值取下限值，并以此为基数，随着料厚的增加，再逐档递增 (0.5～1.0)%t（有色金属、低碳钢和高碳钢取大值）。

2. 凸、凹模的制造偏差和磨损均使间隙变大，故新模具应取范围内的最小值。

3. 其他金属材料的间隙比值，可参照表中剪切强度相近的材料选取。

4. 对于非金属材料，可依据材料的种类、软硬、厚薄不同，在 $Z=(0.5\sim4.0)\%t$ 的范围内选取。

① 1Cr18Ni9Ti 牌号，在 GB/T 20878—2007 中已被删除。

表 J-3　汽车、拖拉机行业初始双面间隙　（单位：mm）

材料厚度	08,10,35,09Mn,Q235		16Mn		40,50		65Mn	
	Z_{min}	Z_{max}	Z_{min}	Z_{max}	Z_{min}	Z_{max}	Z_{min}	Z_{max}
<0.5	极　小　间　隙							
0.5	0.040	0.060	0.040	0.060	0.040	0.060	0.040	0.060
0.6	0.048	0.072	0.048	0.072	0.048	0.072	0.048	0.072
0.7	0.064	0.092	0.064	0.092	0.064	0.092	0.064	0.092
0.8	0.072	0.104	0.072	0.104	0.072	0.104	0.064	0.092
0.9	0.092	0.126	0.090	0.126	0.090	0.126	0.090	0.126
1.0	0.100	0.140	0.100	0.140	0.100	0.140	0.090	0.126
1.2	0.126	0.180	0.132	0.180	0.132	0.180		
1.5	0.132	0.240	0.170	0.240	0.170	0.240		
1.75	0.220	0.320	0.220	0.320	0.220	0.320		
2.0	0.246	0.360	0.260	0.380	0.260	0.380		
2.1	0.260	0.380	0.280	0.400	0.280	0.400		
2.5	0.260	0.500	0.380	0.540	0.380	0.540		
2.75	0.400	0.560	0.420	0.600	0.420	0.600		
3.0	0.460	0.640	0.480	0.660	0.480	0.660		
3.5	0.540	0.740	0.580	0.780	0.580	0.780		
4.0	0.610	0.880	0.680	0.920	0.680	0.920		
4.5	0.720	1.000	0.680	0.960	0.780	1.040		
5.5	0.940	1.280	0.780	1.100	0.980	1.320		
6.0	1.080	1.440	0.840	1.200	1.140	1.500		
6.5			0.940	1.300				
8.0			1.200	1.680				

表 J-4　电器、仪表行业初始双面间隙　（单位：mm）

材料名称		45，T7、T8（退火），65Mn（退火），磷青铜（硬），铍青铜（硬）		10、15、20、30 钢板、冷轧钢带，H62，H65（硬），2A12（硬铝），硅钢片		08、10、15、Q215，Q235 钢板，H62，H68（半硬），纯铜（硬），磷青铜（软），铍青铜（软）		H62，H68（软），纯铜（软），3A12、5A02，纯铝 1060 ~ 1200，2A12（退火）	
力学性能	硬度 HBW	≥190		140 ~ 190		70 ~ 140		≤70	
	σ_b/MPa	≥600		400 ~ 600		300 ~ 400		≤300	
厚度 t		初始间隙 Z							
		Z_{min}	Z_{max}	Z_{min}	Z_{max}	Z_{min}	Z_{max}	Z_{min}	Z_{max}
0.1		0.015	0.035	0.01	0.03	*		*	
0.2		0.025	0.045	0.015	0.035	0.01	0.03	*	
0.3		0.04	0.06	0.03	0.05	0.02	0.04	0.01	0.03
0.5		0.08	0.10	0.06	0.08	0.04	0.06	0.025	0.045
0.8		0.13	0.16	0.10	0.13	0.07	0.10	0.045	0.075
1.0		0.17	0.20	0.13	0.16	0.10	0.13	0.065	0.095
1.2		0.21	0.24	0.16	0.19	0.13	0.16	0.075	0.105
1.5		0.27	0.31	0.21	0.25	0.15	0.19	0.10	0.14
1.8		0.34	0.38	0.27	0.31	0.20	0.24	0.13	0.17
2.0		0.38	0.42	0.30	0.34	0.22	0.26	0.14	0.18
2.5		0.49	0.55	0.39	0.45	0.29	0.35	0.18	0.24
3.0		0.62	0.68	0.49	0.55	0.36	0.42	0.23	0.29
3.5		0.73	0.81	0.58	0.66	0.43	0.51	0.27	0.35
4.0		0.86	0.94	0.68	0.76	0.50	0.58	0.32	0.40
4.5		1.00	1.08	0.78	0.86	0.58	0.66	0.37	0.45
5.0		1.13	1.23	0.90	1.00	0.65	0.75	0.42	0.52
6.0		1.40	1.50	1.10	1.20	0.82	0.92	0.53	0.63
8.0		2.00	2.12	1.60	1.72	1.17	1.29	0.76	0.88
10		2.60	2.72	2.10	2.22	1.56	1.68	1.02	1.14
12		3.30	3.42	2.60	2.72	1.97	2.09	1.30	1.42

注：有 * 处均系无间隙。

附录 K　弯曲件的最小弯曲半径及 90°弯曲部分中性层的弧长

表 K-1　板材弯曲件的最小弯曲半径 R_{min}　（单位：mm）

材料		压弯线与材料轧纹垂直	压弯线与材料轧纹平行
08F、08Al		0.2t	0.4t
10、15、Q195		0.5t	0.8t
20、Q215、Q235、09MnREL		0.8t	1.2t
25、30、35、40、Q255、10Ti、13MnTi、16MnL、16MnREL		1.3t	1.7t
65Mn	特硬	2.0t	4.0t
	硬	3.0t	6.0t
1Cr18Ni9①	硬	5.0t	2.0t
	退火	0.3t	0.5t
	热加工	0.1t	0.2t
1J79	硬	0.5t	2.0t
	退火	0.1t	0.2t
3J1	硬	3.0t	6.0t
	退火	0.3t	0.6t
3J53	硬	0.7t	1.2t
	退火	0.4t	0.7t
TA1	冷作硬化	3.0t	4.0t
TA5		5.0t	6.0t
TB2		7.0t	8.0t

材料		压弯线与材料轧纹垂直	压弯线与材料轧纹平行
H62	硬	0.3t	0.8t
	半硬	0.1t	0.2t
	退火	0.1t	0.1t
HPb59-1	硬	1.5t	2.5t
	退火	0.3t	0.4t
BZn15-20	硬	2.0t	3.0t
	退火	0.3t	0.5t
QSn6.5-0.1	硬	1.5t	2.5t
	退火	0.2t	0.3t
铍青铜 QBe2	硬	0.8t	1.5t
	退火	0.2t	0.2t
T2	硬	1.0t	1.5t
	退火	0.1t	0.1t
1050A、1035（L3、L4）	硬	0.7t	1.5t
	退火	0.1t	0.2t
7A04（LC4）	硬	2.0t	3.0t
	退火	1.0t	1.5t
5A05、5A06、（LF5、LF6）、3A21（LF21）	硬	2.5t	4.0t
	退火	0.2t	0.3t
2A12（LY12）	硬	2.0t	3.0t
	退火	0.3t	0.4t

注：1. t——材料厚度。

2. 适用于原材料为标准供货态、V（90°）形校正压弯、板厚 20mm 以下、板宽大于 3 倍板厚、剪切断面光带在弯角外侧。

① 1Cr18Ni9Ti 牌号，在 GB/T 20878—2007 中已被删除。

表 K-2　各种金属板材在不同状态下的最小弯曲半径 R_{min}　（单位：mm）

材料	经正火或退火的		硬化的	
	弯曲线方向			
	垂直轧纹	平行轧纹	垂直轧纹	平行轧纹
铝	<0.1t	0.3t	0.3t	0.8t
退火紫铜			1.0t	2.0t
黄铜 H68			0.4t	0.8t
05、08F			0.2t	0.5t
0.8～10、Q195、Q215	0.1t	0.4t	0.4t	0.8t
15～20、Q235	0.1t	0.5t	0.5t	1.0t
25～30、Q255	0.2t	0.6t	0.6t	1.2t
35～40、Q275	0.3t	0.8t	0.8t	1.5t
45～50	0.5t	1.0t	1.0t	1.7t
55～60	0.7t	1.3t	1.3t	2.0t
铝（软）	1.0t	1.5t	1.5t	2.5t
铝（硬）	2.0t	3.0t	3.0t	4.0t
镁合金	300℃热弯		冷弯	
MA1-M	2.0t	3.0t	6.0t	8.0t

（续）

材料	经正火或退火的		硬化的	
	弯曲线方向			
	垂直轧纹	平行轧纹	垂直轧纹	平行轧纹
MA8-M	1.5t	2.0t	5.0t	6.0t
钛合金	300～400℃热弯		冷弯	
BT1	1.5t	2.0t	3.0t	4.0t
BT5	3.0t	4.0t	5.0t	6.0t
钼合金 BM1，BM2	400～500℃热弯		冷弯	
（t≤2mm）	2.0t	3.0t	4.0t	5.0t

注：1. 本表用于料厚 t 小于 10mm、弯曲角大于 90°、剪切断面良好的情况。

2. 冲裁后未经退火的坯料应作为硬化状态来考虑。

表 K-3　90°角的弯曲部分中性层的弧长 A 值 ［$A=1.57\ (r+K_t)$］　（单位：mm）

r \ t	0.3	0.5	0.8	1	1.2	1.5	2	2.5	3	4	5	6	8	10
0.1	0.312/0.328	0.385/0.416	0.465/0.546	0.518/0.628										
0.3	0.664/0.668	0.769/0.774	0.898/0.932	0.973/1.036	1.055/1.130	1.154/1.248	1.287/1.460	1.433/1.680	1.554/1.880					
0.5	0.992/0.995	1.107/1.115	1.265/1.271	1.366/1.382	1.448/1.484	1.562/1.639	1.758/1.884	1.923/2.080	2.057/2.283	2.324/2.719	2.591/3.140			
1.0	1.790/1.792	1.923/1.927	2.105/2.113	2.214/2.229	2.326/2.341	2.479/2.493	2.732/2.763	2.944/3.022	3.124/3.280	3.517/3.768	3.847/4.161	4.113/4.547	4.647/5.438	5.180/6.280
1.5	2.580/2.581	2.719/2.724	2.915/2.922	2.040/3.046	3.158/3.167	3.321/3.344	3.595/3.623	3.847/3.870	4.098/4.145	4.490/4.660	4.867/5.181	5.275/5.652	5.872/6.399	6.437/7.301
2	3.366/3.368	3.510/3.514	3.704/3.712	3.845/3.854	3.973/3.980	4.152/4.167	4.427/4.458	4.710/4.741	4.953/4.968	5.464/5.526	5.888/6.045	6.249/6.531	7.034/7.536	7.693/8.321
2.5	4.152/4.155	4.300/4.302	4.504/4.517	4.644/4.647	4.771/4.782	4.958/4.973	5.256/5.278	5.534/5.574	5.814/5.861	6.330/6.355	6.830/6.908	7.260/7.429	7.994/8.484	8.792/8.420
3	4.939/4.940	5.086/5.088	5.300/5.307	5.439/5.448	5.573/5.577	5.767/5.782	6.079/6.092	6.374/6.398	6.641/6.690	7.191/7.247	7.693/7.740	8.195/8.290	8.980/9.319	9.734/10.362
4	6.510/6.511	6.659/6.662	6.879/6.883	7.021/7.027	7.158/7.167	7.361/7.368	7.690/6.709	8.003/8.019	8.305/8.333	8.855/8.918	9.420/9.483	9.916/9.935	10.927/11.053	11.775/12.089
5	8.081/8.085	8.233/8.235	8.453/8.454	8.599/8.604	8.741/8.747	8.947/8.959	9.288/9.290	9.612/9.636	9.918/9.946	10.513/10.557	11.069/11.147	11.637/11.712	12.648/12.711	13.659/13.816
6	9.651/9.655	9.804/9.805	10.025/10.029	10.172/10.177	10.319/10.321	10.532/10.541	10.871/10.895	11.206/11.222	11.535/11.563	12.158/12.183	12.748/12.796	13.282/13.376	14.381/14.381	15.386/15.480
8	12.791/12.795	12.945/12.946	13.173/13.175	13.318/13.322	13.464/13.470	13.690/13.697	14.045/14.054	14.389/14.413	14.722/14.741	15.380/15.417	16.006/16.038	16.610/16.667	17.709/17.835	18.840/18.966
10	15.931	16.086/16.087	16.314/16.317	16.466/16.469	16.610/16.614	16.828/16.835	17.198/17.207	17.553/17.568	17.895/17.923	18.576/18.589	19.225/19.272	19.835/19.892	21.051/21.134	22.137/22.294
12	19.072	19.227/19.228	19.455/19.458	19.608/19.611	19.759/19.763	19.977/19.982	20.344/20.354	20.708/20.720	21.063/21.082	21.754/21.792	22.412/22.435	23.070/23.126	24.316/24.366	25.497/25.591
15	23.732	23.938/23.939	24.165/24.168	24.319/24.321	24.471/24.473	24.699/24.704	25.064/25.073	25.430/25.442	25.797/25.811	26.502/26.533	27.192/27.240	27.864/27.883	29.189/29.215	30.395/30.458
20	31.633	31.789	32.018/32.019	32.172/32.174	32.325/32.327	32.551/32.556	32.932/32.939	33.296/33.307	33.661/33.675	34.396/34.414	35.105/35.137	35.789/35.846	37.153/37.178	38.449/38.544

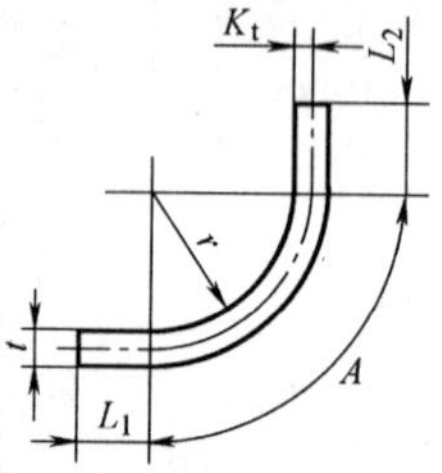

注：表中，分子弧长值用于有压板弯曲，分母弧长值用于无压板弯曲。

附录 L　带料连续拉深系数和相对拉深高度

表 L-1　带料连续拉深许用总拉深系数 [$m_{总}$]

材料	强度极限 σ_b /MPa	伸长率 δ (%)	极限总拉深系数[$m_{总}$]			
			模具不带推件装置		模具带推件装置	
			$t\leqslant 1$mm	$t=1\sim 2$mm	$t\leqslant 1$mm	$t=1\sim 2$mm
08F、10	300 ~ 400	28 ~ 40	0.40	0.32	0.2	0.16
纯铜、H62、H68	300 ~ 400	28 ~ 40	0.35	0.28	0.26 ~ 0.24	0.2 ~ 22
软铝	80 ~ 110	22 ~ 25	0.38	0.30	0.28 ~ 0.26	0.18 ~ 0.22
不锈钢、镍带	400 ~ 550	22 ~ 40	0.40	0.34	0.32	0.26 ~ 0.30
精密合金	500 ~ 600		0.42	0.36	0.34	0.28 ~ 0.32

注：在实际使用时，总的拉深系数一般都应比表内数值大。因为在带料连续拉深的条件下，材料的纵向和横向上所发生的变形是不均匀的，使带料的边缘形成曲折，并增加在危险断面处的拉伸应力，使变形条件恶化。所以在带料连续拉深时，应该减少其变形量，即采用大一些的拉深系数；但又不宜用太大的拉深系数，因为拉深系数过大就会增加拉深工序数即增加拉深次数。

表 L-2　无工艺切口的第一次拉深系数的极限值 m_1（材料：08、10）

凸缘相对直径 d_ϕ/d_1	毛坯相对厚度 $\frac{t}{D}\times 100$			
	>0.2 ~ 0.5	>0.5 ~ 1.0	>1.0 ~ 1.5	>1.5
≤1.1	0.71	0.69	0.66	0.63
>1.1 ~ 1.3	0.68	0.66	0.64	0.61
>1.3 ~ 1.5	0.64	0.63	0.61	0.59
>1.5 ~ 1.8	0.54	0.53	0.52	0.51
>1.8 ~ 2.0	0.48	0.47	0.46	0.45

表 L-3　无工艺切口的第一次拉深的最大相对高度 h_1/d_1（材料：08、10）

凸缘相对直径 d_ϕ/d_1	毛坯相对厚度 $\frac{t}{D}\times 100$			
	>0.2 ~ 0.5	>0.5 ~ 1.0	>1.0 ~ 1.5	>1.5
≤1.1	0.36	0.39	0.42	0.45
>1.1 ~ 1.3	0.34	0.36	0.38	0.40
>1.3 ~ 1.5	0.32	0.34	0.36	0.38
>1.5 ~ 1.8	0.30	0.32	0.34	0.36
>1.8 ~ 2.0	0.28	0.30	0.32	0.35

表 L-4　无工艺切口的以后各次拉深系数的极限值 m_n（材料：08、10）

极限拉深系数 m_n	毛坯相对厚度 $\frac{t}{D}\times 100$			
	>0.2 ~ 0.5	>0.5 ~ 1.0	>1.0 ~ 1.5	>1.5
m_2	0.86	0.84	0.82	0.80
m_3	0.88	0.86	0.84	0.82
m_4	0.89	0.87	0.86	0.85
m_5	0.90	0.88	0.89	0.87

表 L-5　有工艺切口的第一次拉深系数的极限值 m_1（材料：08、10）

凸缘相对直径 d_ϕ/d_1	毛坯相对厚度 $\frac{t}{D}\times100$				
	<0.06～0.2	>0.2～0.5	>0.5～1.0	>1.0～1.5	>1.5
≤1.1	0.64	0.62	0.60	0.58	0.55
>1.1～1.3	0.60	0.59	0.58	0.56	0.53
>1.3～1.5	0.57	0.56	0.55	0.53	0.51
>1.5～1.8	0.53	0.52	0.51	0.50	0.49
>1.8～2.0	0.47	0.46	0.45	0.44	0.43
>2.0～2.2	0.43	0.43	0.42	0.42	0.41
>2.2～2.5	0.38	0.38	0.38	0.38	0.37
>2.5～2.8	0.35	0.35	0.35	0.35	0.34
>2.8～3.0	0.33	0.33	0.33	0.33	0.33

表 L-6　有工艺切口的以后各次拉深系数的极限值 m_n（材料：08、10）

最小拉深系数 m_n	毛坯相对厚度 $\frac{t}{D}\times100$				
	>0.06～0.2	>0.2～0.5	>0.5～1.0	>1.0～1.5	>1.5
m_2	0.80	0.79	0.78	0.76	0.75
m_3	0.82	0.81	0.80	0.79	0.78
m_4	0.85	0.83	0.82	0.81	0.80
m_5	0.87	0.86	0.85	0.84	0.82

表 L-7　有工艺切口的各次拉深系数的极限值

材料	拉深次数					
	1	2	3	4	5	6
	拉深系数 m					
黄铜(软)	0.63	0.76	0.78	0.80	0.82	0.85
软钢、铝	0.67	0.78	0.80	0.82	0.85	0.90

表 L-8　有工艺切口带凸缘筒形件第一次拉深的最大相对高度 h_1/d_1

凸缘相对直径 d_ϕ/d_1	毛坯相对厚度 $\frac{t}{D}\times100$				
	2～1.5	1.5～1.0	1.0～0.6	0.6～0.3	0.3～0.15
1.1 以下	0.90～0.75	0.82～0.65	0.70～0.57	0.62～0.50	0.52～0.45
1.3	0.80～0.65	0.72～0.56	0.60～0.50	0.53～0.45	0.47～0.40
1.5	0.70～0.58	0.63～0.50	0.53～0.54	0.48～0.40	0.42～0.35
1.8	0.58～0.48	0.53～0.42	0.44～0.37	0.39～0.34	0.35～0.29
2.0	0.51～0.42	0.46～0.36	0.38～0.32	0.34～0.29	0.30～0.25

注：表中数值适用于10钢，对于比10钢塑性更大的金属取接近于大的数值，对于塑性较小的金属，取接近于小的数值。

表 L-9　实用拉深系数极限值

序号	材料	首次拉深系数 m_1	以后各次拉深系数 m_n	总拉探系数 $m_{总}$
1	拉深用钢板	0.55～0.60	0.75～0.80	0.16
2	不锈钢	0.50～0.55	0.80～0.85	0.26
3	镀锌钢	0.58～0.65	0.88	0.28
4	纯铜	0.53～0.60	0.85	0.20～0.24
5	黄铜	0.50～0.55	0.75～0.80	0.20～0.24
6	锌	0.65～0.70	0.85～0.90	0.32
7	铝	0.53～0.60	0.8	0.18～0.22
8	硬铝	0.55～0.60	0.9	0.24

附录 M　筒形拉深件的直径、高度、壁厚偏差及回跳量与椭圆度

表 M-1　圆筒形拉深件的直径偏差　（单位：mm）

材料厚度 t	拉深件直径			材料厚度 t	拉深件直径		
	<50	≥50~100	≥100~300		<50	≥50~100	≥100~300
0.5	±0.12	—	—	1.5	±0.35	±0.40	±0.60
0.6	±0.15	±0.20	—	2.0	±0.40	±0.50	±0.70
0.8	±0.20	±0.25	±0.30	2.5	±0.45	±0.60	±0.80
1.0	±0.25	±0.30	±0.40	3.0	±0.50	±0.70	±0.90
1.2	±0.30	±0.35	±0.50	4.0	±0.60	±0.90	±1.0

注：根据拉深件内外形尺寸标注需要，内径尺寸取正偏差，外径尺寸取负偏差。

表 M-2　带凸缘圆筒形拉深件的高度偏差　（单位：mm）

材料厚度 t	拉深件高度					
	<18	≥18~30	≥30~50	≥50~80	≥80~120	≥120~180
≤1	±0.3	±0.4	±0.5	±0.6	±0.8	±1.0
1~2	±0.4	±0.5	±0.6	±0.7	±0.9	±1.2
2~4	±0.5	±0.6	±0.7	±0.8	±1.0	±1.4

表 M-3　拉深件壁厚偏差 Δt　（单位：mm）

相对厚度 t/d	0.08	0.10	0.15	0.20	0.25	0.30
Δt	0.04	0.05	0.05	0.06	0.08	0.10

表 M-4　筒形拉深件的回跳量与椭圆度

工序	材料	厚度 t/mm	直径 d 的回跳量(%)	直径的椭圆度(%)
第一次拉深(带压边圈)	铜	0.3~1.0	0.3~0.4	0.1
第二次拉深(不带压边圈)	软钢	1.0~2.0	0.1~0.2	0~0.1
第二次拉深(带压边圈)	黄铜	0.8~1.5	0.15~0.3	0

注：1. 此表适用于拉深件直径 $d=20\sim50$mm 时的范围。

2. 当料厚 $t=0.8\sim1.5$mm，拉深件直径 $d<100$mm 时，回跳量 $\Delta d=0.08\sim0.15$mm。

附录 N　常用寸制粗牙螺纹 UNC 攻螺纹前用的钻孔径对照

（单位：mm）

螺　纹						钻头直径
公称直径 /in	每英寸牙数	螺距	小直径级别			
			2B(max)	3B(max)	2B、3B(min)	
NO.1	64	0.397	1.582	1.582	1.425	1.55
NO.2	56	0.454	1.872	1.872	1.694	1.85
NO.3	48	0.529	2.146	2.146	1.941	2.10
NO.4	40	0.635	2.385	2.385	2.156	2.35
NO.5	40	0.635	2.697	2.697	2.487	2.65
NO.6	32	0.794	2.896	2.896	2.642	2.85
NO.8	32	0.794	3.531	3.528	3.302	3.50
NO.10	24	1.058	3.962	3.950	3.683	3.90
NO.12	24	1.058	4.597	4.590	4.343	4.60
1/4	20	1.270	5.268	5.250	4.976	5.10

（续）

螺纹						钻头直径
公称直径/in	每英寸牙数	螺距	小直径级别			
			2B(max)	3B(max)	2B、3B(min)	
5/16	18	1.411	6.784	6.680	6.411	6.60
3/8	16	1.588	8.164	8.082	7.805	8.00
7/16	14	1.814	9.550	9.441	9.149	9.40
1/2	13	1.954	11.013	10.881	10.584	10.80
9/16	12	2.117	12.456	12.301	11.996	12.20
5/8	11	2.309	13.868	13.693	13.376	13.50
3/4	10	2.540	16.833	16.624	16.299	16.50
7/8	9	2.822	19.748	19.520	19.169	19.50
1	8	3.175	22.598	22.344	21.963	22.25
1-1/8	7	3.629	25.349	25.082	24.648	25.00
1-1/4	7	3.629	28.524	28.258	27.823	28.00
1-3/8	6	4.233	31.120	30.851	30.343	30.75
1-1/2	6	4.233	34.295	34.026	33.519	34.00
1-3/4	5	5.080	39.814	39.560	38.951	39.50
2	4-1/2	5.644	45.598	45.367	44.689	45.00

参考文献

[1] 陈炎嗣．多工位级进模设计与制造［M］．北京：机械工业出版社，2006.

[2] 洪慎章．实用冲压工艺及模具设计［M］．北京：机械工业出版社，2008.

[3] 王鹏驹，成虹．冲压模具设计师手册［M］．北京：机械工业出版社，2008.

[4] 陈炎嗣．冲压模具实用结构图册［M］．北京：机械工业出版社，2009.

[5] 洪慎章．实用冲模设计与制造［M］．北京：机械工业出版社，2010.

[6] 洪慎章，金龙建．多工位级进模设计实用技术［M］．北京：机械工业出版社，2010.

[7] 金龙建．多工位级进模典型结构图册［M］．北京：化学工业出版社，2012.

[8] 陈炎嗣，陈炎裔．多工位级进模设计手册［M］．北京：化学工业出版社，2012.

[9] 洪慎章．冲模设计速查手册［M］．北京：机械工业出版社，2012.

[10] 金龙建．冲压模具排样工艺图册（多工位级进模）［M］．北京：化学工业出版社，2013.

[11] 金龙建．多工位级进模实例图解［M］．北京：机械工业出版社，2013.

[12] 洪慎章，金龙建．滤波盒级进模设计与制造（先进模具设计与制造技术论文集）［J］．深圳：模具制造，2009（11）：65～68.

[13] 金龙建．滤波盒落料-冲孔-拉深级进模［J］．模具技术，2010（1）：25-29.

[14] 金龙建，洪慎章．键盘接插件外壳级进模设计［J］．锻压装备与制造技术［J］．2010（1）：95-98.

[15] 金龙建．阶梯圆筒形件级进模设计［J］．模具工业，2010（2）：14 -17.

[16] 金龙建．窗帘支架弹片多工位级进模设计［J］．模具工业，2010（4）：34-37.

[17] 金龙建．天线外壳连续拉深模设计［J］．模具技术，2010（4）：15-18，21.

[18] 金龙建．爪件级进模设计［J］．模具制造，2010（5）：12-15.

[19] 金龙建，洪慎章．安装板多工位级进模设计［J］．模具技术，2010（5）：20-22，45.

[20] 金龙建．不锈钢管帽拉深级进模设计［J］．模具工业，2010（6）：21-25.

[21] 金龙建．扣件多工位级进模设计［J］．模具制造，2010（7）：16-18.

[22] 金龙建．微形网孔级进模设计［J］．东方模具，2010（10）：44-46.

[23] 金龙建．拉深-挤边多工位连续模设计［J］．金属加工，2010（11）：52-53，74.

[24] 金龙建，洪慎章．圆筒形拉深挤边级进模设计［J］．模具工业，2010（11）：41-45.

[25] 金龙建，金龙周，洪慎章．三种垫片套料连续模设计特点［J］．金属加工，2010（22）：52-54.

[26] 金龙建，洪慎章．多种垫圈套用级进模设计［J］．东方模具，2011（2）：37-38.

[27] 金龙建，金龙周．阶梯拉伸件多工位级进模［J］．模具制造，2011（4）：16-19.

[28] 金龙建，金龙周．过滤网多工位级进模设计［J］．金属加工，2011（11）：61-63.

[29] 金龙建．连接板级进模设计［J］．模具工业，2011（6）：17-20.

[30] 金龙建．支架自动攻丝级进模设计［J］．模具工业，2011（7）：15-18.

[31] 金龙建．U形弯曲件级进模设计［J］．模具工业，2011（10）：37-39，42.

[32] 金龙建．连接支架自动攻丝多工位级进模设计（模具设计及制造技术论文大奖赛）［C］．深圳：模具制造，2011（11）：37-40.

[33] 金龙建，洪慎章．方形垫片多工位级进模设计（模具设计及制造技术论文大奖赛）［C］．深圳：模具制造，2011（11）：88-90.

[34] 金龙建，贯宇．铰链卷圆件多工位级进模设计［J］．模具制造，2012（3）：39-42.

[35] 金龙建，陈炎嗣．多工位级进模排样工艺分析［J］．模具制造，2012（10）：44-50.

[36] 金龙建．A侧管连续拉伸级进模设计［J］．模具制造，2012（12）：39-43.

[37] 金龙建. 管子卡箍复杂零件多工位级进模设计 [J]. 上海模具工业，2013 (2)：7-10，13.
[38] 金龙建，蒋红超. U形钩多工位级进模设计 [J]. 模具工业，2013 (1)：40-42.
[39] 金龙建. 高速列车安装板多工位级进模设计 [J]. 模具工业，2013 (3)：28-31.
[40] 金龙建. 卡片多工位级进模设计 [J]. 金属加工，2013 (6)：60-62.
[41] 金龙建. 多工位级进模排样图设计步骤 [J]. 模具制造，2013 (12)：19-22.
[42] 金龙建. 家用电器管壳拉深模设计 [J]. 模具工业，2014 (2)：34-38.